FRANZIS
ELEKTRONIK

Burkhard Kainka/Herbert Bernstein

D1726068

Grundwissen
Elektronik

Die Grundlagen für Hobby, Ausbildung und Beruf

Teil 1: Analogtechnik
Teil 2: Messtechnik

Bibliografische Information der Deutschen Bibliothek

Die Deutsche Bibliothek verzeichnet diese Publikation in der Deutschen Nationalbibliografie;
detaillierte Daten sind im Internet über http://dnb.ddb.de abrufbar.

Alle Angaben in diesem Buch wurden vom Autor mit größter Sorgfalt erarbeitet bzw. zusammengestellt und unter Einschaltung wirksamer Kontrollmaßnahmen reproduziert. Trotzdem sind Fehler nicht ganz auszuschließen. Der Verlag und der Autor sehen sich deshalb gezwungen, darauf hinzuweisen, dass sie weder eine Garantie noch die juristische Verantwortung oder irgendeine Haftung für Folgen, die auf fehlerhafte Angaben zurückgehen, übernehmen können. Für die Mitteilung etwaiger Fehler sind Verlag und Autor jederzeit dankbar. Internetadressen oder Versionsnummern stellen den bei Redaktionsschluss verfügbaren Informationsstand dar. Verlag und Autor übernehmen keinerlei Verantwortung oder Haftung für Veränderungen, die sich aus nicht von ihnen zu vertretenden Umständen ergeben. Evtl. beigefügte oder zum Download angebotene Dateien und Informationen dienen ausschließlich der nicht gewerblichen Nutzung. Eine gewerbliche Nutzung ist nur mit Zustimmung des Lizenzinhabers möglich.

© 2011 Franzis Verlag GmbH, 85586 Poing

Alle Rechte vorbehalten, auch die der fotomechanischen Wiedergabe und der Speicherung in elektronischen Medien. Das Erstellen und Verbreiten von Kopien auf Papier, auf Datenträgern oder im Internet, insbesondere als PDF, ist nur mit ausdrücklicher Genehmigung des Verlags gestattet und wird widrigenfalls strafrechtlich verfolgt.

Die meisten Produktbezeichnungen von Hard- und Software sowie Firmennamen und Firmenlogos, die in diesem Werk genannt werden, sind in der Regel gleichzeitig auch eingetragene Warenzeichen und sollten als solche betrachtet werden. Der Verlag folgt bei den Produktbezeichnungen im Wesentlichen den Schreibweisen der Hersteller.

Satz: Fotosatz Pfeifer, 82166 Gräfelfing
art & design: www.ideehoch2.de
Druck: Bercker, 47623 Kevelaer
Printed in Germany

ISBN 978-3-645-65072-4

Teil 1
Analogtechnik

Vorwort

Die Elektronik ist ein breit gefächertes und in den letzten Jahrzehnten stark angewachsenes Fachgebiet, in dem man als Neuling leicht den Überblick verlieren kann. Besonders schwierig ist es daher, einen geeigneten Einstieg zu finden. Obwohl heute die digitale Elektronik zum Beispiel in der Computertechnik weiter verbreitet ist, finden sich in der analogen Elektronik, die bereits seit den Anfängen der Radiotechnik entwickelt wurde, die entscheidenden Grundlagen, an denen man nicht vorbeigehen sollte. Es werden zunächst keine Grundkenntnisse vorausgesetzt. Vielmehr soll der Analogteil des Buches ein solides Fachwissen von Grund auf vermitteln.

Teil 1 behandelt die erforderlichen Theorien, beschränkt sich aber nicht auf theoretische Grundlagen, sondern bietet immer auch praktisch erprobte Schaltungen für konkrete Projekte. Zahlreiche Schaltungen können zum Ausgangspunkt für eigene Entwicklungen werden.

Es wurde versucht, einen umfassenden Überblick der wichtigsten Bereiche zu geben. Viele in der praktischen Arbeit auftretende Probleme führen dazu, dass man häufig auf der Suche nach konkreten Fachinformationen ist. Die Zusammenstellung der Inhalte wurde daher auch von dem Ziel geleitet, die Suche nach praktisch relevanten Informationen zu vereinfachen.

Ich wünsche allen Lesern viel Erfolg bei der praktischen Arbeit mit dem Analogteil des Buches!

Burkhard Kainka

Inhalt

Inhalt

1 Einleitung

Wer sich ernsthaft mit der Elektronik auseinandersetzen möchte, muss sich die Frage stellen: Welche Voraussetzungen sind erforderlich, um erfolgreich und selbständig arbeiten zu können?

Wichtig sind zunächst solide Kenntnisse der Grundlagen des elektrischen Stromkreises. Nützlich sind lebendige und bildhafte Vorstellungen der Grundphänomene Ladung, Strom, Spannung. Wer in komplexen Schaltungen den Überblick behalten will, der muss sehen lernen, was eigentlich unsichtbar ist. Damit verbunden ist der sichere Gebrauch von Messgeräten. Hinzu kommt das Verständnis der grundlegenden passiven Bauteile, wie Widerstände und Kondensatoren, und ihrer Eigenschaften. Ebenso sollte man sich klare Vorstellungen von Halbleitern und Sperrschichten erarbeiten, um ihr Verhalten in konkreten Schaltungen zu verstehen. Die ersten Kapitel geben einen Überblick und helfen bei der Orientierung. Wer hier schon allzu Bekanntes findet, kann sich gleich in die konkrete Schaltungstechnik der darauffolgenden Kapitel vertiefen.

Obwohl es eine unübersehbar große Zahl unterschiedlicher Schaltungen gibt, lassen sich einige wenige Grundschaltungen angeben, die in jeweils anderen Zusammenhängen immer wieder vorkommen. Die wichtigsten sollte man praktisch erproben und möglichst genau untersuchen. Es lohnt sich, eigene Projekte zu entwerfen und aus einfachen Grundschaltungen zusammenzusetzen. In einer komplexen Schaltung sollte man typische Grundschaltungen wiedererkennen, um die Funktion der Gesamtschaltung zu überblicken. Dies ist eine wichtige Voraussetzung für das Verständnis weiterführender Literatur.

Nicht alles funktioniert auf Anhieb so reibungslos wie man es sich wünschen würde. Wichtig ist daher das Verständnis möglicher Probleme und Grenzfälle. Bei der Planung einer Schaltung müssen mögliche Bauteiletoleranzen und ihre Auswirkungen bedacht werden. Die Zuverlässigkeit eines Geräts hängt oft davon ab, ob Grenzwerte richtig eingeschätzt wurden. Oft gibt es unerwünschte Nebeneffekte, die zu Überraschungen führen können. Das sichere Erkennen möglicher Fehlerquellen setzt einige Erfahrungen voraus. Teil 1 des Buches versucht einen Grundschatz an Erfahrungen für die praktische Arbeit zu vermitteln, damit auftretende Probleme gelöst werden können. Allerdings ist der Lernprozess niemals wirklich abgeschlossen, denn in der praktischen Arbeit müssen laufend neue Probleme gelöst werden.

Wer sich auf fertig entwickelte Schaltungen aus Zeitschriften oder Büchern beschränkt, hat selten Probleme. Richtig interessant wird es aber erst, wenn man eigene Projekte realisiert. Der entscheidende Punkt ist dabei die Auswahl geeigneter Bauteile. Besonders im Bereich der integrierten Schaltungen gibt es eine unüberschaubare Vielfalt. Wichtig ist daher die Fähigkeit, Datenblätter der Hersteller zu lesen und zu interpretieren. Einige der wichtigsten Bauteile werden an Hand von Auszügen aus Datenblättern genauer vorgestellt, um zu zeigen, worauf es im einzelnen ankommt. Oft geben auch die Innenschaltungen integrierter Schaltungen entscheidende Hinweise für den Einsatz.

Bei der Entwicklung elektronischer Schaltungen kommt man nicht ganz ohne mathematische Grundkenntnisse aus. Im Prinzip kann man zu jeder Schaltung ein geeignetes mathematisches Modell suchen, das sie vollständig beschreibt. In der Praxis reichen jedoch einige wenige einfache Berechnungen. In vielen Fällen ist es ebenso wichtig, einfache Abschätzungen und Überschlagsrechnungen vorzunehmen. Oft reicht es, von gegebenen Schaltungen auszugehen und mit einfachen Umrechnungen auf den gewünschten Fall zu schließen. Es wird versucht mit einem Minimum an Mathematik auszukommen. Es werden nur die wichtigsten und für die Praxis relevanten Berechnungen vorgestellt.

2 Der Gleichstromkreis

Wer elektronische Schaltungen entwerfen möchte, sollte einiges über die Gesetze des Stromkreises wissen. Vieles kann mit geringem Aufwand berechnet werden, wenn man die richtigen Formeln zur Hand hat. Dieses Kapitel will die wichtigsten Gesetze und Formeln vorstellen und zugleich einige grundlegenden Prinzipien für den Entwurf elektronischer Schaltungen vermitteln.

2.1 Ladung und Strom

Die grundlegende Größe der Elektrizitätslehre ist die elektrische Ladung Q. Sie wird in Coulomb (C) gemessen. Ein Coulomb ist etwa soviel Ladung, wie in zehn Sekunden durch eine kleine Glühlampe fließt. Jedes Elektron und jeder Atomkern besitzen eine bestimmte, sehr kleine Ladung. Ein Elektron hat die Ladung $Q=1{,}6*10^{-19}$ C (0,0000000000000000016 C). An elektrischen Vorgängen sind daher immer sehr viele Elektronen beteiligt.

Der elektrische Strom ist eine Bewegung elektrischer Ladung. Man kann daher die Frage stellen: Wieviel Ladung Q bewegt sich in einer bestimmten Zeit t durch einen Draht. Wenn viel Ladung in kurzer Zeit fließt, beobachtet man einen großen Strom. Die Stromstärke I wird daher so definiert:

$$Stromstärke = \frac{Ladung}{Zeit}$$

$$I = \frac{Q}{t}$$

Die Stromstärke I wird in Ampere (A) gemessen. Kleinere Ströme misst man in Milliampere (mA). 1000 mA ist gleich 1 A. Noch viel kleinere Ströme gibt man in Mikroampere (µA) an. 1000 µA = 1 mA.

Bei der Messung der Stromstärke liegt das Messgerät nach *Abb. 2.1* immer in Reihe zum Verbraucher. Der gesamte Strom fließt durch das Amperemeter und ruft dort eine Wirkung hervor, indem er z.B. über den Umweg über magneti-

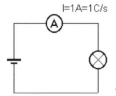

Abb. 2.1 Strom und Ladung im Stromkreis

sche Kräfte einen Zeiger bewegt. Das ideale Amperemeter beeinflusst den Stromkreis selbst nicht, weil es selbst einen sehr geringen Widerstand besitzt, sich also annähernd so verhält wie ein einfaches Kabel. Das bedeutet zugleich, dass man sehr vorsichtig sein muss, das Amperemeter niemals versehentlich parallel zur Spannungsquelle anzuschließen, denn das bedeutete einen Kurzschluss.

Meist ist es einfacher die Stromstärke zu messen als die Ladung. Man kann die Ladung aus der Stromstärke und der Zeit berechnen, indem man die obige Formel umstellt. Es soll z.B. berechnet werden, welche Ladung insgesamt von einer Akkuzelle mit den Daten 1,2 V/500 mAh bewegt werden kann. Ein Strom von 0,5 A wird eine Stunde lang, also für 3600 Sekunden aufrechterhalten. In dieser Zeit bewegt sich die Ladung:

$$Q = I \cdot t$$
$$Q = 0,5\,A \cdot 3600\,s$$
$$Q = 1800\,C$$

Für die gesamte Ladung von 1800 C müssen etwa 10^{22} Elektronen bewegt werden.

2.2 Leistung und Spannung

Die elektrischen Messgrößen hängen auch mit den Größen anderer physikalischer Fachbereiche zusammen. So wird z.B. die Einheit der Leistung, das Watt (W), an mechanischen Vorgängen definiert. Wenn man einen Gegenstand von einem Kilogramm gegen die Schwerkraft der Erde in zehn Sekunden um einen Meter anhebt, dann benötigt man dazu eine Leistung von ca. einem Watt. Die genaue Definition lautet: Leistung = Kraft * Weg / Zeit, die Einheit ist definiert als 1 Watt = 1 Newton * 1 Meter / 1 Sekunde. Bei einer Gewichtskraft von 9,81 N würde für das Anheben tatsächlich eine Leistung von 0,981 W benötigt. Setzt man dazu einen Elektromotor ein, wird eine elektrische Leistung von ebenfalls etwa einem Watt benötigt, oder etwas mehr, weil der Motor nebenbei auch Wärme erzeugt. Ein Motor mit der Leistung 100 Watt könnte entsprechend mehr in kürzerer Zeit heben.

Die messbare Leistung eines elektrischen Geräts hängt von der elektrischen Stromstärke I und der elektrischen Spannung U ab (vgl. *Abb. 2.2*). Eine größere Spannung bedeutet, dass bei gleichem Strom mehr Leistung umgesetzt wird. Man kann daher die Spannung als abgeleitete Größe definieren:

$$Spannung = \frac{Leistung}{Stromstärke}$$
$$U = \frac{P}{I}$$

Umgekehrt lässt sich die elektrische Leistung berechnen, wenn Spannung und Stromstärke gemessen wurden. An einer Glühlampe wurde z.B. gemessen: U = 6 V, I = 0,4 A. Die Leistung beträgt dann:

$$P = U \cdot I$$
$$P = 6V \cdot 0,4\,A$$
$$\underline{\underline{P = 2,4W}}$$

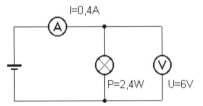

Abb. 2.2 Messung der Leistung

Diese Lampe mit der Leistung 2,4 W wird im Scheinwerfer eines Fahrrads eingesetzt. Sie ist wesentlich heller als die Rücklichtlampe mit der Leistung 0,6 W. Allgemein kann man sagen, dass mehr Leistung auch mehr Licht, mehr Wärme oder mehr Bewegung bedeutet. Viel Leistung kann durch eine hohe Spannung oder durch einen großen Strom erreicht werden. Lampen gleicher Leistung können also für unterschiedliche Spannungen ausgelegt werden.

Die elektrische Spannung wird auch als Potentialunterschied zwischen zwei Punkten einer Schaltung definiert, also z.B. zwischen den beiden Anschlüssen einer Batterie. Das elektrische Potential ist definiert als Arbeit geteilt durch

Ladung, gibt also an, wieviel Arbeit eine Ladung auf einem Weg verrichtet. Dazu muss ein willkürlicher Nullpunkt festgelegt werden, wozu meist die Erde verwendet wird. Eine gegen Erde gemessene Spannung kann daher auch als Potential bezeichnet werden. In elektronischen Schaltungen verwendet man oft eine Masseleitung (oft der Minusanschluss der Spannungsversorgung) als Bezugspunkt, wobei offen bleibt, ob sie tatsächlich geerdet ist. Einige Geräte werden über den Schutzleiter der Steckdose mit Erde verbunden.

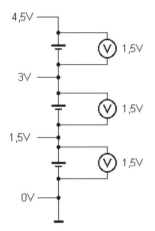

Abb. 2.3 Spannungs- und Potenzialangaben in einer Schaltung

Spannungen werden immer zwischen zwei Punkten gemessen. Deshalb bestimmt man die Spannung einer Stromquelle durch Parallelschaltung des Voltmeters. Wenn in einer Schaltung eine Spannung an einem Punkt angegeben ist, ist immer das Potenzial, also die Spannung gegenüber der gemeinsamen Masseleitung gemeint. Der Minusanschluss des Voltmeters liegt dann also an Masse. Das ideale Voltmeter ist extrem hochohmig, es fließt also nur ein vernachlässigbar kleiner Strom durch das Messgerät.

2.3 Der elektrische Widerstand, Ohmsches Gesetz

Welcher Strom in einem Stromkreis fließt, hängt einerseits von der elektrischen Spannung der Batterie ab, andererseits aber auch vom eingesetzten Verbraucher, genauer gesagt von seinem elektrischen Widerstand. Der Widerstand ist eine Eigenschaft des Verbrauchers, die man als seine Fähigkeit umschreiben kann, die schnelle Bewegung der elektrischen Ladung zu behindern. Mehr Widerstand bedeutet also bei gleicher Spannung, dass weniger Strom fließt. Der Widerstand R ist als abgeleitete Größe aus Spannung U und Stromstärke I definiert.

$$Widerstand = \frac{Spannung}{Stromstärke}$$

$$R = \frac{U}{I}$$

Die Einheit des elektrischen Widerstands ist Ohm (Ω). Ein Ohm ist gleich ein Volt geteilt durch ein Ampere. Der Widerstand einer Glühlampe mit U = 6 V und I = 0,4 A kann also leicht berechnet werden:

$$R = \frac{U}{I}$$

$$R = \frac{6\ V}{0,4\ A}$$

$$R = 15\ \Omega$$

Der Widerstand von 15 Ohm wird allerdings nur bei der vollen Spannung von 6 V gemessen. Bei kleineren Spannungen findet man weniger Widerstand, weil der Widerstand eines Metalldrahts von seiner Temperatur abhängt. Im kalten Zustand hat die Lampe nur etwa 1,5 Ω.

In der Elektronik verwendet man Widerstände als kleine, kompakte Bauteile in der Form von Kohleschicht-, Metallschicht- oder Drahtwiderständen. Diese Widerstände besitzen einen sehr konstanten elektrischen Widerstand, der als Zahl oder in Form von Farbringen aufgedruckt ist. Man findet Werte zwischen ca. 1 Ω, 1 kΩ (Kiloohm, 1000 Ω) und 1 MΩ (Megaohm, 1000000 Ω). Legt man einen Widerstand an eine bekannte Spannung, dann ist der Strom leicht zu berechnen. Ein Widerstand mit 4,7 kΩ soll z.B. an 6 V liegen (vgl. *Abb. 2.4*). Die Stromstärke ist dann:

$$I = \frac{U}{R}$$

$$I = \frac{6\ V}{4700\ \Omega}$$

$$I = 0,00128\ A$$

$$I = 1,28\ mA$$

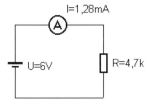

Abb. 2.4 Ein Widerstand im Stromkreis

Meist werden Widerstände jedoch nicht allein verwendet, sondern zusammen mit anderen Bauelementen. So benötigt man z.B. einen Vorwiderstand zum Betrieb einer Leuchtdiode (LED). Die Größe des Widerstands kann leicht berechnet werden, wenn man die gewünschte Stromstärke und die Spannung am Widerstand kennt.

Als Bauteile für elektronische Schaltungen werden Widerstände meist als Kohleschichtwiderstände mit Toleranzen von ±5% oder als Metallschichtwiderstände mit Toleranzen von ±1% gefertigt, wobei das Widerstandsmaterial auf einen Keramikstab aufgebracht und mit einer Schutzschicht überzogen ist. Die Beschriftung erfolgt meist in Form von Farbringen. Kohleschichtwiderstände verwenden drei Farbringe, Metallschichtwiderstände vier. Neben dem Widerstandswert ist auch die Genauigkeitsklasse in Prozent angegeben.

Widerstände mit einer Toleranz von ±5% gibt es in den Werten der E24-Reihe, wobei jede Dekade 24 Werte mit etwa gleichmäßigem Abstand zum Nachbarwert enthält.

Tabelle 2.1 Widerstandswerte nach der Normreihe E24

1,0	1,1	1,2	1,3	1,5	1,6
1,8	2,0	2,2	2,4	2,7	3,0
3,3	3,6	3,9	4,3	4,7	5,1
5,6	6,2	6,8	7,5	8,2	9,1

Berechnet man für eine Schaltung einen Widerstand von 5 kΩ, dann muss entsprechend der Normreihe entweder 4,7 kΩ oder 5,1 kΩ verwendet werden. Oft steht sogar nur die E12-Reihe zur Verfügung, in der jeder zweite Wert fehlt. Dann wird man entweder 4,7 kΩ oder 5,6 kΩ wählen. Wenn es auf engere Toleranzen ankommt, sollte man Metallschichtwiderstände verwenden, die meist mit einer Genauigkeit von 1% und in den Werten der Normreihe E96 geliefert werden.

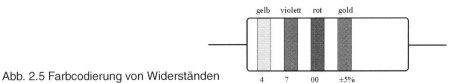

Abb. 2.5 Farbcodierung von Widerständen

Der Farbcode wird ausgehend von dem Ring gelesen, der näher am Rand des Widerstands liegt. Bei drei Ringen stehen die beiden ersten für zwei Ziffern, der dritte für einen Multiplikator für den Widerstandswert in Ohm. Ein vierter Ring gibt die Toleranz an.

Tabelle 2.2 Der Widerstands-Farbcode

Farbe	Ring 1 1. Ziffer	Ring 2 2. Ziffer	Ring 3 Multiplikator	Ring 4 Toleranz
schwarz		0	1	
braun	1	1	10	1%
rot	2	2	100	2%
orange	3	3	1000	
gelb	4	4	10000	
grün	5	5	100000	0,5%
blau	6	6	1000000	
violett	7	7	10000000	
grau	8	8		
weiß	9	9		
gold			0,1	5%
silber			0,01	10%

Ein Widerstand mit den Farbringen gelb, violett, rot und gold hat den Wert 4700 Ohm oder 4,7 Kiloohm bei einer Toleranz von 5%. Widerstände der Normreihe E96 benötigen eine Ziffer mehr und haben daher insgesamt fünf Ringe. Für den gleichen Wert von 4700 Ω lautet die Farbcodierung nun gelb, violett, schwarz und braun, mit einem zusätzlichen braunen Ring für die Toleranz 1%.

Wichtig ist auch die maximale Belastbarkeit. Kleine Widerstände dürfen z.B. bis zu $^1/_8$ Watt oder $^1/_4$ Watt aufnehmen. Überlastung führt zur Überhitzung des Widerstands. Bei längerer und erheblicher Überlastung wird der Widerstand zerstört. Er wird dabei in den meisten Fällen hochohmig, weil die Widerstandsschicht verbrennt.

2.4 Drahtwiderstand

Jeder Metalldraht hat einen elektrischen Widerstand. In vielen Fällen kann man den Drahtwiderstand vernachlässigen, weil ausreichend dicke und kurze Drähte von einem so kleinen Strom durchflossen werden, dass kein merklicher Spannungsabfall auftritt. Wenn allerdings kleinste Spannungsabfälle stören, wenn sehr lange Leitungen verwendet werden müssen oder zur Bestimmung des Widerstands von Spulen und Transformatoren, muss der Drahtwiderstand bedacht werden. In anderen Fällen möchte man gerade einen ganz bestimmten Widerstand durch ein Stück Draht realisieren, z.B. für einen Messwiderstand für erhöhte Strombelastung. In all diesen Fällen ist es wichtig, den Drahtwiderstand bestimmen zu können.

Der Widerstand eines Drahts hängt von seiner Länge, seiner Querschnittsfläche, dem verwendeten Metall und der Temperatur ab. Für jedes Metall kann ein spezifischer Widerstand ρ (griech. Rho) in $\Omega{*}m$ (aus $\Omega{*}m^2/m$) angegeben werden. Ein Draht hat dann den Widerstand

$$R = \rho \cdot \frac{l}{A}$$

l = Länge in m
A = Querschnitt in m²

Der spezifische Widerstand wird meist für eine Temperatur von 20 °C angegeben. Bei den meisten nicht legierten Metallen steigt der Widerstand um ca. 0,4% pro Grad an. Die *Tabelle 2.3* zeigt den spezifischen Widerstand und den Temperaturkoeffizienten für einige in der Elektronik wichtige Metalle.

Der spezifische Widerstand von Metallen wurde früher meist in $\Omega{*}mm^2/m$ angegeben. Heute werden allgemein die Einheiten Meter und Quadratmeter verwendet. Für einen Kupferdraht der Länge 1 m und des Durchmessers 0,2 mm ergibt sich mit $A = r^2\pi$ folgender Widerstand:

$$R = \rho \frac{l}{A}$$

$$R = \frac{0,017 \cdot 10^{-6}\,\Omega m \cdot 1m}{\left(0,1 \cdot 10^{-3}\,m\right)^2 \cdot \pi}$$

$$\underline{\underline{R = 0,534\,\Omega}}$$

Tabelle 2.3 Spezifische Widerstände einiger Metalle

Metall	r in 10^{-6} Ωm bei 20 °C	TK in 10^{-3}/K
Kupfer	0,017	4,33
Silber	0,015	4,1
Eisen	0,10	5,6
Wolfram	0,049	4,8
Platin	0,089	3,92
Konstantan	0,50	-0,03

Ein Widerstand von 0,5 Ω ist meist nicht mehr zu vernachlässigen. Dazu kommt der positive Temperaturkoeffizient des Kupfers von 0,433 %/K. Bei 100 °C hätte der gleiche Draht bereits einen Widerstand von mehr als 0,7 Ω. Die elektrischen Verluste in Drähten erhöhen sich daher mit steigender Temperatur. Andererseits kann man die Temperaturabhängigkeit des Widerstands zur Kompensation von Temperatureffekten in elektronischen Schaltungen einsetzen oder gezielt für Messzwecke ausnutzen.

Speziell für hochgenaue Temperaturmessungen verwendet man abgeglichene Platin-Messwiderstände z.B. mit 100 Ω bei 0 °C, so genannte Pt-100-Sensoren. Mit ähnlichem Ergebnis könnte man aber auch Kupfer oder Wolfram zur Temperaturmessung einsetzen. Eine Kupferspule oder eine hochohmige Glühlampe in Verbindung mit einem Ohmmeter kann also durchaus zur Temperaturmessung verwendet werden.

Wenn es auf größtmögliche Temperaturunabhängigkeit ankommt, verwendet man gern Konstantan, eine Legierung aus 54% Kupfer, 45% Nickel und 1% Mangan. Der Temperaturkoeffizient liegt nahe Null. Für sehr niederohmige Messwiderstände kann es sinnvoll sein, kurze Drahtstücke aus Konstantan zu verwenden. Der genaue Widerstand kann über die Drahtlänge abgeglichen werden. In Messgeräten mit einem großen Strom-Messbereich von z.B. 10 A findet man oft Messwiderstände aus einer kurzen und dicken Drahtbrücke.

In Glühlampen verwendet man Glühdrähte aus Wolfram, weil dieses Metall einen extrem hohen Schmelzpunkt von 3380 °C besitzt. Die normale Arbeitstemperatur bei angeschalteter Glühlampe liegt bei ca. 2200 °C. Bei dieser Temperatur erreicht der Glühfaden den zehnfachen Kaltwiderstand. So hat z.B. eine Glühlampe von 12 V/0,1 A einen Arbeitswiderstand von 120 Ω und damit einen Kaltwiderstand von 12 Ω. Man kann diese Information benutzen, um eine unbekannte Glühlampe über ihren Kaltwiderstand zu identifizieren. Zum anderen ist es oft wichtig zu bedenken, dass die Glühlampe beim Einschalten wegen des zehnfach geringeren Kaltwiderstands einen Stromstoß vom Zehnfachen des Nennstroms verursacht. Dieser kann bei falscher Dimensionierung einer Schaltung z.B. einen Schalttransistor überlasten.

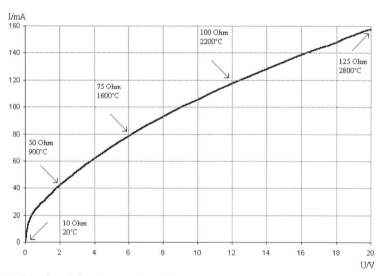

Abb. 2.6 Die Kennlinie einer 12-V-Glühlampe

Abb. 2.6 zeigt die U/I-Kennlinie einer Glühlampe mit eingezeichneten Widerstands- und Temperaturpunkten. Die Kennlinie geht im Bereich der Nennspannung in einen Bereich relativ konstanten Stroms über. Jede Erhöhung der Spannung führt nämlich zu einer Temperaturerhöhung des Glühfadens und damit zu einer Widerstandserhöhung, die der stärkeren Erhöhung des Stroms entgegenwirkt. Eine Erhöhung der Spannung um 10% vergrößert den Strom nur um ca. 5%. Dieses PTC-Verhalten (positiver Temperaturkoeffizient) kann verwendet werden, wenn es auf eine Stabilisierung des Stroms ankommt. Eine geeignete Glühlampe als Vorwiderstand in einem Akku-Ladegerät führt zu einem relativ konstanten Ladestrom über die gesamte Ladedauer.

Der Ladevorgang beginnt bei einem entladenen dreizelligen NiCd-Akku nach *Abb. 2.7* mit einer Ladespannung von z.B. 3 V, so dass 6 V an der Lampe liegen. Gegen Ende der Ladung steigt die Akkuspannung im Anwendungsbeispiel bis auf ca. 4,5 V an, die Spannung an der Glühlampe fällt auf 4,5 V. Der Strom fällt aber nur unwesentlich unter 100 mA ab, so dass man die Ladedauer grob auf fünf Stunden festlegen kann. Bei einem Festwiderstand müsste man dagegen den Stromabfall gegen Ende der Ladezeit berücksichtigen. Weitere Vorteile der Glühlampe gegenüber einem Widerstand sind die problemlose Abfuhr der Verlustwärme und die gleichzeitige Anzeige des Ladevorgangs. Eine Glühlampe als Vorwiderstand wird also sinnvoll eingesetzt, um einen kleinen Akku an einem Netzteil zu laden. Bei sehr großen Ladeströmen ist dagegen eine elektronische Ladeschaltung sinnvoll.

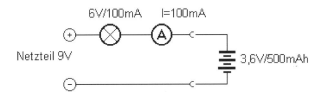

Abb. 2.7 Glühlampe zur Stromstabilisierung in einem Ladegerät

Ein weiterer Einsatz für Glühlampen liegt in der Verwendung als Überstromsicherung. Der abgesicherte Strom sollte dabei möglichst weit unterhalb des Nennstroms der Glühlampe liegen, damit nur ein kleiner Spannungsabfall auftritt. Im Kurzschlussfall wird der Strom aber etwa auf den Nennstrom begrenzt. Die Glühlampe kann damit relativ einfach experimentelle Schaltungen absichern. Ein verbesserter Ersatz für die Glühlampe sind sog. Polyswitch-Sicherungen in Form von speziellen PTC-Widerständen.

Abb. 2.8 Glühlampe als Sicherungsersatz

Im Anwendungsbeispiel nach *Abb. 2.8* wird eine relativ kleine Schaltung mit einem Strombedarf bis 100 mA an einem kräftigen Netzteil bis 2 A betrieben. Im Kurzschlussfall wird der Strom sicher auf weit unter 1 A begrenzt. Damit ist sowohl eine Beschädigung des Netzteils als auch eine mögliche Brandgefahr ausgeschlossen. Im normalen Betrieb fällt dagegen am Kaltwiderstand der Glühlampe von ca. 1,5 Ω nur eine Spannung von max. 0,15 V ab. Gegenüber einer normalen Sicherung hat man den Vorteil, dass die Glühlampe nach einem Kurzschluss nicht ausgewechselt werden muss. Gerade bei der experimentellen Arbeit bringt dies erhebliche Vorteile. So kann man z.B. das Netzteil eines Computers gefahrlos für kleine Schaltungen mit verwenden.

2.5 Reihenschaltung

Schaltet man zwei Verbraucher, also z.B. zwei Widerstände, in Reihe, dann fließt durch beide derselbe Strom. Es gibt nur einen Stromweg. Deshalb spricht man hier auch vom unverzweigten Stromkreis. Die Stromstärke hängt vom Gesamtwiderstand ab. Der Gesamtwiderstand ist die Summe aller Teilwiderstände.

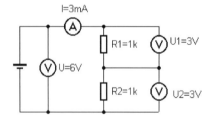

Abb. 2.9 Die Reihenschaltung

$$R = R_1 + R_2 + \ldots$$

$$I = \frac{U}{R}$$

$$I = \frac{U}{R_1 + R_2 + \ldots}$$

Die Spannung teilt sich in Reihenschaltung auf alle Verbraucher auf. Die Spannung (man spricht hier auch vom „Spannungsabfall") an einem Widerstand kann leicht aus der Stromstärke bestimmt werden.

$$U_1 = R_1 \cdot I$$

$$U_1 = R_1 \cdot \frac{U}{R_1 + R_2 + \ldots}$$

Bei gleichen Widerständen teilt sich die Spannung in gleiche Teile auf. Oft findet man ungleiche Widerstände vor. Da praktisch jeder Draht Widerstand hat, gibt es auch im Draht Spannungsabfälle, die z.B. bemerkbar werden, wenn man sehr lange und zu dünne Kabel bei großer Stromstärke verwendet. *Abb. 2.10* zeigt einen Reihenstromkreis mit drei unterschiedlichen Widerständen. Die Gesamtspannung teilt sich im Verhältnis der Einzelwiderstände in Teilspannungen.

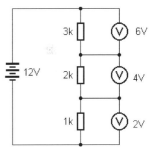

Abb. 2.10 Ein Spannungsteiler mit drei Teilwiderständen

Die Reihenschaltung wird oft auch als Spannungsteiler bezeichnet. Um eine Spannung beliebig zu teilen, setzt man Potentiometer ein. Potentiometer sind Widerstände mit einem verstellbaren Abgriff. Meist verwendet man eine kreisförmige Widerstandsbahn (vgl. *Abb. 2.11*) und einen Schleifer aus Metall oder Graphit. Man setzt sie z.B. als Lautstärkeregler ein. Jedes Poti stellt einen variablen Spannungsteiler dar. Potentiometer ohne Achse, die sich mit einem Schraubendreher verstellen lassen, bezeichnet man auch als Trimmer.

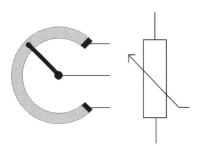

Abb. 2.11 Prinzip des Potentiometers

2.6 Parallelschaltung

Bei der Parallelschaltung mehrerer Verbraucher oder Widerstände entstehen mehrere Stromzweige mit jeweils unterschiedlichen Stromstärken. Der Gesamtstrom verzweigt sich in Teilströme. Man bezeichnet die Parallelschaltung daher auch als den verzweigten Stromkreis.

Bei der Parallelschaltung mehrerer Verbraucher addieren sich die Ströme, während die Spannung an jedem Verbraucher die gleiche ist. Für den Gesamtstrom gilt:

$$I = I1 + I2 + ...$$

$$I = \frac{U}{R1} + \frac{U}{R2} + ...$$

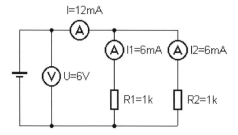

Abb. 2.12 Die Parallelschaltung

In der Beispielschaltung nach *Abb. 2.12* findet man zwei Teilströme mit jeweils 6 mA. Beide Widerstände mit jeweils 1000 Ω könnten durch einen Widerstand mit 500 Ω ersetzt werden (Ersatzwiderstand), um denselben Gesamtstrom von 12 mA zu erreichen. Zwei gleiche Widerstände in Parallelschaltung ersetzen also einen halb so großen Widerstand. Oft möchte man einen Widerstand durch mehrere Widerstände ersetzen, z.B. um die erlaubte Verlustleistung zu erhöhen. Zehn Widerstände mit 1 Ω/0,25 W in Parallelschaltung ersetzen einen Leistungswiderstand mit 0,1 Ω/2,5 W. Allgemein kann man für mehrere parallele Widerstände R_1, R_2, R_3 usw. einen Ersatzwiderstand R angeben.

$$\frac{1}{R} = \frac{1}{R_1} + \frac{1}{R_2} + \frac{1}{R_3} + ...$$

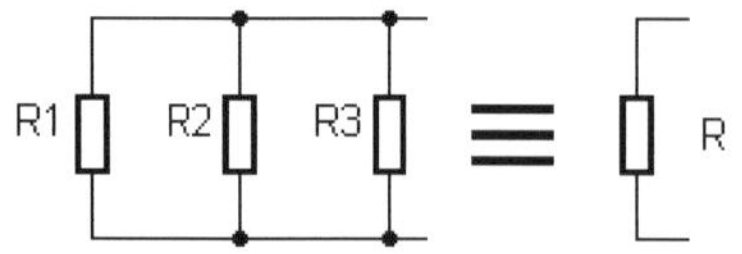

R1 R2 R3 ≡ R

Abb. 2.13 Ersetzen eines Widerstands durch eine Parallelschaltung

2.7 Vorwiderstände

Will man die Spannung an einem Verbraucher verkleinern, dann kann man einen Widerstand in Reihe als „Vorwiderstand" einsetzen. Der Spannungsabfall am Vorwiderstand verkleinert die Spannung am Verbraucher. Soll z.B. eine Glühlampe mit 6 V/0,1 A an 9 V betrieben werden, dann muss der Vorwiderstand einen Spannungsabfall von 3 V aufnehmen. Der Strom durch den Vorwiderstand ist wegen der Reihenschaltung ebenfalls 0,1 A. Der passende Widerstand kann also leicht berechnet werden.

$$R1 = \frac{U1}{I}$$

$$R1 = \frac{3\,V}{0,1\,A}$$

$$R1 = 30\,\Omega$$

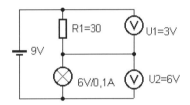

Abb. 2.14 Verwendung eines Vorwiderstands

Für Leuchtdioden (LEDs) müssen prinzipiell Vorwiderstände eingesetzt werden, weil sie nicht bei einer bestimmten Spannung, sondern mit einem definierten Strom von max. 20 mA betrieben werden sollen. Die Anschlussspannung beträgt dabei je nach Typ zwischen 1,5 V und 2 V. Für eine rote LED kann man z.B. von 1,5 V ausgehen. Der Vorwiderstand muss die restliche Spannung aufnehmen, also z.B. 4,5 V an einer Batteriespannung von 6 V. Man berechnet in diesem Fall einen Widerstand von 225 Ω.

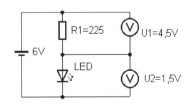

Abb. 2.15 Ein Vorwiderstand für eine Leuchtdiode

2.8 Innenwiderstand

Jede Batterie und die meisten Netzteile zeigen einen deutlichen Spannungsabfall, wenn ein Verbraucher eingeschaltet wird. So kann z.B. die Spannung einer Flachbatterie beim Anschluss einer Glühlampe mit 0,3 A von 4,5 V um 0,6
V auf 3,9 V abfallen. Man kann sich die Batterie als eine Reihenschaltung aus
einer idealen, also sehr konstanten Spannungsquelle mit 4,5 V und einem Widerstand vorstellen. Dieser gedachte Vorwiderstand hat in diesem Fall 2 Ohm.

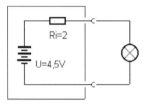

Abb. 2.16 Der Innenwiderstand einer Batterie

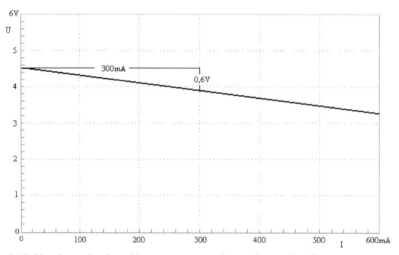

Abb. 2.17 Abnahme der Anschlussspannung mit zunehmendem Strom

Allgemein kann man den Innenwiderstand Ri einer Stromquelle bestimmen,
indem man die Spannung bei zwei unterschiedlichen Stromstärken misst. *Abb.
2.17* zeigt ein typisches Messergebnis. Der Spannungsunterschied ΔU (sprich:
Delta-U) bei einem Stromstärkenunterschied ΔI erlaubt die Berechnung des
Innenwiderstands Ri.

$$Ri = \frac{\Delta U}{\Delta I} \qquad Ri = \frac{4,5\,V - 3,9\,V}{0,3\,A - 0\,A} \qquad Ri = \frac{0,6\,V}{0,3\,A} \qquad Ri = 2\,\Omega$$

Praktisch alle Spannungsquellen wie Batterien, Transformatoren, Mikrofone, Antennen und Verstärker haben einen bestimmten Innenwiderstand. Man muss seinen Wert kennen, um den richtigen Verbraucher anzuschließen. Für eine Batterie gilt: Der Widerstand des Verbrauchers sollte sehr viel größer als der Innenwiderstand sein, damit geringe Verluste auftreten. Für Signalquellen wie Mikrofone oder Antennen sollte der Innenwiderstand mit dem Anschlusswiderstand übereinstimmen, weil dann die maximale Leistung abgegeben wird.

Bei einfachen Zink-Kohle- oder Alkalibatterien steigt der Innenwiderstand gegen Ende der Lebensdauer stark an. Er bildet ein gutes Maß zur Beurteilung des Zustands einer Batteriezelle. Die Leerlaufspannung einer Batterie sinkt dagegen kaum ab und ist nur ein unzuverlässiges Kriterium für ihren Zustand. Besonders bei bereits teilweise entladenen Batterien kann statt des Innenwiderstands einfach der Kurzschlussstrom gemessen werden, indem man ein Amperemeter im höchsten Strombereich von z.B. 10 A parallel zur Batterie schaltet.

Ein Kurzschlussstrom von 1 A bedeutet für eine 1,5-V-Batterie einen Innenwiderstand von 1,5 Ω, was für eine einfache Zink-Kohlebatterie noch ein guter Wert ist. Die Kurzschlussmethode bietet sich an, um aus mehreren teilweise entladenen Batterien zuverlässig die besten herauszusuchen. Vorsicht ist allerdings bei relativ neuen Alkalibatterien und bei Akkus geboten, wo leicht mehr als 10 A fließen können. Bei Akkus steigt der Innenwiderstand überdies erst am Ende der Entladeperiode stark an, so dass er kaum eine Aussage über den Ladezustand liefert. Dagegen lassen sich verbrauchte Akkus an einem hohen Innenwiderstand im frisch geladenen Zustand erkennen.

Übliche Batterietester verwenden meist eine Spannungsmessung unter einer für den jeweiligen Batterietyp typischen Belastung im Bereich um 100 mA. Das Messergebnis sagt mehr aus als eine reine Messung der Leerlaufspannung mit einem hochohmigen Voltmeter, weil bei der Belastung der Batterie ein vom Innenwiderstand abhängiger Spannungsabfall auftritt. Genauso vermittelt natürlich auch eine einfache Glühlampe einen Eindruck vom Zustand einer Batterie, wenn ihre Daten einigermaßen zur Anschlussspannung und zum typischen Entladestrom der Batterie passen.

3 Der Wechselstromkreis

Die Gesetze des Gleichstromkreises gelten grundsätzlich auch für Wechselstrom. Allerdings treten bei Wechselstrom einige zusätzliche Phänomene auf. Insbesondere Kondensatoren und Spulen verhalten sich völlig anders als bei Gleichstrom. Die Grundlagen des Wechselstromkreises spielen in der analogen Schaltungstechnik eine wichtige Rolle, weil vielfach Wechselspannungssignale verarbeitet werden. Außer der Spannung und der Stromstärke muss hier auch die Frequenz und die Kurvenform eines Signals beachtet werden. Während Wechselstromkreise zunächst bei sinusförmigen Wechselspannungen untersucht werden, treten in elektronischen Schaltungen auch Rechteck-, Dreieck- und andere Signale auf.

3.1 Effektivspannung und Leistung

Während Batterien Gleichstrom liefern, verwendet man im Lichtnetz Wechselstrom. Die Polarität der Wechselspannung kehrt sich mit einer Frequenz f laufend um. An der Steckdose findet man eine Wechselspannung mit 230 V bei einer Frequenz von 50 Hertz (f = 50 Hz), also mit 50 vollständigen Wechseln in einer Sekunde. Eine volle Periode dauert 20 Millisekunden. Die höchste Momentanspannung, also die Spitzenspannung U_s, liegt bei ca. 325 V. Die Spitze-Spitze-Spannung U_{ss} beträgt 650 V. Die Effektivspannung U_{eff} beträgt 230 V. Das bedeutet, dass an einem ohmschen Widerstand bei einer Gleichspannung von 230 V die gleiche mittlere Leistung umgesetzt wird. Mit einem Oszilloskop lässt sich der zeitliche Verlauf der Wechselspannung sichtbar machen.

Die Momentanspannung einer sinusförmigen Wechselspannung folgt allgemein dem Verlauf einer mathematischen Sinusfunktion mit der Höhe U_s:

$$U = U_s \cdot \sin(2\pi f t)$$

Mittelt man die auftretenden Leistungen über eine volle Sinusperiode der Wechselspannung, dann zeigt sich, dass die Momentanleistung am Scheitel-

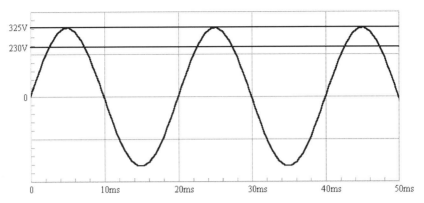

Abb. 3.1 Das Oszillogramm einer Wechselspannung

punkt U_s der Spannung gerade doppelt so groß ist wie die durchschnittliche, also die effektive Leistung. Da die Leistung bei konstantem Widerstand eines Verbrauchers mit dem Quadrat der Spannung steigt, ergibt sich ein Verhältnis zwischen Spitzenspannung U_s und Effektivspannung U_{eff} von $\sqrt{2} = 1{,}41$. Ein Transformator mit einer Sekundärspannung von 12 V liefert also eine Spitzenspannung von 12V * 1,41 = 17 V. Dies spielt eine große Rolle bei der Dimensionierung von Netzteilen.

In der Elektronik verwendet man oft auch rechteckförmige Wechselspannungen. In diesem Fall ist die Effektivspannung gleich der Scheitelspannung. Für jede Kurvenform gilt ein eigenes Verhältnis von Effektivspannung zu Spitzenspannung. Ein Wechselspannungs-Voltmeter zeigt im allgemeinen die Effektivspannung an. Man unterscheidet jedoch zwischen einer echten und technisch sehr aufwendigen Effektivwertmessung (engl. True RMS) und einer nur über die Spannung ermittelten Messung, was bei den einfachen Voltmetern der Fall ist. Diese zeigen nur für sinusförmige Spannungen korrekte Ergebnisse, während bei allen anderen Kurvenformen mehr oder weniger falsche Messwerte angezeigt werden. Andererseits ist der Effektivwert nicht unbedingt immer der interessante Messwert. In der Schaltungstechnik interessiert oft mehr die Spitzenspannung, die sich am besten mit einem Oszilloskop bestimmen lässt.

Jede beliebige periodische Kurvenform lässt sich aus Sinusschwingungen zusammensetzen, wobei eine Grundfrequenz und Vielfache davon verwendet werden. Umgekehrt kann man auch sagen, dass eine beliebige Kurvenform eine Grundschwingung und viele Oberschwingungen enthält. Eine Rechteckspannung mit der Grundfrequenz 100 Hz enthält neben der Grundfrequenz von

100 Hz auch noch schwächere Oberschwingungen mit den Frequenzen 300 Hz, 500 Hz, 700 Hz usw. Legt man eine bestimmte Signalform an einen Lautsprecher, dann ist der Gehalt an Obertönen im Klangbild des Signals deutlich zu hören. Nur der reine Sinuston enthält keine Obertöne. Jede Verzerrung der reinen Sinusform fügt jedoch Anteile höherer Frequenzen hinzu.

Die *Tabelle 3.1* zeigt die relativen Anteile der einzelnen Oberschwingungen für die drei wichtigsten Kurvenformen Rechteck (symmetrisch), Dreieck (symmetrisch) und Sägezahn. Bei den symmetrischen Kurvenformen kommen nur ungerade Oberschwingungen vor. Die Dreieckschwingung ist unter den drei Kurvenformen der Sinusschwingung am ähnlichsten und hat daher den geringsten Gehalt an Anteilen höherer Frequenzen. Den höchsten Gehalt an Obertönen hat die Sägezahnschwingung.

Tabelle 3.1 Oberwellenanteile in einigen Kurvenformen

Form	f_0	$2 * f_0$	$3 * f_0$	$4 * f_0$	$5 * f_0$	$6 * f_0$
Rechteck	1	0	1/3	0	1/5	0
Dreieck	1	0	1/9	0	1/25	0
Sägezahn	1	1/2	1/3	1/4	1/5	1/6

Bei der Betrachtung von Wechselspannungssignalen ist es üblich, von reinen Sinusspannungen auszugehen. Alle anderen Kurvenformen werden als Gemisch von Sinussignalen betrachtet. Umgekehrt lassen sich beliebige Kurvenformen aus Sinussignalen erzeugen. *Abb. 3.2* zeigt die Synthese eines Rechtecksignals aus den ersten drei Grundsignalen. Die angenäherte Rechteckspannung folgt hier der folgenden Funktion:

$$U = U_s \cdot \sin(2\pi f t) + \frac{U_s}{3} \cdot \sin(6\pi f t) + \frac{U_s}{5} \cdot \sin(10\pi f t)$$

3.2 Das Dezibel

In der Nachrichtentechnik spricht man statt von Spannungen oft von Pegeln. Ein bestimmter Spannungspegel wird auch oft in Dezibel (dB) angegeben. Das Dezibel ist eine reine Verhältnisgröße, d.h., man gibt den Unterschied zu einer Bezugsgröße an. Die Angabe 20 dB bedeutet z.B. die zehnfache Spannung bzw. die 100-fache Leistung. Man kann diese Angabe sinnvoll auf einen Ver-

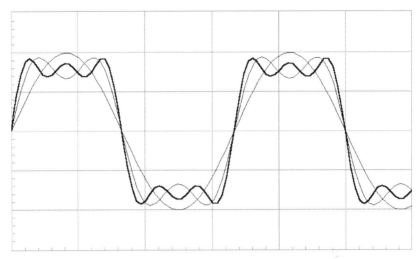

Abb. 3.2 Annäherung eines Rechtecksignals aus drei Sinusspannungen

stärker anwenden und sagen, die Verstärkung beträgt 20 dB. Zur Bestimmung der Verstärkung müssen die Eingangsspannung U_1 und die Ausgangsspannung U_2 gemessen werden. Die Umrechnung der Verstärkung V in Dezibel beruht auf dem Zehnerlogarithmus des Spannungsverhältnisses:

$$V = 20\, dB \cdot \log \frac{U_2}{U_1}$$

Für eine 100-fache Verstärkung V ergibt sich 40 dB.

$$V = 20\, dB \cdot \log 100$$
$$V = 40\, dB$$

Verwendet man das Dezibel zur Angabe eines Pegels, dann muss immer mit angegeben werden, in Bezug auf welchen Pegel die Angabe gilt. In der Fernmeldetechnik verwendet man z.B. als Bezugspegel 1 mW an 600 Ω. Die Signalspannung beträgt dann 0,7746 V = 0 dBm. Größere oder kleinere Pegel werden in dBm angegeben. Negative Pegel entsprechen kleineren Spannungen, positive größeren.

Als Bezugspegel kommen auch andere Größen in Frage. In der Hochfrequenztechnik verwendet man oft ein Mikrovolt als Nullpegel. Die Angabe 40 dB(µV) bedeutet dann eine Signalspannung von 100 µV.

Tabelle 3.2 Einige Pegel in dBm

Pegel	Leistung P	Spannung U
+20 dBm	100 mW	7,75 V
+10 dBm	10 mW	2,45 V
+ 3 dBm	ca. 2 mW	1.10 V
0 dBm	1 mW	0,775 V
-3 dBm	ca. 0,5 mW	0,548 V
-6 dBm	ca. 0,25 mW	0,388 V
-10 dBm	0,1 mW	0,245 V
-20 dBm	0,01 mW	0,0775 V
-30 dBm	0,001 mW	0,0245 V

Ein Vorteil des logarithmischen Maßes dB ist, dass man Abschwächungen und Verstärkungen einfach addieren kann. Zwei hintereinandergeschaltete Verstärker mit Verstärkungen mit jeweils 12 dB haben eine Gesamtverstärkung von 24 dB. Wenn zusätzlich noch ein Leitung mit Verlusten von 2 dB und ein Übertrager mit Verlusten von 4 dB verwendet werden, beträgt die Gesamtverstärkung nur noch 18 dB. Ein weiterer Vorteil ist, dass man sehr große Pegelunterschiede gut zusammen in einem Diagramm darstellen kann.

3.3 Transformatoren

Der wichtigste Grund Wechselstrom einzusetzen ist die Möglichkeit, mit Transformatoren die Spannung zu verändern. Ein Transformator enthält zwei Drahtspulen auf einem gemeinsamen Eisenkern. Ein Wechselstrom durch eine der Spulen erzeugt ein Magnetfeld im Kern, das in der zweiten Spule eine Spannung induziert. Die Induktion wird weiter unten im Zusammenhang mit Spulen noch genauer erläutert. Das Verhältnis der Windungszahlen eines Transformators entspricht dem Verhältnis der Spannungen. Ein Transformator verändert im umgekehrten Windungsverhältnis die Stromstärke, so dass die Leistung bis auf geringe Verluste unverändert bleibt.

Abb. 3.3 zeigt die Verhältnisse an einem idealen Netztransformator ohne jede Verluste für die Sekundärspannung 12 V. Die Primärwicklung könnte 2300 Windungen haben, die Sekundärwicklung 120 Windungen, so dass jeweils 10 Windungen an beiden Seiten auf ein Volt kommen. Die Stromstärke wird im

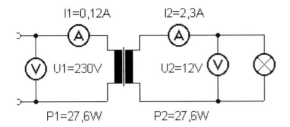

Abb. 3.3 Der Transformator

gleichen Maß herauftransformiert wie die Spannung heruntertransformiert wird. Die Leistung ist daher primär wie sekundär mit 27,6 W gleich.

In der Realität besitzen Transformatoren jedoch einige abweichende Eigenschaften. Es treten ohmsche Verluste in beiden Wicklungen auf, die zu einem Spannungsabfall unter Belastung führen. Die nicht vollständige magnetische Kopplung zwischen den Wicklungen führt zu weiteren Spannungsverlusten, so dass die Sekundärwicklung insgesamt als eine Spannungsquelle mit einem gewissen Innenwiderstand erscheint. Dies berücksichtigt man, indem man das Wicklungsverhältnis für eine um etwa 10% größere Leerlaufspannung auslegt. Bei einem 12-V-Netztrafo aus dem obigen Beispiel bedeutet das eine Leerlauf-Effektivspannung von 13,2 V und eine Leerlauf-Spitzenspannung von ca. 18,7 V. Transformatoren sehr kleiner Leistung weisen noch größere Leerlaufspannungen und Spannungsverluste auf. Sehr große Transformatoren arbeiten dagegen mit sehr viel geringeren Verlusten.

Auch ohne eine Belastung fließt bereits ein Primärstrom durch den induktiven Widerstand der Primärspule. Bei einem idealen Transformator ist dies wie bei einer idealen Spule ein reiner Blindstrom, der zu keinen Verlusten führt. In der Realität kann man jedoch auch bei einem unbelasteten Transformator bereits eine Erwärmung feststellen, was auf Energieverluste hinweist.

Außer Spannungsabfällen treten bei Transformatoren auch gewisse nicht-lineare Effekte auf. Da man den Eisenkern nicht größer als unbedingt nötig auslegt, erreicht er in den Stromspitzen teilweise schon seine maximale Magnetisierung. Die dabei auftretenden Effekte führen zu einer Verzerrung der Kurvenformen und zu Energieverlusten im Kern. Die Verwendung höherer Frequenzen ermöglicht die Verwendung kleinerer Trafokerne bei zugleich geringeren Verlusten. Die relativ geringe Frequenz von 50 Hz führt zu großen und schweren Trafos. In Schaltnetzteilen verwendet man daher größere Frequenzen um etwa 50 kHz und erreicht damit insgesamt kleinere und preiswertere Transformatoren.

Wechselspannungen spielen auch als Signalspannungen eine wichtige Rolle. So sind z.b. Tonfrequenzsignale auf einer Telefonleitung oder an einem Lautsprecher ebenfalls Wechselspannungen, wobei aber meist mehrere Frequenzen im Bereich 20 Hz bis 20 kHz (Niederfrequenz) zusammen auftreten. Man kann typische Niederfrequenzsignale z.b. mit einem Oszilloskop untersuchen.

Bei der Übertragung von Tonsignalen über einen Transformator muss dieser für den gesamten Frequenzbereich ausgelegt sein, also z.B. für 20 Hz bis 20 kHz. Die Gefahr von Verzerrungen führt dazu, dass man NF-Übertrager nach Möglichkeit vermeidet. Im speziellen Fällen bieten sie jedoch Vorteile wie z.B. die Möglichkeit der Potentialtrennung zur Vermeidung von Brummschleifen. Bei größeren Anlagen mit vielen Lautsprechern verwendet man Verstärker in 100-V-Technik, wobei jeder Lautsprecher der Anlage einen eigenen Tonübertrager zur Anpassung erhält. Die früher in jedem Röhrenverstärker verwendeten Ausgangsübertrager können jedoch bei Transistorverstärkern völlig vermieden werden.

3.4 Kondensatoren

Kondensatoren sind Bauteile mit zwei Anschlussdrähten, deren Funktion sich vereinfacht als Ladungsspeicher beschreiben lässt. Schaltet man einen Kondensator im Gleichstromkreis in Reihe zu einem Verbraucher, dann ist der Stromkreis unterbrochen. Allenfalls beim ersten Einschalten fließt ein kurzer Stromstoß. Verwendet man dagegen Wechselspannung, dann fließt ein Strom, und der Kondensator verhält sich ähnlich wie ein Widerstand.

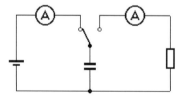

Abb. 3.4 Auf- und Entladen eines Kondensators

Der Kondensator besteht aus zwei Metallfolien, die gegeneinander isoliert sind. Bei Anschluss einer Spannung werden die Folien (Kondensatorplatten) aufgeladen, bis die Spannung gleich der Batteriespannung ist. Die Ladung bleibt gespeichert und kann beim Anschluss eines Widerstands in kurzer Zeit abfließen, wobei die Spannung abnimmt. Grundsätzlich fließt nur Strom, solange die Spannung sich ändert. Die Größe des Stroms hängt von der Plattengröße, von ihrem Abstand und vom verwendeten Isoliermaterial (Dielektrikum) ab. Man ordnet dem Kondensator als messbare Größe die Kapazität C in Farad (F) zu. Meist kommen Werte im Bereich Mikrofarad (µF, Millionstel Farad), Nanofarad (nF = 1/1000 µF) und Pikofarad (pF = 1/1000 nF) vor. Die Kapazität kann gemessen werden, wenn man den Spannungsanstieg ΔU bei einem Strom I in einer gewissen Zeit Δt bestimmt.

$$C = \frac{I \cdot \Delta t}{\Delta U}$$

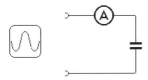

Abb. 3.5 Der Kondensator im Wechselstromkreis

Beim Anlegen einer Wechselspannung ändert sich die momentane Spannung zu jedem Zeitpunkt. Der Kondenstor wird also dauernd aufgeladen und wieder entladen. Es fließt ein Wechselstrom, der von der Spannung, der Frequenz und der Kapazität des Kondensators abhängt. Der Kondensator verhält sich ähnlich wie ein Widerstand und besitzt einen „kapazitiven Widerstand" R_C.

$$R_C = \frac{1}{2\pi \cdot f \cdot C}$$

Für einen Kondensator mit C = 100 µF bestimmt man bei einer Frequenz von 50 Hz einen kapazitiven Widerstand von $R_C = 31{,}8 \, \Omega$.

3.5 RC-Glieder

Im Wechselstromkreis mit einem Kondensator ist zu beachten, dass es eine Phasenverschiebung zwischen Spannung und Strom gibt, d.h., der höchste Strom tritt nicht zum Zeitpunkt der höchsten Spannung auf, sondern früher. Aus diesem Grunde lassen sich auch nicht die Gesetze der Reihenschaltung einfach auf einen Kondensator und einen Widerstand anwenden. Trotzdem können Kondensatoren wie Vorwiderstände eingesetzt werden. Allerdings sind größere Kapazitäten meist nur bei Elektrolytkondensatoren erhältlich, die eine Polung aufweisen und nicht an Wechselspannung betrieben werden dürfen.

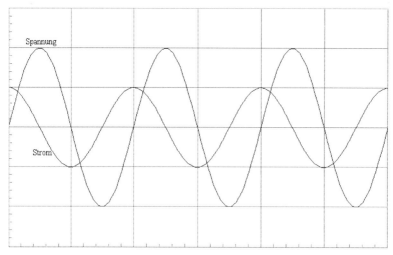

Abb. 3.6 Phasenverschiebung zwischen Spannung und Strom

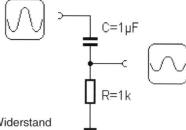

Abb. 3.7 Reihenschaltung aus Kondensator und Widerstand

Eine Reihenschaltung aus einem Widerstand und einem Kondensator bildet einen komplexen Gesamtwiderstand Z mit einem Betrag kleiner als der Summe aus R und R_C. Außerdem tritt eine Phasenverschiebung zwischen Null und 90° auf. Allgemein gilt für den Betrag von Z:

$$Z = \sqrt{R^2 + R_c^2}$$

$$Z = \sqrt{R^2 + \left(\frac{1}{2\pi f C}\right)^2}$$

Für den Betrag des Stroms in Abhängigkeit von der Frequenz gilt für die Reihenschaltung aus R und C:

$$I = \frac{U}{\sqrt{R^2 + R_C^2}}$$

Der Strom I und damit auch der Spannungsabfall am Widerstand nimmt mit steigender Frequenz f zu. Deshalb spricht man hier von einem Hochpass. Ein wichtiger Punkt ist die sogenannte Grenzfrequenz f_G.

$$f_G = \frac{1}{2\pi RC}$$

Im Beispiel mit R = 1 kΩ und C = 1 μF ergibt sich eine Grenzfrequenz von 159 Hz. Bei der Grenzfrequenz gilt $R = R_C$. Die Impedanz der Gesamtschaltung ist $Z = R*\sqrt{2}$, im Beispiel also 1,41 kΩ. Damit ist die Spannung am realen Widerstand auf den Wert U*0,707 abgefallen.

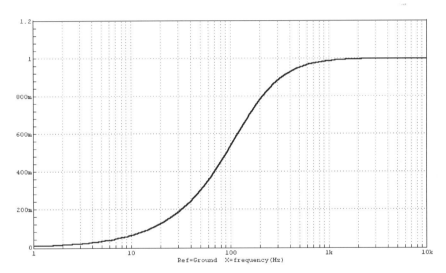

Abb. 3.8 Frequenzgang eines RC-Hochpass

Kondensatoren als Vorwiderstände setzt man in Lautsprecher-Frequenzweichen ein, um einen Hochpass zu realisieren. Ein Kondensator in Reihe zum Hochtonlautsprecher lässt also vornehmlich die hohen Frequenzen passieren. Mit C = 5 μF und einem Lautsprecherwiderstand von R = 8 Ω ergibt sich eine Grenzfrequenz von F_G = 4 kHz.

Bisher wurden Kondensatoren nur im Wechselstromkreis mit sinusförmigen Spannungen betrachtet. Interessant ist jedoch auch das Verhalten des Kondensators bei Spannungssprüngen oder bei Rechteckspannungen. Ein echter Span-

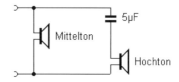

Abb. 3.9 Der Kondensator in der Frequenzweiche

nungssprung am Kondensator selbst ist praktisch unmöglich, da er einen unendlichen Ladestrom voraussetzen würde. In der Praxis muss es vermieden werden, einen Kondensator mit großer Kapazität über ca. 1000 µF schlagartig an eine Gleichspannung wie z.B. 12 V zu schalten. Der impulsartige Ladestrom kann zur Beschädigung des Kondensators, eines Schalters oder einer Sicherung führen, wenn die Stromquelle einen niedrigen Innenwiderstand aufweist. Im Moment des Einschaltens ist die Spannung am Kondensator noch Null. Er stellt also einen Kurzschluss dar, wobei der Strom allein vom Innenwiderstand der Spannungsquelle begrenzt wird. Im Falle eines Bleiakkumulators können leicht Impulsströme von einigen hundert Ampere auftreten. Ähnlich liegen die Verhältnisse, wenn zwei große Kondensatoren zusammengeschaltet werden, wobei einer bereits geladen ist.

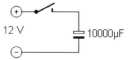

Abb. 3.10 Stoßartiges Aufladen eines Elkos

Das gleiche Problem tritt auf, wenn in einem Netzteil Kondensatoren über einen Gleichrichter direkt am Netz geladen werden, wie es z.B. in Schaltnetzteilen vorkommt. Die Größe des Impulsstroms hängt dabei von zufälligen Einschaltmoment ab und ist dann besonders groß, wenn gerade im Moment der Scheitelspannung eingeschaltet wird. Zur Vermeidung zu großer Impulsströme muss ein Widerstand von etwa 5 Ω in Reihe zum Gleichrichter geschaltet werden, obwohl dabei auch im laufenden Betrieb höhere Verluste auftreten. Bei einem Netzteil mit Transformator sorgt dagegen der Innenwiderstand des Transformators selbst für eine ausreichende Begrenzung des Impulsstroms.

Im Normalfall werden Kondensatoren nur zusammen mit Widerständen an eine Gleichspannung oder an eine Rechteckspannung gelegt. Beim Einschalten einer Gleichspannung lädt sich der Kondensator anfangs schneller und gegen Ende langsamer auf, weil bei zunehmender Ladespannung der Spannungsabfall am Ladewiderstand R und damit der Ladestrom abnimmt. Ebenso nimmt

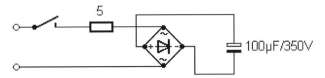

Abb. 3.11 Begrenzung des Stoßstroms durch einen Widerstand

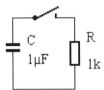

Abb. 3.12 Entladen eines Kondensators über einen Widerstand

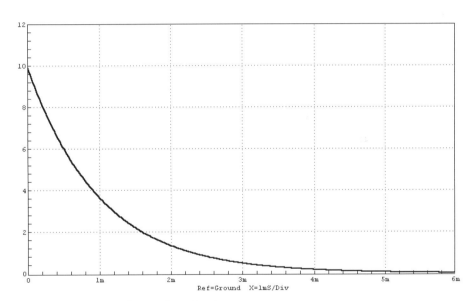

Abb. 3.13 Die Entladekurve eines Kondensators

der Entladestrom mit der Zeit ab, wenn ein Kondensator an einem Widerstand entladen wird.

Die Kondensatorspannung beim Ausschalten folgt dem Exponentialgesetz. Die Entladung beginnt steil und nähert sich asymptotisch der Spannung Null an, erreicht sie aber theoretisch nie.

$$U = U_0 \cdot e^{\frac{-t}{RC}}$$

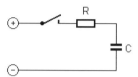

Abb. 3.14 Aufladen eines Kondensators
über einen Widerstand

Für einen Kondensator C und einen Widerstand R kann man die Zeitkonstante
T = RC angeben. In dieser Zeit hat sich der Kondensator auf den Teil 1/e =
0,368 der Anfangsspannung entladen. Im Beispiel mit R = 1 kΩ und C = 1 μF
beträgt die Zeitkonstante 1 ms. Ein Kondensator von 10000 μF mit einem Widerstand von 10 kΩ hat entsprechend eine Zeitkonstante von 10 s.

$$T = R \cdot C$$
$$T = 10000 \cdot 10^{-6} F \cdot 10^3 \Omega$$
$$\underline{\underline{T = 10\ s}}$$

Der Kondensator entlädt sich in einer Zeit von 10 s von 10 V auf 3,68 V. Nach
100 s ist immer noch eine Spannung von 50 μV vorhanden. Die gleichen Verhältnisse finden sich umgekehrt auch beim Aufladevorgang. Die Kondensatorspannung folgt der Funktion

$$U = U_0 \cdot \left(1 - e^{\frac{-t}{RC}} \right)$$

Bei Aufladen erreicht der Kondensator nach der Zeit t eine Spannung von
63,2% der Endspannung. Legt man eine periodische Rechteckspannung an das
RC-Glied, dann erhält man die typische Spannungsform mit Teilästen der Ex-
ponenzialfunktion.

Das RC-Glied ist hier wie ein Tiefpassfilter geschaltet. Die entstehende Kurvenform kann auch so gedeutet werden, dass aus dem Spektrum der in der

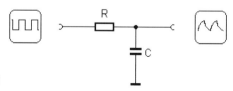

Abb. 3.15 Das RC-Glied als Tiefpass

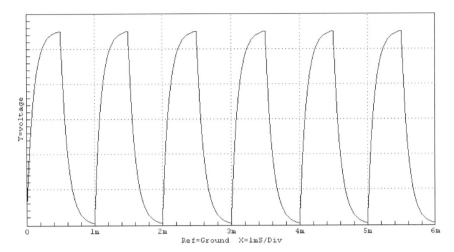

Abb. 3.16 Ausgangssignal des Tiefpassfilters

Rechteckfunktion vorkommenden Frequenzen die höheren geschwächt werden. Die Kurvenform wird abgerundet und nähert sich mehr der Sinusform an. Umgekehrt liegen die Verhältnisse, wenn man das RC-Glied wie ein Hochpassfilter schaltet. Nun treten typische Impulsspitzen auf, die gegenüber der Eingangsspannung eine geschwächte Grundschwingung enthalten.

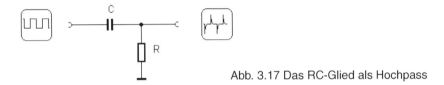

Abb. 3.17 Das RC-Glied als Hochpass

3.6 Kondensator-Bauformen

Kondensatoren erhält man in verschiedenen Bauformen, die sich hauptsächlich in der verwendeten Isolationsschicht (Dielektrikum) unterscheiden. Keramische Kondensatoren werden mit Kapazitäten von ca. 1 pF bis 0,1 µF hergestellt. Folienkondensatoren bis ca. 10 µF verwenden Kunststofffolien und halten Spannungen von ca. 60 V bis zu einigen kV aus. Die größten Kapazitäten von 1000 µF und mehr erreicht man mit Elektrolytkondensatoren. Sie dürfen nur mit einer bestimmten Polung angeschlossen werden und eignen sich

43

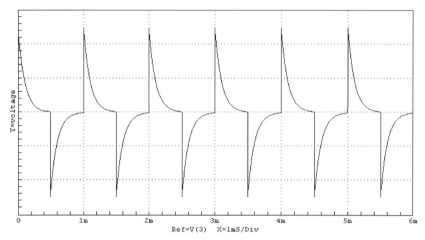

Abb. 3.18 Ausgangssignal des Hochpassfilters

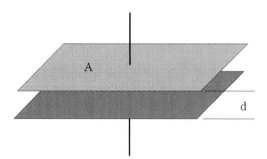

Abb. 3.19 Prinzipieller Aufbau eines Plattenkondensators

nicht für Wechselstrom. Grundsätzlich muss bei jedem Kondensator die höchste erlaubte Spannung beachtet werden, damit es nicht zu inneren Überschlägen und Kurzschlüssen kommt.

Die Kapazität eines Kondensators hängt von der Plattenfläche A, dem Abstand d und vom verwendeten Dielektrikum, also dem Material der Isolierschicht ab. Es kommt zwar nicht alle Tage vor, dass man sich einen Kondensator selbst baut. Wichtig ist es aber oft, Kapazitäten abschätzen zu können, die sich aus dem Aufbau einer Schaltung ergeben. Für einen Luftkondensator gilt allgemein

$$C = \varepsilon_0 \cdot \frac{A}{d}$$

mit der elektrischen Feldkonstanten $\varepsilon_0 = 8,8542 \cdot 10^{-12}$ As/Vm. Die Fläche A muss in m², der Abstand d in m angegeben werden. Für einen Plattenkondensator mit einer Fläche A = 100 cm² = 0,01 m² und einem Abstand d = 1 mm = 0,001 m ergibt sich eine Kapazität von

$$C = \varepsilon_0 \cdot \frac{A}{d}$$

$$C = 8,8542 \cdot 10^{-12} \frac{As}{Vm} \cdot \frac{0,01\, m^2}{0,001\, m}$$

$$C = 88,5 \cdot 10^{-12} \frac{As}{V}$$

$$C = 88,5 \cdot 10^{-12}\, F$$

$$C = 88,5\; pF$$

Für ein anderes Dielektrikum als Luft oder Vakuum vergrößert sich die Kapazität um die relative Dielektrizitätskonstante ε_r.

$$C = \varepsilon_0 \cdot \varepsilon_r \cdot \frac{A}{d}$$

Die *Tabelle 3.3* zeigt ε_r für einige wichtige Stoffe.

Tabelle 3.3 Dielektrizitätskonstanten für einige Stoffe

Stoff	e_r
Vakuum	1
Luft	1,00059
Papier	2...2,5
Glas	2...12
Glimmer	4...8
Epoxydharz	3,6
Keramische Werkstoffe	bis 8000

Eine zweiseitige Platine mit den Maßen 160 mm*100 mm und der Dicke d = 1,5 mm aus Epoxydharz mit ε_r = 3,6 besitzt zwischen beiden Kupferschichten, wie man leicht nachrechnen kann, eine gesamte Kapazität von 320 pF. Pro Quadratzentimeter gegenüberliegender Kupferfläche hat man etwa 2 pF.

3.7 Induktivitäten

Ebenso wie Kondensatoren weisen auch Spulen ein besonderes Verhalten im Wechselstromkreis auf. Spulen mit einem Eisen- oder Ferritkern werden auch als Drosseln bezeichnet. An einer Spule treten zwei unterschiedliche physikalische Phänomene auf. Zum einen führt ein Strom durch die Spule zu einem Magnetfeld im Inneren der Spule. Zum anderen erzeugt jede Änderung des Magnetfels in der Spule eine Spannung zwischen ihren Drahtenden (Induktion). Durch einen magnetisierbaren Kern aus Eisen oder Ferrit wird das Magnetfeld der Spule und damit auch die Induktion verstärkt.

Ändert man den Strom durch die Spule, dann tritt die sog. Selbstinduktion auf. Da sich gleichzeitig das Magnetfeld ändert, wird auch eine Spannung induziert. Für eine ideale Spule ohne ohmschen Widerstand gilt also: Die Spannung ist Null, solange der Strom konstant ist, und sie ist um so größer, je schneller sich der Strom ändert. Die charakteristische Größe der Spule ist die Induktivität L in Henry (H).

$$L = \frac{U \cdot \Delta t}{\Delta I}$$

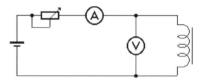

Abb. 3.20 Messung der Induktionsspannung bei Stromänderungen

Im Wechselstromkreis ist die Spule laufenden Änderungen des Stroms unterworfen. Es wird daher auch laufend eine Wechselspannung induziert. Der Strom eilt der Spannung in der Phase nach.

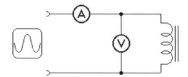

Abb. 3.21 Die Spule im Wechselstromkreis

Die Spule verhält sich im Wechselstromkreis ähnlich wie ein Widerstand. Sie verringert also den Strom in Abhängigkeit von der Frequenz und der Induktivität. Man kann der Spule einen induktiven Widerstand R_L zuordnen:

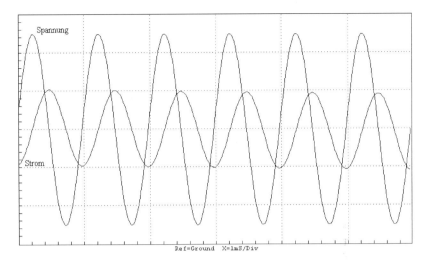

Abb. 3.22 Phasenverschiebung zwischen Spannung und Strom

$$R_L = 2\pi \cdot f \cdot L$$

Auch Spulen oder Drosseln lassen sich als Vorwiderstände einsetzen. Dass der induktive Widerstand frequenzabhängig ist, nutzt man in Frequenzweichen für Lautsprechersysteme aus. Der Tieftöner erhält eine Drossel als Vorwiderstand, so dass hohe Frequenzen nur abgeschwächt übertragen werden.

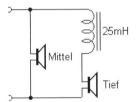

Abb. 3.23 Die Drossel in der Frequenzweiche

Viele Bauteile, die Spulen enthalten, also z.B. Transformatoren, Lautsprecher und Motoren, besitzen ebenfalls eine Induktivität, was oft zu unangenehmen Nebeneffekten führt. Typisch ist z.B. ein Spannungsstoß beim Ausschalten eines Stroms. Da hierbei die Stromänderung sehr schnell erfolgt, entsteht eine hohe Induktionsspannung bis zu einigen hundert Volt. Sie kann zu spürbaren elektrischen Schlägen führen oder Bauteile wie z.B. Transistoren zerstören, wenn man keine Vorsichtsmaßnahmen ergreift.

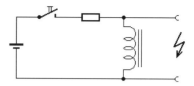

Abb. 3.24 Induktionsspannung beim Ausschalten
eines Stroms

Ähnlich wie ein Kondensator zeigt auch eine Spule ein typisches Verhalten beim Einschalten einer Gleichspannung. Anders als beim Kondensator, der einen Stromstoß beim Einschalten zeigt, steigt der Strom in einer Spule mit dem Anlegen der Spannung erst allmählich an. Der erreichte Endwert hängt vom ohmschen Widerstand des gesamten Stromkreises ab. Es gibt also bei der Spule keinen Einschaltstromstoß, dafür aber einen Ausschalt-Spannungsstoß.

Beim Anlegen einer Rechteckspannung an ein RL-Glied erhält man ähnliche Kurvenformen wie bei einem RC-Glied, wobei allerdings die Tiefpass- und Hochpassfunktion vertauscht ist.

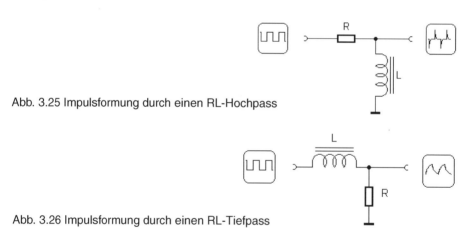

Abb. 3.25 Impulsformung durch einen RL-Hochpass

Abb. 3.26 Impulsformung durch einen RL-Tiefpass

Ebenso wie einer RC-Kombination kann man auch einer RL-Kombination eine Zeitkonstante T zuordnen. Der Strom durch eine Spule erreicht in der Zeit T gerade 63,2% seines Endwerts.

$$T = R \cdot L$$

Der manchmal bei großen Transformatoren beobachtete Einschaltstromstoß ist nicht auf das typische Verhalten einer Induktivität zurückzuführen, sondern hängt mit einer Vormagnetisierung des Eisenkerns zusammen, die unter ungünstigen Umständen dazu führt, dass der Kern in die magnetische Sättigung gerät, so dass der Transformator kurzzeitig eine sehr viel geringere Induktivität aufweist. Ein vollständig magnetisierter Eisenkern trägt nicht mehr zur Induktivität der Spule bei, so dass die Induktivität etwa der der entsprechenden Luftspule entspricht. Die Vormagnetisierung und ihre Richtung wiederum hängt vom zufälligen Ausschaltmoment beim letzten Betrieb des Transformators ab.

3.8 Spulen-Bauformen

Vor allem bei Hochfrequenzanwendungen kommt es relativ häufig vor, dass man eine Spule bestimmter Induktivität herstellen muss. Allgemein muss unterschieden werden, ob die Spule auf einen magnetisierbaren Kern gewickelt wird oder ob sie als sogenannte Luftspule ganz ohne Wickelkern oder auf einen Isolierkörper gewickelt wird. Hier sollen zunächst Luftspulen betrachtet werden.

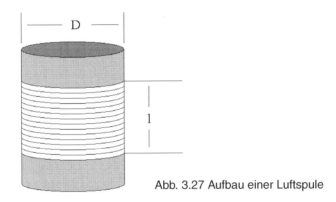

Abb. 3.27 Aufbau einer Luftspule

Allgemein gilt für eine lange Spule mit l > D mit der Windungszahl n, der Querschnittsfläche A in m² und der Länge l in m:

$$L = \mu_0 \cdot n^2 \cdot \frac{A}{l}$$

mit der magnetischen Feldkonstanten $\mu_0 = 1{,}2466*10^{-6}$ Vs/Am. Die Formel gilt theoretisch nur für eine unendlich lange Spule, kann jedoch in brauchbarer Näherung bis zu einer Länge von l = D verwendet werden. Allgemein gilt, dass bei einer kurzen Spule mit gleicher Windungszahl die magnetische Kopplung zwischen den einzelnen Windungen steigt, womit sich eine höhere Induktivität ergibt. Umgekehrt verkleinert ein Auseinanderziehen der Windungen die Induktivität, was manchmal zum Abgleich von Spulen ausgenutzt wird.

Die obige Formel lässt sich für einen kreisrunden Spulenquerschnitt zur folgenden Näherungsformel vereinfachen, wobei diesmal der Durchmesser D und die Länge l der Spule in mm² und mm angegeben werden:

$$L = 1\,nH \cdot n^2 \cdot \frac{D/mm^2}{l/mm}$$

Für eine Luftspule mit 25 Windungen bei einem Durchmesser D = 15 mm und der Länge l = 45 mm ergibt sich mit der obigen Näherungsformel eine Induktivität von L = 3125 nH = 3,125 µH oder ca. 3 µH. In der Praxis hängt die genaue Induktivität auch noch geringfügig von der Drahtdicke und vom Einbau der Spule ab, so dass oft ohnehin noch ein Feinabgleich nötig ist. Daher ist die angegebene Näherungsformel in den meisten Fällen ausreichend genau.

Oft verwendet man Schraubkerne aus Ferrit oder einem anderen magnetisierbaren Material. Die Induktivität vergrößert sich dabei bis zum Zehnfachen. Durch mehr oder weniger weites Eindrehen des Schraubkerns kann die Spule abgeglichen werden. Ferritkerne werden für bestimmte Frequenzbereiche gefertigt, in denen sie geringe Energieverluste aufweisen.

Wesentlich größere Induktivitäten erreicht man durch geschlossene Kerne mit oder ohne Luftspalt. Der Luftspalt verkleinert zwar die Induktivität der Spule, ermöglicht jedoch eine größere Magnetisierung, d.h., der Kern selbst gelangt erst bei größeren Strömen in die magnetische Sättigung. Gebräuchlich sind

Abb. 3.28 Aufbau einer Spule mit E-I-Kern

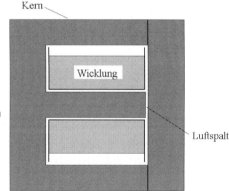

Ringkerne, Transformatorkerne in E-I-Form und geschlossene Topfkerne. Die Induktivität hängt außer von der Windungszahl stark vom verwendeten Material und von der Geometrie des Kerns ab. Eine theoretische Berechnung wie für die Luftspule ist daher nicht ohne weiteres möglich. Statt dessen gibt der Hersteller für jeden Kern einen Al-Wert in nH/n² an.

$$L = Al \cdot n^2$$

Bei einem Al-Wert von 100 nH/n² und 10 Windungen ergibt sich eine Induktivität von L = 10000 nH = 10 µH.

Außer dem Al-Wert ist auch noch der vorgesehene Frequenzbereich und die maximale Magnetisierbarkeit eines Kerns wichtig. Vor allem bei größeren Leistungen können magnetische Verluste zu einer spürbaren Erwärmung des Kerns führen. Oft wird für Transformatorkerne daher die maximal übertragbare Leistung für eine bestimmte Arbeitsfrequenz angegeben. Dabei führt eine höhere Frequenz zu kleineren Kernen, weshalb man u.a. bei modernen Netzteilen von Transformatoren bei f = 50 Hz zu Schaltnetzteilen mit Frequenzen bis über 100 kHz übergeht. Das Netzteil kann bei gleicher Leistung wesentlich kleiner werden.

3.9 Schwingkreise

Schaltet man eine Spule und einen Kondensator zusammen, dann entsteht ein Schwingkreis. Elektrische Energie kann ähnlich wie bei einem Pendel zwischen Spule und Kondensator hin- und herschwingen, wobei eine definierte Resonanzfrequenz f auftritt. Der Schwingkreis führt eine freie Schwingung aus, nachdem er durch einen kurzen Stromstoß angeregt wurde.

$$f = \frac{1}{2\pi\sqrt{L \cdot C}}$$

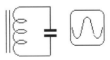

Abb. 3.29 Die Spule im Schwingkreis

Schwingkreise werden oft in Stromkreisen mit unterschiedlicher Frequenz oder mit Frequenzgemische eingesetzt. Ströme und Spannungen unterscheiden sich dann je nach Frequenz. Der Parallelschwingkreis besitzt einen komplexen Widerstand Z mit einem scharfen Maximum bei der Resonanzfrequenz f_0. Bei dieser Frequenz gilt $R_C = R_L$, wobei sich die Ströme durch Spule und Kondensator wegen ihrer gesamten Phasendifferenz von 180 Grad gerade aufheben.

$$I = U \cdot \left(\frac{1}{R_L} - \frac{1}{R_C} \right)$$

$$I = \frac{U}{\dfrac{1}{2\pi f L} - 2\pi f C}$$

$$Z = \frac{1}{\dfrac{1}{R_L} - \dfrac{1}{R_C}}$$

$$Z = \frac{1}{\dfrac{1}{2\pi f L} - 2\pi f C}$$

Theoretisch ergibt sich bei $f = f_0$ ein unendlicher Resonanzwiderstand Z. In der Praxis tritt jedoch durch Energieverluste am ohmschen Widerstand des Spulendrahts, durch magnetische Verluste des Spulenkerns und durch elektromagnetische Abstrahlung eine Dämpfung der Schwingung auf, so dass sich ein endlicher Resonanzwiderstand ergibt. Man kann alle Verluste einem parallelen Verlustwiderstand R zuordnen.

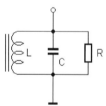

Abb. 3.30 Resonanzkreis mit Verlustwiderstand

$$Z = \frac{1}{\sqrt{R^2 + \left(\dfrac{1}{2\pi f L} - 2\pi f C \right)^2}}$$

Für jeden Schwingkreis kann man eine Güte Q angeben, die umgekehrt proportional zur Dämpfung des Kreises ist. Q lässt sich leicht bestimmen, wenn der parallele Dämpfungswiderstand R ins Verhältnis zur induktiven Widerstand R_L oder zum kapazitiven Widerstand R_C bei der Resonanzfrequenz gesetzt wird.

$$Q = \frac{R}{R_C}$$

$$Q = \frac{R}{L_C}$$

Erregt man einen Schwingkreis mit einem konstanten Wechselstrom I variabler Frequenz bzw. über eine Wechselstromquelle mit hohem Innenwiderstand, dann ist die Schwingkreisspannung proportional zum Betrag des komplexen Widerstands Z. Im Resonanzfall ist die Spannung am höchsten. Je kleiner die Dämpfung der Schwingung durch Energieverluste jeglicher Art bzw. je größer die Güte des Schwingkreises, desto höher steigt die Resonanzspannung. Zu beiden Seiten der Resonanzfrequenz lassen sich Punkte auf der Resonanzkurve bestimmen, bei denen die Spannung auf den Faktor $1/\sqrt{2}$ = 0,707 (= -3dB) abgefallen ist. Der Frequenzabstand dieser Punkte wird als die Bandbreite b des Kreises bezeichnet. Zwischen Resonanzfrequenz f_0, Bandbreite b und Güte Q des Kreises besteht der Zusammenhang

$$Q = \frac{F_0}{b}$$

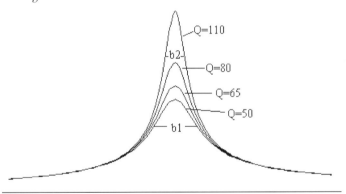

Abb. 3.31 Resonanzkurven unterschiedlicher Güte

Abb. 3.31 zeigt Resonanzkurven unterschiedlicher Güte. Bei Q = 50 ergibt sich eine größere Bandbreite b_1 als bei Q = 110 mit der Bandbreite b_2. Zugleich erkennt man mit höherer Güte eine zunehmende Resonanzüberhöhung. Damit schaukelt sich der Schwingkreis bei der Resonanzfrequenz stärker auf. Weitab von der Resonanzfrequenz unterscheiden sich die Resonanzkurven dagegen kaum.

Schwingkreise werden z.B. in der Rundfunktechnik eingesetzt, um Frequenzen verschiedener Sender zu trennen. Meist wird die Frequenz durch einen Drehkondensator abgestimmt. Bei einem einfachen Empfänger mit nur einem

Schwingkreis muss eine hohe Güte und kleine Bandbreite angestrebt werden, um nah benachbarte Sender sicher zu trennen, also eine gute Trennschärfe zu erreichen. Auf der anderen Seite muss die Bandbreite groß genug sein, um das erforderliche Frequenzband von z.B. 9 kHz für einen Mittelwellensender nicht zu beschneiden, was zu einem Verlust an höheren Frequenzanteilen in den aufmodulierten Niederfrequenzsignalen führen würde.

Da eine hohe Trennschärfe und zugleich eine definierte Bandbreite mit einem einzelnen Schwingkreis nicht optimal zu vereinbaren sind, verwendet man in modernen Empfängern mehrere Schwingkreise auf einer fest abgestimmten Zwischenfrequenz. Das Nutzsignal wird in einer Mischstufe zunächst auf diese Zwischenfrequenz umgesetzt. Dieses Prinzip des Überlagerungsempfängers (Superhet) hat das früher übliche Konzept des Geradeausempfängers (Detektorradio, Audion) abgelöst. Für Hobbyprojekte ist ein Einkreisempfänger aber nach wie vor interessant.

Spulen lassen sich als Luftspulen auf einen isolierenden Gegenstand wickeln. Durch einen Ferritkern erhöht man die Induktivität und ermöglicht einen Abgleich des empfangbaren Frequenzbereichs. Ein längerer Ferritstab wirkt dabei zugleich auch als Antenne bis in den Lang- und Mittelwellenbereich. Für eine hohe Güte des Schwingkreises muss ein nicht zu dünner Draht mit niedrigem Widerstand verwendet werden.

Der effektive Drahtwiderstand wird bei hohen Frequenzen durch den sog. Skineffekt erhöht, durch den der Strom sich auf eine dünne Außenhaut des Leiters drängt und die Mitte des Drahtes stromfrei bleibt. Bei Frequenzen bis etwa 2 MHz verwendet man Hochfrequenzlitze aus vielen dünnen, einzeln isolierten Drähten, um die effektive Oberfläche zu erhöhen und damit die Verluste durch den Skineffekt zu verringern. Bei sehr hohen Frequenzen nimmt man dagegen möglichst dicken, oft versilberten Draht. Im Kurzwellen- und UKW-Bereich werden nur noch kleine Induktivitäten benötigt, so dass der Widerstand durch den relativ kurzen Spulendraht klein genug bleibt.

Allgemein ist bei sorgfältigem Aufbau der Spule eine Güte im Bereich bis etwa $Q = 100$ erreichbar. Ein Schwingkreis wird jedoch auch durch die angeschlossene Schaltung oder durch eine Antenne gedämpft. Dieser Dämpfung wirkt man durch eine lose Kopplung des Schwingkreises durch eine kleine Hilfswicklung, eine Spulenanzapfung oder durch einen kleinen Kondensator entgegen. Bei direktem Anschluss an einen Verstärker sollte dessen Innenwiderstand sehr hoch sein, um die Dämpfung klein zu halten.

4 Dioden-Sperrschichten

Die Halbleitertechnik hat seit der Mitte des 20. Jahrhunderts zu einer Revolution in der Elektronik geführt. Wer mit Dioden, Transistoren und integrierten Schaltkreisen arbeiten möchte, der sollte einige grundlegende Vorstellungen von den physikalischen Grundlagen der Halbleitertechnik haben.

4.1 Leitfähigkeit und Dotierung

Halbleiter liegen in ihrer Leitfähigkeit zwischen den Metallen und den Isolatoren, wobei eine ganz scharfe Einteilung nicht möglich ist. Zu den Halbleitern gehören neben Silizium auch Germanium, Kohlenstoff und Verbindungen aus drei- und fünfwertigen Elementen, wie z.B. Gallium-Arsenid. Die Leitfähigkeit eines Halbleiters steigt allgemein bei einer Erwärmung an. Dieses Verhalten zeigen auch Isolatoren, allerdings bei sehr viel höheren Temperaturen. So zeigt z.B. Glas bei Temperaturen über 800 °C eine große Leitfähigkeit. Bei einem Halbleiter wie Germanium ist dagegen schon bei 100 °C eine große Leitfähigkeit festzustellen. Und Kohlenstoff leitet schon bei 20 °C sehr gut.

Halbleiter sind meist vierwertige Stoffe, die in ihrem Verhalten zwischen den Metallen mit vielen freien Elektronen und den Isolatoren ohne freie Elektronen liegen. In einem Halbleiter, wie z.B. Silizium, sind zwar alle vier äußeren Elektronen im Kristallgitter gebunden, sie lassen sich aber durch geringe Energiezufuhr befreien. Beim Erwärmen steigt daher die Leitfähigkeit des Halbleiters an. Aber auch durch Lichteinfall werden Ladungen befreit und die Leitfähigkeit erhöht.

Das am meisten verwendete Halbleitermaterial ist Silizium. Im abgeleiteten Sinne des Wortes nennt man auch solche Bauelemente Halbleiter, die aus Halbleitermaterial gebaut sind, also z.B. Dioden und Transistoren.

Man verwendet für diese Bauelemente kein reines Silizium, sondern solches, das mit Fremdatomen gezielt verunreinigt (dotiert) wurde, um eine bestimmte Leitfähigkeit herzustellen. Verwendet man fünfwertige Stoffe (z.B. Phosphor), dann erhält man freie Elektronen und damit eine negative (N-)Leitfähigkeit.

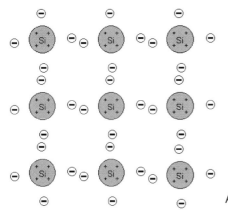

Abb. 4.1 Kristallgitter des Siliziums

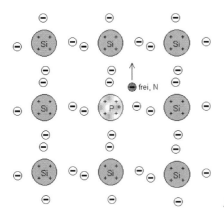

Abb. 4.2 Mit Phosphor dotiertes N-Silizium

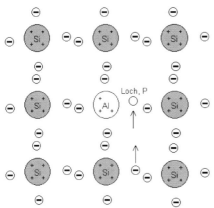

Abb. 4.3 Mit Aluminium dotiertes P-Silizium

Mit dreiwertigen Stoffen (z.B. Aluminium) erreicht man Elektronen-Fehlstellen, die zu einer P-Leitfähigkeit führen. Dabei wandern Elektronen-Löcher quasi als positive Ladungsträger durch den Kristall, indem benachbarte Elektronen ein Loch füllen und damit wieder ein neues Loch zurücklassen.

Die Leitfähigkeit des Materials kann durch unterschiedlich starke Dotierung in weiten Grenzen eingestellt werden. Dioden und Transistoren bestehen aus mehreren Schichten unterschiedlich dotierten Siliziums. Zwischen den Schichten bilden sich isolierende Sperrschichten aus.

4.2 Die Diode

Dioden sind Halbleiter-Bauelemente, die den Strom nur in einer Richtung leiten. Man baut sie meist aus Silizium und verwendet dabei zwei Schichten aus N-dotiertem und P-dotiertem Material. An der Berührungsfläche zwischen beiden Schichten bildet sich eine nichtleitende Sperrschicht geringer Dicke. Freie Elektronen füllen in diesem Bereich Löcher, so dass wie im reinen Silizium praktisch keine freien Ladungsträger mehr vorhanden sind. Die Diode ist damit zunächst ein Nichtleiter.

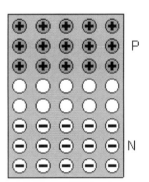

Abb. 4.4 Schichtenaufbau einer Diode

Legt man an die äußeren Kontakte der Diode eine kleine Spannung, dann vergrößert oder verkleinert sich die Sperrschicht. Zunächst soll der N-Anschluss mit dem Minuspol und der P-Anschluss mit dem Pluspol verbunden werden. Die Ladungen an den Anschlüssen stoßen dann ihre jeweiligen Ladungsträger im Kristall ab, so dass sie in Richtung der Sperrschicht gedrückt werden. Ab einer Spannung von ca. 0,5 V beginnen sich die N- und die P-Schicht zu berühren, d.h. die Sperrschicht hebt sich auf. Damit fließt nun auch ein Strom. Bei ca. 0,7 V ist eine gute Leitfähigkeit erreicht. Die Diode wird nun in Durchlassrichtung betrieben.

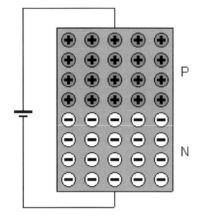

Abb. 4.5 Diode in Durchlassrichtung

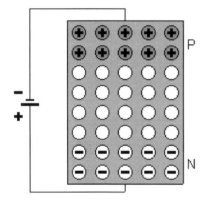

Abb. 4.6 Vergrößerung der Sperrschicht in Sperrichtung

Polt man die Spannung um, tritt der gegenteilige Effekt auf: Ladungsträger werden zu den äußeren Anschlüssen hingezogen, so dass sich die Sperrschicht vergrößert. Die isolierende Wirkung der Sperrschicht wird also besser. An eine typische Diode vom Typ 1N4004 kann eine Sperrspannung von bis zu 400 V gelegt werden.

Man kann die Diode als ein elektrisches Ventil bezeichnen, da sie den Strom nur in einer Richtung passieren lässt. Sie wird daher häufig als Gleichrichter eingesetzt.

4.3 Anwendung der Diode als Gleichrichter

Dioden werden z.B. in Netzteilen verwendet, um Wechselstrom in Gleichstrom umzuwandeln. Ein Transformator liefert grundsätzlich Wechselspan-

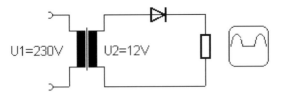

Abb. 4.7 Der Einweggleichrichter

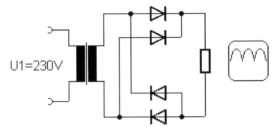

Abb. 4.8 Der Vierweggleichrichter in beiden Phasen

nung. Schaltet man eine Diode in Reihe zu einem Verbraucher, wird nur eine der beiden Halbwellen des Stroms durchgelassen, die andere dagegen gesperrt. Mit nur einer Diode erreicht man nach *Abb. 4.7* eine Einweg-Gleichrichung.

Für viele Anwendungen ist es störend, dass der Verbraucher nur zu jeder positiven Halbwelle eingeschaltet wird, die Hälfte der Zeit dagegen stromlos ist. Abhilfe schafft der Vierweggleichrichter aus vier Dioden nach *Abb. 4.8*. Während jeder der beiden Halbwellen leiten jeweils zwei Dioden, während die beiden anderen sperren.

Die Ausgangsspannung eines Vierweggleichrichters ist immer noch stark wellig. Dies lässt sich nach *Abb. 4.9* durch den Einsatz eines Siebkondensators verbessern. Die erforderliche Kapazität richtet sich nach dem Laststrom und der tolerierbaren Restwelligkeit.

4.4 Dioden-Kennlinien

Als Kennlinie bezeichnet man ein Diagramm, das wichtige Größen, hier Spannung und Stromstärke in ihrer gegenseitigen Abhängigkeit darstellt. Für jeden Diodentyp ergibt sich z.B. ein typischer Verlauf der Durchlasskennlinie. So erkennt man z.B. Leuchtdioden (LED) an ihrer relativ großen Durchlassspannung von über 1,5 V.

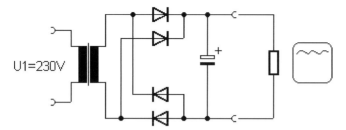

Abb. 4.9 Vollständiges Netzteil mit Vierweggleichrichter und Elko

Zur Aufnahme einer Kennlinie benötigt man nach *Abb. 4.10* eine regelbare Spannungsquelle oder eine feste Spannungsquelle und ein Potentiometer. Man misst nacheinander für einige Messpunkte die Spannung und die Stromstärke des Prüflings. Die Wertepaare werden in einer Tabelle aufgelistet und dann in ein Diagramm übertragen.

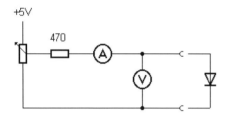

Abb. 4.10 Aufbau zur Aufnahme von Kennlinien

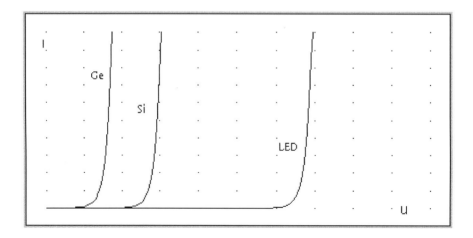

Abb. 4.11 Messergebnisse für verschiedene Dioden

Die Kennlinien verschiedener Dioden sind zwar gegeneinander verschoben, sie zeigen jedoch bei nicht zu großen Strömen alle den gleichen steilen Anstieg oberhalb einer gewissen Schwelle. Der Anstieg ist exponentiell, wobei jeweils eine Erhöhung um ca. 20 mV zu einer Verdoppelung des Stroms führt. Ein zehnfacher Strom erhöht die Diodenspannung um etwa 60 mV bis 80 mV. Dieser Zusammenhang gilt mit guter Genauigkeit über große Bereiche. Der scheinbare Knick in der Diodenkennlinie ist nur auf den Darstellungsmaßstab zurückzuführen. Trägt man den Diodenstrom im logarithmischen Maßstab gegen die Diodenspannung auf, dann ergibt sich eine Gerade. *Abb. 4.12* zeigt diese Darstellung für eine typische Si-Diode. Der streng exponentielle Verlauf der Kennlinie wird erst bei wesentlich größeren Strömen durch den Bahnwiderstand der Diode gestört, der auf die endliche Leitfähigkeit des dotierten Siliziums zurückzuführen ist und als ohmscher Widerstand in Reihe zur Sperrschicht in Erscheinung tritt.

Die Durchlassspannung bei gleichem Strom ist stark temperaturabhängig. Sie sinkt mit etwa 2 mV pro °C für alle Diodentypen. Eine Messung der Kennlinie kann daher durch die innere Erwärmung der Diode beeinflusst werden. Ande-

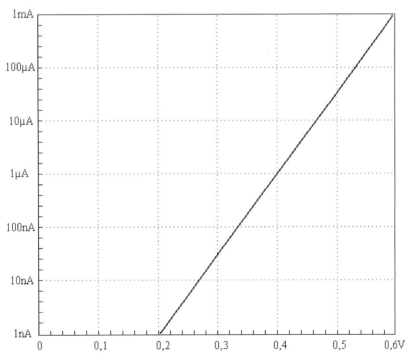

Abb. 4.12 Diodenkennlinie im logarithmischen Maßstab

rerseits lässt sich z.B. eine einfache Siliziumdiode als Temperatursensor einsetzen.

Der steile Anstieg der Diodenkennlinie kann für Stabilisierungszwecke ausgenutzt werden. Bei einem konstanten Strom stellt sich eine für den Diodentyp charakteristische Spannung ein. Die Diodenkennlinie wird durch folgende Gleichung beschrieben:

$$I = I_S(T) \cdot e^{\left(\frac{U}{m \cdot U_T}\right)}$$

I: Diodenstrom

I_S: Sperrstrom

U: Diodenspannung zwischen Kathode und Anode

U_T: Temperaturspannung, $U_T = kT/e = 25{,}5$ mV

    Boltzmannkonstante $k = 1{,}38 * 10^{-23}$ J/K

    Absolute Temperatur $T = 296$ K $= 23$ °C

    Elektronenladung $e = 1{,}6 * 10^{-19}$ C

m: Korrekturfaktor, >1

Die Gleichung zeigt einen exponentiellen Anstieg des Diodenstroms in Durchlassrichtung. Die Steilheit ergibt sich aus der allein aus physikalischen Naturkonstanten ableitbaren Temperaturspannung U_T (25,5 mV bei 23 °C, 25 mV bei 17°C) und dem Korrekturfaktor m, der meist etwas größer als 1 ist. Die absolute Lage der Kurve wird durch den Sperrstrom I_S festgelegt. I_S ist eine theoretische Größe, die kaum praktisch nachzumessen ist und vielmehr aus der Durchlassspannung an einem beliebigen Arbeitspunkt bestimmt werden kann. Bei Germaniumdioden ist I_S wesentlich größer (typ. 100 nA) als bei Siliziumdioden (typ. 10 pA), weshalb die Ge-Kennlinie zu kleineren Spannungen hin verschoben ist. Typische Werte für die korrigierte Temperaturspannung mU_T liegen für beide Typen bei 30 mV (m ist ca. 1,2).

Sowohl die Temperaturspannung U_T als auch der Sperrstrom I_S sind von der Temperatur abhängig. Die Temperatur wird dabei in Kelvin angegeben (0 °C = 273 K). Insgesamt ergibt sich ein Abfall der Diodenspannung um etwa 2 mV/K. Auch der Sperrstrom ist stark von der Temperatur abhängig. Eine Temperaturerhöhung um zehn Grad verdoppelt den Sperrstrom.

Die Diodenkennlinie hat an jeder Stelle eine zum Diodenstrom I selbst proportionale Steilheit $\Delta I/\Delta U$. Bei einem Strom von 1 mA beträgt sie etwa 25...40 mA/V. Man kann der Diode daher in jedem Arbeitspunkt einen differentiellen

Widerstand R_i zuordnen. Bei I = 1mA beträgt der Innenwiderstand etwa R_i = 30 Ω Dieser Wert gilt für kleine Spannungsänderungen und kleine überlagerte Wechselströme, solange die Wechselspannung klein gegenüber der Krümmung der Diodenkennlinie ist, also in der Größenordnung von 1 mV.

$$R_i = m \cdot \frac{U_T}{I}$$

$$R_i = \frac{25...40 \; mV}{I}$$

Man kann die Diode als regelbaren, stromgesteuerten Widerstand einsetzen, um kleine Signalspannungen abzuschwächen. Spezielle Regeldioden werden für den Hochfrequenzeinsatz hergestellt. Auch der Einsatz als Schalter ist möglich.

Jede Diode hat zusätzlich einen gewissen Bahnwiderstand, der wie ein ohmscher Widerstand in Reihe zur Sperrschicht wirkt. Bei größeren Strömen bewirkt er eine Abweichung vom idealen Verlauf der Kennlinie. Der Bahnwiderstand ist bei Si-Dioden relativ klein und kann bei Ge-Dioden und bei LEDs erhebliche Werte annehmen. Bei größeren Strömen kann der differentielle Innenwiderstand der Sperrschicht kleiner als der Bahnwiderstand werden, so dass der Bahnwiderstand den Verlauf der Kennlinie bestimmt.

4.5 Dioden-Bauformen

Man unterscheidet Typen von Dioden nach ihrem Ausgangsmaterial, nach ihren Leistungsmerkmalen und ihrer Funktion in der Anwendung. Am häufigsten setzt man Siliziumdioden ein. Zwei typische Vertreter sind die Universaldiode 1N4148 und die Gleichrichterdiode 1N4007.

Tabelle 4.1 Typische Kenndaten für Si-Dioden

Typ	Max. Sperrspannung	Max. Durchlassstrom
1N4148	100 V	100 mA
1N4007	1000 V	1000 mA

In Gleichrichteranwendungen können impulsartige Ströme auftreten, die über die maximale Dauerbelastbarkeit hinausgehen. Dabei gelangt man in Bereiche, in denen der Bahnwiderstand einer Diode die Durchlassspannung maß-

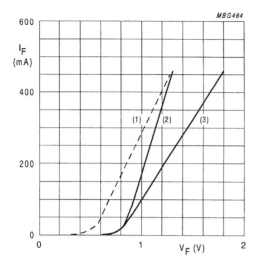

T_j = 175 °C; typical values.
T_j = 25 °C; typical values.
T_j = 25 °C; maximum values.

Abb. 4.13 Kennlinie einer Si-Diode
1N4148 für große Ströme (Philips)

geblich beeinflusst. Die Kennlinie geht bei höheren Strömen immer mehr in eine Gerade über (vgl. *Abb. 4.13*). Aus der Geradensteigung lässt sich für eine 1N4148 ein Bahnwiderstand von etwa 1 Ω ableiten.

Wenn es auf kleine Durchlassspannungen ab ca. 0,2 V ankommt, werden auch noch Germaniumdioden eingesetzt. Ähnliche Daten haben aber auch Silizium-Schottkydioden, die eine Halbleiter/Metall-Sperrschicht verwenden.

Spezielle Dioden für kurze Schaltzeiten und für Hochfrequenzanwendungen besitzen besonders kleine Sperrschichtkapazitäten. Als Gleichrichterdioden bis in den Gigahertzbereich verwendet man Germanium-Spitzendioden mit einer besonders kleinen Sperrschicht.

Die Ladungsträger in der Sperrschicht einer Diode treten im Leitungszustand gesättigt auf und müssen beim Übergang in den Sperrzustand erst ausgeräumt werden. Dies führt zu gewissen Schaltzeiten in der Größenordnung von Mikrosekunden, die bei einigen Anwendungen störend wirken. Speziell Schottky-Dioden besitzen sehr kurze Schaltzeiten von nur einigen Nanosekunden. In Schottkydioden verwendet man keinen PN-Übergang, sondern einen Halbleiter-Metallübergang. Der Bahnwiderstand tritt bei einer Kleinsignal-Diode vom Typ BAT82 (vgl. *Abb. 4.14*) ab etwa 1 mA in Erscheinung.

Für Schottky-Dioden ergibt sich gegenüber einer Si-Diode etwa die halbe Durchlassspannung. Man verwendet sie in Messgleichrichtern für kleine Si-

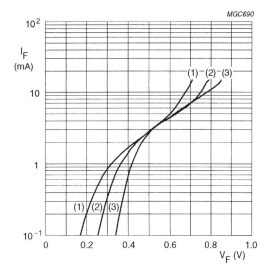

Abb. 4.14 Durchlasskennlinie einer
Schottky-Diode (Philips)

(1) $T_{amb} = 85\,°C$.
(2) $T_{amb} = 25\,°C$.
(3) $T_{amb} = -40\,°C$.

gnalspannungen. Wegen der geringen Schaltzeiten kommen sie auch in Hochfrequenz-Mischeranwendungen zum Einsatz. Schottky-Leistungsdioden werden in Schaltnetzteilen als Gleichrichterdioden verwendet. Dabei sind ihre kurzen Schaltzeiten und die geringeren Verluste auf Grund der kleineren Durchlassspannung von Vorteil.

Die variable Sperrschicht einer Diode erinnert an einen einstellbaren Kondensator. In der Tat lässt sich jede Diode zur Abstimmung von Schwingkreisen einsetzen. Besonders dafür entwickelte Dioden sind die Kapazitätsdioden.

Die Erhöhung der Sperrspannung verkleinert die Diodenkapazität und führt im Schwingkreis zu einer größeren Frequenz. Statt eines Drehkondensators kann man daher ein Poti zur Abstimmung verwenden. Eine typische Kapazitätsdiode überstreicht einen Kapazitätsbereich von mehr als 50 pF (vgl. *Abb. 4.16*). Man

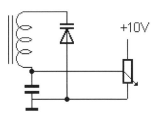

Abb. 4.15 Die Kapazitätsdiode im Schwingkreis

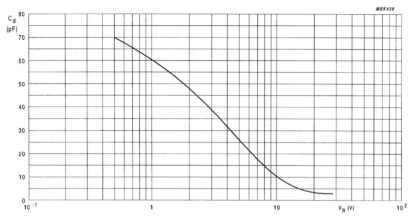

Abb. 4.16 Der typische Verlauf der Sperrschichtkapazität (BB182, Philips)

vermeidet meist Sperrspannungen unter 3 V, um eine ausreichende Amplitude der Schwingkreis-Wechselspannung zu ermöglichen.

Speziell als Schalter oder steuerbare Abschwächer im Hochfrequenzbereich werden PIN-Dioden eingesetzt. Sie besitzen zwischen der P- und der N-Schicht noch eine nicht-dotierte, eigenleitende (Intrinsic) Schicht. Die damit vergrößerte Sperrschicht verhält sich eher wie ein ohmscher Widerstand. Bei Frequenzen oberhalb etwa 10 MHz treten keine Verzerrungen an der gekrümmten Diodenkennlinie mehr auf. PIN-Dioden vom Typ BA497 (vgl. *Abb. 4.17*) werden in Fernsehtunern zur automatischen Verstärkungsregelung eingesetzt.

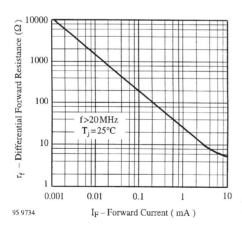

Abb. 4.17 Regelverhalten der PIN-Diode BA479 (Telefunken)

Eine andere Sonderform der Diode ist die Zenerdiode, die zur Spannungsstabilisierung eingesetzt wird. Erhöht man die Spannung an einer Diode in Sperrrichtung immer weiter, dann gelangt man an einen Punkt, an dem sich die Sperrschicht wegen der begrenzten Größe des Kristalls nicht weiter ausdehnen kann. Durch die große elektrische Feldstärke werden Ladungsträger befreit, so dass es zu einem Strom kommt. Man spricht hier von einem Strom-Durchbruch. Auch jede normale Diode kennt eine Durchbruchspannung, die im regulären Betrieb nie erreicht werden sollte. Bei Zenerdioden nutzt man diesen Effekt, um ab einer genau definierten Sperrspannung einen steil ansteigenden Strom zu erhalten.

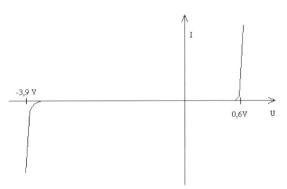

Abb. 4.18 Die Kennlinie einer Zenerdiode mit 3,9 V

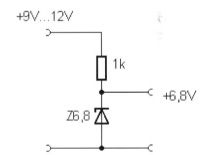

Abb. 4.19 Einsatz einer Zenerdiode zur Spannungsstabilisierung

Zenerdioden werden für definierte Spannungen produziert. Setzt man einen Typ mit der Zenerspannung 6,8 V ein, muss die Eingangsspannung der Schaltung um einiges über dieser Spannung liegen. Am Ausgang erhält man auch bei schwankender Eingangsspannung eine stabile Spannung von 6,8 V. Die Stabilisierungswirkung hängt stark von der Steilheit der Durchbruchkennlinie ab. Ein steiler Anstieg des Sperrstroms führt zu einer stabilisierten Spannungsquelle mit einem kleinen Innenwiderstand. Man kann der Zenerdiode für jeden

Arbeitspunkt einen differenziellen Widerstand $R_i = dU/dI$ zuordnen, der bei steigendem Zenerstrom abnimmt.

Eine weitere Sonderform der Diode ist die Leuchtdiode (LED). Dabei handelt es sich um eine Diode auf der Basis des Halbleitermaterials Gallium-Arsenid. Ein Strom durch die LED bewirkt im Kristall die Emittierung von Licht. Durch besondere Dotierungen lässt sich die Farbe verändern. LEDs werden in Durchlassrichtung bei Spannungen von 1,5 V bis 2 V betrieben. Meist sind maximale Diodenströme von 20 mA erlaubt. LEDs müssen immer mit Vorwiderständen betrieben werden. In einigen Anwendungen dienen sie gleichzeitig als Anzeigeelement und zur Spannungsstabilisierung ähnlich wie eine Zenerdiode.

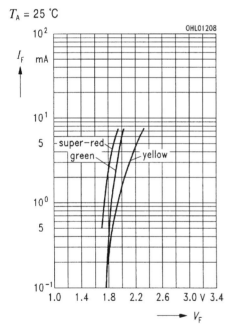

Abb. 4.20 Kennlinien von LEDs (Siemens)

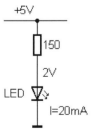

Abb. 4.21 20-mA-Betrieb einer LED mit Vorwiderstand

5 Der bipolare Transistor

Der Transistor ist ein wichtiges Verstärker-Bauelement. Er ersetzt seit ca. 1960 die Elektronenröhre in den meisten Anwendungsbereichen. Hier soll zunächst der bipolare NPN- oder PNP-Transistor behandelt werden. Eine weitere wichtige Bauform ist der Feldeffekttransistor.

5.1 Aufbau und Grundfunktion

Der Transistor ist ein Halbleiterbauelement mit drei Anschlüssen, das überwiegend als Stromverstärker eingesetzt wird. Wie eine Diode besteht der Transistor aus N- und P-dotiertem Halbleitermaterial. Man verwendet hier drei Schichten mit zwei dazwischen liegenden Sperrschichten. Die Schichtenfolge kann N-P-N oder P-N-P sein. Hier soll zunächst der NPN-Transistor betrachtet werden.

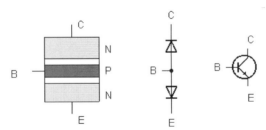

Abb. 5.1 Schichtenaufbau und Ersatzschaltbild des NPN-Transistors

Die einzelnen Schichten des Transistors bezeichnet man als Emitter (E), Basis (B) und Kollektor (C). Entscheidend für die Funktion ist, dass die Basisschicht sehr dünn ist. Der Transistor soll zunächst mit freiem Basisanschluss an eine Stromquelle gelegt werden, wobei der Emitter mit dem Minuspol verbunden sein soll. Es fließt kein Strom, weil die Basis-Kollektor-Sperrschicht in Sperrrichtung liegt.

Nun soll eine zweite Stromquelle zwischen Basis und Emitter angeschlossen werden, wobei der Pluspol an der Basis liegt und die Spannung mit etwa 0,6 V

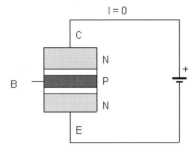

Abb. 5.2 Der Transistor mit offener Basis

so gering ist, dass nur ein kleiner Strom durch die Basis-Emitter-Diode fließt. Dabei kann man einen wesentlich größeren Strom beobachten, der vom Kollektor zum Emitter fließt. Die Erklärung dafür findet sich in der sehr dünnen Basisschicht. Treten nämlich N-Ladungsträger in die Basis ein, gelangen sie sofort in das starke elektrische Feld der Basis-Kollektor-Sperrschicht. Die meisten der Ladungsträger werden zum Kollektor hin abgesaugt. Nur etwa ein Prozent der Ladungsträger, die vom Emitter ausgehen, gelangen zum Basisanschluss. Umgekehrt ist also der Kollektorstrom etwa hundertmal größer als der Basisstrom. Der Kollektorstrom wird über die Basis-Emitterspannung bzw. über den Basisstrom gesteuert.

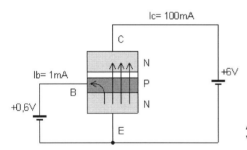

Abb. 5.3 Das Sperrschichtmodell der Verstärkung

In der Praxis verwendet man einen Verbraucher im Kollektorstromkreis. Es kann sich z.B. um einen Widerstand oder um eine kleine Glühlampe handeln. Der Basisstrom kann von derselben Batterie wie der Kollektorstrom kommen. Man verwendet dann einfach einen Basiswiderstand.

5.2 Der Stromverstärkungsfaktor

Eine charakteristische Größe für einen bestimmten Transistor ist sein Stromverstärkungsfaktor V, also das Verhältnis $V = I_C/I_B$. Man misst z.B. $I_C = 100$ mA und $I_B = 1$ mA. Dann ist $V = 100$. Typische Werte liegen zwischen 10-fach und 800-fach. Genauer betrachtet ist die Stromverstärkung abhängig vom Kollektorstrom und von der Kollektor-Emitterspannung, so dass sie nur für einen bestimmten Arbeitspunkt bestimmt werden kann. In erster Näherung ist V jedoch eine Konstante für jeden einzelnen Transistor. Allerdings treten starke Streuungen zwischen Transistoren eines Typs auf.

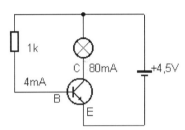

Abb. 5.4 Stromverstärkung in Emitterschaltung

Im Beispiel ergibt sich die Stromverstärkung des Transistors zu:

$$V = \frac{Ic}{Ib}$$

$$V = \frac{80\ mA}{4\ mA}$$

$$\underline{V = 20}$$

Eine relativ geringe, 20-fache Stromverstärkung wird hier deshalb gemessen, weil der Transistor durch einen großen Basisstrom voll durchgeschaltet wird und der Kollektorstrom deshalb nur durch den Verbraucher bestimmt wird. Der Kollektorstrom ist gesättigt und kann nicht mehr weiter steigen.

Zwischen Basis und Emitter stellt sich die übliche Dioden-Durchlassspannung von ca. 0,6 V ein. Die Kollektor-Emitterspannung kann bei starker Aussteuerung bis auf 0,1 V fallen.

Für einen PNP-Transistor ergeben sich dieselben Verhältnisse bei umgekehrter Polarität der Betriebsspannung, d.h., am Kollektor liegt der Minuspol. Der Stromverstärkungsfaktor und die Spannungen sind vergleichbar mit denen eines NPN-Transistors.

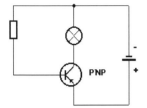

Abb. 5.5 Der PNP-Transistor in Emitterschaltung

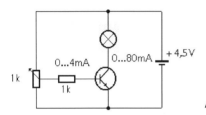

Abb. 5.6 Der Transistor als linearer Verstärker

Ein Transistor lässt sich entweder als linearer Stromverstärker oder als Schalter einsetzen. Bei einem linearen Verstärker kann der Kollektorstrom in einem bestimmten Bereich variieren, so dass sich eine kleine Änderung des Basisstroms in einer vergrößerten Veränderung des Kollektorstroms widerspiegelt.

Beim Einsatz des Transistors als Schalter erhöht man den Basisstrom so weit, dass der Kollektorstrom nur noch vom Arbeitswiderstand und der Anschlussspannung abhängt. Der Kollektorstrom kann dann auch durch einen größeren Basisstrom nicht mehr vergrößert werden, d.h., er ist gesättigt. Der Transistor ist also voll durchgesteuert und arbeitet wie ein geschlossener Schalter. Umgekehrt schaltet man den Baisstrom ganz ab, um den Transistor als Schalter zu sperren.

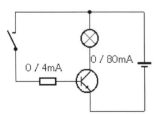

Abb. 5.7 Transistor als Schalter

Abb. 5.7 zeigt das Prinzip eines Transistor-Schalters, der bei kleinen Schaltströmen völlig problemlos ist, auch wenn die Basis im ausgeschalteten Zustand offen ist. Der Kollektorstrom folgt dem Basisstrom praktisch trägheitslos, so dass keine merklichen Verzögerungen auftreten. Beim Schalten größerer Lasten und bei großen Schaltfrequenzen treten dagegen Effekte auf, die eine gezielte Abschaltung des Basisstroms erforderlich machen. Die Ladungsträger in der Basisschicht des Transistors besitzen eine gewisse Speicherzeit und bewirken eine um wenige Mikrosekunden verzögerte Abschaltung, wenn sie nicht durch einen Gegenstrom schneller ausgeräumt werden.

5.3 Transistor-Kennlinien

Um das Verhalten eines Transistors in einer Schaltung planen zu können, benötigt man möglichst genaue Daten. Wichtig ist z.B. der Stromverstärkungsfaktor, der maximal erlaubte Kollektorstrom, die maximale Kollektor-Emitterspannung und die maximale Verlustleistung. Noch genauer lässt sich das Verhalten eines Transistors mit Kennlinien beschreiben, wie sie z.B. in den Datenblättern der Hersteller zu finden sind. Eine Kennlinie ist ein x-y-Diagramm, in dem man zwei Messgrößen gegeneinander aufträgt.

Die einfachste Kennlinie ist die I_C/I_B-Kennline. In einem einfachen Messaufbau misst man Wertepaare des Basisstroms I_B und des Kollektorstroms I_C. Sie werden in das Diagramm eingetragen und mit einer Ausgleichslinie verbunden. Der Messaufbau benötigt eine Einstellmöglichkeit des Basisstroms, z.B. durch ein Potentiometer. Genaugenommen sollte die Kennlinie mit konstanter Kollektorspannung aufgenommen werden. Zum Schutz des Transistors wird aber für einen einfachen experimentellen Aufbau ein Kollektorwiderstand verwendet, der den maximalen Kollektorstrom bestimmt. In dieser Form eignet sich der Messaufbau zwar nicht für genaueste Ergebnisse, aber sehr gut für erste Versuche.

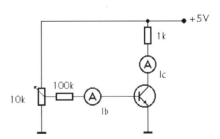

Abb. 5.8 Messung der Stromverstärkung

Die Tabelle zeigt typische Messergebnisse für einen Kleinsignal-NPN-Transistor, wie z.B. BC548A. Aus den Werten lässt sich eine Stromverstärkung von 200 bestimmen. Der Kollektorstrom geht bei $I_C = 4,9$ mA in die Sättigung, weil er durch den Arbeitswiderstand begrenzt wird.

Tabelle 5.1 Typische Messwerte für einen BC548A

$I_B/\mu A$	I_C/mA
0	0
5	1
10	2
15	3
20	4
25	4,90
30	4,90
35	4,90
40	4,90

Das Diagramm zeigt einen linearen Anstieg des Kollektorstroms mit dem Basisstrom. Beim Sättigungsstrom 4,9 mA geht die Kurve in eine horizontale Gerade über. Dieser Teil des Diagramms beschreibt nicht mehr die Kennlinie des Transistors selbst, sondern das Verhalten der Gesamtschaltung.

In erster Näherung ist der Stromverstärkungsfaktor eines Transistors eine Konstante, so dass die I_C/I_B-Kennlinie linear ansteigt. Das gilt jedoch nicht mehr, wenn man Ströme über mehrere Dekaden betrachtet. Tatsächlich besitzt der Stromverstärkungsfaktor ein Maximum beim typischen Kollektorstrom und sinkt darüber und darunter stark ab. Der genaue Verlauf ist theoretisch kaum vorherzusagen und kann nur durch Messungen bestimmt werden. *Abb. 5.10* zeigt den typischen Verlauf des Verstärkungsfaktors V (hier als H_{FE} bezeichnet) für einen BC548C. Der BC548 ist in die Verstärkungsklassen A (110...220), B (200...450) und C (420...800) eingeteilt. Die Stromverstärkung

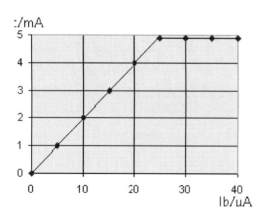

Abb. 5.9 Die I_C/I_B-Kennlinie

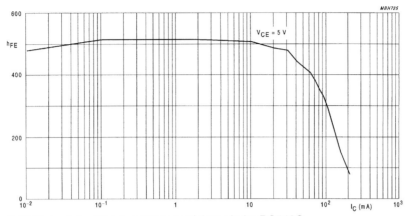

Abb. 5.10 Verlauf des Stromverstärkungsfaktors beim BC548C

erreicht ein flaches Maximum bei mittleren Kollektorströmen und nimmt bei sehr großen Strömen steil ab.

Genauere Vorhersagen über das tatsächliche Verhalten eines Transistors erfordern eine etwas andere Sichtweise. Der Kollektorstrom ist nicht mehr erster Linie eine Funktion des Basisstroms, sondern der Basis-Emitterspannung. Damit ist der Transistor über einen großen Bereich auch theoretisch gut zu beschreiben.

Im Aufbau des Transistors erkennt man die Basis-Emitterdiode. Der Basisstrom folgt daher auf den ersten Blick dem Verlauf einer üblichen Diodenkennlinie. Deshalb zeigt auch der Kollektorstrom einen exponenziellen Verlauf. Im linearen Maßstab ergibt sich ein Knick bei ca. $U_{BE} = 0,5$ V und ein steiler Anstieg über $U_{BE} = 0,6$ V.

Die Messergebnisse zeigen wieder eine Sättigung des Kollektorstroms bei 4,9 mA, die auf den Kollektorwiderstand zurückzuführen ist. Während der steile Anstieg für alle Transistoren typisch ist, variiert die genaue Lage der Kurve sehr stark mit dem Transistortyp und auch zwischen Exemplaren gleichen Typs.

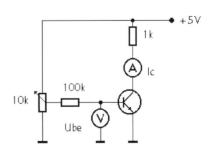

Abb. 5.11 Messung der I_C/ U_{BE}-Kennlinie

Tabelle 5.2 Kollektorstrom
in Abhängigkeit von der
Basis-Emitterspannung

U_{BE}	I_C
0	0,00
0,5	0,00
0,55	0,02
0,6	0,11
0,65	0,82
0,67	1,83
0,68	2,74
0,69	4,08
0,7	4,90
0,75	4,90
0,8	4,90

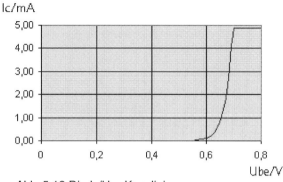

Abb. 5.12 Die I_C/U_{BE}-Kennlinie

Der Verlauf des Kollektorstroms in Abhängigkeit von der Basis-Emitterspannung lässt sich in der Theorie sehr gut beschreiben. Die Gleichung für den Kollektorstrom in Abgängigkeit von der Basis-Emitterspannung ähnelt der für die Diodenkennlinie. Es fällt aber auf, dass kein Korrekturfaktor erforderlich ist und die Gleichung nur die Temperaturspannung $U_T = 25{,}5$ mV für T = 296 K enthält.

$$I_C = I_{CS}(T, U_{CE}) \cdot e^{\left(\frac{U_{BE}}{U_T}\right)}$$

I Kollektorstrom
I_{CS} Kollektor-Sperrstrom
U_{BE} Basis-Emitterspannung
U_T: Temperaturspannung, $U_T = kT/e = 25{,}5$ mV
  Boltzmannkonstante $k = 1{,}38*10^{-23}$ J/K
  Absolute Temperatur T = 296 K = 23 °C
  Elektronenladung $e = 1{,}6*10^{-19}$ C

Der Kollektor-Sperrstrom I_{CS} ist wieder nur eine theoretische Größe, die sich aus einem bekannten Arbeitspunkt bestimmen lässt. Besonders auf Grund der starken Temperaturabhängigkeit von I_S ist die Gleichung nicht dazu geeignet, einen genauen Kollektorstrom in einer bestimmten Schaltung zu berechnen. Sie beschreibt aber das Verhalten des Transistors bei konstanter Temperatur und konstanter Kollektor-Emitterspannung über viele Dekaden des Kollektorstroms sehr genau. Im halblogarithmischen Maßstab zeigt die U_{BE}/I_C-Kennline

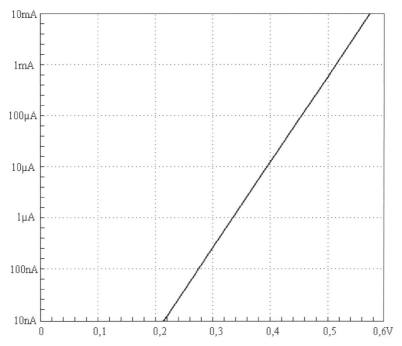

Abb. 5.13 I_C/U_{BE}-Kennlinie im halblogarithmischen Maßstab

eine Gerade. Die Steigung der Kennlinie (Steilheit) ist abhängig von der Temperaturspannung U_T und damit auch von der Temperatur des Transistors. U_T beträgt 25,5 mV bei 23 °C und ca. ca. 25,0 mV bei 17°C.

5.4 Transistor-Bauformen

Die im vorigen Abschnitt vorgestellten NPN- und PNP-Transistoren werden auch als bipolare Transistoren bezeichnet, weil die Schichten mit unterschiedlicher Dotierung aufgebaut sind. Im Gegensatz dazu bestehen Feldeffekttransistoren nur aus einem Material.

Allgemein unterscheidet man Transistoren nach ihrem Einsatzgebiet, also z.B. als Niederfrequenz- (NF-) oder Hochfrequenz- (HF-) Transistoren und nach Leistungstransistoren und Kleinleistungstypen. Außerdem können Transistoren aus Germanium oder Silizium aufgebaut sein, wobei Ge-Transistoren heute nur noch vereinzelt eingesetzt werden. Für besondere Einsatzzwecke werden spezielle Typen gefertigt, also z.B. besonders rauscharme Transistoren oder solche für besonders hohe Betriebsspannugen von einigen hundert Volt.

Außerdem findet man Darlington-Transistoren, die intern aus zwei Transistoren bestehen und eine besonders hohe Stromverstärkung aufweisen.

Ein häufig eingesetzter Transistor ist der NF-Kleinleistungstyp BC548. Es handelt sich um einen NPN-Siliziumtransistor mit einer maximalen Kollektor-Emitterspannung von 60 V und einem maximalen Kollektorstrom von 300 mA. Die maximale Verlustleistung beträgt 300 mW. Die Daten reichen auch für kleine Leistungsverstärker und für die direkte Ansteuerung kleiner Glühlampen. Die Grenzfrequenz von 300 MHz erlaubt auch den Einsatz in einfachen Hochfrequenzanwendungen. Der Transistor wird in großen Stückzahlen gefertigt und ist daher so preiswert, dass man sich bei seinen Versuchen auch mal einen Fehler leisten kann. Als vergleichbarer PNP-Transistor kommt der BC558 zum Einsatz.

Tabelle 5.3 zeigt einen Auszug aus dem Datenblatt des BC548. Man sieht, dass der Transistor in Verstärkungsgruppen mit der Unterbezeichnung A, B und C geliefert wird. Die Transitfrequenz, also die Frequenz, bei welcher der Stromverstärkungsfaktor auf den Wert 1 abgesunken ist, wird mit mindestens 100 MHz angegeben. Andere Hersteller geben 300 MHz an. Der Wert wird

Tabelle 5.3 Auszüge aus dem Datenblatt zum BC548 (Philips)

T_j = 25 °C unless otherwise specified.

SYMBOL	PARAMETER	CONDITIONS	MIN.	TYP.	MAX.	UNIT
I_{CBO}	collector cut-off current	I_E = 0; V_{CB} = 30 V	–	–	15	nA
		I_E = 0; V_{CB} = 30 V; T_j = 150 °C	–	–	5	µA
I_{EBO}	emitter cut-off current	I_C = 0; V_{EB} = 5 V	–	–	100	nA
h_{FE}	DC current gain	I_C = 10 µA; V_{CE} = 5 V; see Figs 2, 3 and 4				
	BC546A; BC547A; BC548A		–	90	–	
	BC546B; BC547B; BC548B		–	150	–	
	BC547C; BC548C		–	270	–	
h_{FE}	DC current gain	I_C = 2 mA; V_{CE} = 5 V; see Figs 2, 3 and 4				
	BC546A; BC547A; BC548A		110	180	220	
	BC546B; BC547B; BC548B		200	290	450	
	BC547C; BC548C		420	520	800	
	BC547; BC548		110	–	800	
	BC546		110	–	450	
V_{CEsat}	collector-emitter saturation voltage	I_C = 10 mA; I_B = 0.5 mA	–	90	250	mV
		I_C = 100 mA; I_B = 5 mA	–	200	600	mV
V_{BEsat}	base-emitter saturation voltage	I_C = 10 mA; I_B = 0.5 mA; note 1	–	700	–	mV
		I_C = 100 mA; I_B = 5 mA; note 1	–	900	–	mV
V_{BE}	base-emitter voltage	I_C = 2 mA; V_{CE} = 5 V; note 2	580	660	700	mV
		I_C = 10 mA; V_{CE} = 5 V	–	–	770	mV
C_c	collector capacitance	I_E = i_e = 0; V_{CB} = 10 V; f = 1 MHz	–	1.5	–	pF
C_e	emitter capacitance	I_C = i_c = 0; V_{EB} = 0.5 V; f = 1 MHz	–	11	–	pF
f_T	transition frequency	I_C = 10mA; V_{CE} = 5 V; f = 100 MHz	100	–	–	MHz
F	noise figure	I_C = 200 µA; V_{CE} = 5 V; R_S = 2 kΩ; f = 1 kHz; B = 200 Hz	–	2	10	dB

nicht als sehr wichtig betrachtet, weil es sich hier um einen typischen NF-Universaltransistor handelt. Trotzdem weist er schon beachtliche HF-Eigenschaften auf und kann gut für einfache Empfänger bis in den Kurzwellenbereich und für Oszillatoren bis etwa 100 MHz verwendet werden.

Beim Einsatz des Transistors mit höheren Frequenzen sind auch die Kapazitäten wichtig. Die Basis-Kollektorkapazität wird hier mit 1,5 pF angegeben. Diese Rückwirkungskapazität bewirkt in der Praxis eine Herabsetzung der Grenzfrequenz eines Verstärkers und kann bei typischen Hochfrequenzverstärkern zu Stabilitätsproblemen führen. Ein echter HF-Transistor kann Rückwirkungskapazitäten von weniger als 0,3 pF aufweisen.

Der BC548 wird im kleinen TO-92-Plastikgehäuse geliefert. Die Wärmeabfuhr ist gering, so dass bei einer Umgebungstemperatur von 25 °C eine maximale Leistung von 300 mW in Wärme umgewandelt werden darf. Die Kristalltemperatur darf im Betrieb niemals über 175 °C ansteigen.

Für größere Leistungen verwendet man andere Gehäuseformen, die eine Montage auf einem Kühlkörper ermöglichen. Die Bauform TO-126 eignet sich zum Aufschrauben auf einen Kühlkörper. Meist liegt der Kollektor leitend an der metallenen Kühlfläche, was bei der Montage mehrerer Transistoren auf einem Kühlkörper beachtet werden muss.

Ein typischer Transistor für mittlere Verlustleistungen bis 8 W ist der BD135 (U_{CE} = 45 V) bzw. der BD137 (U_{CE} = 60 V) und der BD139 (U_{CE} = 100 V). Entsprechende PNP-Transistoren sind die Typen BD136/138/140. Der maximal erlaubte Kollektorstrom beträgt 1,5 A. Die Stromverstärkung ist deutlich geringer als bei Kleinsignaltransistoren und liegt bei etwa 100. Sie fällt bereits bei einigen 100 mA steil ab. Allgemein kann man feststellen, dass Leistungstransistoren geringere Stromverstärkungsfaktoren aufweisen. Besonders kleine Werte findet man bei Transistoren für hohe Kollektorspannungen bis 1000 V.

Wenn es auf große Stromverstärkungen ankommt, setzt man oft Darlington-Transistoren ein, die intern aus zwei Transistoren bestehen (vgl. Kap. 7.8). Auch bei Strömen über 1 A werden noch Verstärkungsfaktoren bis fast 1000 erreicht. Ein typischer Vertreter für mittlere Leistungen ist der BD678 im TO-126-Gehäuse.

Abb. 5.14 Transistor-Gehäuseformen für
unterschiedliche Leistungen

TO-92   TO126   TO3
TO220

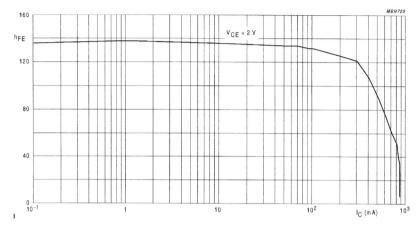

Abb. 5.15 Stromverstärkung des BD137 (Philips)

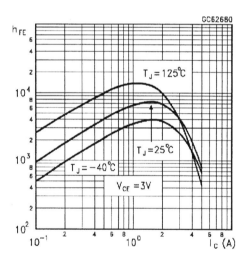

Abb. 5.16 Stromverstärkung eines Dar-
lington-Transistors (BD678, SGS)

Bei Verlustleistungen bis ca. 100 W setzt man TO-3-Metallgehäuse ein. Ein typischer Leistungstransistor ist der 2N3055 mit einer maximalen Verlustleistung von 115 W bei einer Gehäusetemperatur von 25 °C. In der Praxis ist diese geringe Temperatur jedoch auch mit einem großen Kühlkörper und mit einem Kühlgebläse nicht zu erreichen, so dass die tatsächliche Verlustleistung deutlich geringer als 100 W bleiben muss.

6 Feldeffekttransistoren

Die zweite große Gruppe von Transistoren neben den Bipolartransistoren sind die Feldeffekt-Transistoren (FET). Feldeffekt-Transistoren bestehen intern aus einem Kristall mit einfacher N- oder P-Dotierung. Eine isoliert angebrachte Steuerelektrode (Gate) verändert beim Anlegen einer Spannung die Anzahl der Ladungsträger im Kristall und damit die Leitfähigkeit. Je nach Ladung des Gate werden Ladungsträger aus dem Kristall verdrängt oder im Kristall angereichert. Der Vorteil des Feldeffekttransistors besteht darin, dass zur Steuerung kein Strom, sondern nur eine Spannung benötigt wird.

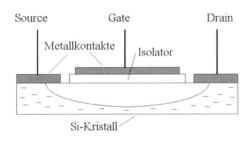

Abb. 6.1 Aufbau eines Feldeffekttransistors

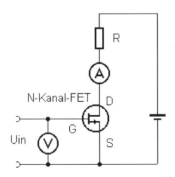

Abb. 6.2 Ansteuerung eines N-Kanal-FET

Den Anschlüssen Basis, Emitter und Kollektor des Bipolartransistors entsprechen die Anschlüsse Gate (G), Source (S) und Drain (D) beim FET. Unter den Feldeffekttransistoren existieren zahlreiche Untergruppen. Neben Sperrschicht-FETs, bei denen die isolierende Schicht zwischen Gate und Kanal aus einer Sperrschicht besteht, gibt es als andere große Gruppe die Metall-Oxid-Sperrschichttypen (MOS-FETs). Wie bei bipolaren Transistoren unterscheidet man auch hier N-MOSFETs und P-MOSFETs nach der Polung von Source und Drain. MOS-FETs sind wichtige Grundbausteine für zahlreiche integrierte Schaltungen, besonders in der Computertechnik. Oft findet man komplementäre N- und P-FETs in einem Baustein (CMOS-Technik).

6.1 Der J-FET

Der Sperrschicht-Feldeffekttransistor (engl. Junction-FET, J-FET) verwendet als Isolierschicht zwischen Kristall und Gateanschluss eine Sperrschicht. Die Gatespannung kann daher nur im negativen Bereich liegen, da sonst die GS-Diode in den leitenden Bereich übergehen würde. Der J-FET ist damit ein selbstleitender FET, d.h., schon bei der Eingangsspannung Null fließt ein Drainstrom. Man spricht hier auch vom Verdrängungstyp, weil sich bereits ohne Gatespannung Ladungsträger im Leitungskanal befinden, die durch eine Steuerspannung verdrängt werden können. Erst mit dem Anlegen einer negativen Spannung wird der Source-Drain-Kanal zunehmend abgeschnürt, bis der Transistor sperrt. Dieses Verhalten entspricht im Übrigen genau dem einer Elektronenröhre.

Ein typischer Vertreter dieser Gruppe ist der BF245A. Er wurde in erster Linie für Hochfrequenzanwendungen entwickelt. Die typische Steilheit beträgt 5 mA/V, d.h., eine Spannungsänderung von 1 V ändert den Drainstrom um 5 mA. Die Steilheit sinkt erst bei 700 MHz um 30%, bezogen auf den Gleichstromwert. Dies ist ein wesentlich strengeres Kriterium als die Transitfrequenz bei Bipolartransistoren. Außerdem besitzt der Transistor mit 4 pF eine recht kleine Eingangskapazität. Für HF-Anwendungen ist auch die geringe Rückwirkungskapazität von 1,1 pF wichtig.

Der Kennlinienverlauf des BF245A zeigt eine Sperrspannung (Cutoff-Spannung) von ca. −2 V und einen Drainstrom von ca. 4 mA bei der Eingangsspannung Null. Im Bereich von −1 V bis 0 V zeigt die Kennlinie einen sehr geraden Bereich, der sich für die verzerrungsarme Verstärkung von Signalen ausnutzen lässt. Der Transistor kann gut um 0 V herum ausgesteuert werden, wenn das Eingangssignal ca. +0,2 V nicht überschreitet, da in diesem Bereich die Eingangsdiode noch gut sperrt. In Einzelfällen kann man daher auf eine besondere Vorspannung verzichten.

Tabelle 6.1 Auszug aus dem Datenblatt des BF245A (Philips)

DYNAMIC CHARACTERISTICS

Common source; T_{amb} = 25 °C; unless otherwise specified.

SYMBOL	PARAMETER	CONDITIONS	MIN.	TYP.	MAX.	UNIT
C_{is}	input capacitance	V_{DS} = 20 V; V_{GS} = –1 V; f = 1 MHz	–	4	–	pF
C_{rs}	reverse transfer capacitance	V_{DS} = 20 V; V_{GS} = –1 V; f = 1 MHz	–	1.1	–	pF
C_{os}	output capacitance	V_{DS} = 20 V; V_{GS} = –1 V; f = 1 MHz	–	1.6	–	pF
g_{is}	input conductance	V_{DS} = 15 V; V_{GS} = 0; f = 200 MHz	–	250	–	µS
g_{os}	output conductance	V_{DS} = 15 V; V_{GS} = 0; f = 200 MHz	–	40	–	µS
$|y_{fs}|$	forward transfer admittance	V_{DS} = 15 V; V_{GS} = 0; f = 1 kHz	3	–	6.5	mS
		V_{DS} = 15 V; V_{GS} = 0; f = 200 MHz	–	6	–	mS
$|y_{rs}|$	reverse transfer admittance	V_{DS} = 15 V; V_{GS} = 0; f = 200 MHz	–	1.4	–	mS
$|y_{os}|$	output admittance	V_{DS} = 15 V; V_{GS} = 0; f = 1 kHz	–	25	–	µS
f_{gts}	cut-off frequency	V_{DS} = 15 V; V_{GS} = 0; g_{fs} = 0.7 of its value at 1 kHz	–	700	–	MHz
F	noise figure	V_{DS} = 15 V; V_{GS} = 0; f = 100 MHz; R_G = 1 kΩ (common source); input tuned to minimum noise	–	1.5	–	dB

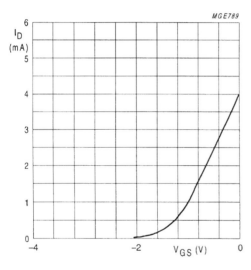

Abb. 6.3 Kennlinie eines BF245A (Philips)

6.2 Doppelgate-MOS-FET

Beim Metall-Oxyd-Halbleiter-FET besteht der Gateanschluss aus einer metallischen Kondensatorplatte mit einer SiO-Schicht als Dielektrikum. Das Gate kann daher Spannungen beider Polaritäten annehmen. Ein Problem stellt die Empfindlichkeit gegenüber Überspannungen ab ca. 50 V dar, die einen elektrischen Überschlag verursachen und so die Gate-Isolation zerstören können. Beim Einbau von MOS-Transistoren und MOS-ICs ist also große Vorsicht geboten, um den Transistor nicht durch statische Entladungen zu gefährden.

Einzelne Kleinsignal-MOS-Transistoren sind kaum gebräuchlich. Eine Sonderform, die Doppelgate-MOSFETs werden aber speziell für HF-Anwendungen eingesetzt. Ein typischer Vertreter dieser Gruppe ist der BF961. Das zweite Gate hat verschiedene Funktionen:

Es schirmt das erste Gate als Eingangselektrode vom Drain ab und verringert auf diese Weise die Rückwirkungskapazität, ähnlich, wie es in der Röhrentechnik bei Pentoden üblich ist.

Über das zweite Gate kann die Steilheit des Transistors reguliert werden. Man kann es daher zur automatischen Verstärkungsregelung einsetzen.

In Mischstufen mit Doppelgate-Transistoren führt man das Oszillatorsignal dem zweiten Gate zu. Auf diese Weise kann ein multiplikativer Mischer mit geringer Intermodulation realisiert werden. Diese Anwendung wird in Kap. 19 genauer behandelt.

Der Transistor hat eine Steilheit bis zu 15 mA/V. Die Eingangskapazität beträgt 3,7 pF. Die Rückwirkungskapazität liegt dank der abschirmenden Wirkung von Gate 2 nur bei 0,025 pF. Der BF961 ist durch inverse Z-Dioden an beiden Gates gegen Zerstörung durch Überspannungen gesichert. Dies ist nicht nur eine Maßnahme gegen versehentliche Beschädigung beim Einbau, sondern schützt den Transistor in HF-Eingangsstufen auch vor Überspannungen in der Nähe starker Sender und bei Blitzschlag.

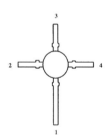 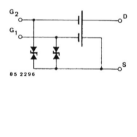

BF961 Marking
Plastic case (~ TO 50)
1 = Drain, 2 = Source, 3 = Gate 1, 4 = Gate 2

BF961 Marking
Plastic case (~ TO 50)
1 = Drain, 2 = Source, 3 = Gate 1, 4 = Gate 2

Absolute Maximum Ratings

Parameters	Symbol	Value	Unit
Drain source voltage	V_{DS}	20	V
Drain current	I_D	30	mA
Gate 1/gate 2-source peak current	$\pm I_{G1/2SM}$	10	mA
Total power dissipation $T_{amb} \leq 60°C$	P_{tot}	200	mW
Channel temperature	T_{Ch}	150	°C
Storage temperature range	T_{stg}	–55 to +150	°C

Abb. 6.4 Auszug aus dem Datenblatt des BF961 (Telefunken)

6.3 VMOS-Leistungstransistoren

Außer durch die Verwendung in integrierten Schaltungen haben MOS-FETs eine große Bedeutung in der Leistungselektronik gefunden. Sehr verbreitet sind VMOS-FETs mit vertikaler Struktur des Leitungskanals und sehr großen Source, Drain- und Gate-Flächen. Man erreicht daher große Drainströme bis zu mehreren zehn Ampere. Allerdings haben diese Transistoren auch erhebliche Eingangskapazitäten bis zu einigen Nanofarad, was die Ansteuerung bei hohen Frequenzen erschwert. Man erhält N-Kanal und P-Kanal-Typen, wobei N-Kanal-FETs häufiger eingesetzt werden.

Wichtige Kenngrößen für Leistungs-FETs sind der maximale Drainstrom (bis ca. 50 A), die maximale Source-Drainspannung (bis ca. 1000 V) und der kleinste ON-Widerstand (bis herunter zu 0,05 Ω) bei maximaler Gate-Aussteuerung. Man erreicht vor allem in Anwendungen als schneller Leistungsschalter geringere Verluste als mit bipolaren Schaltungen. Ein Vorteil sind auch die sehr geringen Schaltzeiten bei korrekter Ansteuerung des Transistors.

Ein eher kleiner Vertreter dieser Gruppe ist der BS107 im TO92-Gehäuse. Jeder VMOS-Transistor enthält auf Grund seiner Struktur eine inverse Diode zwischen Drain und Source, die bei der Planung von Schaltungen zu beachten ist.

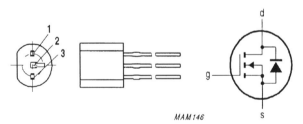

MAM146

Abb. 6.5 Gehäuseform und Schaltsymbol des BS107 mit inverser Diode (Philips)

Die Übertragungskennlinie des BS107 zeigt deutlich, dass es sich um einen Anreicherungstyp handelt, der bei der Gatespannung Null isoliert. Der Leitungskanal enthält also keine Ladungsträger. Erst mit einer positiven Gatespannung werden Ladungsträger im Kanal angereichert. Die Stromleitung beginnt ab einer Gatespannung von ca. 1,5 V. Es wird eine Steilheit von 180 mA/V erreicht. Der vorgesehene Einsatzbereich liegt bei Drainströmen bis 150 mA und Spannungen bis 200 V. Es wird ein ON-Widerstand von 28 Ω angegeben. Der Transistor besitzt eine Eingangskapazität von 50 pF und eine Rückwirkungskapazität von 4 pF.

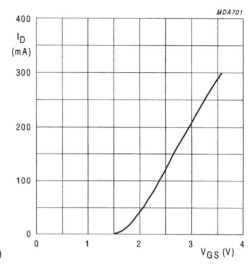

Abb. 6.6 Kennlinie des BS107 (Philips)

Die *Tabelle 6.2* zeigt eine vergleichende Übersicht einiger typischer VMOS-Transistoren:

Tabelle 6.2 Kurzdaten einiger VMOS-Transistoren

Typ	N/P-Kanal	I_{max}	U_{max}	P_{max}	R_{DS}-ON	C_{GS}	C_{DG}
BS107	N	150 mA	200 V	0,8 W	28 Ω	50 pF	4 pF
BS170	N	175 mA	60 V	0,8 W	5 Ω	60 pF	5 pF
BS250	P	180 mA	45 V	0,8 W	14 Ω	60 pF	5 pF
BUZ10	N	20A	50 V	75 W	0,08 Ω	800 pF	110 pF

7 Verstärker-Grundschaltungen

Ein typisches Einsatzgebiet des Transistors ist die Verstärkung von Tonsignalen. Man spricht hier auch vom Niederfrequenz- (NF-) Verstärker. Das Prinzip
des Verstärkers besteht darin, dass der kleine Basisstrom durch einen NF-
Strom moduliert (vergrößert und verkleinert) wird, so dass der verstärkte Kollektorstrom entsprechend verstärkte NF-Signale enthält.

7.1 Der Verstärker in Emitterschaltung

Die Emitterschaltung ist die am häufigsten eingesetzte Verstärkerschaltung.
Der Name soll andeuten, dass hier der Emitter an das gemeinsame Massepotential der Schaltung gelegt wird. Gegenüber der Masse variiert die Basisspannung und die Kollektorspannung, aber die Emitterspannung bleibt immer
gleich, hier z.B. 0 V. In Schaltbildern verwendet man das Massezeichen statt
einer durchgehenden Masseleitung. Die Masse ist meist mit dem Minuspol der
Stromquelle verbunden.

Die Wechselspannungssignale, also z.B. Niederfrequenz- (NF) Signale eines
Mikrofons, werden meist über Kondensatoren angekoppelt, die zwar Wechselströme leiten, für Gleichspannungen jedoch als Isolator wirken. Das Prinzip
des NF-Verstärkers lässt sich mit einem Mikrofon am Eingang und einem
Lautsprecher oder Kopfhörer am Ausgang zeigen.

Ohne ein NF-Signal soll der Basisstrom z.B. 1 mA und der Kollektorstrom
(Ruhestrom) 100 mA betragen. Nun soll ein Eingangssignal den Basisstrom
zwischen 0,5 mA und 1,5 mA im Takt der aufgenommenen Tonschwingungen

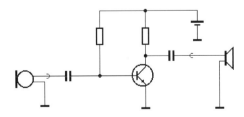

Abb. 7.1 Prinzip des NF-Verstärkers in
Emitterschaltung

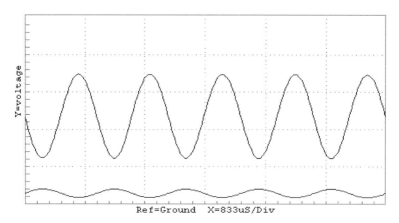

Abb. 7.2 Eingangs- und Ausgangsspannung des Verstärkers

schwanken lassen. Der Kollektorstrom wird entsprechend im Bereich 50 mA bis 100 mA schwanken. Damit wurde der NF-Strom um den Faktor 100 verstärkt. Mit einem Oszilloskop lässt sich leicht der Verlauf der Basisspannung und der Kollektorspannung überprüfen. Ein steigender Kollektorstrom führt zu einem steigenden Spannungsabfall am Kollektorwiderstand und damit zu einer fallenden Kollektorspannung. Die Ausgangsspannung verläuft also gegenphasig zur Eingangsspannung.

Die Aufgabe eines NF-Verstärkers ist es, kleine NF-Signale möglichst hoch und unverzerrt zu verstärken. Starke Verzerrungen treten z.B. auf, wenn ein Verstärker übersteuert wird, d.h. wenn der Kollektorstrom in die Sättigung geht. Durch die Wahl der Bauelemente sei ein möglicher Kollektorstrombereich zwischen 0 mA und 200 mA gegeben. Im Betrieb sollte keiner dieser Eckwerte jemals erreicht werden, weil dies zu einer Verfälschung des Eingangssignals führen würde. Solche Verzerrungen lassen sich mit einem Oszilloskop leicht erkennen.

Damit ein Verstärker einen möglichst großen unverzerrten Aussteuerbereich hat, muss der Kollektor-Ruhestrom die Hälfte des Sättigungsstroms betragen. Dann nämlich lässt sich der Strom in beide Richtungen gleich weit verändern, ohne dass es zu einer Begrenzung kommt. Die Einstellung des richtigen Ruhestroms ist aber nicht ganz einfach. Es kommt entscheidend auf die richtige Wahl der Widerstände an.

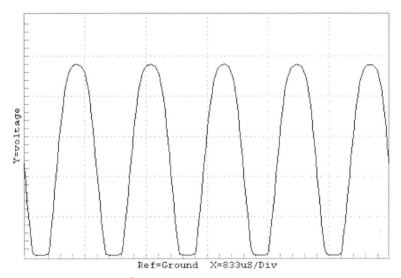

Abb. 7.3 Verzerrungen durch Übersteuerung

Ein Transistor mit der Stromverstärkung V = 200 soll mit einem Kollektorwiderstand von 1 kΩ an einer Spannung von 5 V betrieben werden. Der maximale Kollektorstrom beträgt dann:

$$I_C = \frac{U_B}{R_C}$$

$$I_C = \frac{5\,V}{1\,k\Omega}$$

$$\underline{\underline{I_C = 5\,mA}}$$

Der Ruhestrom muss also auf 2,5 mA eingestellt werden. Dazu ist ein Basisstrom von I_B = 0,0125 mA erforderlich.

$$I_B = \frac{I_C}{V}$$

$$I_B = \frac{2,5\,mA}{200}$$

$$\underline{\underline{I_B = 0,0125\,mA}}$$

Rechnet man mit einer Basis-Emitterspannung von 0,5 V, dann liegen noch 4,5 V am Basiswiderstand. Der Basiswiderstand muss also R_B = 360 kΩ betragen.

$$R_B = \frac{U}{I_B}$$

$$R_B = \frac{4,5\,V}{0,0125\,mA}$$

$$\underline{\underline{R_B = 360\,k\Omega}}$$

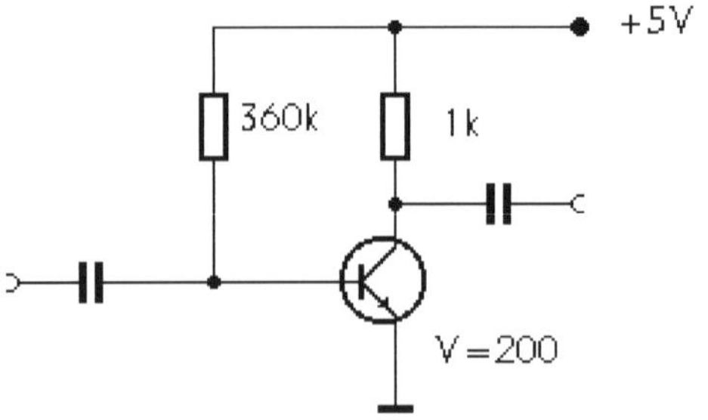

Abb. 7.4 Einstellung des Arbeitspunktes

Bei einem Kollektorstrom von 2,5 mA ergibt sich am Kollektorwiderstand von 1 kΩ ein Spannungsabfall von U = 2,5 V, also der halben Betriebsspannung.

$$U = I_C \cdot R_C$$

$$U = 2,5\,mA \cdot 1\,k\Omega$$

$$\underline{\underline{U = 2,5\,V}}$$

Dementsprechend beträgt auch die Kollektor-Emitterspannung 2,5 V. Allgemein gilt für diese einfache Emitterschaltung die Regel: Die Kollektorspannung soll ohne Aussteuerung die Hälfte der Betriebsspannung betragen, was sich leicht nachprüfen lässt. Wenn man es etwas vereinfacht und die Basis-Emitterspannung vernachlässigt, dann kann für den Basiswiderstand die Regel $R_B = 2*V*R_C$ aufgestellt werden. Hier ergibt sich dann $R_B = 400$ kΩ, was noch ausreichend genau ist.

$$R_B = 2 \cdot V \cdot R_C$$

$$R_B = 2 \cdot 200 \cdot 1\,k\Omega$$

$$\underline{\underline{R_B = 400\,k\Omega}}$$

7.2 Gegenkopplung

Leider ist der Stromverstärkungsfaktor sehr starken Streuungen unterworfen. Wenn man zehn Transistoren des gleichen Typs kauft, lassen sich Streuungen im Bereich 200-fach bis 400-fach feststellen. In der Praxis ist es aber kaum möglich, jeden Transistor zuerst auszumessen, um dann seinen Basiswiderstand zu bestimmen. Man könnte statt dessen ein Poti zur Einstellung des jeweils günstigsten Basisstroms verwenden. Besser ist es aber, die Schaltung so zu verändern, dass sich eine Streuung der Stromverstärkung weniger oder praktisch überhaupt nicht mehr auswirkt.

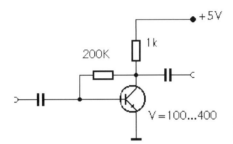

Abb. 7.5 Arbeitspunkteinstellung mit Gegenkopplung

Die einfachste Änderung besteht darin, dass der Basiswiderstand nicht mehr an die Betriebsspannung, sondern an den Kollektor gelegt wird. Ein größerer Verstärkungsfaktor führt zu einem größeren Kollektorstrom und damit zu einem größeren Spannungsabfall am Kollektorwiderstand. Die Kollektor-Emitterspannung sinkt gleichzeitig, und damit auch die Spannung am Basiswiderstand, was wiederum zu einem verkleinerten Basisstrom führt. Im Endeffekt wird also ein größerer Verstärkungsfaktor durch einen kleineren Basisstrom teilweise ausgeglichen, so dass der Kollektorstrom weniger steigt. Man spricht hier von einer Gegenkopplung, weil der Vergrößerung des Kollektorstroms entgegengewirkt wird. Die Gegenkopplung führt hier auch zu einer geringfügig verkleinerten Verstärkung, zugleich aber auch zu geringeren Verzerrungen.

Auch bei dieser Schaltung gibt es für jede Stromverstärkung einen eigenen, optimalen Basiswiderstand. In der Praxis kommt es jedoch nur selten darauf an, dass ein Verstärker zu 100% ausgesteuert werden kann. Ein Mikrofon-Vorverstärker wird z.B. nur zu etwa 1% ausgesteuert. Daher lässt sich für den Basiswiderstand ein guter Kompromiss finden, der für einen weiten Bereich von Stromverstärkungen brauchbar ist. Es ist also nun möglich, eine Schaltung zu planen, die mit jedem Transistor funktioniert. Die Faustregel lautet: R_B =

R_C*V, wobei für V die mittlere zu erwartende Stromverstärkung eingesetzt wird.

Für einen Mikrofonverstärker reicht oft eine einzelne Verstärkerstufe nicht aus. Für praktische Versuche mit einem dynamischen Mikrofon und einem Kopfhörer von z.B. 600 Ω oder 2 kΩ lässt sich ein einfacher Verstärker mit zwei Stufen aufbauen.

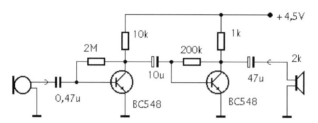

Abb. 7.6 Ein zweistufiger Mikrofonverstärker

Eine noch genauere Einstellung des Arbeitspunktes erfordert etwas mehr Aufwand. Der Transistor erhält zusätzlich einen Emitterwiderstand. Mit einem Basis-Spannungsteiler wird eine feste Teilspannung eingestellt, wobei der Strom durch den Spannungsteiler ca. zehnmal größer als der Basisstrom sein soll, damit keine Rückwirkungen durch unterschiedliche Basisströme auftreten. Die Emitterspannung stabilisiert sich selbst auf einen Wert, der um die Basis-Emitterspannung niedriger als die Basisspannung liegt. Dadurch ist auch der Emitterstrom stabil und damit auch der etwa gleich große Kollektorstrom.

In der Beispielschaltung wird eine Basisspannung von 2 V vorgegeben. Die Emitterspannung stellt sich auf 1,4 V ein. Bei einem Emitterwiderstand von 1 kΩ ergibt sich ein Emitterstrom von 1,4 mA. Am Kollektorwiderstand von 3 kΩ fällt eine Spannung von 4,2 V ab. Es stellt sich also eine Kollektorspannung von 5,8 V bzw. eine Kollektor-Emitterspannung von 4,4 V ein.

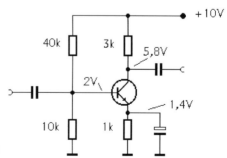

Abb. 7.7 Stabilisierung des Arbeitspunktes

Die Schaltung verwendet eine starke Spannungs-Gegenkopplung. Eine relativ kleine Änderung der Emitterspannung wirkt sich direkt auf die Basis-Emitterspannung aus und führt aufgrund der steilen Basis-Kennlinie zu einer starken Änderung des Kollektor- und Emitterstroms. Da nur sehr kleine Änderungen der Basis-Emitterspannung nötig sind, stellt sich die Emitterspannung auf einen Wert ein, der um ca. 0,6 V unter der Basisspannung liegt. Die Funktion ähnelt der des sog. Emitterfolgers (auch: Kollektorschaltung), die weiter unten erläutert wird.

Die starke Gegenkopplung führt zu einer sehr geringen Spannungsverstärkung. Damit die Verstärkung für NF-Signale hoch genug ist, wird die Gegenkopplung durch einen Emitterkondensator für Wechselströme aufgehoben. Sein Wert richtet sich nach der tiefsten zu verarbeitenden Frequenz. Allgemein gilt hier die Grenzfrequenz $f_G = 1/(2\pi RC)$. Allerdings darf für den Widerstand R nicht der Emitterwiderstand von 1 kΩ eingesetzt werden, sondern maßgeblich ist die Impedanz am Emitter mit ca. 20 Ω. Sie entspricht der Eingangsimpedanz des Transistors in Basisschaltung (s.u.). Mit einem Elko von 100 µF erreicht man hier eine untere Grenzfrequenz von 80 Hz.

Eine vergleichbare Schaltung lässt sich auch mit einem Feldeffekttransistor in Source-Schaltung aufbauen. Verwendet man einen selbstleitenden Typ wie den J-FET BF245, dann wird der Arbeitspunkt allein durch den Source-Widerstand bestimmt. Das Source-Potential wird angehoben, so dass sich eine negative Gatespannung gegenüber dem Source-Anschluss einstellt. Der Arbeitspunkt kann nicht wie beim bipolaren Transistor theoretisch bestimmt werden, sondern hängt von der FET-Kennlinie ab.

Ein Vorteil des FET gegenüber einem bipolaren Transistor ist sein fast unendlich großer Eingangswiderstand. Die Gesamtschaltung nach *Abb. 7.8* hat für

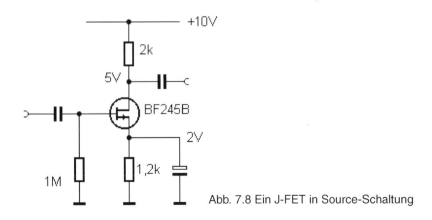

Abb. 7.8 Ein J-FET in Source-Schaltung

NF-Signale einen Eingangswiderstand von 1 MΩ und ist damit gut für hoch-ohmige Signalquellen geeignet. Die Spannungsverstärkung der Schaltung ist geringer als mit einem NPN-Transistor.

7.3 Steilheit und Innenwiderstand

Bei der Ansteuerung des Verstärkers mit kleinen Wechselspannungen verhält sich der bipolare Transistor wie ein linearer Verstärker (Kleinsignal-Verhalten). Eingangssignale werden verstärkt und invertiert, d.h., steigende Spannungen am Eingang führen zu fallenden Spannungen am Ausgang, positive Halbwellen werden zu negativen Halbwellen. Die exponentielle U_{BE}/I_C-Kennlinie (s.o.) wird nur in so kleinen Bereichen ausgesteuert, dass sie als linear angesehen werden kann. Die „Steilheit" der Kurve hängt vom jeweiligen Arbeitspunkt, also vom Kollektorstrom ab.

Genauer versteht man unter der Steilheit S des Transistors das Verhältnis von Kollektorstromänderung zur Basis-Emitterspannungsänderung: $S = dI_C/dU_{BE}$. Sie beträgt für eine Temperaturspannung von $U_T = 25$ mV:

$$S = \frac{I_C}{25\,mV}$$

Die Steilheit hängt nur vom Kollektorstrom ab und ist völlig unabhängig vom verwendeten Transistor.

Ein Beispiel soll von einem Kollektorstrom von 1 mA ausgehen. Die Steilheit beträgt also:

$$S = \frac{I_C}{25\,mV}$$

$$S = \frac{1\,mA}{25\,mV}$$

$$S = 40\,mA/V$$

Eine Eingangsspannung von 1 mV (Kleinsignal!) würde also einen Kollektor-Signalstrom von 40 μA aussteuern.

Mit Hilfe der Steilheit lässt sich die Spannungsverstärkung U_o/U_i des Transistors bestimmen:

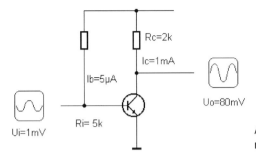

Abb. 7.9 Innenwiderstand und Spannungsverstärkung in Emitterschaltung

$$\frac{U_o}{U_i} = S \cdot R_C$$

An einem Kollektorwiderstand von 2 kΩ ergibt sich bei I_C = 1 mA eine Ausgangsspannung von:

$$U_o = I \cdot R_C$$
$$U_o = 40\ \mu A \cdot 2\ k\Omega$$
$$\underline{\underline{U_o = 80\ mV}}$$

Die Spannungsverstärkung ist also 80-fach.

Der Kleinsignal-Eingangswiderstand der Schaltung hängt vom Basisstrom ab. Er beträgt:

$$R_i = \frac{25\ mV}{I_B}$$

Er ist also bei einem gegebenen Arbeitspunkt von der Stromverstärkung der Transistors abhängig. Geht man für das obige Beispiel von einem Transistor mit V = 200 aus, dann ergibt sich

$$I_B = \frac{I_C}{V}$$
$$I_B = \frac{1\ mA}{200}$$
$$\underline{\underline{I_B = 5\ \mu A}}$$

Der Eingangswiderstand berechnet sich damit zu:

$$R_i = \frac{25\,mV}{I_B}$$

$$R_i = \frac{25\,mV}{5\,\mu A}$$

$$\underline{\underline{R_i = 5\,k\Omega}}$$

Für einen Mikrofon-Vorverstärker ergibt sich daher eine günstige Anpassung, wenn das Mikrofon ebenfalls eine Impedanz von 5 kΩ besitzt.

Alle diese Betrachtungen gelten nur für die Emitterschaltung. Völlig andere Verhältnisse ergeben sich bei der Kollektorschaltung und bei der Basisschaltung (s.u.).

7.4 Breitbandverstärker

Bisher wurde der Transistor immer als statischer Verstärker behandelt, so als wäre das Verhalten im Gleichstromfall, bei kleinen Frequenzen und bei sehr hohen Frequenzen gleich. Tatsächlich aber nimmt die Verstärkung fast immer mit größer werdender Frequenz ab. Ein Verstärker besitzt daher eine obere Grenzfrequenz. So bezeichnet man die Frequenz, bei der die Verstärkung um 3 dB oder auf den Faktor 0,707 abgefallen ist.

Ein Faktor für die begrenzten Hochfrequenzeigenschaften des NPN-Transistors ist die Abnahme des Stromverstärkungsfaktors V mit der Frequenz. Eine Ursache ist die begrenzte Beweglichkeit von Ladungsträgern im Halbleiterkristall. In Datenblättern ist manchmal die Transitfrequenz f_T angegeben, bei der V auf den Wert 1 abgesunken ist. Werte für einen typischen Kleinsignal-NPN-Transistor liegen bei 100...300 MHz. Die Grenzfrequenz f_G, bei der V um den Faktor 0,7 abgesunken ist, wird dagegen wesentlich eher erreicht.

Bei Feldeffekttransistoren kommt es bei sehr hohen Frequenzen zu einer Abnahme der Steilheit. Ein Grund dafür liegt in der endlichen Geschwindigkeit der Ladungsträger im Leitungskanal. Treten Spannungsänderungen am Gate schneller auf als ein Ladungsträger den Kanal durchlaufen konnte, dann heben sich die Einflüsse des Steuergitters teilweise auf, die Verstärkung sinkt also. Diese Laufzeiteffekte versucht man durch möglichst kleine Strukturen gering zu halten.

Neben der abnehmenden Grenzfrequenz eines Transistors spielen Kapazitäten eine große Rolle. Jeder der drei Transistoranschlüsse besitzt eine gewisse Kapazität gegenüber jedem anderen Anschluss. Man kann daher für die Emitterschaltung eine Eingangskapazität C_{BE}, eine Ausgangskapazität C_{CE} und eine Rückwirkungskapazität C_{CB} angeben. Die Kapazitäten sind bei Leistungstransistoren besonders groß und bei Hochfrequenz-Kleinsignaltransistoren besonders klein. Durch den Einfluss der Eingangskapazität bildet sich am Eingang des Transistors ein Tiefpass, dessen Grenzfrequenz auch vom Innenwiderstand der angeschlossenen Signalquelle abhängt. Eine niederohmige Ansteuerung erhöht daher die Grenzfrequenz.

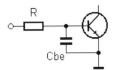

Abb. 7.10 Tiefpassverhalten der Eingangskapazität

Das gleiche gilt für die Ausgangskapazität. Sie bildet zusammen mit dem Ausgangswiderstand einen Tiefpass. Breitbandige Verstärker verwenden daher niederohmige Kollektorwiderstände. Oft muss ein Kompromiss zwischen hoher Verstärkung und hoher Grenzfrequenz gefunden werden. Wenn hohe Ausgangsspannungen gefordert werden, wie z.B. bei Messverstärkern in Oszilloskopen oder bei der Ansteuerung breitbandiger Bildröhren, können auch die damit verbundenen Leistungen ein Problem werden.

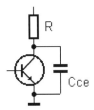

Abb. 7.11 Der Ausgangs-Tiefpass

Obwohl die Rückwirkungskapazität eines Transistors den geringsten Wert aufweist, kann sie die größte Wirkung auf die Reduzierung der Grenzfrequenz haben. Der Grund liegt im sogenannten Miller-Effekt: Zwischen Eingang und Ausgang des Verstärkers ergibt sich ein Phasenunterschied von 180 Grad. Während also die Rückwirkungskapazität vom Eingang aus über den Innenwiderstand der Signalquelle geladen wird, wird sie zugleich am Ausgang um den Betrag der Spannungsverstärkung verstärkt gegenphasig geladen. Am Eingang erscheint daher eine um die Spannungsverstärkung höhere Kapazität. Bei ei-

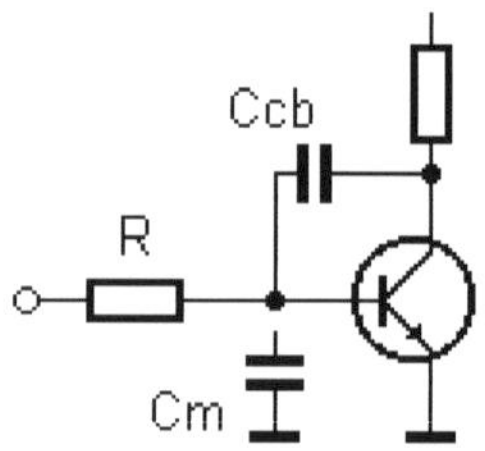

Abb. 7.12 Die Miller-Kapazität

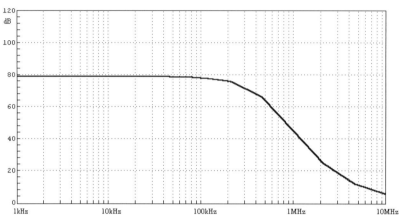

Abb. 7.13 Frequenzgang einer Emitterstufe mit dem BC548

nem typischen NF-Verstärker mit einer Spannungsverstärkung von 80 liegt am Eingang z.B. eine Miller-Kapazität von 100 pF. Mit einem Innenwiderstand der Signalquelle von 5 kΩ ergibt sich allein aufgrund der Rückwirkungskapazität nur noch eine Grenzfrequenz von ca. 300 kHz, also nur noch ein Tausendstel der Transitfrequenz (vgl. *Abb. 7.13*).

Will man einen Breitbandverstärker mit möglichst flachem Frequenzgang bauen, dann ist es sinnvoll, die Verstärkung durch eine Gegenkopplung künstlich zu reduzieren. Sie bleibt dann bis zu höheren Frequenzen konstant. Außerdem ist es günstig, sehr kleine Ein- und Ausgangswiderstände zu verwenden, damit die einzelnen Tiefpassfilter aus störender Kapazität und Anschlusswiderstand eine möglichst hohe Grenzfrequenz haben. In der HF-Technik sind Anschlusswiderstände von 50 Ω allgemein üblich. Mit speziellen HF-Transistoren mit Transitfrequenzen über 5000 MHz lassen sich auf diese Weise Breitbandverstärker mit einer Bandbreite bis zu 1000 MHz aufbauen.

Der niederohmige Breitbandverstärker erreicht nach *Abb. 7.15* bereits mit einem einfachen NF-Transistor BC548 eine Bandbreite über 30 MHz.

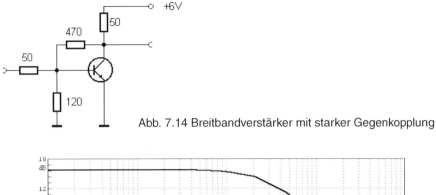

Abb. 7.14 Breitbandverstärker mit starker Gegenkopplung

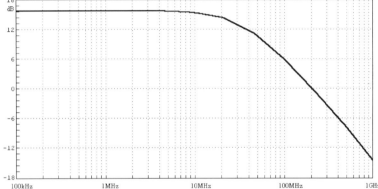

Abb. 7.15 Frequenzgang eines Breitbandverstärkers mit dem BC548

7.5 Gleichstromgekoppelte Stufen

Mehrstufige NF-Verstärker können mit geringerem Aufwand gebaut werden, wenn man auf die Kondensatorkopplung zwischen den einzelnen Stufen verzichtet und statt dessen eine Gleichstromkopplung verwendet. Der Kollektorwiderstand des ersten Transistors wird damit zugleich der Basiswiderstand des zweiten. Oft ergibt sich dabei zugleich eine elegante Möglichkeit der Arbeitspunkteinstellung.

Abb. 7.16 zeigt einen zweistufigen, direkt gekoppelten Verstärker. Der Basisstrom des ersten Transistors wird vom Emitter der zweiten Stufe genommen. Damit ergibt sich eine Gegenkopplung und Stabilisierung des Arbeitspunktes. An einem relativ kleinen Basiswiderstand (hier: 100 kΩ) kann der Spannungsabfall vernachlässigt werden, so dass man von einer Emitterspannung von ca. 0,6 V ausgehen kann. Der Emitterwiderstand bestimmt also den Emitter- und Kollektorstrom der zweiten Stufe, der weitgehend unabhängig von der Betriebsspannung ist.

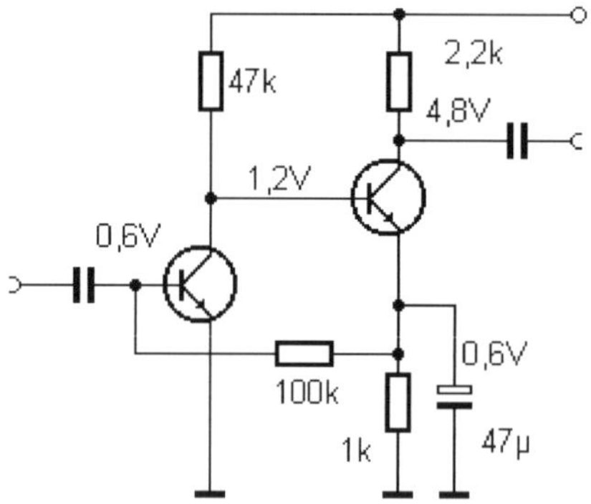

Abb. 7.16 Ein zweistufiger NF-Verstärker
mit Gleichstromkopplung

Die Gegenkopplung soll nicht zu einer Verringerung der Wechselspannungsverstärkung führen. Ein zusätzlicher Emitterkondensator sorgt deshalb dafür, dass nur ein Gleichstrom zurückgekoppelt wird. In der Praxis hat der Verstärker eine untere Grenzfrequenz, die mit einem größeren Emitterkondensator weiter herabgesetzt werden kann.

Ein gewisser Nachteil dieser Schaltung ist die kleine Emitter-Kollektorspannung am ersten Transistor von nur ca. 1,2 V. Allerdings erreicht ein typischer Kleinsignaltransistor wie der BC548 auch bei dieser Spannung schon eine beträchtliche Verstärkung. Durch verschiedene Maßnahmen wie Vergrößerung des Basiswiderstands oder Aufteilung des Emitterwiderstands lässt sich der Arbeitspunkt verschieben.

Noch einfacher liegen die Verhältnisse bei einem dreistufigen Verstärker, weil hier eine Gegenkopplung direkt vom Ausgang auf den Eingang möglich ist. *Abb. 7.17* zeigt eine Schaltung, die sich gut für kleine Betriebsspannungen ab etwa 1 V eignet. Die Kollektor-Emitterspannung beträgt jeweils nur etwa 0,6 V. Die damit verbundene geringere Verstärkung wird durch die hohe Anzahl der Verstärkerstufen mehr als ausgeglichen.

Der Gegenkopplungszweig der Schaltung enthält ein Tiefpassfilter mit einem Kondensator gegen Masse (Bypass-Kondensator), der die Gegenkopplung für höhere Frequenzen aufhebt. Er ist erforderlich, um eine hohe Verstärkung zu realisieren. Die Schaltung eignet sich z.B. als empfindlicher Mikrofon-Vorverstärker oder als NF-Verstärker in einfachen Empfängern. Ein Kopfhörer kann direkt statt des Kollektorwiderstands der dritten Stufe eingesetzt werden.

Gleichstromkopplung wird bevorzugt auch in integrierten Schaltungen zur Signalverarbeitung eingesetzt, weil sich große Kondensatoren auf einem Silizi-

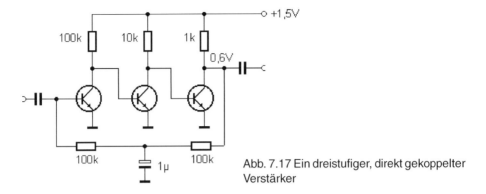

Abb. 7.17 Ein dreistufiger, direkt gekoppelter Verstärker

um-Chip kaum realisieren lassen. Bypass-Kondensatoren müssen dann vielfach extern angeschlossen werden.

Eine besondere Variante des direkt gekoppelten Verstärkers stellt die Kaskode-Schaltung dar. Es handelt sich hier um eine Kombination aus einer Emitterschaltung und einer Basisschaltung (s.u.). Die Verstärkung entspricht fast genau der der einfachen Emitterschaltung, weil die Basisschaltung mit dem Verstärkungsfaktor 1 arbeitet. Die Besonderheit der Kaskode-Schaltung ist das Fehlen des Miller-Effekts und daher eine wesentlich größere Bandbreite. Am Kollektor des unteren Transistors treten nur geringe Signalspannungen auf, weil hier der geringe Eingangswiderstand der Basisschaltung herrscht. Insgesamt ergibt sich eine sehr kleine Rückwirkungskapazität und ein sehr gutes Hochfrequenzverhalten.

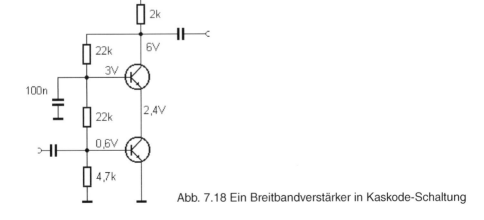

Abb. 7.18 Ein Breitbandverstärker in Kaskode-Schaltung

101

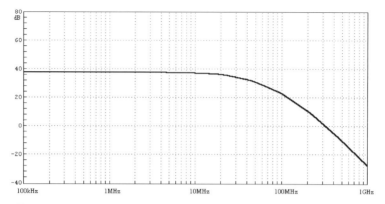

Abb. 7.19 Frequenzgang des Kaskode-Verstärkers

Abb. 7.19 zeigt den breiten Frequenzgang der Schaltung schon mit einfachen NF-Transistoren BC548. Kaskode-Schaltungen werden oft für Breitbandverstärker eingesetzt. Aber auch in speziellen Hochfrequenzschaltungen wie in selektiven Verstärkern bringen sie Vorteile. Die extrem geringe Rückwirkungskapazität erlaubt stabile Verstärker mit Schwingkreisen am Eingang und Ausgang, die sonst bei einer hohen Verstärkung zu Schwingungen neigen würden.

7.6 Die Kollektorschaltung (Der Emitterfolger)

Der Emitterfolger verwendet einen Transistor mit fester Kollektorspannung. Der Ausgang liegt am Emitter. Jede Änderung der Eingangsspannung führt dazu, dass die Emitterspannung automatisch nachgeführt wird, weil schon eine sehr kleine Basis-Emitter-Differenzspannung ausreicht, um den Emitterstrom erheblich zu ändern. Die Emitterspannung liegt immer etwa um 0,6 V tiefer als die Basisspannung.

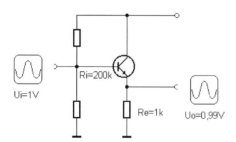

Abb. 7.20 Prinzip des Emitterfolgers

Eine Änderung der Basisspannung um 1 V wird daher auch die Emitterspannung um fast 1 V ändern. Der genaue Wert könnte bei 0,99 V liegen, wenn für die Änderung des Kollektorstroms eine Änderung der Basis-Emitterspannung um 10 mV erforderlich war. Die Spannungsverstärkung ist also fast 1, d.h., die Eingangsspannung wird nicht verstärkt, wohl aber der Eingangsstrom.

Der Vorteil des Emitterfolgers ist seine große Eingangsimpedanz R_i:

$$R_i = R_E \cdot V$$

Bei einem Emitterwiderstand von 1 kΩ und einer Stromverstärkung von 200 ergibt sich also

$$R_i = R_E \cdot V$$
$$R_i = 1\,k\Omega \cdot 200$$
$$R_i = 200\,k\Omega$$

Ein weiterer Vorteil ist die durch die hundertprozentige Spannungsgegenkopplung erzielte Freiheit von Verzerrungen auch bei großer Aussteuerung.

Die Grenzfrequenz des Emitterfolgers liegt meist höher als die eines Verstärkers in Emitterschaltung. Zum einen tritt kein Miller-Effekt auf, weil zwischen Ausgang und Eingang Phasengleichheit auftritt. Die Eingangskapazität C_{BE} des Transistors erscheint im Gegenteil verringert. Da am Ausgang ein kleiner Innenwiderstand herrscht, spielt die Ausgangskapazität keine Rolle mehr. Nur die Basis-Kollektorkapazität bildet einen wirksamen Tiefpass mit einem eventuellen hochohmigen Eingangswiderstand.

Will man z.B. einen Eingangsverstärker für ein hochohmiges Elektret-Mikrofon ($R_i > 100$ kΩ) bauen, dann ist der Aufbau nach *Abb. 7.21* geeignet. Durch einen sehr hochohmigen Eingangs-Spannungsteiler muss sichergestellt werden, dass der tatsächliche Eingangswiderstand nicht erheblich absinkt.

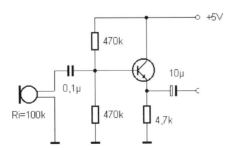

Abb. 7.21 Emitterfolger als Impedanzwandler für ein Kristallmikrofon

Mit dieser Schaltung lässt sich auch ein einfacher piezokeramischer Schallwandler als Mikrofon auch für Körperschallwellen einsetzen. So lässt sich z.B. der Pulsschlag abhören.

Noch größere Eingangswiderstände erreicht man mit einem Feldeffekttransistor. In Sourcefolgerschaltung stellt sich bei einem selbstleitenden J-FET die erforderliche Vorspannung durch eine Anhebung der Sourcespannung von selbst ein. In der Schaltung nach *Abb. 7.22* erhält man mit einem BF245 eine Vorspannung von –1V und einen Drainstrom von 1 mA. Der Gatewiderstand kann extrem hochohmig sein, so dass sich fast beliebig große Eingangswiderstände der Schaltung erzielen lassen.

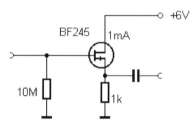

Abb. 7.22 Einsatz eines FET als Sourcefolger

7.7 Die Basisschaltung

Bei der Basisschaltung besitzt die Basis das gemeinsame Bezugspotential (Masse), der Eingang liegt am Emitter, der Ausgang am Kollektor. Der Kollektorstrom, also der gesamte Ausgangsstrom, fließt auch durch den Emitter und damit durch den Eingang. Es liegt daher eine hundertprozentige Stromgegenkopplung vor.

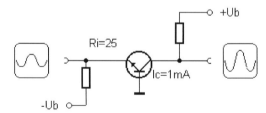

Abb. 7.23 Prinzip des Verstärkers
in Basisschaltung

Die Basisschaltung besitzt einen sehr geringen Eingangswiderstand von:

$$R_i = \frac{1}{S}$$

$$R_i = \frac{20\,mV}{I_C}$$

Bei einem Kollektorstrom von 1 mA ergibt sich ein Eingangswiderstand von 25 Ω:

$$R_i = \frac{25\,mV}{I_C}$$

$$R_i = \frac{25\,mV}{1\,mA}$$

$$R_i = 25\,\Omega$$

Man setzt die Basisschaltung deshalb bei sehr niederohmigen Signalquellen ein. Beispiele sind die niederohmigen Pickup-Spulen in manchen magnetischen Plattenspieler-Tonabnehmern oder Eingangsverstärker für Empfangsantennen.

Die Basisschaltung besitzt u.a. wegen ihres geringen Eingangswiderstands die besten Hochfrequenzeigenschaften. Es tritt kein Miller-Effekt auf, weil die Phasenverschiebung Null ist. So lässt sich z.B. ein BC548 problemlos noch bei 100 MHz einsetzen.

Für einen ersten praktischen Versuch könnte man einen niederohmigen Lautsprecher als Mikrofon einsetzen. Mit der Basisschaltung erzielt man die richtige Anschlussimpedanz und damit einen ausgeglichenen Frequenzgang.

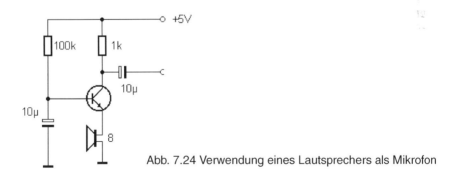

Abb. 7.24 Verwendung eines Lautsprechers als Mikrofon

Eine entsprechende Schaltung mit Feldeffekttransistoren wird vor allem in der Hochfrequenztechnik gern angewandt. Ein FET in Gateschaltung besitzt einen kleinen Eingangswiderstand $R_i = 1/S$ und einen großen Ausgangswiderstand. Da das Gate geerdet ist, ergibt sich eine sehr kleine Rückwirkungskapazität. Die Schaltung eignet sich für Breitbandverstärker bis zu einigen 100 MHz.

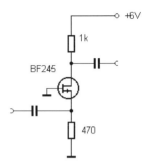

Abb. 7.25 Der Feldeffekttransistor in Gateschaltung

In der angegebenen Dimensionierung arbeitet der BF245A mit einem Drainstrom von ca. 2 mA und einer Gatespannung von ca. –1 V, bezogen auf den Sourceanschluss. Die Steilheit beträgt ca. 5 mA/V. Damit ergibt sich ein Eingangswiderstand von ca. 200 Ω. Die Spannungsverstärkung entspricht dem Verhältnis von Eingangswiderstand zu Ausgangswiderstand und liegt hier bei 5-fach. Die relativ geringe Verstärkung der Schaltung wird durch die große Bandbreite aufgewogen. Mit FETs in Gateschaltung lassen sich Breitband-Antennenverstärker aufbauen. Da der Antennenanschluss ohnehin einen geringen Anschlusswiderstand hat, kann man vielfach auf Anpassschaltungen verzichten. Bei einer Parallelschaltung von vier gleichen FETs erhält man die gebräuchliche Impedanz von 50 Ω.

7.8 Die Darlington-Schaltung

Die Darlingtonschaltung verwendet zwei hintereinander geschaltete Transistoren wie einen Transistor mit extrem hoher Stromverstärkung $V = V_1 * V_2$. Man kommt also leicht auf Werte über 10000.

Der Vorteil der Darlington-Schaltung liegt im extrem niedrigen Basisstrom des ersten Transistors. Damit ergibt sich eine entsprechend hohe Eingangsimpedanz. Man kann sich die Schaltung als Verbindung eines Emitterfolgers mit ei-

Abb. 7.26 Die Darlington-Schaltung

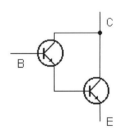

ner Emitterschaltung vorstellen. Der Nachteil liegt einerseits in der erhöhten Basis-Emitterspannung der Schaltung und andererseits in der größeren Kollektor-Emitter-Restspannung bei Vollaussteuerung.

Die Darlington-Schaltung wird auch im sog. Darlington-Transistor eingesetzt, der als fertiges Bauelement erhältlich ist. Oft enthält der Darlington-Transistor auch noch zusätzliche Widerstände zwischen Basis und Emitter.

In einem praktischen Versuch kann man z.B. einen sehr einfachen Berührungsschalter mit einem Darlingtontransistor realisieren. Durch Berührung zweier Kontakte mit dem Finger entsteht ein sehr hochohmiger Basiswiderstand. Der geringe Basisstrom wird durch die Darlingtonschaltung ausreichend verstärkt, um eine Lampe einzuschalten. Ein zusätzlicher Basiswiderstand begrenzt den Basisstrom für den Fall einer direkten metallischen Verbindung der Kontakte.

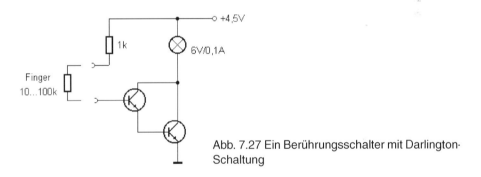

Abb. 7.27 Ein Berührungsschalter mit Darlington-Schaltung

Die Hochfrequenzeigenschaften der Darlingtonschaltung sind eher schlecht. Beide Transistoren zusammen haben eine vergrößerte Rückwirkungskapazität. Wegen des hohen Eingangswiderstands und des auftretenden Miller-Effekts ergibt sich nur eine geringe Bandbreite.

7.9 Der Differenzverstärker

Die Verstärkung sehr kleiner Gleichspannungen mit Transistoren ist nicht ganz einfach, weil ein üblicher Silizium-Transistor eine Eingangsspannung von mindestens 0,5 V benötigt, um überhaupt zu verstärken. Man verwendet daher Differenzverstärker mit zwei Transistoren, bei denen nicht die absolute Eingangsspannung, sondern die Differenzspannung zwischen zwei Eingängen verstärkt wird. Bei gleichen Eingangsspannungen (Differenz = 0) sollen auch die Ausgangsspannungen gleich sein.

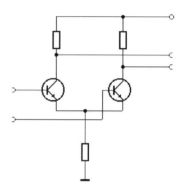

Abb. 7.28 Prinzip des Differenzverstärkers

Der einfache Differenzverstärker kann z.B. als Messverstärker eingesetzt werden. Der durch den gemeinsamen Emitterwiderstand fließende Strom verteilt sich auf beide Transistoren. Bei gleicher Eingangsspannung und absolut gleichen Daten der Transistoren ergeben sich gleiche Kollektorströme und damit auch gleiche Kollektorspannungen. In der Praxis sind Transistoren nie ganz gleich. Man verwendet daher z.B. einen Trimmer zum Abgleich des Nullpunkts.

Der gezeigte praktische Aufbau bildet einen Differenzverstärker mit einem Messbereich von ca. 1 mV. Damit lassen sich z.B. die extrem kleinen Eingangsspannungen eines Thermoelements auswerten. Ein einfaches Thermoelement lässt sich leicht selbst aufbauen. Zwei dünne Drähte aus verschiedenen Metallen (z.B. Kupfer und Konstantan) werden an einer Seite verlötet. Erwärmt man die Lötstelle, dann entsteht eine kleine Spannung, die proportional zur Temperaturdifferenz zwischen Lötstelle und Drahtende ist.

Betrachtet man nur einen der Eingänge und legt den anderen an eine feste Spannung, dann erscheint der Differenzverstärker wie eine Zusammenschal-

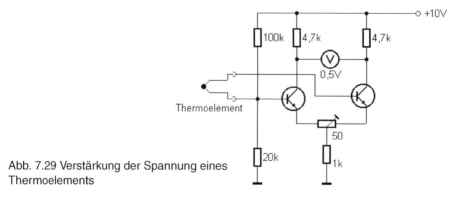

Abb. 7.29 Verstärkung der Spannung eines Thermoelements

tung aus einem Emitterfolger und einer Basisschaltung. Der Differenzverstärker hat von seinem Prinzip her gute Breitband-Eigenschaften. Er vereinigt die hohe Bandbreite des Emitterfolgers mit der der Basisschaltung. Ein Eingangssignal verursacht nur geringe Spannungsänderungen an den Emittern, weil hier eine niedrige Impedanz herrscht. Daher brauchen parasitäre Kapazitäten auch nur wenig umgeladen werden. Insgesamt ergibt sich nur eine sehr kleine Rückwirkungskapazität zum Kollektor des zweiten Transistors und kein Miller-Effekt.

Ein mit einzelnen Transistoren aufgebauter Differenzverstärker wird immer gewisse Probleme mit der Stabilität der Offseteinstellung haben. Kleinste Temperaturunterschiede zwischen beiden Transistoren verschieben den Nullpunkt. Bessere Ergebnisse erzielt man, wenn beide Transistoren thermisch gekoppelt werden, indem man sie z.B. an einen gemeinsamen Kühlkörper schraubt. Noch besser ist es, wenn mehrere Transistoren auf einem gemeinsamen Chip in einer integrierten Schaltung (IC) hergestellt werden. Ein entsprechendes Array aus fünf NPN-Transistoren ist mit dem CA3086 erhältlich. Zwei der Transistoren haben einen gemeinsamen Emitteranschluss, wie er in einem Differenzverstärker sinnvoll ist.

Die weiter unten behandelten Operationsverstärker sind extrem verfeinerte Differenzverstärker mit nur einem Ausgang. Mit ihnen kann man Eingangsspannungen im Mikrovoltbereich verstärken.

Differenzverstärker werden wegen ihrer günstigen Hochfrequenzeigenschaften auch als Breitbandverstärker verwendet. Ein typisches Beispiel dafür ist

CA3086
(PDIP, CERDIP, SOIC)
TOP VIEW

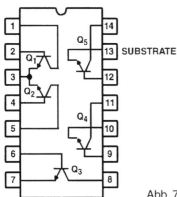

Abb. 7.30 Fünf Transistoren im NPN-Array CA3086 (Harris)

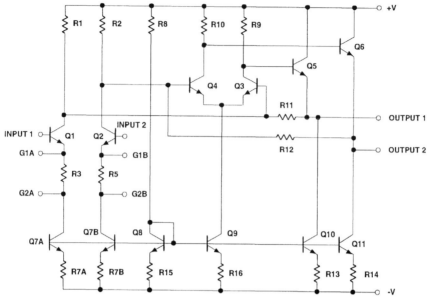

Abb. 7.31 Der integrierte Differenzverstärker NE592 (Philips)

der integrierte Videoverstärker NE592 mit symmetrischen Eingängen und Ausgängen. Die Eingangsstufen besitzen Emitter-Gegenkoppelwiderstände, die an äußere Anschlüsse herausgeführt sind. Die Verstärkung kann damit in Stufen eingestellt werden.

Der NE592 verwendet zwei hintereinandergeschaltete Differenzverstärker mit völlig symmetrischem Aufbau. Am Ausgang sorgen zwei Emitterfolger für eine genügend geringe Impedanz. Jede Stufe hat eine eigene Konstantstromquelle, wobei alle Stromquellen durch einen gemeinsamen Stromspiegel realisiert werden, der weiter unten noch genauer erläutert wird.

Verbindet man die Anschlüsse G2A und G2B, dann hat der Verstärker eine Spannungsverstärkung von 100. Eine Verbindung von G1A und G1B hebt die Gegenkopplung ganz auf und führt zu einer Verstärkung von 400. Durch Einsetzen eines Widerstands statt einer direkten Verbindung lässt sich jede Verstärkung zwischen 0 und 400 einstellen.

Bei hundertfacher Spannungsverstärkung erreicht der Verstärker eine Bandbreite von 100 MHz. Außer für symmetrische Videosignale lässt er sich damit auch sinnvoll für Messverstärker z.B. in Oszilloskopen einsetzen. Der mögliche Ausgangs-Spannungshub ist durch den Arbeitswiderstand begrenzt. Bei 50 Ω erreicht man noch Ausgangsspannungen bis 0,5 V, bei 1 kΩ kann man ca. 4 V erreichen.

7.10 Der Gegentaktverstärker

Der einfache Transistorverstärker eignet sich nicht sehr gut für große Lautsprecherverstärker, weil er eine große Verlustleistung aufweist. Steuert man den Kollektorstrom um einen Mittelwert herum aus, dann wird elektrische Leistung auch dann in Wärme umgewandelt, wenn gerade nur sehr leise Signale verstärkt werden. Man nennt dies einen Verstärker der Klasse A. Alte Röhrenverstärker aus den 50er Jahren arbeiteten immer mit Klasse-A-Verstärkern. Für eine maximale Ausgangsleistung von 5 W wurde permanent eine Verlustleistung von 12 W benötigt.

Abb. 7.32 Prinzip des klassischen A-Verstärkers

Klasse-A-Verstärker sind nur für kleine Leistungen, also z.b. für Kopfhörerverstärker sinnvoll. Für größere Leistungen setzt man Gegentaktverstärker ein. Zwei Transistoren arbeiten dabei zusammen und verstärken jeweils nur eine Halbwelle des tonfrequenten Wechselstroms. Damit ist es möglich, ohne Aussteuerung einen sehr geringen oder sogar keinen Ruhestrom zu verwenden. Strom fließt also nur dann, wenn er entsprechend der Lautstärke benötigt wird. Die ersten Gegentaktverstärker wurden mit Transformatoren aufgebaut, über die beide Halbwellen wieder zusammengesetzt wurden.

Beide Transistoren des Gegentaktverstärkers sollten möglichst exakt gleiche Daten aufweisen, damit beide Halbwellen gleich verstärkt werden und keine Verzerrungen entstehen. Man kann daher speziell ausgemessene Paare gleicher Transistoren beziehen.

Abb. 7.33 Prinzip des Gegentaktverstärkers mit Transformatoren

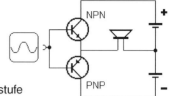

Abb. 7.34 Prinzip der komplementären Gegentaktendstufe

Heute versucht man meist Trafos zu vermeiden weil sie teuer sind und selbst Verzerrungen erzeugen können. Statt dessen setzt man komplementäre Transistoren, also NPN- und PNP-Transistoren mit gleichen Daten ein, die vom Prinzip her unterschiedliche Stromrichtungen verstärken. Meist werden die Transistoren in Kollektorschaltung betrieben.

Die sehr einfache Grundschaltung funktioniert noch nicht verzerrungsfrei, weil bei kleinen Signalen die Basis-Emitter-Schwellspannung der Transistoren noch nicht erreicht wird, kleine Signale also überhaupt nicht verstärkt werden. Man muss daher eine geeignete Basis-Vorspannung verwenden, die einen kleinen Ruhestrom bewirkt. Mit Si-Dioden zur Spannungsstabilisierung stellt sich eine Vorspannung von ca. 0,6 V ein. Problematisch ist, dass eine konstante Basisspannung beim Erwärmen des Transistors zu einem höheren Kollektorstrom führt, so dass der Arbeitspunkt thermisch weglaufen kann. Dieser Effekt kann z.B. durch kleine Emitterwiderstände gemindert werden.

Ein vollständiger Gegentaktverstärker wird meist mit einer Treiberstufe kombiniert. Außerdem kommt eine Gegenkopplung über den gesamten Verstärker zum Einsatz. Man kann mit einer einfachen Betriebsspannung auskommen, wenn man den Lautsprecher über einen großen Elektrolytkondensator ankoppelt. Der Kondensator wird bei der positiven Halbwelle geladen und wirkt während der negativen Halbwelle als Stromquelle, ersetzt also die zweite Batterie.

Die Schaltung weist einen Ruhestrom von ca. 10 mA auf. Bei einer Versorgungsspannung von 6 V wird mit Kleinleistungstransistoren BC548/BC558 ohne besondere Kühlung eine Leistung von ca. 0,2 W erreicht, was für viele Fälle, wie z.B. Radios, Gegensprechanlagen usw., ausreicht.

Gegentaktverstärker mit Einzelhalbleitern werden nur noch selten verwendet und eignen sich hauptsächlich für eigene, kleine Versuche. Statt dessen verwendet man oft integrierte Leistungsverstärker, die ebenfalls Gegentaktverstärker enthalten. Ein preiswerter und einfach einsetzbarer integrierter Lautsprecherverstärker für kleine Leistungen ist der TBA820M. Er eignet sich für

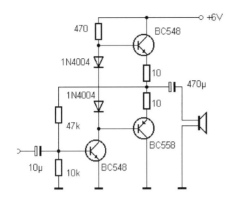

Abb. 7.35 Ein vollständiger Gegentaktverstärker für Batteriebetrieb

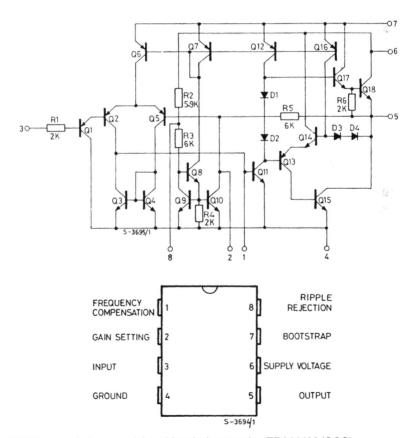

Abb. 7.36 Innenschaltung und Anschlussbelegung des TBA820M (SGS)

113

Batteriebetrieb von 6 V bis 16 V und liefert eine maximale Ausgangsleistung von 2 W.

Der Verstärker verwendet eine Differenzverstärker-Eingangsstufe mit zwei PNP-Stufen und eine interne Gegenkopplung. Dadurch können Eingangsspannungen um Null Volt und sogar geringe negative Spannungen verstärkt werden. Das vereinfacht die äußere Beschaltung, weil keine Vorspannung erforderlich ist. Einer einfachen Treiberstufe folgt eine Gegentaktendstufe mit komplementären Transistoren. Pin 7 (Bootstrap) kann an die Betriebsspannung gelegt werden, womit allerdings eine Aussteuerung bis nahe an die Versorgungsspannung nicht möglich ist. Zur Erhöhung der Aussteuerbarkeit sorgt man dafür, dass die Spannung am Bootstrap-Anschluss während der positiven Halbwellen über die Betriebsspannung angehoben wird. Dies gelingt entweder durch Anschluss des Lautsprechers gegen die positive Betriebsspannung oder

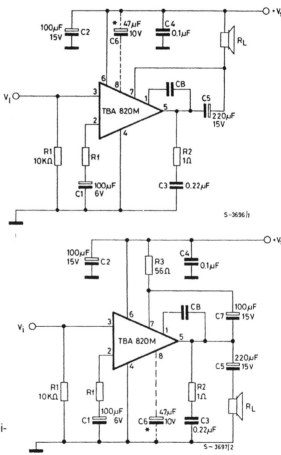

Abb. 7.37 Anschlussmöglichkeiten des TBA820M (SGS)

mit einem zusätzlichen RC-Glied (R3, C4), das die Betriebsspannung mit der Ausgangsspannung moduliert.

Der TBA820M verfügt mit Pin 8 (Ripple Rejection = Brummunterdrückung) über einen Anschluss für einen Bypass-Kondensator. Dieser bewirkt eine zusätzliche Glättung der Betriebsspannung für die Eingangsstufe und ist nur erforderlich, wenn gewisse Störspannungen der Betriebsspannung überlagert sind. Am Pin 2 kann die Verstärkung eingestellt werden. Kommt man mit geringer Spannungsverstärkung aus, kann der Pin frei bleiben. Am Ausgang des Verstärkers wird ein zusätzliches Dämpfungsglied mit einem Widerstand und einem Kondensator empfohlen, das für ausreichende Stabilität sorgt und eventuellen Eigenschwingungen des Verstärkers entgegenwirkt. Zusätzlich ist von Ausgang an den Pin 1 ein kleiner Kondensator von ca. 680 pF erforderlich.

7.11 Die Konstantstromquelle

Oft benötigt man in einer Schaltung einen konstanten Strom, der weitgehend unabhängig von der Betriebsspannung und von der eingesetzten Last ist. Diese Aufgabe lässt sich mit einem Transistor und einer Zenerdiode leicht lösen.

Der Strom wird bei dieser Schaltung durch die Zenerdiode und den Emitterwiderstand festgelegt. Die Emitterspannung stellt sich auf einen Wert ein, der um ca. 0,6 V unter der Basisspannung liegt. Bei einer Emitterspannung von 2,7 V und einem Emitterwiderstand von 270 Ω ergibt sich ein Emitterstrom von 10 mA. Der Kollektorstrom ist also ebenfalls 10 mA.

Statt einer Zenerdiode kann auch eine LED in Durchlassrichtung eingesetzt werden, wobei man mit einer Durchlassspannung von ca. 1,5 V ... 2 V rechnen kann. Eine weitere Variante verwendet einen zweiten Transistor. Die Emitterspannung stellt sich auf die Basis-Emitterspannung von ca. 0,6 V ein. Die

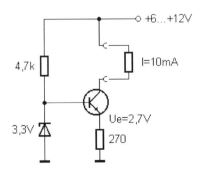

Abb. 7.38 Eine einfache Konstantstromquelle

115

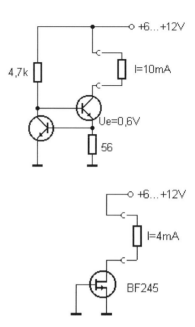

Abb. 7.39 Eine Konstantstromquelle
mit zwei Transistoren

Abb. 7.40 Ein J-FET als Stromquelle

Schaltung arbeitet als gegengekoppeltes System. Ein steigender Strom wird automatisch zurückgeregelt.

Eine wesentlich einfachere Konstantstromquelle lässt sich mit einem JFET wie dem BF245A realisieren. Bei einer Gatespannung von 0 V stellt sich automatisch ein typischer Strom ein, der nach der Kennlinie des Transistors bei ca. 4 mA liegt.

Eine Sonderform der Konstantstromquelle ist der sog. Stromspiegel, den man als eine steuerbare Konstantstromquelle ansehen kann. Dabei soll sich ein Strom, der dem ersten Transistor als Stromsenke eingeprägt wird, am zweiten Transistor als Stromquelle spiegeln, da beide dieselbe Basisspannung haben. Während in der Schaltung nach *Abb. 7.41* der Kollektorwiderstand des ersten Transistors den Strom programmiert, darf der Arbeitswiderstand des zweiten Transistors in weiten Grenzen variieren, d.h., der Ausgangsstrom ist wie bei jeder Stromquelle weitgehend unabhängig von der Ausgangsspannung. Man kann den Stromspiegel auch in einem Verstärker benutzen, um einen modulierten Strom zu spiegeln. Stromspiegel werden in Verstärkerschaltungen verwendet, um den Kollektorstrom eines verstärkenden Transistors umzulenken und den für eine Stromquelle typischen Aussteuerungsbereich zu erhalten.

In der Praxis funktioniert der einfache Stromspiegel mit Einzeltransistoren nicht sehr gut, weil die Transistoren nie ganz gleich sind. Dazu kommt, dass es

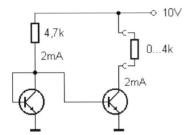

Abb. 7.41 Der einfache Stromspiegel

immer eine gewisse Abhängigkeit des Kollektorstroms von der Kollektorspannung gibt, die auch bei exakt gleichen Transistoren dazu führt, dass der gespiegelte Strom bei kleinem Arbeitswiderstand etwas größer wird. Außerdem wirken sich kleinste Temperaturunterschiede sehr stark aus, so dass man den Stromspiegel sogar als sehr empfindlichen Temperatursensor verwenden kann.

Ein Stromspiegel funktioniert dann sehr zuverlässig, wenn beide Transistoren in einem Prozess auf einem Kristall aufgebaut wurden, wenn sie sich also als Teil eines ICs auf einem Chip befinden. Man findet die Schaltung daher sehr häufig in Innenschaltungen integrierter Verstärker, wie z.B. Operationsverstärker.

Der Stromspiegel kann in der Praxis wesentlich verbessert werden, wenn man jedem Transistor einen Emitterwiderstand gibt. Die damit erreichte Gegenkopplung wirkt allen Unsymmetrien der Schaltung entgegen, so dass die Genauigkeit des Stromspiegels steigt. Außerdem kann man durch ungleiche Emitterwiderstände ein Stromverhältnis einstellen und den gespiegelten Strom in einem gewissen Verhältnis verkleinern oder vergrößern.

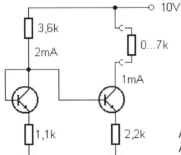

Abb. 7.42 Ein Stromspiegel mit halbiertem Ausgangsstrom

8 Transistor-Kippstufen

Kippstufen (engl. Flip-Flops) sind Schaltungen, die zwei stabile Zustände kennen: An und Aus. Sie sind wichtige Grundelemente der digitalen Computertechnik. Wechseln die Zustände selbständig, kann z.B. ein Blinken oder ein Tonsignal erzeugt werden.

8.1 Statische Flip-Flops

Während man bei einem NF-Verstärker durch Gegenkopplung zu einem stabilen Arbeitspunkt kommt, basieren Flip-Flop-Schaltungen im Gegenteil auf einer Rückkopplung eines phasengleichen, verstärkten Signals. Man kann von einem zweistufigen Verstärker ausgehen. Da jede Stufe die Signale verstärkt und invertiert, sind die Eingangs- und Ausgangssignale der Gesamtschaltung phasengleich. Durch die Rückkopplung vom Ausgang auf den Eingang wird erreicht, dass z.B. eine ansteigende Ausgangsspannung sich selbst verstärkt.

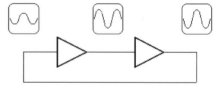

Abb. 8.1 Prinzip des rückgekoppelten Verstärkers

Führt man die Rückkopplung mit einer Gleichstromkopplung durch, dann ergeben sich statische Zustände, die sich selbst erhalten. Als Verstärker kommt z.B. eine zweistufige, direkt gekoppelte Transistorschaltung in Frage. Jede Stufe verwendet die Emitterschaltung und invertiert ihr Eingangssignal. Die Rückkopplung kann durch einen Widerstand erfolgen. Die einfache Schaltung bildet nun ein bistabiles Flip-Flop. Das bedeutet: Die Ausgangsspannung kann entweder tief (fast 0 V) oder hoch (fast gleich der Betriebsspannung) sein, und sie verharrt ständig im gegebenen Zustand. Eine Änderung kann nur durch einen äußeren Eingriff in die Schaltung erreicht werden.

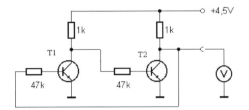

Abb. 8.2 Bistabiles Flip-Flop mit zwei Transistoren

Ist die Ausgangsspannung gerade tief, dann erhält T1 keinen Basisstrom, d.h., er ist gesperrt. Damit erhält T2 den vollen Basisstrom und steuert voll durch. Der Ausgang bleibt also tief.

Ist die Ausgangsspannung gerade hoch, dann erhält T1 einen Basisstrom und steuert durch. Damit wird T2 der Basisstrom entzogen und T2 sperrt. Die Ausgangsspannung bleibt also hoch.

Welcher Zustand sich beim Einschalten zuerst einstellt, kann nicht vorhergesagt werden. Es ist aber möglich, den Zustand der Schaltung gezielt zu ändern. Dazu genügt es, mit zwei Tastschaltern den jeweils gewünschten Basisstrom kurzzuschließen. Die Schaltung bezeichnet man dann auch als RS-Flip-Flop (R = Reset, Ausschalten, S = Set, Einschalten).

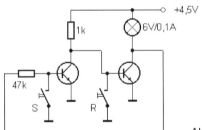

Abb. 8.3 RS-Flip-Flop mit Lampe

Geht man vom Strom durch die Lampe aus und nicht von der Kollektorspannung am Ausgang, dann ist S der Anschalter und R der Ausschalter.

Eine bistabile Schaltung lässt sich auch mit komplementären Transistoren aufbauen. Der Kollektorstrom des einen Transistors liefert jeweils den Basisstrom des anderen. Beide sind entweder gesperrt oder gemeinsam durchgesteuert. Der Aufbau entspricht dem inneren Aufbau eine Thyristors. Damit ist auch das Einschalten („Zünden") und das Ausschalten („Löschen") in gleicher Weise möglich. Thyristoren sind spezielle Bauteile der Leistungselektronik mit vier Halbleiterschichten NPNP.

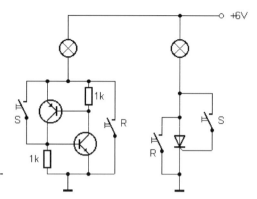

Abb. 8.4 RS-Flip-Flop mit Komplemen-
tärtransistoren und Thyristor

8.2 Monoflops

In vielen Fällen soll eine Umschaltung nicht statisch, sondern nur für eine bestimmte Zeit erfolgen. So kann man z.B. einen Zeitschalter bauen, der durch
einen Tastschalter gestartet wird und nach einer bestimmten Zeit selbstständig
wieder abschaltet. Dieses Verhalten lässt sich erzielen, wenn man in die Rück-
kopplungsleitung einen Kondensator legt. Mit dem Auslösen des Zeitschalters
beginnt sich der Kondensator umzuladen. Ist er vollständig geladen, fließt in
der Rückkopplungleitung kein Strom mehr, und die Schaltung fällt in den stabilen Grundzustand zurück.

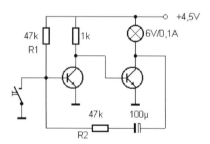

Abb. 8.5 Ein Monoflop mit Glühlampe

Die Schaltzeit der Schaltung entspricht ungefähr der Zeitkonstanten $T = C*(R_1+R_2)$.
Mit C = 100 µF ergibt sich eine Zeit von ca. zehn Sekunden.

8.3 Schmitt-Trigger

Als Schmitt-Trigger bezeichnet man eine Schaltung, die einer beliebigen Eingangsspannung eindeutige Zustände An und Aus zuordnet. Dabei gibt es zwei Schaltschwellen, die sich etwas überlappen. Die Schaltung geht z.B. beim Überschreiten von 2 V in den An-Zustand, fällt jedoch erst beim Unterschreiten von 1 V in den Aus-Zustand zurück. Im Zwischenbereich (Hysterese) bleibt jeweils der letzte Zustand erhalten.

Die klassische Schmitt-Triggerschaltung verwendet eine Rückkopplung über einen gemeinsamen Emitterwiderstand. Schaltschwellen und Hysterese lassen sich durch die Wahl der Widerstände gut einstellen.

Die Schaltung lässt sich wesentlich vereinfachen, wenn man von zwei gekoppelten Emitterstufen ausgeht. Die Größe des Rückkoppelwiderstands bestimmt die Hysterese.

Der Schmitt-Trigger kann z.B. verwendet werden, um einen veränderten Zeitschalter zu bauen. Ein Kondensator im Eingang wird durch einen Tastschalter entladen und über eine Widerstand geladen. Der nachfolgende Schmitt-Trigger ordnet der Kondensatorspannung eindeutige Zustände zu. Im Gegensatz zur Schaltung nach *Abb. 8.7* kann hier nachgetriggert werden, d.h. man kann vor Erreichen des Ausschaltpunktes die Wartezeit durch erneutes Drücken verlängern.

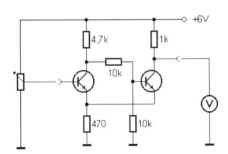

Abb. 8.6 Der klassische Schmitt-Trigger

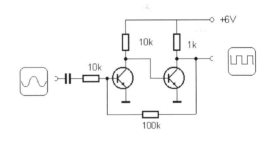

Abb. 8.7 Der vereinfachte Schmitt-Trigger

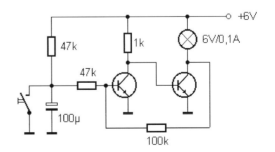

Abb. 8.8 Ein anderer Zeitschalter

9 Transistor-Oszillatoren

Oszillatoren sind Schaltungen, die selbständig Signale einer definierten Frequenz erzeugen. Man verwendet sie z.B. für Schallquellen oder zu Messzwecken.

9.1 Der Multivibrator

Eine bistabile Schaltung, die selbständig und ohne einen äußeren Anstoß laufend ihren Zustand wechselt, nennt man einen Multivibrator. Auch hier werden Kondensatoren in der Rückkopplung verwendet. Es muss aber sichergestellt werden, dass keine Stufe für sich schon voll durchgesteuert oder gesperrt ist. Ohne Rückkopplung muss sich also wie bei einem NF-Verstärker eine mittlere Ausgangsspannung einstellen. Der klassische Multivibrator ist völlig symmetrisch aufgebaut.

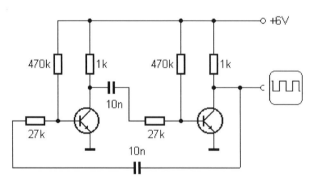

Abb. 9.1 Der bistabile Multivibrator

Die Ausgangsfrequenz der Schaltung lässt sich über die Wahl der Kondensatoren in weiten Grenzen einstellen. Sie kann mit einem Lautsprecher auch als Tongenerator oder Sirene eingesetzt werden, wenn man durch kleine Kondensatoren für eine höhere Frequenz sorgt. Prinzipiell arbeitet die Schaltung bis in dem Megahertzbereich.

Man kann die Schaltung vereinfachen, indem man zwischen beiden Verstärkerstufen wieder eine Gleichstromkopplung verwendet. Es ist allerdings nicht immer ganz einfach, einen geeigneten Start-Arbeitspunkt zu erreichen. Bei Verwendung gleicher Transistoren genügt eine starke Kollektor-Basis-Gegenkopplung am ersten Transistor, um auch den zweiten Transistor ungefähr halb auszusteuern. Ohne Rückkopplung muss die Lampe also schwach leuchten. Bei eingeschalteter Rückkopplung wird dagegen jeder Transistor abwechselnd voll durchgesteuert oder gesperrt.

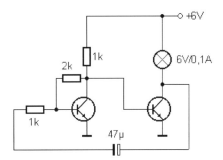

Abb. 9.2 Ein vereinfachter Multivibrator als Blinker

9.2 RC-Oszillatoren

Prinzipiell führt jede ausreichend starke Wechselstrom-Rückkopplung zu Schwingungen. Das Phänomen tritt auch bei einer akustischen Rückkopplung zwischen Lautsprecher und Mikrofon auf. Es können Töne unterschiedlicher Höhe entstehen, die sich nur durch größeren Abstand oder geringere Verstärkung verhindern lassen. Die Rückkopplung kann auch rein elektrisch erfolgen, indem ein Ausgangssignal an den Eingang zurückgekoppelt wird.

Die Schaltung ähnelt der des bistabilen Multivibrators. Allerdings muss hier der Verstärker nicht unbedingt voll ausgesteuert bzw. übersteuert werden.

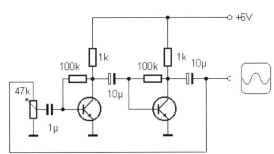

Abb. 9.3 Schwingungserzeugung durch Rückkopplung

Während der Multivibrator immer Rechtecksignale liefert, können hier auch Sinussignale oder andere Kurvenformen entstehen. Über den Lautstärkeregler kann die Rückkopplung so eingestellt werden, dass gerade schwache Schwingungen entstehen. Diese sind dann meist sinusförmig.

Prinzipiell kann man durch die Wahl der verwendeten Kondensatoren oder durch bestimmte RC-Filter im Rückkoppelzweig erreichen, dass eine bestimmte Frequenz erzeugt wird.

Die erforderliche Phasendrehung um 180 Grad lässt sich auch mit mehreren hintereinandergeschalteten RC-Gliedern erreichen. Die in *Abb. 9.4* angegebene Schaltung erzeugt ein Signal von ca. 1 kHz und kann z.B. als Morse-Übungsgerät verwendet werden.

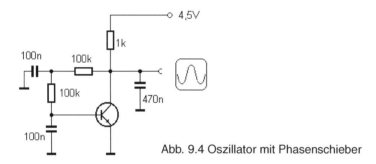

Abb. 9.4 Oszillator mit Phasenschieber

9.3 LC-Oszillatoren

Möchte man nur einen Transistor verwenden, dann muss ein Mittel gefunden werden, die richtige Phasenlage der Rückkopplung zu erreichen. Geeignet ist z.B. ein Transformator, der bei richtigem Anschluss das Signal invertiert. Zusammen mit einem Kondensator ergibt sich ein Schwingkreis, mit dem sich die Frequenz festlegen lässt. Außerdem entsteht so ein sauberes, sinusförmiges Signal.

Will man z.B. einen Tongenerator für einen Kopfhörer aufbauen, dann kann man die Tatsache ausnutzen, dass sich mit der Kopfhörerspule und einem Kondensator ein Schwingkreis aufbauen lässt. Nun kann ein Oszillator in Basisschaltung aufgebaut werden, wobei das Eingangssignal über einen kapazitiven Spannungsteiler an den Emitter zurückgekoppelt wird.

Zur Erzeugung sehr kleiner Schwingungen an einem Schwingkreis oder einem niederohmigen Lautsprecher oder Kopfhörer kann ein einfacher, gleichstrom-

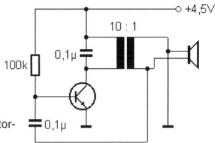

Abb. 9.5 Ein Sinus-Oszillator mit Transformatorkopplung

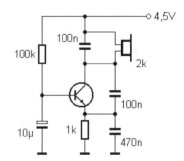

Abb. 9.6 Ein Oszillator in Basisschaltung

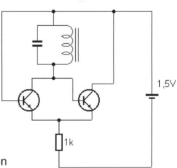

Abb. 9.7 Ein Oszillator für kleine Betriebsspannungen

gekoppelter Differenzverstärker verwendet werden. Außer zwei gleichen Transistoren wird nur ein Widerstand benötigt. Die Schaltung arbeitet bereits ab einer Betriebsspannung von 1 V und kann mit sehr geringen Strömen betrieben werden.

Prinzipiell arbeitet diese Schaltung bis in den Hochfrequenzbereich, so dass sich mit geringem Aufwand z.B. kleine Test-Generatoren aufbauen lassen.

125

10 Operationsverstärker

Nicht jede Verstärkungsaufgabe lässt sich optimal mit einfachen Transistoren lösen. Deshalb setzt man gern fertige Verstärker ein, um die herum man eine Schaltung aufbaut. Operationsverstärker (OPV) sind integrierte Schaltungen (IC) mit mehreren Transistoren und Widerständen. Der Name des Bauteils kommt von seinem ursprünglichen Einsatz als Rechenverstärker. Analoge Rechner führten Rechenoperationen wie Addition, Multiplikation usw. mit solchen Verstärkern aus.

10.1 Prinzipschaltung

Ein OPV besitzt zwei Eingänge und einen Ausgang. Die Differenz der beiden Eingangsspannungen wird sehr hoch verstärkt. Verstärkungen von 100000-fach sind üblich. Die Genauigkeit der Eingangsstufe ohne speziellen Abgleich ist bei einfachen Typen etwa 1 mV. Intern besteht die Schaltung aus einem Differenzverstärker und einer Ausgangsstufe. Man kann also eine vergleichbare Schaltung auch aus Einzeltransistoren aufbauen.

Die Eingänge der OPV bezeichnet man als invertierenden Eingang (–) und als nicht-invertierenden Eingang (+). Ein guter Operationsverstärker soll einen

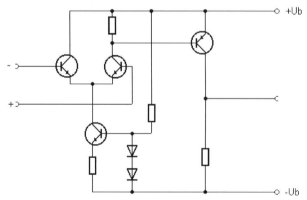

Abb. 10.1 Prinzipschaltung des Operationsverstärkers

Abb. 10.2 Schaltsymbol eines Operationsverstärkers

großen Eingangsspannungsbereich haben und nicht auf die absolute Eingangsspannung, sondern nur auf die Differenz der Eingangsspannungen reagieren. Ursprünglich arbeitete man meist mit zwei Betriebsspannungen von –15 V und +15 V. Der Arbeitsbereich lag dann zwischen –10 V und +10 V. Viele moderne Operationsverstärker kommen aber auch mit einer einfachen Versorgungsspannung aus.

Operationsverstärker sind intern je nach Typ aus ca. 50 Transistoren aufgebaut. Einige Hersteller geben in den Datenblättern Innenschaltungen an, die einige Informationen offenlegen, die für den Einsatz des Verstärkers wichtig sein können. *Abb. 10.3* zeigt die Innenschaltung des Standard-OPV 741.

Die Innenschaltung zeigt einen Eingangs-Differenzverstärker mit NPN-Transistoren. Der Emitterstrom ist in geringem Maße von außen auf beste Symmetrie justierbar. Über einen Stromspiegel gelangt das Signal an einen Zwischen-

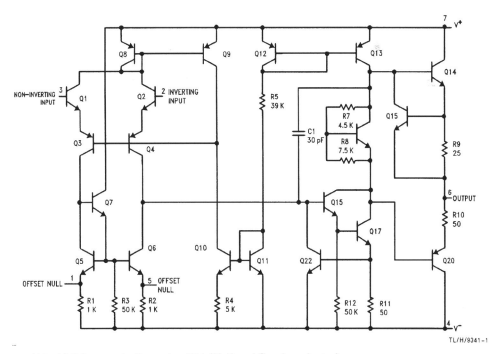

Abb. 10.3 Innenschaltung des 741 (National Semiconductor)

127

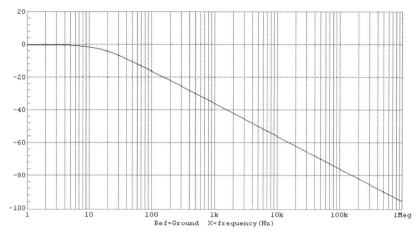

Abb. 10.4 Verstärkungsabfall in Abhängigkeit von der Frequenz

verstärker, der eine Gegentakt-Ausgangsstufe steuert. Ein einzelner Kondensator sorgt für eine Reduzierung des internen Verstärkungs-Bandbreitepro-
dukts auf 1 MHz. Während die Leerlaufverstärkung bis etwa 10 Hz noch etwa
100.000 beträgt, erreicht sie bei 1 MHz nur noch den Wert Eins. *Abb. 10.4*
zeigt die Abnahme der Verstärkung im logarithmischen Maßstab. Diese Reduzierung der Verstärkung bei hohen Frequenzen ist erforderlich, um in allen Betriebszuständen eine ausreichende Stabilität zu erhalten. Sie bringt es aber
auch mit sich, dass normale OPVs nicht für sehr hohe Frequenzen eingesetzt
werden können.

10.2 Der OPV als Komparator

Die extrem hohe Verstärkung des OPV von etwa 100000-fach bedeutet, dass
eine kleine Änderung der Eingangsspannung von etwa 100 µV zu einer Vollaussteuerung am Ausgang führt. Legt man nach *Abb. 10.5* zwei getrennte Eingangsspannungen an die Eingänge, dann wird der Ausgang praktisch immer
entweder ganz an seiner negativen oder an seiner positiven Aussteuerungs-
grenze liegen, je nachdem welche Eingangsspannung höher ist. Der Operationsverstärker verhält sich dabei wie ein stark übersteuerter Verstärker.

Der OPV vergleicht praktisch beide Eingangsspannungen und gibt das Ergebnis
größer/kleiner als verstärkte Ausgangsspannung aus. Man bezeichnet diese Schaltung daher als Vergleicher oder Komparator. Man verwendet Komparatoren z.B.
um Grenzwerte einer Eingangsgröße zu überwachen. Mit einem vorgeschalteten

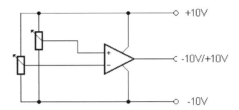

Abb. 10.5 Prinzip des Komparators

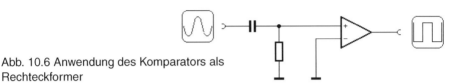

Abb. 10.6 Anwendung des Komparators als Rechteckformer

Temperatursensor lässt sich ein Warnsignal bei Übertemperatur erzeugen. Mit einem Poti am zweiten Eingang ist der Grenzwert in weiten Grenzen justierbar.

Man kann einen Komparator auch verwenden, um Eingangsspannungen mit beliebigen Kurvenformen in Rechtecksignale umzuformen. Eine typische Anwendung liegt in der Eingangsstufe für einen digitalen Frequenzzähler, der in seinem Digitalteil nur Rechtecksignale verarbeitet.

Statt normaler Operationsverstärker setzt man oft spezielle Komparator-ICs ein. Ein typischer Vertreter dieser ICs ist der vierfache Komparator LM339. Er verwendet in seiner Ausgangsstufe eine Emitterschaltung mit offenem Kollektor, so dass ein externer Kollektorwiderstand verwendet werden muss. Ein weiterer Unterschied zu einem üblichen Operationsverstärker ist, dass keine interne Begrenzung des Frequenzgangs verwendet wird. Damit erreicht man

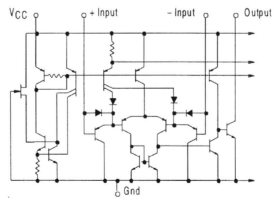

Abb. 10.7 Innenschaltung des Komparators LM339 (Motorola)

ein schnelleres Umschalten und eine höhere Arbeitsfrequenz sowie steilere Flanken des Ausgangssignals. Stabilitätsprobleme treten bei einem Komparator nicht auf, weil er sich praktisch immer in einem übersteuerten Zustand befindet, in dem effektiv eine sehr kleine Verstärkung herrscht.

Die Eingangsstufe des LM339 verwendet einen Differenzverstärker mit zwei PNP-Darlington-Stufen. Es können daher Eingangsspannungen bis zu negativen Betriebsspannungen verglichen werden. Zusätzliche Dioden verbessern das Verhalten bei starker Übersteuerung. Ein normaler OPV reagiert darauf mit einem verschlechterten Impulsverhalten, weil eine Übersteuerung der Eingangsstufen die Transistoren in die Sättigung führt, aus der sie sich nur mit einer gewissen Verzögerung erholen.

10.3 OPV-Grundschaltungen

Ein OPV kann z.B. verwendet werden, um eine Eingangsspannung exakt um den Faktor 2 zu verstärken. Dazu verwendet man eine Gegenkopplung mit Widerständen. Die Ausgangsspannung stellt sich automatisch so ein, dass die Eingangsspannungen praktisch gleich sind. Jede kleine Abweichung führt nämlich zu einer großen Änderung der Ausgangsspannung und wird durch die Gegenkopplung schnell ausgeglichen. Die Differenz der Eingangsspannungen ändert sich dabei wegen der hohen Verstärkung fast nicht. Man kann daher vereinfachend sagen, die Spannungen an den Eingängen sind gleich. Praktisch findet man jedoch eine konstante, kleine Differenz, die auf nicht exakt gleiche Eingangstransistoren zurückzuführen ist. Dieser Offset-Fehler beträgt z.B. 1 mV.

Bei der Planung einer Schaltung geht man zunächst von einem idealen OPV ohne Offset-Fehler aus. Der ideale OPV hat außerdem einen unendlichen Eingangswiderstand, einen Ausgangswiderstand von Null und einen unendlichen Frequenzgang. In vielen Anwendungen verhält sich ein Standard-OPV bereits praktisch wie ein idealer OPV.

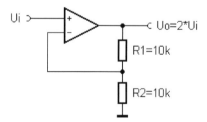

Abb. 10.8 OPV als Verstärker

Prinzipiell kann jede Verstärkung durch geeignete Wahl der Widerstände erreicht werden. Der Verstärkungsfaktor entspricht dem Teilungsfaktor des Spannungsteilers im Rückkopplungszweig.

$$V = \frac{R_1 + R_2}{R_2}$$

Bei einer sehr hohen Verstärkung ist zu beachten, dass auch der Offsetfehler des OPV mitverstärkt wird. Bei einigen Typen (z.B. LM741) existieren spezielle Anschlüsse zum Offset-Abgleich. Andere werden schon bei der Herstellung speziell abgeglichen und besitzen Offsetfehler von wenigen Mikrovolt (z.B. OP07).

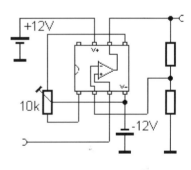

Abb. 10.9 Offset-Abgleich bei LM741

10.4 Invertierende Verstärker

Ein OPV kann verwendet werden, um eine Eingangsspannung exakt zu invertieren. Der nichtinvertierende Eingang des OPV wird dazu an Masse gelegt. Die Spannung am invertierenden Eingang stellt sich ebenfalls auf Null ein. Verwendet man zwei gleiche Widerstände im Gegenkoppelzweig, dann stellt sich bei einer Eingangsspannung von +1 V eine Ausgangsspannung von –1 V ein, so dass die Spannung am invertierenden Eingang gerade Null ist.

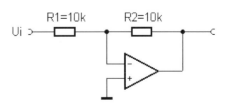

Abb. 10.10 Ein invertierender Verstärker

Durch den Einsatz anderer Widerstände lassen sich beliebige Verstärkungen erzielen. Allgemein gilt:

$$V = -\frac{R_2}{R_1}$$

Oft sollen mehrere Eingangsspannungen addiert werden. Dies gelingt mit dem invertierenden Verstärker, indem man mehrere Eingangswiderstände vorsieht. Die Invertierung kann durch einen zweiten Inverter wieder aufgehoben werden.

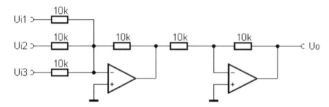

Abb. 10.11 Ein Addierer für drei Eingangsspannungen

10.5 OPVs mit einfacher Spannungsversorgung

Die meisten OPVs arbeiten in einem begrenzten Spannungsbereich mit einem gewissen Abstand zur Versorgungsspannung. Einige Typen sind durch besondere Eingangsschaltungen dafür optimiert, bis an die negative Versorgungsspannung heran zu arbeiten. Sie kommen daher mit einer einfachen Stromversorgung aus. So kann z.B. der doppelte OPV LM358 ebenso wie der vierfache OPV LM324 mit einer einzigen Versorgungsspannung von +3 V betrieben werden und eignet sich daher für Batteriebetrieb.

Durch den Einsatz von PNP-Eingangsstufen erreicht man hier, dass Eingangsspannungen sogar leicht unter der negativen Betriebsspannung liegen dürfen. Die Ausgangsspannung reicht dagegen nicht ganz an die Null heran.

10.6 NF-Vorverstärker

Obwohl der OPV speziell als Gleichspannungsverstärker konzipiert ist, eignet er sich auch zur Verstärkung von Wechselspannungen, also z.B. als Mikrofonverstärker. Bei einfacher Versorgungsspannung legt man meist eine künstliche Mit-

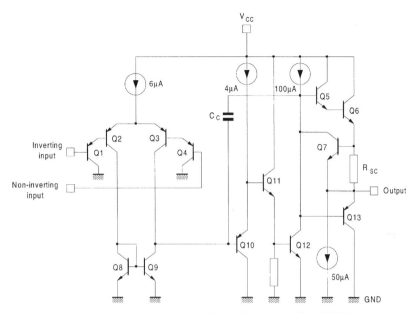

Abb. 10.12 Innenschaltung des LM358 mit PNP-Eingangsstufen (SGS)

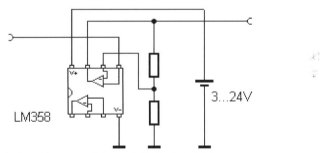

Abb. 10.13 ein einfacher Messverstärker mit Batteriebetrieb

tenspannung z.B. mit der halben Betriebsspannung fest. Die Schaltung verhält sich dann so, als hätte sie eine positive und eine negative Versorgungsspannung.

10.7 Leistungsverstärker

Mit OPVs lassen sich auch Lautsprecherverstärker aufbauen. Zwar ist der maximale Ausgangsstrom mit ca. 10 mA nur für einfache Kopfhörerverstärker geeignet, mit zwei zusätzlichen Transistoren ergibt sich jedoch immer noch ein einfa-

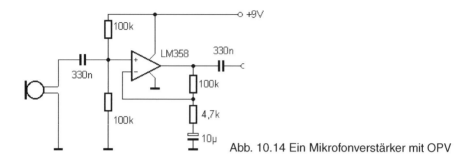

Abb. 10.14 Ein Mikrofonverstärker mit OPV

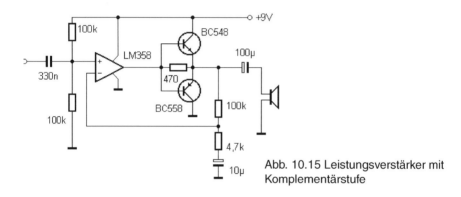

Abb. 10.15 Leistungsverstärker mit Komplementärstufe

cher Aufbau. Die Transistoren bilden eine Gegentaktendstufe mit dem Ruhestrom Null. Kleine Signale werden direkt vom OPV geliefert. Erst bei Ausgangsströmen über 10 mA beginnen die Endstufentransistoren zu verstärken.

Ein Gegentaktverstärker ohne Ruhestrom liefert prinzipiell hohe Verzerrungen. Diese werden jedoch hier durch die starke Gegenkopplung zum großen Teil kompensiert. Trotzdem ist auf diese Weise kein HiFi-Verstärker zu bauen. Die Schaltung eignet sich eher für kleine Experimente. Für ernsthafte Anwendungen sollte man besser integrierte Leistungsverstärker wie den LM386 einsetzen.

Die Innenschaltung des LM386 zeigt große Ähnlichkeit mit einem Operationsverstärker. Allerdings befindet sich im Emitterzweig ein Widerstand zur Gegenkopplung und Einstellung der Grundverstärkung auf den Faktor 20. Die PNP-Eingangsstufen ermöglichen den Betrieb mit Eingangsspannungen nahe dem Massepotential. Ohne weitere Maßnahmen stellt sich ein mittleres Ausgangspotential ein, weil eine interne Gegenkopplung für einen stabilen Arbeitspunkt sorgt.

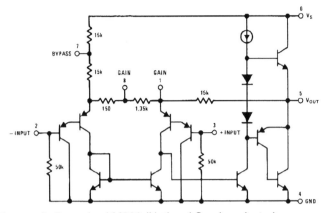

Abb. 10.16 Innenschaltung des LM386 (National Semiconductor)

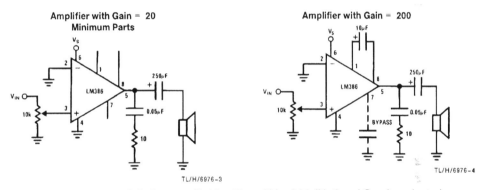

Abb. 10.17 Typische Schaltungen für V = 20 und V = 200 (National Semiconductor)

10.8 Feldeffekt-OPV

Für viele Anwendungen ist es entscheidend, dass die Eingänge eines OPV extrem hochohmig sind. In die Eingänge eines Standard-OPV vom Typ LM358 fließen Ströme von ca. 50 nA. An einem Eingangswiderstand von 1 MΩ ergibt sich dadurch schon ein Spannungsabfall von 50 mV. Fast ohne Eingangsstrom arbeiten dagegen OPVs mit Feldeffekttransistoren in den Eingangsstufen.

Mit J-FET-Eingängen erreicht man Eingangsströme, die um den Faktor 1000 unter denen bipolarer Eingänge liegen. Ein typischer Vertreter ist der TL081 (einfach) bzw. der TL082 (zweifach) oder der TL084 (vierfach). Diese Verstärker verwenden J-FETs in den Eingangsstufen und bipolare Transistoren im Rest der Schaltung. *Abb. 10.18* zeigt die Innenschaltung.

135

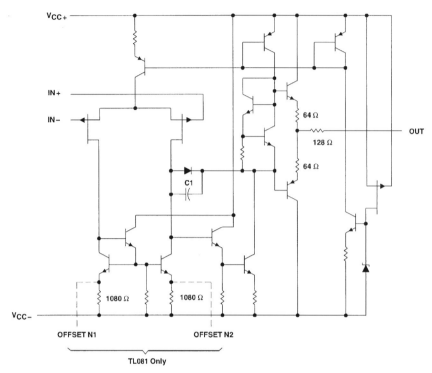

Abb. 10.18 Innenschaltung des TL081 (Texas Instruments)

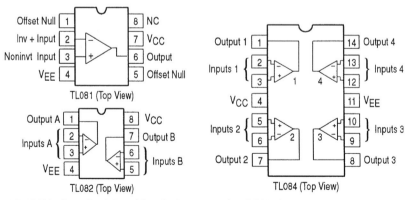

Abb. 10.19 Die Standard-Anschlussbelegungen für OPVs (Motorola)

Die TL081-Serie folgt in der Pinbelegung dem Industriestandard. Standard-OPVs wie LM741, LM358 oder LM325 können daher einfach ersetzt werden. *Abb. 10.19* zeigt die Anschlussbelegung.

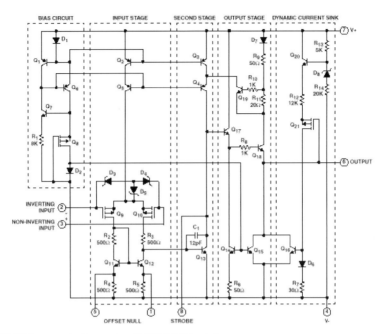

Abb. 10.20 Innenschaltung des CA3140 (Harris)

Eine noch bessere Isolation der Eingänge erreicht man mit MOS-FETs in den Eingangsstufen. Ein typischer Vertreter dieser Technologie ist der CA3140 (vgl. *Abb. 10.20*). Der OPV arbeitet mit doppelter oder einfacher Stromversorgung ab 4 V. Die Eingangsspannung darf um bis zu 0,5 V unter der negativen Betriebsspannung liegen. Da die Eingänge von MOS-FETs sehr empfindlich gegen Überspannungen sind, wurden zusätzliche Zenerdioden als Schutz eingebaut. Man erreicht Eingangsströme von nur 2 pA. Die Ausgangsstufe des CA3140 ist konventionell mit bipolaren Transistoren aufgebaut. Die Hersteller nennen diese Technologie daher BiMOS-Verstärker. Neben der einfachen Version gibt es auch den zweifachen OPV CA3240.

Die Leerlauf-Spannungsverstärkung und ihr Frequenzgang (vgl. *Abb. 10.21*) entsprechen weitgehend der von bipolaren Standard-OPVs. Auch im CA3140 sorgt ein kleiner Kondensator für eine Beschneidung der Bandbreite und die erforderliche Stabilität.

Eine weitere Verbesserung bringt der CA3160 mit seiner komplementären MOS-Ausgangsstufe (CMOS). Man erreicht damit, dass die Ausgangsspannung bis auf 10 mV an die negative und an die positive Betriebsspannung ausgesteuert werden kann (Rail-To-Rail).

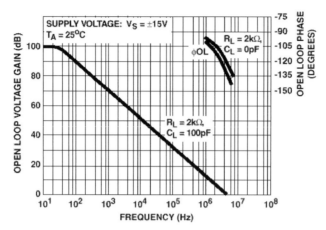

Abb. 10.21 Frequenzgang der Leerlaufverstärkung des CA3140 (Harris)

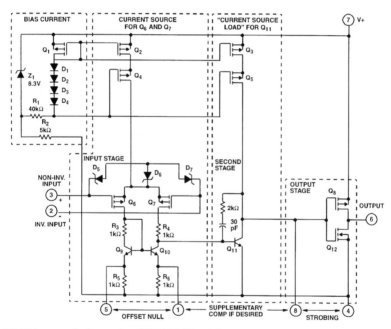

Abb. 10.22 Innenschaltung des CA3160 (Harris)

Hochohmige OPVs lassen sich einsetzen, um langsame Kurvenformen wie Spannungsrampen zu erzeugen. *Abb. 10.23* zeigt einen typischen Rampengenerator, wie er zur automatischen Aufnahme von Kennlinien verwendet werden kann. Der OPV arbeitet als Integrator. Die Steilheit der Rampe wird durch den geringen Ladestrom in den invertierenden Eingang bestimmt. Dank der

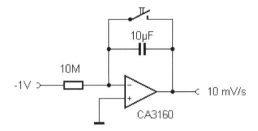

Abb. 10.23 Ein Rampengenerator

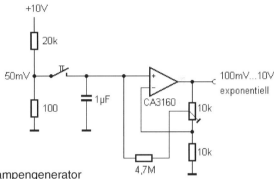

Abb. 10.24 Ein exponentieller Rampengenerator

hochohmigen Eingänge des OPV braucht man keine Verfälschung durch Eingangsströme zu befürchten. Ein Schalter parallel zum Integrator-Kondensator dient zur Entladung und zum Neustart einer Spannungsrampe.

In einigen Fällen benötigt man statt einer linear ansteigenden Spannung eine exponentielle Kurvenform. Ein exponentiell arbeitender Rampengenerator nach *Abb. 10.24* kann z.B. eingesetzt werden, um einen Tongenerator für Audio-Messzwecke zu steuern. Der Ladestrom des Kondensators wird hier über eine Spannung erzeugt, die selbst proportional zur Kondensatorspannung ist. Dabei ergibt sich der exponentielle Anstieg. Zum Start der Schaltung muss eine bestimmte Spannung vorgegeben werden. Mit 50 mV ergibt sich wegen der zweifachen Verstärkung eine Anfangsspannung von 100 mV am Ausgang. Mit einem hochohmigen BiMOS-OPV lassen sich die Daten der Schaltung in weiten Grenzen verändern.

Viele moderne OPVs sind komplett in CMOS-Technik aufgebaut und enthalten keine bipolaren Transistoren mehr. Ein typischer Vertreter ist der zweifache CMOS-OPV TLC272 mit Eingangsströmen unter einem Pikoampere. *Abb. 10.26* zeigt des Innenschaltbild. Einige CMOS-OPVs arbeiten am Eingang und am Ausgang mit Spannungen bis zu den Versorgungsspannungen (Rail-To-Rail).

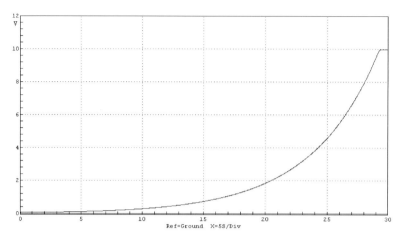

Abb. 10.25 Die Ausgangsspannung des exponenziellen Rampengenerators

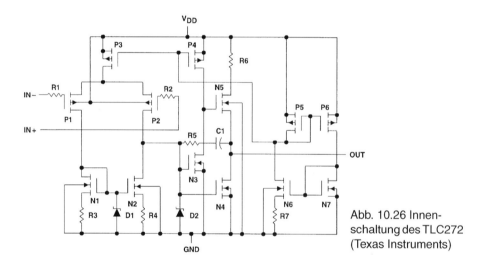

Abb. 10.26 Innen-
schaltung des TLC272
(Texas Instruments)

Extrem hochohmige OPVs werden in sog. Instrumentenverstärkern für Messzwecke eingesetzt. Ein Instrumentenverstärker nach *Abb. 10.27* besitzt Differenzeingänge und einen unipolaren Ausgang. Es können Messungen auch an
solchen Messobjekten durchgeführt werden, die mit keinem Anschluss auf
Massepotential liegen. Die Spannung gegenüber Masse muss jedoch im Ein-
gangs-Aussteuerbereich der OPVs liegen. Die Schaltung besteht aus einem
einstellbaren Differenzverstärker und zwei vorgeschalteten Impedanzwandlern
für einen extrem hohen Eingangswiderstand. Der Abgleich des Differenzver-

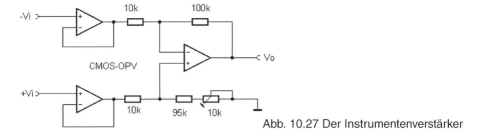

Abb. 10.27 Der Instrumentenverstärker

stärkers ist erforderlich, um den Verstärker auf beste Gleichtaktunterdrückung und Stabilität einzustellen.

10.9 Der OTA

Eine Sonderform des Operationsverstärkers ist der „Operational Transconductance Amplifier" (OTA), was man als „Steilheitsverstärker" übersetzen kann. Es handelt sich hierbei um eine Sonderform des Differenzverstärkers, bei dem durch Steuerung des Emitterstroms der Differenzstufe die Steilheit in weiten Grenzen verändert werden kann. Ein typischer Vertreter dieser Klasse von Verstärkern ist der CA3080, dessen Innenschaltung in *Abb. 10.28* gezeigt ist. Die eigentliche Differenz-Verstärkerstufe besteht aus den Transistoren Q_1 und Q_2. Die Steilheit eines Transistors ist in weiten Grenzen proportional zum Emitterstrom (vgl. Kap. 7.3). Daher kann die Verstärkung des OTA in einem Bereich von mehr als 60 dB gesteuert werden.

Der gemeinsame Emitterstrom ist über einen Stromspiegel aus Q_3 und D_1 von außen einstellbar, indem man z.B. einen Widerstand vom Steuereingang am Pin 5 gegen die positive Betriebsspannung schaltet. Die Diode D1 im Stromspiegel steht tatsächlich für einen Transistor gleicher Eigenschaften wie Q_3,

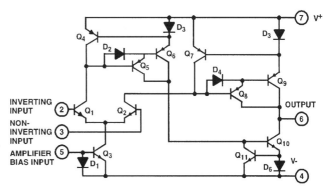

Abb. 10.28 Innenschaltung des OTA CA3080 (Harris)

bei dem Basis und Kollektor zusammengeschaltet wurden. Es handelt sich also um die klassische Stromspiegel-Schaltung (vgl. Kap 7.11) in der Funktion einer einstellbaren Konstantstromquelle.

Ein einfacher Differenzverstärker arbeitet im Normalfall mit zwei Kollektorwiderständen (vgl. Kap. 7.9). Um beide Signale an einen gemeinsamen Ausgang zu führen, werden hier insgesamt drei Stromspiegel verwendet. Q_2 arbeitet direkt auf den PNP-Stromspiegel aus D_3 und Q_7, so dass ein steigender Kollektorstrom an Q_2 die Ausgangsspannung erhöht. Die beiden Transistoren Q_8 und Q_9 dienen lediglich zu Verbesserung der Eigenschaften des Stromspiegels.

Ein steigender Kollektorstrom an Q_1 soll umgekehrt den Ausgang herunterziehen. Prinzipiell könnte das allein mit dem Anschluss des Kollektors an den Ausgangspin erreicht werden. Allerdings wäre damit der Aussteuerungsbereich stark eingeschränkt, da schon die Basisspannung im Normalfall etwa auf Massepotential liegt. Damit eine Aussteuerung bis nahe an die negative Betriebsspannung möglich wird, sind zwei weitere Stromspiegel nötig. Am Ausgang arbeiten daher zwei komplementäre Stromspiegel gegeneinander. Befindet sich der Verstärker im Gleichgewicht, heben sich beide Ausgangsströme auf, so dass an einem Außenwiderstand gegen Masse keine Spannung erscheint.

Abb. 10.29 zeigt das Prinzip eines steuerbaren Verstärkers mit einem OTA. Mit einem Poti wird hier eine Steuerspannung vorgegeben. Über einen Widerstand von 20 kΩ fließt ein Steuerstrom von bis zu 1 mA in den Steuereingang des OTA. Damit erhält jeder der beiden Eingangstransistoren einen Kollektorstrom von maximal 0,5 mA. Die Steilheit jedes Transistors beträgt dann 20 mA/V.

$$S = \frac{I_C}{U_T}$$

$$S = \frac{0,5\,mA}{25\,mV}$$

$$\underline{\underline{S = 20\,mA/V}}$$

Da in der Beispielschaltung das Eingangssignal unsymmetrisch nur an einen Eingang gelangt, arbeitet der gesamte Verstärker mit der Steilheit eines Transistors von 20 mA/V. Mit einem Außenwiderstand von 10 kΩ ergibt sich eine Spannungsverstärkung von 200-fach.

$$V = S \cdot R$$

$$V = 20\,mA/V \cdot 10\,k\Omega$$

$$\underline{\underline{V = 200}}$$

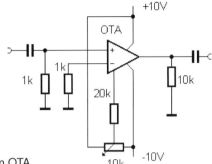

Abb. 10.29 Ein steuerbarer Verstärker mit dem OTA

Durch Ändern des Steuerstroms kann die Verstärkung nun stufenlos von 0 bis 200 eingestellt werden. Die Verstärkung ist in weiten Grenzen streng proportional zum Steuerstrom.

Prinzipiell kann der OTA ohne Gegenkopplung arbeiten, da eine ausreichende Symmetrie gegeben ist. Ein typischer Offset-Fehler von 1 mV führt zu einem Ausgangsstrom von 20 µA und damit zu einer Offsetspannung von 200 mV am Ausgang. Dem steht eine maximale Aussteuerbarkeit von ±5 V entgegen (0,5 mA*10 kΩ).

Anders als ein normaler OPV eignet sich der OTA nicht für eine hochohmige Ansteuerung. Im Beispiel sind Eingangswiderstände von 1 kΩ angegeben. Prinzipiell darf nur eine kleine Eingangsspannung am Eingang des OTA liegen, wenn es auf geringe Verzerrungen des verstärkten Signals ankommt. Das Verstärkerprinzip des OTA beruht auf der exponentiellen Übertragungskennlinie des Transistors und seiner stromabhängigen Steilheit. Die Steilheit kann aber strenggenommen nur für einen Arbeitspunkt angegeben werden. Durch die Aussteuerung selbst gelangt der Transistor in Bereiche anderer Steilheit, womit Verzerrungen entstehen. Für kleine Aussteuerungen wird die Änderung durch gegenläufige Einflüsse des zweiten Transistors in der Differenzstufe kompensiert. Dies gelingt allerdings nur für Eingangssignale mit wenigen Millivolt mit ausreichender Genauigkeit. Wenn es auf geringste Verzerrungen ankommt, sollte man die Eingangssignale auf unter 1 mV beschränken. Der OTA verhält sich in dieser Beziehung nicht wesentlich anders als ein einzelner Transistor.

Der OTA als steuerbarer Verstärker eignet sich sehr gut für automatische Verstärkungsregelungen. Es lassen sich auch mehrere Kanäle z.B. in Stereo-Anwendungen mit gutem Gleichlauf gemeinsam steuern. Ein Vorteil ist dabei, dass nur ein Poti als Lautstärkeregler benötigt wird und dass Signalweg und Steuerleitung getrennt sind, so dass es nicht so leicht zur Einkopplung von Störsignalen kommen kann. Weitere Anwendungen liegen in der elektronischen Steuerung von Filtern und Oszillatoren.

11 Hochfrequenz-Anwendungen

Seit der Entdeckung der elektromagnetischen Wellen vor rund 100 Jahren ist die Hochfrequenztechnik aus der Elektronik nicht mehr wegzudenken. Die Radiotechnik war lange Zeit ein entscheidender Motor der technischen Entwicklung. Für erste eigene Versuche eignet sich der Aufbau einfacher Empfänger.

11.1 Modulation und Demodulation

Ein Sender erzeugt eine hochfrequente Schwingung, die über einen Sendemast abgestrahlt wird. Eine Antenne am Empfangsort liefert dann eine kleine Spannung derselben Frequenz, also z.B. 720 kHz für den Sender Langenberg. Mittelwellensender tragen ihre Informationen, also Sprache und Musik, in Form einer Amplituden-Modulation (AM). Die Spannung der Hochfrequenzschwingung ändert sich dabei im Takt der niederfrequenten Schwingungen.

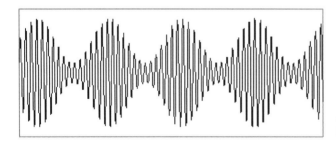

Abb. 11.1 Amplituden-modulation

Dieses Signal bleibt in einem Kopfhörer unhörbar, weil nur Frequenzen bis ca. 20 kHz als Schall wahrnehmbar sind. Die Trägheit der Membran führt dazu, dass sie praktisch überhaupt nicht schwingt. Die niederfrequente Modulation muss erst durch Gleichrichtung des Signals zurückgewonnen werden. Deshalb reicht eine Diode, um das HF-Signal zu demodulieren. Der mittlere Strom des gleichgerichteten Signals entspricht wieder dem ursprünglich aufmodulierten NF-Signal.

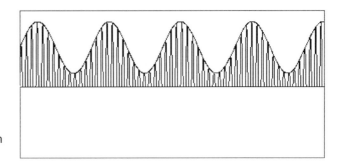

Abb. 11.2 Demodulation durch Gleichrichtung

11.2 Das Diodenradio

Der einfachste Empfänger besteht nur aus einer langen Antenne, einem Erdanschluss, einer Germanium-Diode und einem Kopfhörer. Die Stromversorgung erfolgt durch die Antenne selbst. Sie muss daher relativ lang sein. Meist reicht ein ausgespannter Draht von ca. 10 Metern.

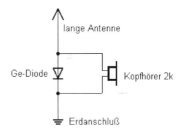

Abb. 11.3 Das Diodenradio

Das einfache Radio ist nicht selektiv, d.h., es empfängt alle starken Sender gleichzeitig. Wenn nicht ein starker Sender in der Nähe alle anderen übertönt, hört man vor allem abends sehr viele Sender, die in ihrer Lautstärke schwanken.

Die gewünschte Selektion erreicht man durch einen Schwingkreis aus Spule und Drehkondensator. Mit einem Drehkondensator von 500 pF und einer Spule mit 200 µH überstreicht man den ganzen Mittelwellenbereich. Die Spule kann als Luftspule mit 100 Windungen auf eine Papprolle mit einem Durchmesser von 4 cm aufgewickelt werden.

Die Schaltung ermöglicht noch keine sehr scharfe Trennung von Sendern, weil der Schwingkreis durch den direkten Anschluss der Diode zu stark bedämpft wird. Abhilfe schafft eine Anzapfung der Spule bei zehn Windungen. Auch die

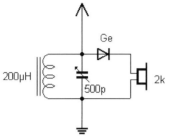

Abb. 11.4 Diodenradio mit Schwingkreis

Antenne sollte nun an eine eigene kleine Wicklung mit 20 Windungen angeschlossen werden. Im Schwingkreis schwingt nun eine wesentlich größere Energie als von der Antenne zugeführt und über die Diode entnommen wird. Damit ergibt sich eine geringe Dämpfung, eine kleine Bandbreite und damit eine
gute Trennschärfe.

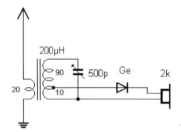

Abb. 11.5 Diodenradio mit angezapfter Spule

Die Lautstärke des Diodenempfängers kann durch einen nachgeschalteten Verstärker erhöht werden. Trotzdem kommt man nicht mit sehr kurzen Antennen
aus, weil die Diode erst eine HF-Spannung über etwa 0,2 V gleichrichten
kann. Mit einer Siliziumdiode müsste die Spannung wegen der höheren
Schwellspannung noch höher liegen. Man kann die Wirkung der Diode jedoch
verbessern, indem man sie mit einer kleinen Gleichspannung vorspannt. Nun
kann auch eine Si-Diode eingesetzt werden.

11.3 Das Audion

Setzt man statt der Diode einen Transistor ein, dann bewirkt dieser nicht nur
die Demodulation, sondern auch gleich eine Verstärkung. Am Ausgang der
Schaltung sorgt ein Kondensator dafür, dass Reste der HF-Spannung kurzgeschlossen werden. Die Schaltung wird als Audion bezeichnet. Als Audion ar-

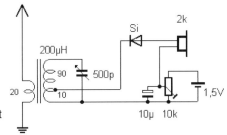

Abb. 11.6 Verbesserung der Empfindlichkeit
durch eine Vorspannung

beiteten auch die ersten weit verbreiteten Röhrenradios. Die Empfindlichkeit
der Schaltung ist so gut, dass man statt einer Drahtantenne auch eine Ferritantenne einsetzen kann. Die Spule wird dazu auf einen Ferritstab gewickelt und
wird damit selbst zu einer Antenne.

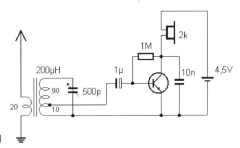

Abb. 11.7 Die einfache Audion-Schaltung

Das Audion besitzt schon eine gute Empfindlichkeit und kommt mit einer kurzen Antenne aus. Man kann die Empfindlichkeit jedoch durch eine HF-Rückkopplung noch erheblich steigern. Dabei führt man einen Teil des verstärkten
HF-Signals wieder an den Schwingkreis zurück. So werden Verluste ausgeglichen, und die Schwingung wird größer. Gleichzeitig steigt auch die Trennschärfe erheblich an. Wichtig ist, dass gerade die richtige Energie zurückgekoppelt wird. Sobald nämlich mehr als die Verluste ausgeglichen werden,
entstehen eigene Schwingungen, die sich durch ein Pfeifen bemerkbar machen. Die Rückkopplung muss also einstellbar sein. Dies gelingt z.B. durch
Ändern der Basisspannung des Transistors und damit die Steuerung seiner
Steilheit mit einem Poti. Man kann stattdessen auch die Kopplung der Hilfsspule zum Schwingkreis durch Verschieben auf einem Ferritstab ändern.

Die einfache Audionschaltung besitzt noch einige Nachteile. So treten z.B. bei
starken Sendern erhebliche Verzerrungen auf. Außerdem ist die Rückkopplung
nicht leicht einstellbar, weil Eigenschwingungen sehr plötzlich einsetzen. Eine
Verbesserung bringt der Einsatz eines Emitterfolgers als Audion. Die Schal-

147

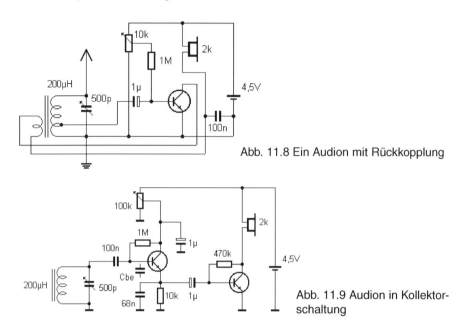

Abb. 11.8 Ein Audion mit Rückkopplung

Abb. 11.9 Audion in Kollektorschaltung

tung arbeitet wie eine Diodenschaltung mit Vorspannung, wobei der Eingangswiderstand durch die Stromverstärkung des Transistors erhöht wird. Zwar ist
hier eine geringere Spannungsverstärkung zu erwarten, diese kann jedoch
durch nachfolgende Stufen leicht ausgeglichen werden.

Ein Vorteil dieser Schaltung ist die Verwendung einer einfachen Spule ohne
Anzapfung. Dies ist möglich, weil die Kollektorschaltung einen großen Eingangswiderstand besitzt. Auch die Rückkopplung gelingt hier ohne Anzapfung der Spule. Die Energie wird über einen kapazitiven Spannungsteiler über
die Basis-Emitter-Kapazität und den Emitterkondensator in den Schwingkreis
eingekoppelt. Die Verstärkung wird über eine Regelung der Kollektorspannung eingestellt. Es ergibt sich eine sehr weich einsetzende und gut einstellbare Rückkopplung. Diese Schaltung eignet sich für einen großen Frequenzbereich zwischen etwa 50 kHz und 4 MHz, also vom Längstwellenbereich bis in
den unteren Kurzwellenbereich. Durch Umschaltung von Spulen können mehrere Bereiche verwendet werden.

Mit einem Audion lassen sich nicht nur AM-Sender, sondern auch CW-Sender
(unmodulierte Morse-Signale) und SSB-Sender empfangen, die ohne Trägersi-
gnal arbeiten und vor allem im Kurzwellenbereich vom Amateurfunk, Schiffs-
funk usw. genutzt werden. Man stellt dazu die Rückkopplung etwas stärker als
kritisch ein und erhält so einen Hilfsträger, wie er bei professionellen Geräten
in Form des BFO (Überlagerungs-Oszillator) zugeschaltet werden kann.

Für Kurzwellenempfänger ist eine andere Form der Rückkopplung wirksamer. Es hat sich bewährt, einen eigenen Verstärker nur für die Entdämpfung des Schwingkreises zu verwenden und vom eigentlichen Audion zu trennen. Die Schaltung nach *Abb. 11.10* zeigt einen speziellen Differenzverstärker mit zwei PNP-Transistoren in der typischen Oszillatorschaltung. Die Verstärkung lässt sich in weiten Grenzen durch Steuerung des Emitterstroms einstellen, so dass sich der Grad der Rückkopplung über ein Poti einstellen lässt. Da der Differenzverstärker eine hohe Grenzfrequenz besitzt, können auf diese Weise Audionempfänger für den gesamten Kurzwellenbereich bis etwa 30 MHz aufgebaut werden. Ein Vorteil der Schaltung ist, dass man mit einer Anzapfung der Schwingkreisspule auskommt. Sie muss etwa bei einem Drittel der Windungen der gesamten Spule liegen, um den Kreis nicht zu stark zu beeinflussen.

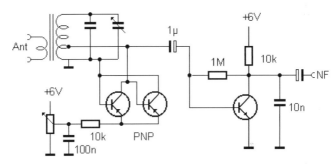

Abb. 11.10 Ein Kurzwellen-Audion mit getrennter Entdämpfungsschaltung

Im Kurzwellenbereich arbeitet man oft mit schmalen Empfangsbändern, z.B. den Amateurfunkbändern. Parallelkondensatoren am Schwingkreis und relativ kleine Drehkos sorgen für eine Bandspreizung, so dass die Empfangsfrequenz entsprechend fein eingestellt werden kann. Insbesonders bei langen Antennen ist eine lose Kopplung an den Schwingreis erforderlich, um einerseits eine Verstimmung des Kreises gering zu halten und andererseits allzu große Signale starker Rundfunksender zu vermeiden.

Einfache Audionempfänger für den Kurzwellenbereich lassen sich schon mit den NF-Transistoren BC548 und BC558 aufbauen. Die erzielbare Empfindlichkeit und Klangqualität kommt nahe an die käuflicher Empfänger heran. Der einfache Abgleich mit nur einem Schwingkreis und der geringe Schaltungsaufwand ermöglichen problemlose erste Versuche. Lediglich in der Trennschärfe und der automatischen Verstärkungsregelung sind modernere Empfängerkonzepte dem Audion weit überlegen.

11.4 UKW-Pendelaudion

Im UKW-Bereich, also z.B. im Rundfunkband zwischen 88 MHz und 108 MHz, versagt das Konzept des klassischen Audions. In der Anfangszeit des UKW-Rundfunks setze man als einfache Schaltung das Pendelaudion ein. Es ist jedoch inzwischen nicht mehr gebräuchlich, weil es selbst erhebliche Funkstörungen verursachen kann. Für erste eigene Versuche ist es jedoch immer noch interessant, weil sich hier mit geringstem Aufwand große Empfindlichkeiten erzielen lassen.

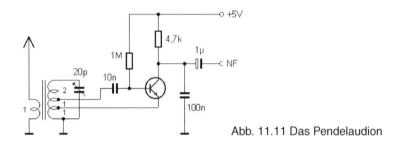

Abb. 11.11 Das Pendelaudion

Das Pendelaudion ist ein Audion mit starker Rückkopplung. Die entstehenden starken Schwingungen werden an der Basis-Emitterdiode gleichgerichtet und laden den Koppelkondensator negativ auf. Der Transistor wird zunehmend gesperrt, bis die Schwingungen plötzlich abreißen. Der Kondensator lädt sich jedoch über den Basiswiderstand wieder auf, so dass der Oszillator nach kurzer Zeit wieder anschwingt. Es entstehen also Pendelschwingungen mit einer Wiederholfrequenz von ca. 20 kHz.

Jeder Oszillator schwingt beim Einschalten allmählich an, weil eine erste zufällige Schwingung verstärkt wird und sich damit eine wachsende Schwingung aufbaut. Die große Empfindlichkeit des Pendelaudions beruht darauf, dass ein schwaches Antennensignal auf der eingestellten Resonanzfrequenz das Anschwingen des Oszillators unterstützt. Es erfolgt also um so schneller, je größer die Signalamplitude ist. Ohne ein Signal unterstützt nur das Eigenrauschen der Schaltung den Anschwingvorgang. Man hört deshalb ein starkes Rauschen, das erst durch ein Nutzsignal abnimmt.

Im UKW-Rundfunk verwendet man keine Amplitudenmodulation, sondern die Frequenzmodulation (FM). Dabei wird die Frequenz im Takt der NF verändert. Der Frequenzhub beträgt ca. 50 kHz (Breitband-FM), während z.B. der Amateurfunk im 2-m-Band (144–146 MHz) mit ca. 5 kHz (Schmalband-FM) arbeitet. Mit dem Pendelaudion gelingt die Demodulation von FM-Signalen,

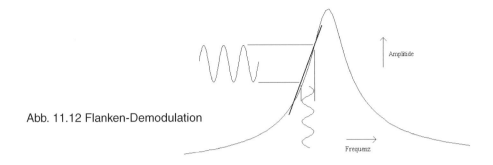

Abb. 11.12 Flanken-Demodulation

indem man den Empfänger auf eine Flanke des Schwingkreises abstimmt. Dadurch entsteht aus dem FM-Signal ein AM-Signal. Da beide Flanken möglich sind, ist jeder Sender an zwei Stellen gut zu empfangen.

Beim Aufbau eines UKW-Pendelaudions sollte man auf einen Hochfrequenzgerechten, sehr kompakten und gut abgeschirmten Aufbau achten. Wegen der hohen Frequenz wirken lange Leitungen als Induktivitäten, an denen sich ein erheblicher Spannungsabfall bilden kann. Auch Kapazitäten durch angenäherte Gegenstände wirken sich stärker aus, wenn keine geeignete Abschirmung vorgesehen wird. Am besten baut man den Empfänger in ein kleines Blechgehäuse und verwendet eine sehr lose Antennenkopplung. Dies ist auch zur Minimierung von Funkstörungen wichtig. Die Spule muss experimentell ermittelt werden. Für erste Versuche kann man eine Luftspule mit 5 mm Durchmesser und 4 Windungen aus versilbertem Kupferdraht verwenden. Die Anzapfungen entstehen durch direktes Anlöten von Drähten an die Spule.

11.5 HF-Oszillatoren

Während NF-Oszillatoren als Tongeneratoren eingesetzt werden, kann man HF-Oszillatoren z.B. als Prüfgeräte für Empfängerschaltungen oder für andere Messzwecke einsetzen. Im Prinzip stellt jeder HF-Oszillator im Zusammenhang mit einer geeigneten Antenne einen Sender dar. Allerdings ist es streng verboten, selbstgebaute Sender zu betreiben. Wer es überhaupt nicht lassen kann, der sollte lizensierter Amateurfunker werden. Dann darf er in bestimmten Frequenzbereichen auch selbst entwickelte Sender betreiben.

Jeder HF-Oszillator besteht im Prinzip aus einem Schwingkreis, einem Verstärker und einer Rückkopplung. Eine typische Schaltung, der Meißner-Oszillator, verwendet eine Transformatorkopplung auf den Eingang des Verstärkers.

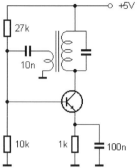

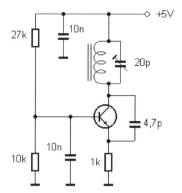

Abb. 11.13 Der Meißner-Oszillator   Abb. 11.14 Ein UKW-Oszillator

Die Schaltung eignet sich für Frequenzen von einigen kHz bis in den Kurzwellenbereich. Bei höheren Frequenzen ist allerdings oft keine ausreichende Frequenzstabilität mehr zu erreichen, weil Eigenkapazitäten des Transistors sich stark auswirken.

Für sehr hohe Frequenzen bis in den UKW-Bereich verwendet man Transistoren in Basisschaltung. So kann sogar noch ein NF-Transistor wie der BC548 eine UKW-Schwingung aufbauen.

Die verwendete Spule erhält vier Windungen bei einem Durchmesser von 5 mm. Die Abstimmung erfolgt über einen Trimmer. Durch Auseinanderbiegen und Zusammendrücken der Spule lässt sich der Frequenzbereich des Oszillators verändern. Die Rückkopplung erfolgt hier durch einen kleinen Kondensator zum Emitter, der einen kapazitiven Spannungsteiler aufbaut.

Für kleine HF-Oszillatoren bis in den Kurzwellenbereich mit besonders kleiner Betriebsspannung ab ca. 1 V und geringem Stromverbrauch (ca. 500 μA) eignet sich die schon im NF-Bereich eingesetzte Differenzverstärkerschaltung. Die Transistoren haben erhebliche Eigenkapazitäten, die in starkem Maße von der angelegten Spannung abhängig sind. Um Einflüsse der Betriebsspannung auf die Frequenz gering zu halten, soll der Schwingkreis über eine Anzapfung angekoppelt werden.

Sehr stabile Frequenzen erreicht man mit Quarz-Oszillatoren. Dabei kontrolliert ein genau geschliffener Quarz-Kristall mit einer mechanischen Resonanz die elektrische Schwingung. Die elektrischen Eigenschaften ähneln denen eines Schwingkreises mit sehr hoher Güte. Ein Quarz-Oszillator kann z.B. zur Überprüfung und Einstellung eines Empfängers eingesetzt werden.

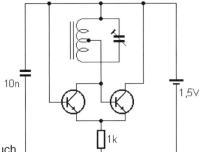

Abb. 11.16 Oszillator für geringen Stromverbrauch

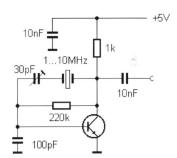

Abb. 11.17 Ein Quarz-Oszillator

Die einfache Schaltung nach *Abb. 11.17* verwendet einen Quarz in Serienresonanz und kommt ganz ohne eine Spule aus. Die Schaltung schwingt auf der Grundfrequenz. Die Frequenz lässt sich mit dem Trimmer um bis zu 3 kHz justieren. Quarze über 20 MHz sind oft Obertonquarze. Ein üblicher 27-MHz-Quarz für CB-Funkgeräte ist für den dritten Oberton ausgelegt. In dieser Schaltung würde er auf 9 MHz schwingen.

Ein 10-MHz-Quarz kann zum Aufbau eines einfachen Eichgenerators verwendet werden. Das Ausgangssignal ist nicht rein sinusförmig, sondern etwas verzerrt. Es enthält daher genügend Obertöne, um Signale auf 20 MHz, 30 MHz usw. bis über 100 MHz zu empfangen. Damit lassen sich Frequenzanzeigen von Empfängern kalibrieren.

12 Stromversorgungen

Halbleiterschaltungen benötigen Gleichspannungs-Stromversorgungen. Oft reicht eine Batterieversorgung oder ein einfaches Steckernetzteil. Für erhöhte Anforderungen muss die Versorgungsspannung stabilisiert sein. Dieses Kapitel gibt einen Überblick über Schaltungstechnik und Dimensionierung von Stromversorgungen.

12.1 Batterieversorgung

In bestimmten Bereichen werden sehr genaue Versorgungsspannungen verwendet, z.B. von 5 V mit einem zugelassenen Bereich von 4,75 V bis 5,25 V für digitale Schaltkreise. In anderen Fällen darf die Betriebsspannung in einem weiten Bereich variieren. Viele einfache Schaltungen wie Tongeneratoren, Verstärker, Radios usw. können daher direkt von einer Batterie versorgt werden und arbeiten auch noch gegen Ende der Entladezeit zufriedenstellend. Besonders sinnvoll ist der Einsatz von Batterien immer dann, wenn ein Gerät immer nur kurzzeitig oder mit extrem geringem Verbrauch eingesetzt wird. Die folgende Übersicht zeigt verschiedene Stromquellen und ihre elektrischen Daten:

Tabelle 1.1 Stromquellen und ihre Anwendungsbereiche

Stromquelle	typ. Einsatz	typ. Spannung	typ. Strom
Trockenbatterie	Transportable Geräte	1,5 V ... 9 V	1 mA ... 1 A
Ni-Cd-Akkus	Modellbau	1,2 V / Zelle	bis 5 A
Steckernetzteil	Universell	3 V ... 12 V	0,3 A ... 1 A
Labornetzteil	Experimente	0...30 V	0...5 A

Die ersten Versuche zur Elektronik lassen sich z.B. mit einer Flachbatterie (Nennspannung 4,5 V) durchführen. Benötigt man eine höhere Spannung, kann der Einsatz einer 9-V-Blockbatterie sinnvoll sein. Allerdings besitzt dieser kleinere Batterietyp nur eine sehr geringe Kapazität. Der Einsatz ist daher nur dann wirtschaftlich, wenn das Gerät einen sehr geringen Strom benötigt, so dass die Batterie mehrere Monate lang verwendet werden kann. Beispiele sind Messgeräte oder andere portable Geräte mit geringer Einschaltdauer.

Auch bei erhöhten Anforderungen an die Stabilität der Versorgungsspannung lassen sich Batterien einsetzen, da es eine Vielzahl von Stabilisierungsschaltungen speziell für Batterieversorgung gibt.

Wenn es um portable Anwendungen geht, können auch Akkus sinnvoll sein. Ni-Cd-Akkus haben eine sehr flache Entladekennline und liefern eine relativ stabile Spannung von 1,2 V pro Zelle. Sie bieten zudem hohe Spitzenströme und einen niedrigen Innenwiderstand, so dass sie z.B. für Anwendungen mit Elektromotoren eingesetzt werden können. Nachteilig ist ihre hohe Selbstentladung und die Alterung auch bei Nichtgebrauch.

Immer wenn man größere Ströme ab ca. 100 mA benötigt, ist der Einsatz eines Netzgeräts wirtschaftlicher. Die meisten Schaltungen werden mit Netzspannung versorgt. Man verwendet Netzteile zur Anpassung und Gleichrichtung der Spannung. Einfache Geräte geben eine unstabilisierte Spannung ab, die mit zunehmender Belastung abnimmt. Bessere Geräte verwenden eine elektronische Stabilisierung und liefern damit über weite Belastungsbereiche eine hochgenaue Spannung.

Hochwertige Labornetzgeräte erlauben außerdem die freie Einstellung der Ausgangsspannung. Vielfach ist eine einstellbare Strombegrenzung vorhanden, die sich vor allem beim Testen von Geräten bewährt. Im Fehlerfall, also bei zu großem Strom, wird die Spannung automatisch zurückgeregelt, so dass eine Beschädigung von Bauteilen vermieden werden kann.

12.2 Netzteil-Grundschaltungen

Ein einfaches, nicht stabilisiertes Netzteil besteht aus Transformator, Gleichrichter und Ladekondensator. Üblich ist der Einsatz eines Vierweggleichrichters oder eines Zweiweggleichrichters mit angezapftem Trafo. Beide liefern eine Vollwellengleichrichtung. Während jedoch beim Vierweggleichrichter der Strom jeweils durch zwei Dioden fließt, tritt beim Zweiweggleichrichter nur ein Spannungsabfall von ca. 0,7 V an einer Diode auf. Die Leistungsverluste im Gleichrichter sind damit geringer. Allerdings treten bei einem gleich großen Trafo dafür etwas größere Verluste in der Wicklung auf, weil jede Wicklungshälfte nur in der Hälfte der Zeit, also stoßweise belastet wird.

Beide Schaltungen werden in einfachen Steckernetzteilen verwendet. Für den Hobbybereich haben diese Geräte den Vorteil, dass die gesamte Problematik

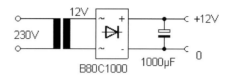

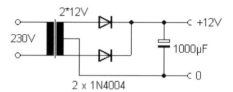

Abb. 12.1 Netzteile mit Vierweg- und Zweiweggleichrichter

der elektrischen Sicherheit im wahrsten Sinne des Wortes „vom Tisch" ist. Die
Hersteller dieser Geräte sorgen bereits für eine ausreichende Isolation und einen Brandschutz auch im Fehlerfall. Am Ausgang des Netzteils kann also gefahrlos gearbeitet werden. Baut man dagegen einen Netztrafo mit in ein Gerät
ein, dann sind alle Bestimmungen zur Isolation, zu Sicherheitsabständen, einer
eventuellen Erdung und der Absicherung gegen Kurzschlüsse zu beachten.

Beim Einsatz eines einfachen, unstabilisierten Netzteils muss der Innenwiderstand und die Leerlaufspannung beachtet werden. Ein Gerät mit den Kenndaten 12 V/0,5 A wird zwar beim Nennstrom von 0,5 A eine Spannung von 12 V
abgeben. Im Leerlauf können jedoch leicht Spannungen über 20 V anliegen,
was für einige Schaltungen gefährlich werden kann. Der Hauptgrund liegt im
Innenwiderstand des Trafos. Besonders die kleineren Trafos werden vom
Wicklungsverhältnis für wesentlich größere Sekundärspannungen ausgelegt,
damit sie beim Nennstrom die geforderte Spannung abgeben. Für mittlere bis
große Trafos liegt die typische Leerlaufspannung um 10% über der Nennspannung.

Ein zweiter Grund für eine erhöhte Leerlaufspannung liegt in der verwendeten
Gleichrichtung und im Ladekondensator. Im Leerlauf kann sich der Kondensator bis auf die Scheitelspannung der sekundären Wechselspannung aufladen,
während sich bei belastetem Netzgerät eine mittlere Spannung mit einem gewissen Wechselspannungsanteil einstellt. Zu den Spannungsverlusten des Trafos kommen noch die höheren Spannungsabfälle der Gleichrichterdioden.
Abb. 12.2 zeigt ein Oszillogramm für den unbelasteten und den belasteten Fall.
Unter Belastung treten die typischen sägezahnförmigen Brummspannungen
auf.

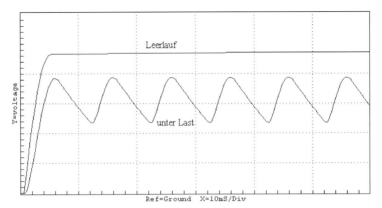

Abb. 12.2 Die Ausgangsspannung belastet und im Leerlauf

Die Höhe der überlagerten Brummstörung mit der doppelten Netzfrequenz von 100 Hz hängt von der Strombelastung und vom verwendeten Ladeelko ab. Der Elko wird jeweils stoßweise geladen und entlädt sich dann teilweise in etwas weniger als 10 ms. Die Amplitude ΔU der überlagerten Wechselspannung lässt sich leicht überschlagen. Die Stromstärke sei 0,5 A, der Ladeelko habe eine Kapazität von 1000 μF. Für die Entladezeit soll vereinfachend 10 ms eingesetzt werden.

$$\Delta U = I \cdot \frac{t}{C}$$

$$\Delta U = 0,5\ A \cdot \frac{0,01\ s}{0,001\ F}$$

$$\underline{\underline{\Delta U = 5\ V}}$$

Eine Brummstörung von 5 V wäre bei einer Nennspannung von 12 V nicht zu tolerieren. Es müsste also ein entsprechend größerer Ladekondensator eingesetzt werden. Je nach Anforderungen an die Reinheit der Gleichspannung muss eine zusätzliche Brummfilterung oder eine Spannungsstabilisierung nachgeschaltet werden.

Einige Schaltungen benötigen eine bipolare Versorgungsspannung. Zum Betrieb von Operationsverstärkern verwendet man z.B. zwei Spannungen mit +12 V und –12 V. Ein doppeltes Netzteil kann mit einem Trafo mit zwei Sekundärwicklungen aufgebaut werden. Möglich ist aber auch der Einsatz eines Trafos mit Mittelanzapfung. Mit vier Dioden lässt sich eine zweifache Zweiweg-Gleichrichterschaltung aufbauen.

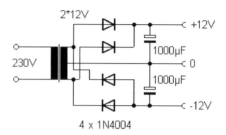

Abb. 12.3 Ein bipolares Netzteil

4 x 1N4004

12.3 Spannungs-Vervielfachung

In einigen Fällen wird eine höhere Gleichspannung als die Sekundärspannung des verwendeten Trafos benötigt. Wenn dabei nur ein geringer Strom bis zu einigen mA fließen soll, kann eine Spannungs-Vervielfacherschaltung aus Dioden und Kondensatoren eingesetzt werden. Im einfachsten Fall wird die Spannung verdoppelt und erreicht fast die Spitze-Spitze-Spannung des Trafos. Bei Bedarf kann die Spannung auch um größere Verhältnisse erhöht werden.

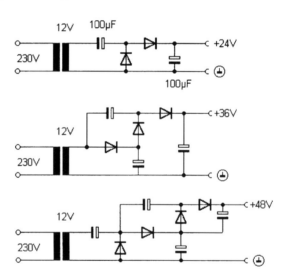

Abb. 12.4 Verdoppler-, Verdreifacher- und Vervierfacherschaltung

In *Abb. 12.4* werden jeweils Vielfache der Nennspannung als Ausgangsspannungen angegeben. Unter geringer Belastung können die Spannungen jedoch noch wesentlich höher ausfallen. Allgemein haben Vervielfacher-Kaskaden einen relativ großen Innenwiderstand, so dass die Spannung stark von der Belastung abhängt. Der Innenwiderstand hängt u.a. von der Kapazität der verwendeten Kondensatoren ab.

Abb. 12.5 Erzeugung von Hilfsspannungen

Machmal benötigt man neben einer Hauptspannung auch noch eine zweite negative oder höhere positive Versorgungsspannung mit geringerer Belastbarkeit. Dann lässt sich nach *Abb. 12.5* ein Vierweggleichrichter um eine Zusatzschaltung zur Spannungsvervielfachung erweitern.

12.4 Spannungsstabilisierung mit Z-Dioden

Die Spannung eines einfachen Netzgeräts ist in hohem Maße von der Belastung abhängig. Auch bei Batterieversorgung ist die Spannung nicht konstant, sondern nimmt mit der Entladedauer ab. Für viele Schaltungen ist dagegen eine konstante Betriebsspannung wichtig. Deshalb benötigt man Maßnahmen der Spannungsstabilsierung. Sie reichen von einer einfachen Zenerdiode über Transistor-Regelschaltungen und integrierte Spannungsregler bis zu Schaltreglern für höhere Leistungen.

Benötigt man eine stabile Spannung bei geringer Strombelastung, dann bietet sich die Verwendung einer Zenerdiode an. Die Zenerdiode wird in Sperrrichtung betrieben und zeigt bei einer bestimmten Spannung einen steilen Anstieg des Sperrstroms. In Durchlassrichtung verhält sie sich wie eine normale Si-Diode.

Für diesen Durchbruch bei Spannungen zwischen 3 V und 200 V sind zwei verschiedene Prinzipien verantwortlich. Der Zenereffekt überwiegt bei Spannungen unter 5,6 V und besitzt einen negativen Temperaturkoeffizienten, d.h., die Zenerspannung sinkt um bis zu 0,1 % pro Grad. Oberhalb 5,6 V überwiegt der Avalanche-Effekt (Lawineneffekt) mit einem positiven Temperaturkoeffizienten. Eine Zenerdiode für 5,1 V besitzt daher den geringsten Temperaturkoeffizienten. Zenerdioden um 7,5 V haben dagegen die steilste Kennlinie und damit den kleinsten differentiellen Innenwiderstand und bieten damit die beste Spannungsstabilisierung bei schwankendem Zenerstrom. Die folgende Tabelle zeigt die wichtigsten Daten für einige Zenerdioden. Der differentielle Innenwiderstand ist bei einem kleinen Zenerstrom von 1 mA größer als bei $I_Z = 5$ mA.

Tab. 12.2 Typische Daten für Zenerdioden unterschiedlicher Spannung

U_Z	R_i bei Iz = 1mA	R_i bei Iz = 5mA	TK bei I_Z = 5mA
3,9V	400 Ω	85 Ω	-2,5 mV/K
5,1 V	400 Ω	60 Ω	-0,8 mV/K
5,6 V	80 Ω	15 Ω	+1,2 mV/K
6,2 V	40 Ω	6 Ω	+2,3 mV/K
7,5 V	15 Ω	2 Ω	+4,0 mV/K
10 V	20 Ω	2 Ω	+6,4 mV/K
15 V	25 Ω	3 Ω	+11,4 mV/K
24 V	30 Ω	6 Ω	+20,4 mV/K

Abb. 12.6 zeigt die Kennlinien von Zenerdioden bis 18 V. Man erkennt deutlich die unterschiedliche Steilheit. Den steilsten Verlauf zeigt eine Zenerdiode mit U_Z = 7,5 V. Das Diagramm zeigt außerdem für jede Diode die maximale Strombelastung für eine Verlustleistung von 500 mW.

Man betreibt die Zenerdiode in einer Spannungsteilerschaltung mit einem Vorwiderstand. Bei steigender Eingangsspannung steigt der Zenerstrom, wobei die

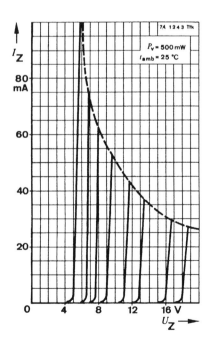

Abb. 12.6 Sperrkennlinien einiger Zenerdioden
(Telefunken)

Abb. 12.7 Prinzip der Zenerstabilisierung

Spannung fast konstant bleibt. Der verwendete Vorwiderstand richtet sich nach der geringsten Eingangsspannung der Schaltung und nach der höchsten vorkommenden Stromentnahme. Bei diesen Eckwerten muss noch ein ausreichender Strom durch die Diode fließen, um eine konstante Spannung zu gewährleisten. Bei zu kleinen Strömen ist die Kennlinie weniger steil und der differenzielle Widerstand relativ groß, so dass die Stabilisierung schlechter wird.

Ein einfaches Beispiel soll die Berechnung verdeutlichen. Eine Zenerdiode mit 6,2 V soll für eine Spannungsstabilisierung für Batterieversorgung mit einem 9-V-Block verwendet werden. Die angeschlossene Schaltung soll einen schwankenden Strombedarf zwischen 1 mA und 7 mA aufweisen. Die Stabilisierung muss bis herab zu einer Batteriespannung von 7 V reichen, um die Batterie genügend ausnutzen zu können. Der kleinste Strom durch die Zenerdiode soll 1 mA betragen. Durch den Vorwiderstand muss also bei einer Eingangsspannung von 7 V noch ein Strom von 8 mA fließen. Die Spannung am Vorwiderstand beträgt 7 V – 6,2 V = 0,8 V.

$$R_1 = \frac{U}{I}$$

$$R_1 = \frac{0,8\ V}{8\ mA}$$

$$R_1 = 100\ \Omega$$

Die Spannungsstabilisierung arbeitet jeweils nur einem gewissen Bereich. Sobald die Spannung unter einen gewissen Grenzwert absinkt oder der Ausgangsstrom über einen bestimmten Grenzwert ansteigt, sinkt auch die Ausgangsspannung, der Stabilisierungseffekt ist also nicht mehr gegeben.

Ein Problem der Zenerstabilisierung ist ihr schlechter Wirkungsgrad bei steigender Eingangsspannung und sinkendem Ausgangsstrom. Im ungünstigsten Fall beträgt die Eingangsspannung 9 V und der Ausgangsstrom 1 mA. Am Vorwiderstand liegt eine Spannung von 9 V–6,2 V, d.h. 2,8 V. Der Eingangsstrom beträgt also:

$$I = \frac{U}{R}$$

$$I = \frac{2,8\,V}{100\,\Omega}$$

$$I = 28\,mA$$

Obwohl der Verbraucher im Beispiel nur bis zu 7 mA benötigt, wird also bei voller Batterie der vierfache Strom von 28 mA entnommen. Die überschüssige Leistung wird in nutzlose Wärme umgewandelt. Am Vorwiderstand beträgt die Leistung:

$$P_1 = U \cdot I$$

$$P_1 = 2,8\,V \cdot 28\,mA$$

$$P_1 = 78,4\,mW$$

Der Strom durch die Zenerdiode beträgt 28 mA – 1 mA = 27 mA. Bei einer Spannung von 6,2 V wird also auch hier eine erhebliche Leistung in Wärme umgesetzt:

$$P_2 = U \cdot I$$

$$P_2 = 6,2\,V \cdot 27\,mA$$

$$P_2 = 167,4\,mW$$

In diesem ungünstigsten Fall wird insgesamt eine Leistung von 252 mW aus der Batterie entnommen, wovon nur ca. 6 mW von der angeschlossenen Schaltung aufgenommen werden. Der Wirkungsgrad beträgt daher 2,4%, d.h., 97,6% der Energie wird nutzlos in Wärme verwandelt. Im günstigsten Fall (U_i = 7 V, I_o = 7 mA) nimmt der Verbraucher 43,4 mW auf, aus der Batterie wird eine Leistung von 56 mW entnommen, der Wirkungsgrad beträgt also 77,5%. Insgesamt wird also die Batterie wesentlich schneller entladen, als es eigentlich nötig wäre.

Für Batterieversorgung erweist sich die einfache Zenerstabilisierung wegen ihres schlechten Wirkungsgrads als ungünstig. Es gibt jedoch andere sinnvolle Anwendungen, von denen hier einige genannt werden sollen:

In der Autoelektrik kommen nur geringe Schwankungen der Batteriespannung zwischen ca. 11 V und 15 V vor, und es steht genügend Energie zur Verfügung. Kleinere Schaltungen lassen sich sinnvoll mit einer Zenerdiode betreiben. Sie sind damit gut gegen eventuelle gefährliche Spannungsspitzen geschützt.

Bei Versorgung mit einem einfachen Steckernetzteil und einem relativ geringen Strombedarf bis ca. 20 mA kann der Einsatz einer Zenerdiode sinnvoll sein, weil es weniger auf einen guten Wirkungsgrad ankommt.

Wenn in einer Schaltung bereits eine höhere, stabile Betriebsspannung vorliegt und nur eine kleinere Hilfsspannung benötigt wird, dann bietet sich der Einsatz einer Zenerdiode an. Sie verringert gleichzeitig eventuelle Störspannungen.

Aus dem differentiellen Innenwiderstand und dem Vorwiderstand der Zenerschaltung lässt sich für jeden Arbeitspunkt ein Stabilisierungsfaktor angeben, der besagt, wie gut Schwankungen der Eingangsspannung ausgeregelt werden. Bei einem Zenerstrom von 5 mA beträgt der Innenwiderstand 6 Ω. Zusammen mit dem Vorwiderstand von 100 Ω ergibt sich hier ein Spannungsteiler mit einem Verhältnis von 0,06. Der Stabilisierungsfaktor beträgt daher 6%. Bei einer Änderung der Batteriespannung um 1 V ergibt sich eine Änderung der stabilisierten Spannung um 60 mV. Sobald die Batteriespannung nahe an die Zenerspannung herankommt und der Zenerstrom wesentlich geringer wird, steigt der Innenwiderstand der Zenerdiode und der Stabilisierungsfaktor wird schlechter.

Ein weiteres Problem der Zenerdiode ist ihr relativ großes breitbandiges Rauschen in der Größenordnung von 1 mV. Man kann daher Zenerdioden gezielt als Rauschquellen in der Messtechnik einsetzen. Bei der Spannungsstabilisierung stört das Rauschen dagegen, weil es über die Betriebsspannung in den Signalweg einer Schaltung gelangen kann. Wenn es auf eine sehr saubere und störspannungsfreie Spannung ankommt, ist das Eigenrauschen einer Zenerdiode also problematisch. Man kann es aber durch einen zusätzlichen Kondensator reduzieren. Damit wird zugleich der differentielle Innenwiderstand der stabilisierten Spannungsquelle für höhere Frequenzen kleiner.

Wenn es auf höchste Spannungskonstanz ankommt, ist der Temperaturkoeffizient einer normalen Zenerdiode vor allem bei sehr kleinen und sehr großen Zenerspannungen zu schlecht. Oft ist es günstig, eine Zenerdiode von 5,1 V oder 5,6 V mit geringer Temperaturänderung zu verwenden und die Zener-

Abb. 12.8 Erzeugen einer rauscharmen Hilfsspannung

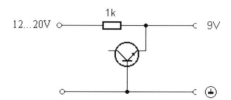

Abb. 12.9 Ein Transistor als Zenerdiode

spannung mit einem OPV auf den gewünschten Wert zu verstärken. Für besondere Zwecke werden temperaturkompensierte Zenerdioden angeboten. Ein typischer Einsatz liegt in der Erzeugung einer hochstabilen Abstimmspannung von 33 V für den Einsatz von Kapazitätsdioden.

Interessant ist, dass praktisch jeder NPN-Si-Kleinsignaltransistor ebenfalls als Zenerdiode eingesetzt werden kann. Die Basis-Emitter-Diode weist einen ausgeprägten Zenereffekt mit etwa 9 V auf. Wie jede Zenerdiode hat auch der Transistor ein erhebliches Eigenrauschen, so dass man ihn als wirkungsvolle Rauschquelle zu Messzwecken einsetzen kann. Ist das Rauschen unerwünscht, dann muss ein Siebkondensator verwendet werden.

Oft benötigt man in einer Schaltung stabilisierte Hilfsspannungen. Wenn es um kleinere Spannungen geht, kann es sinnvoll sein, statt einer Zenerdiode eine oder zwei normale Si-Dioden in Durchlassrichtung zu betreiben. Der differenzielle Innenwiderstand einer Diode liegt bei einem Strom von 1 mA im Bereich von 25 Ω, ist also wesentlich geringer als der Innenwiderstand einer Zenerdiode mit kleiner Zenerspannung. Oft verwendet man auch LEDs zur Stabilisierung, wenn Spannungen zwischen ca. 1,5 V und 2 V benötigt werden. Der Temperaturkoeffizient beträgt dabei ca. −2 mV/K für jede Diodenstrecke.

Manchmal ist es sinnvoll, statt eines Vorwiderstands eine Konstantstromquelle zu verwenden. Dazu eignet sich z.B. ein J-FET. Zum einen kommt es damit zu keiner unnötigen Steigerung des Zenerstroms bei höheren Eingangsspannungen. Zum anderen verbessert die Konstantstromquelle den Stabilisierungsfaktor ganz erheblich, weil sie selbst einen sehr großen Innenwiderstand hat. Für beste Ergebnisse sollte eine ausreichende Restspannung von ca. 3 V am FET bleiben.

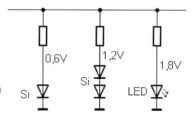

Abb. 12.10 Spannungsstabilisierung mit Dioden in Durchlassrichtung

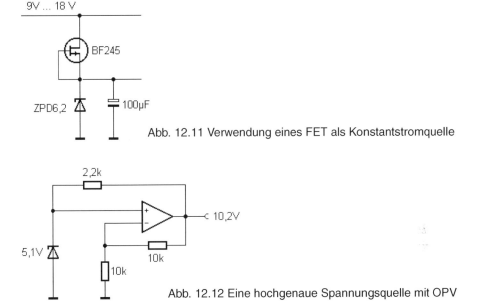

Abb. 12.11 Verwendung eines FET als Konstantstromquelle

Abb. 12.12 Eine hochgenaue Spannungsquelle mit OPV

Wenn eine hochstabile Spannung benötigt wird, setzt man eine Vorstabilisierung ein. Man kann z.B. zwei Zenerschaltungen hintereinander schalten. Noch besser ist es, aus der stabilisierten Ausgangsspannung selbst eine höhere Eingangsspannung abzuleiten. Setzt man dazu einen OPV ein, hat man den weiteren Vorteil, dass alle Änderungen des Laststroms allein durch den OPV aufgebracht werden und an der Zenerdiode selbst keine Laständerungen mehr auftreten.

Für die Schaltung wurde eine Zenerdiode mit minimalem Temperaturkoeffizienten eingesetzt. Man kann den Temperatureinfluss noch weiter verringern, wenn man ihn gezielt kompensiert. Eine Zenerdiode mit 6,2 V hat einen TK von +2,2 mV, der sich durch den TK einer normalen Si-Diode von –2,2 mV/K kompensieren lässt. Bei einer Durchlassspannung von 0,6 V erhält man eine Zenerspannung von 6,8 V.

Abb. 12.13 Kompensation der Temperaturabhängigkeit

165

Für höhere Ansprüche ersetzt man Zenerdioden durch integrierte Spannungs-referenzen. Sogenannte Bandgap-Referenzschaltungen bestehen intern aus einer reinen Transistorschaltung, verhalten sich aber nach außen hin wie hochkonstante Zenerdioden. Solche Spannungsreferenzen werden z.B. mit 2,5 V, 5 V und 10 V angeboten und spielen eine wichtige Rolle in der Messtechnik. Bandgap-Referenzen werden weiter unten behandelt.

12.5 Längsregler

Der entscheidende Nachteil der einfachen Stabilisierung mit einer Zenerdiode ist der schlechte Wirkungsgrad. Er kann weitgehend vermieden werden, wenn man der Zenerdiode einen Transistor in Kollektorschaltung (Emitterfolger) nachschaltet. Die Zenerschaltung muss dann nur den geringen Basisstrom aufbringen. In weiten Grenzen ist daher der aus der Stromquelle entnommene Strom kaum größer als der Ausgangsstrom der Schaltung. Die wesentlichen Verluste treten im Längstransistor auf und hängen nur von der Differenz zwischen Eingangsspannung und Ausgangsspannung ab. Wenn die Eingangsspannung doppelt so hoch wie die Ausgangsspannung ist, beträgt der Wirkungsgrad fast 50%.

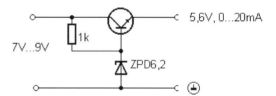

Abb. 12.14 Ein Transistor als Längsregler

Bei der Schaltung nach *Abb. 12.14* muss beachtet werden, dass die Ausgangsspannung um die Basis-Emitterspannung von ca. 0,6 V unterhalb der Zenerspannung liegt. Die kleinste Eingangsspannung muss daher um einiges über der Ausgangsspannung liegen, damit diese Differenz und eine gewisse Mindestspannung am Widerstand gegeben ist. Für eine Ausgangsspannung von 5 V sollte eine Eingangsspannung von über 7 V vorliegen. Verwendet man ein Netzteil mit Gleichrichter und Siebelko, ist zu bedenken, dass die tiefsten Einbrüche der Rest-Wechselspannung über diesem Grenzwert liegen müssen, um sie vollständig ausregeln zu können. *Abb. 12.15* zeigt die Verhältnisse für den Fall, dass die Brummspannung nicht mehr vollständig ausgeregelt werden kann.

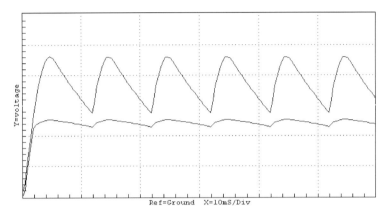

Abb. 12.15 Spannungsverhältnisse an einem Längsregler

Der Längsregler kann auch für einen einstellbaren Spannungsregler verwendet werden. Ein Potentiometer dient als Spannungsteiler für die stabilisierte Hilfsspannung. Die Ausgangsspannung ist dann jeweils um ca. 0,6 V geringer als die Spannung am Schleifer des Potis. Für eine ausreichende Stabilität auch bei schwankendem Ausgangsstrom muss der Querstrom durch den Spannungsteiler wesentlich größer sein als der maximale Basisstrom. Trotzdem weist die Schaltung einen gewissen Innenwiderstand und damit eine merkliche Lastabhängigkeit auf.

Bessere Ergebnisse erzielt man mit einer komplexeren Regelschaltung, die einen Regelverstärker zur aktiven Nachführung der Ausgangsspannung verwendet. Ein einstellbarer Teil der Ausgangsspannung wird mit der Spannung an einer Zenerdiode verglichen. Die Differenz dient als Regelinformation und steuert über die Basisspannung des Längstransistors. Da die Zenerspannung weit unterhalb der Eingangsspannung liegt, kommt die stabilisierte Ausgangsspannung bis etwa 1 V an die Eingangsspannung heran. Die folgende Schaltung zeigt eine typische Dimensionierung für ein Netzteil bis 1 A. Die tatsächliche Belastbarkeit hängt von der Kühlung des Leistungstransistors ab.

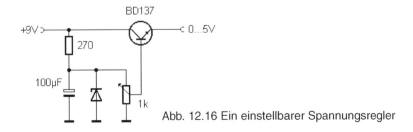

Abb. 12.16 Ein einstellbarer Spannungsregler

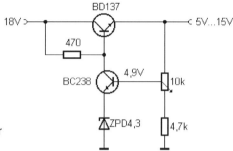

Abb. 12.17 Ein verbesserter einstellbarer
Spannungsregler

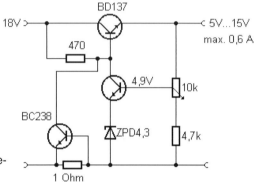

Abb. 12.18 Eine zusätzliche Strombegrenzung

Die klassische Stabilisierungsschaltung nach *Abb. 12.17* kann um eine Strombegrenzung erweitert werden. In den Minuszweig der Schaltung wird dazu ein
kleiner Widerstand eingefügt, dessen Spannungsabfall proportional zum Ausgangsstrom ist. Ein zusätzlicher Transistor beginnt zu leiten, sobald der Spannungsabfall etwa 0,6 V überschreitet. Er regelt die Basisspannung des Längstransistors herab. Mit der in *Abb. 12.18* angegebenen Dimensionierung führt
dies dazu, dass auch im Kurzschlussfall kein Strom über 0,6 A fließen kann.
Bei einer Überlastung geht das Netzteil in den Konstantstrombetrieb über.

Besonders bei größeren Ausgangsströmen und kleiner Ausgangsspannung
muss sehr viel Leistung im Längstransistor in Wärme umgewandelt werden. In
der gegebenen Schaltung führt eine Ausgangsspannung von 5 V bei einem
Ausgangsstrom von 0,5 A zu einer Verlustleistung von 6,5 W. Um diese Leistung sicher abführen zu können, ist ein großer Kühlkörper erforderlich. Dasselbe Problem besteht übrigens bei jedem Längsregler, also auch bei integrierten Spannungsreglern, wie sie im folgenden vorgestellt werden. Eine wirkliche
Verbesserung ist nur mit wesentlich aufwendigeren Schaltreglern möglich.

Die hier vorgestellte Schaltung soll das Prinzip eines einstellbaren Spannungsreglers verdeutlichen. Der grundsätzliche Aufbau mit einem Längstransistor, einer Vergleichsspannung und einem Regelverstärker findet sich auch in integrierten Schaltungen. Ein integrierter Spannungsregler vom Typ LM317 bietet einen preisgünstigen Ersatz für die diskret aufgebaute Regelschaltung bei wesentlich günstigeren Daten. Neben einer Strombegrenzung haben integrierte Spannungsregler auch eine Schutzschaltung gegen Überhitzung.

12.6 Integrierte Spannungsregler

Preiswerte integrierte Spannungsregler machen es für die meisten Anwendungsfälle völlig überflüssig, Spannungsregler aus Einzeltransistoren aufzubauen. Man unterscheidet Festspannungsregler und einstellbare Spannungsregler. Ein typischer Vertreter einer ganzen Familie von Festspannungsreglern ist der 7805 im TO-220-Gehäuse für eine Ausgangsspannung von +5 V. Der maximale Ausgangsstrom liegt bei 1 A bis 1,5 A, wobei die Eingangsspannung mindestens 7 V betragen muss. Der Regler benötigt zwei Kondensatoren am Eingang und Ausgang, ohne die es zu starken Regelschwingungen von einigen hundert Kilohertz kommen könnte.

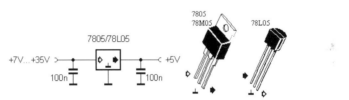

Abb. 12.19 Anschluss eines 780X-Spannungsreglers mit Bypass-Kondensatoren

Je nach Höhe der Eingangsspannung treten erhebliche Verlustleistungen auf, so dass ein ausreichender Kühlkörper benötigt wird. Das IC enthält jedoch eine doppelte Schutzschaltung gegen Überlastungen. Zu einen wird der Ausgangsstrom überwacht, so dass die Spannung bei einem Strom über 1,5 A zurückgeregelt wird. Zum anderen überwacht der Regler seine eigene Kristalltemperatur. Über einem bestimmten Grenzwert wird der Regler automatisch abgeschaltet. Damit eignet sich das IC für einfache Versuchsschaltungen.

Das IC benötigt einen relativ geringen Ruhestrom von 5 mA, der weitgehend unabhängig von der Eingangsspannung ist. Der Wirkungsgrad ist damit besser

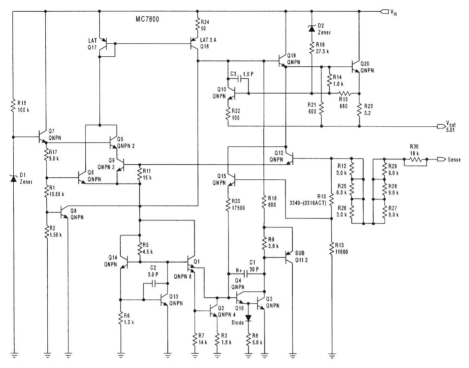

Abb. 12.20 Innenaufbau des 7805 (Motorola)

als bei der oben vorgestellten Regelschaltung. Auch die Konstanz der Ausgangsspannung ist sehr gut. Von den Herstellern wird für den 7805 eine Genauigkeit der Ausgangsspannung von 4% garantiert. Sie kann also zwischen 4,8 V und 5,2 V liegen. Messungen zeigen jedoch meist eine wesentlich bessere Genauigkeit von +/– 50 mV. Es gibt Spezialtypen für andere Genauigkeitsklassen und Ausgangsströme.

Vergleichbare Spannungsregler werden für viele wichtige Ausgangsspannungen wie z.B. 8 V, 12, V und 24 V angeboten. Die entsprechenden Regler für negative Festspannungen tragen die Typenbezeichnungen 79xx. Positive und negative Typen verwenden unterschiedliche Anschlussbelegungen. Nur bei der 78xx-Serie liegt die Kühlfläche auf Massepotential. Dies muss bei der Verwendung von Kühlkörpern beachtet werden. Neben den üblichen 1-A-Reglern gibt es auch 0,5-A-Typen mit der Bezeichnung 78Mxx und 79Mxx und die kräftigeren Typen 78Sxx für eine Belastung bis 2 A. In jedem Fall muss aber für eine ausreichende Kühlung gesorgt werden. In den meisten Fällen darf die Eingangsspannung 35 V nicht überschreiten. Für kleinere Ströme bis 100 mA stehen Regler vom Typ 78Lxx und 79Lxx im Transistorgehäuse TO-92 zur Verfügung. Die positiven Typen 78xx und 78Lxx unterscheiden sich in ihrer Anschlussbelegung. Die folgende Tabelle zeigt die wichtigsten Vertreter und ihre Anschlusswerte.

Tabelle 12.3 Die wichtigsten Festspannungsregler

Typ	Ausgang	Typ	Ausgang
7805	5 V/1 A	78L05	5 V/0,1 A
7808	8 V/1 A	78L08	8 V/0,1 A
7809	9 V/1 A	78L09	9 V/0,1 A
7810	10 V/1 A	78L10	10 V/0,1 A
7812	12 V/1 A	78L12	12 V/0,1 A
7815	15 V/1 A	78L15	15 V/0,1 A
7818	18 V/1 A	78L18	18 V/0,1 A
7824	24 V/1 A	78L24	24 V/0,1 A
7905	-5 V/1 A	79L05	-5 V/0,1 A
7908	-8 V/1 A	79L08	-8 V/0,1 A
7910	-10 V/1 A	79L10	-10 V/0,1 A
7912	-12 V/1 A	79L12	-12 V/0,1 A
7915	-15 V/1 A	79L15	-15 V/0,1 A
7818	-18 V/1 A	79L18	-18 V/0,1 A
7924	-24 V/1 A	79L24	-24 V/0,1 A

Negative Festspannungsregler werden ebenfalls mit zwei Kondensatoren eingesetzt. *Abb. 12.21* zeigt den Anschluss und die Pinbelegung. Die 100-mA-Typen 79Lxx verwenden die selbe Belegung wie die 1-A-Typen 79xx, unterscheiden sich jedoch von den Positivreglern, was beim Einbau nicht übersehen werden darf.

Der kleinste Spannungsabfall eines typischen Spannungsreglers liegt bei etwa 2 V. Für eine 5-V-Versorgung müsste man also mindestens 7 V liefern. Für ei-

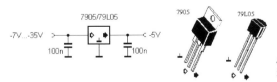

Abb. 12.21 Verwendung negativer Spannungsregler

nige Anwendungen, wie z.B. für die Versorgung mit Batterien, ist es dagegen sinnvoll, einen möglichst kleinen Spannungsabfall zu erlauben. Spezielle Low-Drop-Spannungsregler kommen mit Spannungsabfällen ab etwa 0,5 V aus. So begnügt sich z.B. der L-4805-CD bei 0,4 A mit einem Spannungsabfall von 0,4 V. Zugleich ist der Ruhestrom geringer.

Neben Festspannungsreglern gibt es auch einstellbare Spannungsregler, die sich z.B. für den Aufbau eines Universalnetzgeräts eignen. Ein typischer Vertreter ist der LM317T im TO220-Gehäuse. Der Regelbereich umfaßt 1,2 V bis 37 V bei einem maximalen Ausgangsstrom von 1,5 A. Zwischen dem Eingang ADJ und dem Ausgangspin V_{out} liegt immer eine konstante Spannung von 1,25 V. Durch einen äußeren Spannungsteiler wird die Ausgangsspannung eingestellt. Der Festwiderstand zwischen V_{out} und ADJ soll im Interesse eines ausreichenden Querstroms immer 240 Ω besitzen. Für die Ausgangsspannung in Abhängigkeit vom einstellbaren Widerstand gilt dann:

$$V_{OUT} = 1,25\ V \cdot \frac{R + 240\ \Omega}{240\ \Omega}$$

Für einen Widerstand von 2,2 kΩ ergibt sich eine Ausgangsspannung von 12,7 V. Verwendet man ein Potentiometer mit 2,2 kΩ, dann ergibt sich ein Einstellbereich von 1,25 V bis 12,7 V. Der Regler ist bei ausreichender Kühlung bis 1,5 A belastbar. Die maximale Ausgangsspannung beträgt 37 V. Das IC besitzt eine interne Strombegrenzung und eine Übertemperatursicherung. Ein vergleichbarer Regler für negative Ausgangsspannungen ist der LM337T.

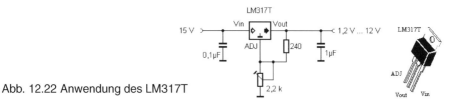

Abb. 12.22 Anwendung des LM317T

12.7 Bandgap-Referenzen

Für Messzwecke benötigt man oft sehr genaue Referenz-Spannungsquellen. Eine Zenerdiode oder ein normaler Spannungsregler reicht vielfach nicht aus. Wesentlich bessere Genauigkeiten erzielt man mit Präzisionsreferenzen nach dem Bandabstands-Prinzip (Bandgap-Referenzen). Der Name bezieht sich auf die Bandabstandsspannung für Silizium von 1,205 V. Es handelt sich dabei um eine von der Temperatur unabhängige physikalische Naturkonstante.

Bandgap-Schaltungen enthalten nur Transistoren, die exakt die gleiche Temperatur aufweisen sollten und am besten auf einem Chip aufgebaut werden. Als Referenz dient letztlich die Basis-Emitterspannung der Transistoren. *Abb. 12.23* zeigt die Prinzipschaltung und zugleich eine experimentelle Realisierung mit diskreten Transistoren. Beide Transistoren werden als Dioden geschaltet, wobei die Durchlassspannung vom Strom und von der Temperatur abhängt.

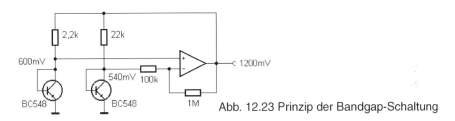

Abb. 12.23 Prinzip der Bandgap-Schaltung

Die beiden Diodenströme unterscheiden sich im Verhältnis 1:10. Dabei ergeben sich Durchlassspannungen von 600 mV und von 540 mV. Die Durchlassspannung selbst weist einen negativen Temperaturkoeffizienten auf und fällt mit –2 mV/K. Die Differenz von 60 mV zwischen beiden Durchlassspannungen dagegen besitzt einen positiven Temperaturkoeffizienten und steigt mit +0,2 mV/K. Der Operationsverstärker steigert die Differenzspannung von 60 mV um den Faktor 10, so dass eine Spannung entsteht, die mit +2 mV/K wächst. Diese wird zur Diodenspannung von 600 mV addiert. Die beiden gegenläufigen Temperaturkoeffizienten heben sich am Ausgang gerade auf, wenn beide Transistoren die gleiche Temperatur besitzen. Die Ausgangsspannung von 1,2 V entspricht der Bandabstandsspannung von Silizium und kann als hochkonstante Referenz verwendet werden. Die Ausgangsspannung wird zugleich als stabiles Potential zur Erzeugung der Diodenströme verwendet, so dass eine Änderung der Betriebsspannung des OPV und damit der Gesamtschaltung keinen Einfluss auf die Referenz hat.

Beim praktischen Aufbau der Schaltung mit diskreten Transistoren zeigen sich gewisse Ungenauigkeiten durch Streuungen der Transistordaten. Für beste Ergebnisse müsste daher das Stromverhältnis und der Verstärkungsfaktor abgeglichen werden. Außerdem sollte man durch eine enge Verbindung beider Transistoren dafür sorgen, dass keine Temperaturunterschiede auftreten können. Mit einer nachgeschalteten Verstärkerstufe lassen sich beliebige andere Spannungen erzeugen.

Eine etwas andere Schaltung der Bandgap-Referenz zeigt *Abb. 12.24*. Die genaue Bandabstandsspannung muss durch Feinabgleich der Emitterwiderstände eingestellt werden. Man erhält hier einen zusätzlichen Ausgang mit einer zur absoluten Temperatur proportionalen Spannung mit U = 2,1mV/K. Bei einer Umgebungstemperatur von 20 °C erhält man also 615 mV.

$$U = 2,1\,\frac{mV}{K} \cdot (273 + 20)\,K$$

$$U = 615\,mV$$

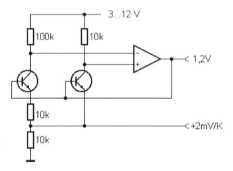

Abb. 12.24 Eine Präzisions-Referenzschaltung mit Temperaturausgang

Eine vergleichbare Schaltung wird in der integrierten Spannungsreferenz REF02 verwendet. Auch einige Temperatursensoren, wie z.B. der LM335, arbeiten nach diesem Prinzip.

Der Aufbau einer Bandgap-Referenz mit diskreten Bauteilen hat kaum eine praktische Bedeutung, weil es preiswerte Spannungsreferenzen in IC-Form gibt. Sie werden mit Spannungen von 1,2 V, 2,5 V, 5 V und 10 V geliefert. Die Schaltungen werden bei der Produktion mit einem Laser feinabgeglichen und weisen Spannungsabweichungen von 1% oder weniger auf.

Eine typische Referenzschaltung für 2,5 V ist der LM336-2,5 im TO-92-Transistorgehäuse. Das IC wird wie eine Zenerdiode als Parallel-Regler (Shunt-Regler) eingesetzt und benötigt dafür nur zwei Anschlüsse. Sie werden als Kathode und Anode bezeichnet, wobei die Anode entsprechend der Sperrrichtung beim Betrieb einer Zenerdiode der Minuspol ist. Ein dritter Anschluss kann bei Bedarf für eine Feinjustierung der Ausgangsspannung mit einem zusätzlichen Poti verwendet werden. Der Querstrom durch die Schaltung sollte mindestens 400 µA betragen. Maximal ist ein Strom von 10 mA erlaubt. Der differentielle Innenwiderstand beträgt nur 0,4 Ω. Das IC bietet daher eine

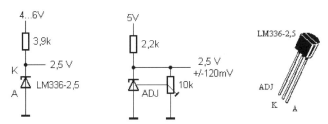

Abb. 12.25 Anschluss der Referenzschaltung LM336-2,5

wesentlich steilere Kennlinie als eine typische Zenerdiode. Ein zusätzlicher Justiereingang erlaubt eine Feinjustierung der stabilisierten Spannung. Ohne Justierung bleibt der Anschluss ADJ frei. Das IC erreicht dann eine garantierte Grundgenauigkeit von 1%. Die Referenz wird in der Version LM336-5,0 auch für eine Spannung von 5 V geliefert.

Ein Nachteil der Shunt-Schaltung mit zweipoligen Spannungsreferenzen ist wie bei der Verwendung von Zenerdioden, dass der Querstrom bei schwankender Eingangsspannung unnötig hoch werden kann. Dreipolige Regler besitzen diesen Nachteil nicht, sondern werden ohne Vorwiderstand wie ein üblicher Spannungsregler 78xx angeschlossen. Ein Präzisionsregler für 2,5 V ist der MC1403 im 8-poligen DIP-Gehäuse. Nur drei Anschlüsse müssen verwendet werden. *Abb. 12.26* zeigt die Anschlussbelegung.

Die Innenschaltung des MC1403 nach *Abb. 12.27* lässt die klassische Grundschaltung der Bandgap-Referenz nach *Abb. 12.24* erkennen.

Abb. 12.26 Anschluss des MC1403

Eine häufig eingesetzte Spannungsreferenz für 5 V ist der REF02 im 8-poligen DIP-Gehäuse. Das IC besitzt zusätzlich einen Temperaturausgang und kann mit einem Poti justiert werden. *Abb. 12.28* zeigt die Anschlussbelegung.

Für einstellbare Referenzspannungen ab 2,5 V gibt es den TL431. Diese Referenzschaltung enthält zugleich einen Anschluss für einen externen Spannungsteiler.

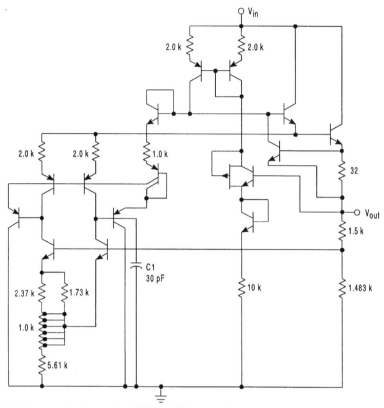

Abb. 12.27 Innenschaltung des LM1403 (Motorola)

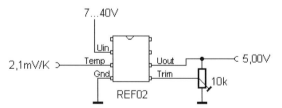

Abb. 12.28 Anschlussbelegung des REF02 mit Temperaturausgang ()

Der TL431 kann entweder als 2,5-V-Referenz oder für höhere Spannungen eingesetzt werden. Mit zwei Widerständen stellt man nach *Abb. 12.30* das Spannungsverhältnis ein. Die Spannung beträgt

$$U = 2{,}495\,V \cdot \left(1 + \frac{R_1}{R_2}\right) + 1{,}8\ \mu A \cdot R_1$$

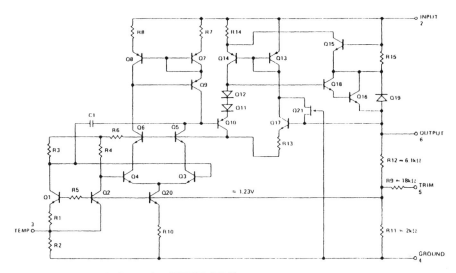

Abb. 12.29 Innenschaltung des REF02 (PMI)

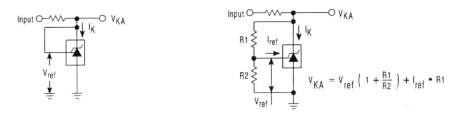

$$V_{KA} = V_{ref} \left(1 + \frac{R1}{R2} \right) + I_{ref} \cdot R1$$

Abb. 12.30 Die äußere Beschaltung des TL431 (Motorola)

Mit zwei gleichen Widerständen von 10 kΩ ergibt sich eine Spannung von 5 V.

12.8 Entkopplung der Spannungsversorgung

Viele elektronische Schaltungen sind auf eine stabilisierte und störspannungsfreie Versorgung angewiesen. Ohne eine Stabilisierung können unerwünschte
Beeinflussungen vom Netzteil auf die Schaltung oder zwischen einzelnen Stufen der Schaltung auftreten. So könnte z.b. die Gegentaktendstufe eines Leistungsverstärkers Störspannungen auf der Betriebsspannung verursachen, die
wegen der Stromverteilung auf zwei Halbwellen einen starken Oberwellenan-
teil haben. Wenn diese auf dem Weg über die Versorgungsspannung in die Vorstufen des Verstärkers gelangen, würde dies zu erheblichen Verzerrungen führen.

177

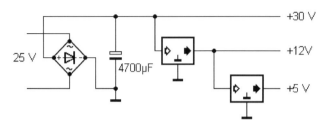

Abb. 12.31 Stabilisierung der Betriebsspannung in mehreren Stufen

Die Ursache für solche Verzerrungen ist im nachhinein nicht mehr leicht zu finden. Deshalb sollte man immer ein sorgfältig geplantes Konzept der Entkopplung zwischen den einzelnen Stufen anstreben. Es hat sich bewährt, unterschiedliche Stufen mit verschiedenen Spannungen zu versorgen, die in Stufen von der Ausgangsspannung des Netzteils herabstabilisiert werden. Die Spannungsregler sorgen dann jeweils für eine gute Entkopplung zwischen den Stufen.

Zugleich sorgt die Stabilisierung für eine Reduzierung restlicher Brummspannungen vom Netzteil. Die Endstufe sollte so konzipiert sein, dass eine geringe Restwelligkeit der Betriebsspannung nicht zu Störungen führt. Eine Stabilisierung für größere Lastströme ist in den meisten Fällen zu aufwendig und wäre mit zu vielen Verlusten verbunden. Das gilt auch für andere Leistungsanwendungen wie die Steuerung von Motoren oder von Heiz- und Kühlelementen, die mit geringer Reinheit der Versorgungsspannung auskommen.

Es gibt noch verschiedene andere Signalwege, über die es zu Beeinflussungen und Störungen empfindlicher Schaltungen kommen kann. Magnetische Wechselfelder bewirken eine Induktion von Störspannungen in Leitungen. So können z.B. in der Nähe von Transformatoren 50-Hz-Störsignale induziert werden. Man verwendet in kritischen Fällen Ringkerntransformatoren, weil diese ein geringeres magnetisches Streufeld verursachen. Eine wirksame Maßnahme gegen magnetische Beeinflussung ist aber immer ein ausreichender Abstand. Auch größere Lastströme verursachen in ihrer Nähe magnetische Streufelder. Man kann sie reduzieren, wenn man größere Leitungsschleifen vermeidet und Kabel mit gegenläufigen Strömen parallel verlegt.

Bei größeren Strömen kommt es zu merklichen Spannungsabfällen auf den Versorgungsleitungen. Besonders kritisch ist dies bei der Masseleitung, weil diese alle Schaltungsteile verbindet. Störungen auf der Masseleitung können so in empfindliche Vorstufen gelangen. Es muss daher auf jeden Fall vermieden werden, dass Spannungsabfälle durch den Laststrom in Vorstufen auftre-

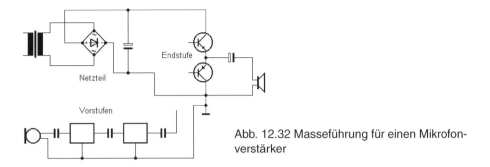

Abb. 12.32 Masseführung für einen Mikrofon-verstärker

ten. Dies gelingt durch eine geeignete Masseführung. *Abb. 12.32* zeigt ein Beispiel für einen Mikrofonverstärker. Zwischen Netzteil und Endstufe soll eine kurze Masseleitung liegen, die alle Lastströme in einem Punkt zusammenführt, um Spannungsabfälle auf Leitungen zu vermeiden. Wenn ein Metallgehäuse verwendet wird, soll es nur an diesem Punkt angeschlossen werden.

Insgesamt ergibt sich auf diese Weise eine sternförmige Masseverbindung in einem Punkt. Im Bereich der Vorstufen zeigt das Schaltbild ein anderes übliches Verfahren. Eine durchgehende Masseleitung wird am Ausgang der Schaltung mit dem Netzteil verbunden, sonst aber an keinem weiteren Punkt. Auf diese Weise können allenfalls Spannungsabfälle in weiter hinten liegenden Stufen wirksam werden, die in Vorstufen verursacht werden. Der umgekehrte Fall ist nicht möglich. Allerdings muss unbedingt vermieden werden, dass über das Eingangskabel eine weitere Verbindung zur Masse entsteht. Diese sog. Masseschleife kann nämlich dazu führen, dass Spannungsabfälle in der Vorstufe wirksam werden.

Masseschleifen entstehen vorzugsweise dann, wenn mehrere Geräte verbunden werden, die alle über den gemeinsamen Schutzleiter der Steckdose geerdet sind. Oft ist man gezwungen, eine zusätzliche Potentialtrennung einzuführen, um eine Masseschleife zu trennen. Das Problem der Masseleitungen ist dann völlig gelöst, wenn man Signale auf Glasfaserkabel überträgt.

13 Spannungswandler und Schaltnetzteile

Während normale Spannungsregler mit Gleichspannungen arbeiten, wandelt man in anderen Fälle die Gleichspannung zunächst in eine Wechselspannung um. So lassen sich Spannungen nicht nur herunterstabilisieren, sondern auch erhöhen. Außerdem erzielt man auf diese Weise bessere Wirkungsgrade bei der Spannungsstabilisierung.

13.1 Spannungswandler

Oft benötigt man eine höhere Spannung, als sie an der primären Stromversorgung vorliegt. Ein Spannungswandler dient zur Erzeugung einer höheren Gleichspannung. Prinzipiell besteht ein Spannungswandler aus einem Oszillator, einem Transformator und einem Gleichrichter. Aus der Eingangsgleichspannung wird also zunächst eine Wechselspannung erzeugt, die dann hochtransformiert werden kann.

Die Schaltung nach *Abb. 13.1* arbeitet als einfacher Sinusgenerator. Zur Erzielung der Rückkopplung erhält die Primärwicklung eine Anzapfung bei etwa 20% der Windungen. Der Transistor wird durch die Wechselansteuerung voll durchgesteuert. Ein Basiswiderstand von 100 kΩ dient lediglich dem sichern

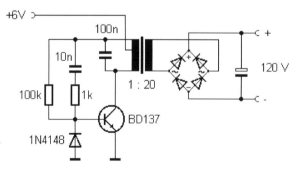

Abb. 13.1 Ein einfacher Span-
nungswandler

Anschwingen des Oszillators. Die Schwingfrequenz wird von der Resonanzfrequenz des Trafoschwingkreises aus Primärwicklung und Parallelkondensator von 0,1 µF bestimmt. Sie hängt stark vom verwendeten Transformator ab und sollte zwischen 10 kHz und 100 kHz liegen.

Bei einem Sinusoszillator ist die Scheitelspannung am Primärkreis etwa gleich der Eingangsspannung. Das Spannungsverhältnis des Wandlers gleicht dem Verhältnis der Wicklungen. Im angegebenen Beispiel wird die Spannung verzwanzigfacht. Die tatsächliche Ausgangsspannung ist aber stark von der Belastung abhängig. Der Vorteil eines Sinusgenerators bei relativ kleinen Leistungen ist seine geringe Störspannung. Es treten nur geringe Anteile höherfrequenter Schwingungen auf, so dass eine negative Beeinflussung benachbarter Schaltungsteile unwahrscheinlich ist. Bei größeren Leistungen stört der relativ schlechte Wirkungsgrad der Schaltung.

Ein besserer Wirkungsgrad lässt sich mit Rechteckoszillatoren erzielen, weil hier die Transistoren immer voll durchsteuern und mit kleiner Kollektor-Emitterspannung betrieben werden. Oft werden Gegentaktwandler eingesetzt. Bei geeigneter Dimensionierung lassen sich Leistungen von einigen 100 W übertragen. *Abb. 13.2* zeigt eine typische Schaltung für einen Gegentaktwandler an einer 12-V-Autobatterie. An den Kollektoren sorgen zusätzliche Dioden für ein Abschneiden negativer Spannungen, die beim Umschalten der Spannung entstehen. Solche Schaltungen werden z.B. für die Versorgung von Röhren-Sendeendstufen in Kraftfahrzeugen verwendet. Die Schwingfrequenz ist lastabhängig und liegt meist zwischen 50 Hz und 500 Hz.

Gegentaktwandler werden auch verwendet, um Wechselspannungs-Verbraucher an einem 12-V-Bordnetz zu betreiben. Ein Problem beim Bau solcher Wandler stellt die Beschaffung eines geeigneten Transformators dar. Die Schaltung nach *Abb. 13.3* lässt sich mit einem üblichen Netztransformator auf-

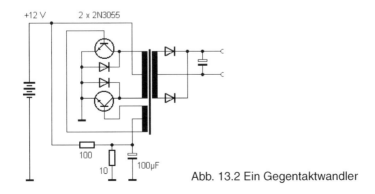

Abb. 13.2 Ein Gegentaktwandler

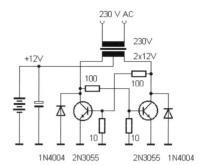

Abb. 13.3 Ein Gegentaktwandler mit einem üblichen Netztransformator

bauen, um Spannungen um 230 V zu erhalten. Es ergibt sich eine Arbeitsfrequenz um 50 Hz. Ohne eine separate Rückkopplungswicklung muss die Primärwicklung selbst mit relativ hochohmigen Widerständen auch die Basisstromkreise ansteuern. Dabei treten höhere Verlustleistungen im Steuerstromkreis auf als bei Verwendung eines speziellen Transformators.

Dieser Wandler kann verwendet werden, um Geräte für 230-V-Wechselspannung an einer 12-V-Versorgung zu betreiben. Mit einem üblichen Netztransformator ergibt sich eine Frequenz um 50 Hz. Die Ausgangsspannung ist relativ unabhängig von der Belastung. Man bezeichnet die Schaltung auch als Flußwandler, weil die Energieübertragung jeweils während der Stromflussphasen jedes Transistors stattfindet.

Im Gegensatz dazu steht der Sperrwandler, bei dem in jeder Sperrphase Energie aus dem Transformator entnommen wird. Während der Leitungsphase baut sich ein Magnetfeld im Transformatorkern auf, so dass eine gewisse Energie gespeichert wird. Die verwendeten Induktivitäten bezeichnet man daher auch als Speicherdrosseln. Mit dem Abschalten des Stroms entsteht ein induktiver Spannungsstoß, mit dem ein Siebkondensator geladen wird. Es besteht keine feste Beziehung zwischen Eingangsspannung und Ausgangsspannung des Wandlers. Ohne eine Belastung kann die Impulsspannung unzulässig hohe Werte annehmen, so dass man Vorsichtsmaßnahmen gegen die Zerstörung des Schalttransistors ergreifen muss.

Ein Sperrwandler kann mit einem Transformator oder mit einer einfachen Spule als Speicherinduktivität arbeiten. Man bevorzugt hohe Schaltfrequenzen um 50 kHz, um mit kleinen Transformatorkernen auszukommen. Andererseits kann eine höhere Schaltfrequenz zu größeren Schaltverlusten im Transistor führen. Die Schaltung nach *Abb. 13.4* kann von einem beliebigen Rechteckgenerator angesteuert werden. Sie liefert zunächst keine bestimmte Ausgangsspannung, sondern die Spannung hängt stark von der Belastung ab.

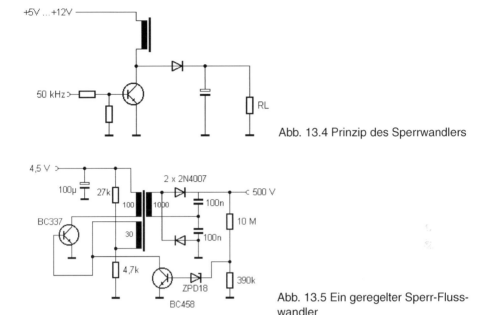

Abb. 13.4 Prinzip des Sperrwandlers

Abb. 13.5 Ein geregelter Sperr-Flusswandler

Man verwendet Sperrwandler z.B. zum Erzeugen hoher Spannungen für Blitzgeräte, für Bildröhren oder für Geiger-Müller-Zählrohre. Mit einer zusätzlichen Regelschaltung lässt sich die Ausgangsspannung stabilisieren.

Verwendet man am Ausgang eine Verdopplerschaltung oder eine Vervielfacher-Kaskade, dann arbeitet der Wandler als Sperr-Flusswandler. Energie wird sowohl in den Flussphasen als auch in den Sperrphasen übertragen. Wenn eine stabile Ausgangsspannung erforderlich ist, muss ein Regelkreis eingesetzt werden, der den Wandler bei erreichter Spannung zurückregelt. Der Spannungswandler nach *Abb. 13.5* eignet sich z.B. zur Versorgung von Geiger-Müller-Zählrohren.

13.2 Schaltregler

Lineare Regler verursachen hohe Verlustleistungen, besonders, wenn sie von einer hohen Spannung herabregeln. Allgemein beträgt die Verlustleistung P = ΔU*I. Mit Schaltreglern vermeidet man diese Verluste und erreicht Wirkungsgrade über 90% auch für sehr große Spannungsverhältnisse.

Schaltregler verwenden einen Schalttransistor und eine Speicherinduktivität. Der Transistor wird mit einer hohen Frequenz so geschaltet, dass im Mittel der gewünschte Strom fließt. Das Prinzip hat eine gewisse Ähnlichkeit mit einem Sperrwandler, bei dem ebenfalls Energie in der Spule gespeichert wird. Je nach Schaltung können Spannungen herabgeregelt oder hochgesetzt werden. Eine Regelschaltung sorgt für die Einhaltung der gewünschten Ausgangsspannung.

Ein integrierter Schaltregler für kleinere Leistungen ist der TL497. Das IC enthält einen Oszillator, den Schalttransistor, die erforderliche Diode und zusätzliche Regelverstärker. Zwei externe Widerstände stellen die Ausgangsspannung ein. Mit einem zusätzlichen Widerstand kann der maximale Ausgangsstrom vorgegeben werden. Höhere Lasten regeln die Ausgangsspannung zurück und schützen so das IC und die angeschlossenen Verbraucher.

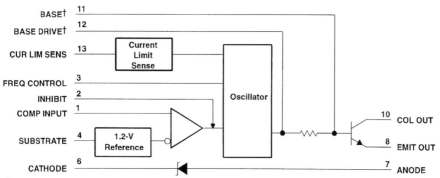

† BASE and BASE DRIVE are used for device testing only. They are not normally used in circuit applications of the device.

Abb. 13.6 Prinzipschaltung des TL497 (Texas Instruments)

Abb. 13.7 zeigt die Grundkonfiguration für einen Abwärtsregler. In der Einschaltphase des Transistors steigt der Strom durch die Speicherdrossel an und führt zu einer gewissen Aufladung des Kondensators. Zugleich wird Energie in der Drossel gespeichert. In der Ausschaltphase wird die gespeicherte Energie wieder freigegeben und hält den Stromfluss für eine gewisse weitere Zeit aufrecht. Die Spannung an der Spule ist in der Sperrphase umgepolt, so dass der Strom durch die Diode fließt. Der Kondensator erhält also auch in der stromlosen Phase des Schalttransistors eine weitere Ladung, seine Spannung steigt damit weiter an. Eine Regelschaltung kann nun die Kondensatorspannung überwachen, bis eine untere Schwelle unterschritten wird. Dann muss ein neuer Ladeimpuls erzeugt werden. Die Ausgangsspannung eines Schaltreglers zeigt grundsätzlich eine geringe sägezahnförmige Restspannung.

In der praktischen Ausführung mit einem TL497 verwendet man für den Abwärtsregler (Step-Down) nach *Abb. 13.8* den internen Schalttransistor und die

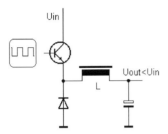

Abb. 13.7 Grundprinzip des Abwärts-Schaltreglers

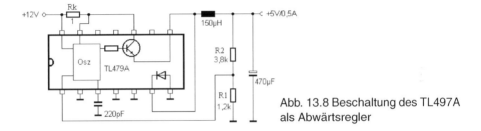

Abb. 13.8 Beschaltung des TL497A als Abwärtsregler

Abb. 13.9 Prinzip des Aufwärtsreglers

interne Schaltdiode des ICs. Ein Spannungsteiler am Ausgang führt auf einen internen Regelverstärker, der die Teilspannung laufend mit der internen Spannungsreferenz von 1,2 V vergleicht und den Oszillator entsprechend steuert. Typische Werte für die Speicherinduktivität liegen bei 150 µH. Der Ladekondensator sollte etwa 470µF haben. Die Ausgangsspannung ergibt sich abhängig von R_1 und R_2 zu

$$U = 1,2\,V \cdot \left(1 + \frac{R_1}{R_2}\right)$$

Für R_1 wird vom Hersteller der Wert 1,2 kΩ empfohlen. Für eine Ausgangsspannung von 5 V muss R_2 mit 3,8 kΩ gewählt werden. Mit $R_k = 0,8\Omega$ erreicht man einen maximalen Strom von ca. 0,5 A.

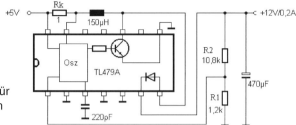

Abb. 13.10 Grundschaltung für
einen Aufwärtsregler mit dem
TL497

Das IC lässt sich auch als Aufwärtsregler (Step-Up) verwenden. Die Beschaltung nach *Abb. 13.9* ähnelt der des Sperrwandlers. Ein Strom durch die Diode fließt nur in den Sperrphasen.

13.3 Spannungswandler mit geschalteten Kondensatoren

Wenn man nur kleine Ausgangsströme braucht, können Spannungswandler verwendet werden, die statt Spulen Kondensatoren verwenden. Übliche Anwendungen liegen in der Erzeugung einer negativen Hilfsspannung, z.B. zum Betrieb eines OPV. *Abb. 13.11* zeigt das Prinzip des invertierenden Spannungswandlers.

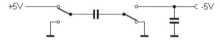

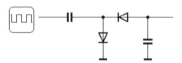

Abb. 13.11 Grundprinzip des Spannungsinverters mit geschaltetem Kondensator

Ein Kondensator wird abwechselnd an der Eingangsspannung aufgeladen und über den Ausgang teilweise wieder entladen. Die Umschalter werden mit einer Schaltfrequenz von einigen kHz geschaltet und bewirken eine periodische Übertragung der Ladung vom Eingang auf den Ausgangskondensator. Man bezeichnet das Prinzip daher auch als Ladungspumpe. Die Schalter können durch Dioden ersetzt werden. Zur Ansteuerung dient ein beliebiger Rechteckgenerator.

Eine Ladungspumpe kann auch als Spannungsverdoppler eingesetzt werden. *Abb. 13.12* zeigt das Prinzip und eine praktische Realisierung mit einem Timerbaustein 555. Spannungsverluste im Ausgangstreiber des Timers und in beiden Dioden führen dazu, dass die Spannung nicht exakt verdoppelt wird.

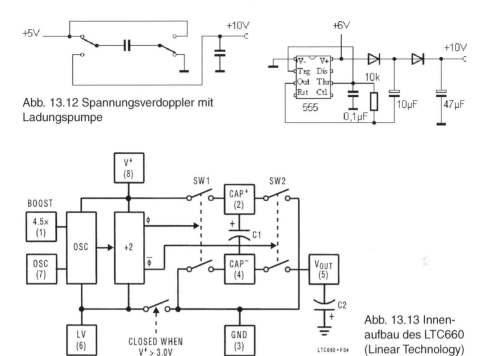

Abb. 13.12 Spannungsverdoppler mit
Ladungspumpe

Abb. 13.13 Innen-
aufbau des LTC660
(Linear Technology)

Ein integrierter Spannungswandler mit Ladungspumpe ist der LTC7660, der in der verbesserten Version als LTC660 oder MAX660 gebaut wird. Zur Vermeidung von Spannungsverlusten werden die Umschalter mit Transistoren realisiert. *Abb. 13.13* zeigt das interne Prinzipschaltbild

Die äußere Beschaltung für einen Spannungsinverter benötigt nur zwei Kondenstoren. *Abb. 13.14* zeigt die Grundschaltungen für den MAX660.

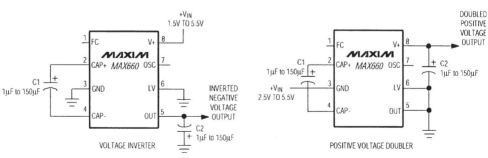

Abb. 13.14 Spannungsinverter mit dem
MX660 (Maxim)

Abb. 13.15 Spannungsverdoppler mit dem
MAX660 (Maxim)

187

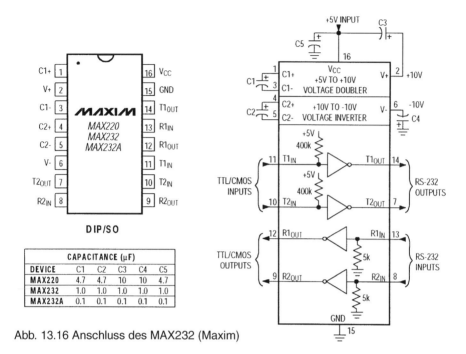

Abb. 13.16 Anschluss des MAX232 (Maxim)

Statt zur Invertierung einer Betriebsspannung kann der Baustein nach *Abb. 13.15* auch zur Spannungsverdopplung eingesetzt werden. Mehrere ICs können kaskadiert werden, um größere positive oder negative Spannungen zu erzeugen.

Speziell für die Spannungsversorgung serieller Schnittstellen mit +/– 10 V-Pegeln an einer einzelnen +5 V-Versorgung wurde der MAX232 entwickelt. Das IC enthält mehrere Ladungspumpen und benötigt insgesamt vier externe Kondensatoren. Die Hilfsspannungen +10 V und –10 V stehen nach außen zur Verfügung und können z.B. zum Betrieb von OPV eingesetzt werden. In Systemen, die das IC ohnehin enthalten, kann man problemlos einen Strom bis etwa 2 mA für andere Zwecke entnehmen.

Speziell für Batteriegeräte mit geringem Verbrauch gibt es Ladungspumpen-Gleichspannungswandler mit extrem geringer äußerer Beschaltung. Der MAX619 ist für den Anschluss von zwei Batterie- oder Akku-Zellen und Eingangsspannungen zwischen 2 V und 3,6 V ausgelegt. Die Ausgangsspannung beträgt 5 V bei einer maximalen Belastung bis 20 mA.

Die Innenschaltung des MAX619 nach *Abb. 13.18* zeigt eine modifizierte Ladungspumpe, mit der wahlweise zwei geladene Kondensatoren in Reihe gelegt werden können, um die Eingangsspannung zu verdreifachen. Alle Schalter

TOP VIEW

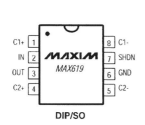

DIP/SO

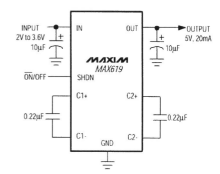

Abb. 13.17 Anschluss des MAX619 (Maxim)

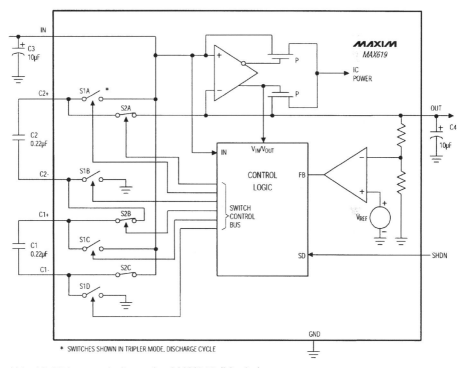

* SWITCHES SHOWN IN TRIPLER MODE, DISCHARGE CYCLE

Abb. 13.18 Innenschaltung des MAX619 (Maxim)

werden durch eine Kontrollschaltung betätigt, die von einem Komparator gesteuert wird. Über eine interne Spannungsreferenz wird die Ausgangsspannung stabil gehalten. Die hohe Schaltfrequenz von 500 kHz und das relativ
große Verhältnis der Kapazitäten von Ladekondensator (10 µF) und Pumpkon-
densatoren (0,22 µF) sorgt für eine geringe Restwelligkeit der Ausgangsspannung.

189

14 Messtechnik

Die genaue Messung elektrischer Größen ist dank moderner Digitalmultimeter kein großes Problem mehr. Trotzdem müssen Messfehler und Toleranzen immer mit bedacht werden. Für spezielle Aufgaben müssen manchmal eigene Messgeräte oder Messverstärker entwickelt werden. Einbaumessgeräte müssen vielfach in ihrem Messbereich angepasst werden. Zuverlässige Messungen sind nur möglich, wenn einige Grundsätze und Prinzipien beachtet werden.

14.1 Messbereichserweiterungen beim Voltmeter

Ein beliebiges Drehspul-Messwerk kann durch geeignete Zuschaltung von Widerständen als Voltmeter oder als Amperemeter eingesetzt werden. In Vielfachmessgeräten schaltet man Messbereiche um, indem man entsprechende Widerstände umschaltet. Prinzipiell muss für ein Voltmeter ein Widerstand in Reihe geschaltet werden. Je größer der Widerstand, desto höher der Messbereich. Umgekehrt muss für die Bereichserweiterung eines Amperemeters ein kleiner Widerstand parallelgeschaltet werden.

Ein typisches Messwerk hat z.B. einen Endausschlag bei 100 µA. Der Innenwiderstand beträgt z.B. 1000 Ω. Ohne einen Vorwiderstand wird daher der Endausschlag bei einer Spannung von 100 mV erreicht. Das Messwerk ohne zusätzlichen Widerstand bezeichnet man auch als Galvanometer. Man kann es bereits als empfindliches Amperemeter oder Voltmeter einsetzen.

$$U = I \cdot R$$
$$U = 0{,}1 \ mA \cdot 1000 \ \Omega$$
$$U = 100 \ mV$$

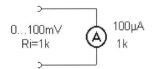

Abb. 14.1 Ein Messwerk als empfindliches Galvanometer

Von einem guten Voltmeter verlangt man einen großen Innenwiderstand, damit Messwerte nicht übermäßig verfälscht werden. Für eine Messbereichserweiterung auf 10 V muss der Gesamtwiderstand für ein Messwerk mit 100 µA Vollausschlag 100 kΩ betragen.

$$R = \frac{U}{I}$$

$$R = \frac{10\,V}{0,1\,mA}$$

$$\underline{\underline{R = 100\,k\Omega}}$$

Da der Innenwiderstand des Messwerks in Reihe mit dem Messwiderstand liegt, muss dieser nur 99 kΩ haben.

$$R_1 = R - R_2$$

$$R_1 = 100\,k\Omega - 1\,k\Omega$$

$$\underline{\underline{R_1 = 99\,k\Omega}}$$

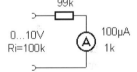

Abb. 14.2 Messbereichserweiterung auf 10 V

Allgemein ist es günstig, wenn ein Voltmeter einen möglichst großen Innenwiderstand besitzt. Der erreichbare Wert hängt von der Empfindlichkeit des Messwerks ab. Bei einem einfachen Messwerk mit einem Bereich von 1 mA wird sich für den Messbereich 10 V nur ein Innenwiderstand von 10 kΩ ergeben, beim Messbereich 25 V beträgt der Innenwiderstand folglich 25 kΩ usw. Allgemein gibt man den Innenwiderstand in diesem Fall mit 1 kΩ/V an, jeweils bezogen auf den Endausschlag eines Messbereichs.

In guten Voltmetern findet man außer dem Reihenwiderstand in den meisten Fällen auch noch einen zweiten Widerstand, der parallel zum Messwerk geschaltet ist und damit praktisch die eigentliche Empfindlichkeit des Messwerks verschlechtert. Dieser Parallelwiderstand dient der Dämpfung des Messwerks. Ein ungedämpftes Messwerk erschwert das genaue und schnelle Ablesen eines Messwerts nach jeder Änderung der Spannung durch Überschwingen und langes Ausschwingen des Zeigers. Mit einem Parallelwiderstand ergibt sich eine elektromagnetische Dämpfung des Messwerks. Die mechanisches Energie des schwingfähigen Systems aus Rückstellfeder und Zeigermasse wird durch Induktion in elektrische Energie überführt und im Parallelwiderstand vernichtet. Die Dämpfung darf nicht zu groß werden, damit sich der Zeiger noch angemessen schnell auf den Messwert einstellt. Für jedes Messwerk lässt sich ein optimaler Dämpfungswiderstand bestimmen.

Abb. 14.3 Ein Voltmeter mit Dämpfungswiderstand

Moderne Voltmeter bieten oft einen höheren Innenwiderstand von z.B. 10 MΩ. Dies ist nur mit zusätzlichen Verstärkern zu erreichen. Ein Messverstärker kann z.B. mit einem Operationsverstärker aufgebaut werden. Für spezielle Anwendungen kann man mit CMOS-OPVs fast unendliche Innenwiderstände erreichen. Diese Verstärker sollen allerdings nie mit offenem Eingang betrieben werden, weil sie dann irgendeine zufällige Spannung auch über der Messbereichsgrenze anzeigen können.

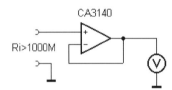

Abb. 14.4 Ein OPV als Messverstärker

Ein Messgerät für den allgemeinen Einsatz im Labor sollte einen gewissen Eingangswiderstand besitzen, weil damit gesichert wird, dass bei offenen Eingängen die Spannung Null angezeigt wird. Mit einem Operationsverstärker lässt sich erreichen, dass bei unterschiedlichen Eingangsbereichen immer derselbe Eingangswiderstand vorliegt. Man schaltet dazu Widerstände im Gegenkoppelzweig um. Es muss beachtet werden, dass der Verstärker die Spannung invertiert. Der OPV muss mit einer bipolaren Stromversorgung betrieben werden. Die Eingangsspannung des Messgeräts darf größer als die Betriebsspannung werden, da in der gegengekoppelten Schaltung die Spannung am invertierenden Eingang praktisch Null ist. Bei sehr empfindlichen Messbereichen muss die Offsetspannung des OPV abgeglichen werden.

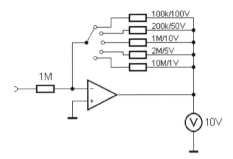

Abb. 14.5 Ein Messverstärker mit umschaltbaren Messbereichen

14.2 Messbereichserweiterung beim Amperemeter

Prinzipiell schaltet man bei einem Amperemeter einen kleinen Widerstand parallel zum Messwerk. Man bezeichnet diesen Parallelwiderstand auch als Nebenwiderstand oder Shunt. In der Parallelschaltung ergibt sich eine Aufteilung des Stroms, wobei nur ein kleinerer Teil durch das Messwerk fließt.

Ein Messwerk mit 100 μA/1000 Ω soll in einem Amperemeter mit dem Messbereich 1 A eingesetzt werden. Für Vollausschlag wird eine Spannung von 100 mV am Messwerk benötigt. Der Shunt muss daher einen Widerstand von 0,1 Ω haben.

$$R = \frac{U}{I}$$
$$R = \frac{0,1\,V}{1\,A}$$
$$R = 0,1\,\Omega$$

Prinzipiell muss zwar bei der Parallelschaltung auch der Widerstand des Messwerks beachtet werden, so dass der Shunt entsprechend höher gewählt werden muss. Im vorliegenden Beispiel ergibt sich durch den 10000-fach höheren Innenwiderstand des Messwerks jedoch nur ein Fehler von 0,01%. Alle anderen Fehler wie die Toleranz des Messwerks (z.B. Güteklasse 2,5%) oder des Shunts (typ. 1%) sind jedoch wesentlich größer.

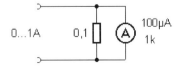

Abb. 14.6 Erweiterung eines Strommessbereichs

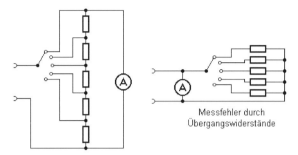

Abb. 14.7 Richtige und fehlerhafte Umschaltung von Strombereichen

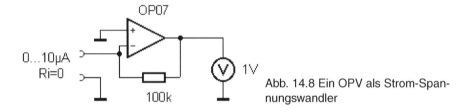

Abb. 14.8 Ein OPV als Strom-Spannungswandler

Speziell bei sehr großen Messbereichen muss die Verlustleistung im Shunt beachtet werden. Bei einem Messbereich bis 50 A, wie er z.B. oft im Modellbau benötigt wird, wird im Shunt bei einer Endspannung von 100 mV bereits eine Leistung von 5 W umgesetzt. Deshalb besitzen Shunt-Widerstände für höhere Ströme oft eine erhebliche Größe. Allgemein ist es günstig, wenn Messwerke mit geringem Innenwiderstand und damit geringer Endspannung eingesetzt werden. In elektronischen Messgeräten lässt sich das Problem durch einen geeigneten Messverstärker verringern, der z.B. eine Endspannung von 1 mV ermöglicht.

Ein Problem bei der Messbereichsumschaltung liegt darin, dass der Übergangswiderstand des Umschalters zu erheblichen Messfehlern führen kann, wenn man einfach verschiedene Shunts parallel zum Messwerk umschaltet. Besser ist es daher, verschiedene Shunts in Reihe zu schalten und nur die Eingangsklemmen umzuschalten. Eventuelle Spannungsabfälle an den Umschaltkontakten treten dann zwar nach außen hin auf, verändern jedoch nicht das Messergebnis. Außerdem kann beim Umschalten während einer Messung niemals der Fall eintreten, dass das Messgerät ohne Parallelwiderstand überlastet wird.

Für Amperemeter muss allgemein ein möglichst geringer Innenwiderstand angestrebt werden, weil jeder Spannungsabfall am Messgerät zu einer ungewollten Beeinflussung des Messobjekts führt. Für kleinere Ströme bis zu wenigen mA kann durch den Einsatz eines gegengekoppelten OPVs ein Innenwiderstand von annähernd Null erreicht werden. Zugleich ermöglicht der Verstärker auch eine Verbesserung der Messempfindlichkeit bis in den Nanoamperebereich. Durch einfache Umschaltung der Gegenkopplungswiderstände lässt sich eine Bereichswahl vornehmen.

14.3 Das Ohmmeter

Einfache Vielfachmessgeräte bieten meist auch einen oder mehrere Widerstands-Messbereiche. Für diesen Zweck benötigen sie eine Batterie, die oft für alle anderen Messbereiche nicht gebraucht wird. Die Widerstandsmessung beruht im Prinzip auf einer Strommessung bei konstanter Spannung. Die Widerstandsanzeige ist daher nicht linear. Der Endausschlag bei null Ohm muss mit einem Potentiometer abgeglichen werden, um die unterschiedliche Batteriespannung auszugleichen. Am anderen Ende der Skala reicht die Messung in jedem Bereich bis Unendlich.

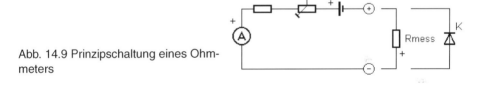

Abb. 14.9 Prinzipschaltung eines Ohmmeters

Die übliche Beschaltung einfacher Analog-Multimeter bringt es mit sich, dass die Spannung an den Anschlussklemmen im Ohmmessbereich anders gepolt ist als die Bezeichnungen der Anschlüsse für Strom- und Spannungsmessungen. Am Minusanschluss des Vielfachmessgeräts liegt also der Pluspol des Ohmmeters. Dies ist zu beachten, wenn man ein Ohmmeter zur Überprüfung von Dioden oder Transistoren verwenden will. Mit etwas Übung lassen sich mit einem einfachen Ohmmeter nicht nur Widerstände, sondern auch Transistoren, Dioden, Kondensatoren und viele andere Bauelemente überprüfen.

Bei der Messung an Diodenstrecken muss bewusst bleiben, dass einer Sperrschicht kein konstanter Widerstand zugeordnet werden kann, sondern dass der Gleichstromwiderstand vom Messstrom abhängt. Der angezeigte Wert hängt vom Messstrom und damit vom gewählten Messbereich ab. Trotzdem lassen sich Aussagen über die gemessene Diodenstrecke machen. Beobachtet man bei einem Ohmmeter mit einer internen Spannung von 1,5 V einen Zeigerausschlag von etwa der Hälfte der Skala, dann muss der Spannungsabfall am Mess-

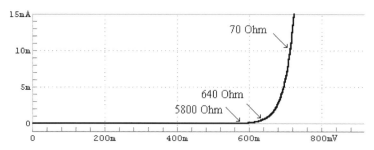

Abb. 14.10 Gleichstromwiderstand einer Si-Diode bei verschiedenen Messströmen

objekt etwa 0,75 V betragen. Der Ausschlag ändert sich wegen der exponentiellen Kennlinie einer Diode nur geringfügig mit einer Bereichsumschaltung. Es wird daher in jedem Messbereich ein anderer Widerstand angezeigt, der Zeigerausschlag ist dagegen ähnlich, da der Spannungsabfall immer um die 0,6 V beträgt. Die Diodenspannung lässt Rückschlüsse auf den Diodentyp, in *Abb. 14.10* eine Si-Diode, zu.

Mit einer Schottky-Diode erhält man dagegen nur etwa den halben Spannungsabfall, also einen geringeren angezeigten Widerstand. Eine Ge-Diode zeigt bei kleinen Messströmen einen ähnlich kleinen Innenwiderstand, bei größeren Strömen, also kleineren Ohmbereichen, zeigt sich jedoch ihr größerer Bahnwiderstand.

Bei der Prüfung eines Transistors lassen sich nur mit einem Ohmmeter verschiedene Aussagen über den Typ und den Zustand des Messobjekts machen. Auch für einen völlig unbekannten Transistor lässt sich so die Anschlussbelegung herausfinden. Mit drei typischen Messungen lässt sich ein Transistor vollständig prüfen. Zunächst werden die Basis-Emitter- und die Basis-Kollektordiode gemessen, womit sich bereits Si- und Ge-Transistoren unterscheiden lassen und mögliche Kurzschlüsse verraten. Danach misst man den Widerstand zwischen Emitter und Kollektor ohne und mit Basisstrom. Bei offener Basis zeigt ein intakter Transistor keinen Strom, also einen unendlichen Widerstand. Bei leitender Verbindung der Basis mit dem Kollektor muss sich ein etwas größerer Strom zeigen als bei der Basis-Emitterdiode allein.

Der letzte Test sollte mit einem kleinen Basisstrom über einen Basis-Kollektorwiderstand durchgeführt werden. Den Basisstrom kann man auch durch Berühren von Kollektor und Basis mit dem angefeuchteten Finger bekommen. Der erzielte Ausschlag am Ohmmeter vermittelt einen groben Eindruck von der Stromverstärkung des Transistors. Auch bei vertauschtem Emitter und Kollektor zeigt sich noch eine geringe Stromverstärkung, so dass man den

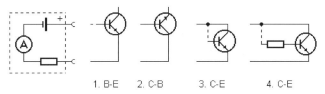

1. B-E   2. C-B   3. C-E   4. C-E

Abb. 14.11 Messungen an einem Transistor

Transistor im Zweifelsfall noch einmal umdrehen sollte, wenn die Anschlüsse nicht sicher bekannt sind.

Digitalvoltmeter verwenden meist eine völlig andere Innenschaltung im Ohmbereich. Hier beruht die Widerstandsmessung auf einer Messung des Spannungsabfalls bei konstantem Strom. Damit ergibt sich eine lineare Anzeige und eine eindeutige Messbereichsgrenze. Ein Abgleich des Nullpunkts ist hier nicht erforderlich. Ein weiterer Unterschied gegenüber Zeigerinstrumenten ist, dass die Polung bei Spannungs- und Strommessung der im Ohmbereich entspricht.

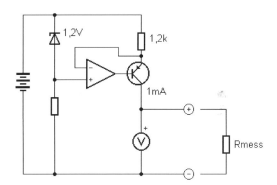

Abb. 14.12 Prinzip der Widerstandsmessung mit einer Konstantstromquelle

Mit einem Digitalmultimeter im Ohmbereich lassen sich im Prinzip die gleichen Tests an Bauteilen durchführen, wie mit einem analogen Gerät. Oft gibt es zusätzlich einen Messbereich speziell zur Messung an Diodenstrecken. Er arbeitet zwar wie der Widerstandsmessbereich, angezeigt wird jedoch der Spannungsabfall in Millivolt. Man kann daher sehr bequem von der Durchlassspannung auf den Diodentyp schließen.

14.4 Messfehler

Nach dem bekannten Grundsatz „Wer misst, misst Mist." führt jede Messung zu einer gewissen Beeinflussung des Messobjekts. Abgesehen von den ohnehin vorhandenen Messungenauigkeiten von etwa 1% für gute Analogmultimeter, bis 0,1% für Digitalmultimeter führt der Einsatz eines Messgeräts immer zu einer Veränderung von Messwerten in einer bestehenden Schaltung. Sie können von Fall zu Fall unterschiedlich ausfallen. Man muss daher die möglichen Einflüsse kennen und abschätzen können.

Bei einer Spannungsmessung führt der unvermeidliche Messstrom zu einer Verringerung der Messspannung in Abhängigkeit vom Innenwiderstand des Messobjekts. Misst man die Leerlaufspannung einer Flachbatterie (Ri ca. 10 Ω) mit einem einfachen Voltmeter mit einem Innenwiderstand von 100 kΩ, dann ist kein gravierender Messfehler zu befürchten. Betrachtet man die Reihenschaltung aus den Innenwiderständen des Messobjekts und des Messgeräts, dann lässt sich ein zu vernachlässigender Spannungsverlust von 0,01% abschätzen.

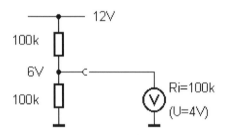

Abb. 14.13 Beeinflussung der Messspannung durch Innenwiderstände

Anders liegen die Verhältnisse, wenn man hochohmige Spannungsquellen messen will. Bei der Messung an einem Spannungsteiler in einer Transistorschaltung hat das Messobjekt einen hohen Innenwiderstand von z.B. 50 kΩ. Ein Innenwiderstand von 100 kΩ des Messgeräts führt dabei zu einem erheblichen Messfehler von 33%. Allgemein lässt sich der Messfehler nach den Gesetzen der Reihenschaltung bestimmen.

Daraus folgt, dass man einen möglichst großen Innenwiderstand des Messgeräts anstreben sollte. Aber auch ein Innenwiderstand von 10 MΩ, wie er bei Digitalmultimetern üblich ist, macht eine Fehlerbetrachtung nicht überflüssig. Es muss immer überlegt werden, welchen Innenwiderstand das Messobjekt besitzt. Vielfach ist ein Messfehler durch Belastung mit dem Messgerät nicht vermeidbar. Das ist immer dann problemlos, wenn der Messfehler bewusst bleibt. In speziellen Fällen kann man den Fehler durch den Einsatz eines extrem hochohmigen Verstärkers reduzieren.

Auch ein Oszilloskop lässt sich zur Spannungsmessung einsetzen, wobei neben der Höhe der Spannung zugleich weitere Informationen wie überlagertes Rauschen oder Brummspannungen usw. geliefert werden. Der Eingangswiderstand beträgt im allgemeinen 1 MΩ. Mit einer Vorteiler-Tastspitze mit dem Teilerverhältnis 1:10 erhält man einen Innenwiderstand von 10 MΩ. Dieser hohe Widerstand muss in vielen Fällen bedacht werden, weil er an hochohmigen Messpunkten ebenfalls zu Messfehlern führt.

Die genaue Kenntnis des Innenwiderstands eines Oszilloskops kann eingesetzt werden, um sehr einfach den Innenwiderstand eines Messobjekts abzuschätzen. Man benötigt dazu eine hochohmige Signalquelle. Dabei kann es sich einfach um den eigenen Finger handeln, der an einer hochohmigen Tastspitze in normaler Laborumgebung eine 50-Hz-Brummspannung zwischen 10 V und 100 V liefert. Diese Störspannung hat ihre Ursache in Kapazitäten zwischen Körper und dem umgebenden Lichtnetz. Berührt man mit der Messspitze gleichzeitig ein Messobjekt, dann kann aus dem Zusammenbrechen der Signalspannung auf die Impedanz des Messobjekts geschlossen werden. Auf diese Weide verraten sich z.B. nicht belegte Anschlüsse an einem Kabel. Hat ein Messobjekt den gleichen Innenwiderstand wie das Oszilloskop, dann bricht die Signalspannung etwa auf die Hälfte zusammen.

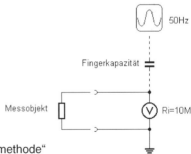

Abb. 14.14 Impedanzmessung nach der „Fingermethode"

14.5 Messgleichrichter

Ein Drehspulmesswerk arbeitet nur mit Gleichstrom. Für Wechselstrom setzt man z.B. Dreheisenmesswerke ein. Allerdings ist damit keine große Genauigkeit und Empfindlichkeit zu erreichen, so dass ihr Einsatz sich im wesentlichen auf die Starkstromtechnik beschränkt. Messgeräte für die allgemeine

Elektronik verwenden dagegen entweder Drehspulmesswerke oder digitale Messtechniken, die ebenfalls eine Gleichspannung als Eingangsgröße benötigen.

Zur Messung von Wechselspannungen und Wechselströmen müssen diese zunächst gleichgerichtet werden. Prinzipiell kann dazu ein üblicher Vierweggleichrichter eingesetzt werden. Problematisch ist dabei allerdings das Verhalten bei kleinen Spannungen. Jede Diodenkennlinie zeichnet sich durch einen deutlichen Knick bei der Durchlassspannung aus. Auch bei kleinen Strömen gehen so an einer Si-Diode mindestens 0,5 V verloren. Unterhalb dieser Spannung ist keine Gleichrichtung möglich. Mit einem Vierweggleichrichter ergibt sich ein Spannungsabfall von etwa 1 V. Der Einsatz ist daher nur bei der Messung sehr hoher Spannungen sinnvoll. Bei einem Messbereich bis 250 V ist der Fehler durch den Gleichrichter tolerierbar. *Abb. 14.15* zeigt eine typische Messschaltung.

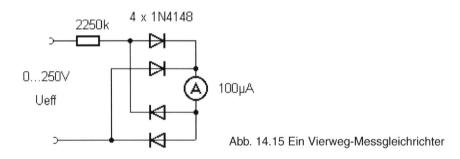

Abb. 14.15 Ein Vierweg-Messgleichrichter

Berechnet man den Messwiderstand zur Bereichserweiterung wie im Gleichstromfall mit 2,5 MΩ für 100 µA und 250 V, dann zeigt sich ein erheblicher Messfehler von ca. 11%. Statt 230 V würden nur 207 V angezeigt. Der Unterschied beruht auf der Festlegung der Effektivspannung. Ein Wechselspannungsmessgerät soll die effektive Wechselspannung anzeigen, also die Spannung, bei der im Mittel an einem ohmschen Verbraucher dieselbe Leistung umgesetzt wird wie im Gleichstromfall. Das Verhältnis von Spitzenspannung zu Effektivspannung beträgt für sinusförmige Wechselspannungen $\sqrt{2} = 1,414$. Bei einer Spitzenspannung von 325 V ergibt sich so eine Effektivspannung von 230 V. Im Drehspulmesswerk wird die gleichgerichtete Wechselspannung jedoch durch die Trägheit des Systems arithmetisch gemittelt. Dabei ergibt sich ein Verhältnis von Spitzenspannung zur gemittelten Spannung von $\pi/2 = 1,571$, so dass der angezeigte Messwert nur 90,03% des Effektivwerts beträgt. Die korrekte Effektivanzeige ergibt sich, wenn man den Messwiderstand um den Faktor 0,9 verkleinert. Im vorliegenden Fall muss der Messwiderstand also nicht 2500 kΩ, sondern 2250 kΩ haben.

Bei kleineren Messbereichen sind die Schwellspannungen von Si-Dioden zu hoch. Mit Germaniumdioden oder Schottkydioden wird dieser Fehler etwas geringer. Mit einer Einweggleichrichtung beträgt er etwa 0,1 V bis 0,2 V. Man verwendet eine zweite Diode, um einen vollständigen Wechselstrom zu bekommen und die eigentliche Gleichrichterdiode vor zu hohen Sperrspannungen zu schützen. Der Gleichrichter führt zu einer leichten Verzerrung der Messskala, so dass übliche analoge Vielfachmessgeräte über eine eigene Skala für Wechselspannungsbereiche verfügen. Meist ist der kleinste Wechselspannungsbereich 10 V, weil bei Messbereichen unter 10 V die Dioden-Knickspannung zu stark ins Gewicht fällt. Aus dem gleichen Grunde arbeiten einfache Geräte bei Strommessungen nur mit Gleichstrom, da die geringen Spannungsabfälle am Shunt mit einem Messgleichrichter schwer zu beherrschen sind.

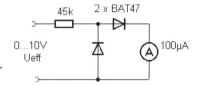

Abb. 14.16 Einsatz einer Ge-Diode als Messgleichrichter

Durch den Einsatz eines Messverstärkers lässt sich der Einfluss des Messgleichrichters fast vollständig eliminieren, so dass wieder einfache Si-Dioden eingesetzt werden können. Die Gegenkopplung erfolgt über den Spannungsabfall an einem Messwiderstand im Stromkreis des Messwerks. Dort bildet sich wieder die unverzerrte Messspannung. Die Durchlassspannungen an den Gleichrichterdioden werden mit der hohen Leerlaufverstärkung des OPV leicht aufgebracht, ohne dass es zu Verzerrungen des Stroms kommt. Die Schaltung eignet sich auch für sehr kleine Messspannungen im Millivoltbereich.

Ein Nachteil der Gleichrichterschaltung ist, dass die Ausgangsspannung nicht gegen Masse erscheint, sondern nur mit einem schwimmenden Potential am Messwerk liegt. Die folgende Schaltung zeigt einen Messgleichrichter, dessen Ausgangsspannung auf Masse bezogen ist und damit leicht weiterverarbeitet werden kann. Am Ausgang steht nicht eine gemittelte Spannung, sondern die gleichgerichtete Spitzenspannung. Bei einer Sinusspannung am Eingang mit $U_{eff} = 1$ V erscheint also eine Gleichspannung von 1,41 V am Ausgang. Im Prinzip besteht die Schaltung aus einem Einweggleichrichter mit Ladekonden-

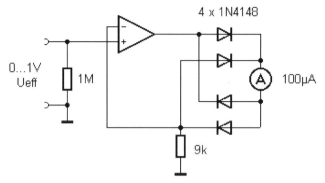

Abb. 14.17 Ein aktiver Messgleichrichter

sator. Am Ausgang des OPV liegt nur dann eine positive Spannung, wenn die Spannung am Eingang gerade über der Ladespannung des Kondensators liegt. Der Einweggleichrichter leitet also nur in den kurzen Momenten der Spannungsspitzen. Eine zweite Diode verhindert, dass der OPV in der übrigen Zeit zu weit in den negativen Bereich aussteuert und dabei in die Sättigung kommt, was seine Ansprechzeit verschlechtern würde.

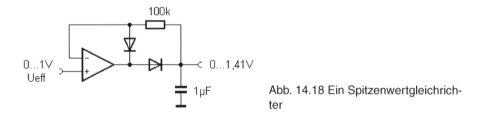

Abb. 14.18 Ein Spitzenwertgleichrichter

14.6 Logarithmierer

Messgrößen, die über mehrere Dekaden erfasst werden sollen, stellt man oft in einem logarithmischen Maßstab dar und gibt sie in dB an. Üblich ist z.B. die Angabe von Pegeln in dBm. Die Definition des Dezibel als logarithmisches Maß führt dazu, dass 10 dB eine Verzehnfachung der Leistung bedeuten und 20 dB eine Verzehnfachung der Spannung. Auf einer Signalleitung können leicht Pegelunterschiede von 100 dB und mehr auftreten. Deshalb verwendet man oft Messgeräte mit logarithmischer Anzeige. Will man einen großen Messumfang ohne Bereichsumschaltung erreichen, dann wird ein Logarithmierer benötigt. Die folgende Liste zeigt mögliche Anwendungsbereiche:

- In der NF-Messtechnik sollen Pegel zwischen -80 dB und + 40 dB gemessen werden.
- Die Messung von Lärmpegeln erfordert einen Bereich von ca. 30 dB(A) bis über 120 dB(A). Der Bezugspegel ist dabei die Empfindlichkeitsgrenze des menschlichen Ohrs.
- Die Messung von Beleuchtungspegeln erfordert einen Umfang von 1 Lux bis über 100000 Lux der Helligkeit der Sonne. Der Umfang beträgt 100 dB.
- Die Messung von Leitfähigkeiten z.b. zur Bestimmung des Feuchtigkeitsgehalts von Holz erfordert die Bestimmung von Widerständen im Bereich zwischen 10 kΩ bis ca. 10 GΩ, also einen Umfang von ca. 120 dB.

Ein Logarithmierer hat die Aufgabe, einen großen Bereich der Eingangsgröße logarithmisch am Ausgang abzubilden. Jede Vergrößerung der Eingangsspannung um den Faktor 10 soll z.B. zu einer Erhöhung der Ausgangsspannung um 1 V führen. Ein Unterschied von 3 V am Ausgang bedeutet damit einen Pegelunterschied von 60 dB.

Ein Logarithmierer nutzt meist die Tatsache aus, dass die normale Diodenkennlinie über weite Bereiche einen streng exponentiellen Verlauf hat. Die Diodenspannung verhält sich damit wie der Logarithmus des Verhältnisses der Diodenströme.

Der logarithmische Verlauf der Kennlinie wird bei sehr kleinen Strömen durch Leckströme verfälscht, bei sehr großen Strömen durch den Bahnwiderstand der Diode. Außerdem ist die Diodenspannung stark temperaturabhängig. Bei konstanter Temperatur kann man von einem Umfang von bis zu sechs Dekaden, also 120 dB ausgehen.

Eine praktische Schaltung verwendet die Diode im Gegenkoppelzweig eines OPV. Die Eingangsgröße kann dann, je nach Anwendungsfall, ein Strom oder eine Spannung sein.

Die Ausgangsspannung der Schaltung ändert sich um ca. 60 mV, wenn der Eingangsstrom sich verzehnfacht (+ 20 dB). Die Schaltung weist bei Temperaturänderungen große Fehler auf. Eine Erhöhung der Temperatur um 1 °C verändert die Ausgangsspannung um etwa 2 mV. Damit entspricht eine Temperaturänderung von 15 °C einem Messfehler von 10 dB. Der Fehler lässt sich größtenteils durch eine zweite Diode kompensieren, deren Durchlassspannung

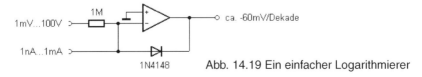

Abb. 14.19 Ein einfacher Logarithmierer

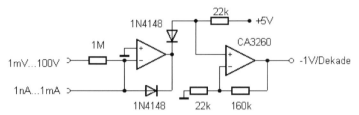

Abb. 14.20 Temperaturkompensation mit einer zweiten Diode

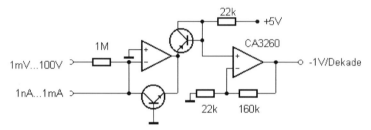

Abb. 14.21 Ein Logarithmierer auf der Basis von Transistoren

bei weitgehend konstantem Diodenstrom von der Ausgangsspannung subtrahiert wird.

Die Transistorkennlinie U_{BE}/I_C ist wie eine Diodenkennlinie über weite Bereiche streng logarithmisch. Setzt man statt Dioden Transistoren ein, dann ist die Genauigkeit der Schaltung noch wesentlich besser. Die Temperaturkompensation erfolgt nach *Abb. 14.21* über einen zweiten Transistor.

14.7 Messbrücken

Oft ist es erforderlich, Messgrößen zu vergleichen oder nur sehr kleine Änderungen einer Messgröße zu beobachten. Messbrücken bestehen aus zwei Spannungsteilern, deren Differenzspannung gemessen oder ausgewertet wird. Die Prinzipschaltung nach *Abb. 14.22* verwendet ein empfindliches Voltmeter zur Messung der Brückenspannung. Mit dem Potentiometer R_2 kann die Brückenspannung auf Null abgeglichen werden.

Verwendet man ein lineares Potentiometer mit einer ablesbaren Skala, dann kann nun direkt das Verhältnis der Widerstände R_x/R_1 bestimmt werden. Da die Brücke auf Null abgeglichen wurde und kein Brückenstrom fließt, wird das Messergebnis nicht durch das Messgerät verfälscht. Messbrücken wurden frü-

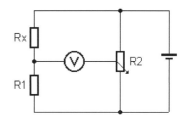

Abb. 14.22 Die Brückenschaltung

her oft zur Bestimmung von Widerständen oder Spannungen verwendet, weil damit genaue Messungen mit einfachen Messgeräten möglich waren. Mit modernen, hochohmigen Messgeräten kommt man auch ohne sie aus.

Ein immer noch aktueller Anwendungsfall ist die Messung sehr kleiner Änderungen am Messobjekt R_x. Mit einem entsprechend kleinen Messbereich des Voltmeters kann in einer abgeglichenen Messbrücke eine Änderung von z.B. weniger als einem Prozent auf den gesamten Messbereich gespreizt werden. So lässt sich z.B. die kleine Widerstandsänderung eines Dehnungsmessstreifens (DMS) auswerten. Dabei handelt es sich um einen Dünnfilm-Metallschichtwiderstand, der durch Dehnungskräfte geringfügig verlängert und damit hochohmiger wird. Oft werden DMS gleich in Brückenschaltung aus vier Einzelwiderständen des gleichen Materials gefertigt. Damit heben sich z.B. Temperaturabhängigkeiten auf. *Abb. 14.23* zeigt eine typische DMS-Brückenschaltung mit einem OPV.

Die Verstärkerschaltung verwendet einen Gegenkoppelwiderstand von 1 MΩ zur Festlegung der Verstärkung. Der Trimmer ermöglicht einen Feinabgleich der Brücke und erlaubt damit das Verschieben des Nullpunkts. Die Schaltung kann mit kleinen Änderungen für zahlreiche Fälle angewandt werden, in denen ein kleines Differenzsignal verstärkt werden muss.

Messbrücken lassen sich auch mit Wechselspannungen einsetzen, um z.B. Kapazitäten oder Induktivitäten zu bestimmen. Arbeitet man mit niedrigen Frequenzen, kann statt eines Messgeräts auch ein Kopfhörer zum Nullabgleich

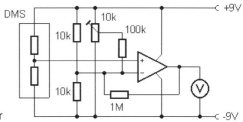

Abb. 14.23 Ein DMS-Brückenverstärker

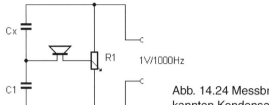

1V/1000Hz

Abb. 14.24 Messbrücke zur Bestimmung eines unbekannten Kondensators

eingesetzt werden. Grundsätzlich sollte der unbekannte Kondensator C_x eine Kapazität in der gleichen Größenordnung wie C_1 besitzen. Das Verhältnis der Teilwiderstände von R_1 entspricht bei abgeglichenem Nullpunkt dem umgekehrten Verhältnis R_x/R_1, da der größere Spannungsabfall am kleineren Kondensator liegt.

In ähnlicher Weise lassen sich auch Induktivitäten vergleichen. Die Frequenz des Messsignals sollte etwa der geplanten Einsatzfrequenz der Spule entsprechen, da die Induktivität z.B. wegen parasitärer Kapazitäten frequenzabhängig sein kann.

Mit Hochfrequenz-Messbrücken lassen sich auch komplexe Widerstände mit einem Realanteil (ohmscher Widerstand) und einem Imaginäranteil (induktiver oder kapazitiver Widerstand) bestimmen. Beide Anteile müssen getrennt abgeglichen werden, wobei abwechselnd der Realanteil und der Imaginäranteil auf kleinste Brückenspannung eingestellt wird. *Abb. 14.25* zeigt den prinzipiellen Aufbau. Die Brückenspannung kann z.B. mit einem Messempfänger beobachtet und auf den kleinsten Signalpegel abgeglichen werden.

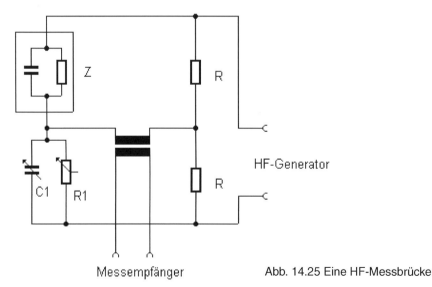

Messempfänger

Abb. 14.25 Eine HF-Messbrücke

15 Signalgeneratoren

Signalgeneratoren unterschiedlicher Frequenz, Spannung und Kurvenform werden allgemein für Messzwecke benötigt. Bei der Untersuchung eines Verstärkers kann ein Tongenerator in Zusammenarbeit mit anderen Messgeräten zur Bestimmung der Ausgangsleistung, der Verstärkung und des Frequenzgangs sowie zur Messung von Verzerrungen eingesetzt werden. Rechteckgeneratoren eignen sich für die schnelle Beurteilung des Breitbandverhaltens eines Verstärkers mit einem Oszilloskop. Nur ein flacher Frequenzgang führt zur unverfälschten Übertragung eines Rechtecksignals. Genaue Frequenzgänge misst man meist mit Sinusgeneratoren.

15.1 Rechteck-Generatoren mit OPV

Ein einfacher Rechteckgenerator lässt sich mit einem OPV aufbauen. In der gezeigten Schaltung muss eine zweifache Betriebsspannung von z.B. +5 V und –5 V eingesetzt werden. Der Verstärker wird hier als Komparator eingesetzt. Der Ausgang liegt immer in der Nähe einer Betriebsspannung. Am nichtinvertierenden Eingang liegt daher entweder +5 V oder –5 V. Der Kondensator am invertierenden Eingang wird jeweils mit der gerade am Ausgang anliegenden Spannung geladen, bis er die Spannung am nichtinvertierenden Eingang erreicht hat. Dann kippt der Komparator um.

Die Frequenz des Ausgangssignals beträgt etwa $f = 0{,}45/(R*C)$. Mit $C = 0{,}1$ µF und $R = 100$ kΩ ergibt sich eine Frequenz von 45 Hz. Mit anderen Konden-

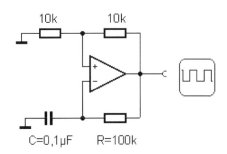

Abb. 15.1 Ein Rechteckgenerator

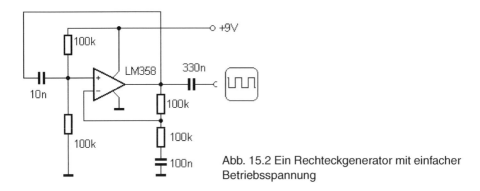

Abb. 15.2 Ein Rechteckgenerator mit einfacher Betriebsspannung

satoren lässt sich ein weiter Frequenzbereich bis etwa 10 kHz erreichen. Ersetzt man R durch einen Trimmer, kann die Frequenz eingestellt werden. *Abb. 15.2* zeigt eine Schaltungsvariante speziell für den Einsatz mit einer einfachen Betriebsspannung.

Mit zwei Operationsverstärkern lässt sich eine Schaltung realisieren, bei der die Ausgangsfrequenz in weiten Grenzen einstellbar ist. Als Ausgangssignale stehen eine Rechteckschwingung und eine Dreieckschwingung zur Verfügung. Die Schaltung benötigt eine zweifache Betriebsspannung. Man kann sie aber leicht umgehen, indem man mit einem Spannungsteiler eine künstliche Mittenspannung erzeugt.

Der Dreieck-Rechteckgenerator besteht aus einem Komparator und einem Integrator. Das Ausgangssignal des Komparators wird durch den Integrator zu einem Rampensignal geformt, wobei über das Poti die Rampensteilheit eingestellt werden kann. Der erste, als Komparator eingesetzte OPV befindet sich immer in der Sättigung, d.h. seine Ausgangsspannung befindet sich in der Nähe der negativen oder der positiven Betriebsspannung. Der Rechteckausgang ist daher voll ausgesteuert. Mit der angegebenen Dimensionierung kippt der Komparator immer dann um, wenn die Spannung am Ausgang des zweiten OPV etwa 50% der Betriebsspannung erreicht. Die Betriebsspannung der OPVs sollte stabilisiert

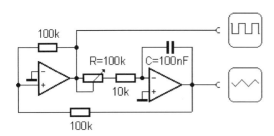

Abb. 15.3 Ein kombinierter Dreieck-Rechteckgenerator

werden, um stabile Ausgangsspannungen und eine stabile Frequenz zu erreichen. Die Schaltung liefert Signale zwischen ca. 40 Hz und 450 Hz.

Die Frequenz des Ausgangssignals beträgt wieder etwa f = 0,45/(R*C). Für einen universell einsetzbaren Funktionsgenerator sollte man C umschalten. Mit C = 220 nF, 22 nF und 2,2 nF ergeben sich Frequenzbereiche bis 100 Hz, 1 kHz und 10 kHz.

15.2 Rechteckgenerator mit dem 555

Der Präzisionstimer-Baustein NE555 wurde speziell für die Erzeugung exakter Rechtecksignale und Einzelimpulse entwickelt. Das IC enthält zwei Komparatoren und ein RS-Flipflop. Die Komparatoren vergleichen die Eingangsspannung mit den Teilspannungen eines internen Spannungsteilers aus drei gleichen Widerständen, so dass die Schaltschwellen exakt bei 1/3 und bei 2/3 der Betriebsspannung liegen. Über den Control-Eingang am Pin 5 ist ein Ab-

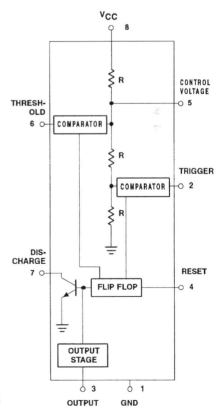

Abb. 15.4 Prinzipschaltung des 555 (Philips)

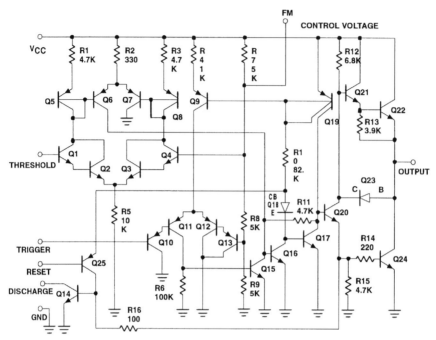

Abb. 15.5 Innenschaltung des 555 (Philips)

gleich oder eine Veränderung der Schaltschwellen möglich. Der RS-Flipflop des 555 steuert zwei Ausgänge, nämlich den Discharge-Ausgang und den Gegentaktausgang am Pin 3. Neben der bipolaren Version des 555 gibt es auch noch eine CMOS-Version TLC555 mit deutlich geringerer Stromaufnahme.

Die Ausgangsstufe des 555 besteht aus den Transistoren Q_{20} bis Q_{24}. Wenn Q_{20} leitet, wird Q_{24} voll durchgesteuert, die Ausgangsspannung liegt nahe bei der negativen Versorgungsspannung. Wenn Q_{20} sperrt, leiten die Transistoren Q_{21} und Q_{22}. Die Darlington-Schaltung sorgt für einen relativ großen Ausgangsstrom, kann aber die Ausgangsspannung nicht ganz bis zur positiven Betriebsspannung anheben. Es fehlen etwa 1,2 V. Bei sehr hochohmiger Außenbeschaltung wird nur Q_{21} leiten und die Spannung bis auf ca. 0,6 V an die positive Versorgungsspannung heranführen. In jedem Fall ist die genaue Spannung auch noch von der Temperatur abhängig. Je nach Schaltung wird auch die Genauigkeit der erzeugten Frequenz betroffen.

Der Discharge-Ausgang besteht aus einem einzelnen NPN-Transistor mit offenem Kollektor. Der Transistor ist je nach Ansteuerung entweder ganz gesperrt oder ganz durchgeschaltet. Im eingeschalteten Zustand liegt nur noch die Kollektor-Emitter-Sättigungsspannung von einigen Millivolt am Kollektor. Die Temperaturabhängigkeit ist gering, wenn man durch eine geeignete äußere Beschaltung für einen kleinen Kollektorstrom sorgt.

Abb. 15.6 zeigt die empfohlene Schaltung für einen Rechteckgenerator. Der Ladekondensator C wird über R_A und R_B geladen, solange der Ausgangstransistor sperrt. Im eingeschalteten Zustand schaltet der Transistor Pin 7 herunter, so dass C über R_B entladen wird. Ein zusätzlicher Bypass-Kondensator am Pin 5 verbessert die Reinheit der Vergleichsspannung am internen Spannungsteiler und ist dann zu empfehlen, wenn es auf höchste Konstanz des Ausgangssignals ankommt.

Der Timer 555 besitzt einen Reset-Eingang, mit dem man einen Low-Zustand erzwingen kann. Für eine freie Schwingung muss hier insbesondere bei der CMOS-Version TLC555 die Betriebsspannung angelegt werden, während bei der bipolaren Version NE555 der offene Eingang ohnehin hochliegt.

Am Ausgang Discharge des Timers liegt eine hohe Spannung, solange die Eingänge Threshold und Trigger unterhalb 67% der Betriebsspannung liegen. Steigt die Kondensatorspannung über die Schaltschwelle, kippt das Flip-Flop um, so dass der Ausgang Discharge leitet. Nun beginnt die Entladung des Kondensators bis zur unteren Schwelle bei 33% der Betriebsspannung. Der Vorgang wiederholt sich periodisch. Am Gegentaktausgang Output entsteht ein

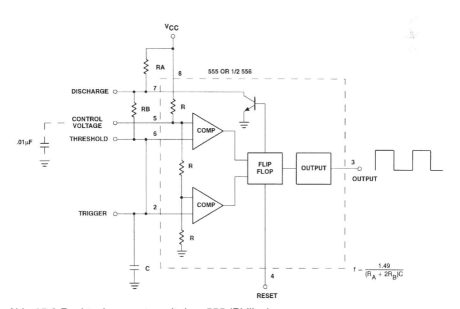

Abb. 15.6 Rechteckgenerator mit dem 555 (Philips)

Rechtecksignal. Am Ladekondensator wird ein Dreieck-ähnliches Signal gemessen, genauer ein Signal mit Abschnitten der typischen exponentiellen Lade- und Entladekurven eines RC-Glieds.

Die Frequenz des Rechteckgenerators beträgt etwa

$$f = \frac{1{,}5}{C \cdot (R_A + 2 \cdot R_B)} \, .$$

Die Schaltung liefert kein exakt symmetrisches Rechtecksignal, weil beim Entladen nur R_B wirksam ist, beim Laden dagegen beide Widerstände R_A und R_B. Man kann jedoch R_B sehr viel größer wählen als R_A, um ein symmetrisches Signal anzunähern. Mit $R_A = 1$ kΩ, $R_B = 100$ kΩ und $C = 0{,}1$ µF erhält man ein weitgehend symmetrisches Signal mit ca. 75 Hz.

Durch Verändern der Spannung am Control-Eingang (Pin 5) kann die Frequenz in einem gewissen Grade verändert werden. Eine Verringerung der Vergleichsspannung für die internen Komparatoren verringert zugleich die Ladezeiten und erhöht damit die Frequenz. Hier ergibt sich eine einfache Möglichkeit der Frequenzmodulation. Ein Signal geringerer Frequenz kann direkt mit einem Koppelkondensator an Pin 5 gelegt werden.

Die äußere Beschaltung lässt sich nach *Abb. 15.7* vereinfachen, indem man den Ladekondensator über einen Widerstand direkt am Gegentaktausgang am Pin 3 lädt und entlädt. Man kommt mit zwei externen Bauteilen R und C aus. Die Frequenz der Schaltung beträgt etwa f = 0,7/(R*C). Mit R = 10 kΩ und C = 0,1 µF erhält man daher etwa 700 Hz. Die Genauigkeit der Schaltung ist weniger gut, weil die Ausgangsspannung am Ausgang 3 geringfügig von der Temperatur und von der äußeren Belastung abhängt.

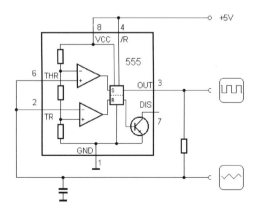

Abb. 15.7 Ein vereinfachter Rechteck-generator

Abb. 15.8 Ein Testgene-
rator für Fernsteuer-
Servos

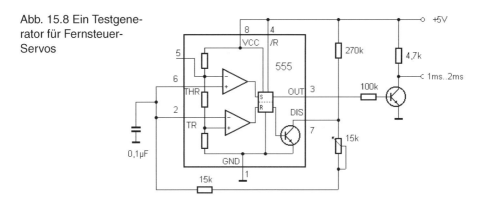

Für die Erzeugung unsymmetrischer Rechtecksignale ergibt sich nach *Abb. 15.8* eine einfache Schaltung unter Verwendung des Discharge-Ausgangs. Allerdings ist die Schaltung auf solche Fälle beschränkt, in denen die Einschaltphase länger ist als die Ausschaltphase. Die Schaltung bildet einen Testgenerator für Fernsteuer-Servos. Die negativen Ausgangsimpulse müssen mit einer weiteren Transistorstufe invertiert werden. Die Impulslänge ist zwischen 1 ms und 2 ms einstellbar. Zwischen den Impulsen liegen Pausen von ca. 20 ms. Ein angeschlossenes Servo kann direkt über das Poti verstellt werden.

Die Impulsdauer wird hier vom Ladekondensator mit $C = 0,1$ µF und dem Entladewiderstand mit $R = 15$ kΩ bis $R = 30$ kΩ bestimmt. Die Impulsdauer liegt bei etwa $t = 0,7*RC$, also zwischen 1 ms und 2 ms. Der Widerstand von 270 kΩ bestimmt die Impulspausen mit ca. 20 ms.

15.3 CMOS-Oszillatoren

Einfache Signalgeneratoren für höhere Frequenzen lassen sich statt mit Operationsverstärkern auch mit Logik-Gattern aufbauen. Gut geeignet sind z.B. CMOS-ICs der 4000er-Serie, die mit Betriebsspannungen zwischen 3 V und 18 V arbeiten. Hier werden zwei NAND-Gatter des Bausteins CD4011 eingesetzt, die mit parallel geschalteten Eingängen als Inverter arbeiten.

Die erste Stufe wird über einen Gegenkoppelwiderstand zunächst auf eine mittlere Ausgangsspannung eingestellt. Sie arbeitet damit wie ein analoger Verstärker. Mit Hilfe der zweiten Stufe wird die notwendige Phasendrehung herbeigeführt, so dass es über die Rückkopplung auf den Eingang der ersten Stufe zu Schwingungen kommt. Mit der angegebenen Dimensionierung ergibt

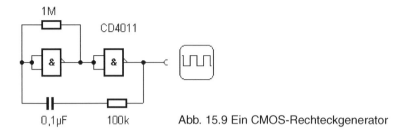

Abb. 15.9 Ein CMOS-Rechteckgenerator

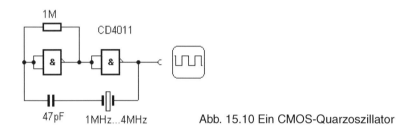

Abb. 15.10 Ein CMOS-Quarzoszillator

sich eine Ausgangsfrequenz von ca. 10 Hz. Mit entsprechend kleineren Kondensatoren arbeitet der Oszillator bis in den Megahertzbereich.

Diese einfache Schaltung ist nicht besonders frequenzstabil. Es ergeben sich gewisse Abweichungen in Abhängigkeit von der Temperatur und der Betriebsspannung. Auch Exemplarstreuungen des 4011 spielen eine Rolle. Wenn man eine besonders genaue Frequenz benötigt, sollte ein Quarzoszillator aufgebaut werden. Die folgende Schaltung verwendet einen Schwingquarz im Rückkoppelzweig. Der Quarz zeigt bei seiner Resonanzfrequenz eine geringe Impedanz und zusammen mit dem Serienkondensator eine Phasenverschiebung von Null, so dass nur hier die Schwingungsbedingung erfüllt ist.

Einfache CMOS-ICs der 4000er Serie eignen sich nur bis zu Frequenzen um 4 MHz. Mit High-Speed-Bausteinen wie dem 74HC4011 erreicht man dagegen Frequenzen bis etwa 20 MHz. Die Betriebsspannung muss allerdings auf 5 V stabilisiert werden.

Eine weitere Variante des CMOS-Oszillators verwendet Schmitttrigger-Inverter, z.B. vom Typ CD4584. Der Baustein verhält sich ähnlich wie ein Komparator im Timer 555, so dass auch die Beschaltung ähnlich ist. Die folgende Schaltung lässt sich z.B. als ein einfacher Morse-Übungsgenerator einsetzen. Da der CD4584 sechs gleiche Inverter enthält, lassen sich mit einem IC gleich sechs Oszillatoren aufbauen. Man könte damit z.B. einfache Musikinstrumente realisieren. Die Tonhöhe lässt sich über den Trimmer einstellen.

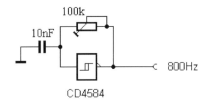

Abb. 15.11 Ein Rechteckgenerator mit einem
Schmitt-Trigger-Gatter

15.4 Wien-Brücken-Oszillator

Für die Erzeugung reiner Sinussignale mit geringen Verzerrungen ist ein etwas größerer Aufwand nötig als für Rechteckgeneratoren. Unter den verschiedenen RC-Oszillatoren nimmt der Wien-Brückenoszillator eine wichtige Stellung ein. Die eigentliche Brücke besteht aus zwei gleich dimensionierten RC-Gliedern in Reihen- und Parallelschaltung. Die Brücke hat nur bei der Frequenz f_0 = $1/(2\pi RC)$ eine Phasenverschiebung von Null. Der Oszillator verwendet sie im Rückkoppelkreis und schwingt daher exakt bei f_0. Der Nulldurchgang der Phase ist sehr steil, so dass die Frequenz exakt eingehalten wird.

Die Schaltung benötigt eine Amplitudenregelung, ohne die sie übersteuern und verzerren würde. In der Schaltung nach *Abb. 15.12* wird eine kleine Glühlampe als Stellglied verwendet. Die Lampe hat einen Kaltwiderstand von ca. 120 Ω, der bei der Betriebsspannung von 24 V bis auf 1,2 kΩ ansteigt. Schon eine kleine Signalspannung des Oszillators führt über die Erwärmung des Glühfadens zu einer Widerstandserhöhung und damit zu einer Verringerung der Verstärkung. Eine stabile Amplitude stellt sich bei einer Verstärkung von 3 ein, also bei einem Fadenwiderstand von 135 Ω. Ein Problem der Schaltung ist die Stabilität der Regelschaltung. Im ungünstigsten Fall kann es zu Regelschwingungen kommen. Die Regelung benötigt einige Sekunden, bis sich eine stabile Ausgangsspannung eingestellt hat. Man kann hier nicht mit sehr kleinen Frequenzen unter 10 Hz arbeiten, weil der Regelkreis auf die thermische

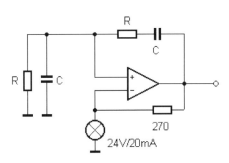

Abb. 15.12 Wien-Brückenoszillator

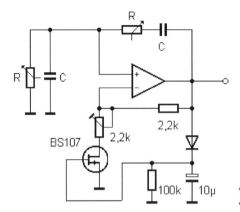

Abb. 15.13 Verwendung eines FET zur Amplitudenregelung

Trägheit des Glühfadens angewiesen ist. Diese Probleme vermeidet man mit rein elektronischen Stellgliedern.

Will man die Frequenz einstellen, muss für die beiden frequenzbestimmenden Widerstände R ein Doppelpotentiometer eingesetzt werden. Es kommt auf sehr guten Gleichlauf an, weil Abweichungen zwischen beiden Widerständen eine veränderte Verstärkung erfordern. Man benötigt also eine sehr effektive und stabile Amplitudenregelung. In der Praxis verwendet man häufig Feldeffekttransistoren als regelbare Widerstände zur Amplitudenstabilisierung. *Abb. 15.13* zeigt eine Schaltung mit dem V-MOS-Transistor BS107.

Das Stellglied FET liegt in Reihe zu einem einstellbaren Widerstand. Man kann also eine grobe Voreinstellung der Verstärkung vornehmen. Der FET braucht nur einen kleinen Bereich der Amplitudenregelung zu übernehmen. Auf diese Weise verhindert man Regelschwingungen. Der FET wird durch die Regelschaltung auf einen relativ kleinen Kanalwiderstand eingestellt. Dabei darf die Signalspannung einen Scheitelwert von 0,5 V nicht überschreiten. Andernfalls würde die parasitäre Diode des VMOS-Transistors leiten und zu Verzerrungen führen.

Eine dritte Variante der Regelschaltung muss eher als Begrenzerschaltung bezeichnet werden. Man verwendet zwei Dioden, die über ihre Kennlinie die Ausgangssignale auf ca. 1,2 Vss klippen. Prinzipiell entstehen dabei Verzerrungen des Ausgangssignals. Man kann die kritische Verstärkung jedoch so genau einstellen, dass die Verzerrungen sehr gering bleiben. Die Schaltung kennt keinerlei Stabilitätsprobleme und arbeitet problemlos auch mit den geringsten Frequenzen.

Die Schaltung zeigt zugleich eine praktische Variante mit nur einer Betriebsspannung. Eine künstliche Mittenspannung wird dabei durch einen Span-

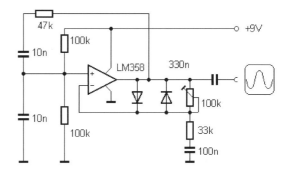

Abb. 15.14 Amplitudenstabilisierung mit Dioden

nungsteiler erzeugt, der zugleich einen der frequenzbestimmenden Widerstände der Wien-Brücke darstellt. In dieser Form eignet sich die Schaltung zu
Erzeugung einer festen Frequenz.

Verwendet man in einer ähnlichen Schaltung ein Doppelpoti zur Einstellung
der Frequenz, dann führt ein mangelnder Gleichlauf allerdings effektiv zu höheren Verzerrungen, weil die Verstärkung höher eingestellt werden muss. Zur
Aufrechterhaltung der Schwingungen muss die Verstärkung für den ungünstigsten Punkt eingestellt werden. In anderen Frequenzbereichen ergeben sich
dann etwas höhere Verzerrungen, weil die Begrenzerdioden stärker klippen.

15.5 Integrierte Funktionsgeneratoren

Das Kernproblem des Wienbrücken-Oszillators ist die Stabilisierung der Amplitude. Ein einfacher Dreieckgenerator (s.o. *Abb. 15.3*) kennt diese Probleme
nicht. Es liegt daher nahe, ein Dreiecksignal zu einem Sinussignal zu formen.
Die beste Möglichkeit für eine Festfrequenz wäre der Einsatz von nachgeschalteten Tiefpass- oder Bandpassfiltern. Lässt man nur die Grundfrequenz
zu, dann liegt in jedem Fall ein sauberes Sinussignal vor. Für einen variablen
Sinusgenerator müsste man jedoch auch die Filter im Gleichlauf verstimmen,
was mit sehr großem Aufwand verbunden ist. Man verwendet daher eine
Schaltung aus Dioden und Widerständen, die aus einem Dreiecksignal in erster
Näherung ein Sinussignal formt. *Abb. 15.14* zeigt einen solchen Sinus-Former.

Die Schaltung basiert auf der Diodenkennlinie und ähnelt einer Begrenzerschaltung, wobei zusätzliche Widerstände für weiche Übergänge sorgen. Die
Spitzenspannung von 2 V wird hier auf zwei Dioden-Durchlassspannungen,
also ca. 1,2 V begrenzt. Die Amplitude des Eingangs-Dreiecksignals muss auf
geringste Verzerrungen eingestellt werden. *Abb. 15.16* zeigt das Eingangs- und

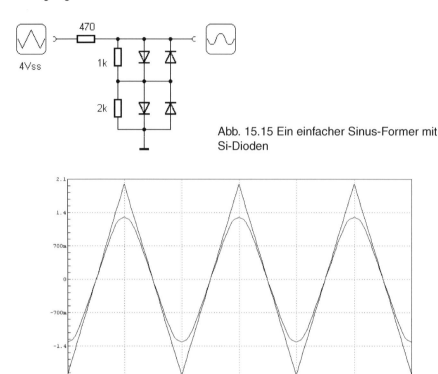

Abb. 15.15 Ein einfacher Sinus-Former mit Si-Dioden

Abb. 15.16 Signalformen des einfachen Sinusformers

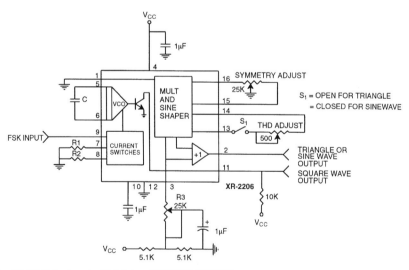

Abb. 15.17 Prinzipschaltbild des XR2206 (EXAR)

das Ausgangssignal der Schaltung. In der Praxis erreicht man mit komplexeren Schaltungen Verzerrungsfaktoren bis hinunter zu etwa 1%.

Mit dem Funktionsgenerator-IC XR2206 steht ein kompletter Rechteck- Dreieck- und Sinusgenerator bereit. Das IC liefert Rechteck, Dreieck und Sinussignale von 0,01 Hz bis 1000 kHz. Der interne Sinus-Former kann über zusätzliche Trimmer auf geringste Verzerrungen eingestellt werden. *Abb. 15.17* zeigt das Prinzipschaltbild, in *Abb. 15.18* sieht man einen kompletten Funktionsgenerator.

in vergleichbares IC ist der ICL8038 mit einem zusätzlichen Eingang für Frequenzmodulation. Für höhere Frequenzen bis zu 20 MHz gibt es den MAX038. *Abb. 15.19* zeigt eine typische Anwendung.

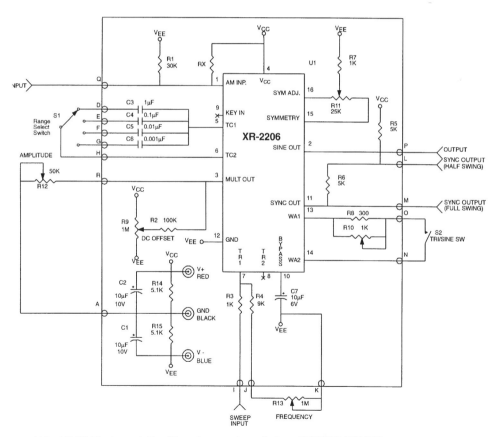

Abb. 15.18 Ein kompletter Signalgenerator mit dem XR2206 (EXAR)

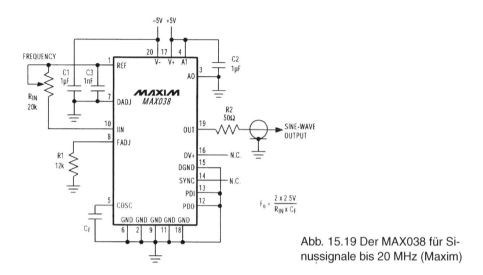

Abb. 15.19 Der MAX038 für Sinussignale bis 20 MHz (Maxim)

15.6 Spannungsgesteuerte Oszillatoren

Oft benötigt man Oszillatoren, deren Frequenz über eine Spannung verändert werden kann. Einen spannungsgesteuerten Oszillator bezeichnet man auch als VCO (Voltage Controlled Oscillator). Eine mögliche Anwendung ist die Messung von Spannungen über den Umweg einer Frequenzmessung. In Telemetrie-Anwendungen werden Messwerte oft als Tonsignale über Telefonleitungen oder Funkstrecken übertragen. Ein Gleichspannungs-Eingangssignal muss dabei einen geeigneten Oszillator steuern.

Speziell für die Anwendung in Phasen-Regelkreisen (Phase Locked Loop, PLL) wurde das CMOS-IC 4046 entwickelt. Ein steuerbarer Rechteckgenerator wird dabei über eine Phasenvergleich einem Eingangssignal nachgesteuert. Anwendungen liegen in Frequenzvervielfachern, digital gesteuerten Signalgeneratoren oder in Tondetektoren. Das IC enthält einen spannungsgesteuerten Oszillator, der sich auch einzeln für beliebige Zwecke einsetzen lässt.

Die einfache Schaltung nach *Abb. 15.20* liefert Ausgangssignale von ca. 1 kHz bis 1 MHz. Mit einem zusätzlichen Widerstand am Pin 12 kann der Frequenzbereich eingeengt werden, indem die untere Frequenzgrenze angehoben wird. Die Linearität des VCO beträgt für kleine Änderungen der Steuerspannung zwischen 4 V und 6 V noch 0,5%. Bei einer größeren Variation zwischen 2,5V und 7,5 V verschlechtert sich die Linearität schon auf 4%. Damit eignet sich die Schaltung nicht für Präzisionsanwendungen, wohl aber für die Erzeugung schmalbandiger FM-Signale.

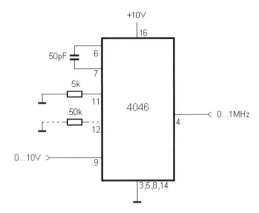

Abb. 15.20 Ein VCO mit dem 4046

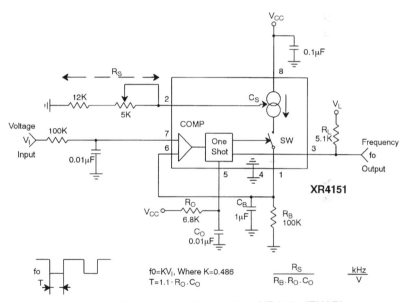

$$f0 = KV_I, \text{ Where } K = 0.486$$
$$T = 1.1 \cdot R_O \cdot C_O$$

$$\frac{R_S}{R_B \cdot R_O \cdot C_O} \qquad \frac{kHz}{V}$$

Abb. 15.21 Ein Spannungs-Frequenzwandler mit dem XR4151 (EXAR)

Speziell für Messzwecke wurde der Spannungs-Frequenzwandler XR4151 entwickelt. Das IC zeigt eine gute Linearität schon bei kleinen Spannungen von wenigen Millivolt. Der XR4151 enthält einen monostabilen Flipflop (One Shot) mit fest einstellbarer Impulslänge. Ein Impuls wird immer dann ausgelöst, wenn die Eingangsspannung über der Spannung des Ladekondensators C_B liegt. Für die Dauer des Impulses wird der Kondensator über eine Konstantstromquelle geladen, d.h., ihm wird eine bestimmte Ladungsmenge zugeführt. C_B wird über den Widerstand R_B langsam entladen, so dass nach einer gewissen Zeit ein neuer Ladeimpuls ausgelöst wird. Im Mittel nimmt das RC-Glied die Spannung des Eingangs an. Dazu ist eine Impulsfolge nötig, die dem Kondensator im Mittel eine zur Eingangsspannung proportionalen Strom zuführt. Die Frequenz der Ladeimpulse ist also proportional zur Eingangsspannung. Sie steht am Ausgang zur Verfügung. Es muss beachtet werden, dass hier kein symmetrisches Rechtecksignal steht, sondern eine Impulsfolge aus kurzen, immer gleich langen Einzelimpulsen.

Die einfache Schaltung nach *Abb. 15.21* erreicht bereits eine Linearität von 1%. Der Fehler rührt vor allem daher, dass die Eingänge des Komparators und der Ausgang der Konstantstromquelle bei unterschiedlichen Spannungen entsprechend der Eingangsspannung betrieben werden. Für höhere Ansprüche an die Linearität wird die Schaltung nach *Abb. 15.22* empfohlen. Die Ladeimpulse wirken hier auf einen externen, mit einem OPV aufgebauten Integrator, dessen Eingangsspannung unverändert bleibt. Die Schaltung erreicht eine Linearität von 0,05% über den gesamten Bereich von 0 bis 10 V. Die Schaltung kehrt zugleich die Richtung der Frequenzänderung um, d.h., steigende Eingangsspannungen führen zu einer fallenden Frequenz.

15.7 Steuerbarer Sinusgenerator mit OTA

Wenn es auf absolut reine Sinussignale ankommt, werden die besten Signale mit RC-Generatoren wie dem Wien-Brückenoszillator erzielt. Ein Problem solcher Schaltungen ist aber, dass Mehrfach-Potentiometer mit sehr gutem Gleichlauf benötigt werden. Sie lassen sich jedoch durch einen gesteuerten Steilheitsverstärker (OTA) ersetzen. Geeignet ist z.B. der zweifache OTA LM13600. Außer zwei OTA-Verstärkern enthält das IC auch noch zwei Darlington-Puffer, die als Emitterfolger und Impedanzwandler einen niederohmigen Signalausgang liefern. Als weitere Besonderheit besitzen die OTA-Eingangsstufen zwei zusätzliche Dioden, mit denen man durch einen zusätzlichen Eingangsstrom eine weitere Minimierung der Verzerrungen auch für etwas größere Eingangssignale in der Größenordnung bis 10 mV erreichen kann.

Die ausführlichere Innenschaltung des LM13600 zeigt den schon vom CA3080 bekannten Aufbau. Der zusätzliche Pufferverstärker Q_{12}/Q_{13} wird über eine weitere Stromquelle vorgespannt, so dass Q_{12} nicht allein durch den Eingangswiderstand von Q_{13} belastet ist. Dadurch verbessert sich das Verhalten der Darlington-Stufe bei höheren Frequenzen.

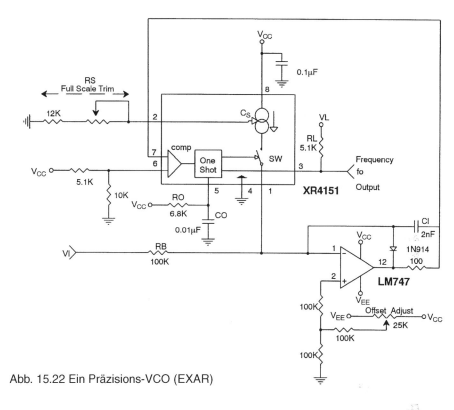

Abb. 15.22 Ein Präzisions-VCO (EXAR)

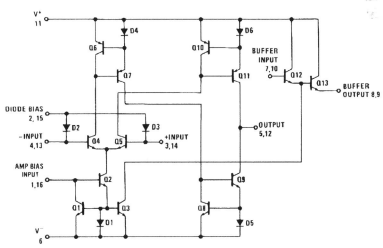

Abb. 15.24 Eine Stufe des doppelten OTA LM13600 (National Semiconductor)

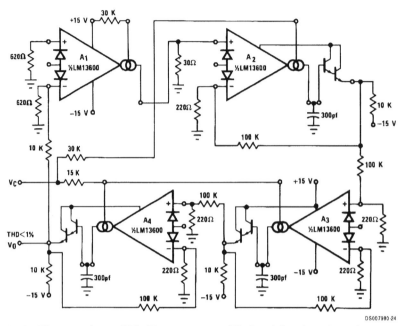

Abb. 15.25 Ein steuerbarer OTA-Sinusgenerator (National Semiconductor)

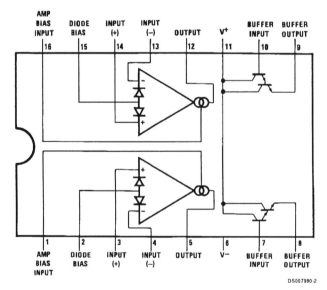

Abb. 15.23 Anschlussbelegung des doppelten OTA LM13600
(National Semiconductor)

Der steuerbare Sinusgenerator nach *Abb. 15.25* arbeitet mit drei RC-Phasenschiebern mit jeweils 60°. Die Kondensatoren mit jeweils 300 pF werden über OTAs als steuerbare Widerstände geladen. Jedes steuerbare RC-Glied wird mit einem Impedanzwandler (Darlington-Emitterfolger im LM13600) an die folgende Stufe gekoppelt. Damit hat jeder OTA eine geringe Eingangsimpedanz. Ein vierter OTA arbeitet als Phasenumkehrstufe mit 180°. Zugleich übernimmt er die Funktion eines Begrenzers zur Amplitudenstabilisierung. Die dabei auftretenden Verzerrungen werden durch die nachfolgenden Phasenstufen als Tiefpassfilter z.T. wieder ausgefiltert. Die Verzerrungen bleiben damit unterhalb von 1%.

Über den gemeinsamen Steuereingang V_C kann die Frequenz des Sinusgenerators im Bereich von 5 Hz bis 50 kHz eingestellt werden. Der außerordentlich große Variationsbereich von 1:10000 wäre mit Potentiometern niemals zu erreichen, da es keine Mehrfachpotis mit einem derart großen Variationsbereich und gleichzeitig gutem Gleichlauf gibt. Nun reicht im Prinzip ein einzelnes Poti zur Einstellung der Steuerspannung. Möglich ist aber auch eine automatische Steuerung, z.B. für einen Sweep-Generator, der den gesamten Frequenzbereich automatisch durchfährt.

Wenn es bei einem Generator nicht auf Sinussignale ankommt, kann mit einem Dreieck-Rechteckgenerator nach *Abb. 15.26* ein wesentlich geringerer Aufwand erzielt werden. Nur ein einzelner OTA wird hier als steuerbare Ladestromquelle benötigt, während die zweite Stufe einen Komparator und Inverter bildet. Der fest vorgegebene Steuerstrom I_A des Komparators bestimmt zusammen mit dem Ausgangswiderstand R_A den maximalen Spannungshub am Ausgang und damit die Amplitude des Rechteck- und des Dreiecksignals.

Beide OTAs arbeiten in dieser Schaltung stark übersteuert, d.h., jeweils ein Zweig des Differenzverstärkers und die zugehörigen Stromspiegel sind völlig gesperrt, während der jeweils andere Zweig den vollen Steuerstrom weiterleitet. Sie arbeiten damit wie Umschalter.

Mit diesem Generator wird ein Variationsbereich von 2 Hz bis 200 kHz erreicht, wobei der Steuerstrom von 10 nA bis 1 mA reicht. Bei der Ansteuerung des OTA ist zu beachten, dass eigentlich nicht die Steuerspannung, sondern ein Steuerstrom vorgegeben wird. Wählt man eine Eingangsspannung, dann hängt der Strom über die exponentielle Kennlinie des Stromquellen-Transistors mit dem Steuerstrom zusammen. Damit kann man im Prinzip ein logarithmisches Steuerverhalten erreichen, was die Abstimmung der Frequenz über mehrere Dekaden erleichtert. Allerdings wäre der Steuerstrom und damit die Frequenz

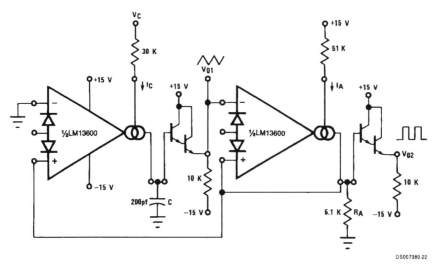

Abb. 15.26 Ein steuerbarer Funktionsgenerator (National Semiconductor)

in hohem Maße von der Temperatur abhängig. Besser ist es daher, eine steuerbare Stromquelle vorzuschalten.

16 Sensoren

Zum Messen und Verarbeiten nicht-elektrischer Größen wie Temperatur, Licht, Druck usw. benötigt man Sensoren. Ihre Aufgabe ist es, elektrische Signale zur Weiterverarbeitung mit elektronischen Schaltungen zu liefern. Allgemein kann man unterscheiden zwischen solchen Sensoren, die ihren Widerstand in Abhängigkeit von der Messgröße verändern, und solchen, die eine Spannung oder einen Strom abgeben. Meist benötigt man einen Verstärker oder eine Anpassschaltung zum Anschluss der Sensoren.

16.1 NTC-Sensoren

Unter den Temperatursensoren ist der NTC-Widerstand (Negativer Temperaturkoeffizient) besonders einfach einzusetzen, weil er bereits bei geringen Temperaturänderungen seinen Widerstand stark ändert. Sie bestehen aus einem keramischen Metalloxid mit halbleiterähnlichen Eigenschaften. Die Leitfähigkeit steigt daher ähnlich wie in Germanium oder Silizium mit der Temperatur steil an, da weitere Ladungsträger aus schwachen Bindungen befreit werden. Der Widerstand fällt mit steigender Temperatur in erster Näherung exponentiell ab. Die genaue Kennlinie kann sich von Typ zu Typ sehr stark ändern. Bei einfachen NTC-Widerständen ist auch die Fertigungstoleranz mit 10% oder 20% recht groß. Der Nennwiderstand R_{25} wird für eine Temperatur von 25 °C angegeben. *Abb. 16.1* zeigt den Verlauf für einen typischen 10-kΩ-NTC.

Der Verlauf des Widerstands eines NTC kann mit einer Exponentialkurve angenähert werden. In die Formel ist die absolute Temperatur in Kelvin (t/°C +273) einzugeben. Die Temperaturkonstante B wird vom Hersteller des NTC angegeben und weist typische Werte zwischen 2000 K und 5000 K auf. Genauer betrachtet ist auch der B-Wert nicht konstant, sondern steigt etwas mit der Temperatur. Deshalb gibt man einen Wert $B_{25/85}$ an, der aus zwei Messpunkten bei 25 °C und bei 85 °C bestimmt wurde.

$$R(T) = R_{25} \cdot e^{B \cdot \left(\frac{1}{T} - \frac{1}{298K} \right)}$$

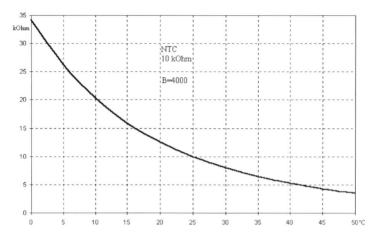

Abb. 16.1 Widerstand eines NTC mit 10 k

Die *Tabelle 16.1* zeigt B-Werte für typische NTC-Widerstände. Da NTC eines Typs für verschiedene Grundwiderstände gleiche Maße haben, unterscheiden sie sich in ihrem Material und damit auch in ihrem B-Wert. Allgemein gilt, dass ein höherer Grundwiderstand R_{25} einen steileren Verlauf der Kennlinie bedingt.

Tabelle 16.1 Typische B-Werte für NTC-Widerstände

R_{25} in Ω	$B_{25/85}$ in K	R_{25} in Ω	$B_{25/85}$ in K
100	2880	5000	3560
220	2990	10000	3620
330	3041	15000	3528
470	3136	33000	3960
680	3270	47000	4090
1000	3390	68000	3740
2200	3680	100000	3650
3300	3830	330000	4015
4700	3560	470000	4130

Leider unterscheiden sich NTC-Widerstände verschiedener Hersteller erheblich. In der Praxis ist es manchmal äußerst schwierig, an genaue Daten eines NTC zu kommen. Es kann dann sinnvoll sein, den B-Wert durch Messen des Widerstands an zwei Temperaturen T_1 und T_2 selbst zu bestimmen.

$$B = \frac{\ln\left(\dfrac{R_1}{R_2}\right)}{\dfrac{1}{T_1} - \dfrac{1}{T_2}}$$

Der extrem nicht-lineare Verlauf des Widerstands erschwert eine einfache Messung mit linearer Anzeige. Mit relativ einfachen Mitteln lässt sich jedoch eine Linearisierung in einem Teilbereich erreichen. Bildet man einen Spannungsteiler mit einem Festwiderstand mit dem Widerstand des NTC in der Mitte des gewünschten Messbereichs, dann ergibt sich ein angenäherter linearer Zusammenhang zwischen Spannung und Temperatur in einem Bereich von insgesamt 30...50 K.

Spezielle NTC-Sensoren für Messzwecke weisen einen sehr geringen Fehler von nur 1% des Widerstands auf. Das entspricht etwa einer Abweichung von 0,5 °C. Sie lassen sich daher oft ohne spezielle Kalibrierung in einfachen

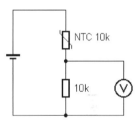

Abb. 16.2 Prinzip der Temperaturmessung mit dem NTC

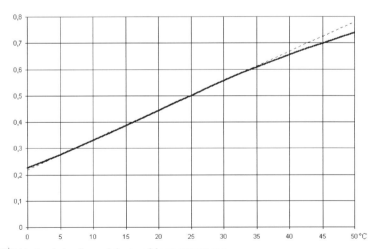

Abb. 16.3 Verlauf der linearisierten Messspannung

Thermometern einsetzen. Für hohe Messgenauigkeiten reicht es nicht mehr, mit einem konstanten B-Wert zu rechnen. Statt dessen verwendet man genaue Stützwerte, die vom Hersteller angegeben werden. Die folgende Tabelle zeigt Werte für einen NTC-Temperatursensor der Firma Conrad (Best.Nr. 195596). Mit angegeben ist die Spannung für den Fall, dass der Sensor in einem Spannungsteiler mit einem Festwiderstand von 10 kΩ an 5 V betrieben wird.

Tabelle 16.2 Widerstand und Spannung für einen Präzisions-NTC

Temperatur / °C	Widerstand / kΩ	Spannung / V
-20	67,74	0,64
-10	42,45	0,95
0	27,28	1,40
10	17,96	1,79
20	12,09	2,26
25	10,00	2,50
30	8,313	2,73
40	5,828	3,16
50	4,161	3,53
60	3,021	3,84

Die folgende Schaltung zeigt ein einfaches elektronisches Thermometer für den Messbereich 0 °C bis 50 °C. Nullpunkt und Steigung sind getrennt einstellbar. Das Gerät muss über Vergleichsmessungen kalibriert werden.

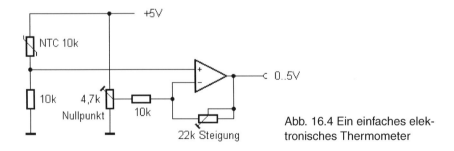

Abb. 16.4 Ein einfaches elektronisches Thermometer

16.2 PT100-Messwiderstände

Alle reinen Metalle zeigen einen in erster Näherung linear mit der absoluten Temperatur ansteigenden Widerstand. Die Temperaturschwingungen des warmen Metalls behindern den Ladungstransport und wirken wie Störstellen im Kristallgitter. Metalle zeigen daher ein PTC-Verhalten (positiver Temperaturkoeffizient). Bei 25 °C ergibt sich ein Temperaturkoeffizient von rund 0,4% pro Kelvin. Prinzipiell kann jedes Material, wie z.B. Kupfer, Eisen oder Wolfram, als Temperatursensor verwendet werden. Für besonders genaue und langzeitig konstante Sensoren hat sich jedoch Platin bewährt. Bei Pt100-Sensoren verwendet man dünne, aufgedampfte Metallbahnen auf einem Keramikträger. Der Widerstand wird auf exakt 100 Ω bei 0 °C abgeglichen. Entsprechend gibt es auch Pt1000-Widerstände mit 1000Ω bei 0 °C. *Tabelle 16.3* zeigt die Widerstandsänderung bis 400 °C.

Tabelle 16.3 Pt100-Widerstand in Abhängigkeit von der Temperatur

t/°C	R/Ω	t/°C	R/Ω	t/°C	R/Ω
0	100,00	60	123,24	200	175,84
10	103,90	70	127,07	250	194,07
20	107,79	80	130,89	300	212,02
30	111,67	90	134,70	350	229,67
40	115,54	100	138,50	400	247,04
50	119,40	150	157,31		

Entsprechend dem linearen Widerstandsverlauf kann eine einfache Messschaltung mit einer Konstantstromquelle aufgebaut werden. Der Messstrom wird auf 1 mA eingestellt. Eine Temperaturänderung von 100 °C führt zu einer Spannungsänderung von 38 mV am Sensor. Nach entsprechender Verstärkung erhält man am Ausgang eine Änderung von 1 V pro 100 °C. Der Nullpunkt muss abgeglichen werden. Die genaue Steigung kann über den Konstantstrom eingestellt werden.

16.3 KTY-Sensoren

Integrierte Temperatursensoren, wie der häufig eingesetzte KTY10 oder der KTY81, bilden einen preiswerten Ersatz für die teureren Platinwiderstände bei ähnlichen Eigenschaften. Man verwendet einen Widerstand aus stark dotier-

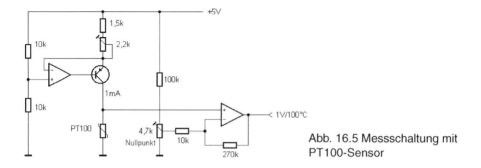

Abb. 16.5 Messschaltung mit PT100-Sensor

tem Silizium, das sich ähnlich wie ein Metall verhält, allerdings einen wesentlich größeren Widerstand aufweist. Auch hier führt eine höhere Temperatur zu einer stärkeren Streuung von Ladungsträgern am Kristallgitter und damit zu einem in erster Näherung mit etwa 0,8 %/K linear ansteigenden Widerstand. Die mit der Temperatur ansteigende Eigenleitung des Siliziums fällt dagegen wegen der starken Dotierung nur wenig ins Gewicht. Dieser Sensortyp wird meist mit Widerständen von 1000 Ω oder 2000 Ω bei 25 °C hergestellt.

Tabelle 16.4 Der Widerstandsverlauf des KTY81-110

T/°C	R/kΩ	T/°C	R/kΩ	T/°C	R/kΩ	T/°C	R/kΩ
-50	0,520	5	0,853	55	1,244	105	1,717
-45	0,546	10	0,889	60	1,287	110	1,769
-40	0,573	15	0,925	65	1,332	115	1,822
-35	0,601	20	0,962	70	1,377	120	1,875
-30	0,630	25	1,000	75	1,423	125	1,930
-25	0,659	30	1,038	80	1,470	130	1,985
-20	0,689	35	1,078	85	1,518	135	2,041
-15	0,720	40	1,118	90	1,566	140	2,098
-10	0,752	45	1,159	95	1,616	145	2,155
-5	0,785	50	1,201	100	1,666	150	2,214
0	1,819						

Der Widerstandsverlauf von KTY-Sensoren kann in erster Näherung als linear angesehen werden. Die Abweichungen vom linearen Verlauf lassen sich am besten durch eine quadratische Gleichung annähern.

$$R = R_{25} \cdot \left(1 + a \cdot (t - 25°C) + b \cdot (t - 25°C)^2\right)$$

$$a = 7{,}64 \cdot 10^{-3} \, \frac{1}{K}$$

$$b = 1{,}66 \cdot 10^{-5} \, \frac{1}{K^2}$$

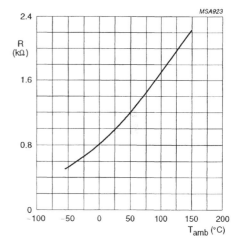

Abb. 16.6 Widerstandsverlauf beim KTY81 (Philips)

Abb. 16.6 zeigt den Verlauf des Widerstands in Abhängigkeit von der Temperatur. Die möglichen auf die Temperatur bezogenen Abweichungen betragen etwa ±3K bei –50 °C, ±1,5K bei 25 °C und ±3,5 K bei 100 °C.

16.4 Dioden und Transistoren als Temperatursensoren

Prinzipiell bildet jede Diodensperrschicht einen brauchbaren Temperatursensor. Die Durchlassspannung bei konstantem Strom fällt um ca. 2 mV/K. Statt einer Diode kann auch ein Transistor mit verbundenen Basis- und Kollektoranschlüssen als Sensor verwendet werden. Da die Exemplare eines Typs sehr stark streuen, kommt man an einer individuellen Kalibrierung nicht vorbei.

Abb. 16.7 zeigt ein einfaches Transistorthermometer mit Messverstärker. Steigung und Nullpunkt müssen getrennt justiert werden. Vor allem der Nullpunkt muss für jeden Fühler neu eingestellt werden.

Oft benötigt man nicht die absolute Temperatur, sondern eine Differenztemperatur, also z.B. die Temperaturdifferenz zwischen der Umgebungstemperatur

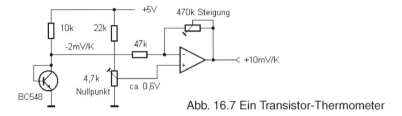

Abb. 16.7 Ein Transistor-Thermometer

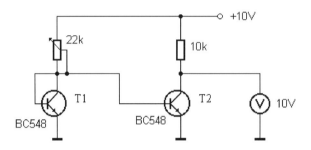

Abb. 16.8 Ein Temperatur-
sensor in Stromspiegel-
Schaltung

und der Temperatur eines Messpunktes. Die Temperaturdifferenz ist dann ein
Maß für die an einem Messpunkt umgesetzte Leistung. Man erhält die Temperaturdifferenz besonders einfach, wenn man eine zweite Sperrschicht als Refe-
renz einsetzt. Eine sehr einfache Schaltung ergibt sich nach *Abb. 16.8* mit zwei
Transistoren in einem Stromspiegel. T_1 bildet den Sensor und verändert die
Basisspannung von T_2. Am Kollektor von T_2 erhält man eine Spannung, die
sich stark mit der Temperaturdifferenz zwischen beiden Transistoren ändert.
Die Ausgangsspannung steigt mit der Temperaturdifferenz, allerdings nicht
streng linear. Mit einem Poti lässt sich die halbe Betriebsspannung bei der
Temperaturdifferenz Null einstellen.

16.5 Integrierte Temperatursensoren

Zur Vereinfachung der Schaltungstechnik werden integrierte Temperatursensoren angeboten, die entweder eine zur Temperatur lineare Ausgangsspannung
oder einen linearen Strom abgeben. Intern beruhen diese Sensoren ebenfalls
auf der Temperaturabhängigkeit von Sperrschichten. Die Genauigkeit wird jedoch durch geeignete Maßnahmen, wie z.B. durch Laser-Abgleich, verbessert.
Der Anwender benötigt daher keine speziellen Maßnahmen zur Linearisierung
mehr. Oft wird ohne eine speziellen Abgleich eine Grundgenauigkeit von einem Grad erreicht.

Bottom View
Order Number LM335Z

Abb. 16.9 Anschlussbelegung des Temperatursensors LM335
(National Semiconductor)

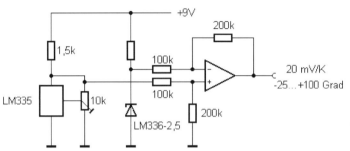

Abb. 16.10 Ein Temperatursensor mit dem LM335

Ein typischer Vertreter der integrierten Temperatursensoren ist der LM335 im TO92-Transistorgehäuse. Der Sensor wird wie eine Zenerdiode mit einem Vorwiderstand betrieben und hat eine Spannung von 10 mV/K, also 2,73 V bei 273 K = 0 °C. Die Ausgangsspannung steigt streng linear um 10 mV/K an.

Der Sensor besitzt einen Eingang zur Feinjustierung mit einem Poti. Die Schaltung nach *Abb. 16.10* zeigt einen vollständigen Temperatursensor für Temperaturen von –25 °C bis +100 °C bei einer Ausgangsspannung von 0 bis 2,5 V. Die Steigung beträgt 20 mV/K. Mit einem Operationsverstärker wird eine konstante Spannung von 2,5 V der Spannungsreferenz LM336-2,5 subtrahiert und die Messspannung um den Faktor 2 verstärkt. Die Temperatur muss an einem Vergleichspunkt mit dem Poti abgeglichen werden.

Der LM335 arbeitet intern nach dem Prinzip der Bandgap-Referenz mit herausgeführtem Temperaturausgang. Die integrierte Spannungsreferenz REF02 (vgl. Kap 12.7) besitzt ebenfalls einen zusätzlichen Anschluss für Temperaturmessungen. Die Ausgangsspannung steigt mit 2,1 mV/K.

16.6 Thermoelemente

Beim direkten Kontakt unterschiedlicher Metalle entsteht grundsätzlich eine Kontaktspannung, die auf die unterschiedliche Beweglichkeit und Konzentration von Ladungsträgern in den verschiedenen Materialien zurückzuführen ist. Normalerweise hebt sich diese Spannung im gesamten Stromkreis auf, weil zu zwei Metallen auch zwei Verbindungsstellen mit gegensätzlich gerichteten Spannungen gehören. Erwärmt man aber eine der Kontaktstellen stärker als die andere, dann entsteht eine resultierende Thermospannung. Sie ist abhängig vom verwendeten Metallpaar und von der Temperaturdifferenz und bewegt sich im Mikrovoltbereich. Der Thermoeffekt wirkt oft störend bei der Verstärkung kleinster Gleichspannungen, wird aber auch für Messzwecke ausgenutzt.

Thermoelemente bestehen im Normalfall aus zwei Drähten mit unterschiedlichem Metall, die am Ende verschweißt sind. Der Vorteil gegenüber anderen Temperatursensoren besteht darin, dass sich Materialien mit einem besonders hohen Schmelzpunkt verwenden lassen. Mit Thermoelementen lassen sich daher Temperaturen bis über 1000 °C messen. Gebräuchlich sind Thermoelemente vom Typ K und J , deren grundlegende Daten in *Tabelle 16.5* aufgeführt sind.

Tabelle 16.5 Daten üblicher Thermoelemente

Typ	Material	Spannung	Messbereich
J	Eisen/Konstantan	51.70 mV/°C,	-200...+800/°C
K	Chromel/Alumel	40.44 mV/°C	-200...+1200/°C

Thermoelemente messen grundsätzlich Temperaturdifferenzen. Deshalb war es lange Zeit üblich, zwei Fühler in Reihenschaltung zu verwenden, von denen der eine in Eiswasser getaucht wurde. Auf diese Weise erhält man die Differenztemperatur zu 0 °C und damit eine absolute Temperaturanzeige. Statt der Kompensation über ein zweites Thermoelement verwendet man heute meist eine zweite Temperaturmessung in der Schaltung selbst. Dazu wird die von einem absolut messenden Temperatursensor abgegebene Spannung zur Thermospannung addiert.

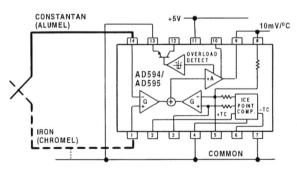

Abb. 16.11 Anschluss des integrierten Thermoelement-Verstärkers AD 594/595 (Analog Devices)

Spezielle Verstärker für Thermoelemente verwenden eine interne Eispunkt-kompensation mit einem zweiten Temperatursensor. Die Verstärkung ist für Thermoelemente eines bestimmten Typs eingestellt. Der AD594 für Elemente vom Typ J besitzt eine Verstärkung von 193,4. Der AD595 für den Typ K verstärkt 247,3-fach. Beide liefern Ausgangsspannungen von 10 mV/°C.

16.7 Lichtsensoren: LDR

Fotowiderstände oder LDRs (Light Dependent Resistor) bestehen aus einem Halbleitermaterial wie Cadmium-Sulfid, das bei Dunkelheit einen guten Isolator darstellt, bei Lichteinfall aber eine steigende Leitfähigkeit aufweist. Sie werden z.B. für einfache Belichtungsmesser verwendet. Das Maximum ihrer Empfindlichkeit liegt im Bereich der Wellenlänge des sichtbaren Lichts bei rund 500 nm. Der Widerstand eines LDR ändert sich um mehrere Zehnerpotenzen zwischen ca. 1 MΩ bei Dunkelheit und ca. 100 Ω bei vollem Sonnenlicht (100 000 lux). Es lassen sich daher einfache Belichtungsmesser ohne einen Verstärker aufbauen.

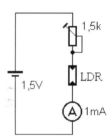

Abb. 16.12 Ein Belichtungsmesser mit LDR

Ein Nachteil des LDR ist seine relativ langsame Reaktion. Besonders im Bereich kleiner Helligkeiten steigt der Widerstand bei einer plötzlichen Verringerung der Helligkeit nur langsam an. Es können dabei Verzögerungen in der Größenordnung bis zu einer Sekunde auftreten. Der LDR eignet sich daher in erster Linie für solche Anwendungen, bei denen keine schnelle Änderung der Bestrahlungsstärke erfasst werden muss. Ein typisches Anwendungsbeispiel ist der Dämmerungsschalter. Eine Lampe soll eingeschaltet werden, wenn die Helligkeit unter einen eingestellten Grenzwert sinkt. Meist verwendet man Schmitt-Trigger mit einer gewissen Schalthysterese um ein schnelles Flackern zu verhindern. *Abb. 16.13* zeigt eine typische Schaltstufe. Durch Rückkopplung auf den nichtinvertierenden Eingang des OPV erhält man eine gewisse Schalthysterese.

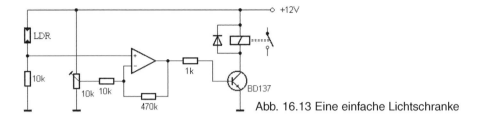

Abb. 16.13 Eine einfache Lichtschranke

16.8 Fotodioden und Fototransistoren

Bestrahlt man eine Sperrschicht mit Lichtphotonen, werden in ihr freie Ladungsträger erzeugt. Bei der Fotodiode lässt sich ein erhöhter Sperrstrom messen. Der Sperrstrom ist im allgemeinen über viele Zehnerpotenzen linear zur
Bestrahlungsstärke. Die Diode wird dabei in Sperrichtung an einer Spannung
von einigen Volt betrieben. Jede Si-Fotodiode lässt sich aber auch wie eine So-
larzelle als Spannungsquelle betreiben, wobei Spannungen bis etwa 0,5 V entstehen. Die Spannung bildet entsprechend der Diodenkennlinie ein logarithmisches Maß für die Helligkeit. Sie ist aber auch stark von der Temperatur
abhängig. *Abb. 16.14* zeigt beide Betriebsarten für eine Fotodiode.

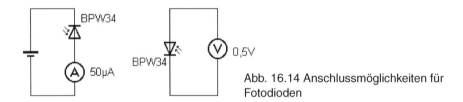

Abb. 16.14 Anschlussmöglichkeiten für
Fotodioden

Die Empfindlichkeit einer Fotodiode hängt stark von der bestrahlungsemp-
findlichen Fläche der Sperrschicht ab. Die häufig eingesetzte BPW34 hat eine
Fläche von 7 mm². Sie erreicht damit nach *Abb. 16.14* bei der Intensität der
vollen Sonnenstrahlung (100 000 lux = 1 mW/cm²) einen Fotostrom von
50 µA oder eine Leerlaufspannung von ca. 350 mV. Mit der Größe der Sperrschicht steigt aber auch die Sperrschicht-Kapazität. Die BPW34 hat eine Kapazität von 75 pF, die aber beim Anlegen einer Sperrspannung von 30 V bis
auf 10 pF absinkt.

Die spektrale Empfindlichkeit einer typischen Si-Fotodiode hat nach *Abb.
16.16* ihr Maximum im nahen Infrarotbereich bei ca. 850 nm. Sie eignet sich
daher z.B. für die Anwendung in Infrarot-Fernbedienungen. Für Messungen

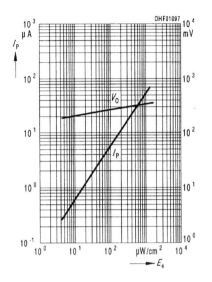

Abb. 16.15 Sperrstrom und Leerlaufspannung der Fotodiode BPW34 (Siemens)

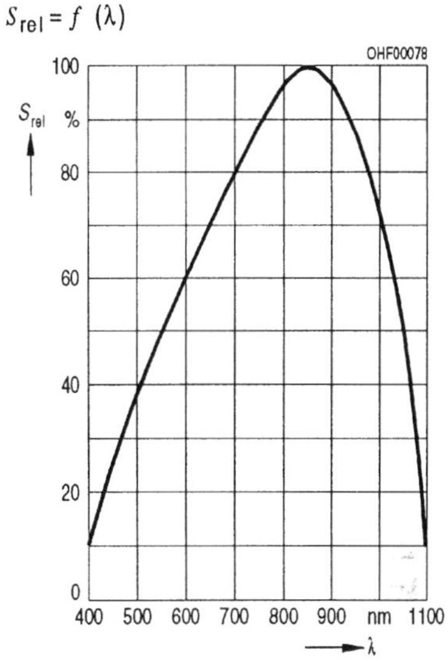

Abb. 16.16 Die spektrale Empfindlichkeit der BPW34 (Siemens)

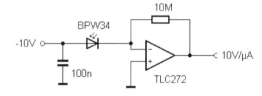

Abb. 16.17 Lineare Messung der Helligkeit mit einer Fotodiode

der vom menschlichen Auge subjektiv empfundenen Helligkeit im Spektralbereich zwischen 400 nm und 800 nm oder für Belichtungsmessungen ist sie nicht geeignet. Andere Fotodioden wie die BPW21 sind mit einem entsprechenden Filter für den sichtbaren Bereich ausgestattet.

Für Lichtmessungen mit linearer Messcharakteristik sollte der Sperrstrom bei konstanter Anschlussspannung in eine Spannung umgesetzt werden. Die Schaltung nach *Abb. 16.17* verwendet den OPV zur Umsetzung eines Eingangsstroms in eine Ausgangsspannung. Der Widerstand im Gegenkoppelzweig legt die Empfindlichkeit fest. Mit der vorgeschlagenen Dimensionierung eignet sich die Schaltung für die Messung kleinster Lichtintensitäten. Der verwendete OPV sollte daher FET-Eingänge mit guter Isolierung besitzen.

Fotodioden lassen sich für modulierte Lichtsignale mit hohen Frequenzen bis zu einigen MHz einsetzen. Die Schaltungstechnik dazu muss die relativ große Sperrschichtkapazität berücksichtigen. Die Schaltung nach *Abb. 16.17* ist gün-

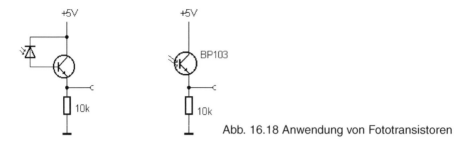

Abb. 16.18 Anwendung von Fototransistoren

stig, weil die Diode auf einer vom OPV gebildeten virtuellen Masse arbeitet. Die Sperrspannung ist immer konstant, so dass die Kapazität der Diode nicht umgeladen werden muss. Allerdings ist ein Standard-OPV nicht schnell genug, um die Grenzfrequenz der Diode ausnutzen zu können.

Fototransistoren besitzen eine um den Stromverstärkungsfaktor des Transistors größere Empfindlichkeit als Fotodioden mit gleicher Fläche. Die Funktion eines Fototransistors entspricht etwa der einer Fotodiode mit nachgeschaltetem NPN-Transistor. Sie eignen sich daher für solche Anwendungen, in denen kein nachfolgender Verstärker eingesetzt werden soll. Für Messanwendungen sind Fototransistoren aus verschiedenen Gründen schlechter geeignet. Zum einen sind sie nicht so linear wie Fotodioden, weil der Stromverstärkungsfaktor von der Stromstärke abhängt. Zum anderen weisen sie größere Streuungen in der Empfindlichkeit auf. Und schließlich arbeiten sie wesentlich langsamer, weil bei offener Basis die relativ große Basiskapazität umgeladen werden muss. Je nach Schaltung tritt auch der Miller-Effekt in Erscheinung.

Fototransistoren werden z.B. in Lichtschranken oder in Optokopplern eingesetzt. Meist muss hier nur zwischen hell und dunkel unterschieden werden, und es kommt nicht auf höchste Frequenzen an. Die vereinfachte Schaltungstechnik erweist sich dabei als ein Vorteil.

16.9 Kraftsensoren und Drucksensoren

Kraftmessungen sind relativ schwierig, weil sie meist auf einer mechanischen Verformung eines elastischen Körpers beruhen. Prinzipiell könnte man eine Stahlfeder benutzen, deren Dehnung über ein Potentiometer gemessen wird. Problematisch ist aber der lange Weg und die auftretenden Reibung. Mit Dehnungsmessstreifen (DMS) erzielt man dagegen die besseren Ergebnisse.

Ein Dehnungsmessstreifen besteht aus einem auf eine Folie aufgebrachten Metallwiderstand, der sich durch mechanische Verformung ändert. Eine Dehnung erhöht den Widerstand durch Vergrößerung der Leiterlänge und Verkleinerung des Leiterquerschnitts. Im Prinzip lässt sich auch ein einfacher Konstantendraht direkt als DMS einsetzen. Die Dehnung muss in jedem Fall im elastischen Bereich des Metalls liegen, so dass nur sehr kleine Widerstandsänderungen unterhalb von etwa 1% auftreten können. Typische DMS werden mit einem Spezialkleber auf einen harten Stahlkörper aufgeklebt und messen dessen kleine Verformung beim Auftreten einer Kraft. Die dabei auftretenden sehr kleinen Widerstandsänderungen lassen sich mit einer Brückenschaltung auswerten. In vielen Fällen werden Dehnungsmessstreifen schon in Brückenschaltung hergestellt, wobei die einzelnen Messwiderstände so angeordnet sind, dass sich Temperatureinflüsse kompensieren.

Abb. 16.19 zeigt eine einfache Verstärkerschaltung für Dehnungsmessstreifen. Der Nullpunkt und die Verstärkung lassen sich über zwei Potis getrennt justieren. Ein ähnlicher Aufbau liegt bei vielen integrierten Drucksensoren vor. Sie besitzen eine dünne Membran aus Silizium, auf der geeignete Dehnungswiderstände angebracht sind. Dabei wird ebenfalls eine Brückenschaltung aus vier Widerständen verwendet, die sich unterschiedlich dehnen. Damit gelingt eine Kompensation des starken Temperaturkoeffizienten des Halbleiter-Widerstandsmaterials. Die erzielbare Ausgangsspannung der Messbrücke liegt im Millivoltbereich, so dass eine Verstärkung bis etwa 1000-fach erforderlich ist.

16.10 Piezo-Sensoren

Einige Kristalle, wie z.B. Quarz, geben bei geeigneter Orientierung des Kristallgitters eine Spannung ab, wenn sie einer Kraft ausgesetzt werden. Im Kristall entsteht eine Ladungsverschiebung, die mit einem hochohmigen Verstärker gemessen werden kann. Eine statische Messung ist theoretisch mit einem unendlichen Eingangswiderstand des Verstärkers zu erreichen. In der Praxis

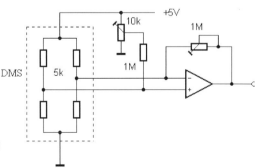

Abb. 16.19 Typische Messschaltung
für einen DMS

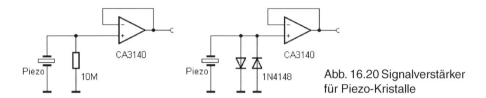

Abb. 16.20 Signalverstärker
für Piezo-Kristalle

verwendet man Kristalle aber nur für dynamische Kraftmessungen mit einer bestimmten unteren Grenzfrequenz. Sie werden z.B. für Schwingungsmessungen eingesetzt.

Für einfache Versuche eignen sich auch keramische Piezo-Schallgeber, die z.B. in Uhren oder Spielzeugen als Lautsprecher eingesetzt werden. Als Schwingungs-Sensoren geben sie Spannungen bis zu einigen Volt ab. Es genügt oft ein nachfolgender Impedanzwandler als Signalverstärker. Die untere Grenzfrequenz ist vom Eingangswiderstand des Verstärkers abhängig. *Abb. 16.20* zeigt zwei mögliche Varianten. Mit einem Eingangswiderstand von 10 MΩ lassen sich bereits seismische Schwingungen beobachten. Ersetzt man den Widerstand durch zwei Dioden, ergibt sich für kleine Amplituden ein noch höherer Eingangswiderstand. Zugleich werden gefährlich hohe Impulsspannungen begrenzt. Mit den Dioden stellt sich die mittlere Spannung etwa auf den Nullpegel ein, während ein völlig offener Eingang der CMOS-OPV sich auf beliebige Spannungen aufladen kann.

16.11 Magnetfeld-Sensoren

Ein Sensor für Magnetfelder ist das Hall-Element. Es basiert auf der Ablenkung bewegter elektrischer Ladungen im Magnetfeld. Eine leitende Platte wird von einem Strom durchflossen. Zwischen zwei rechtwinklig zur Stromrichtung sich gegenüberliegenden Anschlusspunkten findet man ohne ein Magnetfeld die Spannung Null. Ein senkrecht zur Platte orientiertes Magnetfeld lenkt jedoch Ladungsträger seitlich ab, so dass sich ein Potentialunterschied einstellt. Die messbare Hallspannung ist für Halbleitermaterialien besonders groß.

Der Hallsensor KSY 10 hat einen Widerstand von 1 kΩ und wird an 5 V betrieben. Ein starkes Magnetfeld von 1 Tesla (1 T) führt dabei zu einer Hallspannung von 1 V. Das Erdmagnetfeld mit ca. 100 µT führt entsprechend nur zu einer Spannung von ca. 100 µV. Zur Auswertung ist ein Brückenverstärker mit Offset-Abgleich erforderlich, wie er auch für Dehnungsmessstreifen verwendet wurde.

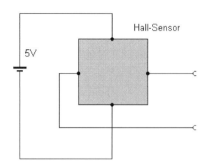

Abb. 16.21 Prinzip des Hall-Sensors

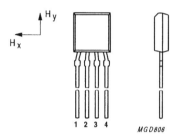

Abb. 16.22 Bauform des KMZ10 (Philips)

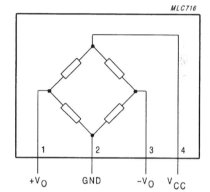

Abb. 16.23 Brückenschaltung im KMZ10 (Philips)

Größere Empfindlichkeiten als Hallsensoren erreichen magnetoresistive Sensoren, die auch als Feldplatten bezeichnet werden. Der Widerstand des eisenhaltigen Materials vergrößert sich in Anwesenheit eines magnetischen Feldes. Im Gegensatz zu Hallsensoren hat die Polarität des Magnetfeldes keinen Einfluss auf die Änderung.

Magnetfeld-Sensoren vom Typ KMZ10 (Philips) verwenden eine Brückenschaltung aus vier magnetoresistiven Sensoren. Das Material ist vormagnetisiert. Damit es zu keiner Änderung der Vormagnetisierung kommt, dürfen maximale Felder von 2 kA/M wirken. Die typische Anschlussspannung des Sensors ist 5 V. Dabei ergibt sich eine Empfindlichkeit von 20 mV/kAm.

Auch der KMZ10 benötigt einen abgeglichenen Brückenverstärker. Er erreicht eine wesentlich größere Empfindlichkeit als ein Hall-Sensor. Der KMZ10 eignet sich für berührungslose Stromstärkemessungen über das einen Draht umgebende Magnetfeld. Im Abstand von 1 cm vom Draht bewirkt ein Strom von 1 A eine Brückenspannung von 2 mV.

17 Leistungselektronik

Das Schalten und Steuern großer elektrischer Verbraucher wird heute überwiegend mit elektronischen Mitteln realisiert. Elektromechanische Relais, Stelltransformatoren und Leistungspotentiometer werden dagegen immer weniger eingesetzt. Leistungshalbleiter erreichen bei richtiger Dimensionierung der Schaltungen wesentlich bessere Zuverlässigkeiten und passen sich einfacher in automatisierte Prozesse ein.

17.1 Lineare Leistungsregler

Kleinere regelbare Netzteile oder Spannungsregler für Gleichstrommotoren werden oft mit linearen Längsreglern aufgebaut. Ein Transistor arbeitet dabei wie ein steuerbarer Vorwiderstand. Das entscheidende Merkmal dieser Schaltungen ist, dass erhebliche Verlustleistungen in Wärme umgewandelt werden. Daher eignet sich die Schaltung hauptsächlich für kleine Ausgangsleistungen. Für größere Leistungen muss der Leistungstransistor gekühlt werden, was zusätzlichen Aufwand bedeutet.

Die Leistungsbilanz des Reglers sollte jeweils für den ungünstigsten Fall bestimmt werden. Dieser liegt vor, wenn die Ausgangsspannung auf ihren kleinsten Wert eingestellt wird und gleichzeitig der maximale Strom fließt. Gegeben sei ein Spannungsregler für ein Labornetzgerät mit einem Spannungsbereich von 5 V bis 20 V bei einem Ausgangsstrom von maximal 2 A. Die Eingangsspannung muss um einiges über der maximalen Ausgangsspannung liegen, weil eine gewisse Sättigungsspannung des Transistors nicht

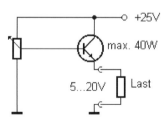

Abb. 17.1 Ein Längsregler in einer einstellbaren
Spannungsquelle

unterschritten werden kann. Außerdem muss oft mit gewissen Spannungseinbrüchen oder überlagerten Wechselspannungsanteilen des Gleichrichters gerechnet werden, so dass man eine etwas höhere Eingangsspannung vorgeben muss, z.B. 25 V im vorliegenden Fall.

Im ungünstigsten Fall erhält der Verbraucher 5 V bei 2 A, also eine Leistung von 10 W. Der Regler dagegen nimmt 20 V bei 2 A auf und verwandelt daher eine Leistung von 40 W in Wärme. Diese Verlustwärme muss durch einen großen Kühlkörper oder mit einem Lüfter abgeführt werden. Der Wirkungsgrad beträgt nur noch 20%, d.h., 80% der zugeführten Energie wird in Verlustwärme umgewandelt. Der Regler wird damit nicht nur groß und teuer, sondern es wird auch unnötig Energie verschwendet, so dass er für Serienanwendungen ausscheidet.

Für eine Verlustleistung von 40 W muss ein ausreichend leistungsstarker Transistor gewählt werden. Ein typischer Leistungstransistor ist der 2N3055. Das Datenblatt gibt für diesen NPN-Typ eine maximale Verlustleistung von 115 W an, allerdings bei einer Gehäusetemperatur von 25 °C. In der Praxis ist eine solch geringe Gehäusetemperatur auch bei optimaler Kühlung nicht zu erreichen. Die Kristalltemperatur dieses Siliziumtransistors soll in jedem Fall unter 200°C liegen. Üblicherweise geht man nicht über 150 °C. Besser ist aber eine geringere Temperatur, da die Lebensdauer mit steigender Temperatur sinkt.

Die Wahl des geeigneten Kühlkörpers hängt auch von den sonstigen Bedingungen wie der Umgebungstempertur ab. Zwischen Kristall und Gehäuse besteht ein thermischer Widerstand von 1,5 K/W, so dass die Kristalltemperatur bei einer Verlustleistung von 40 W bereits um 60 Grad über der Gehäusetemperatur liegt. Geht man von einer Umgebungstemperatur von 50 °C aus, dann muss der

Tabelle 17.1 Grenzdaten des 2N3055 (SGS)

ABSOLUTE MAXIMUM RATINGS

Symbol	Parameter	Value	Unit
V_{CBO}	Collector-Base Voltage ($I_E = 0$)	100	V
V_{CER}	Collector-Emitter Voltage ($R_{BE} = 100\Omega$)	70	V
V_{CEO}	Collector-Emitter Voltage ($I_B = 0$)	60	V
V_{EBO}	Emitter-Base Voltage ($I_C = 0$)	7	V
I_C	Collector Current	15	A
I_B	Base Current	7	A
P_{tot}	Total Dissipation at $T_c \leq 25\ ^\circ C$	115	W
T_{stg}	Storage Temperature	-65 to 200	$^\circ C$
T_j	Max. Operating Junction Temperature	200	$^\circ C$

Kühlkörper die Leistung von 40 W bei einer Temperaturdifferenz von 40 Grad zur umgebenden Luft abführen, wenn man eine Kristalltemperatur von 150 °C nicht überschreiten will, am Kühlkörper also höchstens 90 °C zulassen kann. Es muss daher ein relativ großer Kühlkörper mit einem thermischen Widerstand von 1 K/W gewählt werden. Typische Maße für einen entsprechenden Alu-Kühlkörper mit mehreren Kühlrippen liegen bei 180mm x 60 mm x 50 mm.

Man sieht, dass schon eine Verlustleistung von 40 W nicht mehr leicht zu beherrschen ist. Bei Leistungsreglern dieser Größenordnung bevorzugt man daher meist Schaltregler, die zwar einen größeren Schaltungsaufwand mit sich bringen, wegen ihres guten Wirkungsgrads jedoch mit geringer Kühlung auskommen und daher sehr klein und leicht gebaut werden können.

Ein sinnvoller Einsatz des linearen Reglers liegt immer noch bei der Regelung kleinerer ohmscher Lasten. Die Verhältnisse liegen deshalb hier günstiger, weil der maximale Strom dann auftritt, wenn die Spannung am Regeltransistor minimal wird, während im heruntergeregelten Fall zwar die Spannung am Regeltransistor hoch ist, der Strom jedoch klein oder Null. Um den Transistor mit kleiner Kollektor-Emitter-Restspannung durchsteuern zu können, eignet sich die Emitterschaltung nach *Abb. 17.2.*

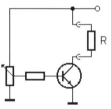

Abb. 17.2 Leistungssteuerung an einer ohmschen Last

Abb. 17.3 zeigt den Verlauf der Verlustleitung und der abgegebenen Leistung des Reglers in Abhängigkeit von der Eingangsspannung. Die maximale Verlustleistung wird bei einer Strom-Aussteuerung von 50% erreicht. Die am Arbeitswiderstand aufgenommene Leistung beträgt dann 25% der Maximalleistung und entspricht der Kollektor-Verlustleistung. Für diesen Fall muss eine ausreichende Kühlung vorliegen. Um eine ohmsche Last bis 100 W zu regeln, muss der Transistor und seine Kühlung also bis 25 W ausgelegt sein.

In der Praxis lässt sich die Verlustleistung am durchgesteuerten Transistor durch eine gewisse Übersteuerung noch weiter senken. Bei etwa dreifacher Übersteuerung des Basisstroms ergibt sich eine minimale Kollektor-Restspannung und damit eine minimale Verlustleistung. Dieser Zusammenhang ist in *Abb. 17.3* gut zu erkennen.

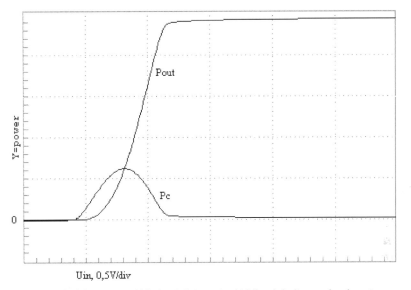

Abb. 17.3 Abgabeleistung und Verlustleistung in Abhängigkeit von der Aussteuerung

Lasten mit konstantem ohmschen Widerstand müssen selten geregelt werden. Bei einem Gleichstrommotor oder bei einer Glühlampe liegen die Verhältnisse noch ungünstiger. Eine Glühlampe besitzt einen sehr viel kleineren Kaltwiderstand, als ihr Widerstand bei voller Leistung beträgt. Bei Teilaussteuerung ergibt sich daher eine größere Kollektor-Verlustleistung als für einen konstanten ohmschen Widerstand. Bei einem Gleichstrommotor hängt der Strom von der Bauform und der mechanischen Belastung ab. Die Arbeitskennlinie ist meist wie bei einer Glühlampe derartig gekrümmt, dass sich beim Start ein kleinerer Widerstand ergibt.

17.2 Leistungsschalter

Ein Transistor als Schalter hat bei richtiger Dimensionierung eine fast unbegrenzte Lebensdauer. Die Zuverlässigkeit übersteigt die eines Relais um ein Vielfaches. Allerdings können an einem Transistor höhere Verlustleistungen auftreten als an einem mechanischen Kontakt. Im angeschalteten Zustand bleibt eine Sättigungsspannung bestehen, so dass eine gewisse Verlustleistung auftritt.

Ein einzelner Transistor wie der 2N3055 mit den Grenzdaten 15 A/100 V kann theoretisch eine Leistung von 1500 W schalten. In der Praxis gibt es jedoch einige Probleme, die bedacht werden müssen.

- Im Umschaltmoment tritt eine erhöhte Verlustleistung auf. Der Transistor durchläuft ein Gebiet seiner Ausgangskennlinie, in dem sowohl Strom fließt, als auch eine beträchtliche Kollektor-Emitterspannung anliegt. Vor allem bei hohen Schaltfrequenzen geht hierauf ein großer Teil der Verlustleistung zurück. Es kommt also darauf an, sehr schnell umzuschalten.

- Beim Schalten von Lasten an einer hohen Betriebsspannung wirken sich Basis-Kollektorkapazitäten und der damit verbundene Miller-Effekt in einer verlangsamten Abschaltung des Kollektorstroms aus. Der Transistor muss sehr niederohmig angesteuert werden, um trotzdem ausreichend schnell zu schalten.

- Ein stark übersteuerter Transistor ist in seiner Basiszone mit Ladungsträgern überschwemmt, die beim Übergang in die Sperrphase durch einen umgekehrten Basisstrom ausgeräumt werden müssen. Dieser Effekt verlangsamt die Abschaltung und führt zu verlängerten Umschaltzeiten und letztlich zu einer erhöhten Verlustleistung. Oft muss man die Übersteuerung im Einschaltzustand zugunsten einer schnellen Abschaltung reduzieren und damit eine erhöhte Verlustleistung in der Leitungsphase in Kauf nehmen. Ein ähnlicher Effekt existiert für Dioden und bewirkt eine vom Durchlassstrom abhängige Speicherzeit beim Übergang in den Sperrzustand.

- Bei hohen Kollektorspannungen tritt ein Durchbruch der Basis-Kollektorsperrschicht auf. Sie verhält sich ähnlich wie eine Zenerdiode und bewirkt einen zusätzlichen Basisstrom, der dem Sperren des Transistors entgegenwirkt.

- Bei hohen Kollektorspannungen und gleichzeitig hohem Kollektorstrom gelangt der Transistor in das Gebiet des zweiten Durchbruchs. Dabei führt die auftretende Verlustleistung zu einer lokalen Überhitzung und zur endgültigen Zerstörung des Transistors. In den meisten Fällen stellt man am zerstörten Transistor einen niederohmige Verbindung zwischen Emitter und Kollektor fest.

- Beim Schalten induktiver Lasten entstehen beim Übergang in die Sperrphase hohe Induktionsspannungen, die ohne spezielle Gegenmaßnahmen einen zweiten Durchbruch verursachen können. Bei der Ansteuerung von Motoren oder Relaisspulen mit niedrigen Schaltfrequenzen verwendet man meist Dioden zur Ableitung des Induktionsstroms.

Abb. 17.4 zeigt das verzögerte Ausschalten eines NPN-Transistors bei rein ohmscher Last. Einer Einschaltverzögerung von etwa 1 µs steht hier eine Ausschaltverzögerung von rund 4 µs gegenüber. Diese Speicherzeit kann durch gezieltes Ausräumen der Basis-Ladungsträger verringert werden. Das Diagramm

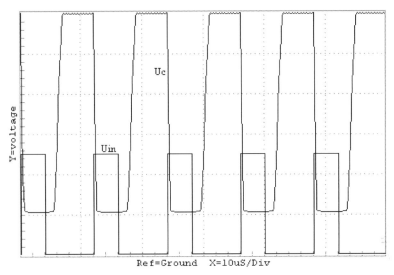

Abb. 17.4 Typisches Schaltverhalten eines NPN-Transistors bei 100 kHz und ohmscher Last

zeigt auch die flachere Anstiegsflanke beim Ausschalten, die auf die Miller-Kapazität zurückzuführen ist.

Bei der Dimensionierung einer Schaltstufe kommt es darauf an, den geeigneten Basisstrom zu finden. Ein größerer Basisstrom verbessert meist das Einschaltverhalten, führt aber gleichzeitig zu einer vergrößerten Ausschaltverzögerung.

Das Schalten einer Glühlampe im Gleichstromkreis erscheint auf den ersten Blick unproblematisch, weil es sich um eine ohmsche Last handelt. Ein Problem ist aber der geringe Einschaltwiderstand von etwa 10% des Nennwiderstands. Man müsste also den Basisstrom für den zehnfachen Schaltstrom auslegen, um beim Einschalten sofort eine volle Aussteuerung zu erhalten. Andernfalls tritt im Einschaltmoment für einige Millisekunden eine große Kollektor-Verlustleistung auf. Wenn es um kleine Glühlampen geht, kann eine kurzzeitige Überschreitung der maximalen Dauerverlustleistung eingeplant werden.

Bei höheren Strömen sollte die Ansteuerung genau geplant werden, um eine Zerstörung des Transistors zu vermeiden. Im Fall eines KFZ-Blinkers mit 2 x 18 W an 12 V muss bei einem Lampen-Nennstrom von insgesamt 3 A mit einem Einschaltstrom von 30 A gerechnet werden. Der erforderliche große Basisstrom führt aber ebenfalls zu erheblichen Verlustleistungen. *Abb. 17.5* zeigt die Ansteuerung für kleine und große Glühlampen. Der Schalter für den

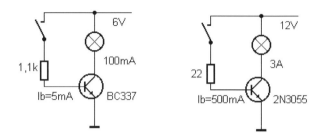

Abb. 17.5 Dimensionie-
rung von Lampenschal-
tern

Basisstrom wird in der realen Schaltung meist durch einen zweiten Transistor gebildet.

Für eine kleine Lampe mit 6 V/100mA reicht ein BC337 als Schalttransistor aus. Das Datenblatt erlaubt Impulsströme bis 1 A, so dass der Einschaltstrom verkraftet werden kann. Mit einem Basisstrom von 5 mA und einer minimalen Stromverstärkung von 100 kann bereits nicht mehr garantiert werden, dass der Transistor im Einschaltmoment bereits voll durchgesteuert ist. Dies spielt aber hier keine Rolle, weil der Glühfaden sich innerhalb weniger Millisekunden erwärmt, so dass der Nennstrom erreicht wird.

Bei großen Lampenströmen ist die richtige Ansteuerung bereits wesentlich problematischer. Bei einer Leistung von 36 W an 12 V fließt ein Nennstrom von 3 A und ein Einschaltstrom von 30 A. Die Stromverstärkung eines 2N3055 bei 3 A beträgt mindestens 20, so dass man bei bereits eingeschalteter Lampe mit einem Basisstrom von 150 mA auskommen müsste. Bereits bei Ic = 10 A kann die Verstärkung aber bis auf 5 abfallen. Eine Vollaussteuerung beim Einschaltstrom von 30 A ist kaum zu erreichen. Daher muss ein Kompromiss gesucht werden, der eine kurzzeitige Überschreitung der maximal zulässigen Kollektor-Verlustleistung riskiert. Mit einem Basisstrom von 500 mA kommt man zu einer sicheren Ansteuerung. Allerdings muss bedacht werden, dass allein im Basisstromkreis eine Leistung von 6 W umgesetzt wird. Der Basiswiderstand müsste also entsprechend groß sein.

Prinzipiell kann man das Problem der großen Basisströme umgehen, indem man einen Darlington-Transistor einsetzt. Ein Nachteil ist aber die höhere Kollektor-Emitter-Restspannung in der Größenordnung 1 V. Darlington-Transistoren für höhere Leistungen enthalten oft bereits integrierte Basis-Ableitwiderstände zur Verbesserung des Abschaltverhaltens. Sie helfen, Ladungsträger aus der Basiszone des Transistors auszuräumen. Auf der anderen Seite ist damit ein höherer Basisstrom verbunden. Zusätzlich findet man oft inverse Dioden zwischen Emitter und Kollektor, die das Schaltungsdesign mit induktiven Lasten vereinfachen.

Darlington-Transistoren vereinfachen die Ansteuerung von Verbrauchern höherer Leistung durch analoge oder digitale Schaltungen, in denen meist nur

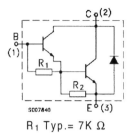 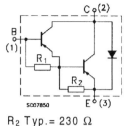

R_1 Typ. = 7K Ω R_2 Typ. = 230 Ω

Abb. 17.6 Basis-Ableitwiderstände in Darlington-Transistoren BD679/BD680 (SGS)

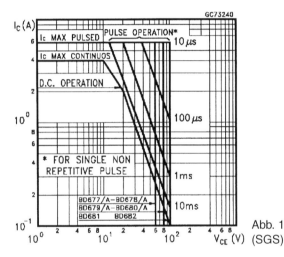

Abb. 17.7 Grenzbelastung des BD679 (SGS)

kleine Ströme fließen. Ein typischer OPV kann Ausgangsströme in der Größenordnung von 10 mA liefern. Sie reichen aus, um einen Darlingtontransistor vom Typ BD678 bis zu seinem maximalen Kollektorstrom von 3 A auszusteuern. Bis zu 1,5 A wird noch eine Stromverstärkung von 750 garantiert.

Abb. 17.7 zeigt die erlaubte Grenzbelastung des Transistors für Dauerzustände und für impulsartige Ströme. Jenseits der angegebenen Spannungen und Ströme besteht die Gefahr der Zerstörung des Transistors durch einen zweiten Durchbruch.

Die Ansteuerung von Relais ist meist unproblematisch, weil keine hohen Schaltfrequenzen vorkommen. Anders als bei einer Glühlampe steigt der Strom durch eine induktive Last verlangsamt an, so dass es zu keinem Einschaltstromstoß kommt. Der Basisstrom des Relaistreibers kann also für den Nennstrom der Relaisspule ausgelegt werden. Beim Ausschalten tritt eine

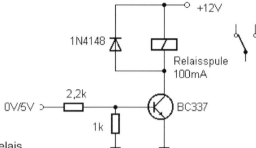

Abb. 17.8 Treiberschaltung für ein Relais

Induktionsspannung auf, die man mit einer Freilaufdiode kurzschließt. Dies führt zu einer verlangsamten Abnahme des Spulenstroms und zu einer Abschaltverzögerung in der Größenordnung von einer Millisekunde, die jedoch wegen der mechanischen Trägheit des Relais vernachlässigt werden kann. Ohne eine Freilaufdiode wäre ein zweiter Durchbruch des Transistors durch den induktiven Spannungsstoß schon beim ersten Ausschalten des Spulenstroms sehr wahrscheinlich.

Oft ist die Induktionsspannung einer Spule gerade erwünscht. Ein Beispiel dafür ist die Transistorzündung. Im Primärkreis der Zündspule entsteht beim Abschalten des Stroms ein Spannungsstoß von bis zu 200 V, der in der Sekundärspule bis auf 10 kV hochtransformiert wird. In der normalen Funktion mit einer Zündkerze begrenzt die Funkenstrecke die Spitzenspannung auf der Sekundärseite, so dass auch auf der Primärseite keine allzu hohen Spannungen auftreten können. Bei einem Fehler wie einem abgezogenen Kerzenstecker treten jedoch wesentlich höhere Spannungen auf, die wirksam begrenzt werden müssen. Die Schaltung nach *Abb. 17.9* verwendet dazu eine Begrenzerschaltung mit Diode und Zenerdiode. Ohne diese Begrenzung würde der Transistor mit höchster Wahrscheinlichkeit durch einen zweiten Durchbruch zerstört.

Die Begrenzerschaltung verwendet einen zusätzlichen Kondensator, um Stoßströme durch der Zenerdiode zu vermeiden. Ohne diese Maßnahme könnte die Zenerdiode wie ein Transistor einen zweiten Durchbruch erleiden.

Für Hochspannungstransistoren wie den BU508 wird allgemein angegeben, in welchem Arbeitsbereich ein sicherer Betrieb möglich ist. Bei einer zu hohen Spannung bei hohem Strom kommt es zum gefürchteten zweiten Durchbruch, also zu einer lokalen Überhitzung des Kristalls, die zu einer Zerstörung der Sperrschicht und zu einem inneren Kurzschluss führt. Dieser Fehler tritt häufig in Zeilenendstufen von Fernsehern und Monitoren auf.

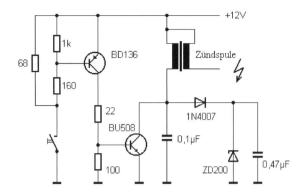

Abb. 17.9 Eine Transistorzündung

Ein kritischer Zustand darf nur für sehr kurze Impulszeiten eintreten, damit die thermische Trägheit des Halbleitermaterials die Sperrschicht vor zu hohen Temperaturen schützt. Ansonsten tritt ein sich selbst verstärkender Zustand ein, bei dem eine bereits überhitzte Stelle der Sperrschicht einen noch größeren Anteil des Gesamtstroms übernimmt und damit noch heißer wird. Schuld am Ablauf des zweiten Durchbruchs trägt also letztlich der positive Temperaturkoeffizient des Sperrstroms und des Kollektorstroms.

Der zweite Durchbruch beruht letztlich auf einem Ungleichgewicht bei der Stromverteilung im Transistor oder in einer Diode. Das selbe Problem tritt auf, wenn man mehrere gleiche Transistoren parallelschaltet. Dies kann sinnvoll sein, um das Problem der Kühlung bei größeren Leistungen mit mehreren

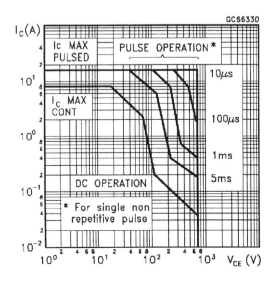

Abb. 17.10 Sichere Betriebsberei-
che des BU508 (SGS)

253

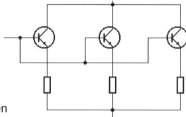

Abb. 17.11 Parallelschaltung mehrerer Transistoren

Transistoren besser zu lösen. Die ohnehin unterschiedlichen Daten führen dazu, dass ein Transistor die größte Last trägt. Er erwärmt sich dabei mehr als die anderen, was wiederum dazu führt, dass er noch mehr Strom übernimmt, bis er thermisch zerstört wird.

Man kann die gleichmäßige Stromverteilung auf mehrere Transistoren erreichen, indem man zusätzliche Emitterwiderstände verwendet. Sie müssen so bemessen sein, dass an ihnen ein Spannungsabfall von etwa 0,2 V auftritt. Das ist mehr als der typische Unterschied in der Basis-Emitterspannung bei verschiedenen Transistoren. Die Emitterwiderstände wirken daher als Gegenkopplung und gleichen den Kollektorstrom aus.

17.3 Leistungs-MOS-FETs

Zum Schalten großer Lasten werden zunehmend Power FETs verwendet. VMOS-Transistoren wie ein BUZ10 schalten Ströme bis 20 A und können vielfach NPN-Leistungstransistoren ersetzen.

Beim Vergleich zwischen bipolaren und VMOS-Leistungstransistoren fallen folgende Faktoren ins Gewicht:

- Bei statischen und langsamen Anwendungen kommt der VMOS-Transistor ohne Steuerleistung aus. Die Ansteuerschaltung kann daher kleiner dimensioniert werden.
- Der VMOS-Transistor besitzt keine Sättigungsspannung, so dass die Schaltverluste bei nicht zu großen Strömen geringer sind als bei einem bipolaren Transistor.
- Der ON-Widerstand von z.B. 0,1 Ω des VMOS-Transistors kann bei sehr großen Strömen zu einem größeren Spannungsabfall führen als bei einem bipolaren Transistor.
- Die Speicherzeit bipolarer Transistoren fehlt bei FETs, so dass sich mit günstiger Ansteuerung Schaltzeiten im Bereich einiger Nanosekunden erzielen lassen.

- Die großen Kapazitäten eines VMOS-Transistors von z.B. 1000 pF für die Eingangskapazität und 100 pF für die Rückwirkungskapazität erschweren die schnelle Ansteuerung. Für kurze Schaltzeiten müssen große Impulsströme geliefert werden.
- Der Kanalwiderstand eines FET besitzt einen positiven Temperaturkoeffizienten. Es gibt daher keinen zweiten Durchbruch wie bei bipolaren Transistoren.

VMOS-Transistoren sperren bei der Gate-Sourcespannung Null und beginnen erst bei einigen Volt zu leiten. Die Eingangsspannung, bei der gerade kein Strom mehr fließt, nennt man auch Cutoff-Spannung. Sie beträgt beim BUZ10 nach *Abb. 17.12* etwa 2 V.

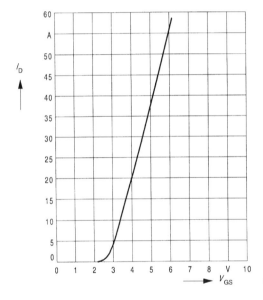

Abb. 17.12 Übertragungskennlinie des BUZ10 (Siemens)

Der fehlende Basisstrom eines VMOS-Transistors wirkt sich besonders im Gleichstromfall günstig aus, weil die Steuerung des Ausgangsstroms leistungslos erfolgt. *Abb. 17.13* zeigt einen Konstantstromregler mit einem BUZ 10. Es genügt ein einfacher OPV zu Ansteuerung.

Der hohe Eingangswiderstand kann ausgenutzt werden, um sehr einfache Schaltungen zu realisieren. Ein Beispiel dafür ist eine Ausschaltverzögerung für eine Glühlampe. Der VMOS-Transistor ist voll durchgesteuert, wenn der Kondensator am Gate geladen ist. Mit dem Öffnen des Schalters beginnt die Entladung. Sie führt jedoch erst bei einer Kondensatorspannung unter etwa

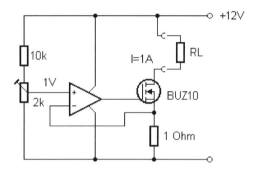

Abb. 17.13 Eine Konstantstromquelle mit einem Leistungs-FET

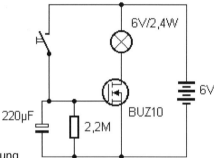

Abb. 17.14 Eine einfache Ausschaltverzögerung

5 V zu einer merklichen Abnahme des Lampenstroms. Die Glühlampe wird daher allmählich dunkler. Beim Erreichen der Cutoff-Spannung von etwa 2 V erlischt sie ganz.

In dieser Anwendung muss der Transistor in der Phase des abnehmenden Lampenstroms eine erhöhte Verlustleistung aufnehmen. Da der Zustand erhöhter Leistungsaufnahme nur ca. eine Minute dauert, kann man die thermische Trägheit des Transistors und des Kühlkörpers ausnutzen und entsprechend knapper dimensionieren. Ganz ohne Kühlkörper kann mit einem BUZ 10 noch eine Lampe mit 5 W verwendet werden.

Auch bei langsamen Schaltvorgängen ist die fast leistungslose Ansteuerung ein Vorteil. Für einen Blinkgeber reicht daher ein einfacher Timer 555 aus, um einen VMOS-Transistor direkt anzusteuern.

In dieser Schaltung treten höhere Umschaltverluste auf, weil der 555 nicht in der Lage ist, die große Eingangskapazität des FETs schlagartig umzuladen.

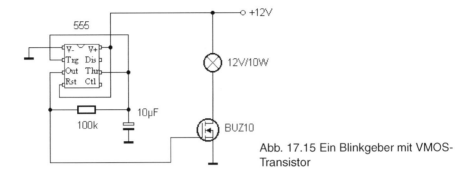

Abb. 17.15 Ein Blinkgeber mit VMOS-Transistor

Die Millerkapazität spielt bei der geringen Ausgangsspannnung von 12 V keine so große Rolle. Praktisch arbeitet der Gegentaktausgang des Timers auf einen Kondensator von 1000 pF. Der begrenzte Ausgangsstrom führt zu einer Abflachung der Schaltflanken am Gate. Deshalb durchläuft der Transistor relativ langsam den Bereich seiner erhöhten Leistungsaufnahme. Bei jedem Umschaltvorgang nimmt der FET also einen bestimmten Energiebetrag auf. Bei der geringen Schaltfrequenz eines Blinkers führt diese impulsartig auftretende Leistung nicht zu einer gefährlichen Erwärmung. Bei höheren Schaltfrequenzen ist die Leistungsbilanz allerdings ungünstiger. Die durch Schaltverluste aufgenommene Zusatzleistung steigt mit der Schaltfrequenz. Daher ist es besonders bei hohen Frequenzen wichtig, kurze Schaltzeiten zu erreichen. *Abb. 17.16* zeigt die Abflachung der Gateflanken bei der einfachen Ansteuerung eines VMOS-Transistors mit einem 555 bei einer Schaltfrequenz von 100 kHz. Die Einsattelung in der ansteigenden Flanke beruht auf dem einsetzenden Millereffekt oberhalb der Cutoff-Spannung. Die Abschaltflanken sind wesentlich besser, weil der 555 im ausgeschalteten Zustand einen größeren Strom nach Masse ableitet, als er im eingeschalten Zustand an einen Verbraucher liefern kann.

Eine Ansteuerschaltung für Leistungs-FETs, die kurze Schaltzeiten erreichen soll, muss sehr niederohmig ausgelegt werden. Man verwendet Gegentaktstufen mit hohen Spitzenströmen. *Abb. 17.17* zeigt ein Beispiel für eine relativ einfache Ansteuerung mit sechs parallel geschalteten CMOS-Puffern.

Im Gegensatz zu bipolaren Transistoren können VMOS-Transistoren zum Erreichen höherer Leistungen problemlos parallelgeschaltet werden. Der positive Temperaturkoeffizient des Kanalwiderstands sorgt automatisch für eine gleichmäßige Stromverteilung. Gegenkoppelwiderstände sind hier nicht erforderlich.

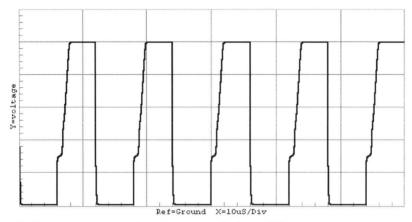

Abb. 17.16 Gatespannung bei Ansteuerung mit einem 555

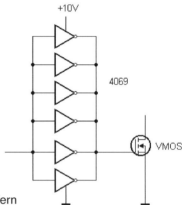

Abb. 17.17 Ansteuerung mit parallelen CMOS-Puffern

17.4 PWM-Regler

Beim Steuern größerer Lasten versucht man die Verlustleistungen gering zu halten. Linearregler sind dabei ungünstig, weil immer ein Teil der Gesamtleistung in nutzlose Wärme umgewandelt wird. Mit einem Schaltregler lassen sich die Verluste dagegen gering halten. Man ersetzt dabei die analoge Steuerung eines Stroms durch schnelles Ein- und Ausschalten der Last. Der mittlere Strom ergibt sich aus dem Maximalstrom und der relativen Einschaltdauer. Durch eine Veränderung des Puls/Pausenverhältnisses kann die Leistung gesteuert werden. Das Verfahren wird auch als Pulsweitenmodulation (PWM)

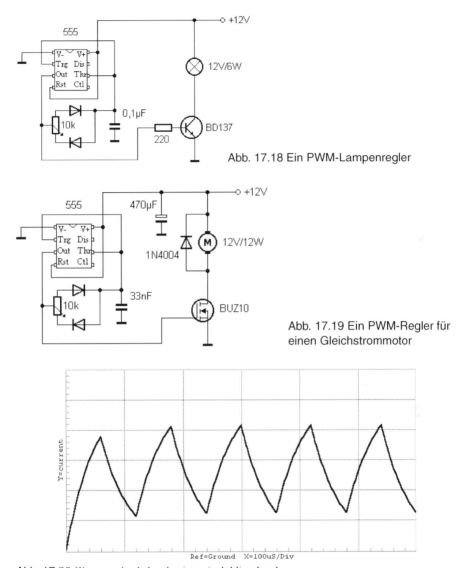

Abb. 17.18 Ein PWM-Lampenregler

Abb. 17.19 Ein PWM-Regler für einen Gleichstrommotor

Abb. 17.20 Stromverlauf durch einen induktive Last

bezeichnet. Die Pulsfrequenz selbst muss so groß sein, dass die mittlere Leistung als kontinuierlich erscheint. Zum Steuern einer Glühlampe reicht eine Frequenz von 200 Hz aus, um ein sichtbares Flackern zu vermeiden. *Abb. 17.18* zeigt einen einfachen PWM-Regler für eine Lampe.

Bei der Ansteuerung induktiver Lasten, wie z.B. von Elektromagneten oder Gleichstrommotoren, muss die Induktionsspannung berücksichtigt werden.

Abb. 17.19 zeigt eine Motorregelung mit einem VMOS-Transistor. Der Motor erhält eine Freilaufdiode, die hohe Induktionsspannungen am Drainanschluss des VMOS-Transistors verhindert. Die Diode bewirkt zugleich, dass der Motorstrom nicht plötzlich, sondern verlangsamt abnimmt.

Der Stromverlauf am Motor hängt von seiner Induktivität, seinem Gleichstromwiderstand und dem aktuellen Lastzustand ab. *Abb. 17.20* zeigt einen typischen Verlauf bei einer PWM-Frequenz von 10 kHz und einem Puls-Pausenverhältnis von 50%. Mit einer relativ großen Induktivität erreicht man eine gewisse Glättung des Stroms.

17.5 Integrierte Leistungsschalter

In der Leistungselektronik verwendet man statt Einzelhalbleitern zunehmend integrierte Schaltungen. Besonders wenn mehrere Verbraucher gesteuert werden müssen, ergibt sich damit ein geringerer Aufwand.

Der integrierte Leistungstreiber ULN2803 enthält ein Array aus acht Treiberschaltungen mit Darlington-Transistoren und den zugehörigen Vorwiderständen. Außerdem sind bereits die erforderlichen Freilaufdioden zum Schalten induktiver Lasten enthalten. Jeder Treiber ist für eine Spitzenspannung von 50 V und einen Spitzenstrom von 500 mA ausgelegt. Bei gleichzeitiger Ansteuerung mehrerer Treiber sollte der Gesamtstrom im Mittel 1 A nicht überschreiten.

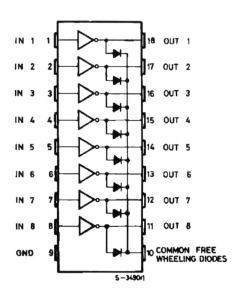

Abb. 17.21 Anschlussplan des ULN2803 (SGS)

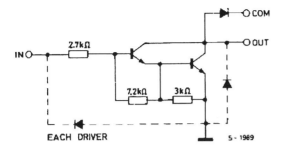

Abb. 17.22 Innenschaltung des
ULN2803 (SGS)

Die internen Widerstände des ULN2803 sind für eine Ansteuerung mit +5 V ausgelegt. Dabei ergibt sich ein Steuerstrom von ca. 1,4 mA. Das IC ist für die direkte Ansteuerung mit digitalen ICs ausgelegt, kann aber auch von Transistorschaltungen oder von 555-Timern angesteuert werden.

Typische Anwendungsbereiche für den ULN2803 liegen in der Ansteuerung von Hubmagneten, Mehrphasenmotoren oder Schrittmotoren. *Abb. 17.23* zeigt eine Ansteuerschaltung für einen Vierphasen-Schrittmotor. Ein einstellbarer RC-Generator erzeugt zwei um 90° verschobene, symmetrische Rechtecksignale. Vier Treiber des ULN2803 steuern die vier Spulen des Motors mit etwa 60...120 Ω an. Je zwei gegenphasige Signale an Ausgang der Treiber steuern direkt zwei weitere Eingänge an, so dass insgesamt vier Phasen entstehen.

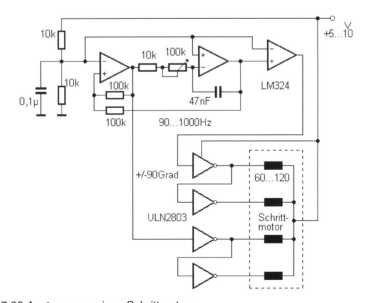

Abb. 17.23 Ansteuerung eines Schrittmotors

17.6 Brückentreiber

Während ein einfacher Open-Collector-Treiber nur Lastströme in einer Richtung schaltet, ermöglicht ein Brückentreiber auch eine Umkehrung der Polarität mit Gegentakt-Schaltstufen. Der Brückentreiber L293D im 20-poligen DIP-Gehäuse enthält vier nichtinvertierende Treiber und je zwei zusätzliche Freilaufdioden. Jeder Ausgang treibt bis zu 600 mA. Zusätzliche Freigabeeingänge (Enable) ermöglichen die Abschaltung der Ausgänge. Das IC besitzt zwei Anschlüsse für Betriebsspannungen. V_{SS} erhält +5 V, während V_S der Ausgangsspannung von z.B. 12 V oder 24 V entspricht.

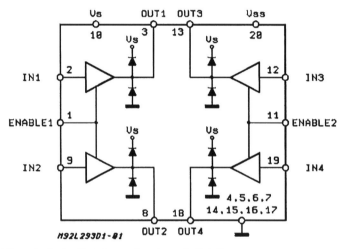

Abb. 17.24 Der vierfache Brückentreiber L293D (SGS)

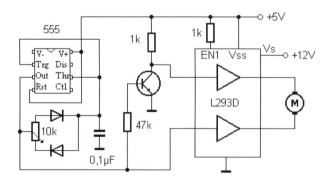

Abb. 17.25 Ein Vollbrückentreiber mit PWM-Steuerung

Zwei Brückentreiber können als Vollbrücke geschaltet werden, um einen Verbraucher mit beiden Polaritäten anzusteuern. Auf diese Weise ist es möglich, einen Gleichstrommotor in zwei Richtungen zu steuern. Das Verfahren kann mit einer PWM-Steuerung kombiniert werden, um eine stufenlose Regelung zu erreichen. *Abb. 17.25* zeigt eine mögliche Realisierung mit einem 555-Timer. Ein Transistor in Emitterschaltung liefert ein zweites, invertiertes PWM-Signal. In Mittelstellung des Potis ergibt sich ein Puls-Pausenverhältnis von 50%. In diesem Zustand ist der Strom durch den Motor im Mittel Null.

17.7 Power-OPV

Die Leistung eines üblichen OPV reicht nicht für die direkte Ansteuerung größerer Lasten. Zwar kann man die Ausgangsleistung mit zusätzlichen Transistoren verstärken. Mit speziellen Power-OPV ergibt sich jedoch in vielen Fällen ein wesentlich einfacherer Aufbau. *Abb. 17.26* zeigt die Anschlussbelegung des L272 in zwei erhältlichen Varianten im DIL-Gehäuse. Jeder der beiden Verstärker kann Ströme bis zu 1 A liefern. Das IC ist für unipolare Betriebsspannung ausgelegt und arbeitet bis nahe an das Massepotential heran. Der L272M im 8-poligen Mini-DIP-Gehäuse erlaubt eine Gesamtverlustleistung von 1,2 W bei einer Umgebungstemperatur von 50 °C. Der L272 im 16-poligen DIP-Gehäuse wird über die Masseanschlüsse 9 bis 16 an einer Seite des ICs gekühlt. Als Kühlfläche genügt in vielen Fällen eine vergrößerte Massefläche auf der Platine. Die maximale Verlustleistung beträgt dann bis zu 5 W.

Beim Einsatz des L272 muss ein Dämpfungsglied am Ausgang eingesetzt werden, um Schwingneigungen zu vermeiden. Der Verstärker arbeitet stabil ab

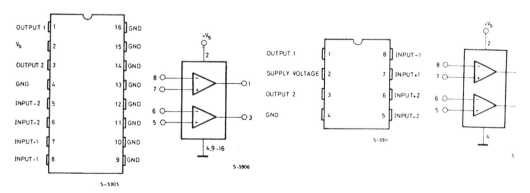

Abb. 17.26 Der doppelte Leistungs-OPV L272 (links) und L272M (rechts) (SGS)

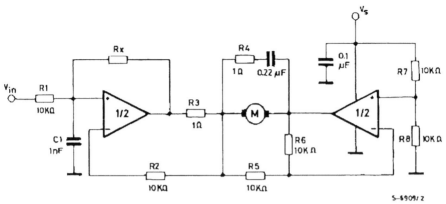

Abb. 17.27 Ein bidirektionaler Motortreiber mit dem L272 (SGS)

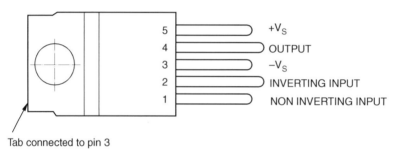

Tab connected to pin 3

Abb. 17.28 Der Power-OPV L165 (SGS)

einer Gesamtverstärkung von 1. *Abb. 17.27* zeigt einen Gleichstrom-Steuerverstärker für einen DC-Motor.

Für noch größere Ströme bis 3,5 A eignet sich der einfache Power-OPV L165 im Pentawatt-Gehäuse.

Beim Schaltungsdesign mit dem L165 muss beachtet werden, dass die minimale Verstärkung für stabilen Betrieb 3 beträgt. Die interne Frequenzkompensation ist nicht für volle Gegenkopplung ausgelegt, so dass es bei kleinerer Verstärkung als 3 zu Schwingungen kommen kann. Als zusätzliche Maßnahme gegen heftige Schwingungen wird nach *Abb. 17.29* ein Dämpfungsglied am Ausgang empfohlen.

Wenn man den Einsatz wesentlich teurerer Power-OPV vermeiden will, lässt sich ein normaler OPV wie der 741 mit zwei komplementären Leistungstransistoren verwenden. Die Transistoren werden über die Betriebsspannungsanschlüsse des OPV gesteuert. Der normale Ruhestrom eines 741 liegt bei ca. 1

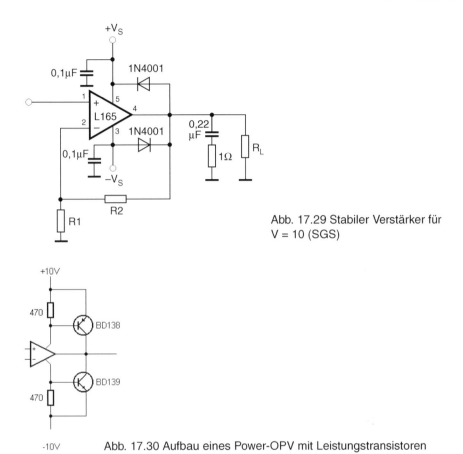

Abb. 17.29 Stabiler Verstärker für
V = 10 (SGS)

Abb. 17.30 Aufbau eines Power-OPV mit Leistungstransistoren

mA. Die Transistoren sind noch gesperrt. Sobald die interne Gegentaktendstufe in eine Richtung mehr als etwa 10 mA aufbringen muss, setzt der entsprechende Transistor unterstützend ein. Der mittlere Bereich bis ca. ±10 mA wird also vom OPV abgedeckt, größere Ströme fließen über die Leistungstransistoren.

18 Filter

Elektronische Schaltungen arbeiten in sehr unterschiedlichen Frequenzbereichen. Im Normalfall möchte man ganz gezielt bestimmte Frequenzen verarbeiten, ohne dass es zu Beeinflussungen durch andere Signale kommt. Ein Tonfrequenzverstärker sollte z.B. nicht empfindlich für Hochfrequenzsignale sein, die über einen Eingang, über die Netzversorgung oder durch elektromagnetische Einkopplung in das Gerät gelangen. Durch geeignete Filter lässt sich dies erreichen. In anderen Fällen geht es um die Trennung verschiedener Nutzsignale in einem Frequenzband. Bei dicht nebeneinander liegenden Frequenzen muss ein hoher Filteraufwand betrieben werden.

18.1 Entstörmaßnahmen

Allgemein treten Störungen auf, wenn ein nicht erwünschtes Signal zu einer Beeinflussung eines Nutzsignals oder einer Gerätefunktion führt. Ein Beispiel dafür ist das unerwünschte 50-Hz- oder 100-Hz-Brummen eines NF-Verstärkers. Signale aus der Netzfrequenz oder der gleichgerichteten Wechselspannung gelangen in den NF-Verstärkerzweig. Dafür gibt es verschiedene Ursachen.

Der Netztransformator befindet sich zu nahe am Verstärkereingang und induziert mit seinem magnetischen Streufeld Störungen in Signalleitungen. Ebenso kann eine elektrische Kopplung durch Streukapazitäten auftreten. Abhilfe schafft eine andere Plazierung des Netzteils oder des empfindlichen Eingangsverstärkers oder eine Abschirmung durch Metall.

Durch ungünstige Masseführung kommt es zu Spannungsabfällen auf Masseleitungen, über die Signale in den Verstärkereingang gelangen. Abhilfe schafft oft eine sternförmige Verlegung der Masseleitungen für einzelne Baugruppen und eine Vermeidung von Masseschleifen.

Störsignale gelangen über die Betriebsspannung in den Signalweg. Reste der 100-Hz-Signale des Netzgleichrichters auf der schlecht gesiebten Gleichspannung führen vor allem in empfindlichen Vorverstärkern zu Störungen. Abhilfe schafft eine bessere Filterung der Versorgungsspannung.

Prinzipiell führen größere Ladeelkos zu einer verbesserten Siebung und Ausfilterung von Wechselspannungssignalen auf der Stromversorgung. Allerdings muss hier ein wirtschaftlich vertretbarer Kompromiss gefunden werden, zumal auch ein noch so großer Elko die Restsignale nicht ganz unterdrücken kann. Sie sind um so stärker, je größer die Strombelastung des Netzteils ist. In der Praxis werden Netzteile z.B. so ausgelegt, dass die Amplitude der Rest-Wechselspannung bei Vollast nicht mehr als 10% der Gleichspannung beträgt. Ein Leistungsverstärker kann so ausgelegt werden, dass er praktisch unempfindlich gegen diese Signale ist. Anders sieht es dagegen für den Vorverstärker aus, der auf reine Gleichspannungen angewiesen ist.

Die Siebung eines Netzteils kann verbessert werden, wenn man eine Siebdrossel und einen zweiten Kondenstor einsetzt. Diese Technik war lange Zeit in der Röhrentechnik üblich und wird auch heute noch vereinzelt angewandt, besonders wenn es um höhere Spannungen geht. Das zusätzliche Siebglied stellt ein Tiefpassfilter dar, dessen Wirkung grob als Spannungsteiler aus zwei Wechselstromwiderständen angesehen werden kann. Eine Drosselspule mit der Induktivität 1 H hat bei 100 Hz einen induktiven Widerstand von 630 Ω. Dagegen beträgt der kapazitive Widerstand eines Kondenstors von 100 μF bei 100 Hz nur ca. 16 Ω. Die Störspannung wird also etwa um den Faktor 40 verringert, das Filter kann also Störanteile von 40 V auf 1 V verringern. Siebdrosseln werden z.B. in Netzteilen für Röhrensender eingesetzt, weil für die hohen Spannungen von 1 kV und mehr keine ausreichend großen Elkos erhältlich sind, so dass man Metall-Papierkondensatoren mit hoher Spannungsfestigkeit einsetzt. Für Halbleiterschaltungen setzt man dagegen lieber auf sehr große Elkos und versucht, bereits mit einem Elko im Netzteil eine ausreichende Siebung zu erhalten.

Die Stromversorgung für einen Vorverstärker sollte nach Möglichkeit frei von Störsignalen sein. Man verwendet meist zusätzliche Filter für die Vorstufen. Da hier nur ein kleiner Strom fließt, lässt sich mit geringem Aufwand eine gute zusätzliche Glättung erzielen. Statt eines Drosselfilters kann ein einfaches RC-Filter verwendet werden. Der zusätzliche Spannungsabfall am Widerstand ist kein Problem, weil Vorstufen meist weniger Betriebsspannung benötigen.

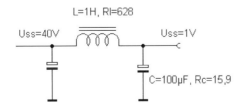

Abb. 18.1 Ein Drossel-Brummfilter

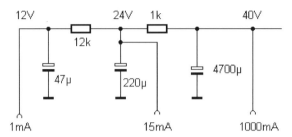

Abb. 18.2 Zusätzliche Siebung und Entkopplung für Vorstufen

Abb. 18.3 zeigt das Konzept einer Spannungsversorgung für einen typischen NF-Verstärker. Die Versorgungsspannung wird für die Vorstufen zunehmend besser gesiebt. Damit erreicht man zugleich auch eine gute Entkopplung zwischen den einzelnen Verstärkerstufen. Wechselspannungsanteile können nämlich nicht nur durch das Netzteil verursacht werden, sondern auch durch Verstärkerstufen, insbesondere durch den Leistungsverstärker. Es muss jedoch verhindert werden, dass Signale von der Endstufe in die Vorstufen gelangen, weil damit Verzerrungen und Unstabilitäten verursacht werden können.

In modernen Halbleiterschaltungen verwendet man vielfach Spannungsregler für unterschiedliche Versorgungsspannungen. Damit erhält man von vornherein eine sehr gute Brummunterdrückung und Entkopplung, so dass man auf eine zusätzliche Siebung oft verzichten kann (s.o. Kap. 12.8)

Die Betriebsspannungsversorgung ist nur ein möglicher Pfad für Störsignale. Ein anderer Weg führt über die kapazitive Kopplung durch Streukapazitäten. Zwei in der Nähe verlegte Kabel können gemeinsam einen parasitären Kondensator mit einer Kapazität in der Größenordnung von einigen Pikofarad bilden. Dies kann vor allem bei höheren Frequenzen zur Einkoppelung unerwünschter Signale führen.

Eine mögliche Gegenmaßnahme ist die konsequente Abschirmung signalführender Leitungen und empfindlicher Baugruppen, vor allem wenn es um Hochfrequenzanwendungen geht. Außerdem sollte man im Bereich der Verstärkereingänge auf kurze Leitungsführung achten und z.B. Eingangsverstärker in der Nähe von Lautstärkereglern und Eingangs-Wahlschaltern anordnen.

Vielfach ist es erforderlich, die Bandbreite eines Verstärkers auf den tatsächlich benötigten Bereich einzuengen. Ein NF-Verstärker ist oft empfindlich gegen einstreuende Hochfrequenzsignale. Ein Signal kann z.B. über das Mikrofonkabel empfangen und dann an der Basis-Emitterdiode des Eingangstransistors demoduliert werden. So kommt es zu Störungen durch starke Rund-

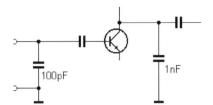

Abb. 18.3 Entstörung durch Herabsetzen der Grenzfrequenz

funk- oder andere Sender. Aber auch Knackgeräusche durch Schaltfunken können so aufgenommen werden. Vielfach hilft bereits ein kleiner Parallelkondensator am Eingang des Verstärkers als Tiefpassfilter gegen HF-Signale.

Auch im weiteren Verlauf des Signalwegs sollte die Bandbreite niemals wesentlich höher sein als erforderlich. Man kann sie nach *Abb. 18.3* auch durch zusätzliche Kondensatoren am Ausgang von Verstärkern reduzieren. Bei hoch verstärkenden NF-Verstärkern treten leicht Unstabilitäten in Form von Eigenschwingungen mit einigen Kilohertz auf. Der Grund liegt meist in einer kapazitiven Rückkopplung vom Ausgang auf den Eingang des Verstärkers. Oft lässt sich das Problem lösen, indem man die Bandbreite des Verstärkers auf das nötige Maß beschränkt. Falls das nicht ausreicht, sollte man die Masseleitung oder die Stromversorgung als möglichen Signalweg untersuchen.

Grundsätzlich muss man versuchen, Störungen dort zu dämpfen, wo sie auftreten. Funkenstörungen von Motoren und Schaltern lassen sich durch einfache Kondensatoren, Entstördrosseln oder spezielle Entstörfilter reduzieren. Gesetzlich festgelegte Grenzwerte gelten für abgestrahlte und in Netzleitungen eingekoppelte Störsignale.

Oft muss die Ursache für eine Störung im eigenen Gerät gesucht werden. So können z.B. Gegentaktendstufen auf Grund der schnellen Stromumschaltung zwischen beiden Endtransistoren erhebliche Störungen im höheren Frequenzbereich verursachen. Noch gravierender ist es, wenn es in einer Endstufe zu Eigenschwingungen im HF-Bereich kommt. Sowohl Oberwellenstörungen als auch Schwingneigungen bei höheren Frequenzen können durch geeignete Dämpfungsglieder vermieden werden.

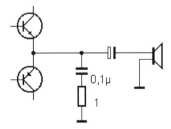

Abb. 18.4 Entstörglied an einem Ausgangsverstärke

Das Entstörglied aus einem Widerstand und einem Kondensator belastet den Verstärker vorwiegend bei hohen Frequenzen und verringert so die Schwingneigung. Zugleich werden unerwünschte höherfrequente Anteile absorbiert. Ein Entstörkondensator ohne Serienwiderstand sollte nicht eingesetzt werden, weil durch ungedämpfte Ladeströme zusätzliche Störungen auftreten würden und weil Phasenverschiebungen bei höheren Frequenzen zu weiteren Unstabilitäten führen könnten.

18.2 Passive RC-Filter

Mit Widerständen und Kondensatoren lassen sich einfache passive Filter aufbauen. Wenn jeweils nur ein Kondensator und ein Widerstand verwendet wird, spricht man von einem Filter erster Ordnung. Weitab von der Grenzfrequenz des Filters vergrößert sich die Dämpfung jeweils um 6 dB pro Oktave bzw. 20 dB pro Dekade. Bei der Grenzfrequenz beträgt die Dämpfung –3 dB, d.h., die Leistung wird halbiert und die Spannung wird um den Faktor von 0,71 verringert. Die Grenzfrequenz F_G liegt an der Stelle $R = R_C = 1/(2\pi fC)$.

$$F_G = \frac{1}{2\pi RC}$$

Der Betrag des kapazitiven Widerstands ist also gleich dem ohmschen Widerstand. Für die in *Abb. 18.5* angegebenen Dimensionierungen mit $R = 1\ k\Omega$ und $C = 10\ nF$ ergibt sich eine Grenzfrequenz von 15,9 kHz.

Für ein Filter erster Ordnung ergibt sich ein sehr weicher Übergang zwischen Durchlassbereich und Sperrbereich. Für viele Anwendungen reicht das nicht aus, so dass man LC-Filter oder auf aktive Filter höherer Ordnung angewiesen ist. *Abb. 18.6* zeigt den Verlauf der Filterkurven im logarithmischen Maßstab. Man kann die Frequenzgänge für Tiefpass- und Hochpassfilter in erster Näherung aus einem horizontalen Abschnitt im Durchlassbereich und einem um 20

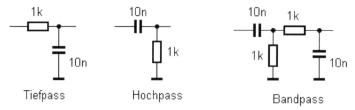

Abb. 18.5 RC-Filter erster Ordnung

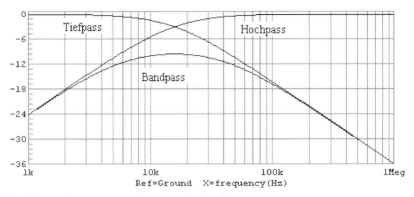

Abb. 18.6 Filterkurven der RC-Filter erster Ordnung

dB/Dekade geneigten Abschnitt im Sperrbereich zusammensetzten. Nur im Bereich der Eckfrequenz kommt es zu einer deutlichen Abrundung.

Das einfache Bandpassfilter besitzt auch bei seiner Mittenfrequenz eine erhebliche Dämpfung, weil es aus einem einfachen Hochpass- und Tiefpassfilter gleicher Grenzfrequenz aufgebaut ist.

Auch mit einfachen RC-Filtern lassen sich bereits Filter höherer Ordnung aufbauen. Mit jedem RC-Glied vergrößert sich die Dämpfung weitab von der Eckfrequenz um 20 dB/Dekade. Die Übergänge zwischen Durchlass- und Sperrbereich werden jedoch weicher. Die 3-dB-Grenzfrequenz verringert sich für n nach *Abb. 18.7* durch Impedanzwandler entkoppelte RC-Glieder um den Faktor $\sqrt{n}$. *Abb. 18.8* zeigt den Frequenzgang für eine bis vier Stufen.

In der Praxis setzt man solche Filter nur selten ein. Sie verhalten sich jedoch ähnlich wie ein mehrstufiger Verstärker, bei dem jede einzelne Stufe die gleiche Grenzfrequenz hat. Bei der Dimensionierung von Verstärkern mit eingeengter Bandbreite muss man deshalb berücksichtigen, dass die einzelnen Grenzfrequenzen höher liegen. Umgekehrt bilden mehrere RC-gekoppelte Verstärkerstufen insgesamt ein Hochpassfilter höherer Ordnung, wobei die untere Grenzfrequenz entsprechend angehoben wird.

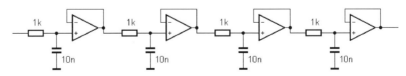

Abb. 18.7 Kaskadierte und entkoppelte RC-Filter

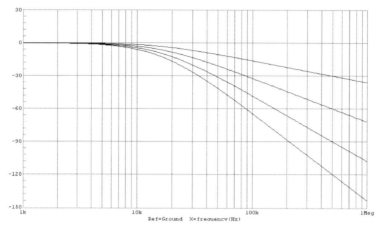

Abb. 18.8 Frequenzgang für Tiefpassfilter mit 1, 2, 3 und 4 Stufen

Die einzelnen Stufen des Filters nach *Abb. 18.9* sind nicht entkoppelt, so dass es zu einer gegenseitigen Beeinflussung kommt. Die Grenzfrequenz sinkt damit noch weiter ab, während die Dämpfung weit oberhalb der Grenzfrequenz gleich bleibt (vgl. *Abb. 18.10*).

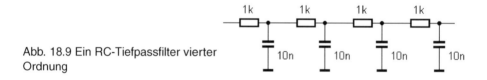

Abb. 18.9 Ein RC-Tiefpassfilter vierter Ordnung

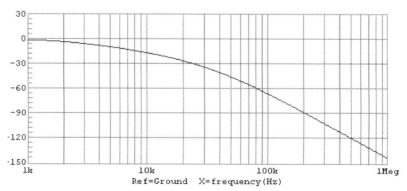

Abb. 18.10 Frequenzgang eines RC-Tiefpassfilters vierter Ordnung

18.3 LC-Filter

Mit Filtern aus Spulen und Kondensatoren lassen sich fast beliebige Filterkurven erreichen, wobei allerdings die Dimensionierung nicht ganz einfach ist. Ein Schwingkreis aus einem Kondensator und einer Spule bildet bereits einen Bandpass. Allerdings ist eine definierte Filterkurve nur mit dem richtigen Abschlusswiderstand bzw. der richtigen Bedämpfung des Kreises zu erwarten.

LC-Glieder lassen sich gut als Hochpass- oder Tiefpassfilter einsetzen. Da sich gleichzeitig ein Serienschwingkreis bildet, kommt es je nach Dämpfung zu einer mehr oder weniger ausgeprägten Resonanzüberhöhung im Bereich der Grenzfrequenz. Man kann diesen Effekt gezielt ausnutzen, um einen abrupteren Übergang vom Durchlassbereich in den Sperrbereich zu erreichen. Mit einem LC-Glied realisiert man ein Filter zweiter Ordnung mit –12 dB/Oktave bzw. –40 dB/Dekade.

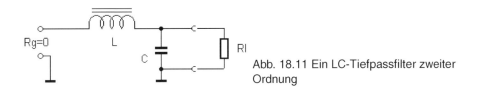

Abb. 18.11 Ein LC-Tiefpassfilter zweiter Ordnung

Die genaue Übertragungskurve des Filters ist stark vom Generator-Innenwiderstand und vom Lastwiderstand am Ausgang der Schaltung abhängig. Zur Vereinfachung soll zunächst vom einer niederohmigen Signalquelle ausgegangen werden. Die Dämpfung und eine eventuelle Resonanzüberhöhung hängt dann von L, C und dem Lastwiderstand R_L ab. Man kann dem Filter wie einem Schwingkreis eine Güte Q zuordnen. Bei $R_C = R_L = R$ gilt Q = 1. Für eine Güte von Q = 0,71 findet man gerade einen flachen Frequenzgang ohne Überhöhung. Die Verhältnisse liegen beim Hochpassfilter mit vertauschter Spule und Kondensator ähnlich.

Bandpassfilter lassen sich aus einem Tiefpassfilter und einem Hochpassfilter kombinieren, wenn die Bandbreite groß ist. Bei relativ geringer Bandbreite realisiert man solche Filter mit gekoppelten Schwingkreisen. Die Filtereigenschaften lassen sich in weiten Grenzen durch Einstellung der Güte und des Kopplungsgrads festlegen. Für schmalbandige Filter wird eine hohe Kreisgüte und eine schwache Kopplung mit einem kleinen Koppelkondensator gefordert.

Zwei gekoppelte Einzelschwingkreise gleicher Resonanzfrequenz verstimmen sich gegenseitig um so mehr, je stärker die Kopplung ist. Dabei entsteht eine

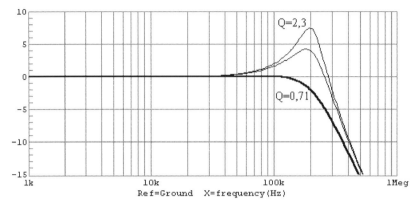

Abb. 18.12 Tiefpassfilter zweiter Ordnung mit unterschiedlicher Güte Q

Abb. 18.13 Aufbau eines Bandfilters mit C-Kopplung

gemeinsame Übertragungskurve mit zwei Überhöhungen links und rechts der Mittenfrequenz. Bandfilter werden z.B. im Zwischenfrequenzteil von Empfängern verwendet. Durch unterschiedliche Dämpfungen und Kopplungsgrade erhält man Kurvenverläufe, die sich insgesamt der idealen rechteckigen Filterkurve annähern (vgl. *Abb. 18.14*).

LC-Filter lassen sich in schmalbandigen Hochfrequenzverstärkern zur Leistungsanpassung und zur Transformation von Impedanzen verwenden. So kann z.B. die Ausgangsimpedanz einer Treiberstufe auf die Eingangsimpedanz einer Leistungs-Endstufe angepasst werden. Im Gegensatz zu Breitbandtransformatoren arbeitet eine solche Anpassung nur auf einer Frequenz.

Anpassglieder können gleichzeitig eine Filterfunktion übernehmen. Gebräuchlich ist z.B. das Pi-Filter zur Anpassung eines Leistungsverstärkers an eine Antenne. Das Filter ist zugleich ein Schwingkreis und ein Tiefpassfilter. Mit einer Arbeitsgüte oberhalb von Q = 12 erreicht man die erforderliche Oberwellendämpfung für Kurzwellensender. Oft arbeitet man mit Drehkondensatoren und erreicht damit eine Feinabstimmung und eine Kompensation von Blindwiderständen durch Antennen außerhalb der Resonanz oder durch stehende Wellen auf Antennenkabeln.

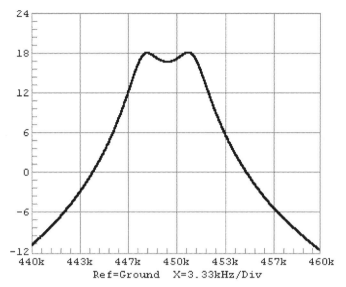

Abb. 18.14 Eine typische Bandfilterkurve bei 450 kHz

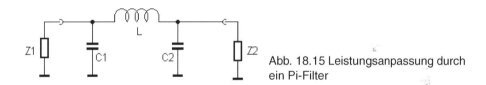

Abb. 18.15 Leistungsanpassung durch ein Pi-Filter

Das Verhältnis der Eingangs- und Ausgangsspannungen des Pi-Filters entspricht dem Verhältnis C_2/C_1. Geht man bei Z_1 und Z_2 von rein ohmschen Impedanzen aus, dann gilt:

$$\frac{Z_1}{Z_2} = \left(\frac{C_2}{C_1}\right)^2 .$$

Zugleich muss die Resonanzbedingung erfüllt sein, d.h., eine Veränderung von C_2 erfordert ein Nachstimmen von C_1. Mit zwei Drehkondensatoren lassen sich Impedanzen in einem weiten Bereich, z.B. zwischen 30 Ω und 1000 Ω an eine Sendeendstufe anpassen. Abstimmbare Pi-Filter werden hauptsächlich bei Röhrenendstufen eingesetzt. Dagegen verwendet man für Transistorendstufen meist Breitbandtransformatoren zur Impedanzanpassung und fest abgestimmte Pi-Filter für jedes Frequenzband. Solche Geräte sind dann aber auf

275

die korrekte Antennenimpedanz von 50 Ω angewiesen. Vielfach werden daher noch Antennenanpassgeräte verwendet, die wiederum abstimmbare Pi-Filter enthalten können.

18.4 Quarzfilter

Für die schmalbandige Selektion im Hochfrequenzbereich verwendet man Quarzfilter. Ein Quarz entspricht in seiner Funktion einem Schwingkreis mit sehr hoher Güte. Durch Kopplung mehrerer Quarze erreicht man Filter mit schmaler Bandbreite, flachem Übertragungsbereich und guter Weitabselektion. Quarzfilter werden als komplette Einheiten gefertigt, wobei man nur auf den korrekten Abschlusswiderstand achten muss, um die optimale Filterkurve zu erhalten. Typische Quarzfilter erhält man z.B. für eine Frequenz von 9 MHz und eine Bandbreite von 2,1 kHz für SSB-Anwendungen. Nur in Ausnahmefällen und für eigene Experimente ist es sinnvoll, Quarzfilter selbst aufzubauen.

Die besten Ergebnisse erzielt man mit Lattice-Filtern nach *Abb. 18.16*. Die einzelnen Quarze müssen geringfügig unterschiedliche Frequenzen aufweisen. Die Schwingkreise werden auf die Durchlassfrequenz abgestimmt. Die Kopplung ist stark von der gewünschten Bandbreite und den genauen Daten der Quarze abhängig. Allgemeingültige Werte lassen sich nicht angeben.

Für eigene Versuche eignen sich besser die sog. Ladder-Filter, die mehrere Quarze exakt gleicher Frequenz verwenden. Es können übliche Schwingquarze eingesetzt werden. Man hat eine breite Auswahl möglicher Frequenzen. *Abb. 18.17* zeigt zwei praktische Beispiele für 4 MHz und für 9 MHz.

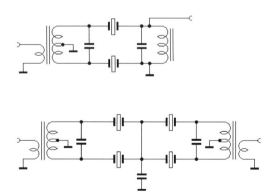

Abb. 18.16 Grundschaltung für Lattice-Filter zweiter und vierter Ordnung

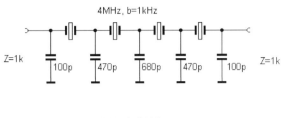

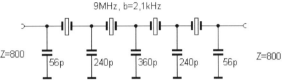

Abb. 18.17 Zwei typische Ladder-Filter mit vier Quarzen

Die Dimensionierung der Ladder-Filter kann als Ausgangspunkt für eigene Entwürfe dienen. Andere Bandbreiten als 1 kHz bzw. 2,1 kHz erhält man durch Veränderung der Anschlussimpedanz und der Kondensatoren. Für eine Halbierung der Bandbreite halbiert man die Eingangsimpedanz und verdoppelt alle Kondensatoren.

Neben Quarzfiltern kann man für weniger kritische Fälle auch einfache Keramikfilter einsetzten. Preiswerte Keramikfilter gibt es für die üblichen Zwischenfrequenzen 455 kHz und 10,7 MHz.

18.5 Aktive Filter

Im NF-Bereich vermeidet man nach Möglichkeit den Einsatz von Spulenfiltern, weil Spulen hoher Induktivität und Güte aufwendig und teuer sind. Statt dessen setzt man Operationsverstärker ein und realisiert Filterentwürfe mit Widerständen und Kondensatoren.

Die einfachste Form des aktiven Filters ist der Integrator mit einem Kondensator und einem Widerstand. Die Schaltung verhält sich wie ein Tiefpass erster Ordnung aus einem Widerstand und einem Kondensator. Im Unterschied zum einfachen Tiefpass ohne OPV hat diese Schaltung einen niedrigen Innenwiderstand, so dass sich die Übertragungskennlinie bei Belastung nicht ändert. Die Grenzfrequenz der Schaltung beträgt $f_G = 1/(2\pi RC)$.

Eine der wichtigsten Grundschaltungen mit Operationsverstärker ist das Tiefpassfilter mit einfacher Mitkopplung. Man erreicht damit ein Verhalten des Filters, das einem LC-Tiefpass zweiter Ordnung entspricht. Grenzfrequenz

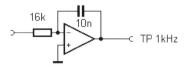

Abb. 18.18 Ein aktiver Tiefpass erster Ordnung

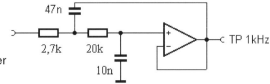

Abb. 18.19 Ein Tiefpassfilter zweiter
Ordnung mit f_G = 1000 Hz

und Güte des Filters lassen sich durch unterschiedliche Dimensionierung der Kondensatoren und Widerstände einstellen. Die Schaltung nach *Abb. 18.18* zeigt ein Tiefpassfilter mit Butterworth-Charakteristik, die sich dadurch auszeichnet, dass bei optimal steilem Übergang in den Sperrbereich keine Überhöhung der Filterkurve auftritt. Die Güte für das zweipolige Filter beträgt 0,71.

Filter höherer Ordnung kann man aus mehreren Stufen zusammensetzen, wobei jede Stufe eine andere Güte besitzt. Die Überlagerung aller Einzelfilterkurven soll dann einen optimalen Frequenzgang des Gesamtfilters ergeben. Bei Filtern höherer Ordnung müssen enge Bauteiletoleranzen eingehalten werden, was besonders bei den Kondensatoren nicht einfach ist.

Man kann die Filterdimensionierung erheblich vereinfachen, wenn man gleiche Widerstände R und gleiche Kondensatoren C einsetzt. *Abb. 18.20* zeigt ein Beispiel für die Grenzfrequenz 1 kHz. Die Schaltung eignet sich auch für abstimmbare Filter, weil Doppelpotis mit gleichen Widerständen leicht erhältlich sind. Die Güte des Filters muss durch die Einstellung der Gleichspannungsverstärkung eingestellt werden. Es ist für manche Anwendungen ein kleiner Nachteil, dass die Schaltung eine Grundverstärkung von größer als Eins aufweist. Dieser Nachteil wird jedoch durch die einfache Dimensionierung aufgewogen.

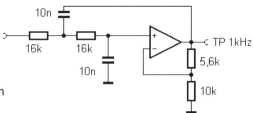

Abb. 18.20 Tiefpassfilter mit gleichen
Widerständen und Kondensatoren

Die Grenzfrequenz F_G des Filters beträgt

$$F_G = \frac{1}{2\pi RC} \quad .$$

Die Einstellung der Güte Q erfolgt unabhängig von den frequenzbestimmenden Komponenten R und C über die Grundverstärkung k.

$$Q = \frac{1}{3-k}$$

In der Beispielschaltung nach *Abb. 18.20* ist die Grenzfrequenz $f_G = 1$ kHz und die Güte beträgt für eine flache Filterkurve Q = 0,71. Dazu ist eine Spannungsverstärkung von k = 1,59 erforderlich, die mit ausreichender Genauigkeit mit Normwiderständen realisiert wurde. Mit k = 3 wird der Grenzwert mit unendlicher Güte erreicht. Die Schaltung würde damit zu Eigenschwingungen erregt.

Durch Vertauschen der Widerstände und Kondensatoren entsteht aus dem Tiefpassfilter ein Hochpassfilter gleicher Grenzfrequenz und Güte. Man kann also ähnliche Berechnungen für Hochpässe und Tiefpässe verwenden.

Auch ein Bandpassfilter zweiter Ordnung lässt sich mit einem Operationsverstärker realisieren. Die Schaltung nach *Abb. 18.23* verhält sich ähnlich wie ein Schwingkreis, wobei die Güte über die Verstärkung frei einstellbar ist.

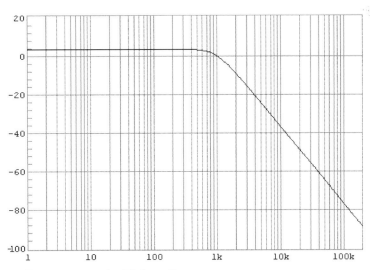

Abb. 18.21 Frequenzgang des Tiefpassfilters

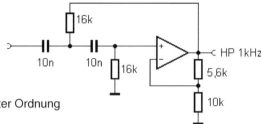

Abb. 18.22 Ein Hochpassfilter zweiter Ordnung
mit F_G = 1kHz und Q = 0,71

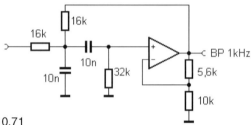

Abb. 18.23 Ein Bandpassfilter mit Q = 0,71

18.6 Universalfilter

Außer Tiefpass-, Hochpass- und Bandpassfiltern benötigt man manchmal auch sogenannte Bandsperren oder Kerbfilter (engl. Notchfilter). Mit ihnen kann man zu Messzwecken oder zur Unterdrückung von Störungen eine einzelne Frequenz herausfiltern.

Ein Universalfilter bietet alle vier Grundtypen eines Filters in einer Schaltung, wobei jeweils die gleiche Grenzfrequenz und die gleiche Güte gilt. Die Frequenz lässt sich mit einem Doppelpotentiometer kontinuierlich abstimmen. In der Dimensionierung nach *Abb. 18.24* reicht die einstellbare Frequenz von ca. 350 Hz bis zu einigen kHz. Völlig unabhängig von der Frequenz lässt sich die Güte Q einstellen. Mit einem Poti von 100 kΩ lässt sich hier eine Güte bis Q = 100 wählen.

18.7 Spannungsgesteuerte Filter

Oft werden Filter benötigt, deren Grenzfrequenz über eine Steuerspannung oder über einen Steuerstrom eingestellt werden kann. Eine Möglichkeit der Realisierung besteht im Einsatz von OTAs als steuerbare Widerstände. *Abb. 18.25* zeigt ein Tiefpassfilter zweiter Ordnung mit einem doppelten OTA LM13600. Beide

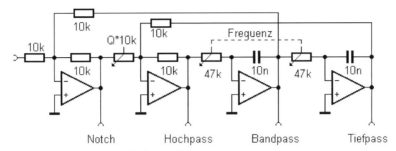

Abb. 18.24 Ein einstellbares Universalfilter

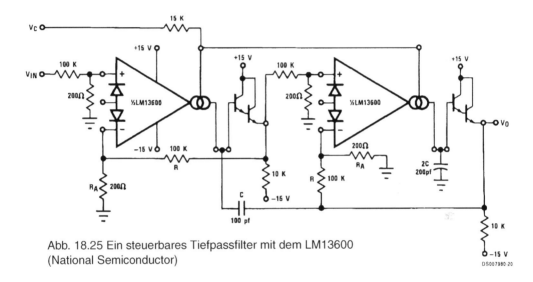

Abb. 18.25 Ein steuerbares Tiefpassfilter mit dem LM13600
(National Semiconductor)

OTA-Stufen werden über einen gemeinsamen Steuereingang V_C gesteuert. Die gute Übereinstimmung der Daten beider OTAs in einem Gehäuse des LM13600 erlaubt eine Variation der Grenzfrequenz um mehrere Dekaden.

Typisch für den Einsatz eines OTA ist die niederohmige Ansteuerung der Eingänge. Im vorliegenden Fall wird ein Spannungsteiler 100 kΩ/200 Ω verwendet, um einen kleinen Eingangswiderstand und zugleich eine kleine Eingangsspannung zu erreichen. Wichtig ist, dass Eingangssignale an den Eingängen nicht wesentlich größer als 1 mV werden, da sonst mit erhöhten Verzerrungen gerechnet werden muss.

In der Messtechnik oder auch für die Signalfilterung in CW-Empfängern ist auch die Realisierung einstellbarer Bandpassfilter interessant. *Abb. 18.26* zeigt

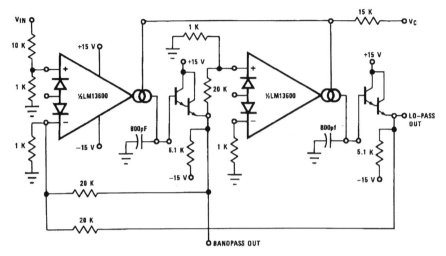

Abb. 18.26 Ein abstimmbares Bandpassfilter mit dem LM13600
(National Semiconductor)

eine Schaltung mit dem OTA LM13600. Auch hier ist die Arbeitsfrequenz in weiten Grenzen einstellbar.

19 Mischer und Modulatoren

Mischer werden verwendet, um Signale von einer Frequenz in eine andere umzusetzen. Ein typischer Einsatz findet sich in Überlagerungsempfängern, deren variable Eingangsfrequenz man auf eine feste Zwischenfrequenz umsetzt, um die Nutzsignale besser filtern zu können. Dazu benötigt man einen zusätzlichen Oszillator und eine Mischstufe. Aus der Eingangsfrequenz f_e und der Oszillatorfrequenz f_{Osz} erzeugt der Mischer zwei mögliche Signale mit den Frequenzen f_e+f_{Osz} und f_e-f_{Osz}, von denen eine auf die Zwischenfrequenz fällt.

19.1 Empfängerkonzepte

Einfache Geradeaus-Empfänger wie das Audion haben gegenüber modernen Empfängerkonzepten eine schlechtere Trennschärfe. Beim Überlagerungsempfänger (Superhet) wird die Trennschärfe in einem Zwischenfrequenzverstärker erreicht. Bei Rundfunkempfängern arbeitet man im Mittelwellenbereich meist mit einer Zwischenfrequenz (ZF) von 455 kHz. Der ZF-Verstärker enthält mehrere Schwingkreise, Bandfilter oder Keramikfilter, so dass man einer idealen Filterkurve nahekommt. Bei der niedrigen Frequenz von 455 kHz und der für Rundfunkempfang erforderlichen Bandbreite von 9 kHz lassen sich sehr gute Dämpfungen des Nachbarkanals bereits mit einfachen Spulenfiltern erreichen.

Das gewünschte Eingangssignal von der Antenne muss durch eine Mischstufe auf die Zwischenfrequenz umgesetzt werden. Man benötigt dazu einen Oszillator, dessen Frequenz um die Zwischenfrequenz neben der Empfangsfrequenz liegt. Im Mittelwellenbereich legt man die Oszillatorfrequenz um 455 kHz über die Empfangsfrequenz. Der Oszillator wird mit einem Drehkondensator oder einer Kapazitätsdiode im Bereich 985 kHz bis 2075 kHz abgestimmt. In der Mischstufe werden für jede Oszillatorfrequenz zwei mögliche Eingangsfrequenzen $F_1 = F_{OSZ}-ZF$ und $F_2 = F_{OSZ}+ZF$ auf die Zwischenfrequenz umgesetzt. Es kann also sowohl der Bereich 530 kHz bis 1620 kHz als auch der Bereich 1440 kHz bis 2530 kHz empfangen werden. Der gewünschte Bereich muss mit einem Eingangsschwingkreis selektiert werden. Man ver-

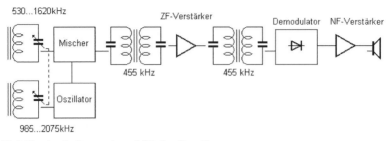

Abb. 19.1 Blockschaltung eines Mittelwellen-Supers

wendet meist eine Ferritantenne, wobei die Schwingkreisspule auf einem Ferritstab gewickelt wird. Eingangskreis und Oszillatorkreis werden mit einem Doppeldrehko gemeinsam abgestimmt. Hochwertige Empfänger müssen auf exakten Gleichlauf abgeglichen werden.

Ein Problem des Superhets ist seine zweite mögliche Empfangsfrequenz, die sog. Spiegelfrequenz. Sie muss durch den Eingangskreis so gut wie möglich unterdrückt werden. Andernfalls können starke Sender auf der Spiegelfrequenz schwache Signale auf der Nutzfrequenz stören. Durch Überlagerung kommt es zu störenden Pfeiftönen. Ein Sender auf der Frequenz 1620 kHz wäre also schwächer auch bei der eingestellten Empfangsfrequenz 710 kHz zu empfangen. Die erreichbare Spiegelfrequenzunterdrückung ist durch den Eingangsschwingkreis begrenzt. Er muss mindestens eine Bandbreite von 9 kHz aufweisen, d.h., die Güte darf nicht über $Q = 80$ liegen. Die Spiegelfrequenz wird dabei um 40...50 dB unterdrückt. Sehr einfache Radios erreichen wesentlich schlechtere Werte, was sich in zahlreichen Pfeifstörungen bemerkbar macht.

Man kann die Spiegelfrequenzunterdrückung verbessern, indem man einen HF-Vorverstärker und zwei Eingangskreise verwendet. Dazu muss ein Dreifachdrehko verwendet werden. Vor allem im Kurzwellenbereich ist die Spiegelfrequenzunterdrückung bei einer geringen Zwischenfrequenz von 455 kHz schwerer zu erreichen. Bei einer Güte von $Q = 100$ beträgt die Bandbreite bei einer Empfangsfrequenz von 10 MHz bereits $b = 100$ kHz. Die Spiegelfrequenz bei 10,910 MHz würde mit einem Kreis nur um ca. 20 dB gedämpft. Spezielle Empfänger wie Amateurfunkgeräte verwenden eine höhere Zwischenfrequenz von z.B. 9 MHz. Mit Spulen erreicht man bei dieser Frequenz keine ausreichend kleine Bandbreite mehr. Deshalb werden meist Quarzfilter mit definierter Bandbreite verwendet.

Ein typischer Amateurfunkempfänger muss die Betriebsarten CW (Morsen mit unmoduliertem Träger) und SSB (Einseitenbandmodulation mit unter-

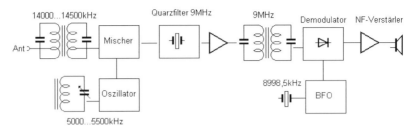

Abb. 19.2 Ein SSB-Empfänger für das 20-m-Band

drücktem Träger) beherrschen. Dazu ist es erforderlich, dem Empfangssignal einen Träger zuzusetzen. Der Demodulator erhält dazu noch einen zusätzlichen BFO (Beat Frequency Oscillator) knapp neben der Zwischenfrequenz. SSB-Sender übertragen ein NF-Spektrum von 300 Hz bis 2400 Hz, also eine Bandbreite von nur 2,1 kHz. Die geringe Bandbreite vermindert die aufgenommenen Breitband-Störungen. Zudem arbeiten SSB-Sender wesentlich effektiver, weil kein Träger übertragen zu werden braucht. Es genügt daher eine Sendeleistung von etwa 100 W, um jeden Ort der Erde zu erreichen. Kurzwellen-Rundfunksender mit Amplitudenmodulation verwenden dagegen meist Leistungen um 100 kW.

Abb. 19.2 zeigt das Blockschaltbild eines Empfängers für das 20 m Amateurfunkband. Das relativ schmale Band ermöglicht den Einsatz eines Bandfilters statt eines abgestimmten Eingangskreises. Mit zwei oder mehr gekoppelten Schwingkreisen erreicht man eine gute Spiegelfrequenzunterdrückung. Der abgestimmte Oszillator benötigt nur einen Einfachdrehko. Dies ermöglicht den Aufbau eines hochstabilen Oszillators in einer eigenen, abgeschirmten Einheit. Der ZF-Verstärker erreicht seine Trennschärfe mit einem 9 MHz Quarzfilter. Für SSB-Betrieb verwendet man meist einen fest abgestimmten BFO. Der einfache Demodulator mit einer Diode wird oft durch einen Produktdetektor ersetzt, der ähnlich wie eine Mischstufe aufgebaut ist.

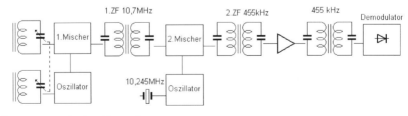

Abb. 19.3 Prinzip des Doppelsupers

Das Problem der Spiegelfrequenzunterdrückung kann auch mit einem Doppel-super nach *Abb. 19.3* gelöst werden. Dabei verwendet man eine erste Zwischenfrequenz von einigen Megahertz zum Erreichen einer guten Spiegelfrequenzunterdrückung. Ein zweiter Mischer setzt das Signal dann auf eine zweite ZF von z.B. 455 kHz um. Hier erfolgt die Hauptselektion mit Bandfiltern geringer Bandbreite.

Die Qualität eines Empfängers hängt in großem Maße von den Eigenschaften des verwendeten Mischers ab. Die folgenden Abschnitte zeigen einige typische Variationen.

19.2 Multiplikative Mischer

Führt man zwei Sinussignale einem Multiplizierer zu, dann enthält das Ausgangssignal neben den beiden ursprünglichen Signalen auch Signale mit der Summe und der Differenz der Eingangssignale. Multiplizieren heißt in diesem Fall, dass die Verstärkung eines Signals in jedem Moment direkt durch den Momentanwert des zweiten Signals eingestellt wird. Benötigt wird also ein steuerbarer Verstärker, dessen Verstärkung z.B. direkt durch ein Oszillatorsignal verändert wird.

Ein einzelner Transistor arbeitet bereits als Multiplizierer, wenn man ihn in einem geeigneten Arbeitspunkt betreibt und beide Signale gemeinsam an die Basis führt. Betrachtet man die Verstärkung des Transistors als Produkt aus Steilheit und Außenwiderstand und bedenkt, dass die Steilheit proportional zum Kollektorstrom ist, dann genügt eine Veränderung des Kollektorstroms durch das Oszillatorsignal, um ein Eingangssignal mit dem Oszillatorsignal zu multiplizieren. Das Eingangssignal sollte dabei so klein sein, dass es nicht selbst zu einer merklichen Änderung der Steilheit führt, also z.B. deutlich unter 1 mV bleiben. Das Oszillatorsignal sollte dagegen den Kollektorstrom möglichst linear und ohne Übersteuerung modulieren.

Abb. 19.4 zeigt einen einfachen Mischer mit einem NPN-Transistor. Das Oszillatorsignal wird hier niederohmig am Emitter eingekoppelt und moduliert direkt den Kollektorstrom. Die Stromgegenkopplung bei Ankopplung an den Emitter sorgt für eine gute Linearität. Das Eingangssignal wird dagegen direkt der Basis zugeführt, wobei nur relativ kleine Eingangsspannungen erlaubt sind, um den linearen Aussteuerbereich nicht zu verlassen. Der Kollektorstrom enthält das multiplizierte Signal, aus dem die gewünschte Zwischenfrequenz ausgefiltert werden kann. Der Arbeitspunkt des Mischers sollte stabilisiert werden, um gleichbleibende Eigenschaften zu erhalten.

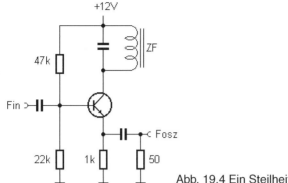

Abb. 19.4 Ein Steilheitsmultiplizierer als Mischer

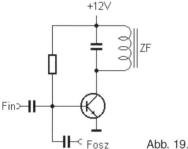

Abb. 19.5 Ein vereinfachter Mischer

Prinzipiell kann man auch beide Signale der Basis zuführen. *Abb. 19.5* zeigt eine vereinfachte Ausführung des Mischers, wobei die Stabilisierung des Arbeitspunktes zur Verdeutlichung des Prinzips weggelassen wurde. Wichtig ist nur, dass das Oszillatorsignal ausreichend groß ist, um den Kollektorstrom zu modulieren, und dass das Eingangssignal angemessen klein ist, um Verzerrungen gering zu halten. In einfachen Empfängern verwendet man oft auch selbstschwingende Mischstufen, bei denen der Oszillatortransistor zugleich der Mischer ist.

Die einfache Mischerschaltung nach *Abb. 19.5* unterscheidet sich praktisch nicht von der Grundschaltung einen Verstärkers in Emitterschaltung. Das bedeutet, dass praktisch jeder Verstärker auch zu einem Mischer werden kann, wenn man ihm zwei Signale unterschiedlicher Frequenz und geeigneter Amplitude zuführt. Darin liegt aber zugleich eine Gefahr, weil meist Frequenzgemische verarbeitet werden müssen. Der Eingangsverstärker in einem Kurzwellenempfänger muss oft sehr starke Signale neben sehr schwachen Signalen verstärken. Dabei ist nicht auszuschließen, dass eines der stärkeren Signale wie ein Oszillatorsignal wirkt und zu Mischprodukten führt. Dieses Phänomen nennt man Intermodulation oder Kreuzmodulation. Es führt zu zahlreichen Störsignalen, die den ungestörten Empfang schwacher Signale beeinträchtigen.

Dasselbe gilt auch für den Transistor in einer Mischstufe wie in *Abb. 19.4*. Außer dem Oszillatorsignal können auch andere Eingangssignale mit hohen Pegeln zu Mischprodukten führen. Die Störfestigkeit einer solchen Mischstufe ist daher nicht besonders groß. Man verwendet sie noch in einfachen Radioempfängern, bei denen weder eine besonders hohe Empfindlichkeit gefragt ist noch übermäßig große Eingangssignale vorkommen. Bei höheren Anforderungen müssen bessere Mischer verwendet werden. Von einem Kurzwellenempfänger, wie er z.B. im Amateurfunk benötigt wird, verlangt man, dass Empfangssignale mit Pegeln weit unter 1 µV neben wesentlich stärkeren Signalen mit bis zu 100 mV störungsfrei empfangen werden können. Dies ist nur möglich, wenn der Mischer für das Eingangssignal extrem linear ist.

Das Großsignalverhalten eines bipolaren Transistors ist wegen der starken Krümmung seiner Übertragungskennlinie nicht sehr gut. Es lässt sich verbessern, indem man mehrere Transistoren in einem Differenzverstärker verwendet. Integrierte Mischer wie der NE612 verwenden einen völlig symmetrischen Aufbau und erreichen damit eine sehr gute Dynamik.

Ein ähnlich gutes Großsignalverhalten erreichen auch Doppelgate-Feldeffekttransistoren wie der BF961. Als Verstärker weisen sie eine gerade Kennlinie und damit geringe Verzerrungen auf. Über das zweite Gate lässt sich die Steilheit des Transistors modulieren. Bei geeigneter Einstellung der Gatespannungen und bei geeignetem Oszillatorpegel erhält man ein gutes Großsignalverhalten. Dual-Gate-FETs sind vor allem wegen ihres geringen Schaltungsaufwands in Kurzwellen- und UHF-Empfängern gebräuchlich.

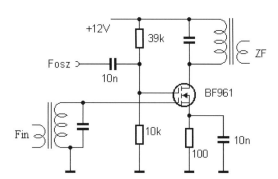

Abb. 19.6 Mischstufe mit einem Dual-Gate-FET

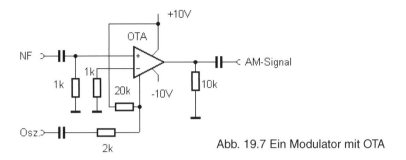

Abb. 19.7 Ein Modulator mit OTA

Auch ein OTA kann als multiplikativer Mischer eingesetzt werden, da die Verstärkung sich sehr linear modulieren lässt. Ein typischer OTA wie der LM13600 besitzt eine Bandbreite von 2 MHz, so dass er für echte HF-Anwendungen nicht in Frage kommt. Für spezielle Anwendungen im NF-Bereich ergeben sich jedoch günstige Einsatzmöglichkeiten. Er kann z.B. zur Erzeugung amplitudenmodulierter Signale bei Trägerfrequenzen bis 500 kHz eingesetzt werden.

19.3 Additive Mischer

In einem multiplikativen Mischer werden beide Eingangssignale miteinander multipliziert. Dabei entstehen prinzipiell nur die beiden Mischprodukte f_1-f_2 und f_1+f_2. Beim additiven Mischer addiert man beide Signale zunächst. Die Hüllkurve des entstehenden Signalgemischs enthält bereits die gewünschten Mischprodukte. Man benötigt also nur noch einen Gleichrichter, um sie zu gewinnen. Der Vorgang gleicht dem der Demodulation eines amplitudenmodulierten Signals durch eine Diode, wobei der Träger die Rolle des Oszillatorsignals übernimmt.

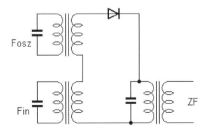

Abb. 19.8 Prinzip des additiven Mischers

Die Diode arbeitet im additiven Mischer wie ein Schalter, der im Takt des Oszillatorsignals öffnet und schließt. Dazu ist ein ausreichend starkes Oszillatorsignal erforderlich. Für das Eingangssignal besitzt die Diode dann praktisch
keine Kennlinie mehr, da sie immer entweder ganz ein- oder ganz ausgeschaltet ist. Damit entstehen auch bei höheren Eingangspegeln geringe Verzerrungen. Wichtig ist, dass die Diode sehr schnell schaltet, da sie in den Umschalt-
phasen den gekrümmten Teil ihrer Kennlinie durchläuft.

Ein additiver Mischer hat von seinem Prinzip her eine gute Großsignalfestig-
keit. Ein Nachteil ist, dass mehr als zwei Mischprodukte entstehen. Das Oszillatorsignal ist nicht mehr sinusförmig, sondern erscheint durch die starke
Übersteuerung der Diode als ein Rechtecksignal. Es enthält damit Oberwellen
mit $3*f_{OSZ}$, $5*f_{OSZ}$ usw. Jede dieser Oberwellen erzeugt auch entsprechende
Mischprodukte. Für einen Demodulator ist das ohne Bedeutung, da die Signale mit einem Vielfachen der Trägerfrequenz weit genug vom NF-Nutzsignal
entfernt liegen und durch das ohnehin erforderliche Tiefpassfilter entfernt werden. In einer Empfänger-Eingangsstufe entsteht aber prinzipiell ein Mehrfach-
empfang, der durch wirksame Filter am Eingang des Empfängers gedämpft
werden muss.

Prinzipiell kann als schaltendes Element in einem additiven Mischer auch ein
Transistor oder ein Feldeffekttransistor verwendet werden. Ein FET hat den
Vorteil sehr kleiner Schaltzeiten und damit geringer Verzerrungen. In der
Schaltung nach *Abb. 19.9* stellt sich eine negative Vorspannung für den Feldef-
fekttransistor von selbst ein. Der FET wirkt wie ein Schalter, der das Ein-
gangssignal periodisch kurzschließt.

Die Grenze zwischen einem additiven und einem multiplikativen Mischer ist
nicht scharf. Vielmehr hängt es meist vom Grad der Aussteuerung durch das
Oszillatorsignal ab, wie der Mischer sich verhält. Der einfache Diodenmischer
arbeitet bei relativ kleinen Oszillatorpegeln nicht mehr als Schalter, sondern
als multiplikativer Mischer mit einer exponentiellen Diodenkennlinie. Ebenso
arbeitet der FET-Mischer bei kleiner Aussteuerung durch das Oszillatorsignal
wie ein variabler Abschwächer und damit als multiplizierender Mischer.

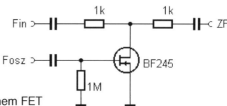

Abb. 19.9 Ein schaltender Mischer mit einem FET

19.4 Ringmischer

Eine Sonderform des additiven Mischers ist der vollständig symmetrisch aufgebaute Ringmischer mit vier Dioden. Die Dioden arbeiten als Umschalter, der im Takt der Oszillatorfrequenz geschaltet wird. Man verwendet meist Schottky-Dioden, weil sie besonders kurze Schaltzeiten aufweisen und geringe Verzerrungen bewirken.

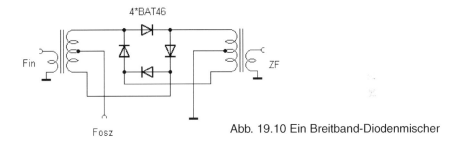

Abb. 19.10 Ein Breitband-Diodenmischer

Am Ausgang des Ringmischers tritt bei guter Symmetrie der Breitbandtransformatoren und der Dioden weder das Oszillatorsignal noch das Eingangssignal auf.

Ringmischer werden auch als Modulatoren für SSB-Sender eingesetzt. Ein Modulator ist im Prinzip nichts anderes als ein Mischer. Eine feste Trägerfrequenz wird mit einem niederfrequenten Eingangssignal moduliert, wobei wieder zwei neue Frequenzen entstehen, die sich im Fall eines amplitudenmodulierten Signals als unteres und oberes Seitenband zeigen. Der ursprüngliche Träger wird unterdrückt. Ein nachfolgendes Quarzfilter selektiert dann eines der beiden Seitenbänder und unterdrückt das andere. Prinzipiell kann man mit dem unteren oder dem oberen Seitenband arbeiten.

Ein SSB-Modulator benötigt einen Abgleich der Trägerunterdrückung. *Abb. 19.11* zeigt einen Balance-Modulator mit zwei Dioden. Der Restträger wird

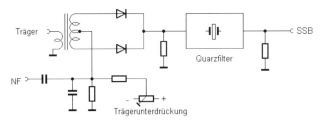

Abb. 19.11 Ein SSB-Modulator

mit einem Trimmer auf ein Minimum eingestellt. Erreichbar ist eine Unterdrückung um 60 dB.

19.5 Integrierte Balance-Mischer

Integrierte Mischer arbeiten oft als vollsymmetrische Multiplizierer. Bei richtiger Ansteuerung mit einem sinusförmigen Oszillatorsignal hat man die Vorteile des multiplikativen Mischers und zugleich eine Unterdrückung des Eingangs- und des Oszillatorsignals. Der MC1496 ist als vollsymmetrischer Mischer bis über 100 MHz vorgesehen und eignet sich in gleicher Weise als Mischstufe, Produktdetektor oder Modulator.

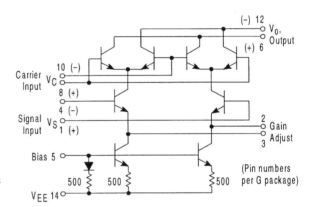

Abb. 19.12 Innenaufbau des MC1496 (Motorola)

Die untere Differenzstufe arbeitet als Verstärker für das Eingangssignal. Über eine von außen durch einen Widerstand einstellbare Gegenkopplung (Gain Adjust) wird die Verstärkung festgelegt und zugleich die Linearität verbessert. Das verstärkte Eingangssignal wird dann erst durch die nachfolgende Differenzstufe moduliert bzw. im Takt des Oszillatorsignals verstärkt. Der symmetrische Aufbau ermöglicht auch einen Balance-Mischer, bei dem das Oszillatorsignal und das Eingangssignal nicht mehr am Ausgang erscheint, sondern nur noch die Mischprodukte.

Der Strom durch alle signalverstärkenden Transistoren wird durch einen doppelten Stromspiegel vorgegeben, der durch einen von außen zugeführten Strom programmiert wird. Die Basisspannungen der Signaltransistoren müssen in geeigneten Stufen übereinander liegen, damit jeder Transistor genügend Kollektor-Emitterspannung für einen verzerrungsarmen Betrieb hat.

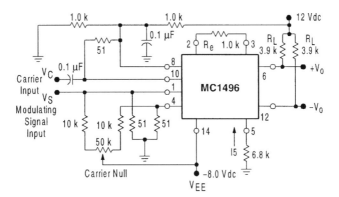

Abb. 19.13 Anwendung des MC1496 als Mischer oder Modulator (Motorola)

Abb. 19.13 zeigt die Grundschaltung für den Einsatz des ICs als Mischer oder Modulator. Es werden zwei Betriebsspannungen von +12 V und −8 V verwendet. Der Stromspiegel wird durch einen Widerstand von 6,8 kΩ auf etwa 1 mA programmiert. Die Basispotentiale liegen auf Masse und +6 V.

Das Eingangssignal und auch das Oszillatorsignal können unsymmetrisch zugeführt werden. Ein Symmetrieabgleich ermöglicht eine Auslöschung des Oszillator- bzw. Trägersignals am Ausgang. Damit eignet sich das IC auch als SSB-Modulator. An den Ausgängen entstehen zwei gegenphasige Nutzsignale der Mischprodukte. Sie können in einem Transformator zusammengefügt werden, um die Verzerrungsfreiheit noch weiter zu verbessern und um auch das Eingangssignal auszulöschen.

Ein einfacher Mischer mit eingebautem Oszillator ist der NE612. Das IC benötigt nur eine minimale externe Beschaltung und arbeitet bis zu Frequenzen von 300 MHz. Es ist für Batteriebetrieb geeignet und arbeitet mit Spannungen zwischen 4,5 V und 8,5 V.

Die Innenschaltung des NE612 zeigt, dass alle Vorspannungen bereits intern bereitgestellt werden, so dass man Eingangssignale mit Kondensatoren einkoppeln kann. Auch Kollektorwiderstände sind bereits eingebaut. Der Mischer besitzt am Eingang und am Ausgang eine Impedanz von 1,5 kΩ. Das IC eignet sich sowohl für symmetrischen als auch für unsymmetrischen Betrieb (vgl. *Abb. 19.16*). Der interne Oszillator arbeitet als Quarzoszillator oder mit einem Schwingkreis. Alternativ kann auch ein externes Oszillatorsignal zugeführt werden.

Die Grundschaltungen nach *Abb. 19.16* verwenden ein externes Oszillatorsignal. Es soll eine Spannung von etwa 100 mV haben, um den Mischer optimal

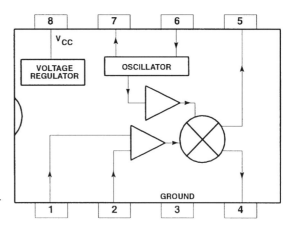

Abb. 19.14 Der NE612 mit internem Oszillator (Philips)

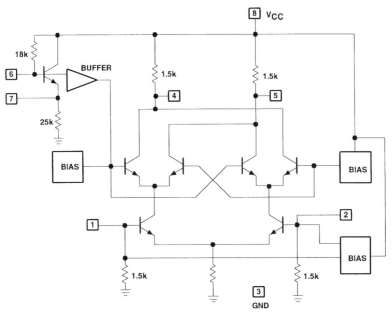

Abb. 19.15 Innenschaltung des NE612 (Philips)

auszusteuern. Der NE612 besitzt eine Mischverstärkung von 17 dB bei 45 MHz. *Abb. 19.17* zeigt eine Anwendung für eine Eingangsfrequenz von 45 MHz. Der interne Oszillator wird als Quarzoszillator betrieben. Ein- und Ausgang werden unsymmetrisch verwendet. Am Ausgang ist direkt ein Keramikfilter mit 455 kHz angeschlossen.

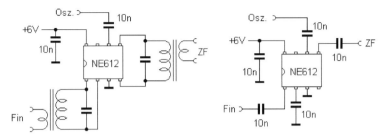

Abb. 19.16 Der NE612 als symmetrischer und unsymmetrischer Mischer

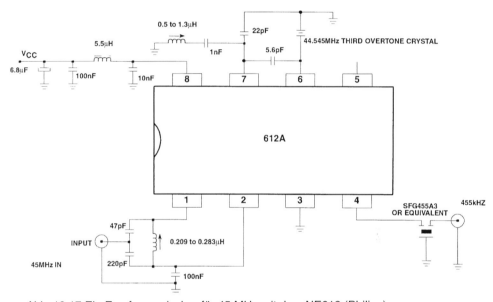

Abb. 19.17 Ein Empfangsmischer für 45 MHz mit dem NE612 (Philips)

Anhang

Literatur

[1] U. Tietze, Ch. Schenk: Halbleiter-Schaltungstechnik, Springer-Verlag 9. Auflage

[2] D. Nührmann: Das große Werkbuch Elektronik, Franzis-Verlag 7. Auflage

[3] Professionelle Schaltungstechnik, Franzis-Verlag

[4] H.Bernstein: PC-Elektronik Labor, Franzis-Verlag

Sachverzeichnis

Teil 2
Messtechnik

Vorwort

Die messtechnische Erfassung der Umwelt ist für den Physiker und Ingenieur von jeher die Voraussetzung für seine Arbeit. Seit 1970 ist bei der immer umfangreicher werdenden Arbeit in der Praxis und im Betrieb auch für den Facharbeiter, Techniker und Meister die Anwendung der Messgeräte und die Kenntnis der Messverfahren unentbehrlich. Das Buch ist ideal für die Prüfungsvorbereitung. Der Autor hat sich bemüht, selbst für komplexe Vorgänge oder Formeln praktische, kurze Erklärungen bzw. Näherungsrechnungen zu entwickeln, ohne die Darstellungen zu simplifizieren.

Aus dieser Überlegung heraus entstand das vorliegende Buch, das im Unterricht an der Technikerschule und bei der IHK eingesetzt wird. Es soll jedem, der in der Elektrotechnik während der Ausbildungszeit oder in der Berufsausübung zu messen hat, behilflich sein, die Zusammenhänge zu verstehen und die richtigen Verfahren auszuwählen. Es soll den Auszubildenden in der Berufsschule, den Facharbeiter in der Praxis und den Meister beim Entwurf beraten. Es wird auch dem Techniker im Betrieb nützlich sein und in vielen Fällen sogar dem Fachmann anderer Berufe Hinweise auf die vielfältigen Möglichkeiten der elektrischen und elektronischen Messtechnik geben können.

Der Umfang des Buches reicht im Interesse der Vollständigkeit über das hinaus, was in der Berufs-, Meister- und Technikerschule zum Thema „Elektro-Messtechnik" vermittelt werden kann. Dem Fachlehrer und Dozenten bleibt daher die Auswahl überlassen. Dafür kann aber das gleiche Buch in Fachkursen, Meisterkursen und Technikerschulen weiter verwendet werden.

Bei meiner Frau Brigitte möchte ich mich für die Erstellung der Zeichnungen bedanken.

München, Sommer 2010   Herbert Bernstein

Hinweise zur CD-ROM

- Personalcomputer ab Windows 2000 als Betriebssystem

Die auf der CD-ROM vorhandenen Programme sind nach deutschem und internationalem Recht urheberrechtlich geschützt. Sie dürfen nur für den privaten Zweck verwendet werden. Das illegale Kopieren und Vertreiben stellt einen Diebstahl geistigen Eigentums dar und wird urheberrechtlich verfolgt.

Auf der CD-ROM befinden sich die gezeigten Beispiele mit der Software von EAGLE. Damit die Programme laufen, erhalten Sie von den Firmen folgende Versionen:

- www.CADsoft.de

Wenn Fragen auftreten, wenden Sie sich bitte an: Bernstein-Herbert@t-online.de

Inhaltsverzeichnis

1 Zeigerinstrumente (analoge Messtechnik)

In der praktischen Messtechnik (Messgeräte unter 200 €) unterscheidet man zwischen

- analogen Messgeräten
- digitalen Messgeräten

Analoge Messgeräte sind Zeigerinstrumente und bei diesen erfolgt die Anzeige auf einer Skala durch einen Zeiger. Digitale Messgeräte geben das Messergebnis über eine mehrstellige 7-Segment-Anzeige aus. Die digitalen Messgeräte werden im dritten Kapitel behandelt. *Abb. 1.1* zeigt den Unterschied zwischen analogen und digitalen Messgeräten.

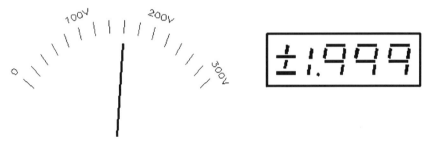

Abb. 1.1: Unterschied zwischen analogen und digitalen Messgeräten

Das analoge Messgerät zeigt Messwerte zwischen 0 V und 300 V an. Bei dem digitalen Messgerät handelt es sich um eine 3½-stellige Anzeige und es zeigt einen Messwert von ±1.999 an. Während für ein analoges Messgerät kaum eine Elektronik erforderlich ist, benötigt ein digitales Messgerät eine aufwendige Zusatzelektronik.

1.1 Analoge Messinstrumente

Bei elektrischen Größen wird stets eine Wirkung gemessen, da man die Elektrizität nicht unmittelbar mit den Sinnesorganen wahrnehmen kann wie etwa die Länge beim Messen eines Werkstückes. Die Wirkungen der Elektrizität sind vielfältig und dementsprechend sind es auch die elektrischen Messverfahren. Am häufigsten wird die Wechselwirkung zwischen Elektrizität und Magnetismus ausgewertet. Über 90 % aller praktisch eingesetzten Messgeräte beruhen auf der magnetischen Wirkung.

In der Praxis kann elektrische Energie in jede andere Energieform umgewandelt werden und mit ihrer Wirkung zur Ausführung von Messungen dienen:

- Magnetische Wirkung: Jeder Stromfluss ruft ein Magnetfeld hervor und somit wird dieses Verfahren in 90 % der elektrischen Messtechnik verwendet.
- Mechanische Wirkung: Beim elektrostatischen Prinzip stoßen sich gleichnamig elektrisch geladene Körper ab. Das Piezo-Kristall biegt sich, wenn eine Spannung angelegt wird.
- Wärmewirkung: Bei der direkten Wirkung erwärmt der Strom einen Hitzdraht und damit verändert sich die Längenausdehnung. Nutzt man die indirekte Wirkung, wird der erwärmte Draht mittels eines Thermoelements gemessen.
- Lichtwirkung: Man unterscheidet zwischen Gasentladung und Glühlampe. Die Art und Länge des Glimmlichts hängt von der Spannung ab und die Helligkeit des Glühfadens ist von der elektrischen Leistung abhängig.
- Chemische Wirkung: Die Menge der Gasentwicklung ist von der elektrischen Arbeit abhängig.

Alle Messgeräte dieser Art gehen auf die physikalische Tatsache zurück, dass ein elektrischer Strom ein Magnetfeld hervorruft, welches von der Stromstärke abhängig ist. Schickt man den zu messenden Strom durch eine Spule, dann wird ein Weicheisenstück in Abhängigkeit von der Stromstärke mehr oder weniger tief in die Spule hineingezogen (*Abb. 1.2a*).

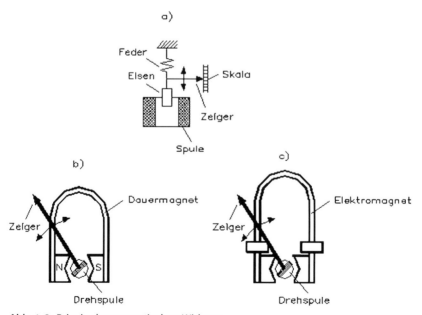

Abb. 1.2: Prinzip der magnetischen Wirkung

a. Beim Dreheisen-Messwerk wird das Weicheisenstück in eine stromdurchflossene Spule hineingezogen.
b. Beim Drehspul-Messwerk dreht sich die stromdurchflossene Spule im Feld eines Dauermagneten.
c. Beim elektrodynamischen Messwerk dreht sich die stromdurchflossene Spule im Feld eines Elektromagneten.

Ist die stromdurchflossene Spule drehbar zwischen den Polen eines Dauermagneten gelagert, dann dreht sie sich gegen eine Spannfeder, je nach der Stromstärke (*Abb. 1.2b*). Die Abhängigkeit von zwei Strömen kann gemessen werden, wenn die Drehspule sich im Feld eines Elektromagneten bewegt (*Abb. 1.2c*). Spannungsmessungen werden ebenfalls meistens auf derartige Strommessungen zurückgeführt.

Reine Spannungsmessung ist mit elektrostatischen Verfahren möglich, bei denen sich zwei gleichnamig aufgeladene Platten abstoßen (*Abb. 1.3a*). Hierbei fließt, im Gegensatz zu den magnetischen Verfahren, kein Strom, die Messung wird also leistungslos durchgeführt. Ebenso kann eine mechanische Wirkung unmittelbar durch eine elektrische Spannung hervorgerufen werden, wenn man die Messspannung an ein besonderes Kristallplättchen, einem Piezo-Kristall, anlegt, der sich dann unter Einfluss der Spannung mechanisch verbiegt (*Abb. 1.3b*).

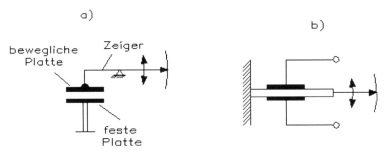

Abb. 1.3: Prinzip der mechanischen Wirkung

a. Beim elektrostatischen Messwerk stoßen sich gleichnamig elektrisch geladene Körper ab.
b. Ein Piezo-Kristall verformt sich, wenn Spannung angelegt wird.

Durch den Stromfluss in einem elektrischen Leiter entsteht Wärme, die wiederum als ein Maß für die Stärke des Stroms verwendet werden kann. Entweder misst man die Längenausdehnung eines Drahts bei der Erwärmung infolge des durchfließenden Stroms (*Abb. 1.4a*), oder man misst die Durchbiegung eines Bimetallstreifens. Weiterhin kann die Erwärmung durch ein Thermoelement bestimmt werden (*Abb. 1.4b*). Der Messstrom wird durch einen Widerstandsdraht geleitet. Ein Thermoelement berührt den Draht oder sitzt ganz dicht daran. Die Thermospannung ist ein Maß für die Temperatur und damit für die Stromstärke.

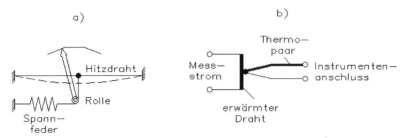

Abb. 1.4: Prinzip der Wärmewirkung

a. Beim Hitzdraht-Messwerk erwärmt der Strom den Hitzdraht und die Längenaus-
    dehnung bewirkt einen Zeigerausschlag.
b. Beim Bimetall-Messwerk erwärmt der Strom den Draht und dieser wird mittels
    Thermoelement gemessen.

Lichtwirkung (*Abb. 1.5*) nutzt man bei manchen Messverfahren durch Feststellung der
Länge einer Glimmentladung oder durch Messung der Helligkeit einer Glühlampe,
beides als Maß für die angelegte Spannung oder den durchfließenden Strom.

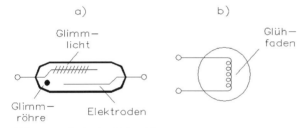

Abb. 1.5: Prinzip der Lichtwirkung

a. Bei der Gasentladung sind Art und Länge des Glimmlichts spannungsabhängig.
b. Die Helligkeit des Glühfadens ist von der elektrischen Leistung abhängig.

Chemische Wirkungen werden genutzt durch Messung der Ausscheidung von Gasen
oder Abscheidung von Metallen oder Salzen bei der Elektrolyse (*Abb. 1.6*).

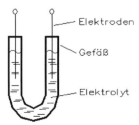

Abb. 1.6: Bei der Elektrolyse ist die Menge der
Gasentwicklung von der elektrischen Arbeit abhängig

In manchen Fällen erscheint das Messverfahren grundsätzlich umständlich und kompliziert, ist aber in der Praxis oft das einfachste Prinzip. Es ist vergleichbar mit der Energieumwandlung. So wird beispielsweise die chemische Energie der Kohle erst zur Verdampfung von Wasser verwendet, dann wird die Dampfturbine betrieben, dann in einem Generator mithilfe von magnetischen Feldern ein elektrischer Strom erzeugt. Trotzdem ist dies das wirtschaftlichere Verfahren gegenüber der unmittelbaren Umwandlung chemischer Energie in elektrischen Strom in einer Taschenlampenbatterie. Ähnlich verhält sich die Messtechnik. Das anscheinend einfachste Verfahren der unmittelbaren Umwandlung elektrischer Energie in mechanische Bewegung im Piezo-Kristall wird nur äußerst selten angewendet, dagegen der Umweg über die magnetischen Verfahren am häufigsten. Welche Methode am besten geeignet ist, kann nur von Fall zu Fall entschieden werden. Hohe Anforderungen an die Genauigkeit oder geringe zur Verfügung stehende Energie können besondere, außergewöhnliche Messverfahren erforderlich machen.

Ein Messwert muss erkennbar werden, entweder angezeigt auf einer Skala oder aufgezeichnet auf einem Registrierstreifen oder auch unmittelbar in Ziffern ablesbar. Den größten Anteil aller elektrischen Messgeräte nehmen immer noch die Zeigergeräte ein, obwohl die elektronischen Messinstrumente zahlreiche Vorteile aufweisen.

Im Laufe der Zeit haben sich unterschiedliche Formen entwickelt, die den verschiedensten Bedürfnissen angepasst wurden. Diese Formen waren zum Teil bedingt durch das physikalische Verfahren, zum Teil durch den Aufstellungsort der Messgeräte, ob fest montiert in einer Schalttafel oder als transportables Tischgerät ausgeführt. Sie sind zum Teil auch bedingt durch den Preis des Geräts, da eine Verbesserung der Anzeige oft eine erhebliche Verteuerung mit sich bringt.

Bei den Messgeräten mit mechanischem Zeiger herrscht der Kreisbogenzeiger vor. In erster Linie ist das bedingt durch die Bauart des Messgeräts, da zum Beispiel bei den viel verwendeten Drehspulgeräten dies die einfachste Konstruktion ist. Die drehbare Spule ist unmittelbar mit dem mechanischen Zeiger zu einer Einheit verbunden. Fordert man in Sonderfällen eine gerade und ebene Skala, dann kann man durch Umlenkung oder Seilführung diese Forderung erfüllen. Wenn die Stirnfläche möglichst geringen Raum einnehmen soll, kann sich der Zeiger in einem Zylinderausschnitt drehen und das Gerät flach hinter der Schalttafel angeordnet werden.

Zur Bewegung eines mechanischen Zeigers benötigt man eine bestimmte Energie, die nicht in allen messtechnischen Fällen zur Verfügung steht.

Eine fast trägheitslose Anzeige erhält man bei einem Oszilloskop oder bei den elektronischen Messgeräten. In der Elektronenstrahlröhre wird der Strahl magnetisch oder elektrisch abgelenkt. Mechanisch bewegte Teile existieren überhaupt nicht. Hier kann man sehr rasche Bewegungen ausführen lassen und das Messgerät als Schreiber für sehr schnell ablaufende Vorgänge oder Schwingungen benutzen. Für einfache Messungen ist das Verfahren zu teuer, für Laborzwecke dagegen heute allgemein in Benutzung.

Bei Registriergeräten ist die mechanische Aufzeichnung die einfachste. Der Energiebedarf (Eigenverbrauch) ist noch höher als bei dem mechanischen Zeigergerät. Der Schreibstift muss den Reibungswiderstand auf dem ablaufenden Papierstreifen überwinden können. Geringer Energiebedarf und die Möglichkeit zur Aufzeichnung rasch ablaufender Vorgänge ist kennzeichnend für die fotografisch registrierenden Lichtschreiber-Geräte.

1.1.1 Messwerk, Messinstrument und Messgerät

Um Verwechslungen und Irrtümer zu vermeiden, sollten nur genormte Bezeichnungen verwendet werden. Die Normen unterscheiden die drei wichtigen Begriffe Messwerk, Messinstrument und Messgerät. Zum Messwerk gehören nur das bewegliche Organ mit dem Zeiger, die Skala und weitere Teile, die für die Funktion ausschlaggebend sind, wie z. B. eine feste Spule oder der Dauermagnet. Durch eingebaute Vorwiderstände, Umschalter, Gleichrichter und das Gehäuse wird das Messwerk zum Messinstrument ergänzt. Das Messwerk allein ist also zwar funktionsfähig, aber nicht unmittelbar verwendbar, das Messinstrument dagegen kann in dieser Form schon endgültig benutzt werden, z. B. bei Tischgeräten. Kommen noch äußere Zubehörteile hinzu, wie etwa Messleitungen oder getrennte Vor- und Nebenwiderstände, getrennte Gleichrichter und andere, dann ist ein vollständiges Messgerät zusammengestellt. *Abb. 1.7* zeigt Teile und Zubehör elektrischer Messgeräte. *Tabelle 1.1* beinhaltet die Benennung der Messgeräte.

Teile und Zubehör elektrischer Zeigermessgeräte (nach VDE 0410):

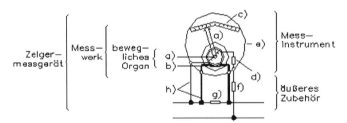

a) bewegliches Organ mit Zeiger (z.B. mit Drehspule im Spannungspfad)
b) feste Spule (im Strompfad)
c) Skala
a + b + c = **Messwerk**
d) eingebautes Zubehör; z.B. Vorwiderstand im Spannungspfad
e) Gehäuse
a + b + c + d + e = **Messinstrument**
f) getrennter Vorwiderstand
g) getrennter Nebenwiderstand (Shunt)
h) Messleitungen
f + g + h = **äußeres Zubehör**

Messinstrument + äußeres Zubehör = a ... h = **Zeigermessgerät**

Abb. 1.7: Teile und Zubehör elektrischer Messgeräte

Tabelle 1.1: Benennung der Messgeräte

a) Nach Art des Messwerks:	Kennzeichnung
1. Drehspulinstrumente	Feststehender Dauermagnet, bewegliche Spulen
2. Drehmagnetinstrumente	Beweglicher Dauermagnet, feststehende Spulen
3. Dreheiseninstrumente	Bewegliche Eisenteile, feststehende Spulen
4. Eisennadelinstrumente	Bewegliche Eisenteile, fester Dauermagnet; feste Spule
5. Elektrodynamische Instrumente	Feststehende Stromspulen, bewegliche Messspulen
6. Elektrostatische Instrumente	Feststehende Platten, bewegliche Platten
7. Induktionsinstrumente	Feststehende Stromspulen, bewegliche Leiter (Scheiben)
8. Hitzdrahtinstrumente	Vom Stromdurchgang erwärmter Draht
9. Bimetallinstrumente	Vom Stromdurchgang erwärmter Draht
10. Vibrationsinstrumente	Schwingfähige bewegliche Organe
b) Nach Art der Messumformer	
1. Thermoumformer-Messgeräte	Thermopaar liefert Messspannung
2. Gleichrichter-Messgeräte	Gleichrichter formt Wechselstrom in Gleichstrom um
c) Nach Art von Sondermaßnahmen	
1. Quotientenmesser	Das Verhältnis elektrischer Größen wird gemessen
2. Summen- oder Differenzmesser	Mit zwei Wicklungen werden Ströme summiert
3. Astatische Instrumente	Paarweise gekoppelte Messwerke mit entgegen gerichteten Feldern
4. Eisengeschirmte Instrumente	Eisenabschirmung gegen Fremdfelder

Auch die Benennung der Messgeräte-Arten ist in den Normen festgelegt und soll der Beschreibung entsprechend verwendet werden. In erster Linie unterscheidet man die Geräte nach dem physikalischen Vorgang der Messung (*Tabelle 1.1*). Die Messwerke sind danach in zehn Gruppen eingeteilt. Die Reihenfolge und Einteilung ist kein Werturteil und gibt keine Auskunft über die Zweckmäßigkeit des Einsatzes. Sie besagt lediglich etwas über die grundsätzlichen Eigenschaften und damit über die

Verwendungsmöglichkeit. So kann beispielsweise ein Drehspulinstrument mit einem feststehenden Dauermagneten und einer beweglichen Spule nur für Messungen von Gleichströmen geeignet sein. Das Gleiche gilt bei der Umkehrung, dem Drehmagnetinstrument, bei der die stromdurchflossene Spule fest steht und ein Dauermagnet beweglich angeordnet ist. Dreheiseninstrumente wurden früher oft als Weicheiseninstrumente bezeichnet. Das ist inzwischen überholt, da heute das bewegliche Eisenteil stets drehbar gelagert ist. Die Eisennadelinstrumente unterscheiden sich von den Dreheiseninstrumenten durch den zusätzlich vorhandenen Dauermagneten, dessen Wirkung durch den Stromfluss in der Spule verstärkt oder geschwächt wird. Elektrodynamische Instrumente haben eine feststehende und eine bewegliche Spule und können damit das Produkt zweier Ströme anzeigen. Auch Instrumente mit mehreren Spulen im beweglichen Organ oder festen Teil tragen die gleiche Bezeichnung. Elektrostatische Instrumente bestehen aus festen und beweglichen Platten. Induktionsinstrumente arbeiten mit Strömen, die in beweglichen Leitern oder Metallscheiben induziert werden. Hitzdrahtinstrumente messen die Längenausdehnung eines vom Stromfluss erwärmten Drahts und Bimetallinstrumente die Bewegung des erwärmten Bimetallorgans. Die Vibrationsinstrumente schließlich besitzen mechanisch schwingfähige Teile, Zungen oder Platten, die in Resonanz kommen können.

Eine weitere Unterteilung wird nach Art der Zusatzgeräte zur Messwertumformung vorgenommen. Die Umformung ist häufig dann erforderlich, wenn Wechselströme mit Messwerken gemessen werden sollen, die ihrer Eigenschaft nach nur für Gleichströme geeignet sind. Schließlich kann man noch nach Sondermaßnahmen unterteilen. Durch Anbringung mehrerer Spulen im beweglichen Organ oder festen Teil ist die Bildung von Quotientenwerten möglich. Ebenso kann man eine Summen- oder Differenzbildung aus zwei Messwerten erreichen.

Bei Messverfahren der magnetischen Gruppe haben magnetische Fremdfelder einen starken verfälschenden Einfluss. Als Gegenmaßnahme kann man im astatischen Instrument zwei Messwerke paarweise koppeln, sodass die Fremdeinflüsse sich aufheben. Auch durch magnetische Abschirmung kann ein Fremdfeldeinfluss ausgeschaltet werden.

1.1.2 Beschriftung der Messgeräte

Für die Beschriftung von elektrischen Messgeräten sind ebenfalls VDE-Normen aufgestellt. Alle in Deutschland für den Inlandsbedarf hergestellten Messgeräte müssen diese Regeln befolgen. Auch bei Auslandslieferungen wird nur auf besondere Anforderung davon abgewichen. Für die Einheiten auf Messinstrumentenskalen sind Beispiele von Kurzzeichen angeführt (*Tabelle 1.2*). Diese umfassen nicht nur die Grundeinheiten, sondern auch die Teile und Vielfache davon, also zum Beispiel nicht nur A für die Einheit des Stroms in Ampere, sondern auch bei Bedarf mA für Milliampere, µA für Mikroampere oder selbst kA für Kiloampere. Bei elektrischer Messung nicht elektrischer Größen können die Anzeigegeräte auch mit diesen Einheiten unmittelbar beschriftet werden, wie zum Beispiel für Temperaturanzeige in °C, Weglängen in mm oder Prozentanteile von Gasmischungen in % CO_2 oder % O_2.

Tabelle 1.2: Kurzzeichen für Einheiten auf Messinstrumentenskalen

kA	Kiloampere	MW	Megawatt	MHz	Megahertz	cos φ	Leistungsfaktor
A	Ampere	kW	Kilowatt	kHz	Kilohertz	Ah	Amperestunden
mA	Milliampere	W	Watt	Hz	Hertz	kWh	Kilowattstunden
µA	Mikroampere	mW	Milliwatt	MΩ	Megaohm	Wh	Wattstunden
kV	Kilovolt	kvar	Kilovar	kΩ	Kiloohm	Ws	Wattsekunden
V	Volt	var	var	Ω	Ohm		
mV	Millivolt	(var $\hat{=}$ Volt-Ampere-reaktiv)					
µV	Mikrovolt						

Zur schnellen Orientierung über die Daten und Eigenschaften eines vorhandenen Messinstrumentes werden Kurzzeichen und Sinnbilder auf den Skalen eingetragen. Diese Sinnbilder dürfen nicht als Schaltbilder in Schaltungen und Stromlaufplänen verwendet werden. Die Sinnbilder sind meistens in einer Gruppe auf der Skala zusammengefasst und müssen beim Umgang mit Messgeräten vertraut und geläufig sein.

Die erste Gruppe gibt die Stromart an, für die das Messgerät verwendbar ist (*Abb. 1.8*). Unterschieden wird für reinen Gleichstrombetrieb (DC = Direct Current), für reinen Wechselstrombetrieb (AC = Alternating Current) und verwendbar für Gleich- und Wechselstrom (AC/DC). Bei Drehstrom wird durch Fettdruck gekennzeichnet, ob ein, zwei oder drei Messwerke in dem Messgerät eingebaut sind, die dann auf einem einzigen Zeiger mit einer Skala arbeiten.

Die Prüfspannung gibt an, wie der Aufbau, der Klemmenabstand und die Isolation geprüft sind. Meistens beträgt die Prüfspannung 2 kV, bei einfacheren Messgeräten vor allem auch in der Nachrichtentechnik 500 V. In diesem Falle enthält der Prüfspannungsstern keine Zahlenangabe.

Die vorgeschriebene Gebrauchslage muss unbedingt eingehalten werden, da andernfalls die Anzeigegenauigkeit leidet. Gewöhnlich wird nur angegeben, ob für senkrechten Einbau in einer Schalttafel oder waagerechten Gebrauch, bei Tischgeräten, geeignet. In Sonderfällen kann bei Präzisionsinstrumenten auch noch eine Einschränkung über die zulässige Abweichung gemacht werden.

Abb. 1.8: Sinnbilder für elektrische Messgeräte

Die Genauigkeitsklasse besteht aus einer Zahlenangabe, die zwischen 0,1 und 5 liegt. In der Regel wird auf den Skalenendwert bezogen. *Tabelle 1.3* zeigt die Messgeräteklassen.

Tabelle 1.3: Messgeräteklassen

	Feinmessgeräte			Betriebsmessgeräte			
Klasse	0,1	0,2	0,5	1	1,5	2,5	5
Anzeigefehler ± %	0,1	0,2	0,5	1	1,5	2,5	5

Die größte Gruppe der Sinnbilder gibt Daten über die Messgeräte-Arbeitsweise und das Zubehör. Die Sinnbilder sind leicht zu merken, da sie den Aufbau vereinfacht kennzeichnen. Die Hauptgruppen sind weiter unterteilt als in der Tabelle der Benennung. So gibt es getrennte Sinnbilder für einfache Drehspulmesswerke mit einer Drehspule und Drehspulmesswerke mit gekreuzten Spulen zur Messung von Verhältniswerten (Quotienten).

Die Angaben über Zubehör umfassen die Messumformer und die getrennten, zum Messgerät gehörenden Vor- und Nebenwiderstände. Elektrostatische oder magnetische Abschirmung wird angegeben, damit man den Einsatz richtig beurteilen kann. In manchen Fällen ist ein Schutzleiteranschluss vorgesehen und besonders gekennzeichnet. Ebenso ist die Nullstellung für die mechanische Einstellung des Zeigers auf die Nullmarke der Skala gekennzeichnet.

In besonderen Fällen wird auf die Gebrauchsanweisung verwiesen. Bei besonderen Einbauvorschriften werden diese angegeben, zum Beispiel durch die Vorschrift, das Messgerät in eine Eisentafel bestimmter oder beliebiger Dicke einzubauen. Messgeräte, die Erschütterungen ausgesetzt werden, sind einer Schüttelprüfung unterzogen worden.

Messinstrumente werden durch einen Kreis, Messwerke durch einen kleineren Kreis dargestellt. In den Kreis des Messinstruments wird die Einheit eingetragen oder das Kurzzeichen für die Messgröße oder ein Zeiger. Bei den Messwerken kann bei Bedarf zwischen Strom- und Spannungspfad durch eine dicke oder eine dünne Linie unterschieden werden. Zwei parallel gezeichnete Pfade bedeuten Summe- oder Differenzbildung, zwei senkrecht gekreuzte Pfade geben an, dass dieses Messwerk das Produkt aus zwei Messgrößen bildet. Schräg gekreuzte Pfade bedeuten Quotientenbildung.

Die Art der Anzeige und der Registrierung sowie weitere Eigenschaften sind durch Kennzeichen anzugeben, so zum Beispiel auch die Stromart und die Schaltung. Diese Kennzeichen dürfen nur in Verbindung mit Schaltzeichen verwendet werden. *Abb. 1.9* zeigt ein Beispiel für eine Skalenbeschriftung.

Bei Zusatzgeräten sind die Messwandler wichtig. Sie sind dem allgemeinen Schaltzeichen für Transformatoren entsprechend darzustellen, bekommen aber vereinheitlichte Buchstaben für die Anschlüsse. Großbuchstaben kennzeichnen die Primärseite, Kleinbuchstaben die Sekundärseite. Die Buchstaben K und L sind für Stromwandler, die Buchstaben U und V für Spannungswandler vorgeschrieben.

Vor- und Nebenwiderstände werden wie gewöhnliche ohmsche Widerstände dargestellt. In Sonderfällen, wenn es sich um rein ohmsche Widerstände mit der Phasenverschiebung 0° handelt, kann dies mit dem Zusatz 0° angegeben werden. Bei reinen Blindwiderständen kann entsprechend 90° an das Schaltzeichen geschrieben werden.

Einige weitere Schaltzeichen müssen häufig in Verbindung mit Messgeräten verwendet werden. Hierzu gehören die Messgleichrichter oder als Messwertumformer der Hallgenerator, der Thermoumformer und temperatur- und beleuchtungsabhängige Widerstände oder Halbleiter.

Für vollständige Messanlagen benötigt man die allgemein verwendeten Schaltzeichen, zum Beispiel für Sicherungen, Relais, Leuchtmelder oder Schauzeichen. Bei den elektronischen Messgeräten kommen außerdem noch viele Schaltzeichen der Nachrichtentechnik, Röhren- und Halbleitertechnik hinzu. Dies gilt insbesondere für digitale Multimeter und Katodenstrahl-Oszilloskope.

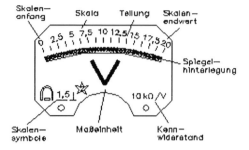

Skalenbeschriftung enthält

Sinnbilder für: und Angaben über:
Stromart   Messgeräteklasse
Messwerk   Innenwiderstand
Gebrauchslage   Einheit der Messgröße
Prüfspannung   Ursprung

Messgeräteklassen

	Feinmess—geräte	Betriebs—messgeräte
Klasse	0,1 0,2 0,5	1 1,5 2,5 5
Anzeige—fehler ± %	0,1 0,2 0,5	1 1,5 2,5 5

Die Zahlenwerte geben den maximal zulässigen
Fehler eines Zeigermessgerätes bezogen auf den
Skalenendwert an.

Abb. 1.9: Skalenbeschriftung für ein Zeigermessgerät

Meldegeräte sind in vielen Fällen Messgeräte, bei denen ein Höchstwert oder ein Sollwert gemeldet wird. Man verwendet ein Quadrat, wie bei den registrierenden Messgeräten, und zeichnet die betreffende Ausführung ein. Beim Temperatur-Höchstwert-
Melder deutet das Schaltzeichen ein Thermometer an, beim Thermoelement die
Lötstelle und beim Lichtmelder den eingebauten Fotowiderstand.

1.1.3 Messinstrumentengehäuse

Die äußere Form eines Messinstruments wird durch das Gehäuse bestimmt. Grundsätzlich ist es möglich, fast jedes beliebige Messwerk in jede beliebige Gehäuseform
einzubauen. Mit dem Größenverhältnis ist man natürlich begrenzt, da es nicht möglich ist, ein Messwerk für wenige Mikroampere in ein Großgehäuse zu setzen, da dann
der Eigenbedarf für die Bewegung des großen Zeigers zu hoch wird. Der Eigenbedarf
soll immer nur einen vernachlässigbar kleinen Anteil des Messwerts ausmachen.
Grundsätzlich kann man sagen, dass bei Schalttafelgeräten der Eigenbedarf höher ist
als bei Tischgeräten.

Bei Schalttafelinstrumenten ist die Normung wichtiger als bei Tischinstrumenten und
daher auch wesentlich ausführlicher festgelegt, da die Gesamtanordnung auf der

Schalttafel von der Form des Messinstrumentes abhängt. Heute bevorzugt man die Einbauform, bei der das Gehäuse hinter der Schalttafelebene sitzt und das Instrument versenkt eingebaut wird. Früher benutzte man häufiger die Aufbauform, bei der kein so großer Ausschnitt in der Schalttafel erforderlich ist. Dies hängt in erster Linie mit der Wandlung im Material der Schalttafeln zusammen. Größere Ausschnitte waren bei den früher verwendeten Marmor- oder Schiefer-Schalttafeln schwer auszuführen. Heute werden Metall- oder Kunststoffplatten verwendet.

Bei runden Frontrahmen kann die Skala im 70°-, 90°- oder bis 270°-Format ausgeführt werden. Der Frontrahmen kann auch bei rundem Gehäuse rechteckig ausgebildet werden, wenn es die Gesamtaufteilung zweckmäßig erscheinen lässt. Sehr beliebt sind heute quadratische und rechteckige Formen, die einen gedrängten Aufbau erlauben. Das hat sich daraus ergeben, dass heute meist sehr viel mehr Messwerte auf einer Schalttafel anzuzeigen sind als früher. Bei quadratischen Instrumenten hat man wieder die Möglichkeit, entweder eine Sektorskala auszuführen oder die Quadrat-Skala. Diese hat den Vorteil der besonders guten Raumausnützung, verglichen mit der zur Verfügung stehenden Skalenlänge. Außerdem können sehr sinngemäße Zeigerbilder erreicht werden, die auf einen raschen Blick eine Warnung bei ungewöhnlichem Zeigerstand erlauben. Auch bei quadratischen Instrumenten verwendet man 270°-Skalen, wenn eine besonders große Skalenlänge auf geringstem Raum gefordert wird.

Profilinstrumente ergeben ein geradliniges Skalenbild in vertikaler oder horizontaler Richtung. Profil- und Quadrat-Instrumente eng zusammenzubauen ist dann möglich, wenn die genormten Frontrahmenmaße eingehalten werden. Von den Einheiten 48 mm und 72 mm ausgehend, hat man durch jeweilige Verdoppelung eine Reihe von Normabmessungen vorgeschrieben, die heute bei der Fertigung eingehalten werden. Der Messgeräteblock zeigt dann ein geschlossenes Bild und besonders wichtige Instrumente können durch Stellung und Größe hervorgehoben werden.

Bei Tischinstrumenten unterscheidet man eigentlich nur wenige Formen. Die Präzisionsinstrumente sind im Allgemeinen dadurch gekennzeichnet, dass sie nur zwei oder drei Anschlussklemmen besitzen und die etwa geforderte Messbereichserweiterung durch äußere Zusatzwiderstände vorgenommen wird. Beim Universal-Tischinstrument sind die Vor- und Nebenwiderstände, Umschalter, Gleichrichter und eventuell auch die Messwandler eingebaut. Die Bereichswahl geschieht durch Drehschalter. Die Abmessungen sind nur wenigen Normvorschriften unterworfen, da dazu kein Bedürfnis besteht. Im labormäßigen Aufbau einer Messschaltung spielt die Größe keine wesentliche Rolle. Aus Fertigungsgründen haben verschiedene Herstellerfirmen allerdings für ihre Tischinstrumente einheitliche Gehäuse geschaffen.

1.1.4 Skalen

Für die Ablesemöglichkeit eines Messinstruments ist die Ausführung der Skala entscheidend. Gefordert wird eine möglichst große Skalenlänge, ausreichende Unterteilung und gute Erkennbarkeit. Die Skalenlänge bedingt unterschiedlichen Platzbedarf, je nach Ausführung. Die am leichtesten ablesbare Linearskala kann in Rechteckgehäusen am einfachsten verwirklicht werden. In den meisten Fällen wird eine Sektorskala von 70° bis 90° verwendet, da keinerlei besondere Übertragungsglieder nötig sind. Der Zeiger spielt unmittelbar über der Skala. Bei größerem Winkel, bis 270°, sinkt der Platzbedarf, doch ist die Ablesung nicht so übersichtlich. In manchen Fällen werden sogar 360°-Skalen ausgeführt.

Die Anzahl der Teilstriche auf der Skalenlänge hängt von den Betriebsbedingungen ab. Ein Präzisionsinstrument muss feinere Unterteilungen aufweisen als ein Übersichtsinstrument in einer Schalttafel. Bei Schalttafelinstrumenten, die auf größere Entfernung erkennbar sein sollen, wird die Grobskala bevorzugt. Eine größere Anzahl von Teilstrichen kann doch nicht unterschieden werden und würde nur verwirren. Bei Präzisionsinstrumenten ist dagegen die Feinskala bevorzugt. Bei Angaben der Skalenlänge wird über die Mitte der kleinen Teilstriche gemessen. Der Wert von einem Teilstrich zum nächsten soll entweder 1 oder 2 oder 5 und die Teile und Vielfache davon betragen. Bei unbeschrifteten Skalen, wie sie bei Präzisionsinstrumenten gelegentlich vorkommen, wird der Wert eines Skalenteils angegeben. Ein Skalenteil ist der Abstand zweier benachbarter Teilstriche.

Die Teilung einer Skala hängt einerseits von der physikalischen Wirkungsweise des Messwerks, andererseits von den Betriebsforderungen ab. Viele Wünsche lassen sich durch konstruktive Maßnahmen erfüllen, selbst wenn theoretisch für eine Messwerksart ein anderer Verlauf zu erwarten ist. Die quadratische Teilung kommt bei vielen Messwerken als natürliche Teilung vor. Der Ausschlag ist abhängig vom Quadrat des Messwerts. Die quadratische Teilung bringt einen gedehnten Endbereich, der vielfach erwünscht ist.

Manche Messwerke liefern von sich aus eine ungleichmäßige Teilung, die keinen bestimmten Gesetzen gehorcht. In manchen Fällen kann der Verlauf korrigiert werden, manchmal unterlässt man das aus Preisgründen. Gleichmäßige Teilung bedeutet gleichen Abstand aller Teilstriche. Die Ablesung ist am einfachsten, die Übersichtlichkeit am besten. Gleichmäßige Teilung ist bei einigen Messwerksarten von selbst gegeben, bei anderen durch Zusatzmaßnahmen erreichbar.

Der Nullpunkt der Skala liegt gewöhnlich links. Viele Messwerke erlauben aber auch eine Anordnung des Nullpunkts in der Mitte der Skala mit stromrichtungsabhängigem Zeigerausschlag nach beiden Seiten. In anderen Fällen kann der Nullpunkt unterdrückt sein, wenn der Anfangsbereich uninteressant ist. Gelegentlich ergibt sich sogar die Nullpunktanordnung an der rechten Seite der Skala mit gegenläufigem Verlauf. Dies trifft zum Beispiel bei direkt zeigenden Ohmmetern zu, die dann mit Doppelskala ausgerüstet sind.

Soll der Anfangsbereich besonders genau ablesbar sein, ohne den Gesamtbereich zu sehr zu beschneiden, kann man einen Teil der Skala dehnen. Selbstverständlich ist das nicht willkürlich, sondern nur in Abhängigkeit von der Messwerkskonstruktion möglich. Bei Überlastskalen ist ebenfalls der Anfangsbereich gedehnt, der letzte Teil nur grob ablesbar. Bei unterdrücktem Nullpunkt dagegen beginnt umgekehrt die Skala erst mit einem höheren Wert und zeigt den Endbereich deutlich.

Wenn Anfangs- und Endbereich nur angezeigt, nicht aber gemessen werden, gibt man den eigentlichen Messbereich durch Punkte auf der Skala an. Innerhalb dieser Punkte werden die Genauigkeitsbestimmungen eingehalten.

Für die Ablesemöglichkeit eines Messinstruments ist die Ausführung der Skala entscheidend. Gefordert wird eine möglichst große Skalenlänge, ausreichende Unterteilung und gute Erkennbarkeit. Die Skalenlänge bedingt unterschiedlichen Platzbedarf, je nach Ausführung. Die am leichtesten ablesbare Linearskala kann in Rechteckgehäusen am einfachsten verwirklicht werden. In den meisten Fällen wird eine Sektorskala von 70° bis 90° verwendet, da keinerlei besondere Übertragungsglieder nötig sind. Der Zeiger spielt unmittelbar über der Skala. Bei größerem Winkel, bis 270°, sinkt der Platzbedarf, doch ist die Ablesung nicht so übersichtlich. In manchen Fällen werden sogar 360°-Skalen ausgeführt.

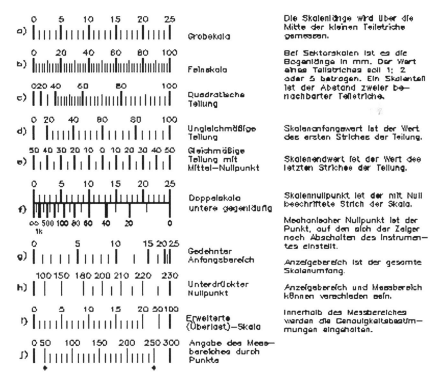

Abb. 1.10: Unterschiedlicher Aufbau von Skalen

Die Anzahl der Teilstriche auf der Skalenlänge hängt von den Betriebsbedingungen (*Abb. 1.10*) ab. Ein Präzisionsinstrument muss feinere Unterteilungen haben als ein Übersichtsinstrument in einer Schalttafel. Bei Schalttafelinstrumenten, die auf größere Entfernung erkennbar sein sollen, wird die Grobskala (*Abb. 1.10a*) bevorzugt. Eine größere Anzahl von Teilstrichen kann nicht unterschieden werden und würde nur verwirren, Bei Präzisionsinstrumenten ist dagegen die Feinskala (*Abb. 1.10b*) bevorzugt. Bei Angaben der Skalenlänge wird über die Mitte der kleinen Teilstriche gemessen. Der Wert von einem Teilstrich zum nächsten soll entweder 1 oder 2 oder 5 und die Teile und Vielfache davon betragen. Bei unbeschrifteten Skalen, wie sie bei Präzisionsinstrumenten gelegentlich vorkommen, wird der Wert eines Skalenteils angegeben. Ein Skalenteil ist der Abstand zweier benachbarter Teilstriche.

Die Teilung einer Skala hängt einerseits von der physikalischen Wirkungsweise des Messwerks, andererseits von den Betriebsforderungen ab. Die quadratische Teilung kommt bei vielen Messwerken als natürliche Teilung vor. Der Ausschlag ist abhängig vom Quadrat des Messwertes (*Abb. 1.10c*). Die quadratische Teilung bringt einen gedehnten Endbereich, der vielfach erwünscht ist.

Einige Messwerke liefern von sich aus eine ungleichmäßige Teilung, die keinen bestimmten Gesetzen gehorcht (*Abb. 1.10d*). In manchen Fällen kann der Verlauf korrigiert werden, manchmal unterlässt man das aus Preisgründen. Gleichmäßige Teilung bedeutet gleichen Abstand aller Teilstriche. Die Ablesung ist am einfachsten, die Übersichtlichkeit am besten (*Abb. 1.10e*). Gleichmäßige Teilung ist bei einigen Messwerksarten von selbst gegeben, bei anderen durch Zusatzmaßnahmen erreichbar.

Der Nullpunkt der Skala liegt gewöhnlich links. Viele Messwerke erlauben aber auch eine Anordnung des Nullpunkts in der Mitte der Skala (*Abb. 1.10e*) mit stromrichtungsabhängigem Zeigerausschlag nach beiden Seiten. In anderen Fällen kann der Nullpunkt unterdrückt sein (*Abb. 1.10h*), wenn der Anfangsbereich uninteressant ist. Gelegentlich ergibt sich sogar die Nullpunktanordnung an der rechten Seite der Skala mit gegenläufigem Verlauf (*Abb. 1.10f*). Dies trifft zum Beispiel bei direkt zeigenden Ohmmetern zu, die allerdings dann häufig mit Doppelskala ausgerüstet sind.

Soll der Anfangsbereich besonders genau ablesbar sein, ohne den Gesamtbereich zu sehr zu beschneiden, kann man einen Teil der Skala dehnen (*Abb. 1.10g*). Selbstverständlich ist das nicht willkürlich, sondern nur in Abhängigkeit von der Messwerkskonstruktion möglich.

Bei Überlastskalen (*Abb. 1.10i*) ist ebenfalls der Anfangsbereich gedehnt, der letzte Teil nur grob ablesbar. Bei unterdrücktem Nullpunkt dagegen beginnt umgekehrt die Skala erst mit einem höheren Wert und zeigt den Endbereich deutlich.

Wenn Anfangs- und Endbereich nur angezeigt, nicht aber gemessen werden, gibt man den eigentlichen Messbereich durch Punkte auf der Skala an (*Abb. 1.10j*). Innerhalb dieser Punkte werden die Genauigkeitsbestimmungen eingehalten.

1.1.5 Drehmomente und Einschwingen

Um einen Zeigerausschlag über eine Kreisskala zu erreichen, muss eine Drehbewegung erzeugt werden. Eine derartige Drehbewegung wird durch ein Drehmoment erzeugt, eine Kraft, die an einem Hebelarm angreift.

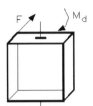

Die Messgröße übt auf den beweglichen Rahmen ein Drehmoment aus. Ohne Gegenmoment schwingt der Rahmen bis zum Endanschlag.

Abb. 1.11: Drehmoment am beweglichen Messrahmen eines Messwerks

Von der Messgröße (Strom, Spannung usw.) wird auf das bewegliche Organ des Messwerks ein Drehmoment ausgeübt. Ohne weitere Maßnahmen schwingt das bewegliche Organ bis zum Endanschlag (*Abb. 1.11*). Wenn eine Spiralfeder gespannt wird, übt sie ein Rückdrehmoment aus, d. h., sie versucht, das bewegliche Organ wieder in die Ursprungslage zurückzuführen. Bis auf wenige Ausnahmen verwenden alle Messwerke für ihr bewegliches Organ ein Rückdrehmoment. Dies muss nicht unbedingt durch eine Spiralfeder ausgeübt werden. Auch ein gespanntes Band, das verdreht wird, versucht, in die Ausgangslage zurückzudrehen. Man spricht von einem Torsionsverdrehungsmoment. *Abb. 1.12a* zeigt eine gespannte Spiralfeder, die ein Rückdrehmoment ausübt. In *Abb. 1.12b* wird ein gespanntes Band verdreht und dieses übt ebenfalls ein Rückdrehmoment aus.

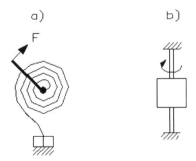

Abb. 1.12: Federdrehmoment a) und Torsionsmoment b) . Wenn eine Spiralfeder gespannt wird, übt sie ein Rückdrehmoment aus. Wenn ein gespanntes Band verdreht wird, übt es ebenfalls ein Rückdrehmoment aus (Verdrehung ≙ Torsion).

Drehmoment der Messgröße und Drehmoment der Feder sind stets entgegengesetzt gerichtet. In der Stellung, in der die Drehmomente dem Betrag in p × mm nach gleich groß sind, bleibt das bewegliche Organ stehen. Man hat nur dafür zu sorgen, dass für jedes Messdrehmoment eine einzige Stellung Gleichgewicht mit dem Rückdrehmoment hat. Das lässt sich erreichen, indem man dem Federdrehmoment einen linearen Verlauf gibt. Der Betrag steigt bei Bewegung des Zeigers über die Skala gleichmäßig an.

Das Messgrößen-Drehmoment hat bei jeder Messgröße eine andere Kurve. Sie kann Parabelform aufweisen, waagerecht verlaufen oder auch eine andere Form annehmen. Wichtig ist nur, dass sich nur ein einziger Schnittpunkt mit dem Federdrehmoment ergibt. Sind die beiden Drehmomente ihrer Kurvenform und Größe nach bekannt, dann kann jeder Skalenpunkt bestimmt werden. Man zeichnet die Kurvenschar der Messgrößendrehmomente in Prozent des Höchstwertes, der den Endausschlag bedeuten soll. Dann trägt man die Kurve des Rückdrehmomentes ein. Die Schnittpunkte ergeben Anfangs-, End- und Zwischenwerte der Skala. Wenn die Messgrößendrehmomente gleiche vertikale Abstände haben, wird auch der Skalenverlauf gleichmäßig. Bei quadratischer Zunahme des Messdrehmoments mit der Messgröße sind die vertikalen Abstände der Drehmomentkurven ebenfalls quadratisch vergrößert. Die Skalenpunkte haben keine gleichen Abstände mehr.

Würde das Messgrößendrehmoment mehrere Schnittpunkte mit der Federkurve ergeben, dann würden sich mehrere stabile Lagen ergeben; eine eindeutige Zeigereinstellung wäre nicht möglich. Derartige Kurvenverläufe sind jedoch unbrauchbar.

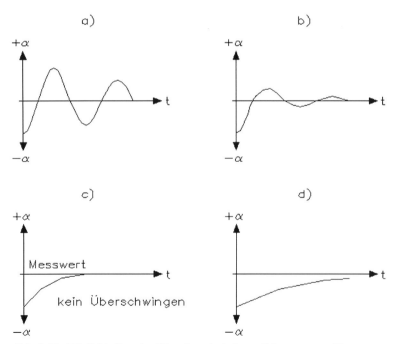

Abb. 1.13: Möglichkeiten der Dämpfung bei einem Zeigermessgerät

a) schwache Dämpfung
b) starke Dämpfung
c) aperiodische Dämpfung
d) kriechende Dämpfung

Beim Einschalten eines Messwerks wird die Gleichgewichtslage aus Messdrehmoment und Rückdrehmoment nicht unmittelbar eingenommen. Im Allgemeinen schwingt das bewegliche Organ zuerst infolge der Trägheit über die Gleichgewichtslage hinaus, kehrt dann unter die Gleichgewichtslage zurück und erreicht erst nach einigen Pendelbewegungen die Ruhe (*Abb. 1.13*). Man versucht, durch die Konstruktion einen Bestwert zwischen Zeit für Erreichen der Solllage und Pendelbewegungen durch entsprechende Dämpfung der Bewegung zu erreichen. Bei schwacher, ungenügender Dämpfung vergehen einige Sekunden, bis die Solllage eingenommen wird. Bei starker Dämpfung werden nur ein bis zwei Bewegungen über die Ruhelage hinaus ausgeführt. Von aperiodischer Dämpfung spricht man dann, wenn der Messwert praktisch ohne Überschwingen erreicht wird. Kriechende Dämpfung liegt vor, wenn eine sehr lange Zeit vergeht, bis der Messwert erreicht wird. Starke Dämpfung ist nicht immer zu verwirklichen, da diese Forderung wieder der Forderung nach kurzer Einstellzeit und nach geringen Verlusten widerspricht.

1.1.6 Zeiger, Lager und Dämpfung

Wieviel Konstruktionsarbeit in einem Messinstrument steckt, zeigen allein die vielen verschiedenen Zeigerformen, die im Laufe der Zeit entwickelt worden sind. Ein Zeiger soll möglichst leicht, dabei fest, möglichst elastisch, dabei maßhaltig gerade, möglichst gut erkennbar, dabei schlank sein. Alles Forderungen, die einander widersprechen. Außerdem muss der Zeiger möglichst in jeder Lage vollkommen im Gleichgewicht sein. Da Fertigungsstreuungen unvermeidlich sind, werden die Zeiger mit einem Balancierkreuz und verstellbaren Gegengewichten versehen, die in jedem einzelnen Stück abgeglichen und dann festgelegt werden (*Abb. 1.14*). In der Halterung sitzt der Zeigerbalken und am Ende der Teil, der über der Skala spielt, das Messer oder die Lanze.

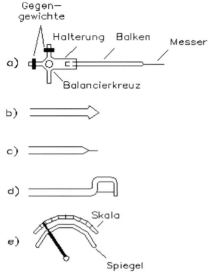

Abb. 1.14: Aufbau eines Messerzeigers und die Zeigerbauformen

a) Aufbau eines Zeigers
b) Lanzenzeiger
c) Messerzeiger
d) Fadenzeiger
e) Spiegelskala mit Messerzeiger zum parallaxenfreien Ablesen

Als Material verwendet man für den Zeiger Duraluminium. Der Schwerpunkt muss genau in die Drehachse fallen und das Ausbalancieren erfolgt durch aufschraubbare Gegengewichte. Lanzenzeiger nimmt man für Grobinstrumente, die auf weite Entfernung abgelesen werden. Messerzeiger und Fadenzeiger verwendet man für Präzisionsinstrumente.

Da es nicht möglich ist, den Zeiger unmittelbar auf der Skala aufliegen zu lassen, ändert sich die Ablesung, wenn man schräg auf den Zeiger sieht. Der Messerzeiger soll das verhindern. Sein Ende ist senkrecht zur Skala gestellt und die Ablesung wird richtig, wenn man nur einen Strich sieht. Noch genauer wird die Ablesung senkrecht zum Zeiger, wenn ein Spiegel in die Skala eingelegt ist (*Abb. 1.14e*). Man visiert dann über das Messer des Zeigers und bringt es mit dem Spiegelbild zur Deckung. Der Ablesefehler durch nicht senkrechte Draufsicht wird Parallaxenfehler genannt.

Bei der Lagerung der beweglichen Organe werden höchste Forderungen an die Präzision der Herstellung erhoben. Die Lagerung muss möglichst reibungsarm, möglichst frei von Spiel und trotzdem stoßsicher sein. Bei Spitzenlagerung (*Abb. 1.15*) sind Krümmungsradien der Spitzen von wenigen tausendstel Millimetern üblich. Die Lager sind bei guten Instrumenten Halbedelsteine. Der Lagerdruck pro Quadratzentimeter beträgt bei dem geringen Krümmungsradius mehrere Tonnen. Bei stoßweisem Aufsetzen der Instrumente ist daher mit einer Beschädigung der Spitzen zu rechnen. Bei Spitzenlagerung werden Spiralfedern zur Rückstellung und meist auch gleich zur Stromzuführung für das bewegliche Organ verwendet.

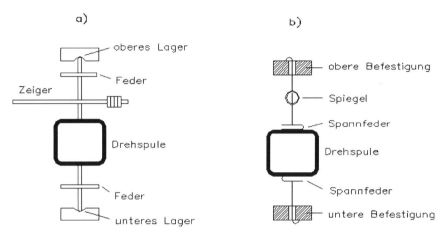

Abb. 1.15: Möglichkeiten der Zeigeraufhängung

a) Spitzenlagerung: Federn als Rückstellkraft
b) Spannbandlagerung: Torsion des Bandes als Rückstellkraft

Bei Spannbandlagerung hängt das bewegliche Organ gespannt zwischen zwei Bändern, die gleichzeitig als Torsionsfedern das Rückstellmoment liefern. Lagerreibung scheidet hierbei aus. Spannbandlagerung ist empfindlicher und teurer und deshalb im Allgemeinen den Präzisionsinstrumenten vorbehalten. Den geringsten Widerstand setzt ein bewegliches Organ dem Messdrehmoment entgegen, wenn es nur an einem Band aufgehängt wird. Bedingung ist hierbei, dass das Organ frei pendelt und dass vor der Messung das Instrument mit einer Wasserwaage genau horizontal gestellt wird. Beim Transport muss das bewegliche Organ außerdem festgestellt (arretiert) werden.

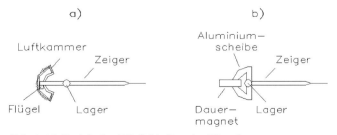

Abb. 1.16: Praktische Möglichkeiten der Dämpfung

a) Luftkammerdämpfung: Der Luftwiderstand dämpft die Zeigerschwingung.
b) Wirbelstromdämpfung: Eine Metallscheibe am Zeiger wird durch Induktionsströme bei Bewegung im Feld des Dauermagneten abgebremst.

Die Konstruktion der Dämpfungsglieder (*Abb. 1.16*) ist sehr unterschiedlich. Eine rein mechanische Art ist die Luftkammerdämpfung. Am Zeiger sitzt ein Kolben oder Flügel, der Luft aus einer Kammer verdrängen muss. Durch Größe und Form der Kammer und des Flügels lässt sich die Dämpfung beeinflussen. Häufig verwendet man Wirbelstromdämpfung. Hierbei bewegt sich eine Aluminiumscheibe zwischen den Polen eines kleinen Dauermagneten. In der Scheibe werden Wirbelströme induziert, die die Bewegung abbremsen. Auch hier kann durch Form und Abmessungen der Scheibe sowie durch Stärke und Form des Magneten die Dämpfungsstärke gewählt werden. Je schneller die Bewegung ist, desto stärker werden die Dämpfungskräfte.

1.1.7 Genauigkeitsklassen und Fehler

Keine Messung kann absolut genau sein. Man kann nur versuchen, mit möglichst geringen Abweichungen an den wahren Wert heranzukommen. Wenn der mögliche Fehler bekannt ist, kann der Wert eines Messergebnisses beurteilt werden. Grundsätzlich ist der Aufwand an Messeinrichtungen und der Preis eines Messgerätes umso höher, je geringer der Fehler sein soll. Hierbei muss man nach einer Kompromisslösung suchen. Grob unterscheidet man zwischen Feinmessgeräten und Betriebsmessgeräten.

Nach der VDE-Norm für elektrische Messgeräte (VDE 0410) sind Genauigkeitsklassen festgelegt. Messgeräte, die alle Forderungen ihrer Klasse erfüllen, dürfen das Klassenzeichen auf der Skala führen (*Tabelle 1.4*). Am wichtigsten ist der Anzeigefehler, der durch Fertigungstoleranzen, Lagerreibung und Skalenausführung bedingt ist. Er wird in Prozent des Skalenendwerts angegeben. Feinmessgeräte verwenden die Klassen 0,1 mit ±0,1 % Anzeigefehler, 0,2 mit ±0,2 % Anzeigefehler und 0,5 mit ±0,5% Anzeigefehler. Betriebsmessgeräte sind in Klassen 1, 1,5, 2,5 und 5 unterteilt.

Ein Lagefehler wird bei einer Abweichung um 5° von der vorgeschriebenen Gebrauchslage festgestellt. Der Temperaturfehler darf bei Temperaturen zwischen 10 °C und 30 °C seinen Klassenwert nicht überschreiten. Anwärmefehler dürfen bei Feinmessgeräten nicht auftreten. Bei Betriebsmessgeräten werden sie nach einer Stunde Betrieb mit 80 % des Messbereichsendwerts festgestellt. Die Fremdfeldfehler sind in unterschiedlicher Höhe bei den verschiedenen Messgerätearten zulässig. Das Fremdfeld zur Überprüfung muss 400 A/m betragen. Wenn eine Nennfrequenz für den Betrieb angegeben ist, wird der Frequenzeinfluss bei Abweichungen von ±10 % der Nennfrequenz ermittelt. Bei Leistungsmessern wird der Spannungseinfluss bei Abweichungen von ±20 % der Nennspannung gemessen. Der Einbaufehler wird bei Schalttafelinstrumenten bei dem Einbau in eine Eisentafel von 2,5 mm bis 3,5 mm Dicke ermittelt.

Tabelle 1.4: Klasseneinteilung und Bedingungen

Art	Klasse	Bedingungen							
		Anzeige-fehler	Lage-fehler	Tempera-turfehler	Anwärm-fehler	Fremdfeldfehler	Fre-quenz-fehler	Span-nungs-fehler	Einbau-fehler
Feinmess-geräte	0,1	±0,1 %	±0,1 %	±0,1 %	-	±3 % bei Drehspulinstrumenten	±0,1 %	±0,1 %	±0,05 %
	0,2	±0,2 %	±0,2 %	±0,2 %	-	±1,5 % bei abgeschirmten Instrumenten	±0,2 %	±0,2 %	±0,1 %
	0,5	±0,5 %	±0,5 %	±0,5 %	-	±0,75 %	±0,5 %	±0,5 %	±0,25 %
Betriebs-mess-geräte	1	±1 %	±1 %	±1 %	±0,5 %	±6 % bei Drehspulinstrumenten	±1 %	±1 %	±0,5 %
	1,5	±1,5 %	±1,5 %	±1,5 %	±0,75 %	±1,5 % bei abgeschirmten Instrumenten	±1,5 %	±1,5 %	±0,75 %
	2,5	±2,5 %	±2,5 %	±2,5 %	±1,25 %	±0,75 %	±2,5 %	±2,5 %	±1,25 %
	5	±5 %	±5 %	±5 %	±2,5 %		±5 %	±5 %	±2,5 %

Als Fehler bezeichnet man die Differenz zwischen angezeigtem und tatsächlichem Wert. Wird also weniger angezeigt, als der richtige Wert ist, dann ist der Fehler negativ. Die Korrektur ist die negative Fehlerangabe. Durch Zufügen der Korrektur zum angezeigten Wert, kommt man zum richtigen Wert. Bei der Eichung (Justierung) von Messinstrumenten werden die Fehler- und die Korrekturkurven über den ganzen Skalenbereich aufgenommen. Positiver Korrekturwert bedeutet, dass der richtige Wert größer ist als der angezeigte Wert. Negativer Korrekturwert bedeutet, dass der richtige Wert kleiner ist als der angezeigte Wert.

Außer den erfassbaren Fehlern der Messgeräte selbst können noch eine Reihe weiterer Fehlerquellen bei einer Messung auftreten. Fehlerhaftes Zubehör kann die Messung verfälschen. Allerdings gehören auch die Zubehörteile zu den von der VDE-Norm erfassten Einrichtungen. Für Neben- und Vorwiderstände, Messwandler und Messumformer sind die entsprechenden Genauigkeitsklassen-Vorschriften aufgestellt wie für die Messinstrumente selbst.

Schaltungsfehler sind zu unterteilen in vermeidbare und unvermeidbare Fehlerquellen. Zu den unvermeidbaren Fehlern gehört zum Beispiel bei Strom- und Spannungsmessung zur Widerstandsbestimmung der Eigenverbrauch des zweiten Messinstrumentes. Dieser Fehler kann aber, wenn er richtig erkannt ist, rechnerisch berichtigt werden. Vermeidbare Schaltungsfehler unterlaufen häufig dem Anfänger, der sich selbst zum sorgfältigen Aufbau der Messschaltungen erziehen muss.

Persönliche Fehler sind Irrtümer in der Ablesung der Skalenwerte, Parallaxenfehler und andere. Hierzu gehört auch die Wahl des richtigen Messbereichs, damit die Ablesung möglichst im letzten Skalendrittel erfolgt. Behandlungsfehler durch Stoß und Schlag können alle späteren Messungen durch Beschädigung der Lager beeinträchtigen.

Für die Praxis gilt:

- Lageeinfluss: Festgestellt bei Neigung um 5°
- Temperatureinfluss: Festgestellt bei Änderung von $\pm$ 10 °C gegenüber Raumtemperatur 20 °C
- Anwärmeeinfluss: Festgestellt nach 60 Minuten Betrieb mit 80 % des Messbereichsendwerts
- Fremdfeldeinfluss: Festgestellt bei Fremdfeld mit 0,5 Millitesla
- Frequenzeinfluss: Festgestellt bei 15 Hz ... 65 Hz, bzw. $\pm$10 % der angegebenen Nennfrequenz
- Spannungseinfluss: Festgestellt für Leistungsmesser bei $\pm$ 20 % der Nennspannung
- Einbaueinfluss: Festgestellt bei Einbau in Eisentafel von 3 $\pm$ 0,5 mm Dicke

Durch einen Strommesser fließt ein Strom von 19 A, der Zeiger des Messgeräts zeigt aber 17 A an. Wie *Abb. 1.17* zeigt, ergeben sich Fehler F, der abgezeigte Wert a und der richtige Wert r.

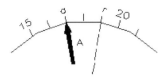

a = angezeigter Wert
r = richtiger Wert   **Abb. 1.17**: Fehler und Korrektur

Der Fehler ist die Differenz zwischen angezeigtem und richtigem Wert. Die Korrektur ist die negative Fehlerangabe:

Fehler: F = a − r   Korrektur: K = −2 A
               = 17 − 19   = +2 A
          F = −2 A

Weitere Fehlerquellen: positiver Korrekturwert
a) Zubehörfehler   bedeutet:
b) Schaltungsfehler   richtiger Wert ist größer
c) Persönliche Fehler   als der angezeigte Wert
z. B.
Bedienungsfehler   negativer Korrekturwert   Anzeige und Korrektur ergeben
Behandlungsfehler   bedeutet: den richtigen Wert
Ablesefehler   richtiger Wert ist kleiner   a + K = r
Parallaxenfehler   als der angezeigte Wert   17 + 2 = 19 A

Der absolute Fehler F des Messgerätes kann positive und negative Werte annehmen und es ergibt sich:

$$F = a - r$$

Dabei ist a der angezeigte Wert und r der wahre Wert, der zunächst unbekannt ist.

Der relative Fehler f beschreibt die Genauigkeit des Messgeräts:

$$f = \frac{F}{r} = \frac{a-r}{r} = \frac{a}{r} - 1 \qquad \text{oder} \qquad f = \frac{a-r}{B} \qquad \text{B = Bereichsendwert}$$

Für die Fehlerberechnung gilt zudem:

$$F = \pm \frac{B \cdot G}{100}$$

$$p = \pm \frac{F \cdot 100}{a} in\ \% = \pm \frac{B \cdot G}{a} in\ \%$$

a = angezeigter Wert

F = Fehlerbetrag

G = Genauigkeitsklasse

p = Fehler in % von A

Beispiel: Wie groß sind der tatsächliche und der prozentuale Fehler bei einem Messinstrument der Genauigkeitsklasse 2,5 mit einem Bereichsendwert von 500 mA bei einer Anzeige von 80 mA?

$$F = \pm \frac{B \cdot G}{100} = \pm \frac{500mA \cdot 2,5}{100} = \pm 12,5mA$$

$$p = \pm \frac{F \cdot 100}{a} = \frac{12,5mA \cdot 100}{80mA} = 15,6\% \qquad \text{oder} \qquad p = \pm \frac{B \cdot G}{a} = \frac{500mA \cdot 2,5}{80mA} = 15,6\%$$

1.1.8 Justierung (Eichung) von Betriebsmessgeräten

Jedes Messgerät muss justiert (geeicht) sein und auch von Zeit zu Zeit nachjustiert werden. Die erste Justierung (Eichung) erfolgt durch den Hersteller und wird durch das Klassenzeichen bestätigt, welches nur geführt werden darf, wenn an allen Stellen der Skala der Fehler innerhalb der durch die Klassenbezeichnung genannten Grenzen bleibt. Im Betrieb kann durch Alterung, Überlastung oder unsachgemäße Behandlung eine Verschlechterung eintreten. Die Nachjustierung ermöglicht die Kontrolle. Entweder begnügt man sich danach mit einer geringeren Genauigkeitsklasse, wenn die ursprünglichen Angaben nicht mehr zutreffen, oder das Messinstrument wird zur Reparatur gegeben. Aber selbst wenn der Fehler innerhalb der Klassengrenzen liegt, lässt sich eine höhere Messgenauigkeit erreichen, wenn eine Fehlerkurve aufgenommen wird.

Bei einer Justierung (Eichung) braucht man ein Vergleichsinstrument einer höheren Genauigkeitsklasse von einwandfreier Beschaffenheit. Mit dem Vergleichsinstrument soll ein Zehntel des Fehlers, der für den Prüfling zulässig ist, noch erkennbar sein. Die nachstehenden Schaltungen beziehen sich auf die Justierung von Betriebsmessgeräten. Feinmessgeräte werden nach dem Kompensationsverfahren justiert.

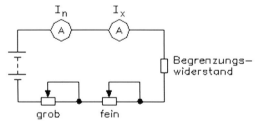

Abb. 1.18: Justierung von Betriebsmessgeräten (Strommessern). Normal (Präzisionsmessgerät) und Prüfling werden in Reihe geschaltet. Bei Justierungsmessung soll 1/10 des für den Prüfling zugelassenen Fehlers noch feststellbar sein. Das Vergleichsmessgerät muss mindestens einer höheren Güteklasse angehören als der Prüfling.

Bei der Justierung von Strommessern werden Normal (Präzisionsmessgerät) und Prüfling in Reihe geschaltet (*Abb. 1.18*). Im gleichen Stromkreis liegt ein Begrenzungswiderstand, der verhindert, dass der Messbereich überschritten wird. Weiterhin wird je ein stetig verstellbarer Widerstand (Potentiometer) für Grob- und Feineinstellung in Reihe geschaltet. Nach Überprüfung der Nullkorrektur für Normal- und Prüfinstrument werden 10 bis 20 Messwerte eingestellt, abgelesen und in einem Prüfprotokoll festgehalten. Beim Vergleichsinstrument wählt man jeweils runde Werte. Das Prüfprotokoll muss außer den Hersteller- und Typenangaben des Normals und des Prüflings deren Werknummern und den geprüften Messbereich enthalten.

Die Genauigkeitsklasse G wird als möglicher Fehler in % vom Bereichsendwert angegeben.

Fehlerkorrektur: $K = -F$ M = korrigierter Messwert oder Anzeige des
          $M = a + K$ Feinmessgeräts bei der Justierung

Justierung: $F = a - M$ K = Korrekturwert
          $K = M - a$

Beispiel: Laut Fehlerkurve eines Messgeräts beträgt bei einer Anzeige von 35 mV der Fehler –1,8 mV. Welche Korrektur ist anzubringen? Wie ist der korrigierte Wert?

$K = -F = -(-1,8 \text{ mV}) = +1,8 \text{ mV}$ $M = a + K = 35 \text{ mV} + 1,8 \text{ mV} = 36,8 \text{ mV}$

Beispiel: Bei der Justierung eines Strommessers mit dem Bereichsendwert 25 mA zeigt bei Einjustierung des Normalinstruments auf einen Messwert von 5 mA der Prüfling einen Strom von 4,82 mA. Wie groß sind der Fehler und der Korrekturwert für diesen Punkt?

$F = a - M = 4,82 \text{ mA} - 5 \text{ mA} = -0,18 \text{ mA}$ $K = M - a = 5 \text{ mA} - 4,82 \text{ mA} = +0,18 \text{ mA}$

Von den Werten wird eine Tabelle (Beispiel für ein Prüfprotokoll ist in *Tabelle 1.5* gezeigt) angefertigt, in die als Sollwert die Ablesungen des Normals und als Istwert die Ablesungen des Prüflings eingetragen werden. Entsprechend verfährt man bei der Eichung von Spannungsmessern. Die beiden Messgeräte sind hierbei parallel geschaltet. An einem Spannungsteiler aus Grob- und Feinwiderstand werden die gewünschten Spannungen eingestellt (*Abb. 1.19*). Selbstverständlich ist die Spannungsquelle bei allen Justierschaltungen entsprechend den Eigenschaften der Messinstrumente zu wählen.

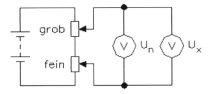

Abb. 1.19: Justierung von Betriebsmessgeräten (Spannungsmessern); Normal (Präzisionsmessgerät) und Prüfling werden parallel geschaltet. Bei Justierungsmessung soll 1/10 des für den Prüfling zugelassenen Fehlers noch feststellbar sein. Das Vergleichsmessgerät muss mindestens einer höheren Güteklasse angehören als der Prüfling.

Tabelle 1.5: Beispiel für ein Prüfprotokoll

Sollwert (Normal- instrument)	Istwert (Prüf- ling)	Absoluter Fehler $F = I_x - I_n$	Korrektur $K = I_n - I_x$	Relativer Fehler $f_r = \dfrac{F \cdot 100}{I_n}$	Prozentualer Fehler $f = \dfrac{F \cdot 100}{I_{n\,max}}$
I_n	I_x	F	K = -F	f_r in %	f in %
0	0	0	0	0	0
5,00	5,55	+0,55	-0,55	+11	+1,1
10,00	10,70	+0,70	-0,70	+7	+1,4
15,00	15,60	+0,60	-0,60	+4	+1,2
20,00	20,00	± 0,00	± 0,00	± 0	± 0
25,00	24,35	-0,65	+0,65	-2,6	-1,3
30,00	29,70	-0,30	+0,30	-1,0	-0,6
35,00	34,25	-0,75	+0,75	-2,14	-1,5
40,00	39,50	-0,50	+0,50	-1,25	-1,0
45,00	45,40	+ 0,40	-0,40	+0,88	+0,8
50,00	50,45	+ 0,45	-0,45	+0,9	+0,9

Für *Tabelle 1.5* gelten die Formeln:

- Absoluter Fehler: $\qquad\qquad\qquad\qquad$ $F = I_x - I_n$ oder $U = U_x - U_n$ usw.
- Korrektur: $\qquad\qquad\qquad\qquad\qquad$ $K = I_n - I_x = -F$

- Relativer Fehler (bezogen auf Anzeige): $\qquad$ $f_r = \dfrac{F \cdot 100}{I_n}$

- Prozentualer Fehler (bezogen auf Endwert): $\quad$ $f = \dfrac{F \cdot 100}{I_{n\,max}}$

Die Justierung eines Leistungsmessers kann durch Vergleich mit einem anderen Leistungsmesser ausgeführt werden (*Abb. 1.20*). Der Strompfad und der Spannungspfad werden dabei getrennt geschaltet, da andernfalls die volle Nennleistung aufgebracht werden muss. Bei getrennter Schaltung kann die Spannung im Strompfad niedrig gehalten werden. Wenn kein Leistungsmesser höherer Güteklasse als Vergleichsinstrument zur Verfügung steht, verwendet man die Schaltung mit je einem Strom- und Spannungsmesser (*Abb. 1.21*).

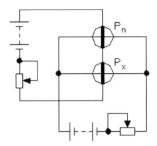

Abb. 1.20: Justierung von Leistungsmessern mit getrennten Spannungsquellen. Die Strompfade sind in Reihe und die Spannungspfade parallel geschaltet.

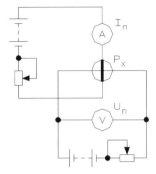

Abb. 1.21: Justierung von Leistungsmessern mit Strom- und Spannungsmessern

Aus Soll- und Istwert wird der absolute Fehler berechnet. Der gleiche Betrag, mit entgegengesetztem Vorzeichen, wäre als Korrektur anzubringen. Der relative Fehler bezieht sich auf den angezeigten Wert des Normalinstruments. Schließlich wird daraus der prozentuale Fehler berechnet, der auf den Skalenendwert bezogen wird. In dem Beispiel beträgt an einer Stelle der prozentuale Fehler 1,5 %.

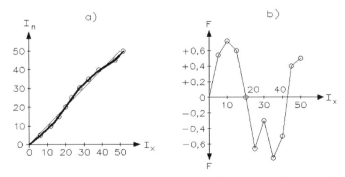

Abb. 1.22: Beispiel für eine Justierkurve a) und eine Fehlerkurve b) aus Tabelle 1.5

Aus den Tabellenwerten können Kurven (*Abb. 1.22*) gezeichnet werden, die ein anschauliches Bild ergeben. Die Eichkurve zeigt den Verlauf der Soll- und Istwerte. Die Fehlerkurve, in größerem Maßstab gezeichnet, zeigt die Fehlerverteilung über den Skalenbereich.

Für die Ermittlung des wahren Wertes können zwei Verfahren eingesetzt werden:

- Mit Referenzmessgerät, aber der Fehler des Referenzmessgeräts bleibt unberücksichtigt
- Mit Hilfe der Statistik, aber es ergibt sich eine statistische Unsicherheit

Für die Ermittlung der wahren Werte mithilfe der Statistik gibt es folgende Verfahren:

- Einzelmessung: $\qquad \bar{x} = \dfrac{1}{n} \cdot \sum\limits_{i=1}^{i=n} x_i \qquad \bar{x}$ = Mittelwert → wahrer Wert

- Absoluter Fehler der Einzelmessung: $\quad \delta_i = x_i - \bar{x} \qquad x_i$ = i-te-Einzelmessung

- Durchschnittsfehler: $\qquad \bar{\delta} = \dfrac{1}{n} \cdot \sum\limits_{i=1}^{i=n} |\delta_i| \qquad$ n = Anzahl der Messungen

- Standardabweichung: $\qquad S = \sqrt{\dfrac{\sum\limits_{i=1}^{i=n} \delta_i^2}{n-1}} \qquad \bar{\sigma}$ = Durchschnittsfehler

- Vertrauensbereich: $\qquad \bar{x} - v = \bar{x} - \dfrac{t}{\sqrt{n}} \cdot S \qquad \sigma_i$ = absoluter Fehler jeder Einzelmessung

Es soll eine Messreihe mit einem Voltmeter im Messbereich von 100 V durchgeführt werden, wie *Tabelle 1.6* zeigt.

Tabelle 1.6: Ergebnisse einer Messreihe

n	U_n/V	n	U_n/V	n	U_n/V
1	101,5	11	96,8	21	95,4
2	100,8	12	96,4	22	101
3	98,3	13	100,3	23	99,3
4	98,9	14	98,3	24	102,4
5	98,4	15	99,7	25	98
6	99,5	16	101,6	26	100,4
7	101.4	17	102	27	100
8	100,1	18	102,3	28	100,7
9	104,4	19	100,5	29	101,6
10	97,7	20	99,4	30	97,6

Damit ergibt für die Messreihe eine Gesamtzahl von n = 30. Der Mittelwert $\overline{x}$ errechnet sich aus n-Messungen:

$$\overline{x} = \frac{x_1 + x_2 + x_3 + ... x_n}{n}$$

Aus *Tabelle 1.6* ergibt sich ein genäherter Mittelwert von U = 99,65 V. Das Ergebnis ist jedoch nicht gleichzusetzen mit dem wahren Wert, insbesondere nicht, wenn die Messreihe nur einige Messungen aufweist und die Einzelmessungen deutlich voneinander abweichen.

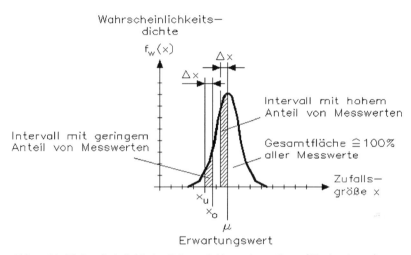

Abb. 1.23: Wahrscheinlichkeitsdichte mit Normalverteilung (Glockenkurve)

Abb. 1.23 zeigt einen Kurvenverlauf, der die Wahrscheinlichkeitsdichte in Abhängigkeit von den einzelnen Messergebnissen aus der Messreihe dargestellt, wenn die sogenannte Normalverteilung der Zufallsgröße angenommen wird. Die Wahrscheinlichkeitsdichte gibt an, mit welcher Wahrscheinlichkeit die einzelnen x-Werte in einen bestimmten Intervall Δx fallen. So ist die Fläche der Glockenkurve ein Maß dafür, welcher Prozentsatz zwischen den Grenzwerten x_u und x_o liegt. Die Gesamtfläche unter der Funktion $f_w (x)$ entspricht der Gesamtzahl aller Messwerte, also 100 %. Das Maximum der Glockenkurve liegt beim Erwartungswert μ.

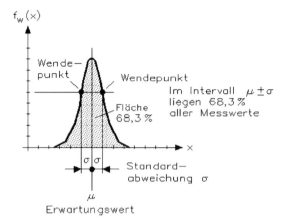

Abb. 1.24: Bestimmung der Wahrscheinlichkeit des Auftretens bestimmter Anzeigenwerte, die Standardabweichung

Eine Kenngröße von $f_w(x)$ ist die Standardabweichung σ (Sigma). Im Abstand von ±σ (*Abb. 1.24*) liegen die Wendepunkte der Glockenkurve. Damit kennzeichnet die Standardabweichung den Einfluss zufälliger Fehler auf den Messwert.

Betrachtet man den Flächenanteil zwischen den Grenzen μ ± σ, dann ist 68,3 % der Gesamtfläche unter der Glockenkurve, d. h. 68,5 % aller Anzeigenwerte, mit denen eine Messreihe aus vielen Einzelmessungen erstellt worden ist, liegen im Bereich μ ± σ. Hierbei ist ein Messgerät mit normalverteilter Fehlercharakteristik Voraussetzung.

Tabelle 1.7: Statische Sicherheit, abhängig vom Intervall $\Delta x = x - \bar{x}$

Δx	Statische Sicherheit in %	Δx	Statische Sicherheit in %	Δx	Statische Sicherheit in %
0	0				
±0,1 × σ	7,97	±1,1 × σ	72,9	±2,1 × σ	96,6
±0,2 × σ	15,9	±1,2 × σ	77	±2,2 × σ	97,2
±0,3 × σ	23,6	±1,3 × σ	80,6	±2,3 × σ	97,9
±0,4 × σ	31,1	±1,4 × σ	83,8	±2,4 × σ	98,4
±0,5 × σ	38,3	±1,5 × σ	86,6	±2,5 × σ	98,8
±0,6 × σ	45,1	±1,6 × σ	89	±2,6 × σ	99,1
±0,7 × σ	51,6	±1,7 × σ	91,1	±2,7 × σ	99,3
±0,8 × σ	57,6	±1,8 × σ	92,8	±2,8 × σ	99,5
±0,9 × σ	63,2	±1,9 × σ	94,3	±2,9 × σ	99,6
±σ	68,3	±2 × σ	95,5	±3 × σ	99,7

Tabelle 1.7 zeigt eine Aufstellung der jeweils in das Intervall $\mu \pm \Delta x$ fallenden Messergebnisse, bezogen auf die Gesamtzahl n aller Messungen. Aus diesen Erkenntnissen folgt für die Entwicklung von Messeinrichtungen, dass die Standardabweichung möglichst klein gehalten werden muss, wenn ein Messinstrument bei einer Einzelmessung einen zuverlässigen Wert erzeugen soll. Ist σ klein, sodass man einen maximalen absoluten Fehler von $\pm\,3\sigma$ akzeptieren kann, dann liegen nach *Tabelle 1.7* 99,7 % aller Messwerte innerhalb dieser Fehlergrenzen und nur bei 0,3 % der Messungen könnte ein größerer zufälliger Fehler auftreten. In *Abb. 1.25* ist die Normalverteilung für drei verschiedene Werte von σ gezeigt. Die Gesamtfläche unter den drei Kurven ist jeweils gleich.

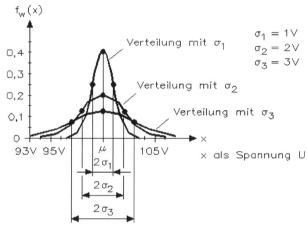

Abb. 1.25: Verlauf der Wahrscheinlichkeitsdichte f_w bei unterschiedlichen Standardabweichungen

Als Beispiel für zufällige Fehler soll ein Zeigermessinstrument dienen.

- Schwankende Eigenschaften von Messinstrumenten (Wackelkontakt, kalte Lötstellen, schwankende Übergangswiderstände in den Messzuleitungen) und nicht oder nur schwer erfassbare Einflussgrößen wie z. B. Luftfeuchtigkeit.

- Ablesefehler durch Parallaxe beim Beobachter. Wie man in *Abb. 1.26* erkennen kann, wird nur dann der richtige Messwert abgelesen, wenn das Auge des Beobachters genau senkrecht über dem Zeiger steht. Bei seitlicher Blickrichtung treten zufällige Ablesefehler auf. Der Fehler wird um so geringer, je näher der Zeiger über der Skala angebracht ist und je weniger die Blickrichtung von der Senkrechten abweicht.

Bei Feinmessgeräten wird unter der Skala häufig ein Spiegel angebracht, um die senkrechte Blickrichtung zu kontrollieren, indem sich der Zeiger mit seinem Spiegelbild deckt.

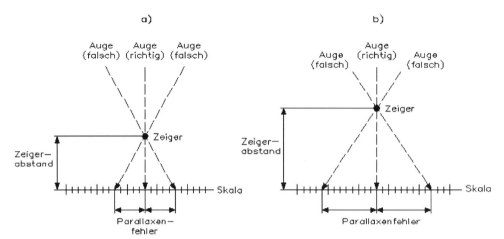

Abb. 1.26: Parallaxenfehler beim Ablesen des Messwerts

a) geringer Abstand des Zeigers von der Skala = kleiner Parallaxenfehler
b) großer Abstand des Zeigers von der Skala = großer Parallaxenfehler

Zufällige Fehler, verursacht durch nicht erfassbare oder nur schwer beeinflussbare Änderungen des Messobjekts, dessen Umgebung (Umwelt, Beobachter) oder des Messgeräts selbst haben eine nicht vorhersehbare Größe (Betrag) und Vorzeichen. Durch mehrfaches Messen gleicher physikalischer Größen erhält man somit aufgrund der zufälligen Fehler unterschiedliche Messergebnisse. Durch die statistische Auswertung dieser Ergebnisse kann man Rückschlüsse auf den wahren Messwert (Sollwert) und die Messunsicherheit erhalten.

Als den wahrscheinlichsten Wert mehrerer abweichender Messungen kann man den Durchschnitt (arithmetischer Mittelwert) der einzelnen Werte ansehen. Werden von einem Beobachter unter gleichen Bedingungen einer Messreihe n unabhängige Einzelwerte $x_1, x_2 \ldots x_{n-1}, x_n$ ermittelt, lässt sich der arithmetische Mittelwert x errechnen.

Dieser wahrscheinliche Wert ist nicht unbedingt der richtige Wert. Je enger die Einzelwerte der Messreihe zusammenliegen und je mehr Messwerte ermittelt wurden, desto größer wird die Wahrscheinlichkeit, dass der arithmetische Mittelwert x der richtige Wert ist.

Anmerkung: Einzelwerte sind voneinander unabhängig, wenn nachfolgende Messungen nicht durch die vorausgegangene beeinflusst werden. $\overline{x}$ ist ein Schätzwert für den Erwartungswert.

Als Standardabweichung S oder mittlere quadratische Abweichung wird die Zufallsstreuung von n Einzelwerten einer Messreihe um ihren Mittelwert $\overline{x}$ bezeichnet. Berechnet wird sie durch nachstehende, in der Praxis verwendete Formel für n Einzelmessungen.

Als Messergebnis einer entsprechenden Messreihe wird meist der Mittelwert $\overline{x}$ angegeben. Es ist aber keinesfalls sicher, dass dieser Wert gleich dem Erwartungswert ist, d. h.

dem wahren Wert der Messgröße entspricht. Aufgrund der Streuung (Standardabweichung s) ist das Messergebnis mehr oder minder unsicher. Es ist aber möglich, zwei Grenzwerte, die Vertrauensgrenzen für den Erwartungswert, anzugeben, innerhalb derer der wahre Wert mit einer gewissen statischen Sicherheit (Vertrauensniveau) zu erwarten ist. Dieser Bereich wird als Vertrauensbereich für den Erwartungswert bezeichnet.

Tabelle 1.8 gibt einige Vertrauensfaktoren t und den Wert für $\frac{t}{\sqrt{n}}$ als Funktion der statistischen Sicherheit P und der Anzahl n der Einzelwerte an.

Tabelle 1.8: Vertrauensfaktor als Funktion der statistischen Sicherheit P

P	68,3 %		95 %		99 %	
n	t	$\frac{t}{\sqrt{n}}$	t	$\frac{t}{\sqrt{n}}$	t	$\frac{t}{\sqrt{n}}$
3	1,32	0,76	4,3	2,5	9,9	5,7
6	1,11	0,45	2,6	1,05	4,0	1,6
10	1,06	0,34	2,3	0,72	3,25	1,03
20	1,03	0,23	2,1	0,47	2,9	0,64
100	1,00	0,10	2,0	0,20	2,6	0,26

Oft wird $v = \pm \frac{t}{\sqrt{n}} \cdot s$ als Unsicherheit bezeichnet. Die Unsicherheit v gibt also an, wie stark der Mittelwert x bei einer Wiederholung der Messungen streuen kann.

Bei der Fehlerfortpflanzung wird eine elektrische Größe aus zwei oder mehreren Werten abgeleitet, so z. B. der ohmsche Widerstand R oder die elektrische Leistung P aus Spannung U und Strom I: R = U/I, P = U×I, so kann sich der Fehler bei der Spannungs- und Strommessung so auswirken, dass sich entweder beide Fehler verstärken oder aber entgegenwirken.

Gleiches gilt auch bei der Addition $R_g = (R_1 + R_2 + ...)$ oder Subtraktion $U = (U_1 - U_2)$ von Messwerten.

Allgemein gilt für die Fehlerfortpflanzung bei der Addition und Subtraktion zweier oder mehrerer Messwerte die folgende Näherungsformel. Werden zwei (A_1, A_2) oder mehrere Messwerte addiert oder subtrahiert, so addieren sich die absoluten Fehler (z. B. $F_1 + F_2$).

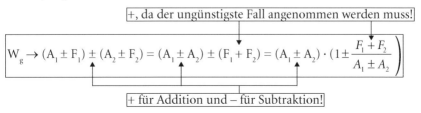

$$\boxed{+\text{, da der ungünstigste Fall angenommen werden muss!}}$$

$$W_g \rightarrow (A_1 \pm F_1) \pm (A_2 \pm F_2) = (A_1 \pm A_2) \pm (F_1 + F_2) = (A_1 \pm A_2) \cdot \left(1 \pm \frac{F_1 + F_2}{A_1 \pm A_2}\right)$$

$$\boxed{+\text{ für Addition und } - \text{ für Subtraktion!}}$$

Vorsicht: Sind die Messwerte A_1 und A_2 groß und wird ihre Differenz klein, so kann der Gesamtfehler (sowohl $F_g = F_1 + F_2$ als auch f_g) sehr groß werden. Es ist daher bei Messverfahren mit Differenzbildung größte Vorsicht geboten und nach Möglichkeit sollte man sie vermeiden.

Beispiel: Messwert $A_1 = 1000$ V   absoluter Fehler $F_1 = \pm 10$ V   ($\stackrel{\wedge}{=} \pm 1\,\%$)
           Messwert $A_2 = 1050$ V   absoluter Fehler $F_1 = \pm 10{,}5$ V   ($\stackrel{\wedge}{=} \pm 1\,\%$)

Addition: $(1000\text{ V} + 1050\text{ V}) \pm (10\text{ V} + 10{,}5\text{ V})$
          2050 V $\pm$ 20,5V $\stackrel{\wedge}{=} \pm 1\,\%$

Differenz: $(1000\text{ V} - 1050\text{ V}) \pm (10\text{ V} + 10{,}5\text{ V})$
        −50V $\pm$ 20,5V $\stackrel{\wedge}{=} \pm 41\,\%$

Für die Fehlerfortpflanzung bei der Multiplikation und Division zweier oder mehrerer Messwerte gilt die folgende Näherungsformel: Werden zwei (A_1, A_2) oder mehrere Messwerte multipliziert oder dividiert, so addieren sich die relativen Fehler (z. B. $f_1 + f_2$).

$$(A_1 \pm F_1) \overset{\times}{:} (A_2 \pm F_2) = (A_1 \pm A_1 \overset{\times}{\times} f_1) : (A_2 \pm A_2 \times f_2)$$

$$= A_1 \overset{\times}{\times} (1 \pm f_1) : A_2 \overset{\times}{\times} (1 \pm f_2) = A_1 : A_2 \times (1 \pm f_1 \pm f_2 \pm f_1 \times f_2)$$

                                                ↑ wird sehr klein und kann
                                                 entfallen z. B.
                                                 $0{,}02 \times 0{,}02 = 0{,}0004$

$$= A_1 : A_2 \overset{\times}{\times} [1 \pm (f_1 + f_2)]$$

      ↑   ↑

$\times$ für Multiplikation   +, da der ungünstigste Fall
: für Division   angenommen werden muss

Anmerkung: Der relative Fehler der n-ten Potenz einer Näherungszahl ist das n-fache des relativen Fehlers der Basis.

1.1.9 Bedienungsregeln und Beurteilung

Für die praktische Messtechnik sind einige wichtige Regeln zu befolgen, damit die Messungen mit Zeigermessgeräten befriedigende und optimale Ergebnisse bringen. Eine dieser Regeln besagt, dass die Messung möglichst im letzten Drittel des Messbereichs erfolgen soll. Das hat folgenden Grund: Der Anzeigefehler eines Messinstruments wird auf den Skalenendwert bezogen. Bei beispielsweise einem Skalenbereich von 100 V und Genauigkeitsklasse 1,5 bedeutet das ±1,5 V Unsicherheit. Bei Anzeige von 100 V kann also der richtige Wert zwischen 98,5 V und 101,5 V liegen.

In der Mitte des Skalenbereichs, bei einem angezeigten Wert von 50 V, liegt der richtige Wert zwischen 48,5 und 51,5 V. Bezogen auf den angezeigten Wert sind das ±3 % Fehler, also halber Betrag des Endwertes gleich doppelter Fehler. Wird bei 1/10 des Endwertes abgelesen, dann ist der Fehler, bezogen auf den angezeigten Wert, bereits zehnfach. Bei 10-V-Anzeige kann der richtige Wert zwischen 8,5 und 11,5 liegen. Ein Diagramm zeigt beispielsweise das starke Ansteigen des tatsächlichen Fehlers im Anfangsbereich der Skala bei den verschiedenen Güteklassen der Betriebsmessgeräte.

Die zehn wichtigsten Bedienungsregeln sind:

1. Gebrauchsanweisung beachten

2. Passendes Messgerät wählen

3. Passendes Zubehör verwenden

4. Nullstellung korrigieren

5. Betriebsgrenzen einhalten (Lage, Temperatur usw.)

6. Überlastung vermeiden

7. Mit dem größten Messbereich beginnen

8. Passenden Messbereich wählen

9. Falls vorgesehen, Arretierung benutzen

10. Messgerät schonend behandeln

Einige Regeln sind selbstverständlich, wie die Beachtung der Bedienungsanweisung und die Auswahl des für diese Messung passenden Messgeräts und Zubehörs. Andere werden häufig vergessen, wie die Korrektur der mechanischen Nullstellung des Zeigers vor Beginn jeder Messung, wodurch der Fehler unnötig vergrößert wird. Die zulässigen Grenzen der Gebrauchslage, der Temperatur usw. dürfen nicht überschritten werden, da sonst der Fehler größer wird, als der Genauigkeitsklasse entsprechend zu erwarten ist. Überlastung von Messgeräten muss unbedingt vermieden werden. Selbst wenn das Gerät nicht zerstört ist, sind nach einer Überlastung häufig größere Fehler vorhanden, als der Genauigkeitsklasse entspricht. Bei Vielfach-Messinstrumenten soll daher stets bei Beginn der Messung auf den größten Messbereich geschaltet werden. Erst nach dieser Kontrolle schaltet man stufenweise auf kleinere Messbereiche, bis die Anzeige möglichst im letzten Drittel liegt. Hierbei ist allerdings noch der Eigenverbrauch zu berücksichtigen. Man kennzeichnet dafür vielfach Messinstrumente durch ihren Kennwiderstand in Ohm pro Volt, vor allem Drehspulinstrumente zur Spannungsmessung an hochohmigen Widerständen (*Tabelle 1.9*). Der Kennwiderstand ist der Kehrwert des Stroms bei Vollausschlag. Mit dem Kennwiderstand kann man außerdem Spannungsmessbereichserweiterungen leicht berechnen, wie noch behandelt wird.

Tabelle 1.9: Stromaufnahme und Kennwiderstand

Strom bei Vollausschlag I_i in mA	Kennwiderstand R_K in Ω/V
10	100
3	333
2	500
1	1000
0,5	2000
0,1	10000
0,05	20000
0,02	50000

Neben dem Kennwiderstand dienen verschiedene andere Zahlenangaben zur Beurteilung eines Messgeräts. Die Empfindlichkeit ist das Verhältnis der Verschiebung des Zeigers zur Messgröße, z. B. in mm/V.

Manche Herstellerfirmen geben den Gütefaktor an, eine Verhältniszahl in Abhängigkeit vom Drehmoment und dem Gewicht des beweglichen Organs. Der Gütefaktor von Betriebsmessgeräten liegt zwischen 1 und 2, der Gütefaktor von Feinmessgeräten bei 0,2.

Tabelle 1.10 gibt eine Übersicht über die wichtigsten Messgerätearten mit den handelsüblichen Grenzen des Eigenverbrauchs in Watt und der ausgeführten Messbereiche für die reinen Zeigermesswerke. Durch Vor- und Nebenwiderstände und Messwandler können die Bereiche fast beliebig erweitert werden.

Tabelle 1.10: Eigenverbrauch und Bereiche von reinen Zeigermesswerken

Messwerksart	Eigenverbrauch	Messbereiche
Drehspul-Galvanometer	$\approx 10^{-4}$ W	0,3 µA ...15 µA
Drehspul-Feinmesswerk	≈ 50 µW	25 µA ...250 µA
Drehspul-Betriebsmesswerke	$\approx 0,5$ mW	0,4 mA ...10 mA
Dreheisen-Messwerke	≈ 2 VA	0,03A ...12 A
Elektrodynamische Messwerke	≈ 5 VA	500 W
Vibrationsmesswerke	≈ 50 mW	≈ 50 Hz bei 100 V...500 V

1.2 Arbeitsweise von Zeigermessgeräten

In der Praxis kennt man zahlreiche Zeigermessgeräte:

- Dreheisen-Messwerk

- Dreheisen-Quotienten-Messwerk

- Eisennadel-Messwerk

- Drehmagnet-Messwerk

- Drehspul-Messwerk

- Zeiger-Galvanometer

- Drehspul-Quotienten-(Kreuzspul-)Messwerk

- Elektrodynamisches Messwerk

- Elektrodynamisches Quotientenmesswerk

- Elektrostatisches Messwerk

- Induktions-Messwerk

- Hitzdraht-Messwerk

- Bimetall-Messwerk

- Vibrations-Messwerk

- Elektrizitätszähler

Für jeden Anwendungsfall gibt es das richtige Messgerät, wobei einige Zeigermessgeräte heute nur noch selten zum Einsatz kommen.

1.2.1 Dreheisen-Messwerk

Eines der ersten elektrischen Messwerke war das Weicheisen-Messwerk. In der ursprünglichen Form bestand es einfach aus einem Weicheisenstück, welches, an einer Feder aufgehängt, bei Stromfluss in die darumherum angeordnete Spule hineingezogen wurde. Die Skala war neben der Feder angeordnet. Die Stromrichtung spielt keine Rolle, da das Weicheisenstück in jedem Falle angezogen wird, weil es selbst keine magnetische Polung besitzt. In einer verbesserten Form wurde mit einem Winkelhebel der Zeiger über eine Sektorskala bewegt. Das Skalen-Sinnbild deutet heute noch die ursprüngliche Bauweise an.

An der heutigen Bauform des Flachspul-Messwerks hat sich am Prinzip nichts geändert (*Abb. 1.27* links). Das Weicheisenstück ist als exzentrisch gelagerte Scheibe ausgebildet und wird bei Stromfluss in die flach gewickelte Spule hineingezogen. Mit der Weicheisenscheibe ist der Zeiger unmittelbar verbunden.

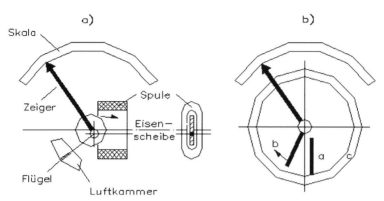

Abb. 1.27: Flachspul-Messwerk (links) mit exzentrisch gelagerter Eisenscheibe und Rundspul-Messwerk (a = festes Eisenstück, b = bewegliches Eisenstück und c = Rundspule)

Bevorzugt wird bei den modernen Dreheisen-Messwerken die Rundspulausführung (*Abb. 1.27* rechts). Hier sind zwei Weicheisenstücke im Innern einer Zylinderspule angebracht. Ein Stück sitzt fest an der Innenseite der Spulenwand, das andere ist eine bewegliche Fahne und mit dem Zeiger verbunden. Bei Stromfluss werden beide Eisenstücke gleichsinnig magnetisiert und üben daher abstoßende Kräfte aufeinander aus. Das bewegliche Stück kann ausweichen und dreht den Zeiger um die Achse. Bei einer abgewandelten Form ist nur ein einziges Eisenstück, das bewegliche, vorhanden. Es ist exzentrisch gelagert und wird bei Stromfluss in der Spule zur Innenwand gezogen. Vorwiegend verwendet man heute die Bauart, bei der die beiden Stücke nicht als Fahnen ausgebildet sind, sondern gekrümmt an der Innenwand anliegen.

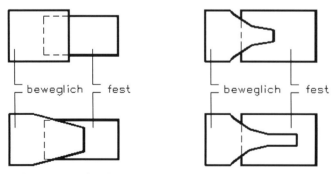

Abb. 1.28: Verschiedene Formen der Eisenplatten dienen zur Beeinflussung des Skalenverlaufs

Wenn man bei dieser Bauform dem beweglichen Eisenstück verschiedene Formen gibt, kann man den Skalenverlauf weitgehend beeinflussen (*Abb. 1.28*). Im Grundsatz ist der Skalenverlauf quadratisch, durch die abgeänderte Form des einen Eisenstücks kann man aber heute eine fast gleichmäßige Teilung der Skala erzielen. Außerdem ist es möglich, einfach durch andere Eisenform, entweder den Anfangsbereich oder den Endbereich weitgehend zu unterdrücken oder zu dehnen.

Dreheisen-Messwerke sind die einfachsten und billigsten Messwerke für Strom- und Spannungsmesser. Sie verwenden keine bewegliche Spule und benötigen daher keine bewegliche Stromzuführung. Sie sind hoch überlastbar und können für direkte Anzeige bis 100 A gebaut werden. Sie sind mit der gleichen Skala für Gleich- und Wechselstrom verwendbar.

Den Vorteilen stehen selbstverständlich verschiedene (*Tabelle 1.11*) Nachteile gegenüber. Der Eigenverbrauch ist verhältnismäßig hoch, die Empfindlichkeit gering. Die niedrigsten Bereiche sind etwa 30 mA und 6 V. Gegen Fremdfelder sind Dreheisen-Messwerke empfindlich. Bei Gleichstrommessungen kann beim Hin- und Rückgang ein geringer Hysteresefehler auftreten, da ein geringer Restmagnetismus auch im besten Material nicht zu vermeiden ist. Nebenwiderstände sind unzweckmäßig.

Tabelle 1.11: Vor- und Nachteile des Dreheisen-Messwerks

Vorteile	Nachteile
robust	hoher Eigenverbrauch (0,1 VA... 5 VA)
keine bewegliche Spule	geringe Empfindlichkeit
keine bewegliche Stromzuführung	niedrigste Bereiche ($\approx$30 mA und $\approx$6 V)
hoch überlastbar (50-facher Strom für 1 s)	fremdfeldempfindlich
billig	Hysteresefehler bei Gleichstrom
für Gleich- und Wechselstrom	keine Nebenwiderstände
direkte Bereiche bis 100 A	ungleichmäßiger Skalenverlauf
anpassungsfähiger Skalenverlauf	

Aus allen Eigenschaften zusammen ergibt sich als beste Verwendungsmöglichkeit der Einsatz als Betriebs-Schalttafel-Instrument für Energiemessung.

Für Sonderzwecke werden auch Dreheisen-Quotientenmesswerke gefertigt. Sie bestehen aus zwei Spulen. Das bewegliche Eisenstück ragt in beide hinein und der Gesamtausschlag ist vom Verhältnis der beiden Ströme abhängig (*Abb. 1.29*).

Das Sinnbild deutet die beiden Spulen und das gemeinsame Eisenstück an. Die Dämpfung des Dreheisen-Messwerks wird bevorzugt durch Luftkammerdämpfung vorgenommen.

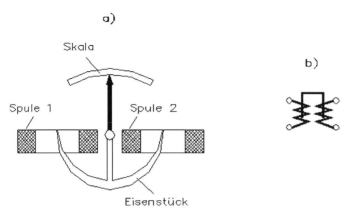

Abb. 1.29: Sonderform und Sinnbild des Dreheisen-Quotienten-Messwerks

1.2.2 Drehmagnet- und Eisennadel-Messwerk

Bei einem Drehmagnet-Messwerk bewegt sich ein drehbarer Magnet im Feld einer feststehenden Spule. Beim Eisennadel-Messwerk bewegt sich dagegen ein Eisenteil zwischen den Polschuhen eines feststehenden Dauermagneten und im Feld einer feststehenden Spule. Die älteste Form ist das Eisennadel-Galvanometer. Hier ist der feste Dauermagnet durch das Feld des Erdmagnetismus ersetzt. Die Eisennadel ist also eine Kompassnadel, die vom Stromfluss in der umgebenden Spule aus der Nord-Süd-Richtung abgelenkt wird. Eine der einfachsten heutigen Ausführungen ist das Anzeigegerät für Lade- und Entladeströme (*Abb. 1.30*). Bei Drehmagnet-Messwerken (*Abb. 1.31*) liefert ein kleiner Richtmagnet die Rückstellkraft und bestimmt die Nulllage.

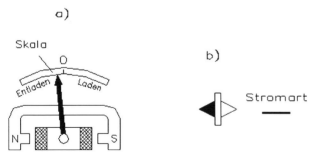

Abb. 1.30: Aufbau und Sinnbild des Eisennadel-Messwerks mit Spule und feststehendem Dauermagneten

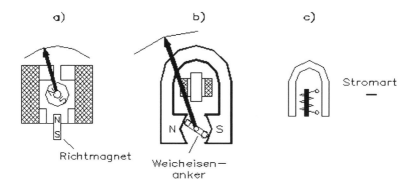

Abb. 1.31: Aufbau des Drehmagnet-Messwerks (links) mit Festspule und beweglicher Magnetscheibe. Aufbau des Eisennadel-Messwerks (Mitte) mit Hufeisenmagnet und Innenspule. Sinnbild (rechts) für Drehmagnet- und Eisennadel-Messwerk.

Bei Eisennadel-Messwerken wird die Nulllage und die Rückstellkraft durch das Permanent-Magnetfeld geliefert. Das Feld der Messspule kann entweder unmittelbar einwirken oder ebenfalls durch Polschuhe auf das drehbare Eisenteil konzentriert werden. Die Form der Eisennadel kann verschieden sein. Am häufigsten findet man die Form einer Hantel oder Niere. Die Messspule kann auch innerhalb des Dauermagneten angeordnet sein. Für sehr hohe Ströme sind Eisennadel-Messwerke gebaut worden, bei denen der stromführende Leiter gerade hindurchgeführt wird. Ein Weicheisenanker mit Polschuhen überträgt das Feld auf die Eisennadel. Der Dauermagnet ist senkrecht dazu angeordnet.

Die Eigenschaften der beiden Messwerksarten, ihre Vor- und Nachteile, machen sie ganz besonders geeignet für die Verwendung in Fahrzeugen. Sie sind weitgehend unempfindlich gegen Erschütterungen, Vibrationen und Stöße, da sie keine bewegliche Spule, keine bewegliche Stromzuführung und keine Rückstellfeder besitzen. Sie sind außerdem sehr hoch überlastbar, preiswert in der Herstellung und können für direkte Anzeige bis zu 60 A und 600 V gebaut werden. Ihrer Eigenschaft nach sind sie stromrichtungsabhängig, daher nur für Gleichstrom verwendbar, was wiederum für Flugzeuge fast immer geeignet ist. Der hohe Eigenverbrauch bis zu 10 W spielt bei Bordnetzüberwachung keine Rolle, ebenso kann die geringe Genauigkeit mit Genauigkeitsklasse 5 oder selbst mit Fehlern bis +10 % (ohne Klassenzeichen) meist in Kauf genommen werden. Lediglich muss die Fremdfeldempfindlichkeit berücksichtigt werden. Der Einbau ist so vorzunehmen, dass sie entweder magnetisch abgeschirmt oder weit weg von Fremdfeldquellen angeordnet werden. Die Baugröße kann sehr gering gehalten werden, was wieder bei Fahrzeuggeräten wichtig ist. Die Vor- und Nachteile für beide Messwerke sind in *Tabelle 1.12* gezeigt.

Tabelle 1.12: Vor- und Nachteile des Drehmagnet- und Eisennadel-Messwerks

Vorteile	Nachteile
robust	hoher Eigenverbrauch (1 W... 10 W)
keine bewegliche Spule	geringe Empfindlichkeit
keine bewegliche Stromzuführung	niedrigste Bereiche ($\approx$0,5 mA und $\approx$40 mV)
keine Rückstellfeder	fremdfeldempfindlich
hoch überlastbar	Hysteresefehler bei Gleichstrom
billig	keine Nebenwiderstände
für Gleich- und Wechselstrom	ungleichmäßiger Skalenverlauf
direkte Bereiche bis 60 A und 500 V	

Sowohl vom Eisennadel-Messwerk als auch vom Drehmagnet-Messwerk sind Verhältniswertmesser (Quotienten-Messwerke) gebaut worden. Beim Eisennadel-Messwerk sind zwei Weicheisenkerne kreuzweise zueinander angeordnet, jeder mit einer Spule versehen. Im ausgeschalteten Zustand hat das Instrument keine Richtkraft und zeigt eine beliebige Stelle an. Werden die beiden Spulen von Strömen durchflossen, dann stellt sich das Weicheisenstück entsprechend der Stärke der Felder ein. Verändert sich einer der Ströme, ändert sich die Anzeige ebenfalls und das Resultat ist der Verhältniswert.

Beim Drehmagnet-Quotientenmesswerk ist der drehbare Magnet als Scheibe ausgebildet. Hier umfassen ihn zwei gekreuzt zueinander angeordnete Spulen, von denen eine unterteilt ist. Auch hier wird eine Einstellung des Zeigers in Abhängigkeit vom Verhältnis der beiden Spulenströme erreicht. Verwendet werden derartige Messwerke als direkt zeigende Ohmmeter für das Verhältnis von Spannung zu Strom, als Temperaturanzeigegeräte für die Anzeige der Messtemperatur in Bezug auf die Vergleichstemperatur und als Frequenzmesser.

1.2.3 Drehspul-Messwerk

Kennzeichnend für Drehspul-Messwerke sind der feste Dauermagnet und die drehbare Spule. Bedingt durch die Polung des Magneten, ist die Anzeige stromrichtungsabhängig, also nur für Gleichstrom geeignet. Das Drehspul-Messwerk ist das am häufigsten verwendete Zeigermesswerk in der heutigen Elektromesstechnik, da es sehr vielseitig anpassungsfähig ist. Es hat demnach in vielen Konstruktionsversuchen Wandlungen durchlaufen. Die Ursprungsform, die man auch heute noch findet, ist der Hufeisenmagnet mit Polschuhen (*Abb. 1.32*). Zwischen den Polschuhen und dem festen Weicheisenkern dreht sich die Spule in einem Magnetfeld, das radial-homogen sein soll, das heißt, die Feldlinien sollen geradlinig radial vom Polschuh zum Kern laufen.

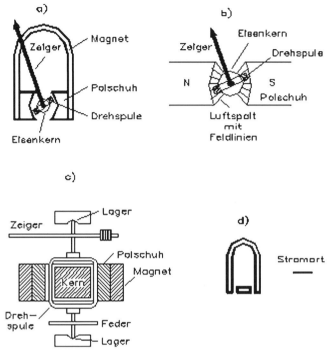

Abb. 1.32: Aufbau und Sinnbild eines Drehspul-Messwerks und Anordnung der Drehspule (Drauf- und Seitenansicht)

Zwei Spiralfedern, einseitig oder symmetrisch oben und unten angeordnet, dienen als Rückstellfedern und gleichzeitig als Stromzuführung für die bewegliche, vom Messstrom durchflossene Spule.

Um die Masse der bewegten Spule und damit das erforderliche Drehmoment gering zu halten, wird der dünne Spulendraht, herunter bis zu 0,02 mm Durchmesser, auf einen leichten Aluminium-Trägerrahmen gewickelt. Der Rahmen erfüllt gleichzeitig noch die Aufgabe der Dämpfung des Einschwingens und bewirkt gleichzeitig eine Wirbelstromdämpfung. Am Rahmen sind die Spitzen für die Lagerung und der Zeiger befestigt, die alle zusammen das bewegliche Organ darstellen.

Auf die Drehspule wirken bei Stromfluss die Kräfte des Spulenfeldes und des Permanentmagnetfeldes ein, die zusammen das Messdrehmoment ergeben. Die Spule bewegt sich solange unter Einfluss des Messdrehmomentes, bis das Rückstellmoment der Federn dem Betrag nach gleich groß geworden ist. Da sich in der Fertigung Permanentmagnete nie ganz genau gleich herstellen lassen, ist im Allgemeinen zum ersten Abgleich nach dem Zusammenbau ein festschraubbares Eisenstück als magnetischer Nebenschluss zwischen den Polen angeordnet, das auch später bei Nachjustierung unter Umständen nachgestellt werden kann, wenn der Magnet an Kraft verloren haben sollte.

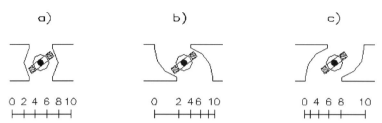

Abb. 1.33: Ein symmetrischer Luftspalt erlaubt eine gleichmäßige Skala (links), ein un-symmetrischer Luftspalt ermöglicht einen gedehnten (Mitte) Anfangs- bzw. Endbereich.

Von sich aus gibt das Drehspul-Messwerk gleichmäßigen Skalenverlauf (*Abb. 1.33*) bei symmetrischem Luftspalt. Durch Abänderung der Polschuhform kann entweder ein gedehnter Anfangsbereich oder ein gedehnter Endbereich erzielt werden.

Die stärkste Entwicklung hat in letzter Zeit die Magnetform betroffen. Vom Hufeisenmagneten, der ein verhältnismäßig großes Streufeld besitzt, ging man zum polschuhlosen Ringmagneten über. Eine weitere Verbesserung und Erhöhung der Induktion im Luftspalt brachte die Verwendung der Oerstitmagnete und die Verwendung von Magneten mit Weicheisen-Außenring. Der letzte Schritt der Entwicklung ist das Kernmagnetsystem. Hierbei ist der Innenkern der Permanentmagnet, und ein Außenring aus Weicheisen schließt die Kraftlinien. Der Aufwand an Magnetmaterial beträgt nur 1000 gegenüber der alten Form, die Baugröße ist stark reduziert, der Aufbau ist vereinfacht und die Wirkungsweise nicht beeinträchtigt, sondern noch verbessert.

Eine Sonderform stellt das Gleichpol-Messwerk dar, mit dem ein Zeigerausschlag von 270° erreicht werden kann.

Für sehr viele Messzwecke überwiegen die Vorteile des Drehspul-Messwerks gegenüber den Nachteilen. Vor allem ist es die hohe Genauigkeit, der geringe Eigenverbrauch, die Fremdfeld-Unempfindlichkeit und die gleichmäßig geteilte Skala, die das Drehspul-Messwerk für alle Präzisionsmessungen und für viele Betriebsmessungen geeignet macht, unter Inkaufnahme der Nachteile der Empfindlichkeit gegen Überlastung, Stoß und Erschütterung und des relativ hohen Preises. Die Messbereiche lassen sich durch Vor- und Nebenwiderstände beliebig erweitern. Für Messungen des Wechselstroms verwendet man heute vorgeschaltete Messgleichrichter. Die Vor- und Nachteile für beide Messwerke sind in *Tabelle 1.13* gezeigt.

Tabelle 1.13: Vor- und Nachteile des Drehspul-Messwerks

Vorteile	Nachteile
geringer Eigenverbrauch (1 µW... 1 mW)	bewegliche Spule
hohe Empfindlichkeit 1 mm/µA	bewegliche Stromzuführung
niedrigster Bereich ab 10 µA	überlastempfindlich
fremdfeldunempfindlich	erschütterungsempfindlich
hohe Genauigkeit bis ±0,1 %	teuer
gleichmäßige Skala	nur für Gleichstrom
Messbereich einfach zu erweitern	größter direkter Messbereich 100 mA

1.2.4 Zeiger-Galvanometer

Besonders hochempfindliche Messgeräte bezeichnet man als Galvanometer. Sie weisen schon bei niedrigsten Strömen oder Spannungen Vollausschlag auf. Meistens sind sie ungeeicht und dienen als Nullinstrumente zur Anzeige des stromlosen Zustands, z. B. bei Brücken- und Kompensationsmessungen. In diesem Falle ist die Skala nur mit Teilstrichen ohne Wertangaben versehen, und der Nullpunkt liegt in der Mitte. Zur genaueren Ablesung, auch des geringsten Ausschlags, wird der Bereich um den Nullpunkt oft mit einer Lupe betrachtet (*Abb. 1.34*). Grundsätzlich können alle Messwerksarten als Galvanometer gebaut werden, doch sind die Drehspul-Galvanometer am weitesten verbreitet.

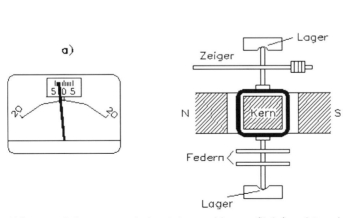

Abb. 1.34: Galvanometerskala mit Lupenablesung (links) und Anordnung des Kerns mit Spitzenlagerung

Die Konstruktion des Galvanometers hängt vom Verwendungszweck ab. Bei Betriebs-messgeräten mit Galvanometer werden Zeigergeräte gewählt, da sie nicht so kritisch in der Behandlung sind. Die Spitzenlagerung muss besonders gut und reibungsarm ausgeführt werden. Mit Zeiger-Galvanometern kommt man selbstverständlich nicht an die Grenzen der Höchstempfindlichkeit heran, da die bewegte Masse des Zeigers und die Spitzenlagerung einen höheren Eigenverbrauch bedingen. Die Spannband-Lagerung mit Spiegel ist noch verhältnismäßig robust und trotzdem empfindlicher als die Spitzenlagerung. Sie steht in der Mitte zwischen der Zeigerausführung und der Bandaufhängung. Die Drehspul-Galvanometer mit Bandaufhängung und Spiegel sind die Messgeräte mit dem geringsten Eigenverbrauch und der höchsten Empfindlichkeit überhaupt. Im Allgemeinen handelt es sich um reine Laborgeräte, da sie mit größter Vorsicht behandelt werden müssen. Schon ein hartes Aufstellen kann das Messwerk zerstören. Vor jeder Messung müssen sie genau horizontal ausgerichtet werden und bei jeder Ortsveränderung muss die in ihrer Aufhängung frei pendelnde Drehspule arretiert werden.

Lichtzeiger waren (vor 1970) früher den Laborinstrumenten vorbehalten. Heute werden auch Geräte gefertigt, die eine geschlossene Einheit darstellen. Sie enthalten in einem gemeinsamen Gehäuse die Lampe mit der Optik, das Messwerk, den Umlenkspiegel und die Skala. Der Strahl wird ein- oder mehrfach umgelenkt, um kurze Baulänge zu erzielen. So ist es möglich, Geräte mit 1 m Zeigerlänge in die handliche Form eines Tischinstruments zu bringen. Da in einem Gehäuse Streulicht kaum zu vermeiden ist, setzt man in den Strahlengang häufig eine Blende mit einem Spalt, die auf der Skala dann eine Schattenmarke mit einem Strich erzeugt. In dieser Ausführung bezeichnet man die Messgeräte als Lichtmarken-Galvanometer.

Beim reinen Lichtzeiger-Galvanometer wird auf der Skala ein Lichtpunkt sichtbar. Die Beleuchtungseinrichtung, das Galvanometer und die Skala sind getrennte Einheiten, die einzeln aufgestellt und zueinander ausgerichtet werden müssen. Der Raumbedarf ist groß, allerdings kann auch der Lichtzeiger fast beliebig lang ausgeführt werden. Oft ist für Präzisionsmessungen ein eigener Raum für die fest installierte Anlage eingerichtet.

Bei den Galvanometern sind einige Sonderformen entwickelt worden. Beim Saiten-Galvanometer führt nur ein einzelner Leiter durch das Magnetfeld, der meist aus einem metallisierten Quarzfaden besteht. Auf dem Leiter ist der Spiegel befestigt. Beim Schleifen-Galvanometer liegt eine Leiterschleife zwischen den Magnetpolen. Beide Formen haben sehr geringe Trägheit und Masse und sind als Lichtstrahl-Schwingungsschreiber geeignet. Ihre Eigenschwingungszahl liegt um 700 Hz.

Bei ballistischen Galvanometern wird der Höchstausschlag bei einem Stromstoß gemessen. Bei Kriechgalvanometern ist keine Rückstellkraft vorhanden und der Zeiger zeigt eine Strommengen-Summe.
Die Vor- und Nachteile für dieses Messwerk sind in *Tabelle 1.14* gezeigt.

Tabelle 1.14: Vor- und Nachteile eines Zeiger-Galvanometers

Vorteile	Nachteile
geringer Eigenverbrauch (10 pW... 10 nW)	bewegliche Spule
höchste Empfindlichkeit 10 mm/nA	sehr überlastempfindlich
niedrigster Bereich ab 10 pA	erschütterungsempfindlich
gleichmäßige Skala	teuer
fremdfeldunempfindlich	nur für Gleichstrom
gleichmäßige Skala	Skala nicht geeicht
Messbereich einfach zu erweitern	waagerechte Aufstellung nötig

1.2.5 Drehspul-Quotientenmesswerk

Sehr häufig müssen in der Elektromesstechnik Größen gemessen werden, die als Quotient (Verhältniswert) von zwei Werten darzustellen sind. Hierzu gehört zum Beispiel die direkte Messung des Widerstands R als Quotient aus Spannung und Strom:

$$R = \frac{U}{I}$$

Bei der Einzelmessung werden entweder zwei Messgeräte benötigt, wenn die Messungen unbedingt gleichzeitig ausgeführt werden müssen, oder man misst nacheinander. Bei Quotientenmesswerken beeinflussen beide Größen des Quotienten den Zeiger gleichzeitig.

Bei Drehspul-Quotientenmesswerken erreicht man das, indem man zwei gekreuzt zueinander angeordnete Spulen auf den gleichen Körper wickelt und mit dem Zeiger zum beweglichen Organ vereinigt. Daher rührt auch der Name Kreuzspul-Messwerk (*Abb. 1.35*). Der Luftspalt muss ungleichmäßig verlaufen. Damit kommt jeweils eine der beiden Spulen in den engeren Bereich, wenn die andere in den weiteren kommt. Bei der Spule, die in den engeren kommt, nimmt das Drehmoment zu, bei der anderen Spule nimmt das Drehmoment ab. Damit ergibt sich eine Stellung, bei der die beiden Drehmomentkurven sich schneiden und daher im Gleichgewicht sind. Diese Stellung nimmt das bewegliche Organ nach dem Einschalten beider Stromkreise ein. Das Sinnbild des Drehspul-Quotientenmesswerks deutet die gekreuzten Spulen an.

Wenn die Drehmomentkurven für verschiedene Absolutwerte aufgenommen werden, ergibt sich jeweils bei gleichem Verhältnis der beiden Einzelwerte zueinander die gleiche Zeigerstellung, das bedeutet bei einer Widerstandsmessung beispielsweise, dass die Messspannung höher oder niedriger sein kann. Dementsprechend ist auch der Strom höher oder niedriger und das Verhältnis der beiden bleibt gleich.

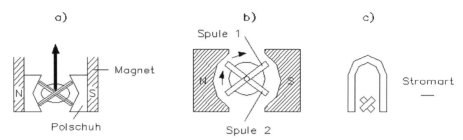

Abb. 1.35: Drehspul-Quotientenmesswerk und Sinnbild mit zwei gekreuzten Spulen in einem ungleichmäßigen Luftspalt (elliptischer Verlauf)

Konstruktiv ist der ungleichmäßige, elliptisch geformte Luftspalt entweder dadurch zu erreichen, dass der Kern elliptisch geformt ist oder dass die Ausdrehung der Polschuhe exzentrisch ist. Durch die Form des Luftspaltverlaufs kann man weitgehend den Skalenverlauf gestalten. Quotienten-Messwerke dienen nicht nur als Widerstands-Messgeräte, sondern sind für alle anderen Verhältniswertmessungen ebenso verwendbar. Hierbei kann es sich um die Messung gegenüber einem Vergleichswiderstand handeln oder um die Messung von Temperaturen durch einen temperaturabhängigen Widerstand.

Wie beim Drehspul-Messwerk die modernste Form das Kernmagnet-Messwerk ist, wurden auch Kreuzspul-Messwerke mit Kernmagnet ausgeführt. Der Luftspalt ist in diesem Falle gleichbleibend, da der Feldverlauf von den Polen des Kerns zum äußeren Weicheisenring von sich aus ungleichmäßig ist.

Eine weitere Sonderform ist das T-Spul-Messwerk. Hier ist der Kern als Ring ausgebildet. Die zweite Spule, die Querspule, greift über den Ring. Bei Stromfluss in den Spulen versucht die Querspule starr in der neutralen Zone zu bleiben. Sie wirkt dadurch rückstellend und wird als elektrische Feder bezeichnet, da sie das Rückdrehmoment liefert. Bei stromloser Messspule stellt die Querspule das bewegliche Organ in Nullstellung. Bei Stromfluss in der Messspule wird der Messwert angezeigt. Mit einer dritten, zusätzlichen Spule erhält man das Drehspul-Kreuzspulmesswerk. Eine der drei Spulen wirkt auch hier als elektrische Feder, die anderen beiden arbeiten als Quotientenmesser. Diese Messgeräteart wird als Brückenanzeigegerät eingesetzt.

Bei allen Kreuzspul-Messwerken sind die Stromzuführungen zu den beweglichen Spulen als weiche, richtkraftlose Goldbänder ausgeführt. In stromlosem Zustand hat der Zeiger keine feste Lage. Diese Eigenschaft muss bekannt sein, damit man nicht zu Fehlschlüssen vor dem Einschalten kommt oder bei Ausfall eines Stromkreises Fehlmessungen ausgeführt werden.

1.2.6 Elektrodynamisches Messwerk

Kennzeichnend für ein elektrodynamisches Messwerk (*Abb. 1.36*) sind die eine feststehende und die zweite bewegliche Spule. Im einfachsten Fall sind die beiden Spulen konzentrisch zueinander angeordnet. Gewöhnlich ist die Festspule immer unterteilt. Das Sinnbild deutet die unterteilte Festspule und die Drehspule an. Die beiden Spulenströme wirken gleichsinnig auf den Zeiger und der Ausschlag ist proportional zu dem Produkt beider Ströme.

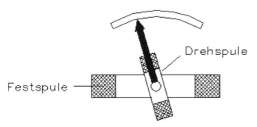

Abb. 1.36: Aufbau des elektrodynamischen Messwerks

Der wesentlichste Nachteil der einfachen Konstruktion ist die starke Abhängigkeit von Fremdfeldern. Bei Drehspul-Messwerken ist die Feldliniendichte im Luftspalt sehr hoch und externe Fremdfelder haben daher prozentual nur einen sehr geringen Einfluss. Bei eisenlosen elektrodynamischen Messgeräten ist dagegen die Messfeldstärke gering und externe Fremdfelder beeinflussen das Messgerät sehr stark. Eine Möglichkeit der Abhilfe ist der Bau eines Doppelsystems, eines sogenannten astatischen Systems (*Abb. 1.37*). Beim astatischen Messsystem addieren sich die Messkräfte und dadurch heben sich die Fremdkräfte auf. Das astatische Messsystem besteht aus zwei Festspulen (F_1 und F_2) und zwei Drehspulen (D_1 und D_2).

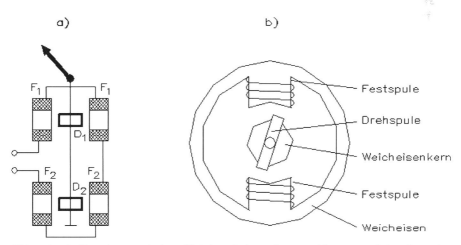

Abb. 1.37: Aufbau des astatischen (links) und eines eisengeschlossenen elektrodynamischen Messwerk (rechts)

Astatische Messwerke sind empfindlich und teuer. Wo irgend möglich, vermeidet man sie, vor allem bei Betriebsmessgeräten. Dort wählt man entweder den Weg der magnetischen Abschirmung oder das eisengeschlossene System. Magnetische Abschirmung hat wiederum den Nachteil, dass die Eisenabschirmung in ausreichendem Abstand vom Messwerk selbst angeordnet sein muss. Besser ist daher die Konstruktion als eisengeschlossenes System. Hierbei verlaufen die magnetischen Feldlinien fast nur in Eisen, geschlossen über den äußeren Ring und den inneren Kern. Fremdfeldeinfluss ist praktisch ausgeschlossen, dafür treten Hysteresefehler auf. Wo diese ausreichend klein gehalten werden können, besonders durch Auswahl geeigneter Eisensorten, ist das eisengeschlossene Messwerk (*Abb. 1.38*) zu bevorzugen.

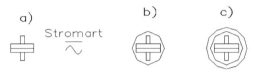

Abb. 1.38: Sinnbild für ein eisenloses (links), magnetisch geschirmtes (Mitte) und eisengeschlossenes elektrodynamisches Messwerk

In den meisten Anwendungen wird beim elektrodynamischen Messwerk ein Pfad als Strompfad, der andere als Spannungspfad geschaltet und damit eine Leistungsanzeige erzielt, da die Leistung das Produkt aus Strom und Spannung ist. Die feststehende Spule ist normalerweise der Strompfad, damit man höhere Ströme unmittelbar durch das Messwerk leiten kann. Die bewegliche Drehspule ist der Spannungspfad. In den Schaltungen werden die beiden Spulen nach (*Abb. 1.39*) angedeutet, manchmal auch in vereinfachter Form als Messwerk mit Strom- und Spannungspfad.

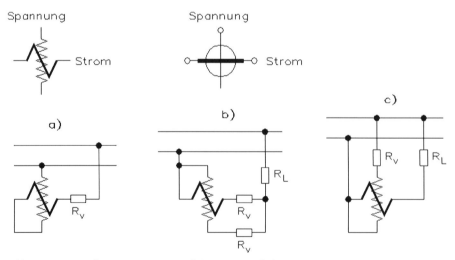

Abb. 1.39: Darstellung von Strom- und Spannungspfad

Abb. 1.39 zeigt Strom- und Spannungspfad des elektrodynamischen Messwerks. Die Schaltungsvarianten des elektrodynamischen Messwerks zeigen:
a) Spannungsmesser ($\alpha \sim U^2$)
b) Strommesser ($\alpha \sim I^2$)
c) Leistungsmesser ($\alpha \sim U \times I$), wobei die Skala des Leistungsmessers linear ist.

Wenn die Stromrichtung in einem der beiden Pfade umgekehrt wird, kehrt sich auch der Ausschlag um. Wird dagegen die Stromrichtung gleichzeitig in beiden Pfaden umgekehrt, bleibt der ursprüngliche Ausschlag erhalten, da die Multiplikation zweier negativer Werte ein positives Ergebnis bringt. Das bedeutet, dass ein elektrodynamisches Wattmeter für Gleichstrom und ebenso für Wechselstrom geeignet ist. Bei Gleichstrom wird das Produkt $U \times I$ angezeigt, bei Wechselstrom die Wirkleistung $P = U \times I \times \cos \varphi$, da eine zeitliche Verschiebung von Strom und Spannung sich entsprechend auf die Anzeige auswirkt, weil der Zeiger im gleichen Augenblick von beiden Messgrößen beeinflusst wird.

Grundsätzlich ist es möglich, elektrodynamische Messwerke als Spannungsmesser zu schalten, wenn diese Anwendung auch selten ist. Ebenso kann man elektrodynamische Messwerke als Strommesser verwenden. Auch dies ist nicht sehr zweckmäßig. Die gegebene Anwendung ist die Schaltung als Leistungsmesser. Hierbei liegt normalerweise der Strom unmittelbar in Reihe geschaltet mit der Last, dem Verbraucher, während der Spannungspfad gewöhnlich über einen Vorwiderstand angeschlossen ist. Der Strompfad ist vielfach für einen Strom von 5 A ausgelegt, der Spannungspfad mit einem eingebauten Vorwiderstand, der die Spannung auf 250 V begrenzt. Die Skala des elektrodynamischen Leistungsmessers verläuft gleichmäßig geteilt.

1.2.7 Elektrodynamisches Quotienten-Messwerk

Elektrodynamische Quotienten-Messwerke verwenden entweder eine Festspule und ein bewegliches Kreuzspulsystem oder zwei Festspulen und eine bewegliche Drehspule (*Abb. 1.40*). In der letzten Form werden sie als Kreuzfeld-Messwerk bezeichnet. Das Sinnbild deutet das Festspulenpaar und die gekreuzten Drehspulen an. Auch hier gibt es eisenlose und eisengeschlossene Messwerke.

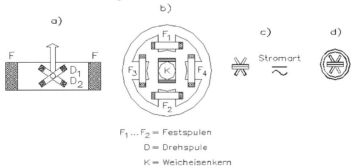

$F_1 \ldots F_2$ = Festspulen
D = Drehspule
K = Weicheisenkern

Abb. 1.40: Aufbau eines elektrodynamischen Quotienten-Messwerks (Kreuzspulsystem)

a) mit zwei gekreuzten Drehspulen D_1 und D_2 und einer Festspule F
b) Beim Kreuzfeld-System mit zwei Festspulenpaaren F_1, F_2, einer Drehspule D und einem Weicheisenkern.
c) Die Sinnbilder zeigen ein eisenloses und
d) ein eisengeschlossenes elektrodynamisches Quotienten-Messwerk.

Mit elektrodynamischen Quotienten-Messwerken lassen sich viele Messungen in direkter Anzeige ausführen, die andernfalls mehrere Einzelmessungen erfordern. Man findet sie daher als direkt zeigende Kapazitäts- und Induktivitätsmessgeräte, als Frequenzmessgeräte und auch als Widerstandsmessgeräte.

Bei Kreuzfeld-Messwerken sind zwei Spulenpaare senkrecht zueinander angeordnet. Beim eisengeschlossenen Messwerk sitzen die Spulen auf den vier Polschuhen eines gemeinsamen Ringes. Die Drehspule ist im Zentrum, beweglich um den Kern angeordnet. Die Felder der beiden Spulenpaare stehen senkrecht zueinander. Wenn die Drehspule von einem Strom durchflossen wird, stellt sie sich im Verhältnis der beiden Festspulenströme ein.

Eine Sonderform ist das Induktions-Dynamometer. Hier sind zwei parallel gewickelte Drehspulen zwischen den Polen eines Elektromagneten mit der Festspule angeordnet. In der Schaltung sind das elektrodynamische Kreuzspulsystem und das Induktions-Dynamometer gezeigt. Der Zeigerausschlag ist proportional zum Verhältnis der Wirkströme:

$$\alpha \sim \frac{I_2 \cdot \cos \ \varphi_2}{I_1 \cdot \cos \ \varphi_1}$$

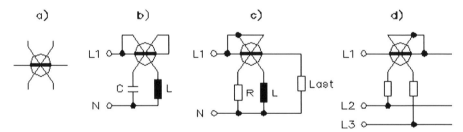

Abb. 1.41: Anwendungen des elektrodynamischen Quotienten-Messwerks

a) Anordnung des Kreuzspulsystems
b) Messwerk als Frequenzmesser
c) Messwerk als Leistungsfaktormesser $\alpha \sim \varphi$
d) Messwerk als Leistungsfaktormesser im Drehstromnetz

Bei der Schaltung eines elektrodynamischen Kreuzspul-Messwerks als Frequenzmesser wird die Festspule als Strompfad geschaltet (*Abb. 1.41b*). Die beiden gekreuzten beweglichen Spulen sind Spannungspfade. In einen Zweig schaltet man einen Kondensator, in den anderen Zweig eine Induktivität. Die Blindwiderstände dieser beiden Zweige verhalten sich bei Frequenzänderungen gegensätzlich. Bei steigender Frequenz nimmt der Blindwiderstand in der Induktivität zu, beim Kondensator ab. Bezogen auf den gemeinsamen Strompfad, ändert sich also mit der Frequenz das Verhältnis der beiden Ströme im Spannungspfad und damit ist die Anzeige abhängig von der Frequenz.

Bei der Schaltung als Leistungsfaktormesser liegt die Festspule im Stromzweig der Last. Die beiden Kreuzspulen sind Spannungspfade, davon einer mit rein ohmschem Vorwiderstand und der andere mit 90° Phasenverschiebung durch eine vorgeschaltete Spule L. Der Zeigerausschlag wird proportional zum Phasenwinkel φ, da die Einstellung auf den Anteil des Blindstroms im Strompfad bezogen wird.

Bei einem Dreiphasennetz kann man ebenfalls ein elektrodynamisches Quotienten-Messwerk zur unmittelbaren Anzeige des Leistungsfaktors benutzen, wenn der Strompfad in einen Außenleiter geschaltet wird und die beiden Spannungspfade zwischen dem ersten und den beiden anderen Außenleitern liegen. Die Schaltung ist arbeitsfähig, wenn symmetrische Last vorliegt.

Bei der Kapazitätsmessung lässt sich der unbekannte Kondensator im Vergleich zu einem Normalkondensator bestimmen. Auch mit Induktions-Dynamometern ist Kapazitätsmessung möglich. Bei Induktions-Dynamometern ist die Festspule an das Netz angeschaltet. Eine der beweglichen Spulen liegt mit 90° Phasenverschiebung über einen Kondensator ebenfalls am Netz. Die andere Spule ist nicht mit dem Netz verbunden. In dieser Spule wird durch Induktion eine Spannung hervorgerufen, die noch durch die Spule eine induktive Phasenverschiebung erzeugt. Der Zeigerausschlag ist von den Größen Frequenz, Kapazität, Induktivität und ohmscher Widerstand abhängig. Wenn jeweils drei der vier Größen festliegen und als Vergleichswerte herangezogen werden, kann der vierte Wert gemessen werden. Für die gegebenen Vergleichswerte lässt sich die Skaleneichung unmittelbar in den Einheiten des vierten Werts vornehmen.

1.2.8 Elektrostatisches Messwerk

Elektrostatische Messwerke beruhen in ihrer Arbeitsweise auf dem physikalischen Gesetz, da sich gleichnamige elektrische Ladungen abstoßen. Die dabei auftretenden mechanischen Kräfte sind gering, sodass im Allgemeinen relativ hohe Spannungen vorhanden sein müssen, ehe eine brauchbare Anzeige erzielt werden kann. Die Vorstufe ist ein lange bekanntes Gerät zum Nachweis elektrostatischer Ladungen, das Elektroskop (*Abb. 1.42*), das bereits benutzt wurde, als man noch mit Reibungselektrizität experimentierte. Es besteht aus einem Metallträger und einem sehr leichten, dünnen Goldblättchen. Bei Aufladung spreizt sich das Elektroskop, da der Träger und das Blättchen gleichnamig geladen sind.

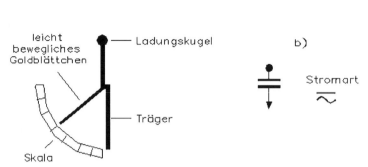

Abb. 1.42: Aufbau eines Goldblatt-Elektroskops und Sinnbild

In der heutigen Bauart handelt es sich um Konstruktionen mit getrennten, voneinander isolierten Platten, also einer Art Kondensatoren, bei denen eine Platte beweglich ist. Das Sinnbild deutet diese Bauart an. Bei der Messung muss der Kondensator nur aufgeladen werden, ein weiterer Stromfluss findet nicht statt. Elektrostatische Messwerke sind demnach reine Spannungsmesser ohne Stromfluss und Eigenverbrauch.

Für Spannungsbereiche zwischen 1 kV und 15 kV baut man Platten-Spannungsmesser (*Abb. 1.43* links). Eine leicht bewegliche Platte ist zwischen zwei festen Platten angeordnet. Sie ist im oberen Gelenk drehbar. Bei Anschluss einer Gleichspannung wird die bewegliche Platte von der mit ihr elektrisch verbundenen, gleichnamig gepolten abgestoßen und von der anderen, isolierten, entgegengesetzt gepolten angezogen. Die Platte bewegt über eine Übersetzung den Zeiger.

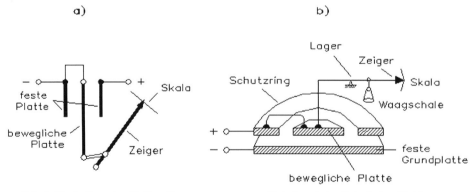

Abb. 1.43: Aufbau des Platten-Spannungsmessers (links) und des Schutzring-Elektrometers

Elektrostatische Geräte sind gegen elektrische Fremdfelder empfindlich. Durch Abschirmung kann man den Nachteil beseitigen. Beim Schutzring-Elektrometer ist die bewegliche Platte von einer ringförmigen Platte umgeben. Als Laborgerät werden die auftretenden mechanischen Kräfte durch eine Waage gemessen.

Elektrostatische Messgeräte mit mechanischem Zeiger oder mit Lichtzeiger werden heute meistens als Quadranten-Messwerke gebaut. Je vier Festplatten sind in den vier Quadranten der Ebene angeordnet. Je zwei benachbarte verwenden entgegengesetzte Ladung, die gegenüberstehenden weisen gleichnamige Ladung aus. Mit einem zweiten Satz bilden sie eine Kammer. Zwischen den beiden Ebenen ist die Nadel drehbar angeordnet. Sie ist mit dem einen Pol der Spannungsquelle verbunden und wird nun von den gleichnamig geladenen Platten abgestoßen, von den ungleichnamig geladenen angezogen und in der Kammer gedreht. Die Nadel ist an einem Torsionsfaden aufgehängt, der die Rückstellkraft liefert. Bei Lichtzeiger-Instrumenten ist am Torsionsfaden der Spiegel befestigt, bei Messwerken mit mechanischem Zeiger ist der Zeiger an der Nadel angebracht.

Um die Einstellkraft zu vergrößern, kann man mehrere Kammern übereinander anordnen und erhält dann das sogenannte Vielzellen-Messwerk. Die Plattenform und auch die Nadelform können verändert werden, um den Skalenverlauf zu beeinflussen. Eine annähernd gleichmäßig geteilte Skala erhält man, wenn die Platten zu einer Spitze ausgezogen sind. Auch durch entsprechende Form der Nadel kann der Drehmomentverlauf beeinflusst werden.

Elektrostatische Messwerke sind für Gleich- und Wechselspannungen geeignet, da bei Wechselspannung das Umpolen in der zweiten Halbwelle beide Platten betrifft, und die Kraftwirkung erhalten bleibt. Lediglich fließt bei Wechselstrom ein entsprechender Blindstrom, je nach Kapazität des Messwerks. Messbereiche mit 1 Million Volt können direkt erfasst werden. Die Anzeige ist bis zu Frequenzen von 100 MHz brauchbar. Der Blindstrom der handelsüblichen Messwerke liegt bei einer Eigenkapazität von 1 nF für 50 Hz bei wenigen Mikroampere.

1.2.9 Induktions-Messwerk

Bei Induktions-Messwerken werden in einem Leiter, meist als Trommel- oder Plattenform ausgebildet, Ströme induziert, die den beweglichen Leiter in Drehung versetzen. Induktions-Messwerke sind nur bei Wechselstrom verwendbar. Bei der Trommelform ist die frei drehbare Aluminiumtrommel im Innern des vierpoligen Gehäuses um den Kern herum angeordnet (*Abb. 1.44*). Je zwei gegenüberliegende Spulen sind zu einem Paar in Reihe geschaltet. An der Trommel sind der Zeiger und die Rückholfeder befestigt. Die auftretenden Kräfte verdrehen die Trommel solange, bis das Federdrehmoment innen das Gleichgewicht hält. Voraussetzung für die Ausbildung eines Drehfeldes, das in der Lage ist, die Trommel mitzunehmen, ist eine Phasenverschiebung zwischen den Strömen in den beiden Wicklungspaaren. Man erreicht dies durch Vorschalten einer Drossel in einem Zweig. Das Sinnbild deutet die Wicklung und die Trommel an. In Schaltungen werden die beiden Spulenpaare häufig in gekreuzter Form dargestellt.

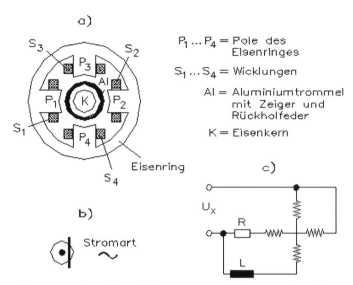

Abb. 1.44: Aufbau des Induktions-Messwerks in Trommelausführung (Drehfeld-Messwert) mit Sinnbild, Anordnung der Wicklungen und Schaltung als Spannungsmesser

Induktions-Messwerke können für verschiedene Messaufgaben eingesetzt werden. Ein Beispiel ist der Spannungsmesser. Beide Wicklungspaare liegen an der gleichen Messspannung. In Reihe mit einem Paar ist ein ohmscher Vorwiderstand geschaltet, in Reihe mit dem anderen eine Spule, die die Phasenverschiebung von 90° bewirkt. Hier sind also beide Wicklungen als Spannungspfade verwendet.

Außer der Trommelform gibt es noch die Scheibenform. Diese Ausführung nennt man Wanderfeld-Messwerk im Gegensatz zum Drehfeld-Messwerk der Trommelform. Der Leiter, in dem die Wirbelströme induziert werden, ist eine Aluminiumscheibe, die drehbar gelagert ist. Entweder wird sie gegen das Rückdrehmoment einer Feder ausgelenkt oder sie kann frei umlaufen und ein Zählwerk betätigen. Über die Scheibe greifen die Pole von Elektromagneten. Auf den zwei Schenkeln des einen Kerns sitzen die beiden Hälften der unterteilten ersten Wicklung. Der zweite Kern steht senkrecht hierzu und trägt die zweite Wicklung. Die Magnete bezeichnet man als Triebwerk. Die zeitliche Verschiebung der Flüsse verursacht das Wanderfeld, von dem die Scheibe mitgenommen wird, da die induzierten Ströme als Wirbelströme ebenfalls Magnetfelder ausbilden.

Eine Sonderform ist das Spaltpol-Triebwerk (*Abb. 1.45*). Hier sind die Magnetpole aufgespalten. Der eine Teil trägt je eine Kurzschlusswicklung. Die Magnetflüsse in den beiden Polen sind dadurch zeitlich gegeneinander verschoben und liefern ein Wanderfeld, welches die dazwischenliegende Aluminiumscheibe in Drehung versetzt.

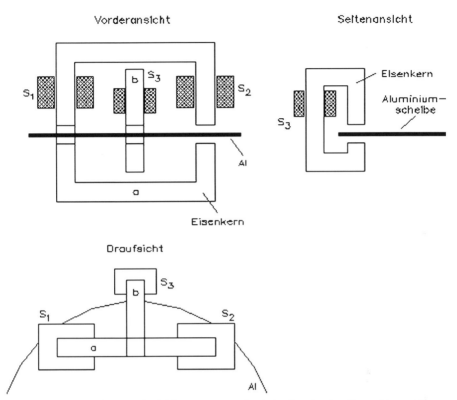

Abb. 1.45: Aufbau des Wanderfeld-Messgeräts. Um Pol 1 liegt je eine Kurzschlusswicklung. Die magnetischen Flüsse in den beiden Teilpolen sind dadurch zeitlich verschoben und liefern ebenfalls ein Wanderfeld.

Wenn ein Wicklungspaar mit wenigen Windungen dicken Drahtes ausgeführt wird, kann es als Strompfad geschaltet werden. In diesem Falle kann man einen Leistungsmesser aufbauen. Der Strompfad liegt in Reihe mit dem Verbraucher. Für den Spannungspfad wird die Phasenverschiebung von 90° durch Vorschaltung einer Spule und Parallelschaltung eines ohmschen Widerstands erreicht.

Mit Induktions-Messwerken lassen sich Verhältniswertmessgeräte konstruieren. Wenn auf eine gemeinsame Aluminiumscheibe zwei getrennte Triebwerke einwirken, ist das erzeugte Drehmoment vom Quotienten der beiden Ströme abhängig. Das Sinnbild deutet die beiden Wicklungen mit der gemeinsamen Trommel oder Scheibe an. Auch die Induktions-Quotienten-Messwerke sind nur für Wechselstrom verwendbar, da sie ebenfalls auf der Induktion von Wirbelströmen in der drehbaren Scheibe beruhen.

Induktions-Quotienten-Messwerke lassen sich als Zeiger-Frequenzmesser und als Anzeigegeräte bei Fernmessungen verwenden. In diesem Falle arbeitet man bevorzugt mit Verhältniswertmessung, um von Spannungs- und Frequenzschwankungen unabhängig zu sein. Das Hauptanwendungsgebiet der Wanderfeld-Messgeräte ist der Elektrizitätszähler für Wechselstrom.

1.2.10 Hitzdraht-Messwerk

Hitzdraht-Messwerke werden heute kaum noch gefertigt. Sie sind zu empfindlich gegen Überlastung und weisen einen zu hohen Eigenverbrauch auf. Ihr Vorzug ist die Verwendbarkeit für Gleich- und Wechselströme bis etwa 1 MHz. Die Konstruktion ist einfach. Ein Draht wird in den Stromkreis geschaltet und vom Stromdurchgang erwärmt. Mit der Erwärmung ist eine Ausdehnung verbunden, die gemessen wird (*Abb. 1.46*). Der Hitzdraht muss oxydationsbeständig sein und darf keine bleibende Dehnung erhalten. Verwendet werden Platinlegierungen, die sich aber nur mit Temperaturen bis 250 °C betreiben lassen.

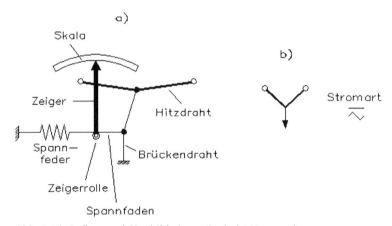

Abb. 1.46: Aufbau und Sinnbild eines Hitzdraht-Messwerks

Der Hitzdraht hat einen Durchmesser zwischen 0,05 mm bis 2 mm und besteht hauptsächlich aus einer Platin-Legierung. Die Belastung kann zwischen 100 µA und 1 A betragen. Mit einem Eigenverbrauch von ca. 1 W ist zu rechnen. Das Messgerät ist für Gleich- und Wechselstrom bis 1 MHz geeignet.

1.2.11 Bimetall-Messwerk

Ebenfalls auf Wärmeeinwirkung beruhen die Bimetall-Messwerke. Ein Bimetall- (Zweimetall-) Streifen besteht aus zwei verschiedenen Metallen unterschiedlicher Wärmeausdehnung, die fest miteinander verbunden (verschweißt) sind. Bei Erwärmung dehnt sich eine Schicht mehr aus als die andere, und der Streifen biegt sich daher durch (*Abb. 1.47*). Das Sinnbild deutet den durchgebogenen Bimetallstreifen an.

Abb. 1.47: Aufbau und Sinnbild des Bimetall-Messwerks

Der Bimetallstreifen kann unmittelbar in den Stromkreis geschaltet und durch den Stromdurchgang erwärmt werden. Ist der Streifen als Spirale gewickelt, dann rollt er sich auf oder dreht sich zusammen und bewegt den Zeiger. Wenn schon beim Hitzdraht-Messwerk die Einstellzeit verhältnismäßig groß ist, wird sie beim Bimetall-Messwerk noch größer. Das bedeutet, die Einstellung ist sehr träge. Diese Eigenschaft kann man sich aber gerade dann zunutze machen, wenn bei einem stark schwankenden Messwert der Mittelwert angezeigt werden soll. Mit einem Bimetall-Messwerk geschieht das ohne weitere Hilfsmaßnahmen. Da die Wärmewirkung ausgenutzt wird, ist das Messwerk sowohl für Gleich- als auch für Wechselstrom geeignet. Das Drehmoment ist sehr hoch und man findet daher oft Bimetall-Messwerke in schreibenden Messgeräten. Da die Konstruktion einfach ist, ist das Messwerk billig. Außerdem ist es robust, unempfindlich gegen Erschütterungen und stark überlastbar.

1.2.12 Vibrations-Messwerk

Vibrations-Messwerke dienen in erster Linie zur Frequenzmessung. Sie beruhen auf der mechanischen Resonanz eines schwingfähigen Körpers, zum Beispiel einer Stahlzunge (*Abb. 1.48*). Wird die Zunge durch einen Elektromagneten angeregt, kommt sie bei Wechselstrom in Eigenresonanz, wenn die Netzfrequenz mit der mechanischen Frequenz der Eigenschwingung übereinstimmt. Die mechanische Resonanzfrequenz ist vom Material, der Länge und dem Querschnitt der Blattfeder abhängig. Bei genauer Übereinstimmung ist der höchste Schwingungsausschlag vorhanden. Bei Abweichung der Netzfrequenz von der Eigenfrequenz geht der Ausschlag zurück. Bei 1 Hz Unterschied kann die Schwingungsweite auf weniger als die Hälfte abfallen. Das Sinnbild deutet die vibrierende Zunge an.

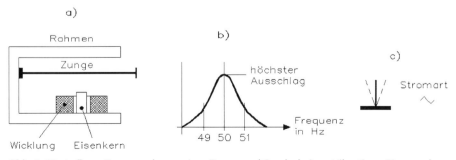

Abb. 1.48: Aufbau, Resonanzkurve einer Zunge und Symbol eines Vibrations-Messwerks

Bei Frequenzmessern nach diesem Prinzip ordnet man eine Reihe von Zungen nebeneinander an, von denen jede eine andere Eigenfrequenz hat. Die mittlere Zunge hat die Nennfrequenz, die benachbarten eine stufenweise höhere oder niedrigere. In Ruhelage sieht man alle Plättchen am Ende der Zungen gleich groß (*Abb. 1.49*). Bei Nennfrequenz, zum Beispiel 50 Hz, schwingt die Mittelzunge voll aus und die beiden benachbarten Zungen schwingen noch etwas mit, entsprechend der Resonanzkurve. Liegt die Frequenz in der Mitte von zwei Nennwerten, schwingen zwei benachbarte Zungen in gleicher Schwingungsweite.

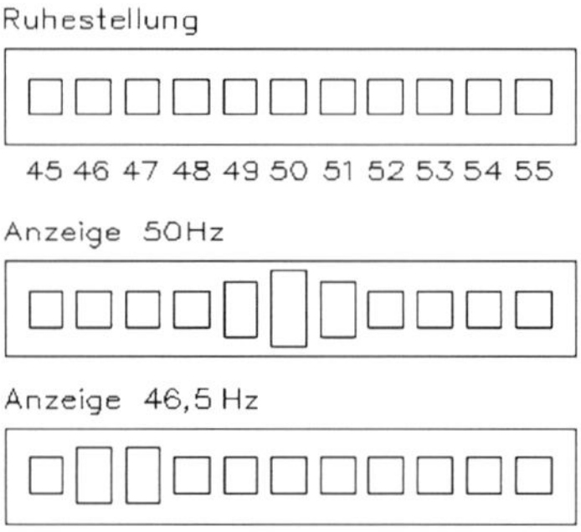

Ruhestellung

45 46 47 48 49 50 51 52 53 54 55

Anzeige 50 Hz

Anzeige 46,5 Hz

Abb. 1.49: Vibrations-Messwerk in der Ruhestellung, bei 50 Hz und bei 46,5 Hz

Zungenfrequenzmesser sind robust und einfach aufgebaut. Man verwendet sie bei Netzfrequenzmessungen bis 300 Hz. Häufig werden sie als Doppelsysteme gebaut. In dieser Form benutzt man sie zum Frequenzvergleich beim Synchronisieren von zwei getrennten Netzen. Der Unterschied der Frequenz ist leicht und sinngemäß zu erkennen. Bei Übereinstimmung müssen beide Mittelzungen voll ausschwingen.

1.2.13 Elektrizitätszähler

Elektrizitätszähler messen die elektrische Arbeit, das Produkt aus Leistung und Zeit, in vereinfachter Form auch nur das Produkt aus Strom und Zeit in Ampere-Stunden (Ah) bei konstanter Netzspannung.

Nur für Gleichstrom verwendbar sind die Elektrolytzähler (um 1900). Es handelt sich um Amperestunden-Zähler, die auf dem physikalischen Zusammenhang des Stromdurchgangs und der abgeschiedenen Gas- oder Metallmenge beruhen. Bei einer Form wird Quecksilber abgeschieden und in einem geeichten Rohr gesammelt. Nach Erreichen des Skalenendes muss der Zähler gekippt und das Quecksilber wieder in die obere Kammer zurückgeführt werden. Beim Sinnbild für zählende Messwerke wird nicht die Messwerksart gekennzeichnet. Die Messeinheit kann in das Sinnbild eingetragen werden, also z. B. Ah, Wh oder kWh für Amperestunden-, Wattstunden- oder Kilowattstunden-Zähler.

Die Magnetmotorzähler (um 1930) weisen einen scheibenförmigen Anker mit Kollektor und zwei Dauermagnete aus. Mit dem Anker ist über einen Schneckentrieb das

Zählwerk gekuppelt. Diese Zähler sind ebenfalls nur für Gleichstrom verwendbar und messen die Amperestunden.

Der elektrodynamische Motorzähler (ab 1940) ist ein Wattstundenzähler, verwendbar für Gleich- und Wechselstrom. Der Konstruktion nach handelt es sich um einen Kollektormotor. Der Anker ist als Trommelanker ausgebildet und liegt über einen Vorwiderstand an der Netzspannung. Die feststehende Wicklung liegt im Strompfad des Verbrauchers. Der elektrodynamische Motorzähler wird vorwiegend in Gleichstromnetzen verwendet, bei Wechselstrom nur unter ungünstigen Betriebsbedingungen, bei stark schwankender Frequenz oder nicht sinusförmiger Kurvenform. Da die Bedeutung der Gleichstromnetze immer weiter zurückgeht, ist der Anteil an Gleichstromzählern ständig geringer geworden.

Dagegen hat sich für Wechselstromnetze der Induktionsmotor-Zähler vollständig durchgesetzt (*Abb. 1.44*), wird aber seit 2004 von dem elektronischen Zähler abgelöst. Seine Konstruktion ist einfach und robust. Er hat keine Stromzuführung zu beweglichen Teilen und ist daher weitgehend überlastbar. Im Prinzip handelt es sich um ein Wanderfeld-Messwerk. Zwischen den Polen von Elektromagneten dreht sich eine kreisförmige Aluminiumscheibe. Ein hufeisenförmiger Magnet mit der Stromwicklung greift mit beiden Polen über die Scheibe. Senkrecht dazu ist der Magnet mit der Spannungswicklung, das sogenannte Spannungseisen, angeordnet. Gemessen werden die Wattstunden, also die Wirkleistung multipliziert mit der Zeit. Mit einem Permanentmagneten, der ebenfalls über die Scheibe greift, erreicht man ein Bremsmoment. Eine Hemmfahne sorgt dafür, dass die Scheibe spätestens nach einer Umdrehung nach dem Abschalten des Stroms stehenbleibt. Mit der Scheibe ist das Zählwerk über einen Schneckentrieb verbunden. Der Induktionsmotor-Zähler ist mit Springziffern unmittelbar in Kilowattstunden geeicht. *Abb. 1.50* zeigt das Schaltschema mit genormten Klemmenbezeichnungen für einen Einphasen-Elektrizitätszähler.

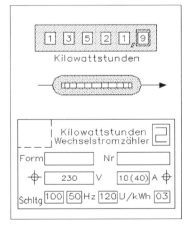
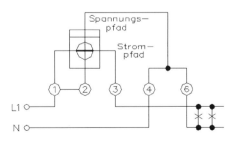

Abb. 1.50: Schaltschema mit genormten Klemmenbezeichnungen für einen Einphasen-Elektrizitätszähler

Im Interesse der Verbraucher sind die Vorschriften über Zähler sehr ausführlich und streng festgelegt. Alle Zähler unterliegen dem Eichzwang durch die Elektrizitätswerke. Die zum Anlauf nötige Leistung beträgt 0,3 % der Nennlast, die Grenzleistung 200 % bis 400 % der Nennlast. Die Bezeichnungen, Schaltungen und Klemmenanschlüsse sind genormt. Bei Einphasenzählern ist Klemme 1 Anschluss des Strompfads netzseitig, Klemme 3 verbraucherseitig. Klemme 2 ist der Anschluss des Spannungspfads netzseitig, Klemme 4 der netzseitige Anschluss für den zweiten Pol des Spannungspfads und Klemme 6 der zweite Pol für die Verbraucherseite.

Die Nennwerte für Zähler sind ebenfalls in Vorschriften festgelegt. Für direkten Anschluss sind die Nennströme je nach Stromart 10 A, 30 A und 50 A. Bei Anschluss über Stromwandler ist der Strompfad einheitlich für 5 A ausgelegt. Ebenso sind die Nennspannungen geformt, bei Wandleranschluss für 100 V, sonst entsprechend den Netzspannungen.

Für die Berechnung gilt

$$P = \frac{n_z}{k} \qquad\qquad P : kW$$

n_z: Drehzahl der Zählerscheibe in 1/h oder h^{-1}

k : Zählerkonstante in 1/kWh oder kWh^{-1}

Beispiel: Mit einem Wechselstromzähler lässt sich die Leistungsaufnahme P eines elektrischen Küchenherds bestimmen. Der Einphasenzähler wird mit der Zählerkonstanten $k = 1200\ kWh^{-1}$ an U = 230 V angeschlossen. An der Zählerscheibe werden in zwei Minuten 78 Umdrehungen gemessen. Wie groß ist die Leistungsaufnahme?

$$n_z = 78\,Umdr. \times \frac{60 \ \text{min}}{2 \ \text{min}} = 2340\,Umdr \qquad\qquad P = \frac{n_z}{k} = \frac{2340\,Umdr(h^{-1})}{1200\,kWh^{-1}} = 1,94\,kW$$

1.3 Messungen elektrischer Grundgrößen

Durch Vor- und Nebenwiderstände lassen sich die Zeigermessgeräte erweitern.

1.3.1 Messwiderstände

Messwiderstände dienen zur Messbereichserweiterung und als Vergleichswiderstände. Sie müssen den gleichen hohen Anforderungen an Konstanz, Genauigkeit und Belastbarkeit genügen wie die Messwerke selbst. Messwiderstände können mit einem Messwerk zusammengebaut und zu einem Messinstrument vereinigt sein, sie können aber auch getrennt verwendet werden und dann mit einem Messinstrument zusammen zu einem Messgerät geschaltet werden.

Die beiden Hauptgruppen sind der Vor- und der Nebenwiderstand. Ein Vorwiderstand ist einem Messwerk im Spannungspfad vorgeschaltet und dient zur Spannungs-

bereichserweiterung. Ein Nebenwiderstand ist im Nebenschluss zum Messwerk geschaltet und dient zur Strombereichserweiterung. Auf getrennten Messwiderständen
sind Sinnbilder zur Kennzeichnung ihrer Verwendung als Vor- oder Nebenwiderstand
angebracht (*Abb. 1.51*). Diese Sinnbilder wurden früher auch als Schaltzeichen verwendet. Nach gültiger Norm (seit 1969) ist das nicht mehr zulässig. Als Schaltzeichen
wird das allgemeine Zeichen für einen ohmschen Widerstand verwendet.

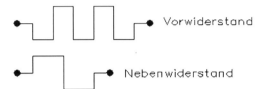

Abb. 1.51: Sinnbild für getrennte Vor- und Nebenwiderstände bei Zeigerinstrumenten

Die wichtigsten Anforderungen an Messwiderstände sind: Enge Fertigungstoleranz, Temperaturkonstanz und zeitliche Konstanz. Die Fertigungstoleranzen können durch nach-
träglichen Abgleich der Massenprodukte in sehr engen Grenzen gehalten werden. Toleranzen von 0,05 % sind ohne Weiteres zu erzielen. Für die Temperaturkonstanz ist dagegen die
Auswahl des Materials entscheidend. Vorwiegend wird Manganin als Widerstandslegie-
rung für Messwiderstände benutzt. Die Kurve der Widerstandsänderung bei Erwärmung
liegt hierfür sehr günstig. Wenn die Betriebstemperatur 20 °C ist, wird die Abweichung bei
10 °C etwa 0,20 $^0/_{00}$ sein, bei 30 °C liegt sie unter 0,1 $^0/_{00}$, bei 40 °C ist sie wieder Null und
erst darüber wächst sie schneller. Bis 60 °C bleiben die Abweichungen unter 0,4 $^0/_{00}$.

Vorwiderstände sind dem Wert nach höher als Nebenwiderstände, die bei hohen Strömen bis auf Milliohm (mΩ) heruntergehen. Wegen der hohen Ströme müssen Nebenwiderstände auch großen Querschnitt und gute Wärmeableitung aufweisen. Man fer-
tigt sie häufig in Stabform mit angeschweißten oder hart gelöteten Anschlusslaschen.
Die Kontaktfläche der Anschlüsse muss besonders groß sein, damit der Kontaktüber-
gangswiderstand nicht in die Größenordnung des Nebenwiderstands selbst fällt. Eine
andere Form ist die Stegform. Hier ist der Abgleich dadurch einfach, dass der Steg-
querschnitt durch Anfeilen solange vermindert wird, bis der Sollwert erreicht ist.

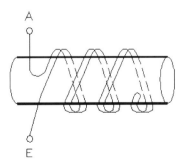

Abb. 1.52: Aufbau von bifilaren Wicklungen

Für Wechselstrom müssen Messwiderstände über die sonstigen Forderungen hinaus noch möglichst frei von Blindanteilen sein, d. h. möglichst kapazitätsarm und induktionsarm. Induktionsarme Wicklung erzielt man bei drahtgewickelten Widerständen durch bifilare, zweifädige Wicklung (*Abb. 1.52*). Die Induktivitäten der Hin- und Rückleitung heben sich auf. Durch Aufteilung der Wicklung können sich auch die Wicklungskapazitäten weitgehend aufheben.

Bei Messwiderstandsreihen bevorzugt man eine Stöpselverbindung. Der konische Stöpsel wird drehend in die konische Bohrung gesetzt und gibt dabei sehr guten Kontakt. Durch passende Zusammenstellung von Widerstandswerten kann man mit einer derartigen Gruppe für Laborzwecke und als Vergleichswiderstände jede beliebige Zusammenstellung wählen. Die Klasseneinteilung der Messwiderstände geht von 0,05 über 0,1 und 0,2 bis 0,5. Hierbei bedeutet die Klassennummer ebenfalls, wie bei Messwerken, die zulässige Toleranz in Prozent nach oben und unten. Für Normalwiderstände sind Toleranzen bis ±0,001 % erreichbar.

1.3.2 Universal-Messinstrumente

Als Universal-Messinstrumente bezeichnet man Instrumente mit mehreren Bereichen, eventuell auch für mehrere Stromarten, die alle Zubehörteile enthalten. Im weiteren Sinne sind Strom- und Spannungsbereiche und eventuell auch Widerstands-Messbereiche vorgesehen, doch bezeichnet man auch reine Spannungsmesser mit mehreren Bereichen, die für Gleich- und Wechselspannung umschaltbar sind, als Universalinstrument. Der Aufbau ist meistens kompakt und handlich (*Abb. 1.53*), die Ausführung robust und für den Betrieb geeignet, vorwiegend mit Güteklasse 1 oder 1,5. In manchen Ausführungen ist der Umschalter ein Universalschalter, bei anderen Formen werden die Bereiche mit einem und die Stromartumschaltung mit einem anderen Schalter geschaltet.

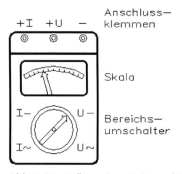

Abb. 1.53: Aufbau eines Universal-Zeigermessgeräts mit drei Messanschlüssen

In weitaus den meisten Fällen sind Drehspul-Messwerke eingebaut, da bei Drehspul-Messwerken die Bereichserweiterung sehr einfach durch Vor- und Nebenwiderstände erfolgen kann (*Abb. 1.51*). Bei Messwerken mit 3 mA für Endausschlag und weniger ist der Verlust in den Zusatzwiderständen gering. Bis 10 A können auch die Nebenwiderstände in das gemeinsame Gehäuse eingebaut werden. Je nach Schaltungsart sind zwei, drei oder vier Anschlussklemmen vorgesehen. Es gibt auch Ausführungen, bei denen auf einen Umschalter verzichtet wird, dafür müssen die Anschlüsse umgeklemmt werden, wenn der Messbereich gewechselt werden soll. Die Zuverlässigkeit des Umschalters ist weitgehend entscheidend für die Güte des Messgeräts, da Kontaktwiderstände die Messungen verfälschen können.

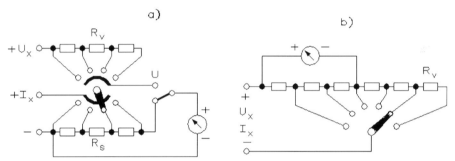

Abb. 1.54: Strom- und Spannungsmesser für Gleichstrom mit drei (links) und mit zwei Anschlussklemmen (die Nebenwiderstände bleiben auch bei der Spannungsmessung eingeschaltet).

Bei der Umschaltung von Strommessung auf Spannungsmessung können die nicht benötigten Messwiderstände entweder ganz abgetrennt werden (*Abb. 1.54*) oder sie bleiben eingeschaltet. Die Nebenwiderstände werden nicht einzeln geschaltet, sondern stets liegt bei Strommessung die ganze Kette parallel zum Messwerk. Ein Teil ist parallel geschaltet und der Rest liegt als Vorwiderstand im Stromkreis. Damit vermeidet man die Gefahr der Überlastung beim Umschalten, wenn kurzzeitig der Kontakt nicht sicher ist. Bei Spannungsmessern für Gleich- und Wechselspannung ist der Einbau eines Messwandlers vorteilhaft. Die Gleichrichtung erfolgt mit Messgleichrichtern. Als Messgleichrichter werden vielfach Silizium-Gleichrichter mit hoher Lebensdauer und sehr guter Kennlinien-Konstanz verwendet.

Die Messbereichserweiterung für einen Spannungsmesser errechnet sich aus:

$$R_i = \frac{U_i}{I_i} = r_k \cdot U_i \qquad\qquad R_i = \text{Messwerkswiderstand}$$

$$\qquad\qquad\qquad\qquad\qquad\qquad U_i = \text{Spannung für Vollausschlag}$$

$$R_g = r_k \cdot U = \frac{U}{I_i} = R_i + R_v \qquad I_i = \text{Strom für Vollausschlag}$$

$$\qquad\qquad\qquad\qquad\qquad\qquad r_k = \text{Kennwiderstand in } \Omega/V$$

$U = U_i + U_v$ R_v = Vorwiderstand

$$R_v = r_k \cdot U_v = \frac{U_v}{I_i} \quad n = \frac{U}{U_i}$$

U_v = Spannung an R_v

U = Messbereichsspannung

$$= R_g - R_i = R_i(n-1)$$

R_g = Gesamtwiderstand

n = Vervielfachungsfaktor

Beispiel: Ein Messwerk mit Vollausschlag bei 80 mV und 2 mA soll einen Vorwiderstand erhalten, um den Endausschlag bei 3 V zu erreichen.

$$R_i = \frac{U_i}{I_i} = \frac{80mV}{2mA} = 40\Omega \qquad\qquad R_g = \frac{U}{I_i} = \frac{3V}{2mA} = 1,5k\Omega$$

$$R_v = R_g - R_i = 1,5k\Omega - 40\Omega = 1,46k\Omega$$

oder: $r_k = \dfrac{1}{I_i} = \dfrac{1000}{2mA} = 500\Omega/V$

$$U_v = U - U_i = 3V - 0,08V = 2,92V \qquad R_v = r_k \cdot U_v = 500\frac{\Omega}{V} \cdot 2,92V = 1,46k\Omega$$

Die Messbereichserweiterung für einen Strommesser errechnet sich aus:

$$R_i = \frac{U_i}{I} = r_k \cdot U_i$$

R_n = Nebenwiderstand

I_n = Strom durch Nebenwiderstand (Shunt)

$$r_k = \frac{1}{I_i}$$

I = Messbereichsstrom

R_g = Gesamtwiderstand

$$R_i = \frac{R_i \cdot R_n}{R_i + R_n} = \frac{U_i}{I} \quad n = \frac{I}{I_i}$$

n = Vervielfachungsfaktor

$$I = I_i + I_n \qquad\qquad R_n = \frac{U_i}{I_n} = \frac{U_i}{I - I_i} = \frac{R_i \cdot R_g}{R_i - R_g} = \frac{R_i}{n-1}$$

Beispiel: Ein Messwerk hat bei Vollausschlag 60 mV und 1 mA. Der Nebenwiderstand (Shunt) für einen Strommessbereich von 500 mA ist zu berechnen.

$$I_n = I - I_i = 500mA - 1mA = 499mA \qquad R_n = \frac{U_i}{I_n} = \frac{60mV}{499mA} = 0,12024\Omega$$

oder:

$$n = \frac{I}{I_i} = \frac{500mA}{1mA} = 500 \qquad R_i = \frac{U_i}{I_i} = \frac{60mV}{1mA} = 60\Omega \qquad R_n = \frac{U_i}{I_n} = \frac{60mV}{499mA} = 0,12024\Omega$$

Bei den weit verbreiteten Universal-Strom- und Spannungsmessern für Gleich- und Wechselstrom sind meistens Messgleichrichter in Brückenschaltung eingebaut. Zum

Ausgleich des Innenwiderstands des Gleichrichters sind Ausgleichswiderstände vorgesehen. Die Skalen für Gleich- und Wechselstrom sind meistens etwas unterschiedlich, da die Messgleichrichter-Kennlinie nicht linear ist. Bei der Ablesung darf keine Verwechslung vorkommen.

Manche Geräte verwenden, unter etwas größeren Verlusten, auch eine einheitliche Skala für beide Stromarten. Der Stromartenumschalter ist in einigen Ausführungen mit dem Bereichsumschalter kombiniert. Grundsätzlich soll man bei Messungen mit dem höchsten Bereich beginnen und dann erst umschalten, und ebenso soll das Messgerät grundsätzlich mit Umschalterstellung auf den höchsten Spannungsbereich verwahrt werden, da dann am wenigsten Irrtümer beim Einschalten vorkommen können.

Bei einigen Messgeräten war früher als Erleichterung bei Messung von Strom und Spannung im gleichen Stromkreis je ein getrennter Anschluss für U und I mit einem gemeinsamen zweiten Pol für beide vorhanden. Bei Strommessungen liegt der Strompfad im Stromkreis, bei Spannungsmessungen ist automatisch durch den Umschalter der Strompfad kurzgeschlossen. Der Verbraucher bleibt also angeschaltet und die Spannungsmessung erfolgt unter Betriebsbedingungen. In Sonderausführung sind Universal-Messinstrumente auch für Messungen mit hohem Kennwiderstand, für Hochfrequenzmessungen und für zusätzliche Messung von Leistung oder Widerstand lieferbar.

1.3.3 Strommessung

Die Grundschaltung für den Gebrauch von Strommessern ist die Reihenschaltung mit der Spannungsquelle und dem Verbraucher. Strommesser sind stets niederohmige Messinstrumente. Bei direktem Anschluss an die Spannungsquelle würden sie fast einen Kurzschluss bilden und dabei zerstört werden. Strommesser sind in den Einheiten Ampere (A), Milliampere (mA), Mikroampere (µA) oder Kiloampere (kA) geeicht. Die Messwerke selbst haben vielfach Vollausschlag bei einigen Milliampere. Durch Nebenwiderstände oder Stromwandler können die Messbereiche erweitert werden. So werden Strommesser mit Drehspulmesswerk für Messbereiche von 1 µA bis etwa 1000 A geliefert. Bei zusätzlich eingebautem Messgleichrichter werden Messinstrumente bis 100 A geliefert und ebenso sind Dreheisenmesswerke bis 100 A lieferbar, beginnend mit Bereichen von 0,1 A.

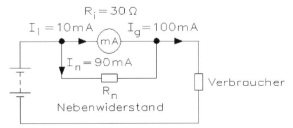

Abb. 1.55: Strommesser sind immer mit dem Verbraucher in Reihe geschaltet.

Bei Strommessungen (*Abb. 1.55*) sind die Kirchhoffschen Regeln zu beachten. In einem verzweigten Stromkreis teilt sich der Gesamtstrom auf. Die Ströme stehen im umgekehrten Verhältnis zueinander, wie die parallelen Widerstände. Durch den größten Widerstand fließt der kleinste Strom. Im unverzweigten Stromkreis fließt an allen Stellen der gleiche Strom. Es ist also gleichgültig, an welcher Stelle der Schaltung der Strommesser eingesetzt wird.

Die Messbereichs-Erweiterung durch Nebenwiderstände beruht ebenfalls auf den Kirchhoffschen Regeln. Wenn ein Messwerk einen höheren Strom messen soll, als es allein verträgt, muss der überschüssige Teil in einem Nebenzweig vorbeigeleitet werden. Zur richtigen Berechnung der Nebenwiderstände zur Messbereichserweiterung müssen die elektrischen Daten des Messwerks selbst bekannt sein. Hierzu gehören der Strom bei Vollausschlag, der Innenwiderstand und der Spannungsfall bei Vollausschlag. Der Strom I_i und der Innenwiderstand R_i gelten für das reine Messwerk. Die Spannung U_i dagegen trifft sowohl für das Messwerk als auch für den Nebenwiderstand zu, da beide an den gleichen Punkten im Stromkreis liegen. Mit „n" wird der Vervielfachungsfaktor der Bereichserweiterung bezeichnet. Aus diesen Angaben lassen sich die Daten der Nebenwiderstände für gewünschte Messbereiche eines gegebenen Messwerks errechnen. Mit dem folgenden Beispiel ist der Nebenwiderstand zu berechnen:

Strom bei Vollausschlag: I_i
Innenwiderstand der Drehspule: R_i
Spannungsfall bei Vollausschlag: $U_i = I_i \times R_i$

Kennwiderstand in Ohm pro Volt: $r_k = \dfrac{R_i}{U_i} = \dfrac{1}{I_i}$

Für die Messbereichserweiterung:

I_g = gewünschter Messbereich (Gesamtstrom)
I_n = Strom durch Nebenwiderstand $I_n = I_g - I_i$

R_n = Nebenwiderstand $R_n = \dfrac{U_i}{I_n} = \dfrac{R_i}{n-1}$

n: Vervielfachungsfaktor des gewünschten Messbereichs

Für *Abb. 1.55* gilt als Beispiel: n = 10

$$R_n = \frac{R_i}{n-1} = \frac{30\Omega}{10-1} = 3{,}33\Omega \qquad \text{oder} \qquad U_i = I_i \cdot R_i = 10mA \cdot 30\Omega = 300mV$$

$$R_n = \frac{U_i}{I_n} = \frac{300mV}{90mA} = 3{,}33\Omega$$

Bei Vielfachinstrumenten werden Nebenwiderstände im Allgemeinen nur bis zu Messbereichen von 10 A fest eingebaut. Für höhere Strombereiche verwendet man getrennte Nebenwiderstände. Derartige Nebenwiderstände haben Stromklemmen und Potenzialklemmen. Das Messwerk ist stets an den Potenzialklemmen anzuschließen (*Abb. 1.56*). Auf gute Kontaktgabe ist zu achten, da Kontaktübergangswiderstände leicht in die Größenordnung der Nebenwiderstände fallen können.

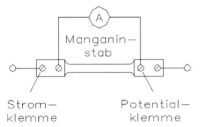

Abb. 1.56: Anschluss eines getrennten Nebenwiderstands für I = 100 A

Bei Mehrfach-Strommessern ist auf richtige Schaltung zu achten. Niemals darf unter Strom umgeschaltet werden, wenn die Gefahr besteht, dass kurzzeitig kein Kontakt zum Nebenwiderstand vorhanden ist. In diesem Falle würde der Gesamtstrom über das Messwerk fließen und es zerstören. Wenn nicht die einfachste Ausführung der getrennten Klemmenanschlüsse gewählt wird, schaltet man alle Nebenwiderstände sämtlicher Bereiche in Reihe und diese Widerstands-Reihenschaltung bleibt ständig mit dem Messwerk verbunden. Bei Bereichsumschaltung werden lediglich die Abgriffe gewählt. Bei dieser Schaltung ist stets der Rest der Widerstände als Vorwiderstand vor das Messwerk geschaltet. Für das Messwerk besteht keine Gefahr bei der Umschaltung, und Kontaktfehler spielen keine Rolle.

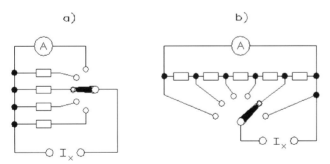

Abb. 1.57: Bei der Schaltung (links) handelt es sich um umschaltbare Strombereiche, jedoch ist dies eine ungünstige Schaltung, da bei schlechter Kontaktgabe das Messwerk überlastet wird. Bei der Schaltung (rechts) besteht keine Gefahr für das Messwerk und der Kontaktwiderstand arbeitet ohne Einfluss.

Nebenwiderstände verwendet man in erster Linie bei Drehspul-Messwerken (*Abb. 1.57*). Hierbei ist es grundsätzlich unerheblich, ob nur Gleichstrombereiche oder, mit zusätzlichem Messgleichrichter, auch Wechselstrombereiche vorhanden sind. Bei Dreheisen-Messwerken verwendet man zur Bereichsumschaltung angezapfte Wicklungen.

1.3.4 Spannungsmessung

Bei Spannungsmessungen wird grundsätzlich das Messinstrument parallel zum Verbraucher geschaltet. Bei Parallelschaltung zum Verbraucher wird der daran herrschende Spannungsfall bestimmt. Direkte Anschaltung an die Spannungsquelle ist, unter der Voraussetzung des richtigen Messbereichs, möglich, weil Spannungsmesser hochohmige Messinstrumente sind (*Abb. 1.58*). Spannungsmesser werden in Kilovolt (kV), Volt (V) , Millivolt (mV) und Mikrovolt (μV) geeicht. Bei Drehspul-Messwerken werden Spannungsmesser von etwa 1 mV bis 1 kV geliefert. Bei zusätzlich eingebautem Messgleichrichter beträgt meist der niedrigste Messbereich etwa 30 mV, der höchste wieder 1 kV. Dreheisen-Messwerke werden von 3 V bis 1 kV hergestellt.

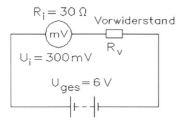

Abb. 1.58: Spannungsmesser sind mit dem Verbraucher in Reihe geschaltet.

Werden mehrere Verbraucher parallel geschaltet, dann liegt an allen die gleiche Spannung. Bei Reihenschaltung teilt sich die Gesamtspannung im Verhältnis der Widerstände auf. Die Teilspannungen stehen im gleichen Verhältnis zueinander, wie die Teilwiderstände. Am höchsten Widerstand herrscht die höchste Spannung.

Zur Messbereichserweiterung eines Messwerks werden Vorwiderstände in den Stromkreis geschaltet, die den überschüssigen Spannungsanteil aufnehmen. Ein Drehspul-Messwerk allein hat bereits bei etwa 50 mV bis 500 mV Vollausschlag. Zur Berechnung der Messbereichserweiterung für höhere Spannungen benötigt man die gleichen Messwerksdaten wie zur Strom-Messbereichserweiterung. Zusätzlich ist die Angabe des Kennwiderstands r_k sehr nützlich. r_k ist der Kehrwert des Stroms bei Vollausschlag des Messwerks und wird in Ohm pro Volt angegeben. Der Gesamtwiderstand im Messkreis muss gleich dem Produkt aus der gewünschten höchsten Spannung und dem Kennwiderstand sein. Mit dem folgenden Beispiel ist der Reihenwiderstand zu berechnen:

Spannung bei Vollausschlag: U_i

Innenwiderstand der Drehspule: R_i

Strom bei Vollausschlag: $I_i = \dfrac{U_i}{R_i}$

Kennwiderstand in Ohm pro Volt: $r_k = \dfrac{R_i}{U_i} = \dfrac{1}{I_i}$

Für die Messbereichserweiterung:

I_g: Gesamtspannung (gewünschter Messbereich)

U_v: Spannungsfall am Vorwiderstand $U_v = U_g - U_i$

R_v: Vorwiderstand $R_v = \dfrac{U_v}{I_i} = r_k \cdot U_g - R_i = R_i(n-1)$

n: Vervielfachungsfaktor des gewünschten Messbereichs

Für *Abb. 1.58* gilt als Beispiel: n = 20

$$n = 20 \qquad\qquad R_v = R_i(n-1) = 30\Omega(20-1) = 570\Omega$$

oder

$$r_k = \frac{R_i}{U_i} = \frac{30\Omega}{300mV} = 100\frac{\Omega}{V} \qquad R_v = r_k \cdot U_g - R_i = 100\frac{\Omega}{V} \cdot 6V - 30\Omega = 570\Omega$$

oder

$$I_i = \frac{U_i}{R_i} = \frac{300mV}{30\Omega} = 10mA \qquad R_v = \frac{U_g - U_i}{I_i} = \frac{6V - 0{,}3V}{10mA} = 570\Omega$$

Der Strom im Messkreis darf niemals den Strom für Vollausschlag überschreiten. Die Leistungsaufnahme des Vorwiderstands ist aus diesem Strom und dem Spannungsfall am Widerstand zu berechnen. Unter Verwendung des Wertes n des Vervielfachungsfaktors des Messbereichs ist die Berechnung des Vorwiderstands für einen gewünschten Messbereich ebenfalls einfach.

Bei guten Messinstrumenten begnügt man sich oft nicht mit einfachen Vorwiderständen, da bei höheren Spannungen die Erwärmung und die damit verbundene Widerstandsänderung bereits ins Gewicht fällt. Man unterteilt den Widerstand in mehrere Einzelwiderstände mit entgegengesetztem Temperaturkoeffizienten. Mit einer solchen Schaltung ist weitgehende Temperaturkompensation (*Abb. 1.59*) möglich.

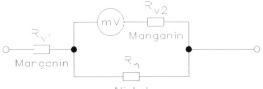

Abb. 1.59: Kompensation des Temperaturfehlers bei mV-Metern

Bei Vielfachspannungsmessern (*Abb. 1.60*) werden mehrere Teilwiderstände in Reihe geschaltet. Grundsätzlich ist es auch möglich, für jeden Bereich einen eigenen Vorwiderstand vorzuschalten. Die Umschaltung ist – im Gegensatz zum Vielfach-Strommesser – nicht kritisch. Die Vorwiderstände sind im Vergleich zu Kontaktübergangswiderständen hoch, und bei Kontaktunterbrechung kann das Messwerk nicht beschädigt werden.

Der Widerstand aus Maganin (86 Cu, 45 Ni, 1 Mn) hat einen Temperaturkoeffizienten von $\alpha = 2 \times 10^{-5}$ K^{-1} und der aus Nickel hat einen Temperaturkoeffizienten von $\alpha = 6 \times 10^{-3}$ K^{-1}. Für die Reihenschaltung gilt der Gesamttemperaturbeiwert α:

$$\alpha = \frac{\alpha_1 \cdot R_2 + \alpha_2 \cdot R_1}{R_1 \cdot R_2}$$

Für die Parallelschaltung gelten der Gesamttemperaturbeiwert α und der Gesamtwiderstand R:

$$\alpha = R \frac{\alpha_1 \cdot R_2 + \alpha_2 \cdot R_1}{R_1 \cdot R_2}$$

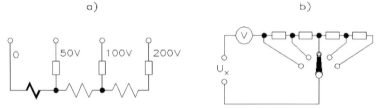

Abb. 1.60: Spannungserweiterung durch angezapfte Wicklung und Widerstandsschaltung für Vielfach-Spannungsmesser

Bei Dreheisen-Messwerken verwendet man auch bei Spannungsbereichsänderungen angezapfte Wicklungen mit zusätzlichen Vorwiderständen. Bei Nebenwiderständen würde sich der Temperatureinfluss der Spule verhältnismäßig zu stark bemerkbar machen.

Bei Spannungsmessungen an hochohmigen Widerständen und Spannungsquellen mit hohem Innenwiderstand ist mit einer Verfälschung des wahren Wertes zu rechnen, wenn der Eigenwiderstand des Spannungsmessers in die gleiche Größenordnung fällt wie der Widerstand, an dem gemessen wird. Hier sind besondere Messinstrumente mit hohem Innenwiderstand zu verwenden oder Korrekturen rechnerisch zu ermitteln.

1.3.5 Widerstandsbestimmung durch Strom- und Spannungsmessung

Eine unmittelbare Messung von Widerständen ist nicht ohne Weiteres möglich. Es gibt eine ganze Reihe verschiedener Messverfahren, von denen das einfachste die Bestimmung eines Widerstands durch Messung von Strom und Spannung ist. Wenn Widerstände nicht gemessen, sondern nur geprüft werden sollen, vorwiegend auf vorhandenen Stromdurchgang, dann verwendet man einfachste Methoden. Eine reine Spannungsquelle und ein Strommelder sind alles, was für einen Durchgangsprüfer benötigt wird. Der Strommelder kann ein Schauzeichen, ein Summer oder eine Glühlampe sein. Die Einheiten, in denen Widerstände gemessen oder bestimmt werden, umfassen den weiten Bereich der technisch vorkommenden Werte von Ohm (Ω) über Kiloohm (kΩ) und Megaohm (MΩ) bis Teraohm ($10^{12}\,\Omega$).

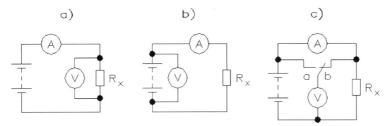

Abb. 1.61: Widerstandsbestimmung durch Strom- und Spannungsmessung. Die Schaltung a ist für niedrige und Schaltung b für hohe Widerstandswerte geeignet. Durch Umschalten (Schaltung c) wird in Stellung a der Strom und in Stellung b die Spannung erfasst.

Bei Strom- und Spannungsmessung (*Abb. 1.61*) wird im gleichen Stromkreis der Strom durch den Widerstand und die Spannung am Widerstand gemessen. Dabei besteht bei Messung mit einem einzigen Vielfachinstrument in zwei aufeinander folgenden Messungen die Gefahr, dass sich in der Zwischenzeit der andere Wert, zum Beispiel die Spannung, verändert haben kann. Man bevorzugt daher die gleichzeitige Ablesung mit zwei getrennten Messinstrumenten. Hierbei ist wieder zu berücksichtigen, dass das zweite Messinstrument einen bestimmten Eigenverbrauch hat. In der linken Schaltung zeigt der Strommesser zusätzlich den Strom durch den Spannungsmesser an. Bei Messung hoher Widerstände können beide Teilströme in gleicher Größenordnung liegen. Die Schaltung ist daher besonders zur Bestimmung niedriger Widerstände geeignet. Bei Schaltung (Mitte) zeigt der Spannungsmesser um den Spannungsfall am Strommesser zu viel an. Diese Anordnung ist daher zur Bestimmung hoher Widerstände zu bevorzugen. Die Fehlanzeigen können bei bekannten Messwerksdaten korrigiert werden. Bei Umschaltbarkeit des Voltmeters kann die jeweils günstigste Schaltung gewählt werden.

Die linke Schaltung in *Abb. 1.61* ist für niederohmige Widerstände geeignet und für die Berechnung gelten folgende Formeln:

$$R_x = \frac{U}{I - I_v} = \frac{U}{I - \dfrac{U}{R_v}} \qquad \text{U, I = angezeigte Werte}$$

Wenn R_x klein gegen R_v ist, dann gilt: R_x = unbekannter Widerstand
R_A = Wert des Amperemeters
I_v, R_v = Werte des Voltmeters

$$R_x = \frac{U}{I}$$

Das Amperemeter zeigt um den Strom I_V zuviel an: $I_V = \dfrac{U}{R_v}$

Beispiel: Bei der Schaltung für niederohmige Widerstände sind U = 5,3 V, I = 35 mA und R_v = 1 kΩ. Welchen Wert haben der wahre und der unkorrigierte Widerstandswert?

$$R_x = \frac{U}{I - \dfrac{U}{R_v}} = \frac{5,3V}{35mA - \dfrac{5,3V}{1k\Omega}} = 178,5\Omega \qquad\qquad R_x = \frac{U}{I} = \frac{5,3V}{35mA} = 151,5\Omega$$

(korrigiert)   (nicht korrigiert)

Für die Messschaltung (Mitte) gelten die Formeln:

$$R_x = \frac{U - U_A}{I} = \frac{U - I \cdot R_A}{I} \qquad\qquad \text{U, I = angezeigte Werte}$$

Wenn R_x groß gegen R_v ist, dann gilt: R_x = unbekannter Widerstand
U_A, R_A = Werte des Amperemeters
I_v, R_v = Werte des Voltmeters

$$R_x = \frac{U}{I}$$

Das Voltmeter zeigt um den Spannungsfall U_A zuviel an: $U_A = I \cdot R_A$

Beispiel: Bei der Schaltung für hochohmige Widerstände sind U = 3,2 V, I = 800 mA und R_A = 0,6 Ω. Welchen Wert haben der wahre und der unkorrigierte Widerstandswert?

$$R_x = \frac{U - I \cdot R_A}{I} = \frac{3,2V - 800mA \cdot 0,6\Omega}{800mA} = 3,4\Omega \qquad\qquad R_x = \frac{U}{I} = \frac{3,2V}{800mA} = 4\Omega$$

(korrigiert)   (nicht korrigiert)

Wenn ein Vergleichswiderstand enger Toleranz in der gleichen Größenordnung zur Verfügung steht, kann man den unbekannten Widerstand durch Stromvergleich ermitteln. Wie bei allen anderen dieser Methoden ist keine direkte Anzeige möglich. In jedem Fall müssen die Messergebnisse rechnerisch ausgewertet werden.

Der Spannungsfall an einem Widerstand kann auch durch einen Strommesser bestimmt werden. Der Strom im Messkreis wird so eingestellt, dass der parallel zum Prüfling liegende Strommesser Vollausschlag zeigt. Damit ist der Spannungsfall am Widerstand bestimmt, wenn die Messwerksdaten bekannt sind.

Auch bei der Methode des Spannungsvergleichs muss ein bekannter Normalwiderstand vorhanden sein. Die Spannungsfälle an R_x und R_n entsprechen dem Widerstandsverhältnis. Der Spannungsmesser kann hier direkt in Ohm geeicht werden, wenn vor der Messung der Strom so eingestellt wird, dass die Anzeige an R_n richtig ist. Das Messinstrument muss hochohmig gegenüber den beiden Messwiderständen sein, da andernfalls die Messung verfälscht wird.

Bei der Methode des Widerstandsvergleichs wird ein veränderbarer Normalwiderstand, zum Beispiel ein Dekadenwiderstand, so eingestellt, dass bei Umschaltung von R_x auf R_n der gleiche Strom fließt. Bei dieser Einstellung ist R_x gleich R_n.

Selbst durch reine Spannungsmessung kann ein unbekannter Widerstand bestimmt werden. Der Innenwiderstand des Voltmeters muss hierbei bekannt sein. Man misst zuerst die Gesamtspannung ohne den Prüfling. In einer zweiten Messung liegt der Prüfling als Vorwiderstand im Stromkreis und das Messinstrument zeigt die Gesamtspannung abzüglich des Spannungsfalls am Prüfling. Aus den beiden Messwerten kann der unbekannte Widerstand ermittelt werden. R_x soll dabei ungefähr in der Größenordnung des Voltmeterwiderstands R_m liegen.

1.3.6 Widerstandsmessung mit Ohmmetern

Direkt zeigende Ohmmeter beruhen auf Strommessung bei bekannter, konstant bleibender Spannung. Der Spannungswert wird vor der eigentlichen Messung kontrolliert. In der einfachsten Form wird ein Vorwiderstand in den Stromkreis geschaltet, sodass das Messinstrument bei der gegebenen Spannung Vollausschlag hat. Die Überprüfung erfolgt durch Kurzschluss der Anschlussklemmen für R_x. Wird R_x in den Stromkreis gelegt, geht der Ausschlag zurück. Als Spannungsquelle dient im Allgemeinen bei derartigen Messeinrichtungen eine Batterie von 3 V. Zum Ausgleich der schwankenden Batteriespannung kann der Messwerksausschlag durch einen magnetischen Nebenschluss im Messwerk korrigiert werden. Besser ist der Ausgleich durch einen einstellbaren Vorwiderstand (*Abb. 1.62*). Mit der Prüftaste werden die R_x-Klemmen überbrückt und das Ohmmeter mit dem Einsteller abgeglichen.

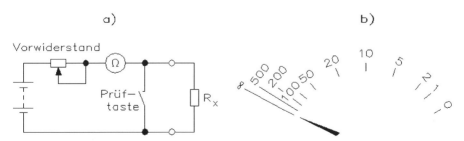

Abb. 1.62: Direkt zeigendes Ohmmeter mit Skala und mit einstellbarem Vorwiderstand zum Ausgleich von Spannungsänderung und Prüftaste

Die Skala eines solchen Ohmmeters ist rückläufig. R_x hat Null Ohm, wenn der Strom seinen Höchstwert hat. Oft wird die Milliampere- oder Volt-Justierung beibehalten und die Ohmskala zusätzlich aufgetragen. Die Ohmwerte drängen sich auf der Skala gegen Ende stark zusammen. Niedrige Widerstände werden daher genauer gemessen. Der ablesbare Bereich endet gewöhnlich etwa bei 50 kΩ, wenn 3-V-Batteriespannung verwendet wird, reicht aber, je nach Messwerk, manchmal bis 1 MΩ. Der Endwert „∞ Ω" deckt sich mit dem Nullpunkt der Voltskala. Weil die Spannungsquelle, das Messwerk und der Prüfling in Reihe geschaltet sind, nennt man die Schaltung auch „Reihen-Ohmmeter". Gewöhnlich werden Gleichspannungsquellen und Drehspul-Messwerke verwendet. Zur Nulleinstellung ist auch die Spannungsteilerschaltung möglich, die vor allem dann verwendet wird, wenn verschiedene Spannungsquellen Verwendung finden sollen.

Beim Parallel-Ohmmeter liegen Spannungsquelle, Messwerk und Prüfling parallel. Praktisch wird der Spannungsfall am Prüfling bestimmt. Die Skala der Ohmwerte verläuft gleichsinnig mit der Spannungsskala, da bei 0 Ω auch 0 V Spannungsfall herrscht. Die volle Spannung ist dann vorhanden, wenn die Klemmen offen sind, also bei unendlich hohem Widerstand. Der Abgleich auf die Sollspannung, für die die Skala vorbereitet ist, wird durch einen parallel zu R_x liegenden Nebenwiderstand R_n vorgenommen. Bei Messwerken mit unterdrücktem Nullpunkt können gleichmäßig geteilte Bereiche erzielt werden.

1.3.7 Brückenmessungen

Brückenschaltungen werden für viele verschiedene Messschaltungen eingesetzt, doch in erster Linie dienen sie zur Widerstandsmessung. Die einfache Grundschaltung der Wheatstone-Brücke wiederholt sich bei allen abgewandelten Schaltungen. Sie beruht auf dem Vergleich zweier Spannungsteiler-Abgriffe (*Abb. 1.63*). An einer gemeinsamen Spannungsquelle liegen zwei Spannungsteiler in Parallelschaltung, die Widerstände a und b bilden den einen, die Widerstände R_x und R_n den zweiten Spannungsteiler. Die Abgriffe der beiden Spannungsteiler sind über ein Galvanometer miteinander verbunden. Wenn die Teilerverhältnisse gleich sind, sind auch die Spannungsfälle gleich, und zwischen den beiden Abgriffen besteht kein Spannungsunterschied. Der Brückenzweig ist in diesem Falle stromlos. Unter dieser Voraussetzung gilt die grundlegende Brückenformel:

$$R_x : R_n = a : b \qquad\qquad R_x = R_n \cdot \frac{a}{b}$$

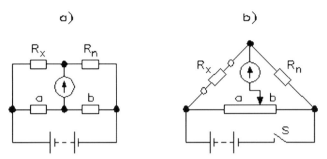

Abb. 1.63: Grundschaltung (links) der Messbrücke und der Spannungsteiler ist als Schleifdraht ausgebildet

Wenn das Verhältnis a : b veränderbar ist, kann jeder Wert R_x bestimmt werden. Bei der einfachsten Form der Schleifdraht-Brücke wird der Spannungsteiler a + b durch einen Widerstandsdraht mit gleichbleibendem Querschnitt und einem Schleifer gebildet. Bei konstantem Drahtquerschnitt kann das Längenverhältnis eingesetzt werden. Die Brücke wird abgeglichen, indem man den Schleifer verschiebt, bis das Galvanometer Null zeigt. Die Skala des Galvanometers ist nicht beschriftet, der Zeiger hat Mittel-Nullstellung.

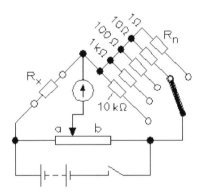

Abb. 1.64: Messbrücke mit umschaltbaren Normalwiderständen. Der Messbereich liegt zwischen 100 mΩ und 1 MΩ.

Gewöhnlich ist der Normalwiderstand umschaltbar, da die Ablesung am genauesten ist, wenn R_n und R_x von gleicher Größenordnung sind. Mit fünf Normalwiderständen von 1 Ω bis 10 kΩ beherrscht man den Bereich von 0,1 Ω bis 1 MΩ (*Abb. 1.64*). Bei Industrieausführungen derartiger Widerstandsbrücken ist der Schleifdraht nicht gerade ausgespannt, sondern als Potentiometer ausgebildet. Der Drehgriff ist unmittelbar in Verhältniswerten a : b beschriftet. Die verschiedenen Vergleichswiderstände sind umschaltbar. Nach Abgleich wird der eingestellte Verhältniswert nur mit den glatten Werten von R_n multipliziert, um R_x zu erhalten.

Bei einem einfachen Schleifdraht kann das Längenverhältnis an Stelle des Widerstandsverhältnisses von a : b eingesetzt werden. Der Fehler wird zu beiden Enden hin rasch größer. Die Ablesung im mittleren Drittel ist am genauesten, da, ohne besondere Maßnahmen, die Verhältniswerte von Null an einem Ende über 1:1 in der Mitte bis unendlich am anderen Ende steigen. Zur Einengung kann zu beiden Seiten des Brückendrahts je ein Widerstand in Reihe geschaltet werden. Der Schleifdraht ist elektrisch verlängert. Das Verhältnis reicht aber beispielsweise nur von 0,5 bis 50.

Ein wesentlicher Vorzug aller Brückenschaltungen ist die Unabhängigkeit von der Versorgungsspannung. Bei Änderung der Spannung ändert sich nichts am Verhältnis der Spannungsfälle. Lediglich geht der Strom zurück und damit wird die Ablesegenauigkeit des Galvanometers ein wenig beschränkt. Spannungsänderungen von 20 % wirken sich praktisch nicht aus. Im Stromversorgungskreis muss ein Schalter eingebaut sein, damit die Batterie nicht über den Brückendraht entladen wird. Meist ist dies ein Tastschalter, da bei nicht abgeglichener Brücke sonst das Galvanometer überlastet werden könnte. Erst nachdem durch Grobabgleich der Zeiger nicht mehr über den Skalenbereich hinausgeht, wird der Schalter endgültig geschlossen und der Feinabgleich vorgenommen.

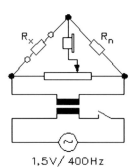

Spannungsschwankungen bis ±20 % verursachen keine Fehler bei Brückenmessungen

1,5 V / 400 Hz

Abb. 1.65: Wechselstrombrücke mit Summer (400 Hz)

Bei Widerständen mit Blindanteil kann eine Wechselstromversorgung vorgesehen werden, z. B. durch einen Tongenerator (*Abb. 1.65*). Als Nullinstrument nimmt man dann zum Beispiel einen Kopfhörer und gleicht auf Tonminimum ab.

Zur Messung sehr kleiner Widerstände zwischen 10^{-6} Ω und 1 Ω dient die Doppelbrücke (*Abb. 1.66*). Die Doppelbrücke wird nach dem Erfinder Thomson genannt und es gilt:

$$\frac{R_x}{R_n} = \frac{R_1}{R_2} = \frac{R_3}{R_4}$$

Für den Fall, dass $R_3/R_4 = R_1/R_2$ ist, gilt für den unbekannten Widerstand:

$$R_x = \frac{R_n \cdot R_1}{R_2} = \frac{R_n \cdot R_3}{R_4}$$

Nach Abgleich ist $R_x = R_v$.

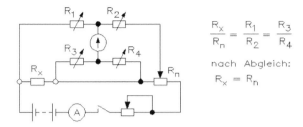

$$\frac{R_x}{R_n} = \frac{R_1}{R_2} = \frac{R_3}{R_4}$$

nach Abgleich:

$$R_x = R_n$$

Wenn der Brückenzweig stromlos ist (Galvanometer—
ausschlag Null), dann ist $R_x = R_n$

Amperemeter A dient zur Kontrolle des maximal
zulässigen Stromes

Abb. 1.66: Doppelmessbrücke nach Thomson

1.3.8 Kompensationsmessungen

Ähnlich wie die Brückenmessung ist auch die Kompensationsmessung eines der grundlegenden, vielfach abgewandelten Messverfahren. In der ursprünglichen Form dient die Kompensationsmessung zur Spannungsmessung, mit der Besonderheit, dass belastungslos, also die Leerlaufspannung U_0 gemessen wird. Außerdem können durch die Kompensationsmethode Widerstände und Ströme gemessen und Messinstrumente justiert werden.

Alle Kompensationsschaltungen beruhen auf der Tatsache, dass bei zwei gleich großen, entgegengesetzt geschalteten Spannungsquellen kein Strom fließt. Hierbei gilt der zweite Kirchhoffsche Satz, dass in einem geschlossenen Stromkreis (*Abb. 1.67*) die Summe aller Spannungen gleich der Summe aller Spannungsfälle ist.

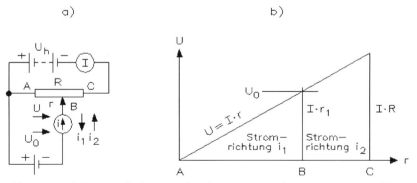

Abb. 1.67: Schaltung und Diagramm für eine Kompensationsmessung. Am Widerstand der Kompensationsmessung wird bei der Schaltung zwischen a und b die Spannung $U = I \times r$ abgegriffen und bei B ist $I \times r = U_0$ und $i = 0$. Das Diagramm zeigt die Spannung U in Abhängigkeit von der Stellung des Schleifers.

Im Bereich AB ist U kleiner als U_0, Stromrichtung i_1
Im Bereich BC ist U größer als U_0, Stromrichtung i_2
Bei Stellung B ist $U = U_0$, Strom i gleich null
Die Leerlaufspannung ist in ihrer Wirkung durch U aufgehoben (kompensiert)

Wenn an Stelle des einen Stromkreises zwei Stromkreise gebildet werden, die einen Widerstand R gemeinsam verwenden, dann kann der Spannungsfall U der zweiten Spannungsquelle U_0 entgegengeschaltet werden. Längs des Widerstands R verändert sich beim Verstellen des Schleifers der Spannungsfall I × r. Ist U kleiner als U_0, fließt ein Strom über das Galvanometer in einer Richtung, ist I größer als U_0, dann fließt ein Strom in der anderen Richtung. Wenn U gleich B ist, fließt kein Strom. B ist in seiner Wirkung aufgehoben, also kompensiert.

Bei der einfachen Kompensation benötigt man einen geeichten Widerstand mit Abgriffen und Feineinstellung. R soll sehr hochohmig sein. Kompensiert wird mit einer bekannten Vergleichsspannung U_v. Bei dieser Schaltung wird die unbekannte Spannungsquelle noch etwas belastet, daher die Klemmenspannung U_x und nicht die U_0 gemessen, doch kann R so hoch sein, dass der Unterschied nicht mehr ins Gewicht fällt.

Unbelastet wird U_x gemessen, wenn ein geeichter Widerstand und ein Strommesser zur Verfügung stehen. I wird durch einen Hilfswiderstand auf einen gegebenen Sollwert abgeglichen, z. B. 10 mA. Der Spannungsfall am geeichten Teilwiderstand r ist demnach bekannt. Bei Kompensation – Galvanometer ist stromlos – kann U_x bestimmt werden. Hiermit können nur Spannungen gemessen werden, die kleiner als die Hilfsspannung sind.

Widerstände lassen sich mit sehr engen Toleranzen herstellen. Mit dem Weston-Normalelement steht weiterhin eine sehr genaue, allerdings nur wenig belastbare Spannungsquelle für Vergleichszwecke zur Verfügung. Bei der doppelten Kompensation verzichtet man auf den Strommesser und gleicht den Hilfsstromkreis mit einem Normalelement ab. Hierfür ist ein Festwiderstand von z. B. 1018,3 Ω eingebaut, der bei genau 1 mA Strom einen Spannungsfall von 1,0183 V hat und das Normalelement U_N kompensiert. Der Stromabgleich wird mit dem veränderbaren Widerstand R_H durchgeführt. Danach schaltet man auf die unbekannte Spannungsquelle um und liest an dem in Volt für 1 mA (Hilfsstrom) geeichten Teilwiderstand r die unbekannte U_x ab, nachdem dafür kompensiert wurde. Zum Schutz des Galvanometers ist ein Vorwiderstand eingebaut, der erst nach dem Grobabgleich zur letzten Feineinstellung überbrückt werden darf.

1.3.9 Kapazitätsmessung

Die Messung (*Abb. 1.68*) der Kapazität von Kondensatoren ist für die gesamte Elektrotechnik und Elektronik wichtig und lässt sich mit unterschiedlichen Schaltungen messen. Die einfachste Methode, ohne besondere Hilfsmittel, ist die Bestimmung über eine Strom- und Spannungsmessung.

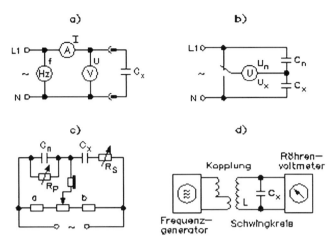

Abb. 1.68: Messverfahren zur Kapazitätsmessung

a) Kapazitätsbestimmung durch Spannungs-, Strom- und Frequenzmessung
b) Messung durch Spannungsvergleich
c) Kapazitätsmessbrücke mit Summer
d) Messung durch das Resonanzverfahren

Genau genommen muss auch die Frequenz bestimmt werden, doch kann man sich bei der Netzfrequenz auf Einhaltung des Nennwerts verlassen. Wenn auch die Nennspannung als konstant angesehen werden kann, reicht ein einziger Strommesser aus.

Beispiel: Bei einer Frequenz von 50 Hz wird ein unbekannter Kondensator bei einer Spannung von 230 V und einem Strom von 277 mA gemessen. Welchen Wert hat der Kondensator?

$$C_x = \frac{I}{2 \cdot \pi \cdot f \cdot U} = \frac{277\,mA}{2 \cdot 3,14 \cdot 50\,Hz \cdot 230\,V} = 3,83\mu F$$

Steht ein veränderbarer Kondensator bekannter Größe oder eine entsprechende Kondensatorgruppe zur Verfügung, dann kann die Messung als Kapazitätsvergleich durchgeführt werden. Bei gleichem Strom ist die Kapazität gleich. Entsprechend lässt sich ein Spannungsvergleich durchführen. Die Kapazitäten stehen im umgekehrten Verhältnis zueinander wie die gemessenen Teilspannungen.

Beispiel: Bei einer Kapazitätsmessung durch Spannungsvergleich ist an einer Normalkapazität von 0,5 µF eine Spannung von 28,6 V gemessen worden. Die Spannung an der unbekannten Kapazität beträgt 15,8 V. Welchen Wert hat C_x?

$$C_x = C_N \cdot \frac{U_N}{U_x} = 0,5\mu F \cdot \frac{28,6\,V}{15,8\,V} = 0,905\mu F$$

Unter Verwendung von Quotienten-Messwerken ist direkte Kapazitätsmessung möglich. Bei einem Induktions-Quotienten-Messwerk werden die Ströme im unbekannten und einem bekannten Vergleichskondensator miteinander ins Verhältnis gesetzt. Die Justierung (Eichung) kann in Kapazitätswerten ausgeführt werden. Eine entsprechende Schaltung ist mit elektrodynamischen Quotienten-Messwerken möglich.

Sehr häufig arbeitet man mit Kapazitäts-Messbrücken, da die gewöhnlichen Werkstatt-Messbrücken für Widerstandsmessung leicht für Kapazitätsmessung umzustellen oder vorzubereiten sind. Lediglich die Anschlussstellen für den bekannten und unbekannten Wert gegenüber der Widerstandsmessung sind zu vertauschen, da die Kapazität zum Kehrwert des eigentlich ermittelten kapazitiven Widerstands proportional ist.

Beispiel: Bei einer Kapazitätsmessbrücke ist bei einer Normalkapazität von 25 nF das Tonminimum bei einem Brückenverhältnis 0,52 erreicht. Welchen Wert hat C_x?

$$C_x = C_N \cdot \frac{a}{b} = 25nF \cdot 0,52 = 13nF$$

Gute Ergebnisse erzielt man auch mit der Resonanz-Messmethode. Hier wird der unbekannte Kondensator in einen Resonanzkreis mit bekannten Daten eingeschaltet. Aus der Frequenz bei Resonanz und der Induktivität kann C_x ermittelt werden. Die Skala kann auch in C_x justiert werden.

Beispiel: Bei Kapazitätsmessung durch Resonanzverfahren ist mit einer Normalinduktivität L_N = 2 mH bei einer Frequenz von 184 kHz der Maximalausschlag des hochohmigen Voltmeters erreicht. Wie groß ist die unbekannte Kapazität?

$$C_x = \frac{1}{\omega^2 \cdot L} = \frac{1}{(2 \cdot \pi \cdot f)^2 \cdot L_N} = \frac{1}{(2 \cdot 3,14 \cdot 184kHz)^2 \cdot 2mH} = 374pF$$

1.3.10 Induktivitätsmessung

Bei Kapazitätsmessungen spielt der Verlustanteil im Allgemeinen keine Rolle. Anders bei Induktivitätsmessungen. Der Gleichstromwiderstand fällt meist erheblich ins Gewicht und muss getrennt bestimmt werden. Bei einer Strom-Spannungsmessung wird daher zuerst mit einer niedrigen Gleichspannung der rein ohmsche Widerstand bestimmt. Diese Messung kann natürlich auch mit einer Gleichstrom-, Widerstands-Messbrücke oder mit einem anderen Verfahren durchgeführt werden. Danach bestimmt man mit einer Wechselspannungsquelle den Scheinwiderstand Z und berechnet aus Wirk- und Scheinwiderstand (*Abb. 1.69*) den induktiven Blindwiderstand und daraus die Induktivität. Es gibt Messgeräte, bei denen beide Messungen vorbereitet und nach Umschaltung unmittelbar nacheinander ausgeführt werden können.

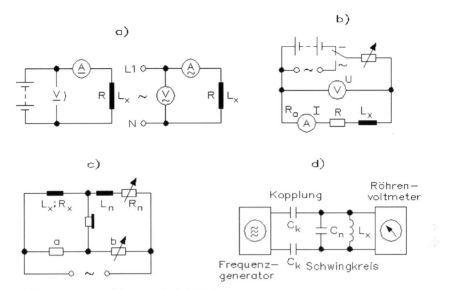

Abb. 1.69: Messverfahren zur Induktivitätsmessung

a) Induktivitätsbestimmung durch Messung des Wirk- und des Scheinwiderstands
b) Induktivitätsmessbrücke mit Summer
c) Messung durch die Tonbrücke
d) Messung durch das Resonanzverfahren

Beispiel: Bei einer Spule wurde gemessen: Bei einer Gleichspannung von 10 V fließt ein Strom von 250 mA und bei einer Wechselspannung von 10 V/50 Hz beträgt der Strom 80 mA. Wie groß sind der ohmsche Widerstand der Spule und die Induktivität?

$$R = \frac{U}{I} = \frac{10V}{250mA} = 40\Omega \qquad\qquad Z = \frac{U}{I} = \frac{10V}{80mA} = 125\Omega$$

$$X_L = \sqrt{Z^2 - R^2} = \sqrt{(125\Omega)^2 - (40\Omega)^2} = 118,4\Omega \qquad L_x = \frac{X_L}{2 \cdot \pi \cdot f} = \frac{118,4\Omega}{2 \cdot 3,14 \cdot 50Hz} = 377mH$$

Auch aus der Wirkleistung und Scheinleistung kann die Induktivität berechnet werden. Die Wirkleistung wird mit einem elektrodynamischen Wattmeter, die Scheinleistung durch Strom-Spannungsmessung bestimmt und daraus der Blindwiderstand und die Induktivität berechnet. Besondere Maßnahmen sind erforderlich, wenn die betriebsmäßige Induktivität gemessen werden soll, falls die Spule im Betrieb durch Gleichstrom vorbelastet und nicht eisenfrei ist. Durch die Vorbelastung ändert sich die Permeabilität des Eisenkerns und damit die Induktivität der Eisenkernspule. Die Verhältnisse müssen bei der Messung nachgebildet werden.

Normale Messbrücken sind bei Wechselstrom-Speisung leicht auf Induktivitätsmessung umzustellen. An Stelle der Vergleichswiderstände können Vergleichsspulen eingeschaltet werden. Die Brückenformel nach Abgleich gilt hier ebenso wie bei Widerstandsmessungen, da die Induktivität zum induktiven Widerstand, der eigentlich gemessen wird, direkt proportional ist. Durch einen Zusatzwiderstand zur Vergleichsspule kann das Tonminimum geschärft werden, da dann die Phasenlage in den Brückenzweigen gleich wird. Die Bestimmung des Wirkwiderstands der unbekannten Spule ist damit möglich. Als Indikator setzt man zweckmäßig auch bei diesen Brücken eine Röhre (magisches Auge) ein. Wenn die Vergleichsspule veränderbar gemacht wird, kann in einer Brückenschaltung R_x und L_x der unbekannten Spule ermittelt werden.

Beispiel: Mit einer gleichen Wicklung von R = 40 Ω ergibt sich bei einem anderen Eisenkern an einer Wechselspannung von 20 V/50 Hz ein Strom von 10 mA. Welchen Wert hat die Induktivität jetzt?

$$R = 40\ \Omega \qquad Z = \frac{U}{I} = \frac{20V}{10mA} = 2k\Omega \qquad (\text{mehr als } 10 \times R)$$

$$L_x = \frac{Z}{2 \cdot \pi \cdot f} = \frac{2k\Omega}{2 \cdot 3{,}14 \cdot 50Hz} = 6{,}36H$$

Bei Brückenschaltungen ist es auch möglich, für Induktivitätsmessung eine Vergleichskapazität einzusetzen. Eine Abwandlung ist die Resonanzbrücke, bei der die Spule mit einem Kondensator in Reihe geschaltet ist. Resonanzverfahren spielen bei der Messung kleiner Induktivitäten in der Größenordnung von Millihenry (mH) und Mikrohenry (µH) die Hauptrolle. Die Verluste eines Schwingkreises sind in erster Linie auf die Spulenverluste zurückzuführen. Aus dem Verlauf der Schwingkreiskurve kann der Gütefaktor und damit der Verlust bestimmt werden. Gemessen wird die Bandbreite bei 70,7 % der Maximalspannung bei Resonanz. Der Gütefaktor ist dann gleich der Resonanzfrequenz, geteilt durch die Bandbreite.

Beispiel: Bei einer Messbrücke ist bei einer Normalinduktivität L_N = 50 mH das Tonminimum bei a = 750 und b = 250 erreicht. Wie groß ist L_x?

$$L_x = L_N \cdot \frac{a}{b} = 50mH \cdot \frac{750}{250} = 150mH$$

Zur Resonanzmessung benötigt man einen variablen Frequenzgenerator. Die Ausgangsspannung des Generators wird dem Schwingkreis zugeführt, der aus einem bekannten Kondensator und der unbekannten Spule besteht. Die Frequenz wird verändert, bis das angeschlossene hochohmige Voltmeter den Maximalwert zeigt. Damit liegt die Resonanzfrequenz fest. Nach der Schwingkreisformel lässt sich die Induktivität aus der Resonanzfrequenz und der bekannten Kapazität errechnen. Durch Verstimmung ermittelt man die Bandbreite. Die Ankoppelung des Schwingkreises an den Generator muss kapazitiv über Koppelkondensatoren oder induktiv über eine Koppelspule vorgenommen werden. Die Kopplung darf nur lose sein.

Beispiel: Bei einer Resonanzmessung ist bei einer Normalkapazität von 5 nF das Maximum bei 7,5 kHz erreicht. Wie groß ist L_x?

$$L_x = \frac{1}{\omega^2 \cdot C_N} = \frac{1}{(2 \cdot \pi \cdot f)^2 \cdot C_N} = \frac{1}{(2 \cdot 3,14 \cdot 7,5 kHz)^2 \cdot 5 nF} = 90,3 mH$$

1.3.11 Wechselstrom-Messbrücken

Für die praktische Messtechnik wurden zahlreiche Wechselstrom-Messbrücken entwickelt.

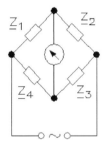

Abb. 1.70: Universelle Wechselstrom-Messbrücke

Die Wechselstrom-Messbrücke (*Abb. 1.70*) ist im Gleichgewicht, wenn das Produkt der gegenüberliegenden komplexen Widerstände gleich ist. Es gilt:

Beträge: $Z_1 \times Z_3 = Z_2 \times Z_4$ Phasenwinkel: $\varphi_1 + \varphi_3 = \varphi_2 + \varphi_4$

Diese Schaltung gilt als Grundlage für die nachfolgenden Messbrücken.

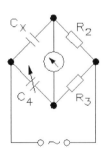

Abb. 1.71: Einfache Kapazitätsmessbrücke

Mit dieser Messbrücke (*Abb. 1.71*) lassen sich kleinere und mittlere Kapazitäten bei vernachlässigbaren Verlusten messen. Die Berechnung erfolgt nach:

$$\frac{C_x}{C_4} = \frac{R_3}{R_2}$$

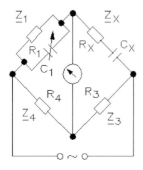

Abb. 1.72: Wien-Brücke und Wien-Robinson-Brücke

Die Wien-Brücke (*Abb. 1.72*) dient zur Kapazitätsmessung durch Vergleich mit einem verstellbaren Präzisionskondensator C_1 mit Parallelwiderstand R_1 und mit der Wien-Robinson-Brücke lässt sich eine Frequenzmessung durchführen. Für die Wien-Brücke gilt:

$$R_x = \frac{R_1}{1 + (2 \cdot \pi \cdot f \cdot R_1 \cdot C_1)^2} \qquad C_x = C_1 + \frac{1}{(2 \cdot \pi \cdot f)^2 \cdot R_1^2 \cdot C_1^2}$$

Für die Frequenzmessung der Wien-Robinson-Brücke gilt:

$C_1 = C_x = C$
$R_1 = R_x = R$
$R_3 = 2 \times R_4$
$\omega = 1/RC$

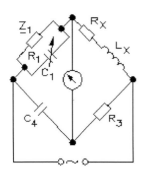

Abb. 1.73: Maxwell-Brücke

Die Maxwell-Brücke (*Abb. 1.73*) dient zur Messung von Spulen und Kondensatoren. Es gilt:

$$L_x = \frac{R_1 \cdot R_3 \cdot C_4}{1 + (2 \cdot \pi \cdot f \cdot C_1)^2} \qquad R_x = \frac{R_3}{C_1} \cdot \left(1 - \frac{1}{(\omega \cdot R_1 \cdot C_1)^2}\right)$$

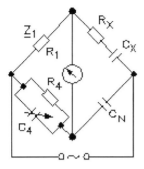

Abb. 1.74: Schering-Brücke

Die Schering-Brücke (*Abb. 1.74*) dient zur Bestimmung von Verlustwinkeln bei Kondensatoren. Es gilt:

$$R_x = R_1 \cdot \frac{C_4}{C_N} \qquad\qquad C_x = C_N \cdot \frac{R_4}{R_1} \qquad\qquad \tan \ \delta_x = \omega \cdot R_4 \cdot C_4$$

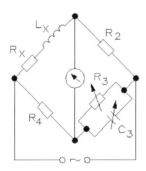

Abb. 1.75: Maxwell-Wien-Brücke

Die Maxwell-Wien-Brücke (*Abb. 1.75*) dient zur Bestimmung von kleinen und mittleren Induktivitäten und der Abgleich ist frequenzabhängig:

$$R_x = \frac{R_2 \cdot R_4}{R_3} \qquad\qquad L_x = R_2 \cdot R_4 \cdot C_3$$

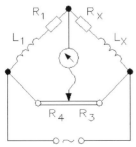

Abb. 1.76: Frequenzunabhängige Maxwell-Brücke

Die frequenzunabhängige Maxwell-Brücke (*Abb. 1.76*) dient als Vergleich zweier Spulen oder Kondensatoren. Es gilt:

$$R_x = \frac{R_1 \cdot R_3}{R_4} \qquad\qquad L_x = \frac{L_1 \cdot R_3}{R_4}$$

1.4 Messverfahren in der Starkstromtechnik

Unter Leistungsmessung versteht man ohne besonderen Hinweis die Messung der Wirkleistung P eines Verbrauchers oder einer Gruppe von Verbrauchern. Im Gleichstromnetz oder bei reinen ohmschen Widerständen ist keine Phasenverschiebung vorhanden. In diesem Falle ist die Leistung gleich dem Produkt aus Strom und Spannung und kann durch Messung von Strom und Spannung bestimmt werden (*Abb. 1.77*).

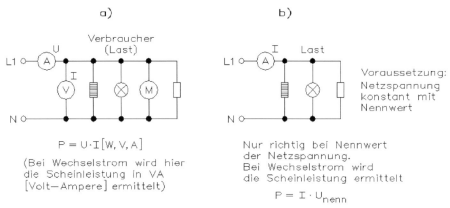

Abb. 1.77: Leistungsbestimmung (links) in Einphasen- bzw. Gleichstromnetz durch Strom- und Spannungsmessung mit P = U × I [W, V, A]. Bei Wechselstrom wird hier die Scheinleistung in VA [Volt-Ampere] ermittelt. Leistungsmessung (rechts) mit in Watt hergestelltem Strommesser mit P = I × U. Nur richtig bei Nennwert der Netzspannung.
Bei Wechselstrom wird die Scheinleistung ermittelt.

Ist ein Blindanteil vorhanden, dann wird mit der gleichen Schaltung bei Wechselstrom die Scheinleistung ermittelt. Wenn es sich nur um informatorische Messung handelt, mit geringen Ansprüchen an die Genauigkeit, dann kann ein Amperemeter in Watt justiert werden, unter Voraussetzung von konstanter Netzspannung. Auf der Skalenbeschriftung sind die Stromwerte bereits mit der Nennspannung multipliziert. Auch hier wird natürlich bei Wechselstrom die Scheinleistung gemessen.

1.4.1 Leistungsmessung im Einphasennetz

Bei Labormessungen kann man die Wirkleistung durch Messung von drei Strömen oder drei Spannungen ermitteln. Hier ist das Resultat ebenfalls rechnerisch auszuwerten. Für Betriebsmessungen scheidet das Verfahren deshalb aus. Bei der Drei-Amperemeter-Methode werden der Gesamtstrom, ein Vergleichsstrom durch einen bekannten Widerstand und der unbekannte Strom gemessen (*Abb. 1.78a*). Diese Schaltung eignet sich für hohe Ströme bei niedrigen Spannungen. Beim Drei-Voltmeter-Verfahren werden die Gesamt-Spannung, die Spannung an einem bekannten Vorwiderstand als Vergleichswert und die Spannung an den Verbrauchern gemessen (*Abb. 1.78b*). Bei geringen Leistungen und niedrigen Strömen ist diese Schaltung vorzuziehen.

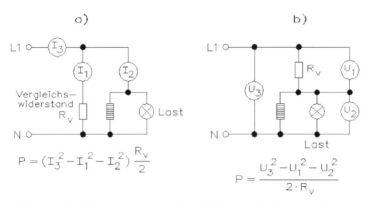

Abb. 1.78: Drei-Amperemeter- und Drei-Voltmeter-Verfahren zur Leistungsbestimmung

Die Berechnung für das Drei-Amperemeter-Verfahren lautet:

$$P = \left(I_3^2 - I_1^2 - I_2^2 \right) \cdot \frac{R_v}{2}$$

Die Berechnung für das Drei-Voltmeter-Verfahren lautet:

$$P = \frac{U_3^2 - U_1^2 - U_2^2}{2 \cdot R_v}$$

Bei den beiden Verfahren wird die Wirkleistung bestimmt. Die Drei-Voltmeter-Schaltung ist für geringe Leistung und niedrige Ströme geeignet. Die Drei-Amperemeter-Schaltung ist für größere Ströme bei geringeren Spannungen geeignet. Beide Schaltungen sind für Betriebsmessungen ungeeignet.

Bei allen betriebsmäßigen Leistungsmessungen verwendet man heute ausschließlich elektrodynamische Messwerke als Wattmeter (*Abb. 1.79*). Diese Messwerke zeigen die Wirkleistung an, können jedoch auch als Blindleistungsmesser geschaltet werden. Im Normalfall spielt der Eigenverbrauch des Wattmeters keine Rolle gegenüber dem Verbraucher. Bei sehr genauer Messung ist der Eigenverbrauch zu berücksichtigen und aus den Messwerksdaten zu korrigieren. Bei Schaltung links misst der Strompfad richtig, der Spannungspfad jedoch zu hoch. Bei Schaltung rechts wird die richtige Spannung am Verbraucher gemessen, jedoch im Strompfad um den Strom des Spannungspfades zu viel gemessen. Da Strom- und Spannungseinfluss sich gleichzeitig auf das bewegliche Organ des Messwerks auswirken, wird eine zeitliche Verschiebung selbsttätig berücksichtigt und die Wirkleistung $P = U \times I \times \cos \varphi$ angezeigt.

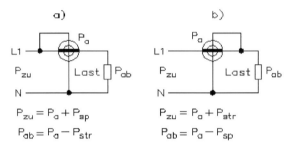

$$P_{zu} = P_a + P_{sp} \qquad\qquad P_{zu} = P_a + P_{str}$$
$$P_{ab} = P_a - P_{str} \qquad\qquad P_{ab} = P_a - P_{sp}$$

P_{zu} = zugeführte Leistung
P_a = angezeigte Leistung
P_{ab} = abgegebene Leistung
P_{sp} = Eigenverbrauch des Spannungspfades
P_{str} = Eigenverbrauch des Strompfades

Abb. 1.79: Schaltungen für ein elektrodynamisches Messwerk, links die stromrichtige und rechts die spannungsrichtige Schaltung

Der Strompfad von Leistungsmessern ist im Dauerbetrieb bis zu 20 % überlastbar, kurzzeitig bis zu 1000 %, ohne dass ein Schaden entsteht (feststehende Spule, dicker Draht). Der Spannungspfad ist im Dauerbetrieb bis zu 20 % überlastbar, kurzzeitig bis zu 100 %, ohne dass ein Schaden entsteht (drehende Spule, dünner Draht). Der Zeigerausschlag α ist direkt proportional zur Leistung P:

$$\alpha \approx P$$

Bei der stromrichtigen Messung ergeben sich folgende Zusammenhänge:

- Betrachtung der Quellenleistung P_Q:

$$\alpha = k \times (P_Q - P_U) \qquad\qquad \text{k: Konstante des Messwerks}$$
P_Q: Quellenleistung
P_U: Eigenverbrauch des Spannungspfades

- Betrachtung der Verbraucherleistung P_V:

$$\alpha = k \times (P_V + P_I) \qquad\qquad P_V: \text{Verbraucherleistung}$$
P_I: Eigenverbrauch der Stromspule

Die Anzeige α entspricht damit der um die Verluste P_U des Spannungspfades oder der um die Verluste P_I des Strompfades vermehrten Verbraucherleistung P_V.

Bei der spannungsrichtigen Messung ergeben sich folgende Zusammenhänge:

- Betrachtung der Quellenleistung P_Q:

$$\alpha = k \times (P_Q - P_I) \qquad\qquad P_I: \text{Eigenverbrauch der Stromspule}$$

- Betrachtung der Verbraucherleistung P_V:

$$\alpha = k \times (P_V + P_U) \qquad\qquad P_U: \text{Eigenverbrauch des Spannungspfades}$$

Die Anzeige α entspricht damit der um die Verluste P_U des Spannungspfades oder der um die Verluste P_I des Strompfades vermehrten Verbraucherleistung P_V.

Der Eigenverbrauch P_U und P_I geht also additiv (P_V) oder subtraktiv (P_Q) in die angezeigte Leistung ein. Die ermittelte Verbraucherleistung ist immer größer als die tatsächliche Verbraucherleistung.

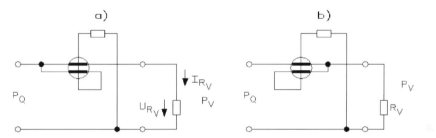

Abb. 1.80: Selbstkorrektur des Eigenverbrauchs, (links) quellenrichtig, verbraucherrichtig

Um die von der Quelle abgegebene Leistung $P_Q = P_V + P_I + P_U$ in der quellenrichtigen Schaltung (*Abb. 1.80*) richtig messen zu können, muss an der Zeitachse ein additives Moment erzeugt werden, das zu der Verlustleistung im Spannungsfeld P_U proportional ist. Da für beide Leistungen P_Q und P_U die Spannung den gleichen Wert hat, wird diese also richtig erfasst. Leitet man den Strom, der im Spannungspfad fließt, über eine zweite, gleich ausgeführte Stromspule, so wird eine zusätzliche Durchflutung erzeugt.

$$\alpha = k \times (P_V + P_I) + \underbrace{(k \times P_U)}$$
$$\text{zusätzlich aufgrund der zweiten Spule}$$

$$\alpha = k \times \underbrace{(P_V + P_I + P_U)}_{P_Q}$$

$$\alpha = k \times P_Q$$

Um die vom Verbraucher aufgenommene Leistung $P_V = P_Q - P_I - P_U$ in der verbraucherrichtigen Schaltung richtig messen zu können, muss an der Zeitachse ein subtraktives Moment erzeugt werden, das zur Verlustleistung im Spannungsfeld P_U proportional ist. Da für beide Leistungen P_V und P_U die Spannung den gleichen Wert hat, wird diese also richtig erfasst. Leitet man den Strom, der im Spannungspfad fließt, über eine zweite, gleich ausgeführte Stromspule, so wird eine zusätzliche Durchflutung erzeugt, die subtraktiv auf die Quellenleistung P_Q einwirkt.

$$\alpha = k \times (P_Q - P_I) - \underbrace{(k \times P_U)}$$

zusätzlich aufgrund der zweiten Spule

$$\alpha = k \times \underbrace{(P_Q - P_I - P_U)}_{P_Q}$$

$$\alpha = k \times P_V$$

Messbereichserweiterungen müssen sowohl den Strom- als auch den Spannungspfad berücksichtigen. Will man beispielsweise mit einem Wattmeter, das für 230 V ausgelegt ist, bei 24 V messen, dann würde Vollausschlag erst bei sehr viel höherem Strom erreicht sein. Die Bereichserweiterung für den Spannungspfad ist durch Vorwiderstände möglich. Bei mehr als 600 V verwendet man in Wechselstromnetzen Spannungswandler. Gewöhnlich ist der Spannungspfad für 100 V bemessen. Bei Gleichstromnetzen muss auch die Strombereichserweiterung durch Zusatzwiderstände erfolgen, wenn man nicht von vornherein die Spule im Strompfad für höhere Ströme auslegt. Der Nebenwiderstand wird parallel zum Strompfad geschaltet.

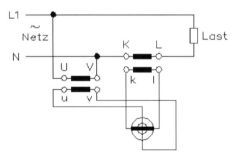

Abb. 1.81: Anschluss eines Wattmeters über Strom- und Spannungswandler

In Wechselstromnetzen bevorzugt man stets den Anschluss über Messwandler. Gewöhnlich sind die Strompfade der Messwerke für 5 A und die Spannungspfade für 100 V bemessen. Diese Werte werden auch als sekundärseitige Werte der Messwandler eingehalten, sodass jedes normale Messwerk an jeden normalen Messwandler angeschlossen werden kann. Die Klemmenbezeichnungen der Messwandler sind genormt (*Abb. 1.81*). Das Messwerk wird also stets an die Klemmen mit den Kleinbuchstaben angeschlossen. Der Eigenverbrauch von Wandler plus Messwerkspfad ist in der Praxis nicht zu berücksichtigen.

1.4.2 Leistungsmessung im Drehstromnetz

Bei Drehstromnetzen müssen für die Leistungsmessung die verschiedenen Betriebsfälle berücksichtigt werden, ob es sich um Dreileiter- , Vierleiter- oder Fünfleiternetze handelt, ob die Belastung gleichmäßig oder ungleichmäßig ist.

Im gleichmäßig belasteten Vier- oder Fünfleiternetz kann die Leistungsmessung in einer einzigen Phase erfolgen und das Ergebnis mit drei multipliziert werden (*Abb. 1.82a*). Wenn sich an der Belastung nichts ändern kann, wird das Messinstrument schon mit den dreifachen Werten beschriftet.

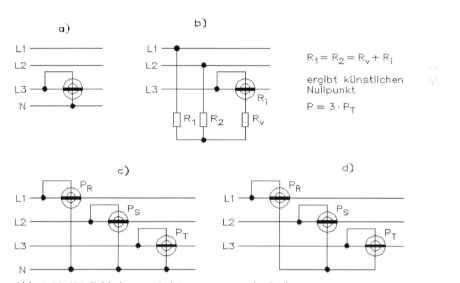

Abb. 1.82: Möglichkeiten zur Leistungsmessung im Drehstromnetz

a) Gleichmäßig belastetes Vierleiternetz
b) Gleichmäßig belastetes Vierleiternetz. Ist $R_1 = R_2 = R_v + R_i$, es ergibt sich ein künstlicher Nullpunkt
c) Ungleich belastetes Vierleiternetz: $P = P_{L1} + P_{L2} + P_{L3}$
d) Ungleich belastetes Dreileiternetz: $P = P_{L1} + P_{L2} + P_{L3}$

Bei einem gleichmäßig belasteten Dreileiternetz wird ein künstlicher Nullpunkt geschaffen (*Abb. 1.82b*). Die drei Widerstände müssen gleich groß sein, d. h. der Vorwiderstand des Spannungspfades muss mit dem Innenwiderstand des Messwerks zusammen so groß sein wie einer der beiden anderen Widerstände. Die angezeigte Leistung ist ebenfalls mit drei zu multiplizieren. Die Klemmenbezeichnungen der Messwerksanschlüsse sind genormt.

Bei einem ungleich belasteten Vierleiternetz kann die Gesamtleistung durch Addition der drei Einzelleistungen ermittelt werden, die in jeder Phase gemessen werden

(*Abb. 1.82c*). Die entsprechende Schaltung ist im ungleich belasteten Dreileiternetz durch Schaltung eines künstlichen Nullpunktes möglich (*Abb. 1.82d*). Für diese Schaltungen gibt es Dreifach-Wattmeter, bei denen drei einzelne Messwerke auf einem gemeinsamen Summenzeiger arbeiten. Hierfür sind die genormten Klemmenbezeichnungen besonders wichtig.

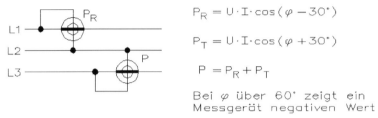

$$P_R = U \cdot I \cdot \cos(\varphi - 30°)$$

$$P_T = U \cdot I \cdot \cos(\varphi + 30°)$$

$$P = P_R + P_T$$

Bei φ über 60° zeigt ein Messgerät negativen Wert

Abb. 1.83: Zwei-Wattmeter-Schaltung (Aron-Schaltung)

Im ungleich belasteten Dreileiternetz ist die Gesamtleistung auch bereits mit zwei Messwerken zu bestimmen, wenn man die Strompfade in zwei Phasen und die Spannungspfade jeweils gegen die dritte Phase misst (*Abb. 1.83*). Diese Zwei-Wattmeter-Schaltung (Aron-Schaltung) wird viel verwendet. Die Gesamtleistung ist gleich der Summe der beiden Teilleistungen. Ein Nachteil ist, dass bei einer Phasenverschiebung von mehr als 60° das eine Messwerk negative Werte anzeigt. Für die Zwei-Wattmeter-Schaltung gibt es Leistungsmesser mit Doppelmesswerk. Beide elektrisch völlig getrennten Messwerke arbeiten als Summenmesser auf einem gemeinsamen Zeiger.

Für die Zwei-Wattmeter-Schaltung (Aron-Schaltung) gilt:

$$P_{L1} = U \times I \times \cos(\varphi - 30°)$$
$$P_{L3} = U \times I \times \cos(\varphi + 30°)$$
$$P = P_{L1} + P_{L3}$$

Bei größeren Leistungen werden Wattmeter auch bei Drehstromnetzen am besten über Strom- und Spannungswandler angeschlossen. Man bezeichnet den Anschluss über Stromwandler bei direkter Verbindung des Spannungspfades als halbindirekte Schaltung. Alle Strompfade sind gewöhnlich für 5 A und alle Spannungspfade für 100 V bemessen.

Als indirekte Messung bezeichnet man den Anschluss jedes Messpfades über Messwandler, also sowohl der Strom- als auch der Spannungspfade der zwei oder drei Wattmeter der Schaltung.

Die Leistungsmessung im Ein- und Dreiphasennetz ist außerdem mit Induktions-Messwerken möglich, wird aber heute kaum noch angewandt. Im Gegensatz dazu wird die Arbeitsmessung ausschließlich mit Induktions-Messwerken ausgeführt.

1.4.3 Blindleistungsmessung

Die Blindleistung Q kann im Einphasennetz aus Wirkleistung und Scheinleistung errechnet werden. Die Wirkleistung wird von einem elektrodynamischen Wattmeter angezeigt, die Scheinleistung aus Strom- und Spannungsmessung bestimmt (*Abb. 1.84*). Die Blindleistung ist die geometrische (vektorielle) Differenz aus Schein- und Wirkleistung. Außerdem kann aus diesen Messungen der Leistungsfaktor berechnet werden. cos φ ist das Verhältnis von Wirkleistung zu Scheinleistung.

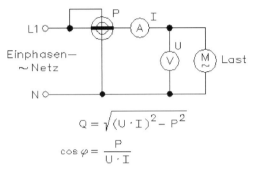

Abb. 1.84: Messen der Blindleistung aus Wirkleistung, Spannung und Strom

Die Blindleistung Q errechnet sich aus:

$$Q = \sqrt{S^2 - P^2} = \sqrt{(U \cdot I)^2 - P^2} \qquad \cos\varphi = \frac{P}{S} = \frac{P}{U \cdot I}$$

Beispiel: Wie groß ist die Blindleistung und der cos φ, wenn das Wattmeter 1,5 kW, das Voltmeter 230 V und das Amperemeter 8,5 A anzeigen?

$$Q = \sqrt{(U \cdot I)^2 - P^2} = \sqrt{(230V \cdot 8{,}5A)^2 - 1{,}5kW^2} = 1{,}25k\,\text{var}$$

$$\cos\varphi = \frac{P}{U \cdot I} = \frac{1{,}5kW}{230V \cdot 8{,}5A} = 0{,}767 \rightarrow 39{,}9°$$

Um mit einem elektrodynamischen Wattmeter die Blindleistung im Einphasennetz direkt anzuzeigen, muss künstlich eine Phasenverschiebung von 90° erzielt werden. Hierzu wird eine Drossel im Spannungspfad vorgeschaltet und mit einem Ausgleichswiderstand für genaue 90°-Verschiebung gesorgt.

Im gleichmäßig belasteten Drehstrom-Dreileiternetz wird die Blindleistung gemessen, wenn der Strompfad in einer Phase und der Spannungspfad an die beiden anderen angeschlossen wird. Der Spannungspfad muss in diesem Falle für die Sternspannung bemessen sein. Um die Gesamt-Blindleistung zu erhalten, muss der angezeigte Wert mit $\sqrt{3}$ multipliziert werden. Bei fest eingebautem Messinstrument kann die Skala gleich in diesen Beträgen ausgeführt werden.

Bei höheren Spannungen und Strömen kann mit halbindirekter oder indirekter Schaltung gemessen werden. Bei halbindirekter Messung ist der Spannungspfad über einen Vorwiderstand und der Strompfad über einen Stromwandler angeschlossen (*Abb. 1.85*). Bei Strömen über 5 A und Spannungen über 600 V verwendet man ausschließlich die indirekte Schaltung mit Anschluss beider Messpfade über Messwandler.

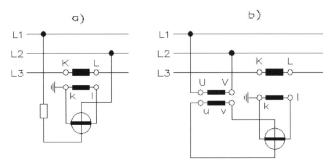

Abb. 1.85: Blindleistungsmessung mit Stromwandler (halbindirekter Anschluss) und mit Spannungs- und Stromwandler (indirekter Anschluss)

Bei Blindleistungsmessung im Dreiphasennetz kann auch die Zwei-Wattmeter-Methode zur Anwendung kommen. In je eine Phase wird je ein Strompfad geschaltet. Die beiden Spannungspfade liegen an jeweils den anderen beiden Phasen. Diese Schaltung gilt für Dreileiter-Netze bei beliebiger Belastung.

1.4.4 Leistungsfaktormessung

Als Leistungsfaktor wird der Cosinus des Phasenwinkels bezeichnet, die Größe cos φ, da das Produkt aus Strom und Spannung mit diesem Faktor multipliziert werden muss, um die Wirkleistung zu erhalten. Umgekehrt kann aus Wirkleistung und Scheinleistung der Leistungsfaktor errechnet werden. Die Wirkleistung wird mit einem elektrodynamischen Leistungsmesser ermittelt und die Scheinleistung durch Strom- und Spannungsmessung (*Abb. 1.86*). Der Leistungsfaktor cos φ ist dann Wirkleistung P geteilt durch Scheinleistung U × I.

Das Leistungsdreieck gibt die Verhältnisse zeichnerisch wieder. Die Wirkleistung wird als positive reale Größe horizontal nach rechts aufgetragen. Induktive Blindleistung wird senkrecht nach oben, kapazitive Blindleistung senkrecht nach unten gezeichnet. Die Scheinleistung S bildet die Grundseite des rechtwinkligen Dreiecks. Hieraus können die Winkelfunktionen für φ entnommen werden. So lässt sich zum Beispiel der Phasenwinkel auch aus der Messung von Blindleistung und Wirkleistung errechnen, da dieses Verhältnis die Tangensfunktion darstellt.

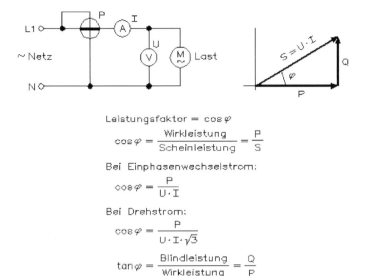

Abb. 1.86: Bestimmung des Leistungsfaktors im Einphasennetz aus Wirkleistungs-, Spannungs- und Strommessung

Beispiel: Der Wirkleistungsmesser an einem Einphasennetz zeigt P = 1000 W, das Voltmeter hat U = 230 V und das Amperemeter hat I = 5 A. Wie groß ist cos φ?

$$S = U \cdot I = 230V \cdot 5A = 1150VA$$

$$\cos\varphi = \frac{P}{S} = \frac{1000W}{1150VA} = 0,869 \rightarrow 29,59°$$

Beispiel: Der Wirkleistungsmesser an einem Drehstromnetz zeigt P = 3 kW, das Voltmeter hat U = 400 V und das Amperemeter hat I = 5 A. Wie groß ist cos φ?

$$S = \sqrt{3} \cdot U \cdot I = \sqrt{3} \cdot 400V \cdot 5A = 3,46kVA$$

$$\cos\varphi = \frac{P}{S} = \frac{3kW}{3,46kVA} = 0,867 \rightarrow 29,8°$$

Als direkt zeigende Messinstrumente für die Messung des Leistungsfaktors sind Kreuzfeld- und Kreuzspul-Messwerke geeignet. Beim Kreuzfeld-Messwerk kann bei Leistungsfaktormessung im Einphasennetz die Drehspule in den Strompfad gelegt werden. Vor eine der Festspulen wird ein ohmscher Widerstand, vor die andere eine Drossel mit möglichst genau 90° Phasenverschiebung gelegt. Beim Kreuzspul-Messwerk bildet die aufgeteilte Festspule den Strompfad. Vor die beiden gekreuzten Spulen des beweglichen Organs sind wiederum ein ohmscher Widerstand im einen und ein induktiver Widerstand im anderen Zweig vorgeschaltet. In der normalen Schaltungsdarstellung wird das Messwerk mit dem Strompfad und den beiden Spannungspfaden realisiert. Wenn die Festspule nicht aufgeteilt ist, wird der gemeinsame Verbindungspunkt der Kreuzspulen unmittelbar an ein Ende der Festspule gelegt. Die andere Seite führt über den betreffenden Vorwiderstand zum Neutralleiter N. Da mit einer Drossel keine reine induktive Phasenverschiebung von genau 90° erreichbar ist, wird zum vollständigen Ausgleich ein Zusatzwiderstand eingeschaltet.

Für Leistungsfaktormesser gilt als Grenze für die Verwendung von Vorwiderständen im Spannungspfad wiederum etwa 600 V. Darüber wählt man Spannungswandler. Der Strompfad ist auch wieder für 5 A bemessen. Bei höheren Strömen erfolgt der Anschluss über Stromwandler. Je nach Betriebswerten wird die direkte Schaltung bis 5 A und 600 V, halbindirekte Schaltung bei mehr als 5 A, aber weniger als 600 V und indirekte Schaltung für mehr als 5 A und mehr als 600 V gewählt.

Im Dreiphasennetz bei drei Leitern und gleicher Belastung kann mit einem Messwerk gemessen werden. Der Strompfad liegt in einer Phase, die beiden Spannungspfade sind mit ohmschen Vorwiderständen von dieser einen zu den beiden anderen Phasen geschaltet. Die gleiche Schaltung für indirekte Messung verwendet einen Dreiphasen-Spannungswandler. Für die Klemmenbezeichnungen gelten wieder die gleichen Normen wie für Leistungsmesser-Anschlüsse (*Abb. 1.87*).

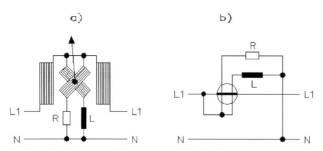

Abb. 1.87: Leistungsfaktormessung im Drehstromnetz

Die Skalen der Leistungsfaktormesser sind sehr verschieden ausgeführt. Eine Möglichkeit ist eine einfache Skala, von etwa 0,5 bis 1 reichend. Kommen sowohl induktive als auch kapazitive Phasenverschiebung in Betracht, dann teilt man die Skala so, dass rein ohmsche Belastung mit dem Leistungsfaktor 1 in der Mitte liegt (*Abb. 1.88*). Im stromlosen Zustand wird ein undefinierter Wert angezeigt. Wenn vom gleichen Messinstrument der Leistungsfaktor bei abgegebener und aufgenommener Leistung angezeigt werden soll, muss eine Vierquadranten-Skala gewählt werden. Hier ist sowohl für Abgabe als für Bezug der Leistungsfaktor für induktive und kapazitive Phasenverschiebung abzulesen.

Abb. 1.88: Beispiel für die Skala eines Leistungsfaktormessgeräts

1.4.5 Messen der elektrischen Arbeit

Arbeit ist gleich Leistung mal Zeit. Wenn die elektrische Leistung von 1 Watt für eine Sekunde zur Verfügung steht, dann wird dadurch eine Arbeit von 1 Wattsekunde abgegeben. Die größeren Einheiten sind die Wattstunde (Wh) und die Kilowattstunde (kWh) (h ist die Abkürzung für hora, lateinisch die Stunde). Arbeitsmessungen sind demnach möglich durch Messung (*Abb. 1.89*) der Leistung mit einem Wattmeter und Messung der Einschaltdauer mit einer Uhr. Betriebsmäßig wird grundsätzlich mit zählenden Messgeräten gearbeitet, den Elektrizitätszählern. Die Schaltung entspricht dem Wattmeter mit Strompfad und Spannungspfad. Das Ziffernwerk ist mit der umlaufenden Scheibe des Induktionsmotors über einen Schneckentrieb gekoppelt. Bei Wechselstrom muss der Wirkleistungszähler die reine Wirkleistung mit der Zeit multiplizieren, also den Leistungsfaktor mit berücksichtigen, da bei den normalen Tarifen nur die Wirkleistung bezahlt wird. Ein Zähler kann aber auch zur Messung der Blindarbeit geschaltet werden.

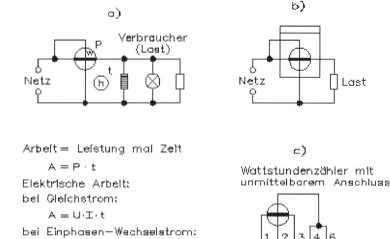

Abb. 1.89: Messung der elektrischen Arbeit

a) Bestimmung aus Einzelmessung von Wirkleistung und Zeit
b) Messen mittels Messgerät (Elektrizitätszähler)
c) Zähleranschluss und Klemmenbezeichnung bei Einphasennetzen

Die Klemmenbezeichnungen der Zähler sind in den Normen festgelegt. Ausführliche Angaben enthält VDE 0418. Bei Einphasen-Wechselstromzählern für direkten Anschluss ist die netzseitige Klemme des Strompfades mit 1, die verbraucherseitige Klem-

me mit 3 bezeichnet. Der andere Leiter ist ankommend an 4, abgehend an 6 anzuschließen. Mit diesen beiden Klemmen ist das Ende des Spannungspfades verbunden,
während der Anfang an Klemme 2 liegt.

Beispiel: Ein elektrisches Gerät für U = 230 V hat die Nennleistung P = 600 W. Wie
groß ist die dem Netz entnommene elektrische Arbeit W in kWh bei t = 2 h?

$$W = P \cdot t = 0,6kW \cdot 2h = 1,2kWh$$

Beispiel: Beim Betrieb eines Verbrauchers verändert sich der Zählerstand in der Zeit
von t = 8 h von W_1 = 18250 kWh auf W_2 = 18265 kWh. Wie groß war die Leistungsaufnahme P?

$$W = W_2 - W_1 = 18265 \text{ kWh} - 18250 \text{ kWh} = 15 \text{ kWh}$$

$$P = \frac{W}{t} = \frac{15kWh}{8h} = 1,875kW$$

Wie bei Wattmetern kann auch bei Zählern im Wechselstromnetz über Messwandler
angeschlossen werden. Die Nennströme der Strompfade für direkten Anschluss sind
bei Einphasenstrom 10 A und 20 A, bei Drehstrom 5, 10, 20, 30 und 50 A. Für den
Anschluss über Stromwandler (*Abb. 1.90*) werden grundsätzlich alle Strompfade für
5 A bemessen, da dies der genormte Sekundärstrom der Stromwandler ist. Liegt der
Strom also höher als 20 A bzw. 50 A, dann verwendet man halbindirekten Anschluss
über Stromwandler mit unmittelbarem Anschluss des Spannungspfades.

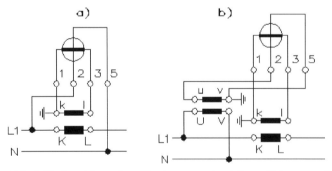

Abb. 1.90: Anschluss eines Einphasenwechselstromzählers über Stromwandler und über
Spannungs- und Stromwandler

Ist die Spannung im zu messenden Netz höher als 230 V bei Einphasen- und höher als
400 V bei Drehstromzählern, dann wird auch der Spannungspfad über einen Messwandler angeschlossen. In diesem Fall ist der Spannungspfad des Zähler-Messwerks
für 100 V bemessen.

Drehstromzähler werden mit zwei oder drei messenden Systemen ausgerüstet, entsprechend der Zwei- und Drei-Wattmeterschaltung bei der Leistungsmessung. Die

Messwerke arbeiten auf ein gemeinsames Zählwerk, an dem das Gesamtergebnis abgelesen werden kann. Für Verbrauchsberechnung dürfen in Deutschland auch in symmetrisch belasteten Drehstromnetzen Zähler mit Einzelmesswerk nicht verwendet werden. Bei Dreileiternetzen sind Zähler mit Doppelsystem zu verwenden (*Abb. 1.91*). Allerdings können auch die Zähler mit drei Messwerken, die im ungleich belasteten Vierleiternetz eingesetzt werden müssen, im Dreileiternetz Verwendung finden. Auch für die Zähler mit mehreren Messwerken sind die Klemmenbezeichnungen genau festgelegt und für jeden der vier Leiter der Drehstromnetze eindeutig bestimmt.

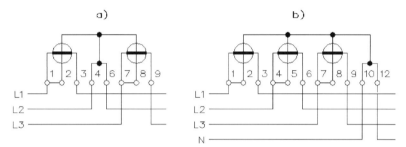

Abb. 1.91: Zähleranschluss bei Dreileiter-Drehstrom mit Klemmenbezeichnungen und bei Vierleiter-Drehstromzählern

Mehrtarifzähler berücksichtigen Tarifvereinbarungen über verbilligten Nachtstrom durch automatische Zählwerksumschaltung durch eine Schaltuhr, die von einem Synchronmotor getrieben wird (*Abb. 1.92*).

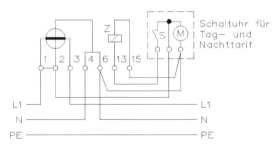

Abb. 1.92: Zähler mit Zweitarif-Auslöser
Z: Zählwerks-Umschaltrelais
M: Synchronmotor der Schaltuhr
S: Schalter

1.4.6 Isolationsmessung

Elektrische Leitungen, Anlagen und Geräte müssen sorgfältig isoliert sein, damit keine Gefahr bei der Benutzung und kein Stromverlust auftreten. Da die Isolationswiderstände hochohmig sind, muss bei der Messung für eine ausreichend hohe Prüf-spannung gesorgt werden, damit überhaupt noch messbare Ströme auftreten. Diese Hilfsspannung liegt gewöhnlich zwischen 100 V und 2000 V. Grundsätzlich ist mit Gleichspannung zu messen, da bei Wechselspannung starke Verfälschung durch Kapa-zitäten vorkommen kann. Im einfachsten Falle wird die Spannungsquelle mit einem Voltmeter in Reihe zwischen die zu prüfende Leitung und Erde geschaltet, um die Isolation gegenüber dem Erdpotenzial zu messen (*Abb. 1.93*). Der Widerstand des Voltmeters, R_v, ist bei der Messung zu berücksichtigen.

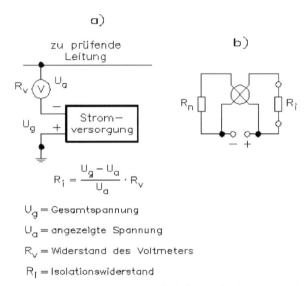

$$R_i = \frac{U_g - U_a}{U_a} \cdot R_v$$

U_g = Gesamtspannung

U_a = angezeigte Spannung

R_v = Widerstand des Voltmeters

R_I = Isolationswiderstand

Abb. 1.93: Einfache Messung (links) mit Gleichspannung (500 V) und Voltmeter und das Verfahren eines Kreuzspul-Messwerks für Isolationsmessungen

Bei Isolationsmessungen sind Kreuzspul-Messwerke von Vorteil, da sie nicht von der absoluten Höhe der Hilfsspannung abhängig sind. Als Verhältniswertmesser zeigt das Messwerk den Isolationswiderstand im Verhältnis zu einem Vergleichswiderstand an.

Weit verbreitet ist das Kurbelinduktor-Isolationsmessgerät. Die Prüfspannung wird durch einen handbetriebenen Generator geliefert. Die Drehgeschwindigkeit muss so angepasst werden, dass beim Drücken der Prüftaste der Zeiger auf Null einspielt. Die Skala des Messwerks ist in MΩ beschriftet.

In verbesserter Ausführung wird die Spannung des Handkurbel-Generators herauf-transformiert, gleichgerichtet und geglättet. Als Messwerk ist ein Kreuzspul-Messwerk eingesetzt, sodass die Geschwindigkeit der Kurbelbewegung nicht kritisch ist. Ein Nachteil der handbetätigten Isolationsmesser ist die schwierige Bedienung. Mit einer Hand muss die Kurbel gedreht, mit der anderen Hand das Gerät festgehalten werden, und außerdem sollen die Prüfleitungen mit dem Netz in Berührung gebracht und eventuell umgeklemmt werden.

Für Messung in elektrischen Starkstromanlagen muss der Bereich zwischen 0,1 Ω und 1 MΩ gut ablesbar sein.

Bei der Prüfung von Isoliermaterialien und Werkstoffen, die als Kondensator-Dielektrikum verwendet werden, müssen Isolationswiderstände bis 1000 MΩ und mehr messbar sein. Diese Messverfahren kommen nur für Laboratorien, nicht für den Betrieb in Betracht. Durch Kondensatorentladung kann man Widerstände bis 10^{14} Ω bestimmen, das sind 100 TΩ. Mit einer Gleichspannung wird ein Kondensator aufgeladen. Parallel zum Kondensator liegt als Anzeigegerät ein statisches Voltmeter. Die Spannung wird so eingestellt, dass der Zeiger auf den Skalenwert 100 kommt. Dann wird durch einen Umschalter der geladene Kondensator mit dem Hochohmwiderstand R_x verbunden. Mit einer Stoppuhr misst man die Zeit, die vergeht, bis der Kondensator auf 36,8 % entladen ist. Auf der Skala ist hier ein Eichstrich angebracht. Da die Entladung eines Kondensators einer genau bekannten Kurve folgt und von der Kapazität und dem Widerstand abhängt, kann man daraus den Widerstand berechnen. Der Wert 36,8 % wird deshalb gewählt, weil sich dabei die einfache Gleichung für $R_x = \tau / C$ ergibt.

Bei Isolationsmessung in Anlagen der elektrischen Energieversorgung ist zu unterscheiden zwischen der betriebsmäßigen Messung und Überwachung der unter Spannung stehenden Anlagen und der Messung bei abgetrennter Anlage, zum Beispiel nach der Installation.

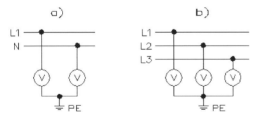

Abb. 1.94: Isolationsüberwachung im ungeerdeten Zweileiternetzwerk (links) und im Dreiphasennetz im Betrieb.

Normale Anzeige a): Je halbe Netzspannung; bei Isolationsfehler geht diese Anzeige zurück und die andere steigt.

Normale Anzeige b): Sternspannung; bei Erdschluss einer Phase geht die Anzeige auf null, die anderen zeigen die Leiterspannung.

Nach VDE 0100 darf im Betrieb der Fehlerstrom 1 mA nicht übersteigen. Daraus lässt sich der Mindestisolationswert erstellen (*Tabelle 1.15*).

Tabelle 1.15: Mindestisolationswert

Nennspannung	Isolationswert
115 V	115 kΩ
230 V	230 kΩ
400 V	400 kΩ

Im ungeerdeten Zweileiternetz kann die laufende Überwachung durch zwei Spannungsmesser erfolgen, die für die Netzspannung zu bemessen sind. Im ordnungsgemäßen Zustand zeigt jedes Messgerät die halbe Netzspannung. Bei einem Isolationsfehler eines Leiters gegen Erde geht die Anzeige dieses Instrumentes zurück und die des anderen steigt an. Ebenso kann mit drei Voltmetern der Isolationszustand im Drehstromnetz überwacht werden. Bei Erdschluss einer Phase geht die Anzeige dieses Messgeräts auf Null, während die anderen beiden die Leiterspannung anzeigen. Im guten Zustand zeigen alle drei Voltmeter gleichmäßig die Sternspannung an.

Die Isolationswerte von Anlagen müssen nach den VDE-Vorschriften so hoch sein, dass im Betrieb ein Fehlerstrom den Wert von 1 mA nicht überschreitet. Daraus ergibt sich die Regel, dass der Isolationswert in kΩ so hoch sein muss wie die Betriebsspannung in Volt. Dies gilt für jeden abgesicherten Abschnitt, und zwar für die Isolation der Adern untereinander und der Adern gegen Erde.

1.4.7 Fehlerort-Bestimmung

Wenn in einer elektrischen Anlage ein Fehler erkannt ist, muss der Fehlerort bestimmt werden. Bei Installationsanlagen bereitet das meistens keine Schwierigkeiten, da der Fehlerort rasch einzukreisen ist. Anders ist es bei Kabeln und Freileitungen. Hier will man möglichst den Fehlerort vom Ausgangspunkt her bestimmen können. Kabelfehler sind dabei naturgemäß schwerer zu ermitteln, da sie sich selbst bei ungefährer Bestimmung noch der unmittelbaren Kontrolle entziehen und teure Erdarbeiten nötig machen.

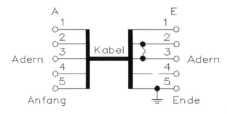

Ader 1: fehlerfrei (gesund)
Ader 2 und 3: Aderschluss
Ader 4: Aderbruch
Ader 5: Erdschluss

Abb. 1.95: Mögliche Kabelfehler
Ader 1: fehlerfrei
Ader 2 und 3: Aderschluss
Ader 4: Aderbruch
Ader 5: Erdschluss

Die möglichen Fehler in *Abb. 1.95* sind: Aderschluss, Aderbruch und Erdschluss. Das kann sich auf einzelne Adern oder auf alle Adern eines Kabels beziehen. In jedem Fall sind andere Messmethoden anzuwenden.

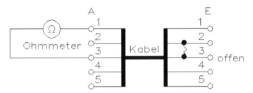

Abb. 1.96: Prüfung auf Aderschluss. Die Messungen werden mit Gleichstrom ausgeführt. Wechselstrommessungen sind häufig wegen der Kabelkapazität fehlerhaft.

Messung: Jede Ader gegen jede mit Ohmmeter prüfen
Enden offen: Messung zwischen 2 und 3 ergibt niederohmigen Widerstand
Fehlerfrei: Unendlicher Widerstand

Die Prüfung auf vorhandene Fehlerart muss der Fehlerortung vorausgehen. Auf Aderschluss wird bei offenen Enden des Kabels mit einem Ohmmeter geprüft (*Abb. 1.96*). Jede Ader ist gegen jede zu messen. Fehlerfreie Adern haben unendlich hohen Widerstand, fehlerhafte Adern einen niedrigen Widerstand gegeneinander.

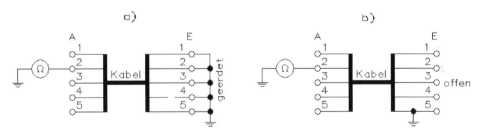

Abb. 1.97: Prüfung auf Aderbruch und Erdschluss

Messung für Aderbruch: Jede Ader gegen Erde mit Ohmmeter prüfen
Messung bei Enden geerdet: Messung bei Ader 4 ergibt unendlichen Widerstand und fehlerfreie Adern ergeben einen niedrigen Widerstand.
Messung für Erdschluss: Jede Ader gegen Erde mit Ohmmeter.
Messung bei Enden offen: Messung von Ader 5 ergibt einen niedrigen Widerstand, bei fehlerfreien Adern ergibt sich ein unendlicher Widerstand.

Bei Prüfung auf Aderbruch (*Abb. 1.97*) werden alle Aderenden gemeinsam geerdet. Die Messung erfolgt mit einem Ohmmeter, jede Ader gegen Erde. Adern, die in Ordnung sind, weisen niedrigen Widerstand auf, unterbrochene Adern unendlich hohen Widerstand.

Zur Prüfung auf Erdschluss bleiben die Aderenden offen. Gemessen wird mit dem Ohmmeter, jede Ader gegen Erde. Gesunde Adern haben unendlichen, defekte Adern niedrigen Widerstand.

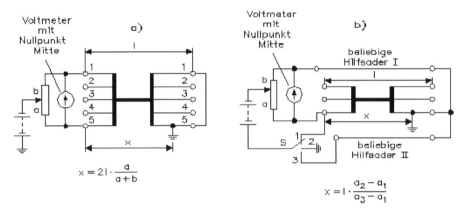

Abb. 1.98: Fehlerort-Messungen

Abb. 1.98 zeigt zwei Verfahren für die Fehlerort-Messungen.

a) Die Ader 5 hat Erdschluss in der Entfernung x bei Kabellänge l. Fehlerfreie Ader 1 mit fehlerhafter Ader 5 am Ende verbinden, dann Brücke abgleichen. Es ergibt sich:

$$x = 2l \cdot \frac{a}{a+b}$$

b) Eine oder mehrere Adern weisen einen Erdschluss in einer Entfernung von x bei Kabellänge l auf. Zwei beliebige Hilfsadern am Ende mit fehlerhafter Ader verbinden. Brücke in Schalterstellung S1...S3 dreimal abgleichen. Es ergibt sich:

$$x = l \cdot \frac{a_2 - a_1}{a_3 - a_1}$$

Die eigentliche Fehlerortung beruht fast immer auf einer Brückenschaltung. Wenn eine einzelne Ader Erdschluss hat, kann eine weitere, gleichartige, gesunde Ader des Kabels als Rückleitung verwendet werden. Die Enden der defekten und der gesunden Ader werden verbunden. Unter der Voraussetzung, dass der Querschnitt über die ganze Kabellänge gleich ist, liegt der Fehlerort in der Entfernung x von der einen und 2 × l −x von der anderen Seite. Mit dem Brückendraht wird die Brücke abgeglichen und daraus x errechnet.

Wenn alle Adern Erdschluss haben, werden zwei beliebige Hilfsadern am Kabelende mit einer Ader des defekten Kabels verbunden. Der Brückenzweig wird in Stellung 1 mit dem Kabelanfang, in Stellung 2 mit Erde und in Stellung 3 mit dem Kabelende verbunden. Aus den drei verschiedenen Stellungen des Schleifers (Schleiferdrahtanteil a) und aus der einfachen Länge l wird der Fehlerort errechnet.

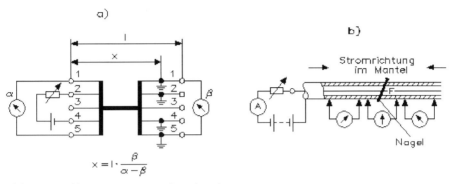

$$x = l \cdot \frac{\beta}{\alpha - \beta}$$

Abb. 1.99: Fehlerort-Messung und Punktordnung

Wenn mindestens vier Adern eines Kabels an der gleichen Stelle Erdschluss haben, kann mit diesen Adern die Brücke gebildet werden (*Abb. 1.99*). Am Anfang und am Ende wird je ein gleichartiges Galvanometer angeschlossen. Aus der Länge l und den beiden Galvanometer-Ausschlägen kann der Fehlerort x errechnet werden. Zwei gleichartige Galvanometer mit den Ausschlägen α und β lassen den Fehlerort x berechnen mit:

$$x = l \cdot \frac{\beta}{\alpha - \beta}$$

Wenn in einem Mantelkabel ein Erdschluss vorhanden ist, kann der genaue Punkt der Fehlerstelle durch Messung des Spannungsfalls und der Stromrichtung des rückfließenden Stroms im Kabelmantel ermittelt werden. Dies ist wichtig, um bei einem aufgegrabenen Kabel die notwendige Schnittstelle zu finden.

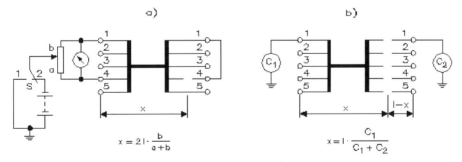

$$x = 2\,l \cdot \frac{b}{a+b} \qquad\qquad x = l \cdot \frac{C_1}{C_1 + C_2}$$

Abb. 1.100: Fehlerort-Messung bei Leitungsbruch in Ader 4 und bei Bruch aller Adern

Bei Aderbruch führt man die Messung über die Kapazität der Stücke durch (*Abb. 1.100*). Das Ende der defekten Ader wird mit dem Ende einer fehlerfreien Ader verbunden. Die Schaltung kann sich über das Leitungsstück x und $2 \times l - x$ aufladen. Die Brücke wird so abgeglichen, dass bei Ladung und Entladung kein Ausschlag auftritt. Dann steht der Schleifer an einer Stelle, die den Längen entspricht und der Fehlerort kann berechnet werden nach:

$$x = 2l \cdot \frac{b}{a+b}$$

Bei Bruch aller Adern wird die Kapazität der beiden Stücke gegen Erde gemessen. Hierbei muss eine Messung am Kabelanfang, die zweite Messung am Kabelende durchgeführt werden. Zweckmäßig misst man die Kapazitäten mehrerer Adern und bildet den Mittelwert. Die Aderkapazitäten werden gegen Masse gemessen und C_1 ist die Kapazität der Länge x. C_2 ist die Länge l – x. Aus den Kapazitätswerten kann der Fehlerort errechnet werden nach:

$$x = l \cdot \frac{C_1}{C_1 + C_2}$$

1.4.8 Erdwiderstandsmessung

Messungen von Erdwiderständen müssen stets mit Wechselstrom durchgeführt werden, da Gleichstrommessungen durch Polarisation verfälscht werden. Polarisation ist Gasabscheidung an einer Elektrode mit Veränderung des Durchgangswiderstands.

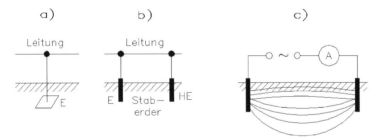

Abb. 1.101: Schaltungen für die Messungen des Erdwiderstands

Der Übergangswiderstand an einem einzelnen Erder kann nicht allein gemessen werden (*Abb. 1.101a*). Zur Messung ist ein geschlossener Stromkreis erforderlich, der durch einen anderen Erder gebildet werden kann (*Abb. 1.101b*). Allerdings liegen jetzt zwei unbekannte Übergangswiderstände in diesem Stromkreis. Durch Verwendung eines Hilfserders HE wird ein Stromkreis geschaffen, in dem allerdings jetzt zwei unbekannte Erdwiderstände liegen.

Beim Einsatz von Hilfserdern ist zu beachten, dass sie mindestens in 20 m Abstand gesetzt werden sollen, weil der Strom sich im Erdreich über einen großen Querschnitt verteilt (*Abb. 1.101c*). Das Potenzialgefälle in der Nähe des Erders ist am größten und bleibt von einem gewissen Abstand an gleich.

Eine Sonde in der Mitte zwischen zwei Erdern hat je 50 % Potenzialdifferenz nach beiden Seiten (*Abb. 1.102*). Der Erdwiderstand R_x muss in drei Messungen ausgeführt werden, damit sich eine Potenzialverteilung zwischen Erder und Hilfserder ergibt. Die Berechnung lautet:

Messung a: $R_x + R_{H1}$

Messung b: $R_x + R_{H2}$ $\qquad R_x = \dfrac{a + b - c}{2}$

Messung c: $R_{H1} + R_{H2}$

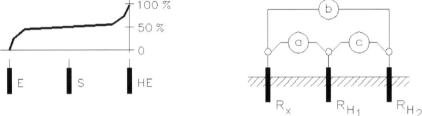

Abb. 1.102: Messung und Potenzialverteilung

Bei der Messung mit drei Erdern, einem zu messenden und zwei Hilfserdern, führt man in den drei Stromkreisen drei einzelne Widerstandsmessungen durch. Bei jeder Messung erfasst man die Summe zweier Übergangswiderstände und kann zum Schluss die drei Unbekannten aus den drei Gleichungen errechnen. Die Messung kann mit einer einfachen Wechselstrombrücke durchgeführt werden. Der Übergangswiderstand der Hilfserder soll etwa in gleicher Größenordnung liegen wie der Widerstand des unbekannten Erders. Das Diagramm (*Abb. 1.102a*) zeigt das Potenzialgefälle zwischen Erder E und Hilfserder HE. Die Sonde S im Mittelbereich hat je 50 %.

Die tatsächlich vorkommenden Werte sind sehr unterschiedlich, abhängig von der Art des Erders, der Beschaffenheit des Erdreichs und der Feuchtigkeit des Erdreichs. Gute Blitzableiter-Erden haben wenige Ohm Widerstand. Humusboden leitet besser als Kies und Geröll, und feuchter Boden leitet besser als trockener. Der Erdwiderstand kann durch Vergrößern der Oberfläche des Erders verringert werden.

Bei Brückenmessungen kann man mit zwei oder mit einer Messung zu einem Ergebnis kommen. Mit einem bekannten Vergleichswiderstand wird der Erdwiderstand von zwei Messungen bestimmt und daraus der unbekannte Erdwiderstand berechnet (*Abb. 1.103a*). Bei Anwendung des Kompensationsverfahrens (*Abb. 1.103b*) kommt man mit einer Messung zum Ziel.

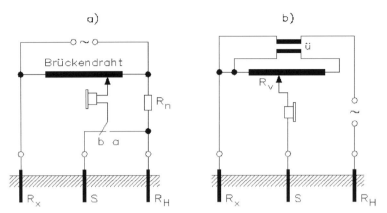

Abb. 1.103: Unterschiedliche Methoden zur Messung des Erdwiderstands

1.5 Vom elektrischen zum elektronischen Stromzähler

Der Stromzähler ist ein Messgerät zur Erfassung gelieferter und genutzter elektrischer Energie, also elektrischer Arbeit mit:

$$W = P \times t \qquad \text{oder} \qquad W = U \times I \times t$$

Die physikalische Einheit der Arbeit ist das Joule (J) bzw. die Wattsekunde (Ws). In der Praxis arbeitet man bei den Stromzählern mit der Einheit Kilowattstunde (kWh).

Falls Strom und Spannung eine Phasenverschiebung aufweisen, ist bei der Leistung zwischen Schein-, Wirk- und Blindleistung zu unterscheiden. Nur die Wirkkomponente der Leistung und der Energie wird von den Messgeräten erfasst.

Die im Haushalt in Deutschland verbreiteten Zähler zur Verbrauchsabrechnung erfassen den vom Stromnetz bezogenen Wechselstrom oder Drehstrom, den Wirkstrom sowie die momentan anliegende Wechselspannung. Sie ermitteln daraus durch Multiplikation und anschließende Integration nach der Zeit die genutzte Wirkenergie in Kilowattstunden.

Neben den üblichen Haushaltsstromzählern (10 A bis 60 A) kennt man für gewerbliche Nutzung noch die Stromzähler mit 200 A für kleinere Betriebe, jeweils ausgelegt auf die Nennspannung 230 V entsprechend 400 V (zwischen den Außenleitern). Der hinter dem Nennstrom in Klammern angegebene Ampere-Wert gibt die Maximal- oder Grenzstromstärke an, die der Zähler dauernd aushalten kann, ohne beschädigt zu werden. Bis zu diesem Stromwert müssen auch die Eichfehlergrenzen eingehalten werden. Der Nennstrom ist vornehmlich für die Eichung relevant, auf diesen Wert beziehen sich die Messpunkte, die beim Eichvorgang geprüft werden.

Bezahlt wird bei Kleinverbrauchern (Haushalten) nur die abgenommene Wirkenergie, also das zeitliche Integral der Wirkleistung. Das Integral der Blindleistung wird bei Großverbrauchern (Industrie) zusätzlich gemessen und berechnet, weil diese Form der Leistung die Versorgungsnetze zusätzlich belastet. Sie erfordert stärkere Leitungen und Transformatoren, als zur Verrichtung der Arbeit erforderlich sind, und produziert erhöhte Leitungsverluste. Daher ist auch die Blindenergie ein Abrechnungsmerkmal der Energieversorger.

Bei Tarifkunden in den privaten Haushalten wird die Ausführung mit zwei Tarifzählwerken eingesetzt. So kann der Energieverbrauch in Zeiten schwacher Netzbelastung, z. B. nachts, für den Verbraucher günstiger abgerechnet werden. Dies wird vereinbart, um in den sogenannten Schwachlastphasen, meist nachmittags und in der Nacht, für elektrische betriebene Wärmespeicherheizungen die Energie kaufen zu können. Für die Energieversorger wird durch diese Zu- oder Abschaltung von Verbrauchern zur Wärmeerzeugung ein Ausgleich der Netzbelastung erreicht. Solche Tarife können mit einfachen Zählern nicht mehr erfasst werden.

Es gibt elektromechanische Energiezähler mit zwei und mehr Zählwerken, um zeitbezogen unterschiedliche Tarife abrechnen zu können. Zwischen diesen Zählwerken wird beispielsweise durch eingebaute oder externe Rundsteuerempfänger (die durch zentrale Rundsteueranlagen im Energieversorgungsunternehmen gesteuert werden) umgeschaltet. Die Tarifumschaltung erfolgt entweder über Spannungsstöße aus einer Rundsteueranlage mit einer sogenannten Mittelfrequenz, welche der Netzspannung von 50 Hz überlagert wird, oder gesteuert durch eine Tarifschaltuhr.

1.5.1 Umstellung auf elektronische Zähler

Nachdem elektronische Zähler schon länger für Industrieanwendungen eingesetzt werden, halten sie auch seit einigen Jahren Einzug in die privaten Haushalte. Die Verbreitung dort ist je nach Energieversorger sehr unterschiedlich. Elektronische Zähler können mit Tarifumschaltern ausgestattet werden, die eine vereinbarte zeitabhängige Tarifeinstellung berücksichtigen.

Neue elektronische Zähler werden über Datenschnittstellen per Fernauslesung vom Energieversorgungsunternehmen und der Gebäudeautomation ausgelesen. Mit elektronischen Zählern kann die Tarifierung ohne Eingriff in den Zähler verändert werden. Es werden im Zähler keine elektromechanischen Zählwerke mehr benötigt. Bei diesen Zählern ist zu beachten, dass die Anzeige für die HT (Hochpreistarif)- und NT (Niedrigpreistarif)-Tarife eventuell anders angeordnet sind (HT-Anzeige oben und NT-Anzeige unten).

Nach der Änderung des Energiewirtschaftgesetzes EnWG und der neuen Messstellenzugangsverordnung (beide in Kraft getreten im September 2008) besteht ab 1. Januar 2010 die Pflicht, bei Neubauten und Modernisierungen sogenannte intelligente Zähler zu verwenden.

Wird ein vereinbartes Tarifmerkmal überschritten, kann durch eine eingestellte Begrenzung des Leistungswertes oder der Energiemenge eine Last abgeworfen werden. Alternativ wird bei solchen Lastüberschreitungen für deren Dauer ein anderer Tarif zugrunde gelegt. Solche Tarife können mit einfachen Zählern nicht mehr erfasst werden.

1.5.2 Arten von Stromzählern

Weit verbreitet sind die Stromzähler oder Ferraris-Zähler, die nach dem Induktionsprinzip arbeiten. Hierbei wird durch den Ein- oder Mehrphasenwechselstrom sowie die Netzspannung in einem Ferrarisläufer (Aluminiumscheibe) ein magnetisches Drehfeld induziert, welches in ihr durch Wirbelströme ein Drehmoment erzeugt. Dieses ist in jedem Augenblick proportional zum Produkt aus Strom und Spannung und somit im zeitlichen Mittel zur Wirkleistung. Die Scheibe läuft in einer aus einem Dauermagneten bestehenden Wirbelstrombremse, die ein geschwindigkeitsproportionales Bremsmoment erzeugt. Die Scheibe, deren Kante als Ausschnitt durch ein Fenster von außen sichtbar ist, hat dadurch eine Drehgeschwindigkeit, welche zur elektrischen Wirkleistung proportional ist. Die Zählung der Umdrehungen ist dann zur tatsächlich bezogenen elektrischen Energie proportional.

Ferraris-Zähler summieren in ihrem üblichen Aufbau auch bei Oberschwingungs- oder Blindstromanteilen nur die Wirkleistung. Es gibt ähnlich aufgebaute Blindverbrauchszähler, welche die induktive bzw. kapazitive Blindleistung summieren. Ihre innere Schaltung entspricht der Schaltung bei Blindleistungsmessung.

Mit der Aluminiumscheibe ist ein Rollenzählwerk verbunden, sodass der Energiedurchsatz als Zahlenwert in Kilowattstunden (kWh) abgelesen werden kann. Mithilfe der am Zähler angebrachten Angabe „Umdrehungen pro Kilowattstunde" kann man visuell auch die aktuelle Leistung ermitteln, indem man über einen bestimmten Zeitraum die Umdrehungen zählt. Diese Zähler können den Verbrauch in zwei oder mehr Tarifen unterteilt zählen.

1.5.3 Elektronische Stromzähler

Die seit einigen Jahren neu entwickelten elektronischen Stromzähler enthalten keine mechanisch bewegten Elemente. Der Strom wird durch Stromwandler, beispielsweise mit einem weichmagnetischen Ringkern oder einem Strommesssystem (mit Rogowskispulen) mittels Nebenschlusswiderstand (Shunt) oder Halleelementen erfasst. Die Zählung der Energie erfolgt mit einer elektronischen Schaltung. Das Ergebnis wird einer alphanumerischen Anzeige (meist Flüssigkristallanzeige) zugeführt. Als Datenschnittstellen sind Infrarot, S0-Schnittstelle, M-Bus, potenzialfreier Kontakt, EIB/KNX, 20 mA (verbunden mit GSM- oder PSTN-Modems) bzw. Power Line Carrier (PLC) üblich. Die Impulsausgänge (S0) liefern in der Praxis eine Impulswertigkeit von

2000 Impulsen bis 5000 Impulsen pro kWh. Dieser Wert muss dann abhängig vom Zähler mit einem festen Faktor von zum Beispiel 30 oder 50 multipliziert werden, um den kumulierten Messwert zu bekommen.

Für Zähler konventioneller Bauart mit mechanischer Verbrauchsanzeige besteht die Möglichkeit, sie mit einem elektronischen Auslesegerät zu versehen. Diese Geräte besitzen eine Optik, mit deren Hilfe der Zählerstand mittels Texterkennung (OCR) in eine elektronische Information umgewandelt wird. Diese Information kann dann wie bei den elektronischen Energiezählern über diverse Datenschnittstellen weiter übermittelt werden. Damit ist ein automatisches Ablesen des Zählers möglich (englisch: AMR, Automated Meter Reading) und das manuelle Auslesen kann entfallen.

Die in Europa gültigen Normen für elektronische Energiezähler sind: IEC 62053-21 bis IEC 62053-23. Für die Datenschnittstellen werden IEC 62056-21 sowie IEC 62056-42, −46 und −53 (DLMS) und IEC 870 genutzt.

Die relativen Fehlergrenzen als Maß für die Genauigkeit der Zähler liegt im Haushaltsbereich bei 2 %. Bei hoher zu zählender elektrischer Arbeit sind auch Zähler der Genauigkeitsklassen 1, 0,5 und 0,2 (meist in Verbindung mit Messwandlern) im Einsatz. Höchste Anforderungen bestehen z. B. an der Übergabestelle vom Kraftwerk ins Netz oder zwischen Übertragungsnetzen. Die Genauigkeitsklasse ist auf den Zählern hin und wieder angegeben. Diese Angabe kann so aussehen: Etwa ein Kreis, in dem sich eine Zahl befindet, oder Kl. 2 oder Kl.1, wobei die Zahl immer die relative Verkehrsfehlergrenze in Prozent angibt. Aus speziellen Legierungen aufgebaute Ringbandkerne ermöglichen seit Kurzem hochpräzise elektronische Energiezähler in gleichstromtoleranter Ausführung.

Jeder Energiezähler, der für die Abrechnung des Energieverbrauchs genutzt wird, trägt in Deutschland bisher eine Eichmarke nach dem Eichgesetz.

Stromzähler, die in privaten Haushalten eingesetzt werden, unterliegen in Deutschland der Eichpflicht. Nach Ablauf der Eichgültigkeitsdauer 16 Jahre beziehungsweise acht Jahre bei elektronischen Zählern, 12 Jahre für mechanische Messwandlerzähler (mit Induktionswerk [mit Läuferscheibe]) muss das Messgerät ausgetauscht oder die Eichgültigkeit verlängert werden. Ausnahmen sind möglich. Ein übliches Verfahren zur Verlängerung der Eichgültigkeit ist die Stichprobenprüfung.

Die Eichung wird bei staatlich anerkannten Prüfstellen durchgeführt. Viele Netzbetreiber und Hersteller unterhalten eigene Prüfstellen. Es gibt jedoch auch Firmen, die sich auf die Eichung spezialisiert haben. Als Staatsbehörde für die Eichung zuständig ist in Deutschland die PTB in Braunschweig.

Die Europäische Messgeräterichtlinie (MID) regelt seit 30. Oktober 2006 das Inverkehrbringen verschiedener neuer für den Endnutzer bestimmter Messgeräte in Europa – unter anderem eben auch der Wirk-Stromzähler. Sie regelt nicht die Eichpflicht und die Anforderungen nach dem Inverkehrbringen bzw. der Inbetriebnahme. Dies bleibt nationalem Recht vorbehalten. Allerdings müssen sich die Mitgliedstaaten vor der Kommission und den anderen Mitgliedstaaten rechtfertigen, wenn sie dies nicht regeln. MID-konforme Messgeräte müssen vor der ersten Inbetriebnahme nicht mehr geeicht werden.

Die MID-Anforderungen ersetzen derzeit viele gültige nationale Anforderungen für geeichte Zähler (zum Beispiel in Deutschland, Österreich, Schweiz und skandinavischen Ländern). Sie sind überwiegend identisch mit der PTB-Zulassung in Deutschland, teilweise etwas härter. Für ältere Zulassungen (etwa PTB) gilt eine Übergangsfrist bis 30. Oktober 2016. Alle am 30. Oktober 2006 auf dem Markt befindlichen Zähler mit PTB-Zulassung können also bis 30. Oktober 2016 weiterhin in Verkehr gebracht werden. Nur neu eingeführte Messgeräte müssen der MID entsprechen. Die entsprechende Prüfung wird in Deutschland übrigens ausschließlich von der PTB durchgeführt, kann jedoch in jedem Mitgliedstaat beantragt werden und muss dann in jedem Mitgliedstaat anerkannt werden.

Bei Stromzählern gilt die MID formal nur für Wirkstromzähler. Hieraus ergibt sich eine Problematik für Zähler, die sowohl Wirk- als auch Blindleistung messen: Für den Geräteteil der Wirkmessung ist eine MID-Konformitätserklärung erforderlich. Eine Ersteichung darf nicht mehr vorgeschrieben werden, der Teil für die Blindmessung muss herkömmlich nach dem jeweiligen Eichrecht zugelassen bzw. geeicht werden.

1.5.4 Elektronischer Stromzähler mit Mikrocontroller

Mit den neuen Multifunktions-Stromzählern kann eine Leistungsfaktorüberwachung auf kleine Industriekunden und sogar private Endkunden ausgedehnt werden. Werden diese Multifunktions-Stromzähler zum Standard, können Strombezugstarife individuell festgelegt werden, beispielsweise unter dem Aspekt der Wirk- und Blindleistungsabnahme des Stromkunden. Weiterhin stellt sich auch die Frage des Auslesens der Zählerstände und der Übertragung an die Abrechnungsstelle der Lieferanten. Ein manuelles Ablesen im Feld ist nicht nur teuer, sondern auch fehlerträchtig.

Die Grundlagen eines Multiraten- und Multifunktions-Messgeräts sind in der Hardware relativ einfach. Man tastet Spannung und Strom ab, stellt die Messergebnisse dar und fügt eine Kommunikationsschnittstelle, einen nicht flüchtigen Speicher, eine interne Stromversorgung und einen Mikrocontroller hinzu. Die meisten dieser Komponenten sind bereits in einem Mikrocontroller integriert. Beispielsweise enthält der MAXQ3120 von Dallas Semiconductor/Maxim zwei 16-Bit-A/D-Wandler zur Strom- und Spannungsabtastung, zwei UARTs (einer ist für die asynchrone Infrarot-Kommunikation konfiguriert), einen LCD-Controller für die Anzeige, eine 16 x 16-MAC-Einheit, integriertes RAM sowie einen Flash-Speicher auf einem einzigen Chip. Damit ist der Baustein ideal für Multifunktions-Stromzähler geeignet.

Die Software für diesen Zähler zu schreiben, stellt eine größere Herausforderung dar. Dadurch, dass die Software die fundamentale Funktion des Gerätes implementiert, muss sie jeweils entsprechend lokaler Kundenanforderungen angepasst werden. Weiterhin muss die Software, selbst wenn in einer Hochsprache wie C geschrieben wird, an die jeweilige Messumgebung angepasst werden, in der sie eingesetzt werden soll. Da die Hardware des Stromzählers im Vergleich zur Software einfach und flexibel gestaltet ist, kann das Basis-Stromzählerboard produziert und auf Lager gehalten werden. Die jeweils gewünschte Funktion wird über einen geeigneten Softwaredownload festgelegt. Dallas Semiconductor/Maxim stellt ein Referenz-Design in C-Source-Code zur Verfügung, das an Kundenwünsche angepasst und modifiziert werden kann.

Mit einem A/D-Wandler ist die Spannungsmessung einfach. Man muss lediglich die Netzspannung entsprechend dem zulässigen Eingangsbereich des Differenzeingangs des Wandlers skalieren (typischerweise im Bereich von wenigen 10 mV bis zu l V). Im Referenzdesign wird ein Widerstandsteiler benutzt, um das Signal auf den Bereich von −1V bis 1V zu skalieren.

Der Strom wird gemessen, indem der Spannungsfall im Milli-Volt-Bereich über einen Shunt gemessen wird. Der Spannungsfall über diesen Shunt muss minimiert werden, um die Verlustleistung gering zu halten. Ein Shunt mit 0,5 mΩ liefert ein Signal von 20 mV bei Vollaussteuerung, erzeugt bei einer Last von 40 A aber bereits eine Verlustleistung von 1 W.

Betrachten wir zunächst den A/D-Wandler. Zunächst erscheinen die Anforderungen an die Messung eines Signals von 50 Hz und 60 Hz trivial, allerdings sind verschiedene Randbedingungen einzuhalten. Die meisten Messgeräte erfordern eine Genauigkeit von 1 % über den gesamten Lastbereich. Das Referenzdesign garantiert diese Genauigkeit zwischen 1 A und 40 A. Um diese Genauigkeit zu erreichen, muss eine Auflösung von 10 mA erreicht werden und trotzdem bis zu 40 A gemessen werden können, d. h. ein Verhältnis von 4000:1. Das bedeutet, dass der A/D-Wandler mindestens eine Auflösung von 12 Bit, besser 14 Bit oder mehr erreichen muss.

Bei einer Grundfrequenz von 50/60 Hz reicht eine Nyquist-Frequenz von 100/120 Hz aus. Allerdings schreiben die meisten Vorschriften vor, dass die Leistung bis zur 21. Oberwelle akkurat gemessen werden muss. Das entspricht einer auflösenden Frequenz von 1260 Hz und einer Abtastrate von mindestens 2520 Hz. Diese Anforderungen sind für moderne A/D-Wandler kein Problem, können aber interne A/D-Wandler in Mikrocontrollern überfordern.

Der Zähler besteht aus dem Mikrocontroller MAXQ3120, einer Stromversorgung, einem LCD-Display, einem I²C-EEPROM, einem Eingangssignal-Sensor sowie einer Kommunikationsschnittstelle. Auf dem Markt gibt es zu viele unterschiedliche Kommunikationsstandards, als dass man sie alle mit einer integrierten Lösung abdecken könnte. Allerdings ist es wahrscheinlich, dass in einem kostengünstigen Zähler eine asynchrone serielle Schnittstelle eingesetzt werden wird. Der MAXQ3120 bietet zwei serielle Kommunikationskanäle. Der erste Kanal basiert auf dem EIA485-Standard. Im Referenzdesign arbeitet der Mikrocontroller auf Netzebene. Als zentrale Steuer- und

Abfrageeinheit dient ein Laptop oder PC, der den Stromzähler über diese galvanisch getrennte Verbindung abfragen kann. Von hier lassen sich dann die ausgelesenen Verbrauchsdaten zur Rechnungsstelle übertragen.

Der zweite Kanal wird mit einem Infrarottransceiver mit einfachem asynchronen Protokoll hergestellt. Ein digitales 0-Signal wird als Signalimpuls von 38 kHz übertragen, ein 1-Signal wird durch das Fehlen der Impulse signalisiert. Der Empfänger kann mit einer preisgünstigen IR-Fotodiode und einem Detektor von 38 kHz aufgebaut werden. Damit wird mit nur zwei optischen Bauelementen ein voll funktionsfähiger Infrarottransceiver implementiert.

Da moderne Mikrocontroller nur eine sehr geringe Leistungsaufnahme benötigen, kann als Stromversorgung eine einfache transformatorbasierte lineare Spannungsversorgung verwendet werden. Im Referenzdesign ist der Mikrocontroller nicht von der Netzspannung galvanisch getrennt. Der Massepegel liegt auf Netzspannungsebene. Damit kann der Mikrocontroller nicht direkt mit einem PC kommunizieren. Eine galvanische Trennung ist nötig, die mit einem Optokoppler entsprechend EIA485 realisiert ist. Der Optokoppler selbst wird über eine separate Wicklung im Transformator versorgt.

Zwei Arten von nicht flüchtigen Speichern werden im Design eingesetzt. EEPROM ist deutlich preiswerter als FRAM, weist aber längere Schreibzyklen im ms-Bereich auf und bietet bis eine Million Schreibzyklen. Diese Zahl hört sich zunächst groß an. Allerdings muss die Software mit jedem Abtastschritt Daten in den nicht flüchtigen Speicher schreiben. Bei 50 Hz kann man das EEPROM bestenfalls fünf Stunden nutzen, bevor die maximale Anzahl der Schreibzyklen erreicht wird. In der Praxis wird man eine Art Cache einsetzen, um diese Probleme zu vermeiden. Das FRAM hat diese Probleme nicht. Ein Schreib- und ein Lesezyklus sind gleich lang (einige Mikrosekunden) und es gibt keine Limitierung der maximal möglichen Schreibzyklen. Leider kosten FRAMs ein Vielfaches von EEPROMs gleicher Größe.

Eine Vielzahl verschiedener Faktoren bestimmt die Auswahl eines Mikrocontrollers, der für einen elektronischen Stromzähler geeignet ist. Man sollte folgende Faktoren berücksichtigen:

- Hat der Mikrocontroller alle peripheren Einheiten, die benötigt werden? Hierzu gehören eine integrierte Uhr, serielle Schnittstellen, Timer, Zähler, IR-Schnittstelle, Display-Controller, ausreichende Rechenleistung bzw. MAC zur Signalverarbeitung.

- Hat der Mikrocontroller genügend Programmspeicher? Falls die Anwendung in C geschrieben wird, ist die Codespeicherung von 16 Kbytes bis 64 Kbyte Code notwendig. Das Referenzdesign passt in einen Speicher von 32 Kbyte.

- Hat der Mikrocontroller ausreichend RAM, um alle Datenstrukturen aufnehmen zu können?

- Viele Mikrocontroller bieten integrierte Wandler an Board. Reichen diese Merkmale wirklich aus (Abtastrate, Auflösung, Linearität)? Idealerweise wird eine 14-Bit-Auflösung bei mindestens 10 ksps benötigt.

- Kann die Uhr auf eine Genauigkeit von einer halben Sekunde pro Monat getrimmt werden? Falls nicht, sollte ein externer Oszillator oder ein zusätzlicher Uhrenbaustein eingesetzt werden.

2 Analoge und digitale Oszilloskope

Bei Standardoszilloskopen unterscheidet man zwischen analogen und digitalen Messgeräten. Ein analoges Oszilloskop arbeitet in Echtzeit, d. h. das eingehende Signal wird sofort am Bildschirm sichtbar. Ein digitales Oszilloskop tastet zuerst das Eingangssignal ab und speichert es in einem Schreib-Lese-Speicher zwischen. Wenn die Messung abgeschlossen ist, erscheint das gespeicherte Messsignal am Bildschirm.

Als Oszilloskop bezeichnet man eine Messeinrichtung, mit der sich schnell ablaufende Vorgänge, vorwiegend Schwingungsvorgänge aus der Elektrotechnik, Elektronik, Mechanik, Pneumatik, Hydraulik, Mechatronik, Nachrichtentechnik, Informatik, Physik usw. sichtbar auf einem Bildschirm verfolgen lassen. Arbeitet man mit einem analogen Oszilloskop, lassen sich die zu messenden Vorgänge kurzzeitig betrachten, denn es besteht keine Speichermöglichkeit. Sollen die Kurvenzüge einer Messung jedoch gespeichert werden, benötigt man ein digitales Oszilloskop. Wenn ein digitales Oszilloskop eingesetzt wird, ist für den Praktiker Folgendes unbedingt zu beachten:

- Einmalige Ereignisse sind über einen längeren Zeitraum sichtbar.
- Bei niederfrequenten Vorgängen lässt sich das charakteristische Flimmern oder Flackern der Bildschirmdarstellung beseitigen.
- Jede Veränderung während eines Schaltungsabgleichs kann man langfristig auf dem Bildschirm betrachten.
- Aufgenommene Signale sind mit Standard-Kurvenformen, die gespeichert vorliegen, vergleichbar.
- Transiente Vorgänge, die häufig nur einmal auftreten, lassen sich unbeaufsichtigt überwachen (Eventoskop-Funktion).
- Für Dokumentationszwecke lassen sich die Kurvenformen aufzeichnen, die man dann in Texte einbinden kann.

Herkömmliche (analoge) Oszilloskope bieten im Allgemeinen nicht die Möglichkeit, derartige Vorgänge über längere Zeit auf dem Bildschirm festzuhalten, sofern sie überhaupt dafür geeignet sind. Tatsächlich sind dann auch die meisten Messvorgänge mit diesem Oszilloskop praktisch nicht sichtbar. Die einzige Lösung, sie dauerhaft aufzuzeichnen, besteht in der Bildschirmfotografie. Demgegenüber vermindert sich dieser Aufwand mithilfe einer Bildspeicherröhre beträchtlich, doch sind die höheren Anschaffungskosten keineswegs vernachlässigbar. Prinzipiell sind bei Oszillografen zwei Varianten (*Abb. 2.1*) vorhanden, das herkömmliche analoge Oszilloskop und das digitale Speicheroszilloskop.

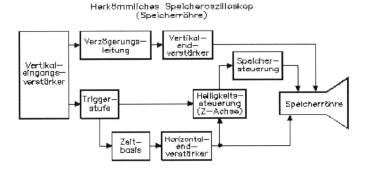

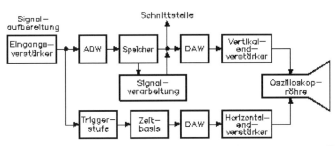

Abb. 2.1: Vergleich zwischen einem herkömmlichen analogen Oszilloskop und einem digitalen Speicheroszilloskop

Die Anfänge der Bildspeicherung in Oszilloskopen beruhen auf der Basis eines bistabilen Bildschirmmaterials. In der Praxis wurden dazu Elektronenstrahlröhren verwendet, deren Bildschirm aus Material mit bistabilen Eigenschaften besteht und somit zweier (stabiler) Zustände fähig ist, nämlich beschrieben oder unbeschrieben. Die bistabile Speicherung zeichnet sich durch einfachste Handhabung aus und ist zudem wohl das kostengünstigere Verfahren der herkömmlichen Speicherverfahren, da man ein Standardoszilloskop mit einer anderen Bildröhre und wenigen Steuereinheiten nachrüsten kann. Was jedoch die Schreibgeschwindigkeit des Elektronenstrahls auf dem Bildschirm betrifft, ist es keineswegs zum Besten bestellt. Die wesentlichen Anwendungen dieses Speicherverfahrens findet man deshalb auch in der Mechanik, bei Signalvergleichen und bei der Datenaufzeichnung. Die meisten bistabilen Oszilloskopröhren verfügen über einen in zwei Bereiche unterteilten Bildschirm, d. h., dass die Speicherung eines Signals auf der einen Bildschirmhälfte vom Geschehen auf der anderen unbeeinflusst bleibt, was zweifellos ein wichtiger Vorteil ist. Das schafft die Möglichkeit, eine bekannte Kurvenform als Muster zu speichern und mit einer anderen Kurvenform zu vergleichen. Allerdings kann dies auch sehr einfach und zugleich wirkungsvoll mit einem digitalen Speicheroszilloskop geschehen. Damit stand bereits seit 1970 fest, dass die bistabile Speicherung keine Zukunft hat.

2.1 Aufbau eines analogen Oszilloskops

Das Elektronenstrahloszilloskop oder Katodenstrahloszilloskop (KO) ist seit 80 Jahren zu einem vertrauten und weit verbreiteten Messgerät in vielen Bereichen der Forschung, Entwicklung, Instandhaltung und im Service geworden. Die Popularität ist durchaus angebracht, denn kein anderes Messgerät bietet eine derartige Vielzahl von Anwendungsmöglichkeiten.

Im Wesentlichen besteht ein analoges Oszilloskop aus folgenden Teilen:

- Elektronenstrahlröhre
- Vertikal- oder Y-Verstärker
- Horizontal- oder X-Verstärker
- Zeitablenkung
- Triggerstufe
- Netzteil

Ein Oszilloskop ist wesentlich komplizierter im Aufbau als andere anzeigende Messgeräte (*Abb. 2.2*). Zum Betrieb der Katodenstrahlröhre sind eine Reihe von Funktionseinheiten nötig, unter anderem die Spannungsversorgung mit der Heizspannung, mehrere Anodenspannungen und der Hochspannung bis zu 5 kV. Die Punkthelligkeit wird durch eine negative Vorspannung gesteuert und die Punktschärfe durch die Höhe der Gleichspannung an der Elektronenoptik. Eine Gleichspannung sorgt für die Möglichkeit zur Punktverschiebung in vertikaler, eine andere für Verschiebung in horizontaler Richtung. Die sägezahnförmige Spannung für die Zeitablenkung wird in einem eigenen Zeitbasisgenerator erzeugt. Außerdem sind je ein Verstärker für die Messspannung in X- und Y-Richtung eingebaut.

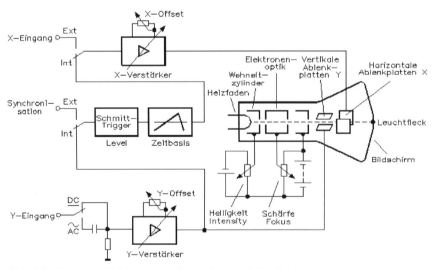

Abb. 2.2: Blockschaltbild eines analogen Einkanal-Oszilloskops

Die Bedienungselemente sind in *Tabelle 2.1* zusammengefasst.

Tabelle 2.1: Bedienungselemente

Beschriftung	Funktion	Beschriftung	Funktion
POWER	Netzschalter, Ein/Aus	X-MAGN	Dehnung der Zeitablenkung
INTENS	Rasterbeleuchtung	Triggerung:	Zeitablenkung getriggert durch
	Helligkeitseinstellung des Oszilloskops	A; B	- Signal von Kanal A (B)
FOCUS	Schärfeeinstellung	EXT	- externes Signal
INPUT A (B)	Eingangsbuchsen für	Line	- Signal von der Netzspannung
	Kanal A (B)	LEVEL	Einstellung des Triggersignalpegels
AC-DC-GND	Eingang über Kondensator	NIVEAU	Endstellung der LEVEL-Einstellung
	(AC), direkt (DC) oder auf Masse	AUTO	Automatische Triggerung der
	(GND) geschaltet		Zeitablenkung beim Spitzenpegel
CHOP	Strahlumschaltung mit Festfrequenz von		Ohne Triggersignal ist die
	einem Vertikalkanal zu anderen		Zeitablenkung frei laufend
ALT	Strahlumschaltung am Ende des	+/−	Triggerung auf positiver bzw.
	Zeitablenkzyklus von einem		negativer Flanke des Triggersignals
	Vertikalkanal zu anderen	TIME/DIV	Zeitmaßstab in µs/DIV oder
INVERT CH.B	Messsignal auf Kanal B wird invertiert		ms/DIV
ADD	Addition der Signale von A und B	VOLT/DIV	Vertikalabschwächer in mV/DIV
POSITION	Vertikale Strahlverschiebung		oder V/DIV
	Horizontale Strahlverschiebung	CAL	Eichpunkt für Maßstabsfaktoren

An die Sägezahnspannung werden hohe Anforderungen gestellt. Sie soll den Strahl gleichmäßig in waagerechter Richtung von links nach rechts über den Bildschirm führen und dann möglichst rasch von rechts nach links zum Startpunkt zurückeilen. Der Spannungsanstieg muss linear verlaufen und der Rücklauf ist sehr kurz. Außerdem ist die Sägezahnspannung in ihrer Frequenz veränderbar.

2.1.1 Elektronenstrahlröhre

Katodenstrahlen entstehen in stark evakuierten Röhren (Druck kleiner als 1 Pa), wenn an den Elektroden der Heizung eine hohe Gleichspannung liegt. Die erzeugten Katodenstrahlen bestehen aus Elektronen hoher Geschwindigkeit und breiten sich geradlinig aus. Sie schwärzen beispielsweise fotografische Schichten. Glas, Leuchtfarben und bestimmte Mineralien werden von ihnen zum Leuchten gebracht (Fluoreszenz). Über magnetische und elektrische Felder lassen sich die Elektronenstrahlen entsprechend der angelenkten Polarität auslenken.

In metallischen Leiterwerkstoffen sind die Elektronen der äußersten Atomhülle nicht fest an einen bestimmten Atomkern gebunden. Diese Leitungselektronen bewegen sich verhältnismäßig frei zwischen den Atomrümpfen. Unter dem Einfluss der praktisch immer vorhandenen Wärmeenergie „schwirren" die Leitungselektronen ungeordnet und mit hoher Geschwindigkeit in alle Richtungen. Die mittlere Geschwindigkeit der Wärmebewegung steigt, wenn man die Temperatur des betreffenden Materials durch Zufuhr von Energie erhöht. Fließt ein Elektronenstrom im Leiter, überlagert sich diese Wärmebewegung zu einer langsamen und gleichmäßigen Strombewegung. Bei genügend hoher Temperatur bewegen sich die Leitungselektronen so heftig, dass einige von ihnen die Oberfläche des Metalls verlassen. Jedes Elektron erhöht beim Verlassen der Katode deren positive Ladung. Da sich ungleichartige Ladungen anziehen, kehren die emittierten Elektronen im Nahbereich der Katode wieder zurück. Diese ausgesendeten und wieder zurückkehrenden Elektronen umhüllen die Katode mit einer Elektronenwolke (Raumladung). *Tabelle 2.2* zeigt die Austrittsarbeit eines Elektrons bei verschiedenen Materialien für die Katoden.

Tabelle 2.2: Austrittsarbeit eines Elektrons bei verschiedenen Werkstoffen für die Katode

Katodenmaterial	BaSrO	Caesium	Quecksilber	Wolfram	Platin
Austrittsarbeit (eV) für ein Elektron (Ws)	≈ 1	$\approx 1{,}9$	$\approx 4{,}5$	$\approx 4{,}5$	≈ 6
	$\approx 1{,}6 \times 10^{-19}$	$\approx 3{,}1 \times 10^{-19}$	$\approx 7{,}3 \times 10^{-19}$	$\approx 7{,}3 \times 10^{-19}$	$\approx 9{,}6 \times 10^{-19}$

Elektronen mit hoher Austrittsgeschwindigkeit entfernen sich genügend weit von der Katode und erreichen den Wirkungsraum des elektrischen Felds zwischen Anode und Katode. Die Kraft dieses Felds treibt die Elektronen mit zunehmender Geschwindigkeit zur Anode hin. Für die Austrittsarbeit benötigt ein Elektron eine bestimmte Energie, die für verschiedene Werkstoffe entsprechend groß ist.

Fließt ein Strom durch einen Leiter, entsteht die erforderliche Wärmeenergie für eine Thermoemission. Wenn der glühende Heizfaden selbst Elektronen emittiert, spricht man von einer „direkt geheizten Katode". In der Röhrentechnik setzte man ausschließlich Wolfram-Heizfäden ein, die bei sehr hoher Temperatur arbeiten, weil die Leitungselektroden in reinen Metallen eine große Austrittsarbeit vollbringen müssen. Heute verwendet man meistens „indirekt geheizte Katoden" aus Barium-Strontium-Oxid (BaSrO). Bei üblichen Ausführungen bedeckt das emittierende Mischoxid die Außenfläche eines Nickelröhrchens.

Die Elektronenstrahlröhre beinhaltet eine indirekt beheizte Katode. Der Heizwendel ist in einem Nickelzylinder untergebracht und heizt diesen auf etwa 830 °C auf, wobei ein Strom von etwa 500 mA fließt. An der Stirnseite des Zylinders sind Strontiumoxid und Bariumoxid aufgebracht. Durch die Heizleistung entsteht unmittelbar an dem Zylinder eine Elektronenwolke. Da an der Anode der Elektronenstrahlröhre eine hohe positive Spannung liegt, entsteht ein Elektronenstrahl, der sich vom Zylinder zur Anode mit annähernd Lichtgeschwindigkeit bewegt. Durch die Anordnung eines „Wehnelt"-Zylinders über dem Nickelzylinder verbessert sich die Elektronenausbeute erheblich und gleichzeitig lässt sich der Wehnelt-Zylinder für die Steuerung des Elektronenstroms verwenden.

Die Elektronen, von der Katode emittiert, werden durch das elektrostatische Feld zwischen Gitter G_1 und Gitter G_2 (die Polarität der Elektroden ist in der Abbildung zu ersehen) „vorgebündelt". Die Bewegung eines Elektrons quer zur Richtung eines elektrischen Felds entspricht einem waagerechten Wurf und die Flugbahn hat die Form einer Parabel. An Stelle der Fallbeschleunigung tritt die Beschleunigung auf, die das elektrische Feld erzeugt mit:

$$a = \frac{E}{m_e}$$
a = Beschleunigung mit konstantem Wert der Zeit t

E = elektrische Feldstärke

m_e = Masse des Elektrons

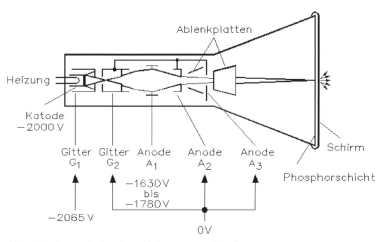

Abb. 2.3: Querschnitt einer Elektronenstrahlröhre

Durch das negative Potenzial an dem Wehnelt-Zylinder (*Abb. 2.3*),lässt sich der Elektronenstrahl zu einem Brennpunkt „intensivieren". Aus diesem Grunde befindet sich hier die Einstellmöglichkeit für die Helligkeit (Intensity) des Elektronenstrahls.

Nach der Katode beginnt der Elektronenstrahl auseinanderzulaufen, bis er in ein zweites elektrostatisches Feld eintritt, das sich zwischen Anode A_1 und A_2 befindet und einen längeren Bündelungsweg aufweist. Anode A_1 ist die Hauptbündelungs- oder Fokussierungselektrode. Durch Änderung der Spannung an diesem Punkt lässt sich der Strahl auf dem Bildschirm der Elektronenstrahlröhre scharf bündeln.

Die Beschleunigung der Elektronen von der Katode zum Bildschirm erfolgt durch das elektrostatische Feld entlang der Achse der Elektronenröhre. Dieses Feld ist gegeben durch den Potenzialunterschied zwischen der Katode und den zwischengefügten Elektroden A_1 und A_2. Diese Beschleunigungselektroden erfüllen noch zusätzlich folgende Aufgaben: Sie sorgen für eine Abgrenzung zwischen den einzelnen Elektrodengruppen jeweils vor und nach der Bündelung. Auf diese Weise wird eine gegenseitige Beeinflussung zwischen dem Steuergitter am Wehnelt-Zylinder (Helligkeitsregelung) und der Fokussierungsanode A_1 verhindert.

Zwischen der „Elektronenkanone" und dem Bildschirm befinden sich zwei Ablenkplattenpaare. Diese Platten sind so angeordnet, dass die elektrischen Felder zwischen jeweils zwei Platten zueinander im rechten Winkel stehen. Durch den Einfluss des elektrischen Felds zwischen zwei Platten jeden Paares wird der Elektronenstrahl zu der Platte abgelenkt, die ein positives Potenzial hat. Das Gleiche gilt für das andere Plattenpaar. So ist es möglich, dass sich der Elektronenstrahl fast trägheitslos in zwei Ebenen ablenken lässt, z. B. in den X- und Y-Koordinaten des Bildschirms. Im Normalbetrieb wird die X-Ablenkung des Geräts über einen Sägezahngenerator erzeugt, der den Strahl von links nach rechts über den Bildschirm „wandern" lässt, während das zu messende Signal die Y-Ablenkung erzeugt.

Nach dem Verlassen der Elektronenkanone durchläuft der Elektronenstrahl zunächst das elektrische Feld der vertikal ablenkenden Platten (Y-Ablenkplatten). Die horizontal ablenkenden Platten (X-Ablenkplatten) liegen meist näher beim Leuchtschirm und deshalb benötigen sie für die gleiche Auslenkung eine höhere Spannung. Der Ablenkkoeffizient AR der Elektronenstrahlröhre gibt die Strahlauslenkung für den Wert von „1 Div" Division, (d. h. zwischen 8 mm bis 12 mm für eine Maßeinheit) und liefert für die Ablenkplatten die notwendige Spannung. Normalerweise liegen diese Werte je nach Röhrentyp zwischen einigen μV/Div bis 100 V/Div. Die von einem Ablenkplattenpaar verursachte Strahlauslenkung verringert sich bei gleicher Ablenkspannung mit wachsender Geschwindigkeit der durchfliegenden Elektronen. Die Leuchtdichte auf dem Schirm wächst mit der Geschwindigkeit der auftreffenden Elektronen. Moderne Elektronenstrahlröhren besitzen deshalb zwischen den X-Ablenkplatten und dem Leuchtschirm eine Nachbeschleunigungselektrode. Die Elektronen erhalten die für eine hohe Leuchtdichte erforderliche Geschwindigkeit nach dem Durchlaufen der Ablenkplatten. Auf diese Weise erzielt man einen kleinen Ablenkkoeffizienten und eine große Leuchtdichte.

Durch Veränderung der mittleren Spannung (ohne Steuersignal) an den Ablenkplatten, lässt sich die Ruhelage des Elektronenstrahls in horizontaler und in vertikaler Richtung verschieben. Die Potentiometer für diese Strahlverschiebung gehören zum Verstärker für die entsprechende Ablenkrichtung.

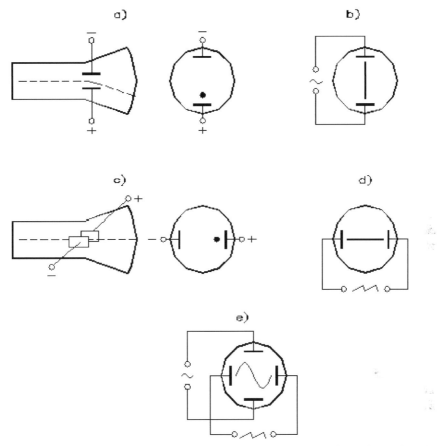

Abb. 2.4: Möglichkeiten der Beeinflussung des Elektronenstrahls durch die beiden Ablenkplattenpaare

a) Der Strahl aus negativen Elektronen wird in Richtung der positiven Platte abgelenkt (Vertikal-Ablenkung Y-Platten)
b) Der Strahl aus negativen Elektronen wird in Richtung der positiven Platte abgelenkt (Horizontal-Ablenkung X-Platten)
c) Wechselspannung an einem Plattenpaar ergibt eine Linie (Strich)
d) Sägezahnspannung an einem Plattenpaar ergibt auch eine Linie (Strich)
e) Sägezahn- und Wechselspannung ergeben eine Sinuskurve

Im Prinzip sind fünf Möglichkeiten zur Beeinflussung (*Abb. 2.4*) des Elektronenstrahls durch die beiden Ablenkplattenpaare vorhanden. Im ersten Beispiel hat die obere Vertikalplatte eine negative Spannung, während die untere an einem positiven Wert liegt. Aus diesem Grund wird der Elektronenstrahl durch die beiden Y-Platten nach unten abgelenkt, denn der Elektronenstrahl besteht aus negativen Ladungseinheiten.

Hat die linke Horizontalplatte eine negative und die rechte eine positive Spannung, wird der Elektronenstrahl durch die beiden X-Platten nach rechts abgelenkt. Legt man an die beiden Y-Platten eine sinusförmige Wechselspannung an, entsteht im Bildschirm eine senkrechte und gleichmäßige Linie. Das gilt auch, wenn man an die beiden X-Platten eine Wechselspannung anlegt. In der Praxis arbeitet man jedoch mit einer Sägezahnspannung mit linearem Verlauf vom negativen in den positiven Spannungsbereich. Ist das Maximum erreicht, erfolgt ein schneller Spannungssprung vom positiven in den negativen Bereich und es erfolgt der Strahlrücklauf. Legt man an die Y-Platten eine Wechselspannung und an die X-Platten die Sägezahnspannung, kommt es zur Bildung einer Sinuskurve im Bildschirm, vorausgesetzt, die zeitlichen Bedingungen sind erfüllt.

Den Abschluss der Elektronenstrahlröhre bildet der Bildschirm mit seiner Phosphorschicht. Den Herstellerunterlagen entnimmt man folgende Daten über den Bildschirm:

- Schirmform (Rechteck, Kreis, usw.)
- Schirmdurchmesser oder Diagonale
- nutzbare Auslenkung und X- und Y-Richtung
- Farbe der Leuchtschicht
- Helligkeit des Leuchtflecks in Abhängigkeit der Zeit (Nachleuchtdauer)

Die vom Elektronenstrahl „geschriebene" Linie ist je nach Schirmart noch eine bestimmte Zeit lang zu sehen. Die Hersteller von Elektronenstrahlröhren geben als Nachleuchtdauer meistens die Zeitspanne für die Verringerung auf 50 % der anfänglichen Leuchtdichte an. Die Nachleuchtdauer liegt je nach Herstellung zwischen 50 μs und 0,5 s und das hat auch seinen Preis. In der Praxis hat man folgende Bereichsangaben:

$t > 1$ s	$\rightarrow$	sehr lang
$t = 100$ ms...1 s	$\rightarrow$	lang
$t = 1$ ms...100 ms	$\rightarrow$	mittel
$t = 10$ μs...1 ms	$\rightarrow$	mittelkurz
$t = 1$ μs...10 μs	$\rightarrow$	kurz
$t < 1$ μs	$\rightarrow$	sehr kurz

Bei periodischen Vorgängen (z. B. Wechselspannung, Impulsfolgen usw.) durchläuft der Elektronenstrahl immer wieder die gleiche Spur auf dem Leuchtschirm.

Wenn die Frequenz genügend groß ist, vermag das menschliche Auge, das sehr träge ist, eine Verringerung der Leuchtdichte kaum zu erkennen.

Der Schirm darf sich durch die auftreffenden Elektronen nicht negativ aufladen, da sich gleichnamige Ladungen abstoßen. Die Phosphorkristalle der Leuchtschicht emittieren deshalb Sekundärelektronen, die zur positiven Beschleunigungsanode fliegen.

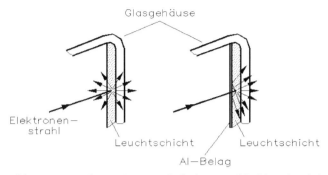

Abb. 2.5: Entstehung eines Leuchtflecks am Bildschirm der Elektronenstrahlröhre

Abb. 2.5 zeigt die Entstehung eines Leuchtflecks am Bildschirm. Einige Röhren enthalten, ähnlich wie Fernsehbildröhren, auf der Rückseite des Schirms eine sehr dünne Aluminiumschicht. Diese Metallschicht lässt den Elektronenstrahl durchlaufen, reflektiert aber das in der Leuchtschicht erzeugte Licht nach außen. Diese Maßnahme verbessert den Bildkontrast und die Lichtausbeute. Die mit der Nachbeschleunigungsanode leitend verbundene Aluminiumschicht kann die negativen Ladungsträger des Elektronenstrahls ableiten.

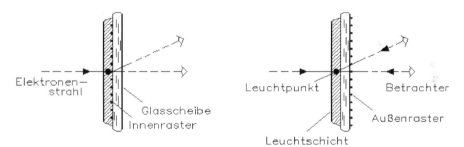

Abb. 2.6: Innen- und Außenraster einer Elektronenstrahlröhre

Abb. 2.6 zeigt die beiden Möglichkeiten für ein Innen- und Außenraster einer Elektronenstrahlröhre. Ein durch Flutlicht beleuchtetes Raster erleichtert das Ablesen der Strahlauslenkung. Wenn dieses Raster innen aufgebracht ist, liegt es mit der Leuchtschicht praktisch in einer Ebene. Die Messergebnisse sind in diesem Fall nicht vom Blickwinkel des Betrachters abhängig und man erreicht ein parallaxfreies Ablesen.

Zweckmäßig wählt man ein Raster, dessen Linien in einem Abstand von 10 mm parallel zueinander entfernt verlaufen. Da dies häufig nicht der Fall ist, spricht man von den „Divisions" bei den Hauptachsen. Die Hauptachsen erhalten noch eine Feinteilung im Abstand von 2 mm bzw. 0,2 Div. Die Hauptachsen weisen weniger als zehn Teilstrecken mit jeweils einer Länge von 10 mm auf, wenn die nutzbare Auslenkung der Elektronenstrahlröhre kleiner ist als 100 mm.

Wichtig ist auch die Beleuchtungseinrichtung der Rasterung. Die Beleuchtung erfolgt durch seitliches Flutlicht und ist in der Helligkeit einstellbar. Bei vielen Oszilloskopen ist der Ein-Aus-Schalter drehbar und nach dem Einschalten kann man über SCALE ILLUM, SCALE oder ILLUM die Helligkeit entsprechend einstellen. Dies ist besonders wichtig bei fotografischen Aufnahmen.

Der Elektronenstrahl lässt sich durch elektrische oder magnetische Felder auch außerhalb der Steuerstrecken (zwischen den Plattenpaaren) ablenken. Um den unerwünschten Einfluss von Fremdfeldern zu vermeiden (z. B. Streufeld des Netztransformators), enthält die Elektronenstrahlröhre einen Metallschirm mit guter elektrischer und magnetischer Leitfähigkeit. Daher sind diese Abschirmungen fast immer aus Mu-Metall, einem hochpermeablen Werkstoff.

2.1.2 Horizontale Zeitablenkung und X-Verstärker

Die beiden X- und Y-Verstärker in einem Oszilloskop bestimmen zusammen mit der Zeitablenkeinheit (Sägezahngenerator) und dem Trigger die wesentlichen Eigenschaften für dieses Messgerät. Aus diesem Grunde sind einige Hersteller im oberen Preisniveau zur Einschubtechnik übergegangen. Ein Grundgerät enthält unter anderem den Sichtteil (Elektronenstrahlröhre) und die Stromversorgung. Für die Zeitablenkung (X-Richtung) und für die Y-Verstärkung gibt es zum Grundgerät die passenden Einschübe mit speziellen Eigenschaften.

Die horizontale oder X-Achse einer Elektronenstrahlröhre ist in Zeiteinheiten unterteilt. Der Teil des Oszilloskops, der zuständig für die Ablenkung in dieser Richtung ist, wird aus diesem Grunde als „Zeitablenkgenerator" oder Zeitablenkung bzw. Zeitbasisgenerator bezeichnet. Außerdem befinden sich vor dem X-Verstärker folgende Funktionseinheiten, die über Schalter auswählbar sind:

- Umschalter für den internen oder externen Eingang
- Umschalter für ein internes oder externes Triggersignal
- Umschalter für die Zeitbasis
- Umschalter für das Triggersignal
- Umschalter für Y-T- oder X-Y-Betrieb

Außerdem lässt sich durch mehrere Potentiometer der X-Offset, der Feinabgleich der Zeitbasis und die Triggerschwelle beeinflussen.

Die X-Ablenkung auf dem Bildschirm kann auf zwei Arten erfolgen: entweder als stabile Funktion der Zeit bei Gebrauch des Zeitbasisgenerators oder als eine Funktion der Spannung, die auf die X-Eingangsbuchse gelegt wird. Bei den meisten Anwendungsfällen in der Praxis wird der Zeitbasisgenerator verwendet.

Bei dem X-Verstärker handelt es sich um einen Spezialverstärker, denn er muss mehrere 100 V an seinen Ausgängen erzeugen können. Eine Elektronenstrahlröhre mit dem Ablenkkoeffizient $A_R = 20$ V/Div benötigt für eine Strahlauslenkung von 10 Div an den betreffenden Ablenkplatten eine Spannung von U = 20 V/Div × 10 Div = 200 V. Da der interne bzw. der externe Eingang des Oszilloskops nur Spannungswerte von 10 V liefert, ist ein entsprechender X-Verstärker erforderlich. Der X-Verstärker muss eine Verstärkung von v = 20 aufweisen und bei einigen Oszilloskopen findet man außerdem ein Potentiometer für die direkte Beeinflussung der Verstärkung im Bereich von v = 1 bis v = 5. Wichtig bei der Messung ist immer die Stellung mit v = 1, damit sich keine Messfehler ergeben. Mittels des Potentiometers „X-Adjust", das sich an der Frontplatte befindet, lässt sich eine Punkt- bzw. Strahlverschiebung in positiver oder negativer Richtung durchführen.

Der Zeitbasisgenerator und seine verschiedenen Steuerkreise werden durch den „TIME/ Div"- oder „V/Div"-Schalter in den Betriebszustand gebracht. Wie bereits erklärt, ist eine Methode, ein feststehendes Bild eines periodischen Signals zu erhalten, die Triggerung oder das Starten des Zeitbasisgenerators auf einen festen Punkt des zu messenden Signals. Ein Teil dieses Signals steht dafür in Position A und B des Triggerwahlschalters „A/B" oder „extern" zur Verfügung. Bei einem Einstrahloszilloskop hat man nur einen Y-Verstärker, der mit „A" gekennzeichnet ist. Ein Zweistrahloszilloskop hat zwei getrennte Y-Verstärker und mittels eines mechanischen bzw. elektronischen Schalters kann man zwischen den beiden Verstärkern umschalten.

Die Triggerimpulse können zeitgleich entweder mit der Anstiegs- oder Abfallflanke des Eingangssignals erzeugt werden. Dies ist abhängig von der Stellung des ±-Schalters am Eingangsverstärker. Nach einer ausreichenden Verstärkung wird das Triggersignal über einen speziellen Schaltkreis, dessen Funktionen von der Stellung des Schalters NORM/ TV/MAINS auf der Frontplatte abhängig ist, weiterverarbeitet. Für diesen Schalter gilt:

- NORM (normal): Der Schaltkreis arbeitet als Spitzendetektor, der die Triggersignale in eine Form umwandelt, die der nachfolgende Schmitt-Trigger weiter verarbeiten kann.
- TV (Television): Hier wird vom anliegenden Video-Signal entweder dessen Zeilen- oder Bild-Synchronisationsimpuls getrennt, je nach Stellung des TIME/DIV-Schalters. Bildimpulse erhält man bei niedrigen und Zeilenimpulse bei hohen Wobbelgeschwindigkeiten.
- MAINS (Netz): Das Triggersignal wird aus der Netzfrequenz von der Sekundärspannung des internen Netztransformators erzeugt.

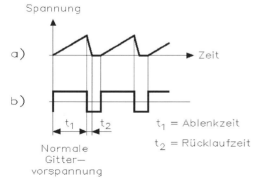

Abb. 2.7: Der Verlauf der X-Ablenkspannung (Sägezahnfunktion) und die Arbeitsweise des Rücklaufunterdrückungsimpulses werden durch die Zeit t_2 definiert.

Der Zeitablenkgenerator erzeugt ein Signal, dessen Amplitude mit der Zeit linear ansteigt, wie der Kurvenzug (*Abb. 2.7a*) zeigt. Dieses Signal wird durch den X-Verstärker verstärkt und liegt dann an den X-Platten der Elektronenstrahlröhre. Beginnend an der linken Seite des Bildschirms (Zeitpunkt null) wandert der vom Elektronenstrahl auf der Leuchtschicht erzeugte Lichtpunkt mit gleichbleibender Geschwindigkeit entlang der X-Achse, vorausgesetzt, der X-Offset wurde auf die Nulllinie eingestellt. Andernfalls ergibt sich eine Verschiebung in positiver bzw. negativer Richtung. Am Ende des Sägezahns kehrt der Lichtpunkt zum Nullpunkt zurück und ist bereit für die nächste Periode, die sich aus der Kurvenform des Zeitablenkgenerators ergibt.

An die Sägezahnspannung, insbesonders an die Linearität, werden hohe Anforderungen gestellt. Sie soll den Strahl gleichmäßig in waagerechter Richtung über den Bildschirm führen und dann möglichst schnell auf den Nullpunkt (linke Seite) zurückführen. Der Spannungsanstieg muss linear verlaufen. Lädt man einen Kondensator über einen Widerstand auf, ergibt sich eine e-Funktion und daher ist diese Schaltung nicht für einen Sägezahngenerator geeignet. In der Praxis verwendet man statt des Widerstands eine Konstantstromquelle. Da diese einen konstanten Strom liefert, lädt sich der Kondensator linear auf. Diese Schaltungsvariante ist optimal für einen Sägezahngenerator geeignet. Die Entladung kann über einen Widerstand erfolgen, da an den Strahlrücklauf keine hohen Anforderungen gestellt werden. Die Zeit, die für eine volle Schreibbreite und das Zurückkehren zum Nullpunkt benötigt wird, ist gleich der Dauer einer vollen Periode der Zeitablenkung. Während der Leuchtpunkt zum Startpunkt zurückkehrt, hat das Oszilloskop keine definierte Zeitablenkung und daher ist man bemüht, diese Zeit so kurz wie möglich zu halten.

Der Elektronenstrahl, der normalerweise auch während der Rücklaufphase auf dem Bildschirm abgebildet würde, wird automatisch durch die Zeitbasis unterdrückt. Die Rücklaufunterdrückung wird als Aus- oder Schwarztastung definiert und erfolgt durch Anlegen eines negativen Impulses an das Steuergitter der Elektronenstrahlröhre. Dadurch wird der Elektronenstrahl ausgeschaltet. Dieses geschieht während der abfallenden Flanke der Sägezahnspannung.

Die Zeit (oder Ablenkgeschwindigkeit) der Zeitbasis wird über einen Schalter auf der Frontplatte des Oszilloskops gewählt. Der Schalter mit der entsprechenden Einstellung bestimmt den Zeitmaßstab der X-Achse und ist unterteilt in Zeiteinheiten pro Skalenteil z. B. µs/Div (Mikrosekunde/Skalenteil), ms/Div (Millisekunde/Skalenteil) und s/Div (Sekunde/Skalenteil). Ein Wahlschalter ermöglicht die Auswahl zwischen der internen Zeitablenkung oder einer externen Spannung, die an die X-INPUT-Buchse gelegt wird. Da diese externe Spannung jede gewünschte Kurvenform aufweisen kann, ist es möglich, das Verhalten dieser Spannung gegenüber der am Y-Eingang liegenden zu sehen.

Zeitgleich mit dem Ende des Anstiegs der Sägezahnspannung werden drei Vorgänge innerhalb der Steuerung des Oszilloskops ausgelöst:

- Der Kondensator im Ladekreis wird entladen und damit der Strahlrücklauf ausgelöst.
- Ein negatives Austastsignal für die Strahlrücklaufunterdrückung wird erzeugt.
- Es wird ein Signal erzeugt, das den Beginn eines neuen Ladevorgangs verhindert, bevor der Kondensator vollständig entladen ist.

Der erste Triggerimpuls nach Ende dieses Signals erzeugt einen weiteren Ladevorgang. Der Zeitabstand zwischen jedem Ablauf der Zeitbasis ist also bestimmt durch den Zeitabstand zwischen den folgenden Triggerimpulsen, d. h. je höher die Signalfrequenz, umso höher ist die Wiederholfrequenz der Abläufe der Zeitbasis.

2.1.3 Triggerung

Während des Triggervorgangs (trigger = anstoßen, auslösen) steuert entweder eine interne oder externe Spannung den Schmitt-Trigger an.

- Interne Triggerung: Liegt am Eingang ein periodisch wiederkehrendes Signal an, so muss über die Zeitablenkung sichergestellt werden, dass in jedem Zyklus der Zeitbasis ein kompletter Strahl geschrieben wird, der Punkt für Punkt deckungsgleich ist mit jedem vorherigen Strahl. Ist dies der Fall, ergibt sich eine stabile Darstellung. Bei dieser Triggerung wird diese Stabilität durch Verwendung des am Y-Eingang liegenden Signals zur Kontrolle des Startpunkts jedes horizontalen Ablenkzyklus erreicht. Man verwendet dazu einen Teil der Signalamplitude des Y-Kanals zur Ansteuerung einer Triggerschaltung, die die Triggerimpulse für den Sägezahngenerator erzeugt. Damit stellt das Oszilloskop sicher, dass die Zeitablenkung nur gleichzeitig mit Erreichen eines Impulses ausgelöst werden kann. *Abb. 2.8* zeigt den zeitlichen Zusammenhang zwischen Eingangsspannung, Ablenkspannung und Schirmbild, wobei links ohne und rechts mit einer Signalverstärkung im Y-Kanal gearbeitet wird.

- Externe Triggerung: Ein extern anliegendes Signal, das mit dem zu messenden Signal am Y-Eingang verknüpft ist, lässt sich ebenso zur Erzeugung von Triggerimpulsen verwenden.

Der Schmitt-Trigger wandelt die ankommenden Spannungen, die verschiedene Charakteristiken aufweisen können, in eine Serie von Impulsen mit fester Amplitude und Anstiegszeit um. Am Ausgang des Schmitt-Triggers befindet sich eine Kondensator-Widerstandsschaltung zur Erzeugung von Nadelimpulsen und nach dieser Differenzierung wird der Zeitbasisgenerator ausgelöst.

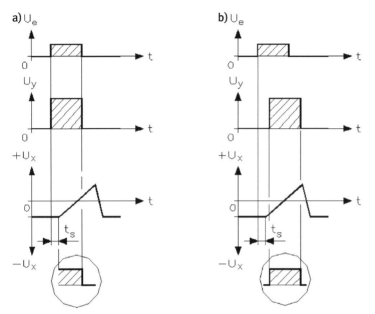

Abb. 2.8: Zeitlicher Zusammenhang zwischen Eingangsspannung, Ablenkspannung und Schirmbild, wobei die Kurvenzüge a) ohne und b) mit einer Signalverstärkung im Y-Kanal arbeiten.

Die Triggerimpulse am Eingang des Automatikschaltkreises (*Abb. 2.8*) sorgen für die Erzeugung eines konstanten Gleichspannungspegels am Ausgang. Dieser Ausgang ist auf den Eingang am Zeitbasisgenerator geschaltet.

Sind keine Triggerimpulse mehr am Eingang des Zeitbasisgenerators vorhanden oder fällt die Amplitude unter einen bestimmten Pegel, wird der Gleichspannungspegel, der durch den Automatikschaltkreis erzeugt wird, abgeschaltet. Damit lässt sich der Zeitbasisgenerator in die Lage versetzen, selbsttätige Ladevorgänge auszulösen. Es kommt also zur Selbsttriggerung oder einem undefinierten Freilauf. Der Ablauf der Zeitbasis ist dann nicht mehr von der Existenz der Triggerimpulse abhängig. Obwohl sich der Freilauf des Zeitbasisgenerators nicht für Messungen verwenden lässt, hat er eine spezielle Funktion. Ohne diese Möglichkeit würde ein am Eingang des Oszilloskops zu stark abgeschwächtes Signal oder eine falsche Stellung des Triggerwahlschalters keine Anzeige erzeugen. Der Anwender könnte nicht sofort erkennen, ob tatsächlich ein Eingangssignal vorhanden ist oder nicht.

Es gibt praktische Anwendungsfälle in der Messtechnik, bei denen größere Freiheit bei der Wahl des Triggerpunktes erforderlich ist, oder aber eine Änderung im Amplitudenpegel des Eingangssignals verursacht eine nicht exakte Triggerung. In diesem Falle kann man auf die externe Triggermöglichkeit zurückgreifen.

Ein externes Triggersignal wird auf die Buchse mit der Bezeichnung TRIG an der Frontplatte gegeben und der benachbarte Triggerwahlschalter in die Stellung EXT gebracht. Das Signal wird dann in gleicher Weise weiterbehandelt, wie das für ein internes Triggersignal der Fall ist.

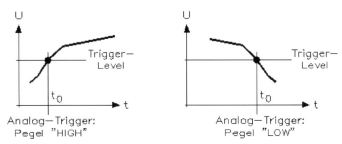

Abb. 2.9: Schwellwerttriggerung eines analogen Eingangssignals in positiver und negativer Richtung

Die Schwellwerttriggerung kann in positiver und negativer Richtung (*Abb. 2.9*) erfolgen. Damit lässt sich der Zeitbasisgenerator triggern und erzeugt die Sägezahnspannung und die sie begleitenden Impulse für die Rücklaufunterdrückung. Die Sägezahnspannung liegt nach ihrer Verstärkung an den X-Platten der Elektronenstrahlröhre und erzeugt so die Zeitablenkung. Der linear ansteigende Teil der Sägezahnspannung wird durch ein Integrationsverfahren erzeugt. Ein Kondensator lädt sich über einen Widerstand an einer Konstantstromquelle auf. Die Erhöhung der Kondensatorspannung in Abhängigkeit von der Zeit ist nur vom Wert des Kondensators und von der Größe des Ladestroms abhängig. Die Größe des Ladestroms lässt sich durch den Wert des in Reihe geschalteten Widerstands bestimmen, d. h. beides, der Reihenwiderstand und der Kondensator, werden durch die Stellung des TIME/Div-Schalters auf der Frontplatte gewählt. Dreht man den Feineinsteller auf diesem Schalter aus seiner justierten Stellung CAL heraus, wird die Wobbelgeschwindigkeit kontinuierlich kleiner und die Darstellung auf dem Bildschirm erscheint in komprimierter Form, die man nicht für seine Messzwecke verwenden soll.

Zeitgleich mit dem Ende der Anstiegsflanke der Sägezahnspannung werden folgende drei Vorgänge ausgelöst:

- Der Kondensator im Ladekreis wird entladen und damit der Strahlrücklauf ausgelöst.
- Ein negatives Austastsignal für die Strahlrücklaufunterdrückung wird erzeugt.
- Es wird ein Signal erzeugt, das den Beginn eines neuen Ladevorgangs verhindert, bevor der Kondensator vollständig entladen ist.

Der erste Triggerimpuls nach Ende dieses Signals erzeugt einen weiteren Ladevorgang. Der Zeitabstand zwischen jedem Ablauf der Zeitbasis ist also bestimmt durch den Zeitabstand zwischen den nachfolgenden Triggerimpulsen. d. h. je höher die Signalfrequenz, umso höher ist die Wiederholfrequenz der Abläufe in der Zeitbasis.

Wie bereits erwähnt, werden die Impulse von dem Schmitt-Trigger über den Automatikschaltkreis so umgewandelt, dass sie als Gleichspannungspegel am Eingang des Zeitbasisgenerators anliegen. Sind die Triggerimpulse an diesem Eingang nicht mehr vorhanden oder fällt ihre Amplitude unter einen bestimmten Pegel, so versetzt der Gleichspannungspegel, der durch den Automatikschaltkreis erzeugt wird, den Zeitbasisgenerator in die Lage, selbsttätig Ladevorgänge auszulösen. Es wird also eine Selbsttriggerung oder ein Freilauf erfolgen. Der Abstand der Zeitbasis ist dann nicht mehr von der Existenz der Triggerimpulse abhängig.

Für spezielle Anwendungen in der Messpraxis ist es erwünscht, auf dem Bildschirm eine Anzeige zu erhalten, die die Signale in den Y-Eingängen des Oszilloskops als eine Funktion anderer Variablen als der Zeit darstellt, wenn mit Lissajous-Figuren gearbeitet wird. In diesem Fall muss der Zeitbasisgenerator ausgeschaltet sein, d. h. der TIME/Div-Schalter ist in eine dazu markierte Stellung V/Div geschaltet, und das neue Referenzsignal wird auf die X-INPUT-Buchse auf der Frontplatte gelegt. Der Ablenkfaktor lässt sich mittels eines zweistufigen Eingangsabschwächers wählen. Das Referenzsignal wird verstärkt und direkt auf den X-Endverstärker durchgeschaltet. Während der Zeitbasisgenerator ausgeschaltet ist, geht die Y-Kanalumschaltung automatisch in den „chopped"-Betrieb mit Strahlunterdrückung während der Umschaltzeit über. Die Strahlrücklaufunterdrückung (X-Kanal) ist nicht mehr in Betrieb.

Die X-Endeinheit verstärkt entweder die Sägezahnspannung des Zeitbasisgenerators oder das externe Ablenksignal und schaltet es auf die X-Platte der Elektronenstrahlröhre. Der X-MAGN-Einstellknopf ist kontinuierlich einstellbar und wird benötigt, um die Verstärkung nochmals um den Faktor 5 zu erhöhen. Wird dieser Drehknopf auf der X1-Stellung nach links bewegt, erzeugt die entsprechende Schaltung eine kontinuierliche Erhöhung der Wobbelgeschwindigkeit, d. h. die Darstellung lässt sich kontinuierlich dehnen. Der auf diesem Drehknopf befindliche Einsteller X-POSITION sorgt für die horizontale Positionseinstellung des Strahls auf dem Bildschirm.

2.1.4 Y-Eingangskanal mit Verstärker

Ein am Eingang eines Y-Kanals anliegendes Signal wird entweder direkt über den DC-Anschluss oder über einen isolierenden Kondensator (AC) an den internen Stufenabschwächer gekoppelt. Der Kondensator ist erforderlich, wenn man ein sehr kleines Wechselspannungssignal messen muss, das einem großen Gleichspannungssignal überlagert ist.

Der Stufenabschwächer, der über einen Schalter (V/cm oder V/Div) auf der Frontplatte des Geräts eingestellt wird, bestimmt den Ablenkfaktor. Das abgeschwächte Eingangssignal läuft dann über eine Anpassungsstufe, die die Impedanz des Eingangs bestimmt, zu dem eigentlichen Vorverstärker. Die verschiedenen Stufen eines jeden Kanals sind direkt gekoppelt, wie auch die Stufen innerhalb des Vorverstärkers selbst. Diese Kopplungsart ist notwendig, um eine verzerrungsfreie Darstellung auch eines niederfrequenten Signals zu ermöglichen. Im Falle eines Verstärkers mit Wechselspannungskopplung, würde die am Eingang liegende Spannung die verschiedenen Verstärkerstufen über Kondensatoren erreichen und damit werden niedrige Frequenzen mehrfach abgeschwächt.

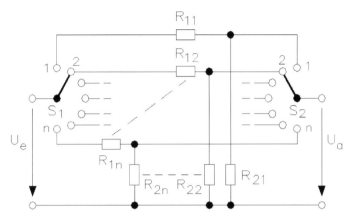

Abb. 2.10: Aufbau eines internen Spannungsteilers für den Stufenabschwächer am Eingang des Y-Kanals

Der elektrische Aufbau eines internen Spannungsteilers für den Stufenabschwächer (*Abb. 2.10*) besteht aus einem 2-Ebenenschalter und zahlreichen Widerständen. Die Eingangsspannung U_e liegt zuerst an dem mechanischen Schalter S_1 und wird von dort auf die einzelnen Spannungsteiler geschaltet. Die Ausgänge der Spannungsteiler sind über den zweiten Schalter S_2 zusammengefasst und es ergibt sich das entsprechende Ausgangssignal mit optimalen Amplitudenwerten für die nachfolgenden Y-Vorverstärker.

Das Problem bei einem Spannungsteiler sind die Bandbreiten, die durch die Widerstände und kapazitiven Leitungsverbindungen auftreten. Oszilloskope über 100 MHz sind meistens mit einem separaten 50-Ω-Eingang ausgestattet, um das Problem mit den Bandbreiten zu umgehen. Die Bandbreite ist die Differenz zwischen der oberen und unteren Grenzfrequenz, d. h. die Bandbreite ist der Abstand zwischen den beiden Frequenzen, bei denen die Spannung noch 70,7 % der vollen Bildhöhe erzeugt. Die volle, dem Ablenkkoeffizienten entsprechende Bildhöhe wird bei den mittleren Frequenzen erreicht. Seit 1970 basieren die Oszilloskope auf der Gleichspannungsverstärkung mittels Transistoren bzw. Operationsverstärkern und damit gilt für die untere Grenzfrequenz $f_u = 0$ bzw. die Bandbreite ist gleich der oberen Grenzfrequenz. Bei den meisten Elektronenstrahlröhren ab 1980 erreicht man Grenzfrequenzen von 150 MHz bis 2 GHz. Bei den Oszilloskopen wird jedoch die Bandbreite in der Praxis nicht von der Elektronenstrahlröhre, sondern von den einzelnen Verstärkerstufen bestimmt. Da mit steigender Bandbreite der technische Aufwand und die Rauschspannung steigen, wählt man die Bandbreite nur so hoch, wie es der jeweilige Verwendungszweck fordert:

- NF-Oszilloskop: Benötigt man ein Oszilloskop für den niederfrequenten Bereich (< 1 MHz), ist ein Messgerät mit einer Bandbreite bis 5 MHz völlig ausreichend. Dieser Wert bezieht sich immer auf den Y-Eingang. Die Bandbreite des X-Verstärkers ist meist um den Faktor 0,1 kleiner, da bei der höchsten Frequenz am Y-Eingang und der größten Ablenkgeschwindigkeit in X-Richtung ca. zehn Schwingungen auf dem Schirm sichtbar sind.
- HF-Oszilloskop: Für Fernsehgeräte, den gesamten Videobereich und teilweise auch für die Telekommunikation benötigt man Bandbreiten bis zu 50 MHz.
- Samplingoszilloskop: Für die Darstellung von Spannungen mit Frequenzen zwischen 100 MHz bis 5 GHz sind Speicheroszilloskope erhältlich. Bei ihnen wird das hochfrequente Signal gespeichert, dann mit niedrigerer Frequenz abgetastet und auf dem Schirm ausgegeben.

Ein Oszilloskop soll die zu untersuchende Schaltung nicht beeinflussen. Da Oszilloskope immer als Spannungsmesser arbeiten, werden sie parallel zum Messobjekt geschaltet. Der Innenwiderstand eines Oszilloskops muss daher möglichst groß sein. Dem sind jedoch in der Praxis folgende Grenzen gesetzt:

- Zur Einstellung unterschiedlicher Messbereiche befindet sich am Eingang eines Oszilloskops ein justierter Spannungsteiler. Damit das eingestellte Spannungsteilerverhältnis innerhalb einer ausreichenden Genauigkeit liegt, müssen die Spannungsteilerwiderstände klein sein gegenüber dem Eingangswiderstand des nachfolgenden Vorverstärkers.
- Mit steigendem Widerstandswert der Spannungsteilerwiderstände steigt aber die Rauschspannung.

Daher ergeben sich in der Praxis verschiedene Eingangswiderstände zwischen 500 kΩ bis 10 MΩ. Der Eingangsspannungsteiler ist immer so aufgebaut, dass der Eingangswiderstand über alle Messbereiche konstant bleibt. Oszilloskope mit Bandbreiten über 100 MHz sind häufig mit einem zusätzlichen 50-Ω-Eingang ausgerüstet. Damit liegt man im Bereich der in der HF-Technik üblichen Abschlusswiderstände, zum anderen bleibt dadurch trotz der großen Bandbreite das Rauschen gering.

Ebenfalls wichtig für den Y-Eingang ist die Anstiegszeit t_r (rise time). Es handelt sich um die Zeit, die der Elektronenstrahl bei idealem Spannungssprung am Y-Eingang benötigt, um von 10 % auf 90 % des Endwerts anzusteigen. Die Anstiegszeit kennzeichnet, wie gut sich das jeweilige Oszilloskop zur Darstellung impulsförmiger Signale eignet, wie diese z. B. in der Fernseh- und Digitaltechnik vorkommen. Die Größe der Anstiegszeit wird von der Bandbreite des Y-Verstärkers bestimmt. Enthält der Verstärker viele RC-Glieder, die man aus Stabilitätsgründen benötigt, ergibt sich eine erhebliche Reduzierung der Grenzfrequenz. Das Frequenzverhalten eines Gleichspannungsverstärkers entspricht daher dem eines RC-Tiefpassfilters, d. h. die Ausgangsspannung steigt bei sprunghafter Änderung der Eingangsspannung nach einer e-Funktion an. Wenn sich die Spannung nach einer e-Funktion von 10 % auf 90 % ändert, ergibt sich eine Zeitkonstante von $\tau = 2{,}2$, also:

$t_r = 2{,}2 \times \tau = 2{,}2 \times R \times C$

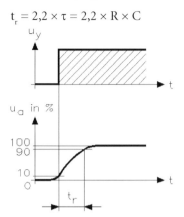

Abb. 2.11: Anstiegsgeschwindigkeit

Der zeitliche Verlauf der Anstiegsgeschwindigkeit (*Abb. 2.11*) bei einem Oszilloskop ist von der Eingangsbeschaltung abhängig. Für die Grenzfrequenz f_0 des RC-Tiefpassfilters, die der Bandbreite Δf (b) des Verstärkers entspricht, gilt:

$$f_0 = \Delta f = \frac{1}{2 \cdot \pi \cdot R \cdot C} \qquad t_r = \Delta f = R \cdot C \cdot \frac{1}{2 \cdot \pi \cdot R \cdot C} = \frac{2{,}2}{2 \cdot \pi} = 0{,}35 = konstant$$

Damit gilt:

$$t_r = 0{,}35 \cdot \frac{1}{\Delta f}$$

Die Anstiegszeit beträgt demnach:

- bei b = 100 kHz: t_r = 3,5 µs
- bei b = 10 MHz: t_r = 35 ns
- bei b = 50 MHz: t_r = 7 ns

Diese Werte kann man anhand der Datenblätter überprüfen.

Die große Bandbreite der Verstärker wird häufig dadurch erreicht, dass man den Einfluss der Schaltkapazitäten durch kleine Induktivitäten teilweise kompensiert. Das kann jedoch zu einem Überschwingen führen, d. h. der Elektronenstrahl geht wie der mechanische Zeiger eines nicht gedämpften Drehspulmesswerks erst über seinen Endwert hinaus. Damit das Überschwingen den dargestellten Impuls nicht sichtbar verfälscht, wird das Überschwingen unter 5 %, meist sogar unter 2 % der Amplitude gehalten.

2.1.5 Zweikanaloszilloskop

In der Praxis findet man kaum noch Oszilloskope mit nur einem Y-Kanal, da man meistens in der praktischen Messtechnik zwei Vorgänge gleichzeitig auf dem Bildschirm betrachten muss. Die Hersteller bieten zwei verschiedene Systeme für Zweikanal- bzw. Zweistrahloszilloskope an.

Die in Zweistrahloszilloskopen eingesetzten Zweistrahlröhren verwenden zwei vollständige und getrennte Strahlsysteme in einem Röhrenkolben. Beide Systeme schreiben auf den gemeinsamen Schirm. Da es darauf ankommt, die zeitliche Lage der beiden Vorgänge zu vergleichen, werden die beiden X-Ablenkplattenpaare gemeinsam von einer Zeitablenkeinheit angesteuert. Da diese Technik sehr aufwendig ist, findet man diese Messgeräte kaum.

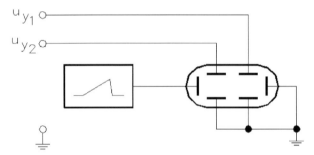

Abb. 2.12: Prinzip und Aufbau eines Zweistrahloszilloskops

Beim Zweikanaloszilloskop (*Abb. 2.12*) hat man dagegen einen elektronischen Umschalter, über den die zwei Eingangskanäle zu einem gemeinsamen Ausgang zusammengefasst werden, ein Flipflop für die Z-Steuerung, den Choppergenerator und die Zeitbasissteuerung. Jeder Ausgang des Flipflops steuert einen elektronischen Schalter und die Funktionen des Flipflops lassen sich durch die zwei Schalter YA_{OFF} und YB_{OFF} auf der Frontplatte auswählen. Damit sind vier Messfunktionen möglich:

- YA und YB sind ausgeschaltet: Das Flipflop kann nicht arbeiten und beide Ausgänge sind so gesetzt, dass die Vorverstärkerausgänge keine vertikale Ablenkung erzeugen können.
- YA ist eingeschaltet, YB ist ausgeschaltet: Der Zustand des Flipflops ist so, dass YB nicht dargestellt werden kann, während das Signal von YA über den Bildschirm sichtbar ist.
- YA ist ausgeschaltet, YB ist eingeschaltet: Der Zustand des Flipflops ist so, dass YA nicht dargestellt werden kann, während das Signal von YB über den Bildschirm sichtbar ist.
- YA und YB sind eingeschaltet: Das Flipflop wird von dem Ausgang der Z-Steuerung angestoßen und erzeugt so abwechselnde Darstellungen beider Kanäle.

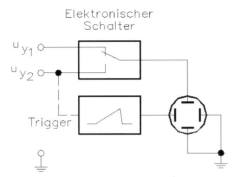

Abb. 2.13: Chopperbetrieb für ein Zweikanaloszilloskop

Der Chopperbetrieb für ein Zweikanaloszilloskop wird durch einen elektronischen Umschalter (*Abb. 2.13*) vor dem Y-Verstärker realisiert. Der Sägezahngenerator wird von einer der beiden zu messenden Spannungen U_{Y1} oder U_{Y2} getriggert. Der elektronische Umschalter sorgt dafür, dass in kurzen Zeitabständen die beiden Eingangsspannungen abwechselnd an die Y-Platten gelegt werden.

Die Z-Steuerung hat zwei Funktionen:

- Chopperbetrieb: Das Flipflop wird mit Triggerimpulsen versorgt und gibt an das Steuergitter der Elektronenstrahlröhre die entsprechenden Austastimpulse ab. Abwechselnd wird die Schaltung von zwei Eingängen gesteuert. Vom Zeitbasisgenerator kommt ein Austast- oder ein Rücklaufunterdrückungsimpuls bei jedem Ende der ansteigenden Flanke der Sägezahnspannung, während der Choppergenerator ein Rechtecksignal von 400 kHz erzeugt. Die Art, in welcher die beiden Eingangssignale verarbeitet werden, um die Zustände der Ausgangsimpulse zu erhalten, wird vorbestimmt durch die Stellung des Zeitbasiswahlschalters. Daraus resultiert nach der Frequenzteilung mittels eines flankengesteuerten T-Flipflops, dass der Ausgang eines jeden Y-Kanals abwechselnd in Intervallen von 2,5 µs während eines jeden Ablaufs der Zeitbasis dargestellt wird. Das Impulsdiagramm (*Abb. 2.14*) für den Chopperbetrieb zeigt die Arbeitsweise.

  Der hier erwähnte Vorgang ist bekannt als „chopped" (zerhackte) Kanalumschaltung. Der andere Ausgang der Austastschaltung, der am Steuergitter der Elektronenstrahlröhre liegt, besteht aus zwei Arten von Austastimpulsen. Dem normalen Impuls für die Rücklaufunterdrückung und dem Impuls, der erforderlich ist, um den Strahl beim Umschalten von dem einen Kanal auf den anderen zu unterdrücken

- Alternierender Betrieb: Bei eingestellter hoher Wobbelgeschwindigkeit (>0,5 µs/cm oder 0,5 µs/Div) wird das Signal vom Choppergenerator unterdrückt. Der Z-Steuerungsausgang des Flipflops ist jetzt ein Rechtecksignal mit gleicher Frequenz wie das Zeitbasissignal. Es wird also hier der Ausgang eines jeden Y-Kanals wechselweise dargestellt.

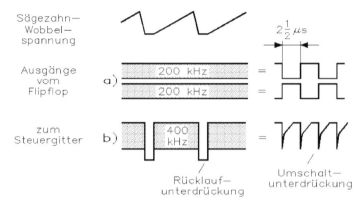

Abb. 2.14: Impulsdiagramm für den Chopperbetrieb

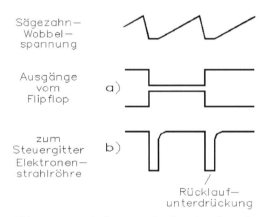

Abb. 2.15: Impulsdiagramm für den alternierenden Betrieb

Der Wechsel erfolgt jetzt nicht mehr in einer festen Frequenz wie beim Chopperbetrieb, sondern immer während des Rücklaufs des Zeitbasissignals. Diese Betriebsart ist als alternierender Betrieb (*Abb. 2.15*) bekannt. Der andere Ausgang der Austastschaltung steuert wiederum die Rücklaufunterdrückung am Steuergitter der Elektronenstrahlröhre an.

Der Chopperbetrieb eignet sich besser für die Anzeige von niederfrequenten Signalen bei langsamen Zeitbasisgeschwindigkeiten, da in dieser Betriebsart sehr schnell umgeschaltet werden kann. Der alternierende Betrieb eignet sich besser für höhere Frequenzen, die eine schnellere Zeitbasiseinstellung erfordern. Bei konventionellen Oszilloskopen lässt sich über einen Umschalter zwischen dem ALT- und dem CHOP-Betrieb umschalten, d. h. der Anwender kann manuell zwischen den beiden Betriebsarten wählen. Moderne Oszilloskope schalten dagegen automatisch zwischen ALT- und

CHOP-Betrieb in Abhängigkeit von der Zeitbasisgeschwindigkeit um, damit eine bestmögliche Signaldarstellung gewährleistet ist. Es lässt sich aber auch noch manuell umschalten.

2.1.6 Tastköpfe

Es gibt in der Praxis zahlreiche Messanordnungen, bei denen der Eingangswiderstand von 1 MΩ mit einer Eingangskapazität von ca. 30 pF nicht ausreicht. Vor allem die Parallelkapazität wirkt häufig störend, denn der kapazitive Blindwiderstand hat bei 1 MHz noch $X_C = 5{,}3$ kΩ und bei 10 MHz reduziert sich der Wert auf $X_C = 530$ Ω. Bei dieser Betrachtung ist noch nicht die Kapazität der Messleitung berücksichtigt. Der hochohmige Gleichstromeingangswiderstand ist bei diesen Frequenzen praktisch kurzgeschlossen. Abhilfe schafft ein Tastkopf (*Abb. 2.16*) mit eingebautem und frequenzkompensiertem Spannungsteiler.

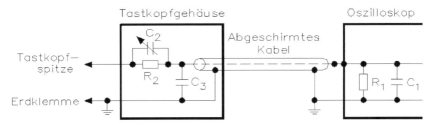

Abb. 2.16: Aufbau eines kapazitätsarmen Tastkopfs

Ist der Eingangswiderstand des Oszilloskops mit $R_1 = 1$ MΩ und $R_2 = 9$ MΩ festgelegt, erhält man ein Teilerverhältnis von 10:1, das mit diesem Tastkopf betriebene Oszilloskop zeigt daher nur 1/10 der angelegten Spannung an. Der Eingangswiderstand steigt auf das 10-fache an und die Belastung der Messstelle – auch die kapazitive Belastung – verringert sich auf 1/10.

Bei der Verwendung eines Tastkopfs muss immer vor der Messung ein Abgleich mit dem eingebauten Rechteckgenerator im Oszilloskop vorgenommen werden. Dieser erzeugt ein Rechtecksignal mit einer konstanten Frequenz von 2,2 kHz und einer konstanten Amplitude von 5 V. Dieses Signal lässt sich auf der Kontaktfläche mit der Bezeichnung PROBE.ADJ auf der Frontplatte abgreifen.

Wegen der eingebauten Spannungsteiler bezeichnet man die Tastköpfe vielfach auch als Teilerköpfe. Es ist immer zu beachten, dass ein um den Faktor 0,1 kleinerer Ablenkkoeffizient eingestellt werden muss, um mit einem Tastkopf eine ebenso große Darstellung auf dem Bildschirm zu erhalten, d. h. 200 mV/Div statt 2 V/Div.

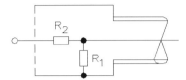

Abb. 2.17: Tastkopf mit rein ohmschem Spannungsteiler für Teilerverhältnisse von 10:1 oder 100:1

Bei niederfrequenten Hochspannungen genügt meist ein einfacher ohmscher Spannungsteiler (*Abb. 2.17*). Damit lässt sich z. B. eine Hochspannung auf eine Größenordnung herabsetzen, die sich dann auf dem Bildschirm darstellen lässt. Eine Frequenzkompensation kann entfallen, da der kapazitive Blindwiderstand von 30 pF bei 50 Hz etwa 100 MΩ beträgt.

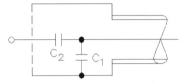

Abb. 2.18: Tastkopf mit rein kapazitivem Spannungsteiler für Teilerverhältnis von 1000:1

Für Schaltungen, bei denen der galvanische Nebenschluss durch den ohmschen Spannungsteiler stört, verwendet man einen kapazitiven Teilerkopf (*Abb. 2.18*). Durch den Teilerkopf wird gleichzeitig die Eingangskapazität stark verringert. Damit lässt sich eine Eingangskapazität von ca. 3 pF und ein Teilerverhältnis von 1000:1 erreichen.

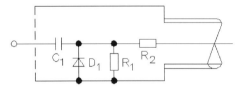

Abb. 2.19: Tastkopf für den HF-Bereich

Wenn man mit einem 10-MHz-Oszilloskop eine Frequenz von 20 MHz misst, wird diese nicht mehr dargestellt oder die Darstellung ist verfälscht. Mit dem HF-Tastkopf (*Abb. 2.19*) lässt sich jedoch die Amplitude dieser HF-Spannung messen, aber nicht mehr die Frequenz. Der HF-Gleichrichter besteht aus dem Kondensator C_1, der Diode D_1 und dem Widerstand R_1. Aus der HF-Spannung entsteht nun eine Gleichspannung, die auf dem Bildschirm dargestellt wird. Der Widerstand R_2 erhöht den Eingangswiderstand und gibt an den Tastkopf ein definiertes Teilerverhältnis ab.

Der HF-Tastkopf erzeugt am Ausgang eine konstante Gleichspannung, solange die Periodendauer der HF-Spannung und die Periodendauer der Signale, mit denen die HF-Spannung z. B. amplitudenmoduliert anliegt, klein ist gegenüber der Zeitkonstante von $R_1 \times C_1$ des Gleichrichters. Beim HF-Tastkopf wählt man die Zeitkonstante groß, damit sich ein großer Frequenzbereich in eine konstante Gleichspannung umsetzen lässt. Auf die HF-Spannung amplitudenmodulierter Signale, deren Periodendauer groß gegenüber der Zeitkonstante der Gleichrichterschaltung ist, erscheint am Ausgang der Gleichrichterschaltung eine Wechselspannung, die der Gleichspannung überlagert ist. Bei entsprechender Wahl der Zeitkonstanten des Tastkopfs ist es also möglich, den niederfrequenten Anteil eines amplitudenmodulierten HF-Trägers auf dem Bildschirm darzustellen. HF- und Demodulatortastkopf unterscheiden sich daher grundsätzlich nur in den Werten des Widerstands R_1 und des Kondensators C_1. In Demodulatortastköpfen findet man häufig noch einen Kondensator in Reihe mit dem Widerstand R_2 geschaltet ist. Damit lässt sich die Gleichspannung abblocken und nur die Wechselspannung wird zum Oszilloskop übertragen. Die Demodulationsbandbreite der Tastköpfe liegt meistens zwischen 0 Hz bis 30 kHz für Tonsignale und 0 Hz bis 8 MHz für Fernsehsignale.

2.1.7 Inbetriebnahme des Oszilloskops

Bei der Auslieferung eines Oszilloskops ist in Europa die Netzspannung auf 230 V eingestellt. Ist eine andere Netzspannung vorhanden, müssen die Anschlüsse am Netztrafo entsprechend der Serviceanleitung umgeklemmt werden. Das Oszilloskop muss unter Berücksichtigung der örtlichen Sicherheitsbestimmungen geerdet werden und das kann erfolgen über:

- die Erdungsklemme auf der Vorderseite des Messgeräts oder
- über das Netzanschlusskabel (das festmontierte Netzkabel ist dreiadrig)

Eine Doppelerdung sollte möglichst immer vermieden werden, weil dadurch die Netzbrummfrequenz erhöht wird.

Abb. 2.20: Maßnahmen zum Abgleich der Tastköpfe

Für den Abgleich der Tastköpfe und vor jeder Messung sind immer folgende Arbeiten durchzuführen:

- Die Tastköpfe werden mit den Eingangsbuchsen Y_A und Y_B verbunden.
- Das Gerät wird eingeschaltet und der Helligkeitsregler auf Mittelwert gebracht.
- Die anderen Einstellorgane auf der Frontplatte sind gemäß *Abb. 2.20* einzustellen.
- Die gewünschte Helligkeit lässt sich einstellen.

Das Oszilloskop ist gegen Fehlbedienungen aller Art weitgehend geschützt. Es kann jedoch zu einer Zerstörung kommen, wenn die spezifizierte maximale Eingangsspannung überschritten wird. Dies gilt besonders für den X INPUT/TRIG-Eingang. *Tabelle 2.3* zeigt typische Werte für die maximale Eingangsspannung.

Tabelle 2.3: Werte für die maximale Eingangsspannung

Eingang	maximale Eingangsspannung
X INPUT	250V (DC + AC_{SS})
TRIG	250V (DC + AC_{SS})
Y_A	500 V (DC + AC_{SS})
Y_B	500 V (DC + AC_{SS})

Die Erdung eines jeden Messkabels ist über die Abschirmung des Kabels gegeben, wobei auf folgende zwei Gefahren besonders zu achten ist:

- Erdung unter Spannung befindlicher Teile in der gemessenen Spannung über das Oszilloskop
- Kurzschlüsse eines Schaltungsteils mit der Erdungsklemme

Die meisten Oszilloskope sind mit einem externen Gitterraster versehen. Die gezeigten Linien des Rasters und der Strahl befinden sich auf verschiedenen Ebenen. Die Ausrichtung von Strahl und Raster hängt also vom Betrachtungspunkt des Anwenders ab. Ändert sich der Betrachtungspunkt, verschiebt sich auch die Deckungsgleichung. Diese scheinbare Bewegung des Strahls bezogen auf das Raster, wird als Parallaxenverschiebung bezeichnet. Der Ablesefehler als Folge dieser Parallaxenverschiebung sollte möglichst klein gehalten werden. Dies lässt sich am besten dadurch erreichen, dass man den Strahl immer aus einer gleichen „normalen" Position zum Bildschirm betrachtet.

Bei Abgleicharbeiten und Gleichspannungsmessungen kennt man in der Praxis im Wesentlichen zwei Fehlerquellen:

- ein Fehler, der in der Belastung durch das messende Gerät begründet liegt
- ein Fehler, der durch die Ungenauigkeit des Messgeräts entsteht

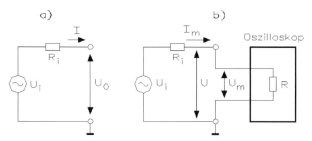

Abb. 2.21: Ersatzschaltbild für einen Leerlaufbetrieb und den Belastungsfall durch das angeschlossene Oszilloskop

Führt man mit einem Oszilloskop eine Messung durch, so wird die Messklemme an einem bestimmten Schaltungs- bzw. Messpunkt angeschlossen. Damit entsteht für diesen Messpunkt immer eine Belastung (*Abb. 2.21*). Es gilt:

U_i = Quellspannung
R_i = Innenwiderstand
U = Ausgangsspannung
R = Eingangswiderstand des Oszilloskops
U_m = Messspannung
I = Strom ohne zusätzliche Belastung (Leerlaufbedingung)
I_m = Strom mit zusätzlicher Belastung durch das Oszilloskop (Belastungsbedingung)

Der Leerlauffall berechnet sich aus $U = U_i - I \times R_i$ und da $I = 0$ ist, gilt $U = U_i$. Den Belastungsfall berechnet man mit:

$$U = U_i - I_m \cdot R_i \quad \text{und für} \quad I_m = \frac{U_i}{R_i + R} \quad \text{gilt}$$

$$U_m = U_i - \left(\frac{U_i}{R_i + R} \cdot R_i \right) = U_i \left(1 - \frac{R_i}{R_i + R} \right)$$

Bei einer minimalen Belastung ist

$$U_m \approx U_i \quad bzw. \quad \frac{R_i}{R_i + R} = 0$$

Angenommen, der Innenwiderstand R_i ist gegeben, dann muss der Eingangswiderstand R gegen R_i groß sein! Ist z. B. $R = 10 \times R_i$, so erhält man für $U = 0,9 \times U_i$ und dies entspricht einem Fehler von 10 %. Ein Fehler dieser Größenordnung ist für viele Messungen zulässig!!!

Der Eingangswiderstand eines Oszilloskops ist in einem Datenblatt mit 1 MΩ angegeben. Der Belastungsfehler lässt sich durch Erhöhung dieses Widerstands mittels Zuschalten eines Reihenwiderstands in der Eingangsleitung (Messkabel) reduzieren. Ein Messkopf mit 10:1 enthält einen solchen Widerstand mit dem Wert von 9 MΩ. Der

Eingangswiderstand erhöht sich also um den Faktor 10 auf 10 MΩ. Daraus resultiert, dass durch die Spannungsteilung einer Kombination aus Tastkopf und Oszilloskop, eine Erhöhung des Ablenkfaktors um den gleichen Faktor vorhanden ist, d. h. dass das Oszilloskop nun eine minimale Empfindlichkeit bei Gleichspannungskopplung erreicht.

Bei Amplitudenmessungen kann mit einer Genauigkeit gemessen werden, die über alles keinen größeren Fehler als ±5 % ergibt (gilt nur für die normale Justierung). Wenn eine größere Messgenauigkeit gefordert wird, lässt sich das Oszilloskop „punktjustieren", d. h. die Justierung erfolgt bei bestimmten Ablenkspannungen für jeden Ablenkfaktor. Der Vergleich erfolgt mit einem genauen Spannungsmessgerät wie einem Präzisionsvoltmeter oder einem Digitalvoltmeter. Die endgültige Genauigkeit des Oszilloskops ist dann lediglich durch Ablesefehler und die Genauigkeit des Messstandards begrenzt.

Bei der folgenden Betrachtung soll die Ungenauigkeit des Messstandards als vernachlässigbar gering vorausgesetzt werden. Das ist mit Sicherheit der Fall, wenn man ein Digitalvoltmeter als Messnormal verwendet. Im Folgenden werden zwei wichtige Begriffe bzw. Methoden erklärt:

Fehler: die Differenz zwischen der gemessenen und der tatsächlichen Spannung.

Korrektur: die Spannung, die zu der gemessenen Spannung hinzu addiert werden muss, um die tatsächliche Spannung zu erhalten.

Beispiel: Die tatsächliche Spannung beträgt 10 V, die gemessene dagegen 9,7 V. Der Fehler ist also 9,7 V – 10,0 V = –0,3 V oder wird mit –3 % angegeben. Die Korrektur ist: 10 V – 9,7 V = ±0,3 V oder

$$\frac{0,3V \cdot 100}{9,7V} = +3,1\%$$

Abb. 2.22 ergibt eine Bandbreite der Wechselspannung mit 10-facher Empfindlichkeit (AC × 10), eine Anstiegsgeschwindigkeit von $t_r = 70$ ns und eine Bandbreite für Wechsel- oder Gleichspannungen mit $t_r = 35$ ns. Das bedeutet, dass die Verzerrung von Signalen aus schnellen Bauelementen (Signale mit kurzen Anstiegs- und/oder Abfallzeiten) umso geringer ist, je geringer die Eigenanstiegszeit des Oszilloskops ist. *Abb. 2.22* zeigt die Beziehung zwischen Wiederholfrequenz eines Signals und der Messgenauigkeit.

Wie wichtig die Wahl der direkten (Gleichspannungs-) Kopplung am Eingang zur Messung von Signalen niedriger Frequenzen ist, kann man sofort erkennen. Wird eine größere Genauigkeit als spezifiziert gefordert, lässt sich der entsprechende Korrekturfaktor ermitteln.

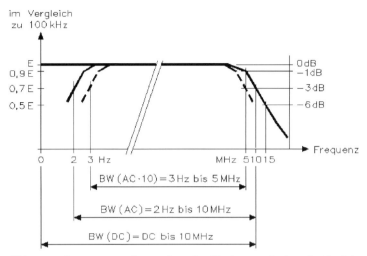

Abb. 2.22: Frequenzgangkurve eines Oszilloskops zwischen der Beziehung von Bandbreite BW und Eingangsschalter AC × 10/AC/DC

2.2 Praktische Handhabung eines Oszilloskops

Die innenliegende Fläche des Leuchtschirms ist mit gezeichneten oder eingeätzten horizontalen und vertikalen Linien versehen, die ein Gitter bilden – das sogenannte Raster. Das Raster besteht normalerweise aus acht vertikalen und zehn horizontalen, 8 mm bis 12 mm großen Quadraten, den „Divisions". Einige Rasterlinien sind weiter in Sub-Divisions unterteilt und es gibt spezielle Linien, die mit 0 % und 100 % bezeichnet sind. Diese Linien werden zusammen mit den Rasterlinien von 10 % und 90 % benutzt, um eine sogenannte Anstiegszeitmessung durchzuführen.

Auf der Front des Oszilloskops befindet sich der Einsteller „Intensity", wo sich die Helligkeit der Anzeige einstellen lässt. Moderne Oszilloskope verfügen über einen Schaltkreis, der die Helligkeit automatisch an die jeweiligen Zeitbasisgeschwindigkeiten anpasst. Wenn sich der Elektronenstrahl sehr schnell bewegt, wird der Leuchtstoff kürzer angeregt, sodass die Helligkeit erhöht werden muss, um die Schreibspur erkennen zu können. Wenn sich der Elektronenstrahl langsam bewegt, wird der Leuchtfleck sehr hell, sodass die Helligkeit reduziert werden muss, um ein Einbrennen des Leuchtstoffs zu vermeiden. Hierdurch wird die Elektronenstrahlröhre geschont und hält dementsprechend länger. Für zusätzliche Texteinblendungen (Spannung, Strom, AC/DC, U_{eff}, U_s, U_{ss}, Frequenz usw.) auf dem Bildschirm ist ein getrennter Helligkeitseinsteller vorgesehen.

Mit dem Fokuseinsteller auf der Vorderseite des Oszilloskops wird die Größe des Leuchtflecks eingestellt, um eine scharfe Darstellung der Schreibspur zu erhalten. Bei einigen Oszilloskopen lässt sich der Fokus ebenfalls durch das Oszilloskop selbst optimieren, damit die Schreibspur bei verschiedenen Helligkeiten und Zeitbasisgeschwindigkeiten immer exakt angezeigt wird. Trotzdem ist für die manuelle Einstellung immer ein separater Fokuseinsteller vorgesehen.

Mit der „Trace Rotation" (Schreibspurdrehung) lässt sich die Basislinie parallel zu den horizontalen Rasterlinien ausrichten. Das Magnetfeld der Erde ist von Ort zu Ort unterschiedlich und kann sich auf den dargestellten Strahldurchlauf auswirken. Mit dem Einsteller „Trace Rotation" lässt sich die resultierende Verschiebung kompensieren. Die Einstellung liegt im Grunde fest und wird normalerweise nur verändert, wenn das Oszilloskop an einen anderen Aufstellort gebracht wurde.

Zur Benutzung des Oszilloskops in dunklen Räumen oder für Aufnahmen von Bildschirmdarstellungen kann man die Rasterbeleuchtung über den ILLUM-Drehknopf (Illumination, Helligkeit) stufenlos einstellen.

Die Helligkeit der Schreibspur lässt sich mithilfe eines externen Signals elektrisch variieren und man hat hierzu eine Z-Modulation. Dies ist nützlich, wenn die horizontale Ablenkung extern erzeugt wird und um mit der X-Y-Darstellung diverse Frequenzzusammenhänge herauszufinden. Für die Zuführung dieses Signals ist normalerweise eine BNC-Buchse an der Rückseite des Geräts vorhanden.

2.2.1 Einstellen der Empfindlichkeit

Das vertikale System skaliert das Eingangssignal so, dass es auf dem Bildschirm dargestellt werden kann. Oszilloskope zeigen Signale mit Spitze-Spitze-Spannung U_{ss} oder U_{pp} (Peak-to-Peak) von mV bis 1 kV an. Alle diese Spannungen müssen so angezeigt werden können, dass ihre Werte anhand des Rasters abzulesen und damit zu messen sind. Große Signalamplituden müssen abgeschwächt und kleine Signale verstärkt werden. Hierfür sorgt der Empfindlichkeits- oder Abschwächereinsteller. Die Empfindlichkeit wird in Volt pro Division gemessen. Wenn die Einstellung der Empfindlichkeit und die Anzahl der vertikalen Divisions, die der Strahl durchläuft, bekannt sind, kann man die unbekannte Spitzenspannung der Signalamplitude ermitteln.

Bei den meisten Oszilloskopen lässt sich die Empfindlichkeit in den Schritten einer 1-2-5-Folge einstellen, d. h. 10 mV/Div, 20 mV/Div, 50 mV/Div, 100 mV/Div und so weiter. Die Empfindlichkeit wird durch Drehen eines Schalters oder durch Drücken der Amplitudentasten nach oben/unten für die vertikale Empfindlichkeit eingestellt. Wenn sich das Signal mit diesen Schritten nicht wie gewünscht auf dem Bildschirm skalieren lässt, kann der Variable-Einsteller (VAR) zu Hilfe genommen werden, der bei Laboroszilloskopen fast immer vorhanden ist. Die Messung einer Anstiegszeit mithilfe des Rasters ist ein Beispiel dafür. Bei der Messung eines 10-MHz-Rechtecksignals (*Abb. 2.23*) mit einem 20-MHz- und einem 200-MHz-Oszilloskop kann man deutlich die Nachteile eines „langsamen" Oszilloskops erkennen.

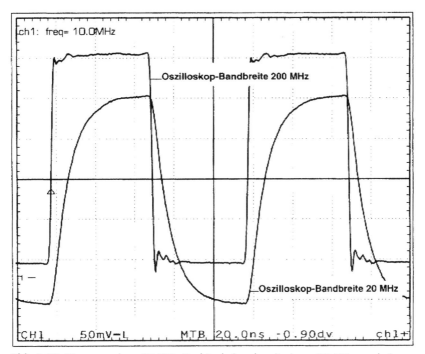

Abb. 2.23: Messung eines 10-MHz-Rechtecksignals mit einem 20-MHz- und einem 200-MHz-Oszilloskop

Der VAR-Einsteller (variable) ermöglicht eine stufenlose Einstellung zwischen den 1-2-5-Schritten. Im Allgemeinen ist bei der Benutzung des VAR-Einstellers die genaue Empfindlichkeit nicht bekannt, man weiß nur, dass sich der Wert irgendwo zwischen zwei Schritten der 1-2-5-Folge befindet. Die Y-Ablenkung für den Kanal ist jetzt unkalibriert oder „uncal". Auf diesen Zustand wird normalerweise durch eine entsprechende Anzeige auf der Frontplatte oder auf dem Bildschirm des Oszilloskops hingewiesen.

Bei modernen Oszilloskopen ist die Empfindlichkeit zwischen Minimum und Maximum stufenlos einstellbar, bleibt jedoch dank der modernen Verfahren zur Steuerung und Kalibrierung trotzdem kalibriert. Bei älteren Oszilloskopen lässt sich die Empfindlichkeitseinstellung für den Kanal anhand der Skala um den Empfindlichkeitseinsteller ermitteln. Bei neueren Messgeräten wird die Empfindlichkeit auf dem Bildschirm separat in einer Informationsleiste digital ausgegeben.

Bei Standardoszilloskopen hat man einen speziellen Drehknopf für die X-Dehnung (X-MAG MAGNIFY) und dadurch ist die Darstellung (*Abb. 2.24*) einer „normalen" und einer „gedehnten" Anzeige möglich. Bei modernen Oszilloskopen schließt man den Tastkopf an das Tastkopf-Kalibriersignal an, drückt die AUTOSET-Taste und damit ist die Zeitbasis so eingestellt, dass ca. 10 Perioden des Tastkopf-Kalibriersignals auf dem

Bildschirm angezeigt werden. Die Zeitbasiseinstellung wird auf dem Bildschirm ausgegeben. Drückt man die Taste „10 x MAGN" oder „MAGNIFY", so wird jetzt eine
Zeitbasiseinstellung angezeigt, die zehnmal schneller ist als der vorherige Wert. Bei einigen Messsystemen wird außerdem ein sogenannter Speicherbalken angezeigt, der angibt, welcher Abschnitt des gespeicherten Signals auf dem Bildschirm dargestellt wird.
Mit dem horizontalen X-POS-Einsteller kann man nun das vergrößerte Signal „durch-
arbeiten" und die Besonderheiten des Signals „langsam" betrachten bzw. untersuchen.

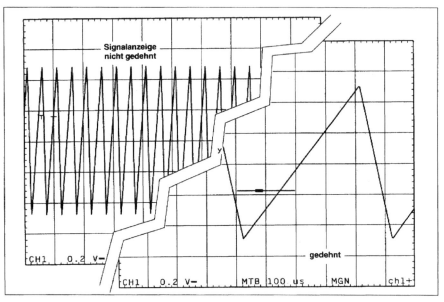

Abb. 2.24: Darstellung einer „normalen" und einer „gedehnten" Anzeige

Wichtig in der praktischen Messtechnik ist die Verzögerungsleitung, ein Schaltungsteil, das sich innerhalb des vertikalen Ablenksystems befindet. Hier lassen sich die Triggerschaltung und das horizontale System beeinflussen. So schnell Triggerschaltungen
und Zeitbasis auch ausgelegt sind, sie benötigen doch eine gewisse Zeit, um auf eine
gültige Triggerbedingung zu reagieren. Die Zeitbasis hat eine geringe nicht lineare Periode am Anfang des Durchlaufs, bis die volle Geschwindigkeit erreicht ist. Bei Oszilloskopen mit geringerer Bandbreite sind diese Zeitspannen, die in der Größenordnung von Nanosekunden liegen, vernachlässigbar im Vergleich zu den schnellsten
Signalen, die das Oszilloskop anzeigen kann. Bei Oszilloskopen mit höherer Bandbreite und Zeitbasisgeschwindigkeiten bis 2 ns/Div spielen diese Zeitspannen jedoch eine
Rolle. Um Ereignisse in der Größenordnung von wenigen Nanosekunden darstellen zu
können, muss die Zeitbasis getriggert werden, bevor das Triggerereignis in der Signalform den Bildschirm erreicht, d. h. dass der Elektronenstrahl bereits den Bildschirm
überstreichen muss, wenn die Triggerinformation des Signals bei den Ablenkplatten

eintrifft. Auf diese Weise lässt sich dann die gesamte ansteigende oder abfallende Flanke anzeigen, und zwar zusammen mit den Signaldaten einige Nanosekunden vor dem Triggerzeitpunkt. Die Signaldaten, die wenige Nanosekunden vor dem eigentlichen Triggerzeitpunkt vorhanden sind, definiert man als Pre-Trigger-Information. Dies wird erreicht, indem eine Signal-Verzögerungsleitung nach dem Abnahmepunkt des Triggersignals und vor dem Endverstärker in das vertikale System eingefügt wird. Die Verzögerungsleitung speichert das Signal für eine Zeitdauer, die proportional zu ihrer Länge ist. Bis das Signal das Ende der Verzögerungsleitung erreicht, ist die Zeitbasis gestartet und der Durchlauf aktiviert.

Auf die doppelte Zeitbasis kommt man, wenn man den Tastkopf mit dem Tastkopf-Kalibriersignal verbindet und die AUTOSET-Taste drückt. Anschließend ist die DTB-Taste im Bereich für die verzögerte Zeitbasis zu drücken.

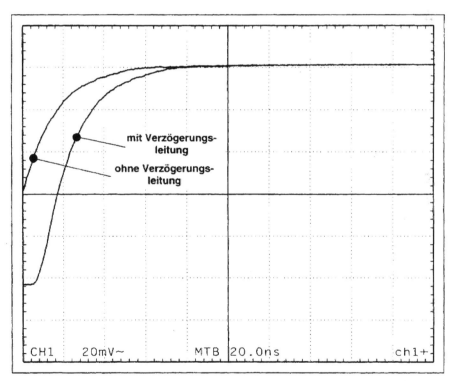

Abb. 2.25: Auswirkung einer Verzögerungsleitung auf eine schnell ansteigende Flanke eines Messsignals

Mit den Einstellern „DTB ON" und einem DTB-Menü ist die Position und Strahltrennung, die Hauptzeitbasis, in der oberen Hälfte des Bildschirms angeordnet und die verzögerte Zeitbasis ist in der unteren Hälfte positioniert. Mit den Zeitbasiseinstellern

„DELAY" und „DTB" wählt man eine der ansteigenden Flanken des Tastkopf-Kalibriersignals und vergrößert sie. In der Praxis muss man nach dieser Veränderung die Schreibspurhelligkeit nachstellen. *Abb. 2.25* zeigt die Auswirkung einer Verzögerungsleitung auf eine schnell ansteigende Flanke eines Messsignals. Bei dieser Messung sind immer die angezeigte Verzögerungsgeschwindigkeit und die Geschwindigkeit der verzögerten Zeitbasis zu beachten. Die Verzögerungszeit nimmt zu, wenn sich der aufgehellte Bereich nach rechts, also von der MTB-Triggerung wegbewegt.

2.2.2 Anschluss eines Oszilloskops an eine Messschaltung

Mit dem Kopplungseinsteller wird vorgegeben, auf welche Weise das Eingangssignal von der BNC-Eingangsbuchse auf der Frontplatte an das interne Vertikalablenksystem für diesen Kanal weitergeleitet wird. Es gibt drei Möglichkeiten für die Einstellungen:

- DC-Kopplung
- AC-Kopplung
- Masseverbindung für den Abgleich

Die DC-Kopplung sorgt für eine direkte Signalverbindung. Alle Signalkomponenten von der Wechsel- und Gleichspannung beeinflussen direkt die Ablenkeinheiten des Bildschirms. Bei der AC-Kopplung wird ein Kondensator zwischen der BNC-Buchse und dem Abschwächer in Reihe geschaltet. Alle DC-Anteile des Signals sind somit für den Y-Verstärker blockiert, jedoch werden die niederfrequenten AC-Anteile ebenfalls blockiert oder stark abgeschwächt. Die untere Grenzfrequenz ist diejenige, bei der das Signal mit nur 70,7 % seiner eigentlichen Amplitude dargestellt wird. Die NF-Grenzfrequenz hängt in erster Linie von dem Wert des Kondensators für die Eingangskopplung ab. *Abb. 2.26* zeigt eine vereinfachte Eingangsschaltung für die AC- und DC-Kopplung sowie der Eingangsmasseverbindung und der Wahl der Eingangsimpedanz von 50 Ω bei HF-Messungen.

Verbunden mit dem Einsteller für die Kanalkopplung ist die Massefunktion für das Eingangssignal. Hiermit wird das Signal vom Abschwächer getrennt und der Abschwächereingang mit dem Massepegel des Oszilloskops verbunden.

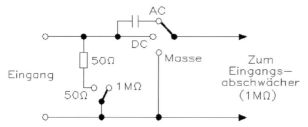

Abb. 2.26: Vereinfachte Eingangsschaltung für die AC- und DC-Kopplung sowie der Eingangsmasseverbindung und der Wahl für eine Eingangsimpedanz von 50 Ω bei HF-Messungen

Wenn man „Masse" gewählt hat, wird eine Linie bei 0 V angezeigt. Diese Linie stellt das Bezugsniveau oder die Basislinie dar, die sich mit dem Y-Positions-Einsteller verschieben lässt.

Fast alle Standard-Oszilloskope weisen eine Eingangsimpedanz von 1 MΩ auf und parallel ist eine Eigenkapazität von ca. 30 pF vorhanden. Dieser Wert ist für die meisten universellen Anwendungen akzeptabel, da er die Schaltungen nur geringfügig belastet. Einige Signale werden von Spannungs- bzw. Stromquellen mit einer Ausgangsimpedanz von 50 Ω erzeugt. Um diese Signale exakt messen zu können und eine Verzerrung zu vermeiden, müssen sie korrekt übertragen und abgeschlossen werden. Bei den Messungen setzt man Verbindungskabel mit einem Wellenwiderstand von 50 Ω ein, die mit einer 50-Ω-Last abgeschlossen sein müssen. Bei einigen Oszilloskopen ist diese 50-Ω-Last als eine durch den Benutzer anwählbare Funktion vorgesehen. Um eine versehentliche Aktivierung zu vermeiden, muss die Auswahl durch Knopfdruck oder Cursorsteuerung auf dem Bildschirm aufgerufen und bestätigt werden. Aus dem gleichen Grund sollte man für die 50-Ω-Eingangsimpedanz immer bestimmte Tastköpfe verwenden.

Mit dem POS-Einsteller für die vertikale Position wird die Schreibspur in Y-Richtung auf dem Bildschirm verschoben und entsprechend justiert. Der Massepegel lässt sich feststellen, indem für die Eingangskopplung „Masse" bzw. „Ground" gewählt wird, damit kein anderes Eingangssignal anliegt. Moderne Oszilloskope verfügen über eine separate Anzeige für den Massepegel, mit der der Benutzer immer den Bezugspegel für die Signalform finden kann.

Der dynamische Bereich zeigt an, um welche maximale Amplitude es sich beim Signal handelt, die ohne Verzerrungen arbeitet, wobei sich alle Signalabschnitte durch Änderung der vertikalen Position immer noch anzeigen lassen. Bei modernen Oszilloskopen sind dies typischerweise 24 Divisions (drei Bildschirmbreiten).

Eine wichtige Funktion stellt die Addition und die Invertierung an den Y-Eingängen dar. In der Theorie hat es häufig den Anschein, dass eine einfache Addition von zwei Eingangssignalen nicht unbedingt einen praktischen Nutzen hat. Wird jedoch eines von zwei zusammenhängenden Signalen invertiert und werden die beiden Signale anschließend addiert, so handelt es sich um eine Subtraktion. Diese ist wiederum sehr nützlich, um Gleichtaktstörungen (z. B. Netzbrummen) zu entfernen oder wenn man differentielle Messungen durchzuführen hat. Durch die Subtraktion des Eingangssignals vom Ausgangssignal eines Systems wird nach geeigneter Skalierung die durch das Messobjekt verursachte Verzerrung sichtbar. Da sich viele elektronische Systeme invertierend verhalten, lässt sich eine gewünschte Subtraktion einfach erreichen, indem man die beiden Eingangssignale des Oszilloskops addiert. Bei Oszilloskopen mit einer großen Bandbreite (über 100 MHz) ist ein Schalter vorhanden, mit dem sich die Bandbreite auf 20 MHz reduzieren lässt. Dies ist sehr vorteilhaft für die Durchführung von hochempfindlichen Messungen, da sich hierbei gleichzeitig Rauschpegel und Interferenzen reduzieren lassen.

Anstiegszeit und Bandbreite sind voneinander abhängig. Die Anstiegszeit wird normalerweise als die Zeit angegeben, die ein Signal für den Übergang vom 10-%-Pegel auf den 90-%-Pegel des stabilen Maximalwerts benötigt. Bei einem Oszilloskop entspricht die Anstiegszeit dem schnellsten Übergang, der theoretisch dargestellt werden kann. Das Hochfrequenzverhalten eines Oszilloskops hat eine sorgfältig bestimmte Kurve und hiermit lässt sich sicherstellen, dass Signale mit einem hohen Gehalt an Oberschwingungen, z. B. Rechtecksignale, wirklichkeitsgetreu auf dem Bildschirm reproduzieren. Wenn die Dämpfung zu schnell erfolgt, kann dies bei schnell ansteigenden Flanken zu Überschwingungen führen und wenn die Dämpfung zu langsam erfolgt, also zu früh auf der Frequenzkurve beginnt, wird das gesamte Hochfrequenzverhalten beeinträchtigt und die Rechtecksignale verlieren ihre „Rechteckigkeit".

Das Verhalten von Anstiegszeit und Bandbreite ist bei allen universellen Oszilloskopen ähnlich, sodass man hierdurch eine einfache Formel ableiten kann, die die Bandbreite Δf (b) und die Anstiegszeit t_r miteinander in Beziehung setzt:

$$t_r = \frac{0{,}35}{\Delta f(Hz)} \ [s]$$ Für Hochfrequenzoszilloskope ergibt sich damit:

$$t_r = \frac{350}{\Delta f(MHz)} \ [ns]$$

Bei einem 100-MHz-Oszilloskop beträgt die Anstiegszeit t_r = 3,5 ns. Um das Ablesen zu erleichtern, verfügen diese Oszilloskope über spezielle Linien, die mit 0 % und 100 % gekennzeichnet sind. Diese Linien dienen zur Messung der Anstiegszeit. Mit dem VAR-Empfindlichkeitseinsteller werden der obere und untere Teil des zu messenden Signals auf die 0-%-Linie bzw. 100-%-Linie eingestellt. Die Anstiegszeit lässt sich dann auf der X-Achse als Zeit zwischen den Schnittpunkten des Signals mit der 10-%- und der 90-%-Rasterlinie messen.

Um die Anstiegszeit eines Oszilloskops zu messen, geht man ebenso vor, jedoch muss das Testsignal eine Anstiegszeit aufweisen, die viel kürzer ist als die des Oszilloskops, d. h. sie muss für einen Fehler von 2 % mindestens 5-mal kürzer sein. Die angezeigte Anstiegszeit ist eine kombinierte Funktion der Oszilloskop-Anstiegszeit und der Signal-Anstiegszeit. Der Zusammenhang lässt sich folgendermaßen darstellen:

$$t_{r(angezeigt)} = \sqrt{t_{r(Signal)}^{2} + t_{r(Scope)}^{2}}$$

Diese Formel ist sehr wichtig für die Messpraxis!

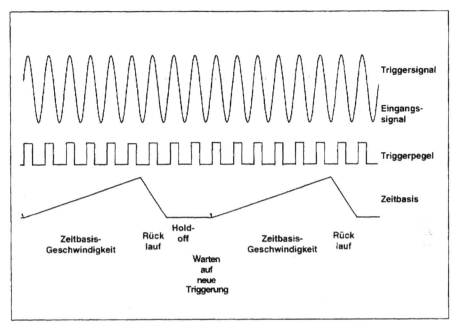

Abb. 2.27: Ausgangssignal des Sägezahngenerators mit der Zeitbasisgeschwindigkeit, der Rücklaufzeit und der Hold-Off-Zeit

Die Triggerung (*Abb. 2.27*) eines Oszilloskops erfolgt mit dem Ausgangssignal des Sägezahngenerators, der Zeitbasisgeschwindigkeit, Rücklaufzeit und Hold-Off-Zeit. Die Durchlauf- und die Zeitbasisgeschwindigkeit werden in Sekunden pro Division (s/Div bis zu 20 ns/Div) angegeben und von einem genauen Sägezahngenerator erzeugt. Mit dem X-POS-Einsteller für die horizontale Position oder die X-Achsen-Position kann die Schreibspur horizontal auf dem Bildschirm verschoben werden. Das bedeutet, dass sich ein bestimmter Punkt der Schreibspur auf einer vertikalen Rasterlinie definieren lässt, um als Startpunkt für eine Zeitmessung zu dienen.

Mit der variablen Zeitbasis kann man von den Zeitbasisgeschwindigkeiten abweichen. Hiermit lässt sich z. B. eine Periode einer beliebigen Signalform über die gesamte Bildschirmbreite darstellen. Ähnlich wie bei der VAR-Einstellung für die Y-Achse weisen dann die meisten Oszilloskope daraufhin, dass die variable Zeitbasis benutzt wird und die X-Achse nicht kalibriert ist. Moderne Oszilloskope können auch bei stufenloser Einstellung kalibriert arbeiten, da die gesamte Bildschirmbreite zur Verfügung steht, um den interessierenden Signalabschnitt anzuzeigen, und daher lassen sich diese Messungen mit besserer Zeitauflösung durchführen. Auch die Wahrscheinlichkeit von Bedienungsfehlern lässt sich erheblich reduzieren, wie es bei älteren bzw. einfachen Oszilloskopen der Fall ist.

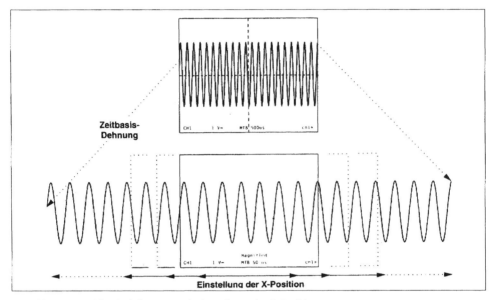

Abb. 2.28: Zeitbasisdehnung und Einstellung der X-Position

Bei der Zeitbasisdehnung (*Abb. 2.28*) wird der Zeitmaßstab (Durchlauf der X-Ablenkung) gedehnt und zwar normalerweise um das Zehnfache. Die tatsächliche Zeitbasisgeschwindigkeit, wie sie auf dem Bildschirm zu sehen ist, ist daher 10-mal schneller. Ein typisches Oszilloskop mit einer unvergrößerten Zeitbasis von 20 ns/Div kann jetzt mit 2 ns/Div arbeiten. Dargestellt wird ein auf dem Signal verschiebbarer Ausschnitt des Signals. Die Zeitbasisdehnung bietet im Vergleich zur einfachen Erhöhung der Zeitbasisgeschwindigkeit den Vorteil, dass hier das Originalsignal beibehalten wird und sich gleichzeitig wesentlich genauer betrachten lässt.

Bei zahlreichen Anwendungen, in denen komplexe Signale eine wesentliche Rolle spielen, muss ein kleiner Signalabschnitt so dargestellt werden, dass er den gesamten Bildschirm füllt. Dies ist z. B. der Fall, wenn eine bestimmte Videozeile eines Composite-Video-Signals untersucht werden soll, Hier reicht die normale Triggerung der Standardzeitbasis nicht aus. Aus diesem Grunde verfügen moderne Oszilloskope über eine zweite Zeitbasis.

Die Hauptzeitbasis MTB (main timebase) kann auf ein Haupttriggerereignis in der Signalform triggern, z. B. auf das vertikale Synchronisationssignal des Videosystems. Ein Teil der MTB-Schreibspur wird heller dargestellt. Eine zweite Zeitbasis, die sogenannte verzögerte Zeitbasis DTB (delayed timebase), wird am Anfang des aufgehellt dargestellten Signalabschnitts gestartet, und ihre Geschwindigkeit lässt sich separat schneller einstellen als die Ablenkung der Hauptzeitbasis. Die Verzögerung zwischen dem Start der MTB und dem Anfang des aufgehellten Signalabschnitts kann man ebenfalls einstellen. Es ist sogar möglich, die DTB nicht dann zu starten, wenn die gewählte Verzögerungszeit abgelaufen ist, sondern zu diesem Zeitpunkt zunächst eine Triggerschaltung für die DTB zu armieren.

Erst wenn im Anschluss danach ein neues Triggerereignis eintrifft, wird der Durchlauf der Zeitbasis DTB gestartet. Bei einer doppelten Zeitbasis lässt sich der Elektronenstrahl also abwechselnd mit zwei verschiedenen Geschwindigkeiten durch die zwei Zeitbasen über den Bildschirm auslenken.

Das Beispiel gilt also für den Betrieb (*Abb. 2.29*) mit doppelter Zeitbasis (500 µs/Div und 50 µs/Div) und einer Verzögerung von vier Divisions. Zuerst läuft die Hauptzeitbasis mit 500 µs/Div und hierdurch wird eine Signalform auf dem Bildschirm aufgezeichnet. Während dieses Durchlaufs hellt die Schreibspur nach 2 ms auf, was vier Divisions entspricht. Diese Zeit lässt sich durch den Verzögerungseinsteller vorgeben.

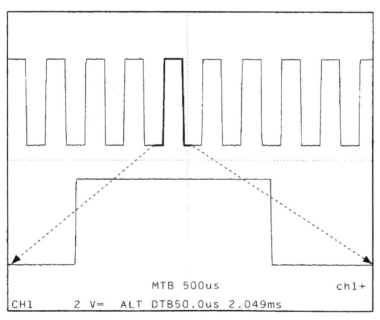

Abb. 2.29: Betrieb mit doppelter Zeitbasis (500 µs/Div und 50 µs/Div) und einer Verzögerung von vier Divisions

Die Dauer des aufgehellten Bereichs wird mit dem Einsteller für die DTB-Zeitbasisgeschwindigkeit vorgegeben und beträgt in diesem Beispiel 50 µs/Div.

Wenn die verzögerte Zeitbasis nach der Verzögerung von 2 ms startet, wird nur 1/10 der Original-Schreibspur der Hauptzeitbasis angezeigt, jedoch über den gesamten Bildschirm. Wird die Verzögerungszeit verstellt, so ändert sich auch der Startpunkt der verzögerten Zeitbasisabtastung auf der Hauptzeitbasis. Durch eine Änderung der Zeitbasisgeschwindigkeit der verzögerten Zeitbasis lässt sich die Länge des dargestellten Abschnitts der Hauptzeitbasis verstellen.

Die Hauptzeitbasis kann man ausschalten, wenn der interessierende Signalabschnitt mit der verzögerten Zeitbasis angezeigt wird. Hierdurch wird die verzögerte Schreibspur heller dargestellt. Ein typisches Oszilloskop der oberen Preisklasse mit zwei Zeitbasen bietet die folgenden Betriebsarten zur Zeitbasis an:

- MTB (main timebase oder Hauptzeitbasis): Es wird nur die Hauptzeitbasis angezeigt und das Oszilloskop verhält sich wie ein Messgerät mit einfacher Zeitbasis.
- MTBI (main timebase intensified oder aufgehellte Hauptzeitbasis): Es wird nur der MTB-Durchlauf angezeigt, ein Teil der Schreibspur erscheint jedoch aufgehellt, um die Startposition und den Durchlauf der DTB anzuzeigen.
- MTBI und DTB: Wie MTBI, jedoch mit DTB-Durchlauf.
- DTB (delayed timebase oder verzögerte Zeitbasis): Zeigt nur den DTB-Durchlauf an.

2.2.3 Triggerverhalten an einer Messschaltung

Für das Triggerverhalten eines Oszilloskops müssen zuerst die Zeitbasisschaltungen betrachtet werden, denn diese verfügen über mehrere Betriebsarten. Bei normalen analogen Oszilloskopen kennt man folgende Möglichkeiten:

- Normal: Die Zeitbasis muss meistens über ein externes Signal getriggert werden, um eine Schreibspur erzeugen zu können. Die Regel hierbei ist einfach: „Kein Signal, keine Schreibspur". Das Eingangssignal wird der gewählten Triggerquelle zugeführt, das groß genug sein muss, um die Zeitbasis triggern zu können. Wenn kein Eingangssignal vorhanden ist, wird keine Schreibspur auf dem Bildschirm abgebildet.
- Automatisch: Mit dieser Betriebsart kann auch dann eine Schreibspur angezeigt werden, wenn kein Eingangssignal vorhanden ist. Liegt kein Signal an dem Y-Eingängen vor, auf das sich triggern lässt, ermöglicht der Automatikbetrieb den Freilauf der Zeitbasis bei einer niedrigen Frequenz, sodass eine Schreibspur auf dem Bildschirm angezeigt wird. Hiermit lässt sich die vertikale Position der Schreibspur einstellen, z. B. wenn es sich bei dem Signal um eine reine Gleichspannung handelt.
- Single: Bei Eintreffen eines Triggersignals erfolgt nur ein einmaliger Zeitbasisdurchlauf. Die Triggerschaltung muss für jedes Triggerereignis armiert, d. h. vorbereitet sein. Wenn die Triggerung nicht vorbereitet wurde, ist die Zeitbasis durch die nachfolgenden Triggerereignisse gesperrt und kann nicht starten. Die Triggerschaltung wird erneut armiert, indem die Taste mit der Aufschrift „Single" oder „Reset" – je nach Oszilloskop – gedrückt wird. Um eventuelle Unsicherheiten bei Einzelablenkungen zu eliminieren, zeigen moderne Oszilloskope ihre Triggerpegel in Volt oder als horizontale Linien auf dem Bildschirm an.

Das Eingangssignal wird für die vertikale Ablenkung und meistens auch für die Triggerung verwendet. Aber wie folgt der Elektronenstrahl bei jedem Durchlauf des Bildschirms immer wieder genau dem gleichen Weg?

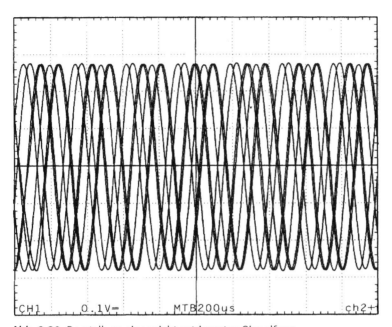

Abb. 2.30: Darstellung einer nicht getriggerten Signalform

Die Antwort liegt in der Arbeitsweise der Triggerschaltung. Ohne Triggerung ergibt sich ein Durcheinander (*Abb. 2.30*) von Signalformen mit beliebigen Startpunkten.

Bei jedem Zeitbasisdurchlauf sorgt die Triggerschaltung dafür, dass die Zeitbasis an einem genau definierten Punkt durch das Eingangssignal gestartet wird. Dieser genaue Startpunkt lässt sich durch den Anwender definieren. Hierzu sind folgende Möglichkeiten vorhanden:

- Triggerquelle: Hier kann man vorgeben, von welcher Quelle das Triggersignal stammt. In der Mehrzahl der Fälle verwendet man es vom Eingangssignal selbst. Wenn man nur einen Kanal für die Messung einsetzt, wird die Triggerquelle über diesen Kanal eingestellt. Sind mehrere Kanäle in einer Messung erforderlich, muss man eine von diesen als Triggerquelle wählen. „Composite"-Triggerung setzt man ein, um abwechselnd von verschiedenen Kanälen in der Reihenfolge ihrer Anzeige zu triggern. Hiermit lassen sich Signale anzeigen, die nicht in zeitlichem Zusammenhang stehen müssen, z. B. wenn unterschiedliche Frequenzen an den einzelnen Eingängen vorhanden sind. Verfügt das Oszilloskop über einen externen Triggereingang EXT, kann es den Triggerpunkt von einem Signal ableiten, das an diesem

Eingang zugeführt wird. Für die Durchführung von 50-Hz- oder 100-Hz-Messungen an elektrischen Systemen mit normaler Netzfrequenz sorgt die Netztriggerung. Diese Möglichkeit bietet sich an, um netzabhängige Störungen aufzuspüren.

- Triggerpegel: Mit dem Einsteller „Triggerpegel" lässt sich der Spannungspegel (*Abb. 2.31*) einstellen, den die Signalamplitude von der gewählten Triggerquelle überschreiten muss, damit die Triggerschaltung die Zeitbasis startet.

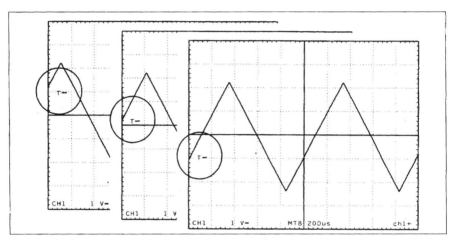

Abb. 2.31: Einfluss der Triggerpegeleinstellung

Mit dem Flankeneinsteller (Slope) wird vorgegeben, ob die Triggerung auf einer steigenden (positiven) oder fallenden (negativen) Flanke des Quellsignals erfolgt. Mittels der Triggerkopplung lässt sich vorgeben, auf welche Weise das gewählte Quellsignal an die Triggerschaltung weitergeleitet wird. Durch die DC-Kopplung ist die Quelle direkt mit der Triggerschaltung verbunden. Bei der AC-Kopplung liegt ein Kondensator in Reihe, der Gleichspannungsanteil für die Triggerung wird „abgeblockt" und nur der Anteil der Wechselspannung erscheint auf dem Bildschirm.

Mit der Funktion „Level p-p" lässt sich der Bereich der Triggerpegeleinstellung etwas kleiner einstellen als der Spitze-Spitze-Wert des Quellsignals. Bei dieser Betriebsart ist es nicht möglich, einen Triggerpegel außerhalb des Eingangssignals einzustellen, sodass das Oszilloskop immer getriggert wird, wenn ein Signal vorhanden ist.

Über die Einstellung „HF-Rej." (High Frequency Rejector) wird das Quellsignal über ein Tiefpassfilter weitergeleitet, um die hohen Eingangsfrequenzen zu unterdrücken. Damit lässt sich auch dann auf ein niederfrequentes Signal triggern, wenn dieses mit einem starken HF-Rauschen überlagert ist.

Eine NF-Unterdrückung ist vorhanden, wenn die Einstellung „LF-Rej." (Low Frequency Rejector) eingestellt wurde. Das Quellsignal wird über ein Hochpassfilter weitergeleitet, um die niedrigen Frequenzen zu unterdrücken. Dies ist z. B. nützlich, wenn Signale angezeigt werden sollen, die größere Netzbrummamplituden beinhalten.

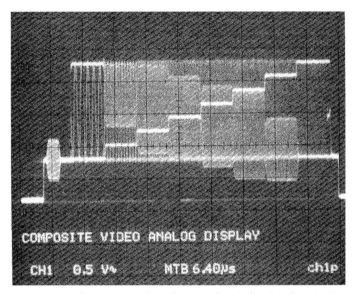

Abb. 2.32: Aufbau eines Videozeilensignals mit den Synchronisationsimpulsen

In der Betriebsart „TV-Triggerung" ist der Pegeleinsteller außer Funktion und das Oszilloskop benutzt die Synchronisationsimpulse eines Videosignals. Für die TV-Triggerung (*Abb. 2.32*) gibt es zwei Möglichkeiten:

- Bildtriggerung (TV Frame, TVF): Jedes TV-Bild besteht aus zwei Halbbildern und jedes enthält die Hälfte der Zeilen, die für ein komplettes Bild erforderlich sind. Die beiden Halbbilder sind auf dem Fernsehbildschirm miteinander verschachtelt, sodass ein Vollbild entsteht. Durch die Technik werden die für den Sendekanal erforderliche Bandbreite und das Flackern des Bilds reduziert. Zu Beginn jedes Halbbilds tritt eine spezielle Folge von Synchronisationsimpulsen auf, sogenannte Teilbildsynchronisierimpulse oder Vertikalimpulse, auf die das Oszilloskop entsprechend triggert. Moderne Oszilloskope können zwischen dem ersten und dem zweiten Halbbild unterscheiden.
- Zeilentriggerung (TV Line, TVL): Jedes Halbbild enthält eine Reihe von Zeilen. Jede Zeile beginnt mit einem Zeilensynchronisationsimpuls oder „Line-Sync". Das Oszilloskop triggert mit jedem dieser Impulse und zeichnet alle Zeilen übereinander auf. Einzelne Zeilen lassen sich somit betrachten, indem man die doppelte Zeitbasis und die TV-Bild-Triggerung benutzt, oder indem man sie mithilfe eines speziellen Zubehörs, dem „Video-Line-Selector", anwählt. Hier ist ein Zähler eingebaut und man muss nur die gewünschte Zeilenzahl innerhalb des Videosignals auswählen.

Einige Signale weisen in der Praxis mehrere mögliche Triggerpunkte (*Abb. 2.33*) auf und es ist gezeigt, wie mit der Trigger-Hold-off-Funktion ein digitales Signal richtig gemessen wird. Obwohl es sich über einen längeren Zeitraum wiederholt, ist die kurzzeitige Situation unterschiedlich. Um einige Impulse etwas genauer betrachten zu können, muss die Zeitbasis schneller laufen, aber jetzt ändert sich der dargestellte Signalabschnitt bei jedem Durchlauf. Um dies zu vermeiden, vergrößert der Trigger-Hold-off die Zeit zwischen den Durchläufen, sodass sich immer auf die gleiche Flanke triggern lässt.

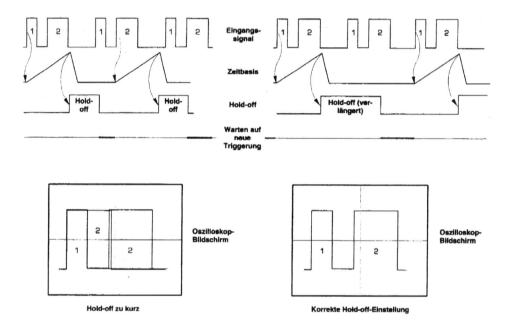

Abb. 2.33: Triggerung von komplexen Signalen mittels der „Hold-off-Funktion

Im Abschnitt über die Zeitbasis wurde geschildert, dass die DTB nach einer Verzögerung auf dem MTB-Durchlauf gestartet wird. Diese Verzögerung lässt sich vom MTB-Triggerpunkt aus messen und erst nach dieser Verzögerungszeit wird die DTB durch das Verzögerungssystem gestartet. Diese Betriebsart bezeichnet man als DTB-Start. Die DTB lässt sich ähnlich wie die MTB auch in einem getriggerten Modus betreiben. Das Oszilloskop verfügt über Einsteller für die DTB-Triggerquelle, den Triggerpegel, die Triggerflanke und die Triggerkopplung, jedoch funktionieren diese Einsteller unabhängig von der MTB. Wenn man diese Betriebsart gewählt hat, wird die DTB bei Ablauf der Verzögerungszeit für die Triggerung vorbereitet (animiert), jedoch erst durch ein neues Triggerereignis gestartet, das als Eingangssignal erkannt wird. Diese Betriebsart bezeichnet man als getriggerte DTB.

2.3 Digitales Speicheroszilloskop

Die Nachleuchtdauer des Leuchtstoffs P31 einer normalen Elektronenstrahlröhre beträgt weniger als eine Millisekunde. In einigen Fällen findet man Elektronenstrahlröhren mit dem Leuchtstoff P7, der eine Nachleuchtdauer von 300 ms aufweist. Die Elektronenstrahlröhre zeigt das Signal nur solange an, bis es zu einer Anregung des Leuchtstoffs kommt. Wenn dieses Signal nicht mehr vorhanden ist, klingt die Schreibspur beim P31 schnell und beim P7 etwas langsamer ab.

Was geschieht aber, wenn ein sehr langsames Signal an einem Oszilloskop anliegt oder wenn es wenige Sekunden andauert oder – noch problematischer – wenn es nur einmal auftritt? In diesen Fällen ist es so gut wie unmöglich, das Signal mit einem analogen Oszilloskop anzuzeigen. Hier wird ein Verfahren benötigt, mit dem der durch das Signal zurückgelegte Weg auf der Leuchtschicht erhalten bleibt. Früher erreichte man dies durch den Einsatz einer speziellen Elektronenstrahlröhre, der „Speicherröhre", bei der ein elektrisch geladenes Gitter hinter der Leuchtstoffschicht angeordnet war, um die Spur des Elektronenstrahls zu speichern. Diese Röhren sind sehr teuer und im mechanischen Aufbau empfindlich, und sie konnten die Schreibspur nur für eine begrenzte Zeit festhalten.

2.3.1 Merkmale eines digitalen Oszilloskops

Die digitale Speicherung überwindet nicht nur alle Nachteile des analogen Oszilloskops, sondern bietet zusätzlich folgende Leistungsmerkmale:

- Durch den Pre-Trigger (Vortriggerung) lassen sich Informationen im großen Umfang speichern und anzeigen, die vor der eigentlichen Triggerfunktion aufgetreten sind.
- Es lassen sich Informationen durch die Post-Trigger in großem Umfang speichern und anzeigen, die nach der Triggerung vorhanden sind.
- Es sind vollautomatische Messungen möglich, wobei sich auch ein oder mehrere Messcursors für ein optimales Ablesen verwenden lassen. Bei dem simulierten Oszilloskop sind zwei Messcursors vorhanden.
- Die Signalformen können unbegrenzt intern und auch extern gespeichert werden.
- Die gespeicherten Signalformen lassen sich zur Speicherung, Auswertung oder späteren Analyse in einen PC übertragen.
- Für Dokumentationszwecke erstellt man Hardcopies über einen Drucker und die erstellten Bilder lassen sich auch in die Textverarbeitung einbinden.
- Neu erfasste Signalformen können mit Referenz-Signalformen verglichen werden, entweder durch den Benutzer oder vollautomatisch durch einen PC.
- Es können Entscheidungen auf „Pass/Fail"-Basis getroffen werden („Go/No Go"-Tests).
- Die Informationen der Signalform lassen sich nachträglich mathematisch verarbeiten und für eine grafische Darstellung aufbereiten.

2.3.2 Interne Funktionseinheiten

Wie der Name bereits definiert, erfolgt bei einem digitalen Speicheroszilloskop die Speicherung eines Signals in digital codierter Form. Wenn das Speicheroszilloskop (*Abb. 2.34*) ein Eingangssignal erfasst, wird die Eingangsspannung in regelmäßigen Zeitintervallen abgetastet, bevor es an die Ablenksysteme der Elektronenröhre weitergeleitet wird.

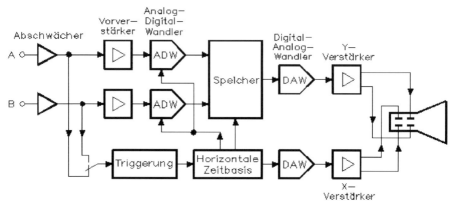

Abb. 2.34: Blockschaltbild eines digitalen Speicheroszilloskops

Diese Momentanwerte oder Samples werden von einem Analog-Digital-Wandler ADW abgefragt, um binäre Werte zu erzeugen, die jeweils eine Sample-Spannung darstellen. Diesen Prozess bezeichnet man als Digitalisierung der analogen Eingangsspannung. Die binären Werte werden in einem statischen Schreib-Lese-Speicher (RAM) abgelegt und die Geschwindigkeit, mit der die Samples aufgenommen werden, bezeichnet man als Abtastrate. Die Steuerung für den gesamten Arbeitsablauf definiert man als Abtasttakt. Die Abtastrate für allgemeine Anwendungen reicht von 20 MS/s (Mega Samples pro Sekunde) bis zu 20 GS/s (Giga Samples pro Sekunde). Die gespeicherten Daten werden aus dem RAM zerstörungsfrei ausgelesen und über den nachfolgenden Digital-Analog-Wandler wieder in eine analoge Spannungsform umgesetzt, um eine Signalform auf dem Bildschirm zu rekonstruieren. Die Speicherung erfolgt in den statischen RAM-Bausteinen, da diese erheblich schneller sind als die dynamischen RAM-Bausteine.

Ein digitales Speicheroszilloskop enthält mehr als nur analoge Schaltungen zwischen den Eingangsanschlüssen und dem Bildschirm. Eine Signalform wird erst in einem Schreib-Lese-Speicher abgelegt, bevor sie sich wieder darstellen lässt, d. h. es tritt eine gewisse Totzeit zwischen der Erfassung und der Ausgabe auf. Die Darstellung auf dem Bildschirm erfolgt immer als Rekonstruktion der aufgenommenen Signale und es handelt sich nicht um eine diskrete und kontinuierliche Anzeige des an den Eingangsbuchsen anliegenden Signals. Die Messung erfolgt also nicht in Echtzeit, sondern verzögert.

2.3.3 Digitale Signalspeicherung

Die digitale Speicherung wird in zwei Schritten erreicht. Zuerst werden Samples von der Eingangsspannung aufgenommen und im RAM zwischengespeichert. Zwischen dem Eingangsverstärker und dem Analog-Digital-Wandler befindet sich eine Sample&Hold-Schaltung (*Abb. 2.35*).

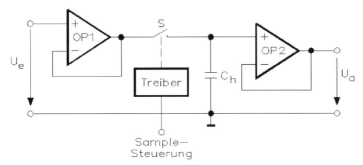

Abb. 2.35: Schaltung einer Sample&Hold-Einheit

In der elektronischen Messtechnik, in der Datenerfassung und bei analogen Verteilungssystemen müssen auf periodischer Basis die entsprechenden Analogsignale an den Eingängen abgetastet werden. Liegt z. B. an einem Analog-Digital-Wandler eine analoge Spannung an, so muss vor der Umsetzung diese Spannung in einem Abtast- und Halteverstärker zwischengespeichert werden. Ändert sich die Spannung am Eingang des Analog-Digital-Wandlers während der Umsetzphase, tritt ein erheblicher Messfehler auf. In der Praxis spricht man aber nicht von einem Abtast- und Halteverstärker, sondern von einer S&H-Einheit (Sample&Hold). Die Aufgabe eines Abtast- und Halteverstärkers ist die Zwischenspeicherung von analogen Signalen für eine kurze Zeitspanne, während sich die Eingangsspannung in dieser Zeit wieder ändern kann. Das Resultat dieser Abtastung ist mit der Multiplikation des Analogsignals mit einem Impulszug gleicher Amplitude identisch und es entsteht eine modulierte Pulsfolge. Die Amplitude des ursprünglichen Signals ist in Hüllkurve des modulierten Pulszugs enthalten.

Ein Sample&Hold-Verstärker besteht im einfachsten Fall aus einem Kondensator und einem Schalter. An dem Schalter liegt die Eingangsspannung und ist der Schalter geschlossen, kann sich der Kondensator auf- bzw. entladen. Ändert sich die Eingangsspannung, ändert sich gleichzeitig auch die Spannung am Kondensator. Öffnet man den Schalter, bildet die Spannung am Kondensator die Ausgangsspannung, die weitgehend konstant bleibt, wenn der nachfolgende Verstärker einen hochohmigen Eingangswiderstand aufweist.

In der Schaltung für den S&H-Verstärker hat man einen Eingangsverstärker, der in Elektrometerverstärkung arbeitet, d. h. der Eingangswiderstand ist sehr hochohmig und er hat eine Verstärkung von $v = 1$. Die Ausgangsspannung des Eingangsverstärkers folgt unmittelbar der Eingangsspannung, wenn der Schalter geschlossen ist. Dieser Schalter wird über die Ansteuerung freigegeben. Im Abtastbetrieb (Sample) soll die Ausgangsspannung der Eingangsspannung direkt folgen, vergleichbar mit einem Spannungsfolger. Die Verzerrungen sollten in dieser Betriebsart minimal sein (>0,01 %), d. h. die Differenzspannung zwischen Ein- und Ausgang soll für jede Ausgangsspannung und bei jeder Frequenz null betragen.

Schaltet die Steuerung um, wird der Schalter geöffnet und die Spannung (Ladung) des Kondensators liegt an dem Ausgangsverstärker. Die Ausgangsspannung bleibt konstant, denn die Eingangsspannung hat keine Wirkung mehr auf den Kondensator. Jetzt befindet sich der S&H-Verstärker im Haltebetrieb (Hold) und die Ausgangsspannung kann sich nicht mehr ändern. Als Speicherelement dient der Kondensator zwischen dem Schalter und Masse. Dieser Kondensator wird auch als Haltekondensator bezeichnet.

In der Praxis hat die S&H-Einheit neben dem Ein- and Ausgang noch einen Steuereingang mit der Bezeichnung S/H (Sample/Hold). Liegt ein 0-Signal an, folgt die Ausgangsspannung direkt der Eingangsspannung und man befindet sich im Abtastbetrieb. Schaltet dieser Steuereingang auf 1-Signal, wird der momentane Spannungswert im Kondensator zwischengespeichert und ist als konstanter Wert für die Ausgangsspannung vorhanden.

Der Haltekondensator muss ein Kondensator mit geringen Leckströmen und Dielektrizitätsverlusten sein. In der Praxis verwendet man daher meistens Polystyren-, Polypropylen-, Polycarbonat oder Teflon-Typen. Der hier beschriebene Schaltungsaufbau und der Kondensator arbeiten unter optimalen Betriebsbedingungen. Abweichungen davon werden hervorgerufen durch:

- Spannungsfall an den Kondensatoren bedingt durch Leckströme
- Spannungsänderungen an den Kondensatoren durch Ladungsüberkopplungen, die beim Auftreten von Ausschaltflanken der Schaltersignale auftreten
- Nichtlinearitäten der beiden Operationsverstärker
- Einschränkungen des Frequenzgangs bei beiden Operationsverstärkern und des Haltekondensators
- Nichtlinearität des Haltekondensators, bedingt durch dielektrische Verluste
- Ladungsverluste an dem Haltekondensator infolge des kapazitiven Spannungsteilers in Verbindung mit einer Streukapazität, wenn man einen „verunglückten" Schaltungsaufbau hat

In der Praxis verwendet man für den Schalter keinen mechanischen Typ, sondern einen elektronischen Schalter. Typische Leckströme sind bei diesen Schaltern in der Größenordnung von 1 pA, wenn diese an ihren nominellen Betriebsspannungen liegen. Das gilt natürlich auch für den Ausgangsverstärker. Es ist kein Problem, den Kondensator bei eingeschalteem Schalter (mechanisch oder elektronisch) auf den korrekten Wert aufzuladen. Wenn jedoch der Schalter abgeschaltet wird, gibt es durch die Gate-Drain-Kapazität bei einem elektronischen Schalter eine Ladungsüberkopplung auf den Haltekondensator, wodurch sich die gespeicherte Ladung ändert. Dies bemerkt man, wenn man verschiedene Kondensatortypen einsetzt und das unter den verschiedenen Betriebszuständen im Labor testet.

2.3.4 Analog-Digital-Wandler

Der Ausgang der S&H-Einheit führt direkt zum Analog-Digital-Wandler und dieser setzt den analogen Wert in ein digitales Format um. In der Praxis findet man einen schnellen Flash-Wandler.

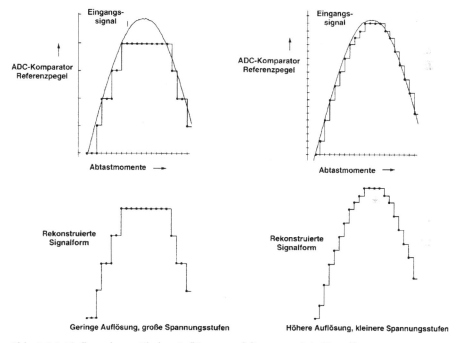

Abb. 2.36: Einfluss der vertikalen Auflösung auf die angezeigte Signalform

Der AD-Wandler muss die Amplitude des Samples bestimmen, indem er sie mit einer Reihe von Referenzspannungen vergleicht. Je mehr Komparatoren im Flash-Wandler vorhanden sind, umso größer wird das digitale Format. Die 12-Bit-Umsetzung bezeichnet man als vertikale Auflösung und je höher sie ist, desto kleiner sind die Signaldetails (*Abb. 2.36*), die in der Wellenform sichtbar werden.

Die vertikale Auflösung wird im Bitformat ausgedrückt. Hierbei handelt es sich um die Gesamtzahl der Bits, d. h. die Größe des digitalen Ausgangsworts, die zusammen ein Ausgangswort ergeben. Die Anzahl der Spannungspegel, die auf diese Weise erkannt und codiert werden können, lässt sich wie folgt bestimmen:

Anzahl der Pegel $= 2^{\text{Anzahl der Bits}}$

Die meisten digitalen Speicheroszilloskope arbeiten mit 8-Bit-Umsetzern und können daher ein Signal mit $2^8 = 256$ verschiedener Spannungspegel erzeugen. Hiermit lässt sich das Signal in genügend Einzelheiten darstellen, damit man exakte Untersuchungen und Messungen durchführen kann. Auf diese Weise erreichen die kleinsten angezeigten Signalschritte etwa gleiche die Größe wie der Durchmesser des Leuchtflecks auf dem Bildschirm. Ein digitales Ausgangswort in einem digitalen Speicheroszilloskop, das den Wert Samples darstellt, umfasst ein 8-Bit- bzw. 1-Byte-Format.

Die Höhe der Auflösung ist immer eine Kostenfrage. Bei der Konstruktion des Flash-Wandlers ist für jedes zusätzliche Bit im Ausgangswort die doppelte Anzahl an Komparatoren erforderlich und es wird auch ein größerer Codeumsetzer benötigt. Dadurch nimmt der Analog-Digital-Wandler doppelt so viel Platz auf dem Umsetzerchip ein und benötigt die doppelte Verlustleistung, was sich wiederum auf die umgebende Schaltung auswirkt. Eine zusätzliche 1-Bit-Auflösung ist also immer mit erheblichen Kosten verbunden.

2.3.5 Zeitbasis und horizontale Auflösung

Die Aufgabe des horizontalen Systems in einem digitalen Speicheroszilloskop besteht darin, sicherzustellen, dass sich genügend Samples zum richtigen Zeitpunkt aufnehmen lassen. Wie bei einem analogen Oszilloskop hängt die Geschwindigkeit immer von der horizontalen Ablenkung der Zeitbasiseinstellung (s/Div) ab.

Die Gruppe von Samples, die zusammen eine Signalform bilden, wird als Aufzeichnung (record) definiert. Eine Aufzeichnung kann verwendet werden, um ein oder mehrere Bildschirmanzeigen zu rekonstruieren. Die Anzahl der gespeicherten Samples entspricht der Aufzeichnungslänge oder der Erfassungslänge bzw. der Größe des Erfassungsspeichers, ausgedrückt in Bytes oder Kbytes, wobei 1 Kbyte einer Speichergröße von 1024 Samples entspricht.

Normalerweise zeigen Oszilloskope 512 Samples auf der horizontalen Achse an. Aus Gründen der einfachen Bedienung wird die Anzahl der Samples mit einer horizontalen Auflösung von 50 Samples pro Division angezeigt, d. h. dass die horizontale Achse eine Länge von 512/50 = 10,24 Divisions besitzt. Hiervon ausgehend, lässt sich das Zeitintervall zwischen den Samples berechnen mit:

$$Abtastintervall = \frac{Zeitbasiseinstellung \ (S/Div)}{Anzahl \ der \ Samples}$$

Bei einer Zeitbasiseinstellung von 1 ms/Div und 50 Samples pro Division, lässt sich das Abtastintervall folgendermaßen berechnen:

Abtastintervall = 1 ms/50 = 20 μs

Die Abtastrate entspricht dem Reziprokwert des Abtastintervalls mit:

$$Abtastrate = \frac{1}{Abtastintervall}$$

Normalerweise ist die Anzahl der darstellbaren Samples festgelegt und eine Änderung der Zeitbasiseinstellung wird erreicht, indem man die Abtastrate ändert. Die für ein bestimmtes Messgerät angegebene Abtastrate gilt daher nur für eine bestimmte Zeitbasiseinstellung. Bei langsameren Zeitbasiseinstellungen wird eine geringere Abtastrate verwendet. Bei einem Oszilloskop mit einer maximalen Abtastrate von 100 MS/s ist das die Zeitbasiseinstellung, bei der tatsächlich mit dieser Geschwindigkeit abgetastet wird:

Zeitbasiseinstellung = 50 Samples × Abtastintervall

= 50/Abtastrate
= 50/100 × 10^6
= 500 ns/Div

Es ist wichtig, diese Zeitbasiseinstellung zu kennen, da dies die Einstellung für die schnellste Erfassung von nichtrepetierenden Signalen darstellt. Hiermit erhält man die größtmögliche Zeitauflösung. Diese Zeitbasiseinstellung ist die maximale Single-Shot-Zeitbasiseinstellung, bei der die maximale Echtzeitabtastung benutzt wird. Dies ist die definierte Abtastrate, die man bei den Spezifikationen des Messgeräts unbedingt beachten sollte.

Bei vielen Messungen mit dem digitalen Speicheroszilloskop geht es darum, die Schalteigenschaften eines Signals zu messen, z. B. die Anstiegs- und die Abfallzeiten. Wie bereits gezeigt wurde, wird der schnellste Übergang, den das Gerät genau verarbeiten kann, durch die Anstiegszeit des Messgeräts bestimmt. Bei einem analogen Oszilloskop hängt die Systemanstiegszeit vollständig von den analogen Schaltkreisen mit Transistor und Operationsverstärker ab. Wenn ein digitales Speicheroszilloskop eingesetzt wird, hängt der schnellste erfassbare Übergang von den analogen Schaltkreisen und von der Zeitauflösung ab. Für eine korrekte Messung der Anstiegszeit müssen genügend Details der zu messenden Flanke erfasst werden, was bedeutet, dass eine Reihe von Samples während des Übergangs aufgenommen werden müssen. Diese Anstiegszeit bezeichnet man dann als nutzbare Anstiegszeit eines digitalen Speicheroszilloskops und sie ist immer von der Zeitbasiseinstellung abhängig.

Als die ersten Versuche zur Erfassung und Messung an Anstiegsgeschwindigkeiten unternommen wurden, um Signale zu digitalisieren, zeigte eine Studie, dass der Abtasttakt für eine korrekte Rekonstruktion des Signals eine Frequenz aufweisen muss, die mindestens doppelt so groß sein muss wie die höchste Frequenz des Signals selbst. Diese Tatsache ist allgemein bekannt als das „Shannonsche Abtasttheorem". Bei dieser Studie ging es allerdings um Anwendungen im Bereich der Kommunikationstechnik und nicht um Oszilloskope.

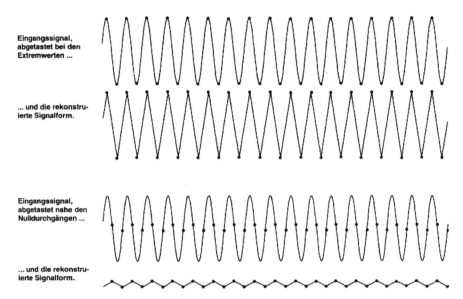

Eingangssignal,
abgetastet bei den
Extremwerten ...

... und die rekonstru-
ierte Signalform.

Eingangssignal,
abgetastet nahe den
Nulldurchgängen ...

... und die rekonstru-
ierte Signalform.

Abb. 2.37: Sinussignal mit unterschiedlicher Abtastung bei der doppelten Signalfrequenz nahe den Extremwerten und nahe den Nulldurchgängen

Betrachtet man das Oszillogramm (*Abb. 2.37*), so lässt sich erkennen, dass die Frequenz eines Signals tatsächlich wiedergewonnen werden kann, wenn ein Abtasttakt verwendet wird, der das Doppelte der Signalfrequenz beträgt. Bei geeigneten Rekonstruktionsmöglichkeiten erhält man hiermit eine Signalform, die der des ursprünglichen Signals sehr nahe kommt. Aber ist das alles wirklich so einfach? Nimmt man an, die Samples werden zu geringfügig unterschiedlichen Zeitpunkten mit dem gleichen Abtasttakt aufgenommen, aber nicht unbedingt bei den Extremwerten des Signals, so sind alle Amplitudeninformationen jetzt fehlerhaft oder können sogar vollständig verloren gehen. Wenn die Samples genau bei den Nulldurchgängen aufgenommen werden, lässt sich überhaupt kein Signal erkennen, da alle Samples den gleichen Signalwert darstellen, nämlich null.

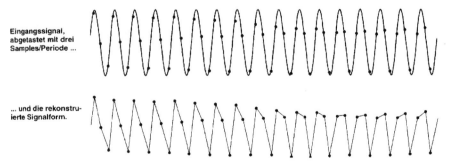

Eingangssignal,
abgetastet mit drei
Samples/Periode ...

... und die rekonstru-
ierte Signalform.

Abb. 2.38: Signalabtastung mit drei Samples pro Periode

Oszilloskope werden benutzt, um diverse Messsignale zu untersuchen. Hierfür ist nicht nur eine gute Frequenzdarstellung erforderlich, sondern auch eine genaue Abbildung der Signalform mit der richtigen Amplitude. Wie das Oszillogramm (*Abb. 2.38*) zeigt, wird das Signal bei drei Samples pro Periode nicht besonders wirklichkeitsgetreu wiedergegeben. Eine Faustregel besagt, dass zehn Samples pro Periode im Allgemeinen als Minimum für eine Signaldarstellung mit ausreichenden Details gelten. In einigen Fällen sind nur wenige Einzelheiten erforderlich und fünf Samples pro Periode sind dann als ausreichend zu betrachten, um einen Eindruck von dem Signal (*Abb. 2.39*) zu vermitteln.

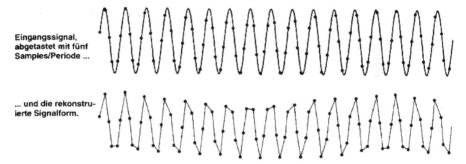

Abb. 2.39: Signalabtastung mit fünf Samples pro Periode

Bei einem Oszilloskop mit einer maximalen Abtastrate von 200 MS/s, ergibt dies eine maximal zu erfassende Signalfrequenz von 20 MHz bis 40 MHz. In diesen Fällen lässt sich die Wiedergabetreue verbessern, indem spezielle Anzeigesysteme vorhanden sind, die die Samples mit der am besten passenden Sinuskurve miteinander verbinden. Dieses Verfahren wird in Datenblättern als Sinusinterpolation bezeichnet.

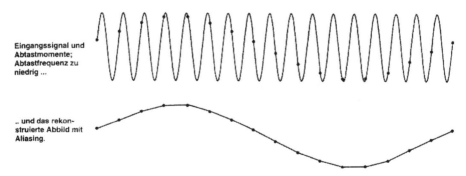

Abb. 2.40: Unterabtastung eines Sinussignals, dies führt bei falscher Einstellung zum Aliasing-Effekt

Wie man erkennen kann, ist eine minimale Anzahl von Samples erforderlich, um eine Signalform wieder wirklichkeitsgetreu rekonstruieren zu können. In allen Fällen muss der Abtasttakt fünf- bis zehnmal höher sein als die Frequenz. Wenn der Abtasttakt kleiner ist als die Signalfrequenz, erhält man unerwartete Ergebnisse. Hierzu soll die Situation vom Oszillogramm (*Abb. 2.40*) betrachtet werden. Wie diese Darstellung zeigt, werden aufeinanderfolgende Samples von verschiedenen Perioden der Signalform aufgenommen. Dies geschieht jedoch gerade so, dass jedes neue Sample mit einem etwas längeren Zeitabstand in Bezug auf den Nulldurchgang erfasst wird. Wenn man jetzt die Samples anzeigen und eine Signalform daraus rekonstruiert, erhält man wieder eine Sinuskurve. Die rekonstruierte Signalform weist allerdings eine andere Frequenz auf als das ursprüngliche Eingangssignal. Diesen Effekt bezeichnet man als Aliasing oder als „Geistersignal". Es kann jedoch die Signalform dargestellt werden, und oft sogar mit der richtigen Amplitude!

Die meisten modernen Oszilloskope sind mit einer sogenannten Autoset-Funktion ausgestattet, die automatisch den richtigen Ablenkungsfaktor und die Zeitbasiseinstellung wählt, wenn die Eingangssignale zugeführt werden. Mit dieser automatischen Einstellung lässt sich auch das Aliasing vermeiden! Wenn die Signalfrequenz so stark schwankt, dass eine bestimmte Zeitbasiseinstellung zu einem Zeitbasispunkt korrekt ist, aber im nächsten Moment (oder bei einem anderen Signalabschnitt) zu Aliasing führt, lässt sich die Spitzenwerterkennung benutzen, um die wahre Amplitude des Signals zu jedem Zeitpunkt herauszufinden. Um ein unverfälschtes Bild von derart komplexen Signalen zu erhalten, bietet sich der Analogbetrieb eines CombiScopes an, denn beim Analogbetrieb ist schließlich kein Aliasing möglich!

2.3.6 Möglichkeiten des Abtastbetriebs

Bei der bisher beschriebenen Digitalisierung handelt es sich um eine Echtzeiterfassung oder Echtzeitabtastung. Alle Samples werden in einer festgelegten Reihenfolge aufgenommen, nämlich in der gleichen Reihenfolge, wie sie auf dem Bildschirm erscheinen. Ein einziges Triggersignal löst die gesamte Signalerfassung aus. Für viele Anwendungen reicht die bei der Echtzeitabtastung (*Abb. 2.41*) verfügbare Zeitauflösung jedoch nicht aus. Hier sind die Signale allerdings repetierend, d. h. das gleiche Signalmuster wird in regelmäßigen Abständen wiederholt.

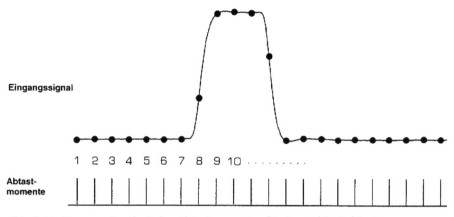

Abb. 2.41: Eingangssignal mit den Abtastmomenten für eine Echtzeitabtastung

Bei diesen Signalen können Oszilloskope eine Signalform aus Samplegruppen aufbauen, die in aufeinanderfolgenden Signalperioden erfasst werden. Jede neue Samplegruppe lässt sich, ausgehend von einem neuen Triggerereignis, erfassen. Dieses Verfahren bezeichnet man als Äquivalenzzeitabtastung. Nach einem Triggerereignis erfasst das Oszilloskop einen kleinen Teil des Signals, z. B. fünf Samples, und speichert diese Werte im Schreib-Lese-Speicher ab. Bei einem weiteren Triggerereignis lassen sich fünf Samples aufnehmen, die an eine andere Stelle im gleichen Speicher geschrieben werden, und so weiter. Nach einer Reihe von Triggerereignissen werden genügend Samples gespeichert, um eine komplette Signalform auf dem Bildschirm rekonstruieren zu können. Die Äquivalenzzeitabtastung ermöglicht schnelle Zeitbasiseinstellungen und eine hohe Zeitauflösung. Dadurch hat es den Anschein, als ob das Gerät eine virtuelle Abtastgeschwindigkeit oder äquivalente Abtastrate besitzt, die wesentlich höher ist als die eigentliche Abtastgeschwindigkeit des Analog-Digital-Umsetzers.

Die Äquivalenzzeitabtastung verbessert die Zeitauflösung eines Oszilloskops indem eine repetierende Signalform aus verschiedenen Perioden rekonstruiert wird. Betrachtet man z. B. ein digitales Speicheroszilloskop mit einer Zeitbasiseinstellung von 5 ns/Div, das 50 Samples pro Division darstellen kann, lässt sich die Äquivalenzzeitabtastrate folgendermaßen ermitteln:

$$\textit{Äquivalenzzeitabtastrate} = \frac{50}{5ns} = \frac{50}{5 \cdot 10^{-9}} = 10.000\,MS/s = 10\,GS/s$$

Diese Äquivalenzzeitabtastrate stellt eine indirekte Möglichkeit zur Angabe der horizontalen Auflösung bei hohen Zeitbasiseinstellungen dar. Sie gibt auch die Abtastgeschwindigkeit an, die erforderlich sein würde, um die gleiche Zeitauflösung bei Echtzeitabtastung zu erhalten. Die Äquivalenzzeitabtastrate ist wesentlich höher als die Echtzeitabtastrate, die sich zur Zeit realisieren lässt. Bei der Äquivalenzzeitabtastrate unterscheidet man zwischen folgenden zwei Verfahren:

- regellose Abtastung
- sequenzielle Abtastung (Random Sampling bzw. Sequential Sampling)

Bei der sequenziellen Abtastung werden die Samples in einer festliegenden Reihenfolge von links nach rechts über den Bildschirm (*Abb. 2.42*) aufgenommen. Jedes Sample wird infolge eines neuen Triggerereignisses erfasst. Um eine komplette Aufzeichnung zu erhalten, sind so viele virtuelle Triggerereignisse erforderlich, wie Speicherplätze vorhanden sind.

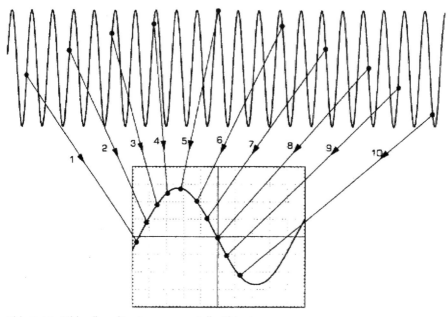

Abb. 2.42: Bildaufbau für eine sequenzielle Abtastung

Das erste Sample wird direkt nach dem ersten Triggerereignis erfasst und sofort abgespeichert. Das zweite Triggerereignis dient zum Starten eines Zeitsystems, das für eine kleine Zeitverzögerung Δt vor der Abtastung des zweiten Samples sorgt. Die Zeitauflösung im Signalspeicher entspricht der kleinen Verzögerung Δt und ist bei den digitalen Speicheroszilloskopen kleiner als 50 ps. Nach dem dritten Triggerereignis sorgt das Zeitsystem für eine Zeitverzögerung von $2 \times \Delta t$ vor der Erfassung des dritten Samples usw. Jedes neue Sample „n" wird nach einer jeweils etwas längeren Verzögerungszeit $(n-1)\,\Delta t$ in Bezug auf ein ähnliches Triggerereignis erfasst. Das führt dazu, dass sich die Anzeige aus Samples zusammensetzt, die in einer festen Reihenfolge erscheinen, wobei sich das erste am linken Bildrand befindet und die neuen Samples diesem nach rechts hin folgen.

Die Anzahl der Erfassungszyklen und damit die Anzahl der Triggerereignisse entspricht der Aufzeichnungslänge. Die sequenzielle Abtastung ermöglicht eine Post-

Trigger-Verzögerung, kann aber keine Pre-Trigger-Informationen liefern. Eine komplette Aufzeichnung mit schnellen Zeitbasiseinstellungen ist innerhalb kürzester Zeit möglich und erfolgt wesentlich schneller als bei der Random-Abtastung.

Bei Geräten, die mit Random-Sampling arbeiten, wird eine Gruppe von Samples zu einem beliebigen Zeitpunkt erfasst und zwar unabhängig vom Triggerereignis. Diese Samples verwenden ein bekanntes Zeitintervall, das durch den Abtasttakt vorgegeben wird. Während die Samples kontinuierlich aufgenommen und gespeichert werden, wartet das Instrument auf das Auftreten eines Triggerereignisses.

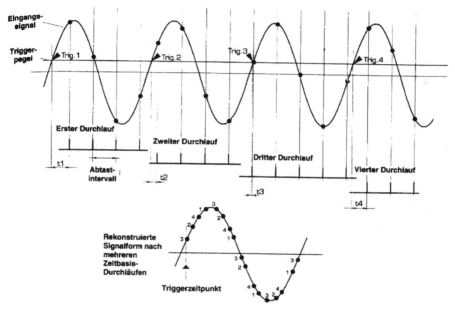

Abb. 2.43: Bildaufbau, wenn das digitale Speicheroszilloskop nach dem Random-Sampling-Verfahren arbeitet

Sobald ein Triggerereignis eintritt, misst ein Zeitsystem die Zeit bis zum nächsten Abtastzeitpunkt (*Abb. 2.43*). Da das Abtastintervall festgelegt ist, kann das Oszilloskop anhand dieser Zeitmessung den Speicherplatz für alle erfassten Samples berechnen.

Wenn alle Samples des ersten Erfassungslaufs gespeichert sind, wird eine neue Gruppe von Samples erfasst und ein neues Triggerereignis abgewartet. Sobald dieses eintritt, kann mit einer neuen Zeitmessung die Position neuer Samples ermittelt werden. Die neuen Samples liegen dann „hoffentlich" zwischen den Positionen, die während der ersten Sequenz abgespeichert wurden. Auf diese Weise wird die Schreibspur aus den einzelnen Samples-Gruppen zusammengesetzt, die an beliebigen Positionen auf der Achse erscheinen.

Bei den kleinsten Zeitbasiseinstellungen dauert eine komplette Aufzeichnung mit Random-Sampling viel länger als mit der sequenziellen Abtastung, da das Füllen aller leeren Speicherplätze von der statistischen Wahrscheinlichkeit abhängig ist. Ein großer Vorteil des Random-Samplings besteht darin, dass hierbei sowohl Pre-Trigger- als auch Post-Trigger-Verzögerung möglich sind.

Einige Oszilloskope verwenden ein CCD-Bauelement (Charge Coupled Device, ladungsgekoppeltes Speicherelement) als analoges Speichermedium, denn hierbei handelt es sich um ein analoges Schieberegister. Es lässt sich als Anordnung von kapazitiven Speicherzellen beschreiben, wobei jede Zelle in der Lage ist, eine gewisse elektrische Ladung zu speichern. Ein solches Ladungspaket stellt ein Sample eines Signals dar. Auf den Befehl eines Taktsignals hin können die Zellen ihre Ladungspakete in einer bestimmten Richtung weitertransportieren.

Das CCD-Bauelement lässt sich mit einem hohen Abtasttakt betreiben, um analoge Informationen „hineinzuschieben", d. h. seriell abzuspeichern. Wenn alle Zellen mit analogen Informationen vollgeschrieben sind, stoppt der schnelle Takt und ein langsamerer Takt wird verwendet, um die Pakete während des Lesevorgangs „herauszuschieben" und einem einfachen Analog-Digital-Wandler zuzuführen. Dieser Umsetzer kann jetzt wesentlich langsamer arbeiten, da die Erfassungsgeschwindigkeit von der Geschwindigkeit des CCD-Eingangstakts abhängig ist. Wenn der Abtasttakt kontinuierlich läuft und stoppt, sobald ein Triggerereignis eintritt, enthalten alle Zellen eines CCD-Elements die Samples, die vor dem Triggerzeitpunkt erfasst wurden. Das gesamte CCD-Element ist daher mit Pre-Trigger-Informationen vollgeschrieben, um die Ursachen für ein bestimmtes Systemverhalten nachträglich ergründen zu können.

2.3.7 Speicherung von Signalinformationen

Der hauptsächliche Unterschied zwischen analogen Oszilloskopen und digitalen Speicheroszilloskopen besteht darin, dass die DSOs in der Lage sind, die Informationen der Signale zu speichern. Hierdurch eignet sich das DSO vor allem für die Untersuchung von Phänomenen mit geringen Wiederholraten oder Ereignissen, die sich überhaupt nicht wiederholen – sogenannte Single-Shot-Signale. Beispiele hierfür sind die Messungen des Einschaltstroms eines elektrischen Systems und Messungen bei Zerstörungsprüfungen, die sich typischerweise nur einmal durchführen lassen. Nichtrepetierende oder Single-Shot-Signale treten in zahlreichen Systemen auf. Obwohl auch analoge Oszilloskope häufig über eine Single-Shot-Funktion verfügen, die einen einmaligen Zeitbasisdurchlauf ermöglichen, sind digitale Speicheroszilloskope bei der Erfassung von detaillierten Signaldaten in dieser Anwendung unerreichbar. Bei Single-Shot-Aufzeichnungen muss das Gerät zunächst für die Triggerung vorbereitet bzw. armiert sein. Hierfür ist normalerweise ein spezieller Einsteller vorgesehen, der mit „Single" oder „Single-Reset" bezeichnet ist.

Sehr oft hört man von DSO-Anwendern, dass eine große Speichertiefe Sinn habe, da der Bildschirm aufgrund seiner begrenzten Auflösung mit Pixeln in X-Richtung die Signalauflösung bestimme. Die Speichertiefe hat jedoch wenig mit der Darstellung auf dem Bildschirm zu tun, sondern bestimmt hauptsächlich die Signalauflösung und damit die Wiedergabequalität (*Abb. 2.44*).

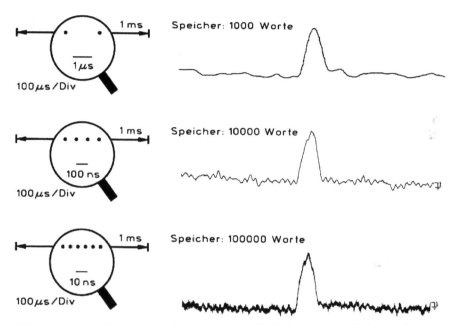

Abb. 2.44: Vergleichende Darstellung von unterschiedlichen Speichertiefen bei digitalen Speicheroszilloskopen

Hat man bei einem digitalen Speicheroszilloskop eine Zeitbasiseinstellung von 100 µs/ Div gewählt, dann ermöglicht die Speichertiefe von 1000 Worten eine Abtastrate von 1 MS/s. Selbst wenn die Eckdaten des digitalen Speicheroszilloskops eine maximale Abtastrate von 500 MS/s und eine Bandbreite von 500 MHz aufweisen, kann der Anwender bei einer Speichertiefe von 1 bei der gewählten Zeitbasiseinstellung nur Signale bis zu 400 kHz erfassen. Bei einer Speichertiefe von 10 K und gleicher Zeitbasiseinstellung lassen sich bereits Signale bis 4 MHz darstellen und hat man eine Speichertiefe von 100 K bei gleicher Zeitbasiseinstellung, so erhält man eine Darstellung von Signalen bis 40 MHz.

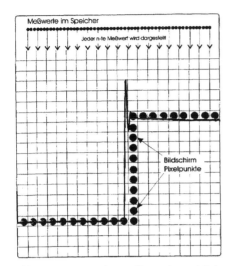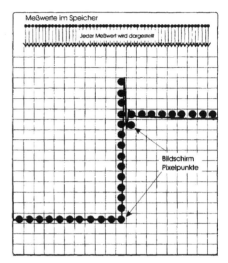

Abb. 2.45: Gegenüberstellung einer üblichen (links) und einer modernen Signaldarstellung

Eine Gegenüberstellung (*Abb. 2.45*) zeigt die Unterschiede zwischen einer üblichen und einer modernen Signaldarstellung, wenn ein rechteckförmiges Signal ausgegeben werden soll. Aufgrund mangelnder Leistungsfähigkeit können viele digitale Speicheroszilloskope nicht den ganzen Speicher darstellen, sondern geben nur jeden n-ten Datenpunkt wieder. Diese Darstellungsart führt zwar zu einer schnellen Darstellungsgeschwindigkeit, da nicht mehr alle Daten als Bildschirmpunkte dargestellt werden müssen. Das Messgerät „unterschlägt" jedoch dem Anwender damit wichtige Signaldetails, die im Speicher vorhanden sein können.

Bei der modernen Signaldarstellung in einem digitalen Speicheroszilloskop wird dagegen jeder Abtastpunkt angezeigt. Liegen mehrere Abtastpunkte in einer Pixellinie, so werden eine Peak-to-Peak-Analyse erstellt und die Extremwerte dargestellt. In diesem Fall wird der komplette Speicherinhalt ausgegeben. Diese Darstellungsart gibt dem Anwender einen optimalen Eindruck vom tatsächlich anliegenden Signal. Andererseits benötigt diese Darstellungsmethode eine sehr hohe Arbeitsgeschwindigkeit des digitalen Speicheroszilloskops. Aus diesem Grunde sollten digitale Speicheroszilloskope über einen Balken im Bildschirm ihre Speichertiefe einblenden können und bei einer Bildschirmausgabe soll möglichst immer der komplette Speicher ausgegeben werden. Durch eine moderne Multiprozessorarchitektur lassen sich trotz aufwendiger Darstellungsweise die Signale in Höchstgeschwindigkeit ausgeben.

Der größte Nachteil der digitalen Speicheroszilloskope gegenüber den analogen Geräten ist die relativ große Totzeit zwischen den Messungen. Nach jedem Beschreiben des Datenspeichers müssen die Messdaten aufbereitet auf dem Bildschirm dargestellt werden. Während der Darstellung der Datei auf dem Bildschirm erfolgen keine Messungen. Je schneller sich also die Daten anzeigen lassen, desto geringer wird die Totzeit des digitalen Speicheroszilloskops. Nur mittels modernster Multiprozessorarchitektur kann man konstant hohe Anzeigeraten für den Bildschirm erreichen.

Bei herkömmlichen digitalen Speicheroszilloskopen erfolgt die Beschreibung der einzelnen Bildschirmspeicher nacheinander, da in der Regel nur ein Mikroprozessor vorhanden ist, der das Datenmanagement durchführen kann. Dieses Konzept führt zu einer deutlich geringeren Darstellungsrate (Display Updaterate). Bei einem digitalen Speicheroszilloskop ist allerdings die Darstellungsrate gleichbedeutend mit der Datenerfassungsrate, also wie viele getriggerte Messungen je Sekunde möglich sind. Digitale Speicheroszilloskope mit traditionellem Aufbau erkennt man daran, dass die Darstellungsrate bei zunehmender Speichergröße sinkt, z. B. nach der Zuschaltung weiterer Messfunktionen, bei mathematischen Funktionen zur Nachbearbeitung der aufgezeichneten Daten oder anderen DSO-Funktionen. Eine Gegenüberstellung (*Abb. 2.46*) zeigt die Funktionsweise ohne und mit ETS, wie es für eine Signalerfassung mit höchster Abtastrate erforderlich ist.

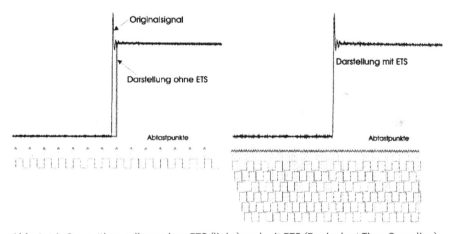

Abb. 2.46: Gegenüberstellung ohne ETS (links) und mit ETS (Equivalent Time Sampling)

Bei der Darstellung eines Einschwingvorgangs oder bei der Ermittlung von Anstiegszeiten von Signalflanken werden sehr hohe Abtastraten benötigt. Oft reicht die maximal mögliche Abtastrate im Single-Shot-Betrieb nicht aus, um ein Signal mit der notwendigen Auflösung darzustellen. Mit einem Trick kann man jedoch die Abtastrate erhöhen, wenn man die Abtastpunkte des AD-Wandlers mit jeder getriggerten Messung um wenige Pikosekunden verschiebt und so erhält man Abtastraten bis in den GHz-Bereich. Nur mit dieser Abtasttechnik erhält man genügend Abtastpunkte, um schnelle Signale abzubilden. Diese Methode ist allerdings nur für repetierende Signale geeignet.

Um mit der ETS-Funktion arbeiten zu können, muss das digitale Speicheroszilloskop mit einem extrem jitterarmen AD-Wandler ausgerüstet sein. Weiterhin wird die Darstellung des Signals mit der ETS-Funktion zwar länger, aber dies ist kaum wahrnehmbar. Mit diesem Verfahren erreicht man Abtastraten bis 50 GS/s und diese enormen Verarbeitungsgeschwindigkeiten sind nur mittels einer parallelen Mehrprozessorarchitektur möglich.

2.4 Funktionen und Bedienelemente

Bei einem digitalen Speicheroszilloskop sind einige Bedienungselemente vorhanden, die es bei analogen Oszilloskopen nicht gibt. Aus diesem Grunde findet man spezielle Makros und Softkeys, mit denen man die einzelnen Funktionen steuern kann. Mit Hilfe dieses dualen Bedienungskonzepts kann man das Messgerät einfacher einstellen und die Signalkurven schneller positionieren. Rote und grüne Leuchtdioden an der Frontseite kennzeichnen die eingestellten Betriebsarten und bilden „Starlights", d. h. hier handelt es sich um farbige Leuchtmuster, die je nach eingestellten Geräteparametern die einzelnen Gerätestatussignale anzeigen.

2.4.1 Parametereinstellungen

Gezielte Parameter sind an allen Eingangskanälen direkt veränderbar, sodass sich auch sporadische Benutzer des Messgeräts schnell zurechtfinden. Anwenderdefinierbare Softkeys unterstützen den Gedanken der einfachen Bedienung, indem häufig genutzte Funktionen auf eine Bildschirmtaste gelegt werden können. Über diese Softkey-Taste lassen sich komplette Programmsequenzen starten, d. h. anwenderspezifische Funktionsabläufe auslösen. So werden Messreihen als Makros erstellt und die Testprogramme laufen per Tastendruck auch ohne angeschlossenen PC ab. Bis zu 240 Funktionsschritte sind auf acht separate Sequenzen aufteilbar, die automatisch einzeln oder nacheinander ablauffähig sind. Programmiert werden die Sequenzen, indem das digitale Speicheroszilloskop in einen Lernbetrieb (Edit-Mode) geschaltet wird. Jeder manuelle Bedienvorgang auf der Frontplatte wird in das Programm übernommen. Damit können auch Nichtprogrammierer diverse Testroutinen oder ATE-Programme erstellen. Zusätzliche Funktionen wie Pause, Wait oder Plot dienen als Warteschleifen oder zum automatischen Ausdrucken. Als Sequenz ist eine Kombination aus einer Folge von Geräteabläufen zu erstellen. Die große Auswahl von Bildschirmbetriebsarten wie Refresh, Persistence, Roh, X-Y, mit Pre- oder Post-Trigger und Zoom, sorgen für eine schnelle und präzise Aufzeichnung und Darstellung der Signalcharakteristiken. *Tabelle 2.4* zeigt eine Auswahl von Instruktionen zum Erstellen von Makros.

Tabelle 2.4: Auswahl von Instruktionen zum Erstellen von Makros

Lock-Frontpanel	Sperrt die komplette Eingabetastatur des DSO, sodass z. B. während eines Funktionstests keine unbeabsichtigte Veränderung der Geräteeinstellung vorgenommen werden kann
Unlock-Frontpanel	Entriegelt die DSO-Tastatur zur weiteren Eingabe von Signalparametern
Output	Steuert einen definierten TTL-Ausgabeimpuls in der Sequenz, um externe Geräte zu steuern
Print	Ermöglicht die gezielte Dokumentation der gemessenen Parameter auf dem eingebauten Vierfarbenplotter oder Thermoschreiber
Plot	Ermöglicht die gezielte Dokumentation des Bildschirminhalts auf dem eingebauten Vierfarbenplotter oder Thermoschreiber
Text	Erlaubt ein direktes Einblenden einer Benutzerinformation auf dem Bildschirm
Pause	Eingabe eines definierten Pausenzählers in h, min oder s. Nach Ablauf der Zeitvorgabe wird das Programm fortgesetzt
Wait until Continue	Die Programmsequenz wird unterbrochen und kann gezielt vom Anwender durch einen im Bildschirm eingeblendeten Softkey gestartet werden. Diese Funktion eignet sich zur Adaption an unterschiedliche Testpins eines zu untersuchenden Systems
Insert-Autoplot	Dokumentiert den Bildschirminhalt auf dem eingebauten Vierfarbenplotter, Thermoschreiber oder auf einem externen Laserdrucker
Insert-Autosave	Speichert die aufgezeichneten Signalkurven während des Programmablaufs auf der internen Festplatte, RAM, Diskette, USB-Stick oder Memory-Card ab
Plot & Save	Die Bildschirmdokumentation und Speicherung der Daten wird mit einem Befehl ausgeführt
Wait for Input	Hiermit wird auf das Eingangssignal gewartet, auf das getriggert werden soll
Call-Sequenz	Ist mit einem Sprungbefehl vergleichbar und ruft ein weiteres Sequenzprogramm gezielt auf

Bei analogen Oszilloskopen wird jeder Zeitbasisdurchlauf durch ein Triggerereignis ausgelöst und damit lässt sich das Signalverhalten ab dem Triggerzeitpunkt untersuchen. Bei vielen Anwendungen liegt der interessante Signalabschnitt jedoch nicht unmittelbar nach dem Signaldetail, das eine stabile Triggerung ermöglicht, sondern die

Triggerung kann später oder sogar früher auftreten. Wenn man die Signaldetails vor der Triggerung benötigt, verwendet man die Pre-Triggerung. Damit ist man in der Lage, auf ein Signal zu triggern, das vor dem Triggerzeitpunkt abgespeichert wurde. Damit steht eine Möglichkeit zur Verfügung, detaillierte Mehrkanalanzeigen für ein System mit Eingangs- und Ausgangssignalen abzuspeichern und die Ursache für das Störverhalten des Systems nachträglich zu untersuchen.

2.4.2 Triggerfunktionen

In anderen Fällen soll vielleicht ein Signalabschnitt genauer analysiert werden, der nach dem Triggerereignis liegt. Um zum Beispiel das Maß des Jitters in einem Rechtecksignal festzustellen, lässt sich ein Oszilloskop mit Post-Trigger-Verzögerung oder Post-Trigger-Anzeige einsetzen. Das Oszilloskop wird dann auf eine Flanke getriggert und die Zeitbasis stellt man auf eine höhere Geschwindigkeit ein, um den Jitter anzuzeigen. Wenn ein Triggerereignis erkannt wird, startet der Post-Trigger-Verzögerungs-Timer. Dieser Timer lässt sich so einstellen, dass er die Dauer einer vollen Periode zählt. Nach Ablauf der vorgegebenen Verzögerungszeit beginnt das Oszilloskop mit der Erfassung des Signals. In diesem Beispiel geschieht dies genau vor der nächsten ansteigenden Flanke des Rechtecksignals.

Da der Verzögerungs-Timer mit einem sehr stabilen quarzgeregelten digitalen Takt arbeitet, der unabhängig von dem zu messenden Signal funktioniert, erscheint jeder Jitter im Signal in der erfassten Flanke als Instabilität, d. h. dass sich in aufeinander folgenden Erfassungsläufen die Flanken zu verschiedenen Zeitpunkten (unterschiedliche Positionen auf dem Bildschirm) in Bezug auf das Triggerergebnis finden und untersuchen lassen.

Oszilloskope mit Pre-Trigger- und Post-Trigger-Funktion müssen über Bedienelemente verfügen, um diese Funktionen zu steuern. Hierbei kann es sich um einen Einsteller für die Triggerposition handeln, mit dem die Triggerposition auf dem Bildschirm oder in der Aufzeichnung verschoben werden kann. Bei einigen Geräten lässt sich die Triggerposition nur auf eine begrenzte Anzahl von vorprogrammierten Werten einstellen, z. B. auf den Anfang, die Mitte oder das Ende der Signalaufzeichnung. Wenn man die Triggerposition in einem weiteren Bereich kontinuierlich einstellen kann, ist dies allerdings sehr vorteilhaft in der praktischen Messtechnik. Bei modernen Hochleistungsgeräten lässt sich der Triggerzeitpunkt auf jede beliebige Stelle in der gesamten Aufzeichnung positionieren. Der Triggerzeitpunkt ist auch stufenlos und in einem weiten Bereich einstellbar.

Das Oszillogramm (*Abb. 2.47*) zeigt eine Messung einer Wechselspannung mit überlagertem Glitch, der durch eine Spannungsspitze (Spike) verzerrt worden ist. Der Glitch lässt sich auf ein Nebensprechen zurückführen, das von anderen Schaltungen erzeugt, durch eine gestörte Leitung in unmittelbarer Nähe des Messobjekts verursacht wird oder von einer anderen Fehlerquelle stammt. Solche Glitches stellen oft die Ursache für eine Fehlfunktion des Systems dar. Wie kann man diese Störimpulse mit einem Oszilloskop aufspüren? Mit einem analogen Oszilloskop lassen sich diese Glitches nur anzeigen, wenn sie repetierend sind und synchron mit dem Hauptsignal (in diesem Fall mit dem Sinussignal) vorliegen.

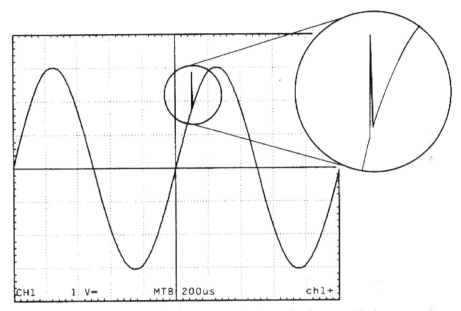

Abb. 2.47: Messung einer Wechselspannung mit einem überlagerten Glitch

Wenn man Glück hat und viele Glitches auftreten, könnte man diese Glitches vielleicht als „Schleier" um das Hauptsignal erkennen. Normalerweise treten diese Glitches jedoch nur ab und zu auf und sind nicht mit dem Hauptsignal synchron, da sie in der Praxis immer von einem anderen System stammen.

Kann man diese Glitches mit einem digitalen Oszilloskop erkennen? Nicht unbedingt, man muss sich erst vergewissern, dass das Messgerät für die Erfassung schneller Glitches vorbereitet ist. Wie bereits gezeigt wurde, tastet das digitale Oszilloskop das Eingangssignal zu bestimmten Zeitpunkten ab. Die Zeit zwischen den Samples hängt von der Zeitbasiseinstellung ab. Wenn ein Glitch auftritt, der schmaler bzw. kürzer ist als die Zeitauflösung, ist es reine Glückssache, ob er erfasst wird oder nicht. Hierfür bietet sich die Spitzenwerterkennung oder Glitch-Erfassung als bessere Lösung an.

Mit der Spitzenwerterkennung überwacht das Oszilloskop die Amplitude der Signalform kontinuierlich und speichert vorübergehend die positiven und die negativen Extremwertamplituden mithilfe von Spitzenwertdetektoren ab. Wenn ein Sample angezeigt werden soll, wird der Inhalt des positiven oder des negativen Spitzenwertdetektors digitalisiert und anschließend wird die gespeicherte Spannung im Detektor wieder gelöscht. Die angezeigten Samples geben also abwechselnd den positiven oder den negativen Spitzenwert an, wie er seit der letzten Digitalisierung im Signal erkannt wurde. Mit Hilfe der Spitzenwerterkennung lassen sich Signale finden, die andernfalls auf Grund einer zu geringen Abtastgeschwindigkeit eventuell vom Anwender übersehen werden oder infolge von Aliasing verzerrt auftreten.

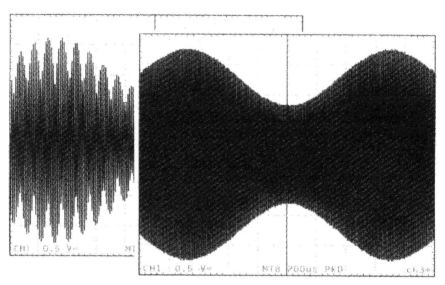

Abb. 2.48: Erfassung eines amplitudenmodulierten Signals mit und ohne Spitzenwerterkennung

Die Spitzenwerterkennung ist auch sehr nützlich für die Erfassung von modulierten Signalen, wie dies bei der Messung einer AM-Signalform (*Abb. 2.48*) der Fall ist. Für diese Art von Signalen muss die Zeitbasis so eingestellt werden, dass sie der Modulationsfrequenz entspricht, die sich typischerweise im Audiobereich befindet, während die Trägerfrequenz normalerweise bei 455 kHz oder darüber liegt. Ohne die Glitch-Erfassung lässt sich das Signal nicht korrekt speichern, während mit der Glitch-Erfassung ein Bild dargestellt wird, das dem eines analogen Oszilloskops gleicht.

Die Spitzenwerterkennung erfolgt in einem digitalen Speicheroszilloskop mithilfe von Hardware-Spitzendetektoren, bei analogen Oszilloskopen mittels analoger Spitzenwertdetektoren oder über eine schnelle Abtastung mittels AD-Wandler, die nach dem einfachen Schrittverfahren arbeiten. Ein analoger Spitzenwertdetektor ist ein spezielles Bauelement, das die positiven oder negativen Spitzenwerte des Signals als Spannungen in einem Kondensator über eine Diode speichert. Es hat den Nachteil, dass es relativ langsam ist und normalerweise nur Glitches speichern kann, die bei einer angemessenen Amplitude mehrere Mikrosekunden dauern.

Digitale Spitzenwertdetektoren sind um den Analog-Digital-Wandler herum auf-gebaut, in dem die Abtastung kontinuierlich mit höchstmöglicher Geschwindigkeit erfolgen muss. Die Spitzenwerte werden dann in einem speziellen Speicher abgelegt und zu dem Zeitpunkt, an dem ein Sample angezeigt werden soll, auch als Samplewert behandelt. Der digitale Spitzenwertdetektor hat den Vorteil, dass er ebenso schnell ar-beitet wie die Digitalisierung. Moderne Speicheroszilloskope erfassen schmale Glit-ches von 5 ns bei der korrekten Amplitude und zwar selbst bei einer langsamen Zeit-basiseinstellung von 1 s/Div.

Das digitale Speicheroszilloskop, wie es bisher beschrieben wurde, zeigt eine Signal-form auf ähnliche Weise an wie ein analoges Oszilloskop: Ausgehend von einem Trig-gerereignis erfasst das Oszilloskop die Samples und speichert sie an aufeinanderfol-genden Positionen im Erfassungsspeicher ab. Wenn die letzte Speicherposition mit neuen Daten gefüllt ist, stoppt der Erfassungslauf, damit das Gerät die Signaldaten in den Anzeigespeicher kopieren kann. Während dieser Zeit werden keine neuen Daten aufgenommen, ebenso wie ein analoges Oszilloskop während der Rückstellung seiner Zeitbasis keine Schreibspur anzeigen kann.

Für die Erfassung von niederfrequenten Signalen, bei denen Änderungen eher Minu-ten als Mikrosekunden dauern, können digitale Speicheroszilloskope mit dem Roll-modus so betrieben werden, dass sie eine vollkommen kontinuierliche Anzeige liefern.

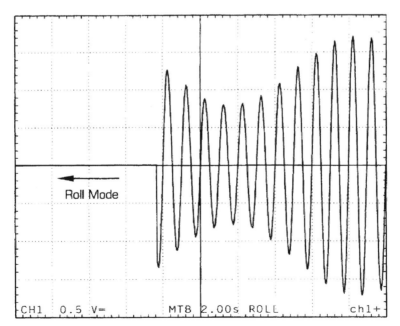

Abb. 2.49: Rollmodus bei einem digitalen Speicheroszilloskop für die Aufnahme von niederfrequenten Signalen

In dieser Betriebsart werden die Samples aufgenommen und sofort in den Anzeige-speicher (*Abb. 2.49*) kopiert. Diese neuen Samples erscheinen jedoch am linken Bild-rand und die angezeigte Signalform wird nach rechts entsprechend der gewählten Zeitdauer kontinuierlich verschoben.

Die ältesten Samples verschwinden im Rollmodus, wenn sie den rechten Bildrand er-reichen und gehen damit unwiderruflich verloren. Auf diese Weise bietet das Oszillo-skop einen kontinuierlichen Überblick über das jüngste Signalverhalten in Abhängig-keit von der Zeit. Mit dem Rollmodus kann das Oszilloskop wie ein Streifenschreiber eingesetzt werden, um Phänomene anzuzeigen, die sich langsam ändern, z. B. bei che-mischen bzw. verfahrenstechnischen Prozessen oder beim Laden und Entladen von Batterien usw. Auch die Auswirkung von Temperaturänderungen auf das Verhalten eines Systems lässt sich hiermit beobachten.

Bei analogen Oszilloskopen kann die Zeitbasis bis zum 10-Fachen gedehnt werden, um kleine Details genauer untersuchen zu können. Bei digitalen Speicheroszilloskopen lässt sich die angezeigte Signalform in mehreren Schritten dehnen. Die Zeitbasisdehnung er-folgt normalerweise in Zweier-Potenz: 2-fache, 4-fache, 8-fache und 16-fache Dehnung. Die vertikale Vergrößerung dient praktisch als Ersatz für eine höhere vertikale Empfind-lichkeit bei gespeicherten Signalformen, z. B. für eine Single-Shot-Erfassung.

2.4.3 Spezielle Triggerfunktionen

Da man mit einem digitalen Speicheroszilloskop auch Signaldaten über einen länge-ren Zeitraum speichern kann, eignet es sich ideal für die Erfassung von Signalen, die sehr selten oder nur einmal auftreten, wie dies bei Single-Shot-Ereignissen oder beim Blockieren eines Systems der Fall ist. Für die Erfassung dieser Signale ist ein vielseitiges Triggersystem erforderlich, um diesen speziellen Zustand zu erkennen und die Erfas-sung zu starten. Häufig reicht eine Flankentriggerung, wie das beim analogen Oszillo-skop der Fall ist, nicht aus, sodass zusätzliche Triggermöglichkeiten für diese Anwen-dungsfälle entwickelt wurden.

Bei digitalen Schaltkreisen in Logikhardware werden Signale über eine Vielzahl von parallelen Leitungen, den Bussystemen mit den Adress-, Daten- und Steuerleitungen weitergeleitet. Der momentane Zustand der gesamten Hardware wird durch den Zu-stand von einigen dieser Leitungen zu einem bestimmten Zeitpunkt beschrieben. Um den Zustand der Hardware zu erkennen, muss das Gerät eine Reihe dieser Leitungen abtasten. Mit der Bitmuster-Triggerung lassen sich einige dieser Leitungen, z. B. vier Leitungen, überwachen. Sobald ein durch den Benutzer vorgegebenes Bitmuster (z. B. 1101) oder Wort erkannt wird, triggert das Oszilloskop. Da die Bitmuster-Triggerung für digitale Logikschaltungen konzipiert wurde, können die einzelnen Leitungen auf 0-, 1- oder Z-Zustände überwacht werden oder ihr Zustand wird ignoriert (dont care oder x). Den Z-Zustand verwendet man bei Tri-State-Ausgängen, wenn der Ausgang hochohmig ist und weder ein definiertes 0- noch ein 1-Signal erzeugt.

Die Logikhardware ist häufig um ein zentrales Taktsystem herum aufgebaut. Die Hardware speichert die einzelnen Eingangssignale nach einem Befehl und synchron zum Taktsystem in den Bausteinen ab und daher müssen die Messinstrumente die gleichen Funktionen durchführen können. Bei der Zustandstriggerung werden die Eingangssignale wie bei der Bitmuster-Triggerung behandelt, jedoch lässt sich eines der Eingangssignale jetzt als Taktsignal einsetzen. Das Oszilloskop triggert, wenn das Eingangswort an drei Eingängen, die im Oszilloskop auf der steigenden oder fallenden Flanke des Taktsignals überprüft werden, mit dem vom Benutzer vorgegebenen Triggerwort übereinstimmen.

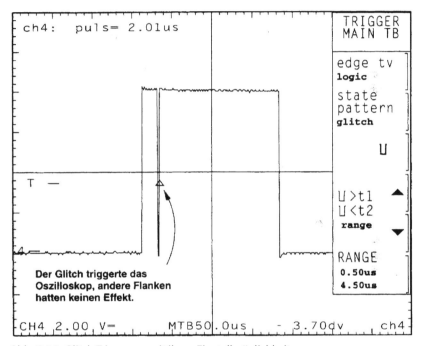

Abb. 2.50: Glitch-Triggerung mit ihren Einstellmöglichkeiten

Bei der Glitch-Triggerung (*Abb. 2.50*) kann das Oszilloskop auf kurze Impulse wie Glitches und Spannungsspitzen triggern, die zu einer Fehlfunktion eines Systems führen können. Bei Systemen, die für Signale von Gleichspannung bis zu einer bestimmten Grenzfrequenz konzipiert wurden, können Signale mit höheren Frequenzen in die Leitung induziert werden, z. B. infolge von Nebensprechen oder Einstreuung von Hochleistungstransienten. Das Oszilloskop lässt sich so einstellen, dass es auf Impulse triggert, die kürzer sind als eine halbe Periodendauer der höchsten zulässigen Frequenz, da davon ausgegangen werden kann, dass diese nicht während des normalen Betriebs auftreten.

Ein weiterer Anwendungsbereich ist die Untersuchung von Logikhardware, bei der sich alle Zustände gleichzeitig mit einem Systemtakt ändern. Die Dauer aller Impulse in einer solchen Hardware muss einem ganzzahligen Vielfachen des Systemtaktzyklus entsprechen. In derartigen Systemen können manchmal Fehler auftreten, die auf Impulsen von anderer Dauer beruhen. Das Oszilloskop lässt sich jetzt so einstellen, dass es auf Impulse triggert, die kürzer sind als ein Taktzyklus.

Mit der zeitqualifizierten Triggerung lässt sich das Oszilloskop auf jede der bereits beschriebenen Betriebsarten triggern, wenn die Bedingung für eine bestimmte Zeitdauer erfüllt ist. Hierbei kann es sich um eine minimale Zeitdauer (wenn gültig länger als...), um eine maximale Zeitdauer oder um eine Zeitdauer zwischen einem Minimal- und einem Maximalwert handeln. Die zeitqualifizierte Triggerung ist sehr nützlich, um auf Ereignisse zu triggern, die nicht dem normalen Verhalten eines Systems entsprechen. Sie lässt sich auch benutzen, um Unterbrechungen (Interrupts) in einem Signal aufzuspüren, das eigentlich kontinuierlich aktiv sein sollte.

Die Triggerung nach der Ereignisverzögerung lässt sich verwenden, um auf eine Kombination von Eingangssignalen zu triggern, von denen eines zur Verzögerung des Erfassungslaufs dient. Der Triggerzyklus wird durch ein Haupttriggersignal – normalerweise von einem der Eingangskanäle – gestartet. Nachdem das Oszilloskop dieses empfangen hat, beginnt es mit der Prüfung eines zweiten Eingangssignals (dies kann auch das Gleiche wie das Haupttriggersignal sein, aber auf einem anderen Punkt liegen) und zählt die Anzahl der Triggerereignisse (*Abb. 2.51*) auf diesem Eingangssignal. Wenn die vorgegebene Ereignisanzahl erreicht ist, wird der Erfassungslauf gestartet.

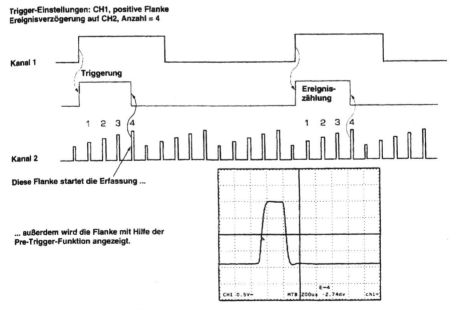

Abb. 2.51: Möglichkeiten für eine Triggerung nach der Ereignisverzögerung

Typische Anwendungen für eine Triggerung nach der Ereignisverzögerung sind serielle Datenübertragungsleitungen, Regelsysteme und elektrische Schaltungen in mechanischen Vorrichtungen.

Die N-Zyklus-Triggerung verwendet man, um jedes n-te Auftreten eines Eingangssignals auszuwählen und dieses dem normalen Triggersystem zuzuführen. Dieses Verfahren ist nützlich, wenn ein Signal durch eine Subharmonische verzerrt wird, d. h. wenn das Signal periodisch verläuft, aber nicht alle Perioden identisch sind, z. B. in einem System, in dem eine feste Frequenz benutzt wird, aber jeder 12. Impuls breiter ist als die anderen. Wenn man hier „N-Zyklus 12" einstellt, reagiert das Oszilloskop nur auf einen dieser breiten Impulse. Wenn eine Signalform einmal gespeichert ist, lässt sie sich für die spätere Analyse oder für Referenz- bzw. Vergleichszwecke in einen Backup-Speicher – auch bekannt als Register oder Speicherplatz – kopieren. Digitale Speicheroszilloskope verfügen über mehrere Speichereinheiten und können damit zwei bis 200 Schreibspuren speichern. Die Speicher sind häufig als Signalspeicher organisiert, in denen jede Schreibspur einer Mehrkanalerfassung einzeln gespeichert wird, oder als Aufzeichnungsspeicher, in denen sich komplette Erfassungsabläufe unabhängig von der Anzahl der Kanäle gleichzeitig abspeichern lassen. Die letztgenannte Methode (*Abb. 2.52*) bietet den Vorteil, dass alle relevanten Zeitinformationen zusammengehalten werden.

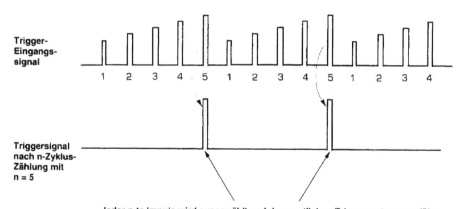

Jeder n-te Impuls wird ausgewählt und dem restlichen Triggersystem zugeführt.

Abb. 2.52: Ablauf einer N-Zyklus-Triggerung

Die Möglichkeit zur Speicherung von Signalen ist auch für die Servicetechniker wichtig, die ihre Messungen vor Ort durchführen müssen. In den Speichern lassen sich dann alle relevanten Signalformen hinterlegen, um diese später auszudrucken oder zur weiteren Analyse an einen PC zu übertragen.

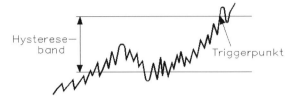

Abb. 2.53: Hysterese- und Bandtriggerung, wenn verrauschte Signale gemessen werden

In einigen Anwendungen ist das Triggern verrauschter Signale (*Abb. 2.53*) schwierig, da sich die Amplitude zu jedem Zeitpunkt ändert. Eine Lösung bietet das vom Anwender definierbare Hystereseband. Mit dem Hystereseband sind periodisch und transiente Signale aufzuzeichnen. Die Triggerfunktion stellt sicher, dass das digitale Speicheroszilloskop nur dann triggert, wenn das Hystereseband entweder in positiver oder negativer Richtung mit dem Signal durchlaufen wird. Die Bandtriggerung überwacht, wie der Name bereits sagt, ein definiertes Triggerband. Wird dieses Band erreicht oder überschritten, erfolgt eine Triggerung. Die Überwachung einer bestimmten Temperatur ist mit dieser Technik einfach möglich. Hier sind Sollwerte vorzugeben und die entsprechenden Abweichungen werden registriert bzw. gezeichnet.

2.4.4 Triggermethoden für Störimpulse

Um schnelle Störimpulse mit einem digitalen Oszilloskop erfassen und aufzeichnen zu können, ist eine Glitch-Erkennung bis 10 ns in den Messgeräten vorhanden. Dies bedeutet, dass Störimpulse bei einem Signalwechsel zwischen zwei aufzuzeichnenden Sample-Punkten erfasst und dargestellt werden.

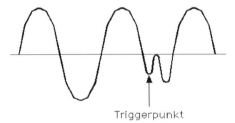

Triggerpunkt

Abb. 2.54: V-Glitch-Triggerung zur Erfassung eines Störimpulses in einer Sinusschwingung

Zusätzlich zu dieser Eigenschaft ist es beispielsweise bei Netzüberwachungen wichtig, Störimpulse, die auf der Sinuslinie aufsetzen, zu erfassen. Mit der V-Glitch-Technik (*Abb. 2.54*) lassen sich diese Störungen an jedem Punkt der Signalperiode erfassen, selbst wenn die Spannungsamplitude des Störimpulses die Höhe der Sinusspannung nicht erreicht.

In elektronischen Schaltungen können Impulse auftreten, die kleiner als die spezifizierten Schwellwertspannungen sind. Mit dem Runt-Trigger (*Abb. 2.55*) ist ein Amplitudenbereich mit unterem und oberem Spannungsbereich definierbar. Sofern die zu überwachenden Signale diese beiden definierten Schwellwerte durchlaufen, werden die Signale als „gut" erkannt. Wird ein Schwellwertbereich nicht durchschritten, liegt ein Amplitudenfehler vor, der das digitale Speicheroszilloskop triggert. Damit lassen sich sporadisch auftretende Fehler mit niedrigen Spannungsimpulsen erfassen und darstellen. Anwendungen sind in der Netzüberwachung zu finden.

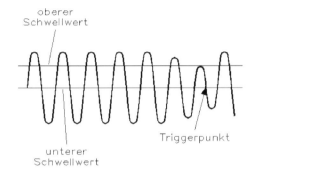

Abb. 2.55: Signalerfassung mittels Runt-Triggerung

Auf dem Bildschirm wird eine Rekonstruktion des Signals dargestellt, die aus den gespeicherten Samples zusammengesetzt wurde. Diese Samples werden angezeigt und mit einer Linie verbunden. Hierfür gibt es verschiedene Möglichkeiten. Die einfachste Möglichkeit besteht darin, die Punkte mit einer Geraden zu verbinden. Dieses Verfahren wird als lineare Interpolation bezeichnet und reicht aus, wenn die Samples sehr nahe nebeneinander liegen, z. B. bei 50 Samples pro Division. Hiermit lassen sich die Flanken eines Signals darstellen, wenn Samples vor und nach dem Übergang erfasst wurden. Wenn die Anzeige horizontal gedehnt wird, indem man den Abstand zwischen den erfassten Samples vergrößert, führt dies zu einer Verringerung der Signalhelligkeit. Die Oszilloskope berechnen daher interpolierte oder Anzeige-Samples, damit die Anzahl der angezeigten Samples ausreichend ist. Bei größerer Dehnung wird es wichtig, dass eine kontinuierliche Kurve durch die Samples gezogen wird, statt sie mit geraden Linien zu verbinden. Für diesen Fall arbeitet das Oszilloskop mit Sinus-Interpolation, bei der das am besten passende Sinussignal mit geeigneter Amplitude und Frequenz durch die erfassten Samples verbunden wird. Die Sinus-Interpolation ermöglicht eine Rekonstruktion, die auch bei kleinerer Anzahl Samples pro Division einen gleichmäßigen Verlauf wie bei der Darstellung mit einem analogen Oszilloskop aufweist.

Um zu prüfen, welche Samples tatsächlich erfasst wurden, steht normalerweise der Dot-Modus zur Verfügung, der die Interpolation außer Funktion setzt. Wenn dieser

Modus angewählt ist, werden die Samples als einzelne helle Punkte angezeigt, die nicht miteinander verbunden sind.

Wenn Signale verglichen werden, z. B. eine neu erfasste Signalform mit Signalkurven, die zuvor gespeichert wurde, kann es nützlich sein, die Signale in getrennten Bildschirmbereichen darzustellen. Hierfür ist ein Fenster-Modus vorgesehen, mit dem der Bildschirm für die Anzeige von verschiedenen Signalen in zwei oder mehr Bereiche unterteilt wird. Durch Reduzieren der vertikalen Amplitudenanzeige kann im Fenster-Modus der volle dynamische Bereich eines digitalen Speicheroszilloskops genutzt werden. Auf diese Weise lässt sich die Messgenauigkeit optimieren, während die Amplitude des angezeigten Signals reduziert wird.

2.4.5 Auswertung von Messsignalen

Oszilloskope dienen zum Anzeigen von Signalformen und zum Messen von Signalparametern wie Spitze-Spitze-Amplitude, Effektiv-Amplitude, DC-Pegel, Frequenz, Impulsbreite, Anstiegszeit usw. Diese Parameter lassen sich bei allen Signalformen mit bekannten mathematischen Verfahren ermitteln.

Bei einem analogen Oszilloskop muss der Techniker die Messungen manuell vornehmen, z. B. indem er die angezeigte Kurvenform interpretiert, das Rastermaß (Division) zählt, um elementare Amplitudenwerte oder Zeitintervalle zu ermitteln, mathematische Beschreibungen anwendet und das Messergebnis berechnet. Diese Schritte sind bei einfachen Signalformen möglich, jedoch nur mit eingeschränkter Genauigkeit. Bei komplexen Signalen werden diese Prozesse zunehmend schwieriger und können mit entsprechender Raterei verbunden sein.

Wenn ein digitales Speicheroszilloskop dagegen einmal eine Signalform erfasst hat, stehen alle Informationen zur Verfügung, um diese Parameter automatisch zu berechnen, sodass man schnell und einfach genaue und zuverlässige Ergebnisse erhält. Eine Bildschirmanzeige (*Abb. 2.56*) zeigt eine Spitze-Spitze-Spannung und Frequenz-Messwerte in statistischem Format, Minimumwert, Mittelwert und Maximumwert, die über der Zeit angegeben sind.

Die meisten digitalen Speicheroszilloskope können zwei oder mehrere Messungen an den Eingangssignalen gleichzeitig ausführen, d. h. auf einem Kanal oder auf mehreren Kanälen. Dadurch kann man Signale miteinander vergleichen, z. B. lassen sich Amplituden des Eingangs- und des Ausgangssignals eines Verstärkers oder Abschwächers übereinander schieben und auswerten.

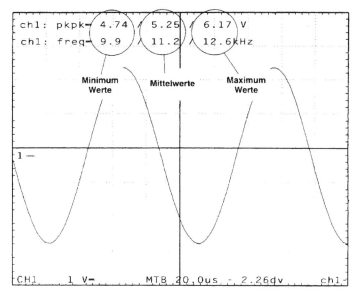

Abb. 2.56: Bildschirmanzeige eines digitalen Speicheroszilloskops

Sehr praktisch ist es auch, wenn sich mit dem Oszilloskop Messungen an gespeicherten Signalformen und neu erfassten Signalen durchführen lassen, sodass man das tatsächliche Verhalten mit Standardsignalen vergleichen kann, oder der Einfluss der Zeit an den vorgenommenen Modifikationen sichtbar wird. Bei den meisten Messungen werden die Ergebnisse auch im statistischen Format ausgegeben. Das bedeutet, dass sich der Minimumwert, der Maximumwert und der Mittelwert einer bestimmten Messung jederzeit in Bezug auf eine längere Erfassungsperiode berechnen und darstellen lassen. Hiermit kann der Messtechniker Tendenzen in dem Verhalten eines Systems aufdecken, ohne dass die Anzeige ständig überwacht werden muss.

Jede oszilloskopische Messung stellt im Grunde eine Analyse der erfassten Daten dar. Das Messergebnis bezieht sich daher auf die erfasste Signalform, die im Speicher des Oszilloskops hinterlegt ist. Das bedeutet, dass die Einstellung des Oszilloskops das Messergebnis beeinflussen kann. Beispiel: Wenn eine langsame Zeitbasiseinstellung von 1 ms/Div gewählt wurde, wird eine Anstiegsmessung für eine Flanke, die erwartungsgemäß zwischen 50 ns und 100 ns liegt, durch die Zeitauflösung des Erfassungslaufs beeinflusst. Bei einer solchen Messung muss die Zeitbasis so eingestellt werden, dass die ansteigende Flanke mit genügend Details dargestellt wird. Hier spielt die nutzbare Systemanstiegszeit eine große Rolle.

Die erfassten Signaldaten enthalten eine Fülle an Informationen. Das übliche Format für die Datendarstellung ist eine Signalform, bei der die Spannung auf der vertikalen Achse aufgetragen wird und die Zeit auf der horizontalen Achse. Hierbei handelt es sich um die Y-T-Darstellung.

Eine andere Möglichkeit zur Anzeige der Signaldaten besteht darin, einen Kanal in Abhängigkeit von dem anderen darzustellen, sodass für jeden angezeigten Datenpunkt die horizontale Position den Wert des einen Kanals und die vertikale Position den Wert des anderen Kanals angibt. Dieses Verfahren bezeichnet man als X-Y-Modus. Hiermit lassen sich zum Beispiel die Phase oder der zeitliche Zusammenhang zwischen Signalen mit verwandter Frequenz darstellen. Der X-Y-Modus ist besonders nützlich für die Prüfung von Phasenschiebern und Filtern, aber auch in Kombination mit Bewegungssensoren, um sich bewegende Systeme auf Schwingungen zu überprüfen.

Der Vorteil eines im X-Y-Modus betriebenen digitalen Speicheroszilloskops im Vergleich zu einem analogen Oszilloskop besteht darin, dass die Bandbreite des digitalen Oszilloskops der vollen Erfassungsbandbreite des Geräts entspricht, während sich ein analoges Oszilloskop im X-Y-Modus nur über einen begrenzten Frequenzbereich betreiben lässt. Andererseits werden im X-Y-Modus des digitalen Speicheroszilloskops die in einer einzigen Aufzeichnung enthaltenen Samples angezeigt, sodass die Signalform (nur über eine begrenzte Zeitdauer die Dauer einer Aufzeichnung) beschrieben wird, während es sich bei der X-Y-Anzeige eines analogen Oszilloskops um eine kontinuierliche „Live"-Anzeige handelt.

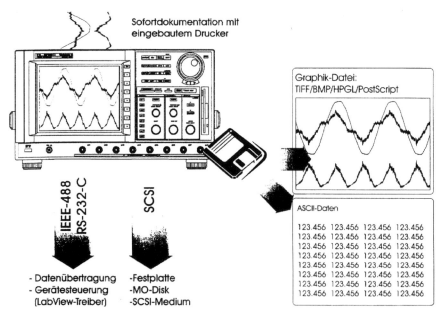

Abb. 2.57: Möglichkeiten für ein digitales Speicheroszilloskop für interne und externe Dokumentationszwecke

Es gibt noch viele andere Möglichkeiten, wertvolle Informationen aus den Signaldaten abzuleiten oder die Daten so zu manipulieren, dass sich die in ihnen enthaltenen Informationen in einem besser geeigneten Format darstellen lassen. Solche Manipulationen sind allgemein als mathematische Verarbeitung der Signalform bekannt. Diese Verarbeitung erfolgt durch ein PC-System (*Abb. 2.57*), nachdem zur weiteren Analyse die Daten übertragen wurden.

Die Dokumentation der Messergebnisse sollte in mathematischen Formkurven und in diversen Formaten zum Speichern möglich sein. Für die Sofortdokumentation vor Ort reicht oftmals ein schneller Ausdruck mit dem eingebauten Drucker völlig aus. Werden die Messergebnisse später in Form eines Protokolls benötigt, so kann das Resultat sowohl in grafischer Form in einer Grafikdatei als auch in numerischer Form gespeichert werden und somit lassen sich die Messdaten selbst in einer ASCII-Datei auf einer Diskette abspeichern. Sobald das digitale Speicheroszilloskop über einen größeren Akquisitionsspeicher verfügt, ist die Speicherung der Messdaten auf einer Diskette aus Platzgründen nicht mehr sinnvoll. Bei Messwerten über 1 Mbyte ist das Speichern nur in Verbindung mit dem SCSI-Bus auf einer großen Festplatte oder einem USB-Stick sinnvoll und diese Massenspeicher können intern (bei genügendem Platzbedarf) oder extern vorhanden sein.

Moderne Speicheroszilloskope verfügen über einen digitalen Signalprozessor, der die mathematischen Funktionen durchführen kann. Die Mittelwertbildung wird in der Praxis dazu verwendet, das auf einem Signal überlagerte Rauschen zu reduzieren, indem aufeinander folgende Erfassungsläufe kombiniert werden. Jedes Sample der resultierenden Signalform wird durch Mittelwertbildung, ausgehend von den Samples, berechnet, die bei den aufeinander folgenden Erfassungsläufen an der gleichen Position vorlagen. Da das Rauschen naturgemäß bei jedem neuen Erfassungslauf unterschiedlich auftritt, unterscheiden sich die Werte der Samples in den aufeinander folgenden Erfassungsläufen geringfügig. Die Unterschiede lassen sich durch die Mittelwertbildung reduzieren, sodass man eine „glattere" Signalform erhält, während die Bandbreite nicht beeinträchtigt wird. Bei der Mittelwertbildung reagiert das Oszilloskop allerdings etwas langsamer auf Signaländerungen.

Die meisten digitalen Speicheroszilloskope arbeiten mit einer vertikalen 8-Bit-Auflösung, d. h. dass die erfasste Signalform durch 256 unterschiedliche Spannungspegel aufgezeichnet wird. Die Auflösung kann durch die Mittelwertbildung von aufeinander folgenden Erfassungsläufen erhöht werden. Je mehr Erfassungsläufe zur Berechnung verwendet werden, desto höher wird die vertikale Auflösung. Bei jeder Verdopplung der Anzahl Erfassungsläufe, wird der Auflösung automatisch ein zusätzliches Bit hinzugefügt.

Bei Signalen, die sich im Laufe der Zeit ändern, wenn z. B. Änderungen in der Amplitude erwartet werden oder ein Jitter (*Abb. 2.58*) auftritt, ist es sinnvoll, nicht nur die momentane Signalform zu betrachten, sondern das Verhalten der Signalform während einer Reihe von Erfassungsläufen. Wenn der Hüllkurven-Modus (Envelope) aktiv ist, baut das Oszilloskop die Anzeige auf, indem es die Minimum- und Maximumwerte für jede Aufzeichnungsposition während der aufeinander folgenden Erfassungsläufe speichert. Die resultierende Darstellung zeigt den kumulativen Effekt der langfristigen Änderungen. Hiermit können langfristige Jitter und langfristige Amplitudenänderungen gemessen werden.

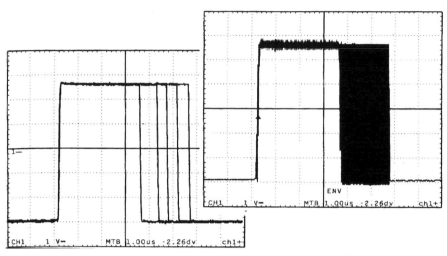

Abb. 2.58: Anzeige eines Jitter-Impulses mit und ohne Hüllkurven-Modus

2.4.6 Digitale Filterung

Die Filterung einer Signalform ist eine Funktion, bei der die Bandbreite durch die Verarbeitung der erfassten Signaldaten reduziert wird. Der Ausdruck „Filterung" bezieht sich auf die Tatsache, dass diese Verarbeitungsfunktion den gleichen Effekt hat wie ein Tiefpassfilter, dem das Eingangssignal des Oszilloskops zugeführt wird.

Die digitale Filterung lässt sich erreichen, indem jedes Sample in einer Aufzeichnung mit den benachbarten Samples der gleichen Aufzeichnung gemittelt wird. Dadurch reduziert sich das Rauschen, jedoch auch die Bandbreite. Im Gegensatz zur Mittelwertbildung reduziert die Filterung zwar die Bandbreite, um das Rauschen zu verringern, aber man kann die Filterung auch für Single-Shot-Signale benutzen, während für die Mittelwertbildung mehrere Erfassungsläufe eines repetierenden Signals erforderlich sind.

Gespeicherte Signale können zusammen mit neu erfassten Signalformen dargestellt werden, z. B. um das Verhalten einer bekanntermaßen fehlerfreien Einheit mit dem einer fehlerhaften Einheit zu vergleichen. In vielen Fällen werden diese Signalvergleiche vorgenommen, um festzustellen, ob ein System seinen Spezifikationen entspricht, beispielsweise in der Fertigungsprüfung. Mit Oszilloskopen, die über eine „Pass/Fail"-Testfunktion verfügen, lässt sich diese Prüfung einfach vollautomatisch durchführen.

Ein Standardsignal wird einschließlich Toleranzwerten in einem der Register gespeichert. Dieses Signal bezeichnet man als „Maske". Das Oszilloskop erfasst jetzt das Signal von den einzelnen Bauteilen oder Komponenten und vergleicht jeden neuen Erfassungslauf mit der Maske. Wenn das Signal innerhalb der Grenzwerte liegt, reagiert das Oszilloskop mit einer „pass"-Angabe. Überschreitet das Signal an irgendeiner Stelle die Grenzwerte, erfolgt eine „fail"-Meldung.

Die Fast-Fourier-Transformation ist ein mathematisches Verfahren, bei dem die einzelnen in einem Signal enthaltenen Frequenzen extrahiert und mit ihren jeweiligen Amplituden angezeigt werden. Die FFT ist ein nützliches Hilfsmittel, um herauszufinden, wie stark ein Signal verzerrt ist, um die Frequenz in einer komplexen Signalform zu identifizieren oder um das Nebensprechen von Systemen betrachten zu können. Bei dem FFT-Spektrum (*Abb. 2.59*) in der unteren Bildhälfte handelt es sich um ein Netzspannungssignal mit 50 Hz.

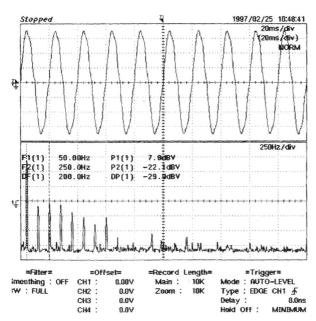

Abb. 2.59: Analyse des Frequenzspektrums des Eingangssignals und das FFT-Spektrum ist in der unteren Bildhälfte zu erkennen

Der eingeschaltete Cursor zeigt die Grundfrequenz von 50 Hz und Cursor 2 die 5. Oberwelle. So ist mit einem digitalen Speicheroszilloskop eine schnelle orientierende Oberschwingungsanalyse möglich. Die FFT-Funktion erlaubt das Zuschalten von zwei Bewertungsfenstern, dem Rechteck- und dem Hanningfenster. Die FFT wird über ein Zeitfenster von 1000 Messwerten gebildet und das Zeitfenster lässt sich innerhalb des Speichers beliebig positionieren.

Die wichtigste Anwendung bei der Multiplikation von Signalformen ist die Messung der elektrischen Leistung, die definiert ist als das mathematische Produkt von Spannung und Strom. Um die Leistung (*Abb. 2.60*) messen zu können, muss ein Oszilloskop sowohl die Spannungs- als auch die Stromsignalform erfassen können und diese beiden Signalformen multiplizieren. Die resultierende Signalform zeigt den Momentanwert der Leistung als Funktion der Zeit. Diese Messung ist für die Prüfung von Stromversorgungen, Leistungsverstärkern und Spannungsreglern wichtig, bei denen die Ströme eine große Bedeutung aufweisen und die von den Komponenten verarbeitete Leistung kritisch sein kann.

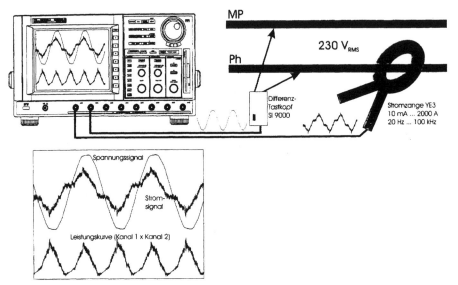

Abb. 2.60: Leistungsmessung mit einem digitalen Speicheroszilloskop, wobei noch Stromzange und Differenz-Tastkopf erforderlich sind

Für die Leistungsberechnung durch das digitale Speicheroszilloskop sind folgende Schritte erforderlich:

- Skalierung des Stromsignals (1 mV/A), Einheit in A
- Einschalten einer der mathematischen Funktionen, Kanal 1 x Kanal 2
- Messfunktion AVERAGE auf Mathematikkanal einschalten
- Skalierung des Mathematikkanals, Einheit in W

Durch die mathematische Funktion der Integration wird die Fläche unter einer Kurve ermittelt, sodass der Gesamteffekt von einzelnen Signalanteilen über die Zeit angezeigt werden kann. Beispiele hierfür sind der Gesamteffekt von aufeinander folgenden Ladezyklen auf die durch einen Kondensator gespeicherte Ladung oder der kummulative Effekt, der durch ein Bauelement aufgenommenen Leistung. Ein weiteres Anwendungsbeispiel sind Messungen an mechanischen Systemen, bei denen Messwertumformer verwendet werden, die eine Spannung proportional zur Beschleunigung erzeugen. Durch die Integration dieser Signale erhält man den Wert der Geschwindigkeit. Die Differentiation zeigt die Änderungsgeschwindigkeit eines Signals, z. B. die Anstiegsrate (slew rate) eines elektrischen Signals, die der differenzierten Kurve des Signals über die Zeit entspricht.

Ein gutes Beispiel für die mathematischen Verarbeitungsfunktionen ist folgende Leistungsmessung: Ein Bauelement bzw. Verbraucher nimmt eine bestimmte Leistung auf, die definiert ist als das Produkt der Spannung am Bauelement und des Stroms durch das Bauelement. Bei dem Entwurf von Bauelementen wird die Nennbelastbarkeit auf einen bestimmten Wert begrenzt, der normalerweise auf dem Temperaturanstieg beruht oder der während einer bestimmten Zeitdauer durch diese Leistung verursacht wird. Die Menge der durch ein Bauelement abgestrahlten Wärme (= Energie) ist das Produkt der momentanen Leistung und der Zeit. Die erzeugte Wärme lässt sich ermitteln, indem Spannung und Strom gemessen und die Messwerte anschließend multipliziert werden, sodass man die momentane Leistung in Watt zu jedem Zeitpunkt erhält. Jetzt kann man ein zweites mathematisches Verfahren verwenden, um die Leistungskurve zu integrieren und damit die gesamte Verlustleistung in Watt-Sekunden zu erhalten. Der äquivalente Wert von 3.600.000 Watt-Sekunden ist 1 kWh, die Einheit, die uns durch die Stromversorger berechnet wird!

2.4.7 Verarbeitung von Messsignalen

Oft müssen die in dem Oszilloskop gespeicherten Informationen an einen PC übertragen werden. In anderen Fällen muss man die gemessenen Informationen des Oszilloskops in einem angeschlossenen PC speichern und damit stehen die Daten für eine mathematische Weiterverarbeitung zur Verfügung. In beiden Fällen benötigt man ein Instrument, das über Kommunikationsmöglichkeiten verfügt, d. h. dass das Oszilloskop mit Kommunikationshardware und entsprechender Software ausgestattet sein muss. In der Praxis wählt man zwischen zwei Arten von Schnittstellen: die RS232 und GPIB (General Purpose Interface Bus), bekannt auch als IEEE-488-Bus. Diese Kommunikationsschnittstellen sind bei den meisten digitalen Speicheroszilloskopen als Option erhältlich.

RS232 ist eine serielle Standardschnittstelle, die bei PC-Geräten für die Kommunikation per Modem und für den Anschluss von Geräten wie Maus, Drucker usw. weit verbreitet ist. Da für jedes mit einem PC verbundene Gerät eine eigene Schnittstelle am PC erforderlich ist, kann nur eine begrenzte Anzahl von Geräten – häufig nur zwei – an den PC angeschlossen werden. Viele Software-Pakete greifen auf diese serielle Kommunikation zurück, da hierfür nur minimale Änderungen am PC vorgenommen werden müssen und eine relativ einfache Verkabelung ausreicht. Es ist daher einfach, diese Schnittstelle standardmäßig im Oszilloskop vorzusehen, sodass die Signalformen zur

Archivierung, Nachverarbeitung, Übertragung mittels Internet usw. an jeden beliebig verfügbaren PC übertragen werden kann.

GPIB ist ein paralleler Bus, der für die Verwendung in Messsystemen konzipiert wurde. Hiermit lassen sich mehrere Geräte gleichzeitig über ein gemeinsames Bussystem verbinden. Über den Bus können die Geräte jederzeit während des Testprotokolls auf den Controller zugreifen, z. B. wenn ein Messfehler gefunden wird. Der PC, der diesen Bus steuert, kann ein spezieller GPIB-Controller sein, obwohl heute sehr häufig ein Standard-PC mit GPIB-Karte benutzt wird. Eine GPIB-Karte gehört nicht zur serienmäßigen Ausstattung eines PC und muss zusätzlich hinzugefügt werden, was aber kein großes Problem darstellt. Die für GPIB-Systeme verfügbare Software schafft typischerweise eine komplette Testumgebung und integriert dabei eine Vielzahl verschiedener Geräte in einem einzigen Messsystem.

Bei vielen mobilen Messanwendungen benötigen Techniker und Ingenieure die Messergebnisse in schriftlicher Form. Der Ausdruck lässt sich später für Referenzzwecke verwenden, z. B. wenn neue Einstellungen vorgenommen werden müssen oder wenn Fehlfunktionen gemeldet werden. Die meisten digitalen Speicheroszilloskope können Hardcopies über einen digitalen Plotter oder Drucker, wie er für PCs verwendet wird, ausgeben, und einige können auch einen Streifenschreiber ansteuern, da diese immer noch in vielen Messlabors im Einsatz sind. Die Hardcopy-Möglichkeit ist meistens eine Funktion, die mit einer serienmäßig vorhandenen oder wahlweise erhältlichen Schnittstelle verbunden ist. Wenn gerade kein Drucker oder Plotter am Messort verfügbar ist, ist es immer vorteilhaft, wenn das Oszilloskop sehr viel Speicherkapazität besitzt, um die erforderlichen Messdaten dauerhaft zu speichern und später auszudrucken.

In vielen Anwendungen der Messpraxis liegen andere Signale vor als reine Sinus-, Dreieck- oder Rechtecksignale, z. B. Herzschlagsignale in der Medizintechnik oder das Prellen von Schaltkontakten in Relais. Die Funktion solcher Systeme sollte vorzugsweise mit Signalen geprüft werden, die den in der Praxis anzutreffenden Signalen möglichst ähnlich sind. Zu diesem Zweck wurden Arbitrary-Funktionsgeneratoren entwickelt. Bei einem solchen Funktionsgenerator lassen sich die Ausgangssignale mithilfe einer Gruppe von Datenworten als Funktion der Zeit beschreiben. Die Ausgangsspannung wird erzeugt, indem die aufeinander folgenden Datenworte einem DA-Umsetzer zugeführt werden.

Ein ARB-Generator lässt sich hervorragend mit einem digitalen Speicheroszilloskop kombinieren. Das digitale Speicheroszilloskop besitzt die einzigartige Fähigkeit, einen Teil des tatsächlichen Signals zu erfassen und als Gruppe von digitalen Worten zu speichern. Diese Aufzeichnung lässt sich dann an einen Arbitrary-Funktionsgenerator übertragen, sodass man das erfasste Signal dann jederzeit und beliebig oft reproduzieren kann. Die Amplitude des Signals lässt sich dabei skalieren, seine Frequenz modifizieren und die Daten können an einen PC gesendet und dort verändert werden, sodass der ARB-Funktionsgenerator eine modifizierte „Aufzeichnung" des Originalsignals darstellt.

Um die Kombination aus ARB-Funktionsgenerator und digitalem Speicheroszilloskop bedienungsfreundlich zu gestalten, sind diese Oszilloskope mit einer „direct dump"-Funktion ausgestattet. Um das erfasste Signal an den Funktionsgenerator zu übertragen, damit dieser es reproduzieren kann, ist dann nur ein einziges Kabel zwischen dem Oszilloskop und dem ARB-Funktionsgenerator erforderlich.

2.4.8 Spezialfunktionen eines digitalen Speicheroszilloskops

Oszilloskope dienen zur Messung von zwei grundlegenden Größen: Spannung und Zeit. Von diesen beiden Größen werden alle Messungen abgeleitet – entweder manuell mit den Cursorn oder automatisch. Wenn man eine Messung durchführen soll, muss man die Möglichkeiten seines Oszilloskops genau kennen. Versuchen Sie nicht, mit einem 20-MHz-Oszilloskop ein 10-MHz-Rechtecksignal zu betrachten, denn Sie werden nicht die tatsächliche Form des Rechtecksignals erkennen können. Das 10-MHz-Rechtecksignal besteht aus einem fundamentalen 10-MHz-Sinussignal und seinen Oberwellen bei 30 MHz, 50 MHz, 70 MHz usw. Den Effekt der 30-MHz-Oberwellen werden Sie wohl teilweise erkennen können (jedoch nicht mit der richtigen Amplitude), aber die nächste Frequenzkomponente ist 2,5 mal größer als die Bandbreite des Oszilloskops! Die Signalanzeige wird daher mehr einem Sinussignal als einem Rechtecksignal ähneln.

Das Gleiche gilt auch für die Messung von Anstiegszeiten. Wenn man ein Oszilloskop mit einer Systemanstiegszeit benutzt, die 10-mal kürzer ist als die des Signals, wird der Einfluss der Systemanstiegszeit auf die Messung fast vernachlässigbar sein. Haben das Oszilloskop und das Signal jedoch die gleiche Anstiegszeit, beträgt der Fehler 41 %.

Wenn mit dem horizontalen Einsteller für die Zeitbasis gearbeitet wird, ist der Tastkopf mit CH1 (Kanal 1 oder Kanal A) mit dem Tastkopf-Kalibriersignal zu verbinden. Danach ist die AUTOSET-Taste zu drücken und die Tasten „ns" und „s" unter TIME/DIV zu betätigen. Jetzt werden mehrere Perioden des Tastkopf-Kalibriersignals mit langsamerer Zeitbasisgeschwindigkeit bzw. weniger Perioden mit höherer Geschwindigkeit angezeigt. Die Zeitbasisanzeige auf dem Bildschirm ändert sich in eine 1-2-5-Folge. Drückt man die TIME/DIV-Tasten „ns" und „s" gleichzeitig, erhält man eine kalibrierte stufenlose Zeitbasis (VARinable), ähnlich wie vorher bei der Amplitude. Drückt man die Taste „ns", erscheint die erste Periode des Signals auf dem Bildschirm.

Bei doppelter Zeitbasis den Tastkopf mit CH1 (Kanal 1 oder Kanal A) verbinden und dann die AUTOSET-Taste drücken. Die DTB-Taste im Bereich für die verzögerte Zeitbasis oder die obere DTB-ON-Softtaste drücken. Mit den Einstellern für Position und Strahltrennung die Hauptzeitbasis in der oberen Hälfte des Bildschirms anordnen und die verzögerte Zeitbasis in der unteren Hälfte positionieren. Mit den Zeitbasiseinstellern DELAY und DTB eine der ansteigenden Flanken des Tastkopf-Kalibriersignals anwählen und vergrößern und wenn erforderlich, die Schreibspurhelligkeit nachstellen. Beachten Sie die angezeigte Verzögerungszeit und die Geschwindigkeit der verzögerten Zeitbasis. Die Verzögerungszeit nimmt zu, wenn sich der aufgehellte Bereich nach rechts von der MTB-Triggerung entfernt.

Bei der automatischen, der getriggerten und der Single-Shot-Zeitbasis verbindet man den Tastkopf mit CH1 und dem Tastkopf-Kalibriersignal. Die „AUTOSET"-, „TB MODE"- oder „HOR MODE"-Taste drücken und mit den Softtasten die Option TRIG aus dem Menü wählen. Das Oszilloskop benötigt jetzt ein Triggersignal, um den Zeitbasisdurchlauf zu starten. Den Tastkopf vom CH1-Eingang abnehmen und die Schreibspur verschwindet vom Bildschirm: kein Signal → keine Schreibspur! Sobald die AUTO-Option gewählt wird, erscheint die Schreibspur wieder. Jetzt die SINGLE-Option aus dem gleichen Menü wählen und die Schreibspur verschwindet erneut. Den Einsteller für die Schreibspur-Helligkeit rechtsherum drehen. Jetzt die SINGLE-Taste drücken und lässt man die Taste los, erscheint eine kurze Schreibspur auf dem Bildschirm. Bei jedem Tastendruck wird ein Durchlauf ausgelöst.

Bei der Einstellung für die Triggerung verwendet man die Möglichkeiten des Funktionsgenerators. Dieser ist auf eine sinusförmige Wechselspannung von 1 V_{ss}/1 kHz einzustellen, der Sweep ist auszuschalten, ebenso der Offset.

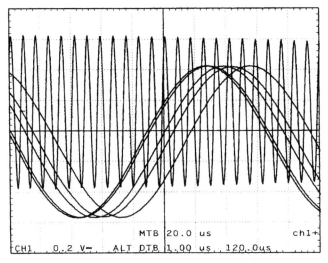

Abb. 2.61: Messen mit MTB und DTB im START-Modus

Der Ausgang des Funktionsgenerators ist über ein BNC-Kabel mit dem Kanal CH1 zu verbinden. Die AUTOSET-Taste drücken und mit dem Einsteller X_POS die Schreibspur nach rechts verschieben, um den Beginn des Durchlaufs (*Abb. 2.61*) zu sehen.

Bei der Spitze-Spitze-Triggerung ist der Einsteller für den Triggerpegel zu betätigen. Hier kann man beobachten, wie sich der Startpunkt auf der Flanke nach oben und unten bewegt. Die Ausgangsamplitude des Funktionsgenerators ist zu ändern und der

Triggerpegel erneut einzustellen. Das Oszilloskop triggert immer auf die Signalform und der Triggerpegel lässt sich während der Einstellung als Prozentsatz der Spitze-Spitze-Signalamplitude angeben.

Arbeitet das digitale Oszilloskop mit der Triggerflanke, ist die Taste TRIG1 im Bereich für Kanal 1 zu drücken. Das Oszilloskop triggert jetzt auf die fallende Flanke. Das Flankensymbol unten rechts auf dem Bildschirm ändert sich, wenn die Taste TRIG1 gedrückt wird.

Bei der Triggerung eines anderen Kanals wird der CH2-Eingang mit dem TTL-Ausgang an der Rückseite des Funktionsgenerators verbunden. Die AUTOSET-Taste drücken und die Schreibspuren so positionieren, dass sie sich nicht überlappen. Die Angabe der Triggerquelle unten rechts auf dem Bildschirm beobachten und Taste TRIG2 drücken. Das Oszilloskop triggert jetzt von Kanal 2. Entfernen Sie das BNC-Kabel vom CH2-Eingang, um dies nachzuprüfen.

Wenn mit der Triggerung auf einem bestimmten Spannungspegel gearbeitet werden soll, ist der Ausgang des Funktionsgenerators über ein BNC-Kabel mit CH1 zu verbinden. Die AUTOSET-Taste drücken und mit der unteren Softtaste im Trigger-Menü die Triggerkopplung auf DC einstellen. Jetzt erscheint das Symbol „T-" oder „M-" am linken Bildrand und hiermit wird der Triggerpegel auf das Signal angegeben. Betätigen Sie nun den Triggerpegeleinsteller (*Abb. 2.62*). Das T-Symbol bewegt sich auf dem Signal nach oben oder unten, während auf dem Bildschirm die jeweilige Spannung angegeben wird, bei der das Oszilloskop triggert. Es kann auch ein Triggerpegel außerhalb der Spitze-Spitze-Signalamplitude eingestellt werden, aber dadurch geht die Triggerung verloren. Jetzt wissen Sie, wie man einen Triggerpegel exakt einstellen kann, und somit lassen sich weitere Single-Shot-Messungen durchführen.

Hierzu verbinden Sie den Tastkopf mit CH1 und mit dem Tastkopf-Kalibrierausgang. Die AUTOSET-Taste drücken und den Tastkopf vom Kalibrierausgang abnehmen. Den Einsteller für die Bildschirmhelligkeit ganz nach rechts drehen, damit die Schreibspur mit maximaler Helligkeit dargestellt wird. Jetzt die Taste „HOR MODE" oder „TB MODE" drücken und mit den Softtasten die Menü-Option „SINGLE" wählen. CH1 auf DC-Kopplung stellen und dann die Taste „TRIGGER" oder „TRIGGER MTB" drücken und „Level OFF" wählen. Mit der unteren Softtaste die Triggerkopplung auf DC einstellen und damit erscheint das Triggerpegelsymbol „M-" oder „T-" am linken Bildrand. Betätigen Sie jetzt den Triggerpegeleinsteller und das Triggerpegelsymbol bewegt sich auf dem Bildschirm nach oben und unten, während die Spannung angezeigt wird, auf die das Oszilloskop jeweils triggert. Diese Spannung auf 200 mV einstellen. Jetzt die Taste SINGLE oder SINGLE RESET drücken und damit leuchtet die rote LED neben der Triggerpegeleinstellung auf, um darauf hinzuweisen, dass das Oszilloskop auf ein Signal wartet, auf das es triggern kann. Den Bildschirm genau beobachten und mit der Tastkopfspitze den Tastkopf-Kalibrierausgang berühren und die Schreibspur läuft einmal über den Bildschirm. Wenn der Kalibrierausgang noch einmal mit dem Tastkopf berührt wird, hat dies keinerlei Auswirkung, bis die Triggerschaltung wieder armiert worden ist.

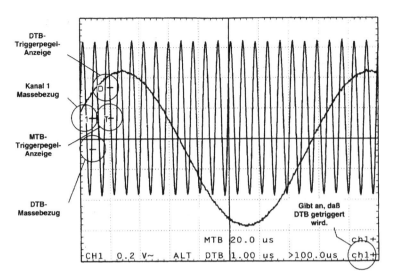

Abb. 2.62: Messen mit MTB und DTB im getriggerten Modus

Bei der Triggerung mit doppelter Zeitbasis ist der Funktionsgenerator auf ein Sinussignal einzustellen, die Startfrequenz auf 120 kHz, die Stoppfrequenz auf 121 kHz und die Sweepdauer soll 50 ms betragen. Die Amplitude des Signals beträgt 1 V_{ss} bei einem kontinuierlichen Sweep. Den Ausgang des Funktionsgenerators über ein BNC-Kabel mit dem CH1-Eingang verbinden. Danach die verzögerte Zeitbasis einschalten und den Modus „START" nach der Verzögerung wählen. Die DTB-Zeitbasisgeschwindigkeit auf 1 µs/Div und die Verzögerung auf 120 µs einstellen. Mit den Einstellern für Strahltrennung und Position die Bildschirmanzeige so verändern, dass ein ähnliches Bild erscheint. Die Signalperioden am rechten Bildrand bewegen sich auf der X-Achse und die Perioden lassen sich in diesem Fall nicht exakt untersuchen. Wählen Sie jetzt für den DTB den Modus „TRIG D" von Kanal 1 und es erscheint „CH1". Für die DTB-Triggerung die DC-Kopplung einstellen und den DTB-Triggerpegel mit dem LEVEL-DTB-Einsteller einstellen. Am linken Bildrand erscheint das Symbol „D-" und die Triggerpegelanzeige für DTB. Jetzt drückt man die CH1-Taste, um eine positive Flanke für die DTB-Triggerung von Kanal 1 zu wählen. Die Bildschirmanzeige für die Darstellung muss jetzt dem Oszillogramm (*Abb. 2.62*) entsprechen. Beachten Sie die Änderung des Verzögerungswerts, denn jetzt wird das Symbol „>" für größer vor der Verzögerungszeit angezeigt, d. h. dass die Triggerschaltung für die DTB nach der Triggerung der MTB auf das erste Auftreten von 500 mV auf der ersten positiven Flanke wartet, das länger als 100 µs dauert. Verändern Sie nun die Verzögerungszeit mit der DELAY-Einstellung und der aufgehellte Bereich verschiebt sich auf dem DTB-Durchlauf zwischen qualifizierenden Triggerpunkten, während die DTB stabil bleibt. Verändern Sie den DTB-Triggerpegel und beobachten Sie, wie sich der Anfang des aufgehellten Bereichs auf dem Sinussignal nach oben und unten verschiebt.

2.4.9 Automatische Messung mit der Cursorsteuerung

Bei den bisher durchgeführten Messungen wurden das Raster und die Einstellwerte für den Abschwächer in Verbindung mit der Zeitbasis verwendet. Moderne Oszilloskope verfügen über einen Cursor, mit dem sich die Messungen schneller und einfacher durchführen lassen. Cursor sind Linien, die durch den Elektronenstrahl auf dem Bildschirm erzeugt werden. Diese Cursorlinien können vertikal und horizontal verlaufen. Ihre Position auf dem Bildschirm bezieht sich auf Spannung und Zeit und kann verwendet werden, um Spannung und Zeit zu messen oder andere Messwerte hiervon abzuleiten, z. B. Frequenz, Anstiegszeit usw.

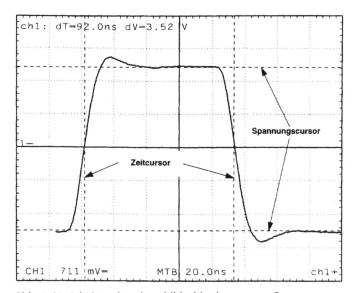

Abb. 2.63: Arbeitsweise eines bildschirmbezogenen Cursors

Die Zeit- und Spannungswerte des Cursors ändern sich automatisch, wenn die Empfindlichkeit oder die Zeitbasis anders eingestellt wird. Der Messwert (*Abb. 2.63*) kann als Absolutspannung, d. h. als Spannung gegen Masse, als Relativsprung, d. h. als Spannungsdifferenz zwischen der Cursor oder als Prozentsatz angezeigt werden. Prozentangaben sind besonders nützlich für die Messung von Impulssignalen, weil sich die Parameter wie das Tastverhältnis als Prozentsatz der Periode ausdrücken lassen.

Es gibt zwei Arten von Cursorsystemen. Das erste System findet man bei analogen Messinstrumenten und in einigen Digitalmessgeräten, den sogenannten bildschirmbezogenen Cursorn. Die Cursors sind nicht mit dem Eingangssignal verbunden und müssen daher von Hand auf die Signalform ausgerichtet werden, um Messungen durchführen zu können. Bei dieser manuellen Ausrichtung können Fehler unterlaufen, da der Benutzer sich auf die Anzeige von Signalform und Cursor verlassen muss.

Signalform und Cursor können durch kleine Anzeigengenauigkeiten jedoch unterschiedlich beeinflusst werden, sodass es zu Messfehlern kommt.

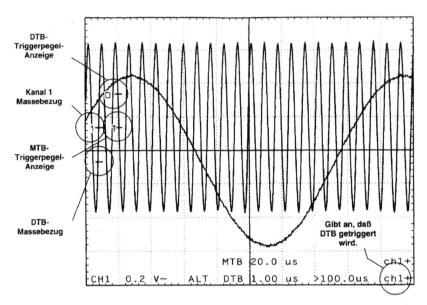

Abb. 2.64: Arbeitsweise eines speicherbezogenen Cursors

Die zweite Art von Cursors (*Abb. 2.64*) beruht auf den digitalisierten Signaldaten, die im Oszilloskop abgespeichert sind. Diese Cursors definiert man als speicherbezogene Cursors. Sie sind nicht mit den Fehlern behaftet, die durch das Ablenksystem hervorgerufen werden können. Die Cursors folgen dem Signal auf dem Bildschirm. Da alle Signaldaten im Oszilloskop gespeichert sind, können weitere Messwerte wie Anstiegszeit, Frequenz und Periode für den interessierenden Signalabschnitt berechnet werden. Bei einigen Messgeräten lassen sich den Cursorn verschiedene Schreibspuren zuordnen, um Laufzeitverzögerungen Schaltzeiten usw. zu messen.

Eine dritte, aber weniger verbreitete Art von Cursors sind die amplitudenqualifizierten Cursors. Diese Cursors sind besonders nützlich für die Definition von anwendungsspezifischen Zeitmessungen, die von „normalen" Messungen, wie der Ermittlung der Anstiegszeit, abweichen. Beispiele finden sich bei der Prüfung von Bauelementen, z. B. bei Messung der Dioden-Sperrschichtverzögerungszeit, Messung der Einschwingzeit von Regelkreisen, der Verriegelungszeit (Einrastfunktion) von PLL-Schaltungen usw. Die Bezeichnung dieses Cursors ist auf die Tatsache zurückzuführen, dass man Zeitmessungen durchführen kann, indem sich die Cursors auf bestimmte Amplitudenwerte des Signals stellen lassen. Ein Cursor kann z. B. auf den Punkt gestellt werden, an dem das Signal 20 % seiner Endamplitude erreicht, und zwar unabhängig von seiner vorliegenden Amplitude. Der andere Cursor wird auf den Punkt gestellt, an dem das

Signal 80 % seiner Amplitude erreicht. Der Cursormesswert gibt die Zeit zwischen den beiden Cursors an, in diesem Fall die Zeit, die das Signal benötigt, um von 20 % auf 80 % seiner Amplitude anzusteigen.

Mit amplitudenqualifizierten Cursors lassen sich Zeitmessungen sehr flexibel und unabhängig von der tatsächlichen Signalamplitude durchführen. Die Cursors können auf jeden beliebigen Pegel in Bezug auf bestimmte Referenzwerte eingestellt werden und man kann diverse Referenzpegel aus einer Liste tatsächlicher amplitudenbezogener Werte auswählen (z. B. Minimumwert, Maximumwert, absoluter Pegel, Masse oder ein statistischer L- oder H-Pegel). Die Cursors müssen nicht auf den ersten Punkt gestellt werden, an dem der jeweilige Pegel erreicht wird; auch der zweite, dritte oder letzte Schnittpunkt lässt sich hierzu verwenden. In dem Oszillogramm (*Abb. 2.65*) erkennt man die Ausgangsspannung eines Regelkreises nach einer plötzlichen Änderung des Eingangssignals (Sprungfunktion). Für dieses System wurde die Einschwingzeit als diejenige Zeit angegeben, die der Regelkreis benötigt, um wieder die richtige Ausgangsspannung zu erreichen und diese mit einer maximalen Abweichung von 5 % einzuhalten.

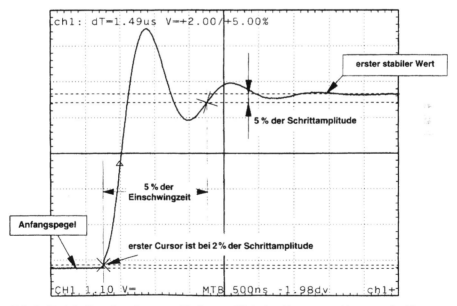

Abb. 2.65: Arbeitsweise eines amplitudenqualifizierten Cursors zur Messung der Einschwingzeit einer positiven Impulsflanke

Bei den meisten Oszilloskopen muss die Zeitmessung manuell mit den Cursors erfolgen; mit amplitudenqualifizierten Cursors kann die Messung hingegen automatisch durchgeführt werden. Die Messung beginnt, sobald sich die Spannung des Eingangssignals sprungweise ändert. Wenn nicht auf das Eingangssignal zugegriffen werden kann, lässt sich auch der Anfang des Ausgangssignalanstiegs benutzen. Das Oszilloskop ist so einzustellen, dass hier mit der Zeitpunkt kurz vor dem Anfang der ansteigenden Flanke ermittelt werden kann, bei dem das Signal z. B. einen Pegel von 2 % seinen Amplitude hat. In der Praxis reicht es aus, den Anfang der sprunghaften Anstiegsflanke der Eingangsspannung zu definieren. Für den ersten Cursor wird der anfänglich stabile Wert vom 0-%-Wert angenommen und den Endwert als 100 %. Der erste Cursor wird auf 2 %, also zwischen diese Referenzpegel von 0 % und 100 %, gestellt. Der zweite Cursor kann andere Referenzpunkte besitzen und er befindet sich z. B. an dem Punkt, an dem das Signal den 5-%-Pegel durchläuft, wobei 0 % als Endwert definiert wurde und 100 % als Anfangswert der Stufenspannung. Der Endwert ist der Wert, der nach dem Ausklingen des Überschwingens erreicht wird. Diesen Wert definiert man als „statistischen H-Pegel". Um den Zeitpunkt herauszufinden, ab dem die Signalform innerhalb von 5 % ihrer Endamplitude bleibt, muss der Cursor auf den Punkt gestellt werden, bei dem das Signal die 5-%-Amplitude zum letzten Mal kreuzt. Die resultierende Anzeige einschließlich des Cursors und Referenzlinien sind in dem Oszillogramm (*Abb. 2.65*) dargestellt. Die Einschwingzeit ist in der oberen Textzeile mit 1,49 µs angegeben.

Diese Messung ergibt automatisch die Einschwingzeit des Regelkreises wieder und zwar unabhängig von der Amplitude der Eingangssignalstufe. Dies ist sehr nützlich für Messungen, die wiederholt vorgenommen werden, wie dies beispielsweise in der Fertigungsprüfung der Fall ist. Das Gerät ist damit in der Lage, die Messungen kontinuierlich und ohne Eingriff des Bedieners durchzuführen.

2.4.10 Arbeiten mit dem Messcursor

Wenn man die Periode und Frequenz mithilfe des Cursors messen muss, wird der Tastkopf mit CH1 und mit dem Tastkopf-Kalibrierausgang verbunden. Danach ist die AUTOSET-Taste zu drücken, um eine optimale Signaldarstellung zu erhalten. Die Cursors sind zu aktivieren und den Zeitmodus bzw. den vertikalen Cursor wählt man so, dass sich eine optimale Zeitmessung vornehmen lässt. Einen Cursor auf den Anfang einer Signalperiode stellen und den anderen auf das Ende der gleichen Periode. Die Cursors geben jetzt die Periodendauer des Signals an. Der Messwert kann als DT (Zeit zwischen den beiden Cursorn), als Signalperiode, oder als 1/DT, als Frequenz, angezeigt werden.

Mit den gleichen Einstellungen für die Messung von Periode und Frequenz lässt sich auch das Tastverhältnis des Kalibriersignals ermitteln. Das Gerät wird so eingestellt, dass DT als Verhältnis angegeben wird. Die Cursors sind so einzustellen, dass sie genau eine Signalperiode einschließen. Jetzt muss man dem Oszilloskop (*Abb. 2.56*) mitteilen, dass diese Zeitspanne einer Periode von 100 % entspricht, d. h. hierfür ist „DT = 100 %" zu wählen.

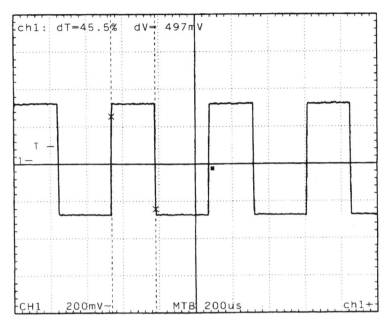

Abb. 2.66: Verwendung eines Cursors für die Messung des Tastverhältnisses

Den ersten Cursor am Anfang der Periode stehen lassen und den zweiten Cursor auf die Flanke in der Mitte der Periode stellen. Jetzt wird das Tastverhältnis für den eingeschlossenen Impulsabschnitt angegeben. In dem Oszillogramm (*Abb. 2.66*) zeigt sich ein Tastverhältnis von ca. 50 %.

Bei der Phasenmessung mithilfe des Cursors ist der Ausgang des Funktionsgenerators mit CH1 und der TTL-Ausgang mit CH2 zu verbinden. Die Frequenz des Funktionsgenerators auf den höchstmöglichen Wert einstellen und ein Dreieckausgangssignal wählen. Die AUTOSET-Funktion des Oszilloskops aktivieren und sicherstellen, dass CH1 als Triggerquelle verwendet wird. Die vertikale Ablenkung und die vertikale Position der Schreibspuren so einstellen, dass die beiden Schreibspuren klar voneinander getrennt angezeigt werden. Die Zeitbasis so ändern, dass etwas mehr als eine Periode auf dem Bildschirm dargestellt wird, und falls erforderlich den Variable-Modus verwenden. Der Triggerpegel (*Abb. 2.67*) wird so eingestellt, dass genügend Informationen zur ansteigenden Flanke „Signals" von CH1 angezeigt werden.

Beide Signalformen sind symmetrisch in Bezug auf eine horizontale Rasterlinie zu positionieren. Die Cursors aktivieren, die vertikalen Cursors für die Zeitmessung und dann den Phasenmesswert wählen. Jetzt die Cursors so positionieren, dass sie eine Periode des CH1-Signals, beginnend mit der ersten ansteigenden Flanke, einschließen. Die Schnittpunkte mit der horizontalen Rasterlinie als Referenz verwenden, um die Mitte der Flanken zu ermitteln. Die Taste „$\Delta T = 360°$" drücken, damit das Oszilloskop

diese Zeitspanne als eine volle Periode erkennt. Bei den meisten digitalen Speicheroszilloskopen wird die Periodendauer automatisch anhand der Frequenz der Triggerquelle erkannt. Die Position des ersten Cursors nicht verändern und den zweiten Cursor auf die Mitte der ansteigenden Flanke des CH2-Signals stellen. Bei einigen
Speicheroszilloskopen kann man das kleine Kreuz, das den Schnittpunkt der Signalform mit der vertikalen Cursorlinie kennzeichnet, auf eine der beiden Signalformen
einstellen. Die Auswahl wird im Cursormenü mit der Option „select cursor trace" getroffen. Die Phasendifferenz zwischen den beiden Signalformen wird in Grad angezeigt.

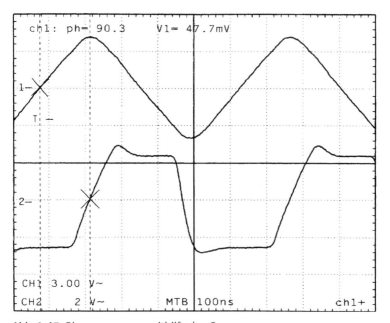

Abb. 2.67: Phasenmessung mithilfe des Cursors

Bei den meisten Speicheroszilloskopen wird automatisch die Frequenz des Signals von
der gewählten Triggerquelle erkannt. Von dieser Frequenz leitet das Messgerät die
360-Grad-Referenz für die Phasenmessung ab. Wenn sich die Signalfrequenz ändert,
passt sich das Messgerät automatisch an und die Cursorreferenz wird geändert. Bei
einfachen Geräten muss die neue Periode manuell gewählt werden.

Beim Messen der Amplitude eines Signals mithilfe des Cursors ist ein Eingangssignal
an das Speicheroszilloskop anzulegen und die AUTOSET-Taste zu drücken. Danach
sind die Cursors einzuschalten und der horizontale Cursor oder der Cursor für die
Amplitudenmessung ist einzustellen. Einen Cursor so positionieren, dass er die niedrigsten Signalwerte schneidet und den anderen Cursor so positionieren, dass dieser die

höchsten Signalwerte kennzeichnet. Jetzt gibt der Cursormesswert die Differenz zwischen den beiden Spannungspegeln an, die der Spitze-Spitze-Amplitude der Signalform entspricht. Bei einigen Oszilloskopen lässt sich die Messwertanzeige so ändern, dass der Absolutpegel für jeden einzelnen Cursor angegeben wird. Dies ist besonders nützlich, wenn ein Signal einem Gleichspannungsanteil überlagert ist oder Messungen an Logiksignalen durchgeführt werden.

Die hier bereits beschriebenen Amplitudenmessungen erscheinen eventuell recht einfach und zeigen vielleicht nicht viel von der Leistungsfähigkeit der Cursormessungen. Betrachten wir einmal eine kompliziertere Messung, bei der man die Cursors dazu verwendet, das Verhältnis zweier Amplituden zu ermitteln. Bei amplitudenmodulierten Signalen wird der Modulationsgrad definiert als das Verhältnis der Amplitude des Modulationssignals zum Verhältnis der Amplitude des Trägers. Zur Messung des Modulationsgrads den Funktionsgenerator so einstellen, dass er ein amplitudenmoduliertes Signal ausgibt. Falls möglich, sollte der Modulationsgrad auf einen bekannten Wert eingestellt werden. Das modulierte Signal an CH1 und das modulierende Signal an CH2 anlegen. Die AUTOSET-Taste drücken und bei den meisten Speicheroszilloskopen wählt die AUTOSET-Funktion automatisch das Signal mit der niedrigsten Frequenz der Triggerquelle. CH2 ausschalten, weil nur das modulierte Signal betrachtet werden soll. Zeitbasis und vertikale Empfindlichkeit so ändern, dass die Bildschirmanzeige des Oszillogramms (*Abb. 2.68*) entspricht.

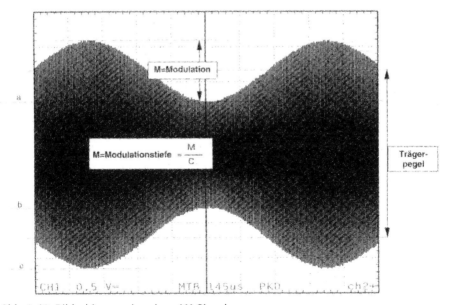

Abb. 2.68: Bildschirmanzeige eines AM-Signals

Die Cursors einschalten, dann die horizontalen Cursors auswählen und die Messwertanzeige „ΔV ration" freigeben. unabhängig vom Grad der Modulation lässt sich die Amplitude des Trägers messen, indem die Cursors auf die Signalpegel a und c gestellt werden. Die Taste „ΔV = 100 %" drücken, um diesen Wert als Amplitude des Trägersignals zu kennzeichnen und 100 % gleichsetzen. Anschließend den oberen Cursor nach unten bewegen, bis er Signalpegel b erreicht. Jetzt wird als Cursormesswert der Amplitudenmodulationsgrad in Prozent angegeben.

3 Digitale Messgeräte

In der Messtechnik setzen sich immer mehr die digitalen Messgeräte in Labor, Fertigung, Service, (Ausbildung Schüler und Studenten) und im Hobbybereich durch. Hauptgrund sind die vielfältigen Möglichkeiten dieser Messgeräte mit hochintegrierten Schaltkreisen und in Verbindung mit Mikrocontrollern. In den nachfolgenden Teilkapiteln werden beschrieben:

- Digitalmultimeter mit LCD- und LED-Anzeige
- Zähler- und Frequenzmessgeräte
- Funktionsgeneratoren

3.1 3½-stelliges Digital-Voltmeter mit LCD-Anzeige

Anhand eines typischen Digitalmultimeters sollen zuerst die einzelnen Funktionen erklärt werden.

Für die Ausgabe des Messwerts eines Digitalmultimeters hat man eine 3½-, 4½-, 5½- und 6½-stellige LCD- oder LED-Anzeige. Die LCD-Technik (Flüssigkristallanzeige oder Liquid Crystal Display) ist eine passive Anzeige, d. h. sie leuchtet nicht und benötigt daher bei ungünstigen Lichtverhältnissen eine Hintergrundbeleuchtung. Der große Vorteil sind aber der geringe Leistungsbedarf ($<10~\mu W$ bei der Ansteuerung) und dass man selbst aufwendige Symbole (z. B. Ω-Zeichen, Lautsprecher-Symbol, Wechselstrom-Zeichen usw.) darstellen kann. Die LED-Technik (Light Emitting Diodes) ist eine aktive Anzeige, d. h. sie leuchtet, wenn das einzelne Segment angesteuert wird. Der Nachteil ist der sehr hohe Leistungsbedarf (5 mW bis 100 mW, je nach Anzeigengröße). Transportable Messgeräte mit LEDs sind sehr selten in der Praxis anzutreffen.

Bei den Messmöglichkeiten eines Digitalmultimeters, meistens integrierende Verfahren, hat man die Standardfunktionen zum Messen von Gleich- und Wechselspannung, von Gleich- und Wechselstrom und von Widerständen. Die Genauigkeit hängt von dem A/D-Wandler ab. So bedeutet z. B. für eine 4½-LCD- oder LED-Anzeige die Angabe ±0,2 % + 1 Digit, dass der Fehler ±0,2 % des Messwerts und zusätzlich +1 der niederwertigsten Anzeigenstelle betragen kann.

Beispiel: Für ein 4½-stelliges Digital-Messgerät gibt der Hersteller die Fehlergrenzen ±0,5 % + 10 Digits an. In welchem Bereich liegt der tatsächliche Messwert, wenn eine Spannung von U = 22,47 V angezeigt wird?

$$U_{min} = 22,47\,V - 0,005 \cdot 22,47\,V = 22,36\,V$$

$$U_{max} = 22,47\,V - 0,005 \cdot 22,47\,V + 10 \quad Digits \cdot \frac{0,01\,V}{Digits} = 22,68\,V$$

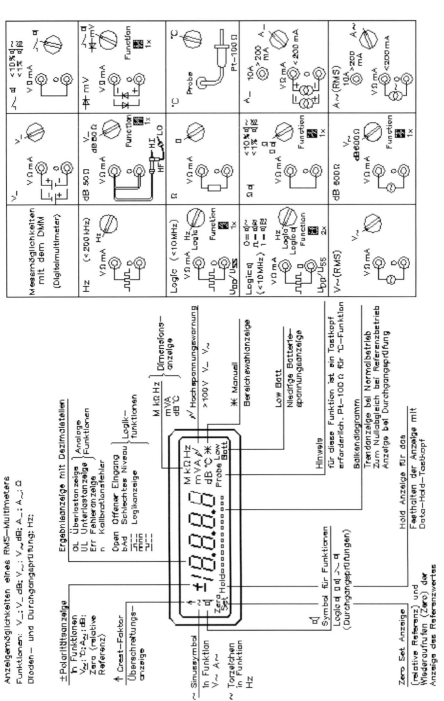

Abb. 3.1: Messmöglichkeiten eines Digitalmultimeters DMM

Mit dem Digitalmultimeter kann man durch U_{RMS} (Root Mean Square oder Effektivwert) eine sich langsam ändernde Wechselspannung messen. Mit U_{RMS} lässt sich also die sinusförmige Wechselspannung bis 500 Hz messen. Das Gleiche gilt auch für die Strommessungen von I_{RMS}. Wenn man einen unbekannten Widerstand zwischen den Buchsen „VΩmA" anschließt, wird der ohmsche Wert gemessen und angezeigt. Steht der Schalter auf Hz und liegt eine rechteckförmige Spannung an, erhält man die Frequenz, wobei 200 kHz der maximale Messbereich-Endwert ist. Mit einem Tastkopf lässt sich die HF-Spannung messen, wenn der Schalter auf U_{RMS} steht und es wird mit einer Impedanz von 50 Ω die HF-Spannungsquelle belastet. Über einen geeigneten Widerstand Pt-100 kann man die Temperatur messen. Mit dem Durchgangsprüfer lässt sich eine Diode oder ein Transistor in Durchlass- und Sperrrichtung prüfen.

Mit der Polaritätsanzeige kann man die Polarität einer Gleichspannungs- oder Gleichstromquelle anzeigen lassen, ob eine Temperatur im positiven oder negativen Bereich ist, oder das Vorzeichen einer dB-Messung bestimmen.

Bei effektivwertbildenden elektronischen Messgeräten bezeichnet man das Verhältnis des höchsten zulässigen Spitzenwerts eines zeitabhängigen Vorgangs zum Vollausschlags-Effektivwert des gewählten Messbereichs als Crest-Faktor. Überschreitet man versehentlich die so definierte Spitzenwert-Grenze, so kommt es infolge von Übersteuerungserscheinungen zu groben Fehlanzeigen des Effektivwertmessers! Über die Crest-Faktor-Anzeige wird dies als Fehlermeldung ausgegeben.

Mit dem „~"-Symbol wird die Wechselspannung bzw. der Wechselstrom angezeigt. Dies gilt auch für die Tor- oder Gatterzeit, wenn man die Frequenz (<200 kHz) misst.

In der Anzeige erscheint „OL", wenn Überlast (Overrange) auftritt, d. h. das Digitalmultimeter ist auf 2,000 V eingestellt und die Eingangsspannung beträgt z. B. 3 V. In der Anzeige erscheint „UL", wenn eine „Unterspannung" (Underrange) auftritt, d. h. das Digitalmultimeter ist auf 200,0 V eingestellt und die Eingangsspannung beträgt z. B. 3 mV. In der Anzeige erscheint „Err" (Error), wenn z. B. eine Spannung im Ohmbereich gemessen wird. In der Anzeige erscheint „n", wenn das Messgerät kalibriert werden muss. Unter Kalibrieren versteht man das Ermitteln des für eine gegebene Messeinrichtung gültigen Zusammenhangs zwischen dem Messwert oder dem Wert des Ausgangssignals und dem konventionell richtigen Wert der Messgröße.

In der Anzeige erscheint „OPEN", wenn kein Signal an der Eingangsbuchse liegt. Erscheint „bAd" in der Anzeige, hat das Messsignal ein ungünstiges Niveau, d. h. das anstehende Messsignal muss noch zusätzlich mit einem Oszilloskop untersucht werden.

Bei diesem Digitalmultimeter muss man zwischen fünf Logiksignalen unterscheiden:

- kontinuierliches 0-Signal
- kontinuierliches 0-Signal mit wenigen 1-Signalen
- rechteckförmige Eingangsspannung
- kontinuierliches 1-Signal mit wenigen 0-Signalen
- kontinuierliches 1-Signal

Das Lautsprechersymbol kennzeichnet eine Durchgangsprüfung. Die Amplitude der Lautstärker ist kontinuierlich, aber die Signalfrequenz ist unterschiedlich. Ein Symbol mit „~" hat ungefähr 400 Hz, mit zwei Sinuskurven etwa 800 Hz und mit drei Sinuskurven ca. 1,2 kHz. Erscheint in der Anzeige „ZERO SET", ist das Messgerät nicht auf „0" gestellt und eine Justierung des Digitalmultimeters ist erforderlich. Die „HOLD"-Anzeige ist für das Festhalten des Messwerts erforderlich, wenn ein Tastkopf für die Temperaturanzeige verwendet wird.

Das Balkendiagramm dient als:

- Trendanzeige bei Normalbetrieb
- zum Nullabgleich bei Referenzbetrieb
- Anzeige bei Durchgangsprüfung

Erscheint in der Anzeige „Probe", ist ein Tastkopf für das Digitalmultimeter erforderlich. Mit „LOW BATT" wird eine zu geringe Batteriespannung angezeigt und ein Batteriewechsel ist unbedingt erforderlich. Erscheint ein Stern in der Anzeige, kann eine manuelle Bereichsauswahl vorgenommen werden. Übersteigt die Spannung an den Messbuchsen einen Wert von 200 V, erscheint eine Hochspannungswarnung.

3.1.1 Arbeiten mit Flüssigkristall-Anzeigen

Im Gegensatz zu LED-Anzeigen (seit 1970) kennt man Flüssigkristalle bereits seit über 130 Jahren. Die Einsatzmöglichkeiten waren bis zur Verwendung in der Mikroelektronik hauptsächlich die Wärmemesstechnik. Erwärmt man flüssige Kristalle oder kühlt sie ab, kann man anhand der Färbung meistens sehr präzise die entsprechende Temperatur ablesen.

Flüssigkristalle weisen drei Aggregatszustände auf, die von der Umgebungstemperatur abhängig sind:

- festkristalliner Zustand
- flüssigkristalliner Zustand oder die Mesophase
- flüssiger Zustand

In der Chemie sind mehrere Tausend Verbindungen bekannt, die außer der festen (anisotrop) und der flüssigen (isotrop) Phase noch eine Übergangsmöglichkeit aufweisen, die Mesophase. Die Mesophase ist eine anisotrope-flüssige Phase, die auch als anisotrope Schmelze bezeichnet wird.

Als Flüssigkristalle verwendet man eine organische Verbindung, die aus langgestreckten Molekülen besteht. Durch die Umgebungstemperatur nehmen sie einen bestimmten Aggregatzustand ein, den man in einer LCD-Anzeige nutzen kann. Im festkristallinen Zustand sind die langgestreckten Moleküle in einer Reihe nacheinander angeordnet. Der Orientierungszustand ist ausgerichtet. Erwärmt man das Material, ändert sich auch der Orientierungszustand. Ein solches Verhalten ist nur erklärbar, wenn in der Flüssigkeit eine Teilordnung vorhanden ist, also Moleküle, die einen Orientierungszustand aufweisen.

Ab dem Schmelzpunkt ϑ_S geht das Flüssigkristall in die Mesophase über. Man erhält den Arbeitsbereich der LCD-Anzeigen. Der Übergang ist nicht genau definierbar und es entsteht immer eine Temperaturhysterese. Dieser Übergang ist weitgehend von der Kristallmischung abhängig. Der Arbeitsbereich üblicher Flüssigkristallsubstanzen hat einen Temperaturbereich zwischen −20 °C und + 65 °C. In diesem Bereich ergibt sich eine viskosetrübe Flüssigkeit, die man für die Anzeige nutzt.

Oberhalb der Mesophase, also ab dem Klärpunkt ϑ_K, beginnt die flüssige Phase. Hier wird die Schmelze klar durchsichtig und isotrop. Ab diesem Punkt verliert die LCD-Anzeige ihre optoelektronischen Eigenschaften und lässt sich nicht mehr betreiben. Dieser Punkt ist ebenfalls nicht genau definierbar und hängt von der Kristallmischung ab. Eine längere Lagerung von LCD-Anzeigen in diesem Bereich führt unweigerlich zur Zerstörung.

Im festkristallinen Zustand sind die Moleküle in einer gestreckten Molekülstruktur aufgebaut. Mit Erwärmung ergibt sich ein undefinierter Zustand, der aber starke elektrische Momente aufweisen kann, wenn ein Magnetfeld angelegt wird. Hier sind die Moleküle leicht polarisierbar. In der flüssigen Phase gibt es zwar noch starke elektrische Dipolmomente, aber die räumliche Anordnung ist so verdreht, dass eine schwierige Polarisierung auftritt.

Drei Strukturtypen kennt man bei den flüssigen Kristallen:

- nematische (fadenförmige)
- cholesterinische (spiralförmige)
- smektische (schichtartige)

Bei nematischen Flüssigkristallen ist nur ein Ordnungsprinzip im Aufbau wirksam. Die Längsachsen der zigarrenförmigen Moleküle stehen im zeitlichen und räumlichen Mittel parallel zueinander. Dabei gleiten die Moleküle aneinander vorbei. Dieses Flüssigkristall ist sehr dünnflüssig.

Der Aufbau von cholesterinischem Flüssigkristall ist ähnlich. In einer Ebene liegen die Moleküle parallel zueinander und es ergibt sich eine bestimmte Vorzugsrichtung, die große Vorteile mit sich bringt. Diese ist in ihrer Ebene gegenüber der benachbarten parallelen Ebene etwas verdreht. Senkrecht zu den einzelnen Ebenen dreht sich die Vorzugsrichtung so, dass eine Schraubenstruktur mit einer bestimmten Ganghöhe oder Periode durchlaufen wird.

Der Aufbau des smektischen Typs ist dem normalen festen Kristall am ähnlichsten. Allerdings sind die Moleküle nicht bestimmten festen Raumgitterplätzen zugeordnet, sondern lediglich an Ebenen gebunden. Die Längsachsen der Moleküle verlaufen parallel zueinander und sind in Ebenen angeordnet, die sich aber nur als Ganzes gegeneinander verschieben lassen. Mit dem hohen Ordnungszustand hängt die große Viskosität und Oberflächenspannung smektischer Flüssigkristalle zusammen. In den Anzeigen der Elektronik und Messtechnik findet man nur die nematischen Flüssigkristalle.

Bringt man an einer LCD-Anzeige Kontakte an und legt an diese eine elektrische Spannung, ändert das Flüssigkristall sofort sein Prinzip. Man erhält Drehzellen.

Flüssigkristalle weisen eine hohe, anisotrope Dielektrizitätskonstante auf, d. h. diese hat in beiden Richtungen parallel und senkrecht zur Molekülachse verschiedene Werte. Normalerweise wird diese Konstante in paralleler und senkrechter Richtung gemessen.

Unter positiver Anisotropie stehen die Moleküle senkrecht in dem elektrischen Feld. Aufgrund dieser Tatsache spricht man vom „Senkrechtwert". Die Umkehrung ist die negative Anisotropie. Hier liegen die Moleküle waagerecht in der Anzeige. Jetzt hat man den „Parallelwert" der Zelle. Unter „Anisotropie" versteht man die Eigenschaft von Körpern, bei LCD-Anzeigen sind dies die Kristalle, die sich in verschiedene Richtungen physikalisch verschieden verhalten und nicht gleich polar differenzieren. Ist die Speicherzelle bei der Anisotropie nicht angesteuert, wird das linear polarisierte Licht gedreht, da die Moleküle entsprechend angeordnet sind. Legt man jedoch eine Spannung an, beginnen sich die Moleküle auszurichten und das linear polarisierte Licht kann ungehindert die Anzeige passieren. Das Licht wird nicht gedreht.

Ist der Wert der dielektrischen Anisotropie positiv, wird sich das flüssige Kristall in einem elektrischen Feld so einstellen, dass die Struktursymmetrieachse parallel zum Feld verläuft. Ist der Wert negativ, versucht sich die Symmetrieachse senkrecht zum Feld zu stellen, aber nur, wenn dielektrische Kräfte auftreten.

3.1.2 Aufbau und Funktionen von Flüssigkristall-Anzeigen

Bei der Herstellung von Flüssigkristall-Anzeigen befindet sich das nematische Flüssigkristall mit positiver Anisotropie in einer etwa 5 μm bis 15 μm dicken Schicht zwischen zwei Glasplatten. Man verwendet als Träger zwei Glasplatten, die auf der Innenseite eine sehr dünne, elektrisch leitfähige Schicht aus dotiertem Zinnoxid (SnO_2) verwenden. Diese Schicht wird in einem Herstellungsverfahren aufgedampft und bildet entsprechend der Ausätzung die gewünschten Symbole, z. B. Ω-, Lautsprecherzeichen oder Text. Rechts und links befinden sich die beiden Verschlüsse der Anzeige, die gleichzeitig auch die Abstandshalter sind. In der Mitte hat man das Flüssigkristall. Die Elektrodenanschlüsse sind direkt mit den SnO_2-Elektroden verbunden. Hier liegt die Steuerspannung eines elektronischen Segmenttreibers an. Wichtig für die Funktion sind noch die Polarisatoren.

Die Hersteller von LCD-Anzeigen behandeln die Elektroden durch ein spezielles Schrägbedampfen oder Reiben. Damit werden die Moleküle in eine Vorzugsrichtung gebracht. Die Orientierungsrichtungen der oberen und unteren Elektrode stehen senkrecht zueinander. Die Flüssigkristalle ordnen sich im Zwischenraum schraubenförmig an. Physiker bezeichnen die so entstandene Struktur als verdrillte nematische Phase. Gibt man auf diese Zelle ein polarisiertes Licht mit der Polarisationsrichtung parallel zur Vorzugsrichtung, folgt die Polarisationsrichtung der Lichtquelle der Vorzugsrichtung der Moleküle. Es findet eine Lichtdrehung um 90° statt.

Legt man an die Elektroden eine Spannung, kommt es durch das elektrische Feld zu einer elastoelektrischen Deformation der Flüssigkristalle. Die Moleküle beginnen sich parallel zu der Richtung des elektrischen Feldes auszurichten. Die gleichmäßige Verschraubung der Moleküle ist in zwei Übergängen von 90° vorhanden. Linear polarisiertes Licht lässt sich nicht mehr drehen und man erhält nun transmissive, reflektive oder transflektive Anzeigen.

Wo die Spannung anliegt, richten sich die Moleküle aus und die Anzeige wird durchsichtig. Dies ist nur möglich, da Moleküle Dipoleigenschaften aufweisen, die sich in einem elektrischen Feld aus der waagerechten homogenen Lage in eine senkrechte Lage bringen lassen. An diesen Stellen bleibt das polarisierte Licht unbeeinflusst und trifft auf den senkrecht stehenden zweiten Polarisator.

Mit einem Polarisator wird nur vertikales Licht auf die Flüssigkristallzelle gelassen. Dort findet eine Phasendrehung um 90° statt, wenn die Zelle nicht angesteuert wird. Mittels des Analysators, eigentlich nur ein zweiter Polarisator, wird die Lichtquelle sichtbar. In der Flüssigkristallzelle wurde das Licht um 90° gedreht, damit es den Analysator passieren kann. Legt man jedoch eine Spannung an die Flüssigkristallzelle, wird das Licht nicht um 90° gedreht, sondern passiert direkt die Zelle. Der nachfolgende Analysator lässt dieses vertikal polarisierte Licht nicht passieren und die Zelle ist lichtundurchlässig.

Mit einem Trick kann diese Technik von Polarisator und Analysator für interessante Darstellungsmöglichkeiten eingesetzt werden. Man hat eine Lichtquelle, die nicht polarisiertes Licht erzeugt. Mittels des Polarisators erhält man ein vertikales Licht für die Anzeige. In der Drehzelle findet nun eine Lichtverschiebung statt, wenn keine Spannung an den Elektroden liegt. Das Licht trifft nun auf zwei unterschiedliche Analysatoren. Der obere ist parallel, der untere gekreuzt. Es ergeben sich unterschiedliche Darstellungsmöglichkeiten. Oben hat man die Segmente im angesteuerten Zustand hell, im anderen Fall sind sie dunkel.

Man unterscheidet noch zwischen transmissiver, reflektiver und transflektiver LCD-Anzeige. Bei der transmissiven Anzeige sind die Polarisatoren parallel zueinander angeordnet, sodass die Anzeige im Normalzustand, also nicht angesteuerten Zustand, schwarz erscheint. Die angesteuerten Segmente sind lichtdurchlässig. Legt man eine rechteckförmige Spannung zwischen 1,5 V bis 5 V an die Elektroden, wird die Anzeige lichtundurchlässig. Die transmissive LCD-Anzeige hat einige Vorteile: Sie erzeugt einen hohen Kontrast zwischen Anzeigefeld und Symbol. Es wird kein Strom zum Ansteuern benötigt und man spricht daher auch von Feldeffektanzeigen. Der Leistungsverbrauch ist etwa 5 µW/cm². Die Anzeigensymbole lassen sich auch farbig gestalten. Der Nachteil ist die rückwärtige Beleuchtung, wenn das Messgerät in der Dunkelheit abgelesen wird.

Bei der reflektiven Ausführung sind die Polarisatoren senkrecht zueinander angeordnet. Der hintere Polarisationsfilter, der Analysator, ist mit einem Reflektor ausgestattet. Die aktivierten Elemente erscheinen schwarz auf hellgrünem bzw. silberfarbigem Hintergrund. Die reflektive Ausführung ist weit verbreitet, da sie ohne zusätzliche Beleuchtung und mit minimaler Stromaufnahme arbeitet. Sie hat auch bei einem extrem hellen Umgebungslicht einen hervorragenden Kontrast.

In der Praxis erzeugt der Reflektor auf dem Analysator eine diffuse Eigenschaft, um unerwünschte Spiegelungen zu unterbinden. Wird der linear neutrale Polarisator durch einen linearen selektiven Polarisator ersetzt, lassen sich einfache farbige Flüssigkristallanzeigen dieses Typs herstellen.

Die transflektive Ausführung ist im Prinzip gleich der reflektiven Ausführung mit Ausnahme des Reflektors. Der Reflektor ist bei der transflektiven Ausführung etwas lichtdurchlässig und erlaubt so im Bedarfsfall eine Beleuchtung mit einer Leuchtfolie oder einer ähnlichen Lichtquelle. Die Seitenablesbarkeit vermindert sich jedoch um etwa 20 %. Es entsteht ein schwarzes Bild auf hellgrauem und nicht auf weißem Hintergrund. Die reflektive LCD-Anzeige benötigt im Hintergrund eine zusätzliche Beleuchtung.

Flüssigkristall-Anzeigen werden grundsätzlich mit Wechselspannung angesteuert. Bei einer Gleichspannungsansteuerung werden durch elektrolytische Prozesse die Leitschichten unweigerlich zerstört. Durch Ablagerungen der Leitschichten erscheinen Segmente wie eingebrannt oder wie konstant angesteuert. Selbst bei minimalen Gleichspannungen wird die LCD-Anzeige zerstört. In den meisten Fällen verwenden alle Segmente einer LCD-Anzeige eine gemeinsame Rückelektrode, die „backplane". Die Segmente werden einzeln und direkt angesteuert. Für jedes Segment ist ein separater Treiber erforderlich. Heute verwendet man zur Ansteuerung nur noch die Phasensprungmethode. Ein Exklusiv-ODER-Gatter erzeugt entsprechend den Eingangsinformationen die Ausgangssignale. Die Eingangsinformationen liegen statisch an den Exklusiv-ODER-Gattern und dann erst erfolgt die Ansteuerung eines LCD-Segments. Die Steuerung erfolgt über einen Taktgenerator, der den anderen Eingang des Exklusiv-ODER-Gatters ansteuert. Gleichzeitig erfolgt die Ansteuerung der Rückelektrode BP (backplane). Die vordere Elektrode, das Segment, kann jede beliebige Form aufweisen und deshalb sind auch LCD-Anzeigen für den Anwender so interessant.

Der Taktgenerator kann eine Frequenz zwischen 20 Hz und 200 Hz aufweisen. Das Tastverhältnis muss jedoch 50 zu 50 sein, damit ein ordnungsgemäßer Ablauf garantiert werden kann. Bei Frequenzen unter 20 Hz treten Flimmererscheinungen auf, die für den Betrachter unangenehm sind. Bei Frequenzen über 200 Hz steigen die Ansteuerungsströme rasch an und die Anzeige benötigt erheblich mehr Strom. Günstig ist ein Wert von 50 Hz.

3.1.3 3½-stelliges Digital-Voltmeter ICL7106 LCD (und ICL7107 LED)

Der Schaltkreis ICL7106 (früher Intersil, heute Maxim) ist ein monolithischer CMOS-A/D-Wandler des integrierenden Typs, bei dem alle notwendigen aktiven Elemente wie BCD-7-Segment-Decodierer, Treiberstufen für das Display, Referenzspannung und komplette Takterzeugung auf dem Chip realisiert sind. Der ICL7106 ist für den Betrieb mit einer Flüssigkristallanzeige ausgelegt. Der ICL7107 ist weitgehend mit dem ICL7106 identisch und treibt direkt 7-Segment-LED-Anzeigen an.

ICL7106 und ICL7107 sind eine gute Kombination von hoher Genauigkeit, universeller Einsatzmöglichkeit und Wirtschaftlichkeit. Die hohe Genauigkeit wird erreicht durch die Verwendung eines automatischen Nullabgleichs bis auf weniger als 10 µV, die Realisierung einer Nullpunktdrift von weniger als 1 µV pro °C, die Reduzierung des Eingangsstroms auf 10 pA und die Begrenzung des „Roll-Over"-Fehlers auf weniger als eine Stelle.

Sowohl die Differenzverstärkereingänge und die Referenz als auch der Eingang erlauben die äußerst flexible Realisierung eines Messsystems. Sie geben dem Anwender die Möglichkeit von Brückenmessungen, wie es z. B. bei Verwendung von Dehnungsmessstreifen und ähnlichen Sensorelementen üblich ist. Extern werden nur wenige passive Elemente, die Anzeige und eine Betriebsspannung benötigt, um ein komplettes 3½-stelliges Digitalvoltmeter (*Abb. 3.2* mit LCD-Anzeige) zu realisieren.

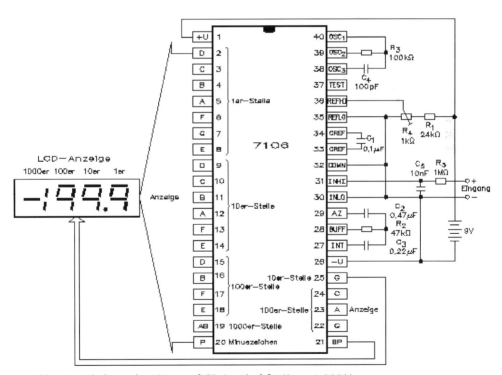

Abb. 3.2: Schaltung des ICL7106 (LCD-Anzeige) für $U_e = \pm 1{,}999$ V

Beide Bausteine werden in einem 40-poligen DIL-Gehäuse geliefert.

3.1.4 Betriebsfunktionen ICL7106 und ICL7107

Jeder Messzyklus beim ICL7106 und ICL7107 ist in drei Phasen aufgeteilt und dies sind:

- Automatischer Nullabgleich
- Signal-Integration
- Referenz-Integration oder Deintegration
- Automatischer Nullabgleich: Die Differenzeingänge des Signaleingangs werden intern durch Analogschalter von den Anschlüssen getrennt und mit „ANALOG COMMON" kurzgeschlossen. Der Referenzkondensator wird auf die Referenzspannung aufgeladen. Eine Rückkopplungsschleife zwischen Komparator-Ausgang und invertierendem Eingang des Integrators wird geschlossen, um den „AUTO-ZERO"-Kondensator C_{AZ} derart aufzuladen, dass die Offsetspannungen von Eingangsverstärker, Integrator und Komparator kompensiert werden. Da auch der Komparator in dieser Rückkopplungsschleife eingeschlossen ist, ist die Genauigkeit des automatischen Nullabgleichs nur durch das Rauschen des Systems begrenzt. Die auf den Eingang bezogene Offsetspannung liegt in jedem Fall niedriger als 10 µV. *Abb. 3.3* zeigt die Schaltung für den Analogteil im ICL7106 und ICL7107.

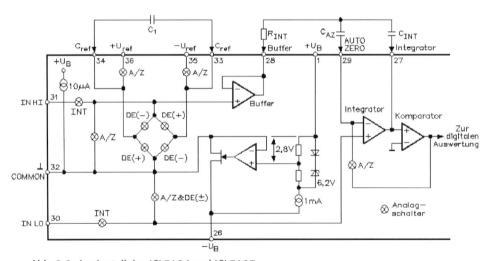

Abb. 3.3: Analogteil des ICL7106 und ICL7107

- Signal-Integration: Während der Signalintegrationsphase wird die Nullabgleich-Rückkopplung geöffnet, die internen Kurzschlüsse werden aufgehoben und der Eingang wird mit den externen Anschlüssen verbunden. Danach integriert das System die Differenzeingangsspannung zwischen „INPUT HIGH" und „INPUT LOW" für ein festes Zeitintervall. Diese Differenzeingangsspannung kann im gesamten Gleichtaktspannungsbereich des Systems liegen. Wenn andererseits das

Eingangssignal relativ zur Spannungsversorgung keinen Bezug hat, kann die Leitung „INPUT LOW" mit „ANALOG COMMON" verbunden werden, um die korrekte Gleichtaktspannung einzustellen. Am Ende der Signalintegrationsphase wird die Polarität des Eingangssignals bestimmt.

- Referenz-Integration oder -Deintegration: Die letzte Phase des Messzyklus ist die Referenzintegration oder Deintegration. „INPUT LOW" wird intern durch Analogschalter mit „ANALOG COMMON" verbunden und „INPUT HIGH" wird an den in der „AUTO-ZERO"-Phase aufgeladenen Referenzkondensator C_{ref} angeschlossen. Eine interne Logik sorgt dafür, dass dieser Kondensator mit der korrekten Polarität mit dem Eingang verbunden wird, d. h. es wird durch die Polarität des Eingangssignals bestimmt, die Deintegration in Richtung „0 V" durchzuführen. Die Zeit, die der Integratorausgang benötigt, um auf „0 V" zurückzugehen, ist proportional zur Größe des Eingangssignals. Die digitale Darstellung ist speziell für 1000 (U_{IN}/U_{ref}) gewählt worden.
- Differenzeingang: Es können am Eingang Differenzspannungen angelegt werden, die sich irgendwo innerhalb des Gleichtaktspannungsbereichs des Eingangsverstärkers befinden. Die Spannungsbereiche sind aber besser im Bereich zwischen positiver Versorgung von –0,5 V und negativer Versorgung von +1 V vorhanden. In diesem Bereich besitzt das System eine Gleichtaktspannungsunterdrückung von typisch 86 dB.

Da jedoch der Integratorausgang auch innerhalb des Gleichtaktspannungsbereichs schwingt, muss dafür gesorgt werden, dass der Integratorausgang nicht in den Sättigungsbereich kommt. Der ungünstigste Fall ist der, bei dem eine große positive Gleichtaktspannung verbunden mit einer negativen Differenzeingangsspannung im Bereich des Endwerts am Eingang anliegt. Die negative Differenzeingangsspannung treibt den Integratorausgang zusätzlich zu der positiven Gleichtaktspannung weiter in Richtung positive Betriebsspannung.

Bei diesen kritischen Anwendungen kann die Ausgangsamplitude des Integrators ohne großen Genauigkeitsverlust von den empfohlenen 2 V auf einen geringeren Wert reduziert werden. Der Integratorausgang kann bis auf 0,3 V an jede Betriebsspannung ohne Verlust an Linearität herankommen.

- Differenz-Referenz-Eingang: Die Referenzspannung kann irgendwo im Betriebsspannungsbereich des Wandlers erzeugt werden. Hauptursache eines Gleichtaktspannungsfehlers ist ein „Roll-Over-Fehler" (abweichende Anzeigen bei Umpolung der gleichen Eingangsspannung), der dadurch hervorgerufen wird, dass der Referenzkondensator auf- bzw. entladen wird durch Streukapazitäten an seinen Anschlüssen. Liegt eine hohe Gleichtaktspannung an, kann der Referenz-Kondensator aufgeladen werden (die Spannung steigt), wenn er angeschlossen wird, um ein positives Signal zu deintegrieren. Andererseits kann er entladen werden, wenn ein negatives Eingangssignal zu deintegrieren ist. Dieses unterschiedliche Verhalten für positive und negative Eingangsspannungen ergibt einen „Roll-Over"-Fehler. Wählt man jedoch den Wert der Referenz-Kapazität groß genug, so kann dieser Fehler bis auf weniger als eine halbe Stelle reduziert werden.

● „ANALOG COMMON": Dieser Anschluss ist in erster Linie dafür vorgesehen, die Gleichtaktspannung für den Batteriebetrieb (7106) oder für ein System mit – relativ zur Betriebsspannung – „schwimmenden" Eingängen zu bestimmen. Der Wert liegt bei typisch ca. 2,8 V unterhalb der positiven Betriebsspannung. Dieser Wert ist so gewählt, um bei einer entladenen Batterie eine Versorgung von 6 V zu gewährleisten. Darüber hinaus hat dieser Anschluss eine gewisse Ähnlichkeit mit einer Referenzspannung. Ist nämlich die Betriebsspannung groß genug, um die Regeleigenschaften der internen Z-Diode auszunutzen ($\approx$7 V), besitzt die Spannung am Anschluss „ANALOG COMMON" einen niedrigen Spannungskoeffizienten. Um optimale Betriebsbedingungen zu erreichen, soll die externe Z-Diode eine niedrige Impedanz (ca. 15 W) und einen Temperaturkoeffizienten von weniger als 80 ppm/°C aufweisen.

Andererseits sollten die Grenzen dieser „integrierten Referenz" erkannt werden. Beim Typ ICL7107 kann die interne Aufheizung durch die Ströme der LED-Treiber die Eigenschaften verschlechtern. Auf Grund des höheren thermischen Widerstands sind plastikgekapselte Schaltkreise in dieser Beziehung schlechter als solche im Keramikgehäuse. Bei Verwendung einer externen Referenz treten auch beim ICL7107 keine Probleme auf. Die Spannung an „ANALOG COMMON" ist die, mit der der Eingang während der Phase des automatischen Nullabgleichs und der Deintegration beaufschlagt wird. Wird der Anschluss „INPUT LOW' mit einer anderen Spannung als „ANALOG COMMON' verbunden, ergibt sich eine Gleichtaktspannung in dem System, die von der ausgezeichneten Gleichtaktspannungsunterdrückung des Systems kompensiert wird. *Abb. 3.4* zeigt die Schaltung mit einer externen Referenz.

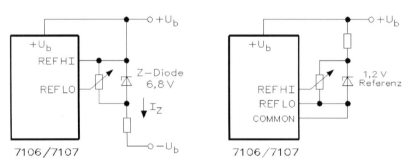

Abb. 3.4: Schaltung mit externer Referenz

In manchen Anwendungen wird man den Anschluss „INPUT LOW" auf eine feste Spannung legen (z. B. Bezug der Betriebsspannungen). Hierbei sollte man den Anschluss „ANALOG COMMON" mit demselben Punkt verbinden, um auf diese Weise die Gleichtaktspannung für den Wandler zu eliminieren. Dasselbe gilt für die Referenzspannung. Wenn man die Referenz mit Bezug zu „ANALOG COMMON" ohne

Schwierigkeiten anlegen kann, sollte man dies tun, um Gleichtaktspannungen für das Referenzsystem auszuschalten.

Innerhalb des Schaltkreises ist der Anschluss „ANALOG COMMON" mit einem N-Kanal-Feldeffekt-Transistor verbunden, der in der Lage ist, auch bei Eingangsströmen von 30 mA oder mehr den Anschluss 2,8 V unterhalb der Betriebsspannung zu halten (wenn z. B. eine Last versucht, diesen Anschluss „hochzuziehen"). Andererseits liefert dieser Anschluss nur 10 μA als Ausgangsstrom, sodass man ihn leicht mit einer negativen Spannung verbinden kann, um auf diese Weise die interne Referenz auszuschalten.

- Test: Der Anschluss „TEST" hat zwei Funktionen. Beim ICL7106 ist er über einen Widerstand von 500 Ω (470 Ω) mit der intern erzeugten digitalen Betriebsspannung verbunden. Damit kann er als negative Betriebsspannung für externe zusätzliche Segment-Treiber (Dezimalpunkte etc.) benutzt werden (*Abb. 3.5* und *Abb. 3.6*).

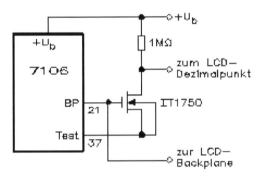

Abb. 3.5: Inverter zur festen Dezimalpunktansteuerung

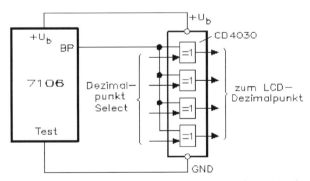

Abb. 3.6: Exklusiv-ODER-Gatter zur Ansteuerung des Dezimalpunktes (Bereichsumschaltung)

Die zweite Funktion ist die eines „Lampentests". Wird dieser Anschluss auf die positive Betriebsspannung gelegt, werden alle Segmente eingeschaltet und das Display zeigt

–1888. Vorsicht: Beim 7106 liegt in dieser Betriebsart an den Segmenten eine Gleichspannung (keine Rechteckspannung) an. Betreibt man die Schaltung für einige Minuten in dieser Betriebsart, kann das Display zerstört werden!

Beim 7106 wird der interne Bezug der digitalen Betriebsspannung durch eine Z-Diode
mit 6 V und einen P-Kanal-„SOURCE-Folger" großer Geometrie gebildet. Diese Versorgung ist stabil ausgelegt, um in der Lage zu sein, die relativ großen kapazitiven
Ströme zu liefern, die dann auftreten, wenn die rückwärtige Ebene des LCD-Displays
geschaltet wird.

Die Frequenz der Rechteckschwingung, mit der die rückwärtige Ebene des Displays
geschaltet wird, wird aus der Taktfrequenz durch Teilung um den Faktor 800 generiert.
Bei einer empfohlenen externen Taktfrequenz von 50 kHz hat dieses Signal eine Frequenz von 62,5 Hz mit einer nominellen Amplitude von 5 V. Die Segmente werden mit
derselben Frequenz und Amplitude angesteuert und sind, wenn die Segmente ausgeschaltet sind, in Phase mit BP-Signal (backplane) oder, bei eingeschalteten Segmenten,
gegenphasig. In jedem Fall liegt eine vernachlässigbare Gleichspannung über den Segmenten an.

Der digitale Teil des ICL7107 ist identisch mit dem ICL7106 mit der Ausnahme, dass
die regulierte Versorgung und das BP-Signal nicht vorhanden und dass die Segmenttreiberkapazität von 2 mA auf 8 mA erhöht worden ist. Dieser Strom ist typisch für die
meisten LED-7-Segmentanzeigen. Da der Treiber der höherwertigsten Stelle den
Strom von zwei Segmenten aufnehmen muss (Pin 19), besitzt er die doppelte Stromkapazität von 16 mA.

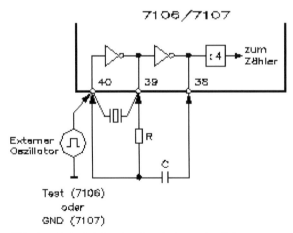

Abb. 3.7: Beispiel für eine Beschaltung des Taktgenerators

Abb. 3.7 zeigt die Takterzeugung des ICL7106 und ICL7107. Drei Methoden können
grundsätzlich verwendet werden:

- Verwendung eines externen Oszillators an Pin 40
- Quarz zwischen Pin 39 und Pin 40
- RC-Oszillator, der die Pins 38, 39 und 40 benutzt

Die Oszillatorfrequenz wird durch vier geteilt, bevor sie als Takt für die Dekadenzähler benutzt wird.

Die Oszillatorfrequenz wird dann weiter heruntergeteilt, um die drei Zyklus-Phasen abzuleiten. Dies sind Signal-Integration (1000 Takte), Referenz-Integration (0 bis 2000 Takte) und automatischer Nullabgleich (1000 bis 3000 Takte). Für Signale, die kleiner sind als der Eingangsbereichsendwert, wird für den automatischen Nullabgleich der freie Teil der Referenz-Integrationsphase benutzt. Es ergibt sich damit die Gesamtdauer eines Messzyklus zu 4000 (internen) Taktperioden (entspricht 16.000 externen Taktperioden) unabhängig von der Größe der Eingangsspannung. Für etwa drei Messungen pro Sekunde wird deshalb eine Taktfrequenz von ca. 50 kHz benutzt.

Um eine maximale Unterdrückung der Netzfrequenzanteile zu erhalten, sollte das Integrationsintervall so gewählt werden, dass es einem Vielfachen der Netzfrequenzperiode von 20 ms bei 50 Hz (Netzfrequenz) entspricht. Um diese Eigenschaft zu erreichen, sollten Taktfrequenzen von 200 kHz (t_i = 20 ms), 100 kHz (t_i = 40 ms), 50 kHz (t_i = 80 ms) oder 40 kHz (t_i = 100 ms) gewählt werden. Es sei darauf hingewiesen, dass bei einer Taktfrequenz von 40 kHz nicht nur die Netzfrequenz von 50 Hz, sondern auch 60 Hz, 400 Hz und 440 Hz unterdrückt werden.

3.1.5 Auswahl der externen Komponenten für ICL7106 und ICL7107

Für den Betrieb des ICL7106 und ICL7107 sind folgende externe Komponenten erforderlich:

- Integrationswiderstand RI: Sowohl der Eingangsverstärker als auch der Integrationsverstärker besitzen eine Ausgangsstufe der Klasse A mit einem Ruhestrom von 100 µA. Sie sind in der Lage, einen Strom von 20 µA mit vernachlässigbarer Nichtlinearität zu liefern. Der Integrationswiderstand sollte hoch genug gewählt werden, um für den gesamten Eingangsspannungsbereich in diesem sehr linearen Bereich zu bleiben. Andererseits sollte er klein genug sein, um den Einfluss nicht vermeidbarer Leckströme auf der Leiterplatte nicht signifikant werden zu lassen. Für einen Eingangsspannungsbereich von 2 V wird ein Wert von 470 kΩ und für 200 mV einer mit 47 kΩ empfohlen.
- Integrationskondensator: Der Integrationskondensator sollte so bemessen werden, dass unter Berücksichtigung seiner Toleranzen der Ausgang des Integrators nicht in den Sättigungsbereich kommt. Als Abstand von beiden Betriebsspannungen soll ein Wert von 0,3 V eingehalten werden. Bei der Benutzung der „internen Referenz" (ANALOG COMMON) ist ein Spannungshub von ± 2 V am Integratorausgang

optimal. Beim ICL7107 mit ± 5 V Betriebsspannung und „ANALOG COMMON"
mit Bezug auf die Betriebsspannung bedeutet dies, dass eine Amplitude von ±3,5 V
bis ±4 Volt möglich ist. Für drei Messungen pro Sekunde werden die Kapazitätswerte 220 nF (7106) und 100 nF (7107) empfohlen.

Es ist wichtig, dass bei Wahl anderer Taktfrequenzen diese Werte geändert werden, um
den gleichen Ausgangsspannungshub zu erreichen.

Eine zusätzliche Anforderung an den Integrationskondensator sind die geringen dielektrischen Verluste, um den „Roll-Over"-Fehler zu minimalisieren. Polypropylen-
Kondensatoren ergeben hier bei relativ geringen Kosten die besten Ergebnisse.

- „AUTO-ZERO"-Kondensator C_Z: Der Wert des „AUTO-ZERO"-Kondensators hat
  Einfluss auf das Rauschen des Systems. Für einen Eingangsspannungsbereichsendwert von 200 mV, wobei geringes Rauschen sehr wichtig ist, wird
  ein Wert von 0,47 µF empfohlen. In Anwendungsfällen mit einem Eingangsspannungsbereichsendwert von 2 V kann dieser Wert auf 47 nF reduziert werden, um
  die Erholzeit von Überspannungsbedingungen am Eingang zu reduzieren.
- Referenzkondensator C_{ref}: Ein Wert von 0,1 µF zeigt in den meisten Anwendungen
  die besten Ergebnisse. In solchen Fällen, in denen eine relativ hohe Gleichtaktspannung anliegt, wenn z. B. „REF LOW" und „ANALOG COMMON" nicht verbunden sind, muss bei einem Eingangsspannungsbereichsendwert von 200 mV ein
  größerer Wert gewählt werden, um „ Roll-Over"-Fehler zu vermeiden. Ein Wert
  von 1 µF hätte in diesen Fällen einen „Roll-Over"-Fehler kleiner als 1/2 Digit.
- Komponenten des Oszillators: Für alle Frequenzen sollte ein Widerstand von 100
  kΩ gewählt werden. Der Kondensator kann nach der Funktion bestimmt werden:

$$f = \frac{0,45}{R \cdot C}$$

Ein Wert von 100 pF ergibt eine Frequenz von etwa 48 kHz.

- Referenz-Spannung: Um den Bereichsendwert von 2000 internen Takten zu er-
  reichen, muss eine Eingangsspannung von $U_{IN} = 2\ U_{ref}$ anliegen. Daher muss die
  Referenzspannung für 200 mV Eingangsspannungsbereich zu 100 mV, für 2,000 V
  Eingangsspannungsbereich zu 1,000 V gewählt werden.

In manchen Anwendungen jedoch, vor allem dort, wo der A/D-Wandler mit einem
Sensor verbunden ist, existiert ein anderer Skalierungsfaktor als einer zwischen Eingangsspannung und der digitalen Anzeige. In einem Wägesystem z. B. kann der Entwickler Vollausschlag wünschen, wenn die Eingangsspannung auf beispielsweise
0,682 V liegt. An Stelle eines Vorteilers, der den Eingang auf 200 mV herunterteilt,
benutzt man in diesem Fall besser eine Referenzspannung von 0,341 V. Geeignete Werte für die Integrationselemente (Widerstand, Kondensator) wären hier 120 kΩ und
220 nF. Diese Werte machen das System etwas ruhiger und vermeiden ein Teilernetzwerk am Eingang. Beim ICL7107 mit einer Betriebsspannung von ± 5 V können Eingangsspannungen von ± 4 V anliegen. Ein weiterer Vorteil dieses Systems ist der, dass

in einem Fall eine „Nullanzeige" bei irgendeinem Wert der Eingangsspannung einge-stellt werden kann. Temperaturmess- und Wägesysteme sind Beispiele hierfür. Dieser „Offset" in der Anzeige kann leicht dadurch erzeugt werden, dass man den Sensor zwischen „INPUT HIGH" und „COMMON" anschließt und die variable oder feste Betriebsspannung zwischen „COMMON" und „INPUT LOW" anlegt.

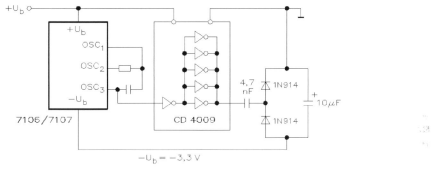

Abb. 3.8: Erzeugung einer negativen Betriebsspannung

- Betriebsspannungen des ICL7107: Der ICL7107 ist ausgelegt, um mit Betriebs-spannungen von ± 5 V zu arbeiten. Ist jedoch eine negative Versorgung nicht ver-fügbar, kann eine solche mit zwei Dioden, zwei Kondensatoren und einem einfa-chen CMOS-Gatter nach *Abb. 3.8* erzeugt werden. In bestimmten Applikationen ist unter den folgenden Bedingungen keine negative Betriebsspannung notwendig:

Bedingung 1: Der Bezug des Eingangssignals liegt in der Mitte des Gleichtaktspan-nungsbereichs

Bedingung 2: Das Signal ist kleiner als ± 1,5 V

3.1.6 Praktische Anwendungshinweise

Spannungsverluste an den Kondensatoren erzeugen Leckströme. Der typische Leck-strom der internen Analogschalter (I_{DOFF}) bei nominellen Betriebsspannungen ist jeweils 1 pA und 2 pA am Eingang des Eingangsverstärkers und des Integrationsverstärkers. Hinsichtlich der Offsetspannung ist der Einfluss des Spannungsfalls am „AUTO-ZERO" Kondensator und der des Abfalls (am Referenzkondensator) gegenläufig, d. h., es tritt kein Offset auf, wenn der Spannungsfall an beiden Kapazitäten gleich ist. Ein typischer Wert für den durch diesen Spannungsfall hervorgerufenen Offset bezogen auf den Ein-gang ergibt sich aus einem Leckstrom von 2 pA, der eine Kapazität von 1 μF (für 83 ms 10.000 Taktperioden bei einer Taktfrequenz von 120 kHz) entlädt zu einem Mittelwert von 0,083 mV.

Der Effekt dieses Spannungsfalls auf den „Roll-Over"-Fehler verschiedener numeri-scher Anzeigen für gleiche positive und negative Eingangswerte bei Eingangsspannungen (in der Nähe des jeweiligen Bereichsendwertes) ist etwas verschieden. Bei negativen Eingangsspannungen wird während der Deintegrationsphase ein Analogschalter geschlossen. Damit ist der Einfluss des Spannungsfalls am Referenzkondensator und am „AUTO-ZERO"-Kondensator „differenziell" (für den gesamten Messzyklus und kompensiert sich im Idealfall). Für positive Eingangsspannungen wird in der Deintegrationsphase ein Analogschalter geschlossen und die „differenzielle" Kompensation ist in dieser Phase nicht mehr vorhanden. Hier ergibt sich ein typischer Wert aus 3 pA, die 1 µF für 166 ms entladen, zu 0,249 µV.

Diesen Zahlen ist zu entnehmen, dass die in diesem Abschnitt behandelte Fehlerquelle bei 25 °C irrelevant ist. Bei einer Umgebungstemperatur von 100 °C betragen die entsprechenden Werte 15 µV bzw. 45 µV. Bei einer Referenzspannung von 1 V und einem System, das bis 20.000 zählt, entsprechen 45 µV weniger als 0,5 der niederwertigsten Stelle (bei einer Referenz von 200 mV sind es aber schon vier bis fünf Zähler!).

Spannungsänderungen an den Kondensatoren verursachen keine Ladungsüberkopplungen mit der Ausschaltflanke der Schaltsteuerungssignale. Es ist kein Problem, die Kondensatoren bei eingeschalteten Analogschaltern auf den korrekten Wert aufzuladen Wenn jedoch der Schalter ausgeschaltet wird, gibt es durch die GATE-DRAIN-Kapazität des Schalters eine Ladungsüberkopplung auf den Referenz- und den „AUTO-ZERO"-Kondensator, wodurch die an diesen anliegende Spannung geändert wird. Die Ladungsüberkopplung, hervorgerufen durch das Ausschalten des Analogschalters, kann indirekt folgendermaßen gemessen werden: Anstelle von 1 µF wird 10 nF als „AUTO-ZERO"-Kondensator verwendet. In diesem Fall ist der Offset typischerweise 250 µV. Betrachtet man nun die Integrationsausgangsspannung über der Zeit, so ergibt sich im Wesentlichen ein linearer Verlauf, was darauf schließen lässt, dass der relevante Einfluss die Ladungsüberkopplung sein muss. Wäre es der Leckstrom, so ergäbe sich eine quadratische Abhängigkeit!

Aus den 250 µV ergibt sich mit $C = Q \times U$ eine effektive überkoppelte Ladung von 2,5 pC oder eine Kapazität von 0,16 pF, bei einer Amplitude der Gate-Steuerspannung von 15 V.

Der Einfluss der internen fünf Analogschalter ist komplizierter, da – abhängig vom Zeitpunkt – einige Schalter ausgeschaltet werden, während andere eingeschaltet werden. Die Verwendung eines Referenzkondensators von 10 nF anstelle des nominellen Wertes von 1 µF ergibt einen Offset von weniger als 100 µV. Damit beträgt der durch diese Ladungsüberkopplungen hervorgerufene Fehler bei einem Kondensator von 1 µF ca. 2,5 µV. Er hat keinen Einfluss auf den „Roll-Over"-Fehler und ändert sich nicht wesentlich mit der Temperatur.

Die externen Bauelemente sind dimensioniert für einen Messbereich von 200,0 mV und drei Messungen pro Sekunde. „IN LOW" kann entweder mit „COMMON" bei „schwimmenden" Eingängen relativ zur Versorgung verbunden oder an „GND" bzw. „0 V"angeschlossen werden, wenn der Differenzeingang nicht benutzt wird.

Da bei dem Eingangsverstärker die Signalspannung und die Referenzspannung in denselben Eingang der Schaltung eingespeist werden, hat in erster Näherung die Verstärkung des Eingangsverstärkers und des Integratorverstärkers keinen wesentlichen Einfluss auf die Genauigkeit, d. h. dass der Eingangsverstärker eine sehr ungünstige Gleichtaktunterdrückung über den Eingangsspannungsbereich aufweisen kann und trotzdem keinen Fehler hervorruft, solange sich die Offsetspannung linear mit der Eingangsgleichtaktspannung ändert.

Die erste Fehlerursache ist hier der nicht lineare Term der Gleichtaktspannungsunterdrückung.

Sorgfältige Messungen der Gleichtaktspannungsunterdrückung an 30 Verstärkern ergaben, dass ein „Roll-Over"-Fehler von 5 µV bis 30 µV möglich ist. In jedem Fall ist der Fehler durch die Nichtlinearität des Integrators kleiner als 1 µV.

Bei kurzgeschlossenem Eingang geht der Ausgang des Eingangsverstärkers in 0,5 µs mit in etwa linearem Verlauf auf U_{ref} (1 V). Dadurch gehen 0,25 µs der Deintegrationszeit verloren. Bei einem Takt von 120 kHz bedeutet dies ca. 3 % der Taktperiode oder 3 µV. Es ergibt sich daraus kein Offset-Fehler, da diese Verzögerung für positive und negative Referenzspannungen gleich ist. Der Wandler schaltet bei 97 µV anstatt bei 100 µV am Eingang von 0- auf 1-Signal.

Eine sehr viel größere Verzögerung bringt der Komparator mit 3 µs in die Schaltung ein. Auf den ersten Blick scheint das ein geringer Wert zu sein, vergleicht man die 3 µs mit den 10 ns bis 30 ns einiger Komparatoren. Letztere sind jedoch spezifiziert bei Übersteuerungen von 2 mV bis 10 mV. Wenn der Komparator am Eingang eine Übersteuerung von 10 mV besitzt, liegt der Nulldurchgang des Integratorausgangs schon bereits einige Taktperioden zurück!

Der verwendete Komparator hat ein Verstärkungsbandbreitenprodukt von 30 MHz und ist deshalb vergleichbar mit den besten integrierten Komparatoren. Das Problem ist nur, dass er mit 30 µV statt mit einer Übersteuerung von 10 mV arbeiten muss. Die Schaltverzögerung des Komparators bewirkt keinen Offset sondern führt dazu, dass der Wandler bei 60 µV von 0- auf 1-Signal schaltet, bei 160 µV von 1 nach 2 usw. Für die meisten Anwender ist dieses Umschalten bei ca. ½ LSB angenehmer als der sogenannte „ideale Fall", in dem bei 100 µV umgeschaltet wird.

Wenn es dennoch notwendig ist, in die Nähe des „idealen Falles" zu kommen, kann die Verzögerung des Komparators annähernd kompensiert werden durch die Einschaltung eines kleinen Widerstandswertes (ca. 20 Ω) in Reihe mit dem Integrationskondensator. Die Zeitverzögerung des Integrators liegt bei 200 ns und trägt zu keinem messbaren Fehler bei.

Jeder integrierende A/D-Wandler geht davon aus, dass die Spannungsänderung an einer Kapazität proportional ist zum zeitlichen Integral des Kondensatorstroms.

$$C \cdot \Delta U_C = \int i_C(t) \cdot dt$$

Tatsächlich jedoch wird ein sehr geringer Prozentsatz der Ladung dazu „missbraucht", im Dielektrikum des Kondensators Ladungsumordnungen vorzunehmen. Diese Ladungsanteile tragen naturgemäß nicht zur Spannung am Kondensator bei und man bezeichnet diesen Effekt als dielektrische Verluste.

Eine der wahrscheinlich genauesten Methoden zur Messung dielektrischer Verluste eines Kondensators ist die, diesen in einem integrierenden A/D-Wandler als Integrationskapazität zu verwenden, wobei die Referenzspannung als Eingangsspannung angelegt wird (ratiometrische Messung). Der Idealwert auf der Anzeige wäre 1.0000, unabhängig von den Werten der anderen Komponenten. Sehr sorgfältige Messungen unter Beobachtung der Nulldurchgänge, um auf eine fünfte Stelle extrapolieren zu können, und rechnerische Berücksichtigung aller Verzögerungsfehler ergaben für verschiedene Dielektrika die folgenden Anzeigenwerte:

Dielektrikum	Anzeige
Polypropylen	0.99998
Polycarbonat	0.9992
Polystyren	0.9997

Daraus ergibt sich, dass Polypropylen-Kondensatoren für diesen Einsatz sehr gut geeignet sind. Sie sind nicht sehr teuer und der relativ hohe Temperaturkoeffizient hat keinen Einfluss. Die dielektrischen Verluste des „Auto-Zero"- und des Referenzkondensators spielen nur eine Rolle bei Einschalten der Betriebsspannung oder bei der „Rückkehr" aus einem Überlastzustand.

Normalerweise ist die externe Referenz von 1,2 V mit „IN LOW" mit „COMMON" verbunden, um die richtige Gleichtaktspannung einzustellen. Wird „COMMON" nicht mit „GND" verbunden, kann die Eingangsspannung relativ zu den Betriebsspannungen „schwimmen" und „COMMON" wirkt als Vorregelung für die Referenz. Wird „COMMON" mit „GND" kurzgeschlossen, wird der Differenzeingang nicht benutzt und die Vorregelung ist unwirksam.

Ladungsverluste am Referenz-Kondensator können außer durch Leckströme und überkoppelnde Schaltflanken auch durch kapazitive Spannungsteilung mit einer Streukapazität C_S (Kapazität vor dem Buffer) verursacht werden. Ein Fehler entsteht dadurch nur bei positiven Eingangsspannungen.

Während der „Auto-Zero-Phase" werden beide Kondensatoren, C_{ref} und C_S über den Analogschalter auf die Referenzspannung aufgeladen. Wird nun ein negatives Eingangssignal angelegt, so liegen C_{ref} und C_S in Reihe und bilden – bezüglich C_{ref} – einen kapazitiven Spannungsteiler. Für $C_S = 15$ pF ist das Teilerverhältnis 0,999985.

Wird nun in der Deintegrationsphase die positive Referenz über den Analogschalter auf den Eingang geschaltet, so ist derselbe Spannungsteiler wie in der Signalintegrationsphase in Aktion. Wenn sowohl Spannungsintegration als auch Referenzintegration mit demselben Teiler arbeiten, wird durch diesen Teiler kein Fehler hervorgerufen.

Für positive Eingangsspannungen ist der Teiler in der Signalintegrationsphase in gleicher Weise aktiv wie bei negativen Eingangsspannungen. Das Zuschalten der negativen Referenz erfolgt am Beginn der Deintegrationsphase durch Schließen des Analogschalters. Der Referenzkondensator wird nicht benutzt und der Teiler ist nicht in Aktion. In diesem Fall ist das entsprechende Teilerverhältnis 1,0000 anstatt von 0,999985.

Dieser Fehler, der eingangsspannungsabhängig ist, hat einen Gradienten von 15 µV/V und ergibt beim Messbereichsendwert einen „ Roll-Over"-Fehler von 30 µV, d. h. die negative Anzeige liegt um 30 µV zu niedrig.

Bei der Realisierung eines integrierenden A/D-Wandlers ICL7106 und ICL7107 sind vier Fehlertypen zu berücksichtigen. Mit den empfohlenen Bauelementen und einer Referenzspannung von 1 V sind dies:

- Offset-Fehler von 2,5 µV durch Ladungsüberkopplungen von Schaltflanken
- Ein „Roll-Over"-Fehler von 30 µV beim Bereichsendwert bedingt durch die Streukapazität C_S
- Ein „Roll-Over"-Fehler von 5 µV bis 30 µV beim Bereichsendwert bedingt durch Nichtlinearität des Eingangsverstärkers
- Ein „Verzögerungsfehler" von 40 µV bei der Umschaltung von 0- auf 1-Signal

Die Werte stimmen gut mit den tatsächlichen Messungen überein. Da das Rauschen etwa 20 µV$_{ss}$ beträgt, ist nur die Aussage möglich, dass alle Offsetspannungen kleiner sind als 10 µV. Der beobachtete „Roll-Over"-Fehler entspricht einem halben Zähler (50 µV), wobei die negative Anzeige größer ist als die positive. Schließlich erfolgt das Umschalten von 0000 auf 0001 bei einer Eingangsspannung von 50 µV. Diese Angaben zeigen die Leistungsfähigkeit eines vernünftig ausgelegten integrierenden A/D-Wandlers, wobei zu bemerken ist, dass diese Daten ohne besonders genaue und damit teure Bauelemente erreicht werden.

Auf Grund einer Verzögerung von 3 µs des Komparators ist die maximale empfohlene Taktfrequenz der Schaltung 160 kHz. In der Fehleranalyse ist gezeigt worden, dass in diesem Fall die Hälfte der ersten Taktperiode des Referenzintegrationszyklus verloren geht, d. h. dass die Anzeige von 0 auf 1 geht bei 50 µV, von 1 auf 2 bei 150 µV usw. Wie schon vorher erwähnt, ist diese Eigenschaft für viele Anwendungen wünschenswert.

Wird jedoch die Taktfrequenz wesentlich erhöht, ändert sich die Anzeige in der letzten Stelle auch bei kurzgeschlossenem Eingang durch Rauschspitzen.

Die Taktfrequenz kann größer als 160 kHz gewählt werden, wenn man einen kleinen Widerstandswert in Reihe mit dem Integrationskondensator schaltet. Dieser Widerstand bewirkt einen kleinen Spannungssprung am Ausgang des Integrators zu Beginn der Referenzintegrationsphase.

Durch sorgfältige Wahl des Verhältnisses dieses Widerstands zum Integrationswiderstand (empfohlen werden 20 Ω bis 30 Ω) kann die Verzögerung des Komparators kompensiert und die maximale Taktfrequenz auf ca. 500 kHz (entsprechend einer

Wandlungszeit von 80 ms) erhöht werden. Bei noch höheren Taktfrequenzen wird die Schaltung durch Frequenzgangsbeschränkungen im Bereich kleiner Eingangsspannungen nicht erheblich linear.

Der Rauschwert ist ca. 20 μV_{ss} (3σ-Wert). In der Nähe des Messbereichsendwerts steigt er auf ca. 40 µV. Da ein Großteil des Rauschens in der „Auto-Zero"-Rückkopplungsschleife generiert wird, kann das Rauschverhalten dadurch verbessert werden, dass man den Eingangsverstärker mit einer Verstärkung von ungefähr fünf versieht. Eine größere Verstärkung führt dazu, dass der „Auto-Zero"-Schalter nicht mehr richtig durchgeschaltet wird aufgrund der entsprechend verstärkten Offsetspannung des Eingangsverstärkers.

In vielen Anwendungen liegt das Geheimnis der Leistungsfähigkeit eines Systems in der richtigen Anwendung der einzelnen Komponenten. Der A/D-Wandler kann auch als einzelne Komponente eines Systems betrachtet werden, und damit ist eine vernünftige Auslegung des Systems notwendig, um optimale Genauigkeit zu erreichen. Die monolithischen A/D-Wandler sind aufgrund des verwendeten Integrationsverfahrens sehr genau. Um sie optimal einzusetzen, sollte die Auslegung der Schaltung und die Auswahl der externen passiven Bauelemente mit der notwendigen Sorgfalt erfolgen. Die verwendeten Messinstrumente sollten wesentlich genauer und stabiler sein als das zu entwickelnde System.

Die Verdrahtung des Bezugspotenzials ist gründlich zu planen, denn es gilt, „Erdschleifen" zu vermeiden. Die häufigste Fehlerursache in einem A/D-System ist nach aller Erfahrung eine ungünstige Verdrahtung des Bezugspotenzials. Die Betriebsströme des Analogteils, des Digitalteils und der Anzeige fließen alle über einen Anschluss – den Bezug für den Analogeingang.

Der Mittelwert des Stroms, der durch den Bezugsanschluss des Eingangs fließt, erzeugt eine Offsetspannung. Sogar die automatische Nullabgleichsschaltung eines integrierenden Wandlers ist nicht in der Lage, diesen Offset zu kompensieren. Darüber hinaus hat dieser Strom einige Wechselanteile. Der Taktgenerator und die diversen digitalen Schaltkreise, die angesteuert werden, ergeben Wechselstromanteile mit der Taktfrequenz und möglicherweise mit „Subharmonischen" dieser Frequenz. Bei einem Wandler mit sukzessiver Approximation wird dadurch ein zusätzlicher Offset erzeugt. Bei einem integrierenden Wandler sollten zumindest die höherfrequenten Anteile ausgemittelt werden.

Bei einigen Wandlern ändern sich auch die analogen Betriebsströme mit dem Takt oder einer „Subharmonischen" davon. Wird das Display im Multiplex betrieben, ändert sich dieser Strom mit der Multiplexfrequenz, die normalerweise abgeleitet ist, durch Herunterteilung der Taktfrequenz. Bei einem integrierenden Wandler werden sich die Ströme des Analogteils und des Digitalteils für die verschiedenen Wandlungsphasen unterscheiden.

Eine weitere wesentliche Ursache der Betriebsstromänderung ist die, dass die Betriebsströme des Digitalteils und der Anzeige abhängig sind vom dargestellten Messwert.

Dies äußert sich häufig in Flackern der Anzeige und/oder durch fehlende Messwerte. Ein angezeigter Wert ändert die effektive Eingangsspannung (durch Änderung deren Bezugspotenzials). Dadurch wird ein neuer Messwert angezeigt, der wieder die effektive Eingangsspannung ändert usw. Das führt dann dazu, dass trotz einer konstanten Spannung am Eingang des Systems die Anzeige zwischen zwei oder drei Werten oszilliert.

Eine weitere potenzielle Fehlerquelle ist der Taktgenerator. Ändert sich die Taktfrequenz aufgrund von Betriebsspannungs- oder -stromänderungen während eines Wandlungszyklus, ergeben sich ungenaue Ergebnisse.

Die digitalen und analogen Bezugsleitungen sind durch eine Leitung verbunden, durch die nur der Ausgleichsstrom zwischen diesen Teilen fließt. Der Anzeigenstrom beeinflusst den Analogteil nicht und der Taktteil ist durch einen Entkopplungskondensator abgeblockt. Es sei darauf hingewiesen, dass die Ströme einer eventuell verwendeten externen Referenz sowie jeder weitere Strom aus dem Analogteil sorgfältig zum analogen Bezug zurückgeführt werden muss.

3.1.7 Schaltung für den ICL7106

Abb. 3.9 (Schaltung) zeigt die Anwendung des ICL7106. **Achtung!** Platinenlayout und Bestückungsseite der Platine befinden sich auf der CD.

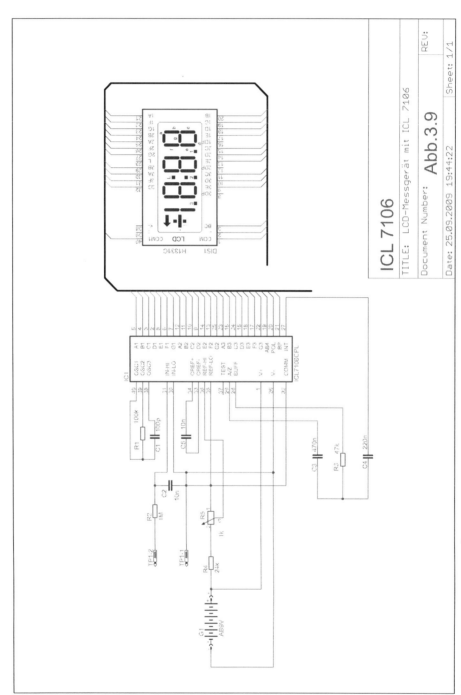

Abb. 3.9: Schaltung für ein 3½-stelliges Voltmeter mit EAGLE

Über die beiden Anschlüsse TP1 und TP2 erhält der Eingang eine Spannung zwischen ±1,999 V. Die Blockbatterie wird entweder direkt auf der Platine untergebracht, besser ist jedoch eine externe Befestigung. Das 10-Gang-Potentiometer liegt auf der Platine und lässt sich von außen justieren. Dann folgen der ICL7106 und die LCD-Anzeige.

3.1.8 Umschaltbares Multimeter mit dem ICL7106

Der Messbereich soll für die Schaltung zwischen 0 V und 1,999 V liegen. Mit der Minusanzeige können wir sehen, ob der Spannungswert positiv oder negativ ist. Der Spannungseingang von *Abb. 3.9* kann erweitert werden, wenn man die Zusatzschaltung von *Abb. 3.10* verwendet. Durch einen AC-DC-Wandler wird der Messbereich auf Wechselstrom erweitert. Mittels des Ω-Wandlers kann man unbekannte Widerstände messen. Damit ergibt sich ein mechanisches Multimeter.

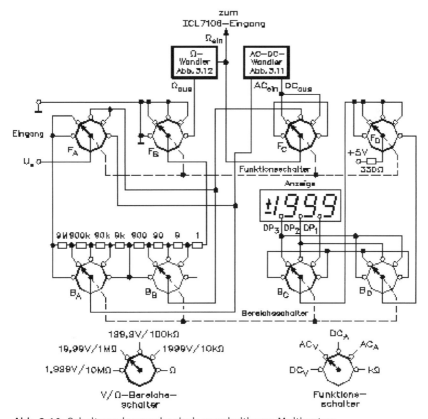

Abb. 3.10: Schaltung des mechanisch umschaltbaren Multimeters

Mit den vier Funktionsschaltern wählen wir den betreffenden Funktionsbereich:

DC_V: Gleichspannungsmessung
AC_V: Wechselspannungsmessung
DC_A: Gleichstrommessung
AC_A: Wechselstrommessung
$k\Omega$:   Ohmmessung

Mit den vier Bereichsschaltern stellen wir den betreffenden Messbereich ein:

1,999 V/10 MΩ: 1,999 V-Spannungsmessung oder 10 MΩ-Messbereich
19,99 V/1 MΩ: 19,99 V-Spannungsmessung oder 1 MΩ-Messbereich
199,9 V/100 kΩ: 199,9 V-Spannungsmessung oder 100 kΩ-Messbereich
1999 V/10 kΩ: 1999 V-Spannungsmessung oder 10 kΩ-Messbereich

Die Eingangsspannung U_e liegt an dem Mittelpunkt des Funktionsschalters F_A an. Bei der Spannungsmessung im Gleich- oder Wechselstrombereich verwenden wir den gleichen Spannungsteiler, der aus einer Hintereinanderschaltung von zahlreichen Präzisionswiderständen (Toleranz mit 1 %, möglichst Metallfilmwiderstände) besteht. Die Ansteuerung des Spannungsteilers erfolgt über die beiden Bereichsschalter B_A und B_B.

Der Mittelpunkt des Bereichsschalters B_A ist mit dem AC-DC-Wandler verbunden und der Mittelpunkt des Bereichsschalters B_B mit dem Funktionsschalter F_C. Der AC-DC-Wandler wandelt die Wechselspannung (alternating current) in eine Gleichspannung (direct current) um. Der Mittelpunkt des Funktionsschalters ist mit dem Eingang des Bausteines ICL7106 verbunden.

Mit den beiden Bereichsschaltern B_C und B_D steuern wir die Dezimalpunkte der dreistelligen Anzeige an. Damit ergibt sich eine veränderbare Kommastelle und ein sehr einfaches Ablesen der Anzeige. Sie müssen vor die Dezimalpunkte noch eine elektronische Schaltung jeweils ein UND- oder NAND-Gatter einfügen, da die LCD-Anzeige empfindlich gegen Gleichspannung ist.

Mit einem AC-DC-Wandler können wir Wechselstrom in Gleichstrom umwandeln. Dies gilt auch für die Umwandlung von Wechselspannung in Gleichspannung. Hierzu müssen wir aber erst die einzelnen Umrechnungswerte an einer Sinusspannung betrachten.

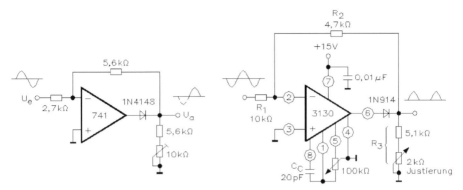

Abb. 3.11: Schaltung eines einfachen (links) und eines verbesserten AC-DC-Wandlers

In *Abb. 3.11* haben wir links die Schaltung für den einfachen Wandler. Hierzu benötigen wir einen Operationsverstärker, eine Diode (Si-Diode), drei Widerstände und einen Einsteller. Mit einem AC-DC-Wandler können wir Wechselstrom in Gleichstrom umwandeln. Dies gilt auch für die Umwandlung von Wechselspannung in Gleichspannung.

Liegt an dem Eingang eine positive Eingangsspannung an, so erhalten wir am Ausgang des Operationsverstärkers einen negativen Spannungswert. Die nachgeschaltete Diode lässt diesen Wert nicht passieren und wir haben einen Spannungswert von $U_a = 0$ V. Mit einer negativen Halbwelle am Eingang U_e wird an dem Operationsverstärkerausgang eine positive Halbwelle erzeugt, die dann die Diode passieren kann. Es ergibt sich eine positive Ausgangsspannung U_a. Durch die Verstärkung von $v = 2$ ist die Ausgangsspannung doppelt so groß wie die Eingangsspannung, wenn wir von der negativen Halbwelle am Eingang ausgehen. Man erhält eine Gleichrichtung nach dem Einwegprinzip.

Durch den nachgeschalteten Spannungsteiler können wir die Ausgangsspannung U_a so einstellen, dass wir den Effektivwert U_{eff} erhalten. Wenn wir nach dem Abgleich zwischen AC und DC messen, ergibt sich folgender Faktor:

$$\frac{U_{eff}}{U_{gl}} = 2,22$$

In *Abb. 3.11* rechts ist eine verbesserte Schaltung gezeigt. Über den Widerstand R_1 liegt eine sinusförmige Wechselspannung an, die durch die Schaltung gleichgerichtet wird. Man erhält eine Präzisionsgleichrichtung nach dem Einwegprinzip. Die Verstärkung v errechnet sich aus:

$$v = \frac{R_2}{R_1}$$

Die Höhe der Ausgangsspannung lässt sich durch das Potentiometer am Ausgang einstellen. Die Gleichung für die Verstärkung lässt sich damit neu formulieren und wir erhalten:

$$v = \frac{R_3}{R_1 + R_2 + R_3}$$

Die Größe des Widerstands R_3 lässt sich berechnen aus Potentiometer und Festwiderstand:

$$R_3 = \frac{v + v^2}{1 - v} \quad \text{für} \quad v = 0,5 : \frac{4,7 k\Omega}{10 k\Omega}$$

Als Eingangsspannung erhalten wir aus dem Netztransformator $U_{ss} = 10$ V. Durch die Schaltung ergibt sich:

$$U_{gl} = \frac{U_{ss}}{2 \cdot \pi} = \frac{10V}{2 \cdot 3,14} = 1,59V \approx 1,6V$$

Diesen Wert zeigt das Digitalmultimeter an, wenn wir es auf DC stellen. Bei der Stellung AC ergibt sich ein Wert von:

$$U_{eff} = \frac{U_{ss}}{2 \cdot \sqrt{2}} = \frac{10V}{2 \cdot 1,41} = 1,59V \approx 1,6V$$

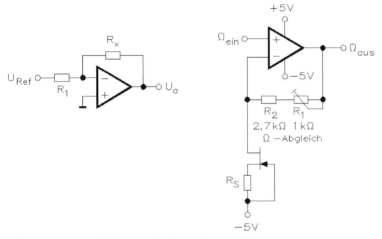

Abb. 3.12: Zwei Schaltungen für einen Ohmwandler

Die Schaltung von *Abb. 3.12* zeigt zwei Ohmwandler. An dem Eingang der linken Schaltung befindet sich ein bekannter Widerstand, der mit R_1 bezeichnet wurde. Die Eingangsspannung der Schaltung ist mit der Referenzspannung U_{ref} verbunden. Daher ist die Ausgangsspannung U_a nur von dem Widerstand R_x, dem unbekannten Wert, abhängig:

$$U_a = \frac{U_{ref}}{R_1} \cdot R_x$$

Die Referenzspannung U_{ref} und der Widerstand R_1 bleiben konstant und man erhält eine Konstante. Diese wird mit dem Wert des unbekannten Widerstands R_x multipliziert und es ergibt sich die Ausgangsspannung der Schaltung von *Abb. 3.12*. Der Baustein ICL7106 erhält diese und zeigt den Ohmwert in der Anzeige an.

Die rechte Schaltung ist als Ω-Wandler für die Schaltung geeignet. An dem nicht invertierenden Eingang des Operationsverstärkers liegt der Eingang des Ω-Wandlers. Der invertierende Eingang ist über einen Feldeffekttransistor mit $U = -5\,V$ verbunden. Mit dem Potentiometer R_1 kann man die Schaltung justieren, wenn wir an den Eingang von *Abb. 3.12* einen bekannten Widerstandswert anlegen. Den Ausgang des Ω-Wandlers verbindet man mit dem Eingang des Bausteins ICL7106.

Mit dem Funktionsschalter wählen wir den Ω-Bereich. Mit dem Bereichsumschalter erhalten wir den Messbereich. Auf diese Weise können wir zwischen ≈0,001 Ω und ≈10 GΩ (Giga-Ohm oder $10×10^9 Ω$) jeden Ohmwert erreichen. Die Genauigkeit des Ohmwertes ist hierbei nur von der Justierung des Widerstandes R_1 abhängig.

3.1.9 Digital-Voltmeter mit elektronischer Bereichsumschaltung

Der ICL7106 hat keine speziellen Ausgänge für den Überlauf. Was passiert, wenn in der Anzeige 1,999 V angezeigt wird und sich die Spannung auf 2,00 V ändert? Aus dem 3½-stelligen Messwert wird eine dreistellige Anzeige. Es tritt ein Überlauf in dem Messgerät auf. Was passiert, wenn in der Anzeige 2 mV angezeigt wird und sich die Spannung auf 1,999 mV ändert? Aus dem dreistelligen Messwert wird eine 3½-stellige Anzeige. Es tritt ein Unterlauf in dem Messwert auf.

Durch eine externe Schaltung (*Abb. 3.13*) lassen sich für den Überlauf (O/Range) und Unterlauf (U/Range) zwei Steuersignale gewinnen. Hierzu sind ein CMOS-Baustein vom Typ 74C86 (Exklusiv-NOR, Äquivalenz) mit vier Gattern und der 4023 (NOR) erforderlich.

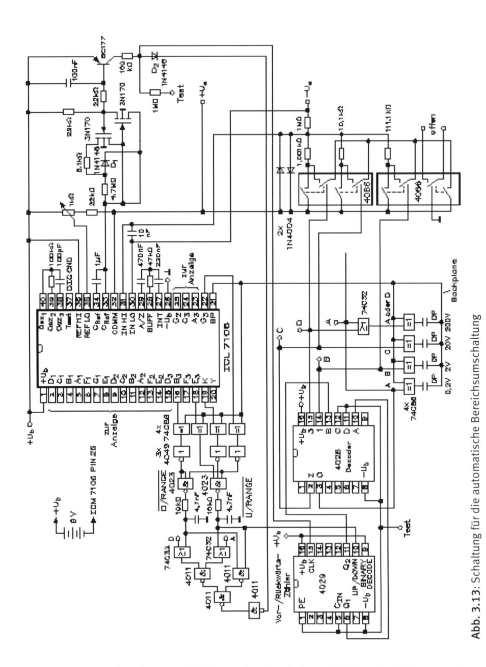

Abb. 3.13: Schaltung für die automatische Bereichsumschaltung

Wenn man noch mehrere CMOS-Bausteine der Serie 74CXXX und 4XXX verwendet, erhält man eine Schaltung (*Abb. 3.13*) mit automatischer Bereichsumschaltung. Dabei beginnt eine Messung mit dem höchsten Eingangssignalwert von 200 V bzw. 199,9 V.

Ist die Eingangsspannung kleiner 20 V bzw. 19,99 V, hat die Unterlaufleitung (U/Range) ein 1-Signal und die externe Steuerlogik schaltet den Spannungsteiler um auf 20 V (19,99 V). Ist der Messwert kleiner als 2 V (1,999 V) hat die Unterlaufleitung ein 1-Signal und der Spannungsteiler schaltet um und gibt diesen Messbereich frei. Jetzt lässt sich eine minimale Spannung von 1 mV messen.

Für die Steuerung ist ein voreinstellbarer CMOS-Vor/Rückwärtszähler vom Typ 4029 erforderlich. Der Baustein kann binär (0 bis 15) oder BCD-dekadisch (0 bis 9) zählen. Der 4029 enthält eine vierstufige Binär- oder BCD-Dekade und Vor/Rückwärtszähler mit Einrichtungen für „Look-ahead"-Übertrag (Pin 7) in beiden Zählrichtungen. Eingänge für gemeinsamen Takt (Pin 15), Übertragseingang bzw. Taktsteuerung (Pin 5), binär/dekadisch (Pin 9), Vor/Rückwärtsbetrieb (Pin 10), Preset-Steuerung (Pin 1) und vier getrennte Parallel-(Jam-)Signale (Pin 3, Pin 4, Pin 12 und Pin 13) sind vorhanden. Vier voneinander unabhängige, gepufferte Q-Signale sowie das Übertragssignal stehen an den entsprechenden Ausgängen zur Verfügung.

Liegt der Eingang „Preset-Steuerung" (Pin 1) auf 1-Signal, lassen sich mit den Parallelsignalen (Pin 3, Pin 4, Pin 12 und Pin 13) an den Eingängen für die Voreinstellwerte alle möglichen Zählerzustände einstellen, und zwar asynchron mit dem Taktsignal. Es findet sich 0-Signal an allen Paralleleingängen bei gleichzeitig 1-Signal am Eingang. „Preset-Steuerung" setzt den ganzen Zähler auf null zurück. Liegen die Eingänge „Übertragseingang" und „Preset-Steuerung" auf 0-Signal, dann geht der Zähler bei jeder positiven Flanke des Taktsignals um einen Schritt weiter. Führt dagegen einer der beiden Eingänge 1-Signal, dann ist das Weiterzählen verhindert. Der Übertragsausgang ist normalerweise auf 1-Signal; er geht auf niedriges, wenn der Zähler bei Vorwärtszählung seinen höchsten, bei Rückwärtszählung seinen niedrigsten Stand erreicht hat –vorausgesetzt, der „Übertragseingang" befindet sich auf 0-Signal. Dieser Eingang lässt sich in diesem Fall also auch als Takt-Steuer-Eingang ansehen. Wenn der Anschluss „Übertragseingang" nicht benötigt wird, muss er mit 0 V verbunden sein. *Tabelle 3.1* zeigt die Bezeichnungen und Logik des 4029.

Tabelle 3.1: Bezeichnungen und Logik des 4029

Steuereingang	Logikpegel	Wirkung
Binär/Dekade (B/D)	1	Binärzählung
	0	Dekadenzählung
Vor/Rückwärts (U/D)	1	Vorwärtszählung
	0	Rückwärtszählung
Preset-Steuerung (PE)	1	Parallelübernahme
	0	keine Parallelübernahme
Übertragseingang (CI)	1	keine Zählung bei positiver Taktflanke
	0	Zählschritt bei positiver Taktflanke

Binärzählung erfolgt, wenn der Binär/Dezimal-Anschluss auf 1-Signal liegt; liegt er auf 0-Signal, dann wird die Zählung dekadisch vorgenommen. Der Zähler arbeitet im Vorwärtsbetrieb, wenn der Vor/Rückwärts-Anschluss mit 1-Signal versehen ist, andernfalls erfolgt Rückwärtszählung. Mehrere Einheiten lassen sich entweder mit Paralleltakt oder mit Serientakt ansteuern. Paralleltakt-Betrieb ist durch synchrone Steuerung gekennzeichnet und gewährleistet schnelles Ansprechen aller Zählerausgänge. Serientakt-Betrieb ermöglicht das Arbeiten mit längeren Anstiegs- und Abfallzeiten des Eingangssignals.

Der 4028 ist ein BCD-/Dezimal- oder Binär/Oktal-Decoder, der an allen vier Eingängen mit Impulsformerstufen ausgerüstet ist, Decodierlogik-Gatter und zehn Ausgangs-Bufferstufen aufweist. Wird ein BCD-Code an die vier Eingänge A bis D gelegt, dann zeigt der durch diesen Code bestimmte Dezimalausgang 1-Signal. In ähnlicher Weise liefert ein an die Eingänge A bis C gelegter 3-Bit-Binärcode einen Oktalcode an den Ausgängen 0 bis 7. 1-Signal am Eingang D unterbindet die Oktal-Decodierung und veranlasst die Ausgänge, 0 bis 7, 0-Signal anzunehmen. Bei Nichtbenutzung muss der Anschluss D an Masse gelegt werden. Sämtliche Ausgänge sind für relativ hohe Ströme ausgelegt, um gute statische und dynamische Eigenschaften bei Anwendungen mit hohem Fan-Out zu gewährleisten. Alle Ein- und Ausgänge sind gegen elektrostatische Aufladungen geschützt. *Tabelle 3.2* zeigt die Arbeitsweise.

Tabelle 3.2: Arbeitsweise des 4028 (Pinnummer in Klammern)

D (11)	C (12)	B (13)	A (10)	0 (3)	1 (14)	2 (2)	3 (15)	4 (1)	5 (6)	6 (7)	7 (4)	8 (9)	9 (5)
0	0	0	0	1	0	0	0	0	0	0	0	0	0
0	0	0	1	0	1	0	0	0	0	0	0	0	0
0	0	1	0	0	0	1	0	0	0	0	0	0	0
0	0	1	1	0	0	0	1	0	0	0	0	0	0
0	1	0	0	0	0	0	0	1	0	0	0	0	0
0	1	0	1	0	0	0	0	0	1	0	0	0	0
0	1	1	0	0	0	0	0	0	0	1	0	0	0
0	1	1	1	0	0	0	0	0	0	0	1	0	0
1	0	0	0	0	0	0	0	0	0	0	0	1	0
1	0	0	1	0	0	0	0	0	0	0	0	0	1

Für den Spannungsbereichsumschalter sind zwei CMOS-Bausteine 4066 (Analogschalter) erforderlich, da jeweils zwei Kanäle zusammengeschaltet werden müssen. Mit einem Analogschalter lassen sich analoge Signale schalten und für eine Batterieschaltung von 9 V sind Eingangsspannungen von 8 V einer Polarität, bis zu Spitzenwerten von ± 4 V möglich. Der Übergangswiderstand hat pro Kanal 50 Ω und da zwei Kanäle parallel betrieben werden, ergibt sich ein Kanalwiderstand von 25 Ω. Die Anschlüsse sind beschrieben und für die Betriebsspannungen gelten +U_b = 9 V (Pin 14) und Masse (Pin 7).

Für die Ansteuerung der Dezimalpunkte sind noch vier Exklusiv-ODER-Gatter vom Baustein 74C86 erforderlich. Die Anschlüsse sind von der LCD-Anzeige abhängig. Die Rückelektronik wird mit dem Anschluss „backplane" verbunden.

In der gesamten Elektronik werden nach Möglichkeit keine mechanischen Schalter, sondern Analogschalter (4066) in integrierter Halbleitertechnik verwendet. Trotzdem finden sich an den Ausgängen einer Steuerschaltung immer noch Relais, wenn es gilt, hohe Spannungen und große Ströme sicher zu schalten. Der wesentliche Unterschied zwischen Relais und Analogschalter ist die Isolation zwischen der Signalansteuerung (Relaisspule zum Gateanschluss) und dem zu steuernden Signal (Kontakt zum Kanalwiderstand). Bei den Halbleiterschaltern hängt das maximale Analogsignal von der Charakteristik der FET- bzw. MOSFET-Transistoren und von der Betriebsspannung ab. Wird ein Analogschalter mit einem n-Kanal-J-FET verwendet und liegt keine Ansteuerung des Gates vor, ist der Schalter offen. Dies gilt auch, wenn man das Gate mit einer negativen Spannung ansteuert. Die Spannung zwischen Gate und Drain bzw. Source ist die „pinch-off"-Spannung. Dieses Verhalten gilt auch für die MOSFET-Technik. Das analoge Signal wird vom Gate angesteuert und so wird ein Kanal aufgebaut (Schalter geschlossen) oder der Kanal abgeschnürt (Schalter offen).

Die Übergangswiderstände bei den Kontakten sind bei Relais wesentlich geringer als bei typischen Analogschaltern. Jedoch spielen Übergangswiderstände bei hohen Eingangsimpedanzen von Operationsverstärkern keine wesentliche Rolle, da das Verhältnis sehr groß ausfällt. Bei vielen Schaltungen mit Analogschaltern verursachen Übergangswiderstände von 0,1 Ω bis 1 kΩ keine gravierenden Fehler in einer elektronischen Schaltung, da diese Werte klein sind verglichen mit den hohen Eingangsimpedanzen von Operationsverstärkern.

Seit der Einführung der CMOS-Technologie gibt es praktisch nur noch integrierte Analogschalter. Während früher noch zwischen „virtuellen Erdschaltern" und positiven Signalschaltern unterschieden werden musste, gibt es heute praktisch nur noch die universellen Signalschalter. Die Herstellung von CMOS-Analogschaltern ist fast identisch, sodass für diese Schaltertypen praktisch immer die gleichen Parameter gelten. Die CMOS-Schalter können Spannungen, die um 1 V geringer sind als die Betriebsspannung, ohne Weiteres schalten. Der CMOS-Querstrom im mA-Bereich ist dadurch bedingt, dass auch der Betriebsstrom des kompletten Bausteins nur im mA-Bereich liegt. Die Steuereingänge der CMOS-Bausteine sind kompatibel mit der TTL-Technik.

In der Praxis bezeichnet man den Analogschalter als bilateralen Schalter, da Schutzmaßnahmen intern vorhanden sind. Die in diesem Analogschalter verwendete Technologie hat sich seit 1970 nicht geändert: Jeder Kanal besteht aus einem n- und einem p-Kanal-MOSFET, die auf einem Silizium-Substrat parallel angeordnet sind und von der Gate-Treiberspannung entgegengesetzter Polarität angesteuert werden. Die Schaltung des CMOS-Bausteins 4066 bietet einen symmetrischen Signalweg durch die beiden parallelen Widerstände von Source und Drain. Die Polarität jedes Schaltelements stellt sicher, dass mindestens einer der beiden MOSFET bei jeder beliebigen Spannung innerhalb des Betriebsspannungsbereichs leitet. Somit kann der Schalter jede positive bzw. negative Signalamplitude verarbeiten, die innerhalb der Betriebsspannung liegt. *Abb. 3.14* zeigt den internen Aufbau und das Anschlussschema eines bilateralen Schalters (Analogschalter) vom Typ 4066.

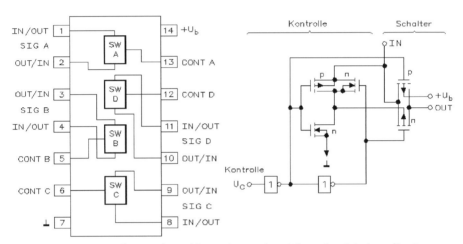

Abb. 3.14: Interner Aufbau und Anschlussschema eines bilateralen Schalters (Analogschalter) vom Typ 4066

Jeder Analogschalter kann wie ein mechanischer Schalter Signale in zwei Richtungen verarbeiten, da diese keine Arbeitsrichtung aufweisen wie ein digitales Gatter. Abhängig von der Ansteuerlogik sind diese Schalter im Ruhezustand geschlossen (normally closeed = NC) oder geöffnet (normally open = NO). Allgemein wird noch nach Anzahl der umschaltbaren Kontakte (single pole = SP, double pole = DP) und Kontaktart (signale throw ST) und Umschalter (double throw DT) unterschieden. Ein Umschalter mit einem Kontakt wird demnach als „SPDT" bezeichnet.

Beachten Sie bitte, dass die Schutzwiderstände für Spannungen von ±1500 V und für eine Dauerbelastung von 15 W geeignet sein müssen. Jedoch kann in den meisten Fällen eine wesentlich geringere thermische Belastbarkeit gewählt werden, da die Überspannung eine viel geringere Leistung umsetzt. Externe Widerstände bieten daher mehr Flexibilität, wobei nach Bedarf verschiedene Widerstandswerte mit entsprechend angepasster Belastbarkeit für die verschiedenen Kanäle des gleichen Bausteins gewählt werden können. Integrierte Widerstände sind dagegen durch die zulässige Belastbarkeit ihres Gehäuses eingeschränkt, wodurch die Anzahl der Kanäle, die gleichzeitig einer Überspannung widerstehen können, begrenzt ist.

Die Verwendung von Reihenwiderständen schützt den Analogschalter, aber sie verhindert nicht die Verfälschung der Signale in den Kanälen. Diese Signale werden von vorhandenen Überspannungen in nicht gewählten Kanälen beeinträchtigt. Die direkte Ursache ist jedoch nicht die Überspannung, sondern der Fehlerstrom (Minoritätsträgerstrom), der durch eine oder mehrere Schutzdioden in das Substrat einfließt. Durch das Eliminieren dieses Substratstroms verhindert man grobe Signalfehler.

Eine Möglichkeit, diese Fehlerströme zu vermeiden, besteht darin, sie in ein externes Netz abzuleiten. Zwei Z-Dioden erzeugen eine Klemmspannung von ±12 V, die zwischen der Betriebsspannung von ±15 V des Analogschalters zentriert liegt. Der durch Überspannung in einem der Kanäle erzeugte Fehlerstrom fließt dann anstatt durch eine interne Schutzdiode durch eine der beiden externen Schutzdioden für diesen Kanal ab. Obwohl diese Technik einen ausgezeichneten Schutz bietet, erfordert sie viele externe Bauteile. Außerdem erzeugen diese externen Dioden einen zusätzlichen Leckstrom, der den Einsatz der bereits besprochenen hochohmigen Reihenwiderstände verhindert.

Abb. 3.15 zeigt Schaltung und *Abb. 3.16* den Messbereichsumschalter für das Multimeter. **Achtung!** Platinenlayout und Bestückungsseite der Platine befinden sich auf der CD. Die Eingangsspannung −U_e liegt am Pin „IN LO" des ICL7106 und über den 1-MΩ-Widerstand an dem Spannungsteiler. Über die drei Widerstände 1,001 kΩ, 10,1 kΩ und 111,1 kΩ wird der Spannungsteiler entsprechend gesteuert. Da diese Widerstände normalerweise nicht erhältlich sind, wurden sie in Reihenschaltung aus mehreren Widerständen zusammengestellt, wie *Abb. 3.16* zeigt.

Zwischen den Widerständen des 4066 und dem Widerstand von 1 MΩ erhält man die Eingangsspannung für den Pin „IN HI". Die beiden Dioden 1N4001 verhindern eine Überspannung zwischen den Ein- und Ausgängen des Analogschalters 4066. Die Ansteuerung der beiden Analogschalterbausteine übernimmt der Baustein 4028. Der Ausgang „0" (Pin 3) erzeugt aus dem Codewort „0000" am 4-Bit-Eingang ein 1-Signal und der untere 4066-Schalter ist in den leitenden Zustand gebracht worden. Die Leitung „A" hat ein 1-Signal. Bei dem Codewort „0001" hat der Ausgang „1" (Pin 14) ein 1-Signal und der untere Analogschalter erhält das Signal über die Leitung B. Das Gleiche gilt auch, wenn das Codewort „0010" anliegt und die Leitung C ein 1-Signal erhält. Der obere 4066 schaltet durch und beim Codewort „0011" hat die Leitung D ein 1-Signal und der 4066 wird leitend.

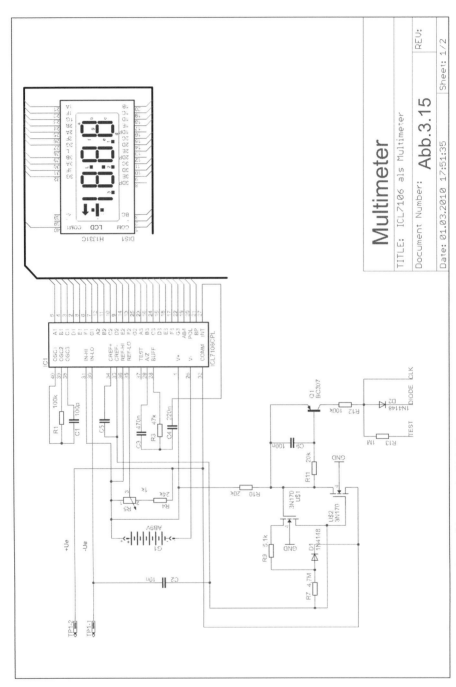

Abb. 3.15: Schaltung des Multimeters in EAGLE

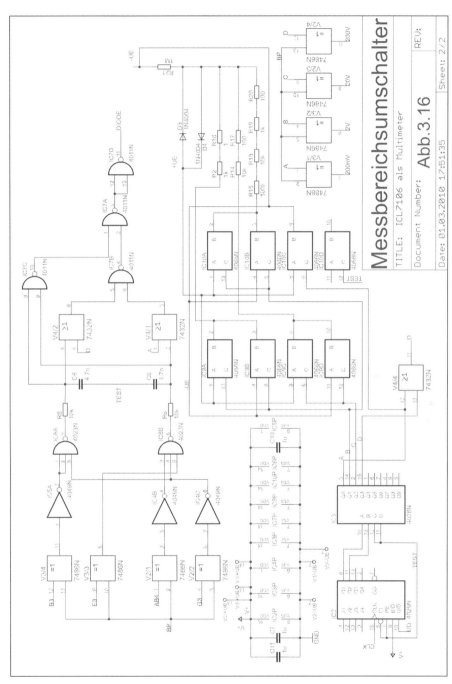

Abb. 3.16: Messbereichsumschalter für das Multimeter in EAGLE

3.2 3½-stelliges Digitalvoltmeter mit LED-Anzeige

Der Schaltkreis ICL7107 ist ein monolithischer CMOS-A/D-Wandler des integrierenden Typs, bei denen alle notwendigen aktiven Elemente wie BCD-7-Segment-Decodierer, Treiberstufen für das Display, Referenzspannung und Takterzeugung auf dem Chip realisiert sind. Der ICL7107 kann direkt 7-Segment-LED-Anzeigen treiben. Der Schaltkreis stellt eine gute Kombination von hoher Genauigkeit, universeller Einsatzmöglichkeit und Wirtschaftlichkeit dar. Die hohe Genauigkeit wird erreicht durch die Verwendung eines automatischen Nullabgleichs bis auf weniger als 10 µV, die Realisierung einer Nullpunktdrift von weniger als 1 µV pro °C, die Reduzierung des Eingangsstroms auf 1 pA und die Begrenzung des „Roll-Over"-Fehlers auf weniger als eine Stelle. *Abb. 3.17* zeigt die Schaltung als 3½-stelliges Digitalvoltmeter.

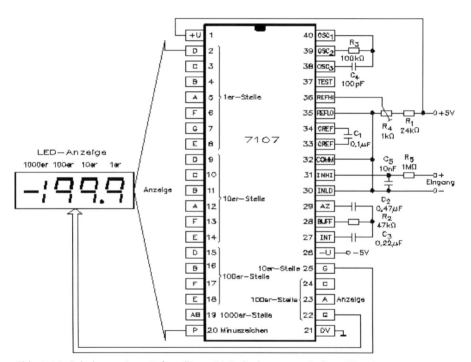

Abb. 3.17: Schaltung eines 3½-stelligen Digitalvoltmeters mit dem ICL7107

Für den Betrieb des ICL7107 sind zwei Betriebsspannungen von ±5 V erforderlich.

Beim Typ ICL7107 kann die interne Aufheizung durch die Ströme der LED-Treiber die Eigenschaften verschlechtern. Auf Grund des höheren thermischen Widerstands sind plastikgekapselte Schaltkreise in dieser Beziehung schlechter als solche im Keramikgehäuse. Bei Verwendung einer externen Referenz treten auch beim ICL7107 keine Probleme auf. Die Spannung an „ANALOG COMMON" ist die, mit der der Eingang während der Phase des automatischen Nullabgleichs und der Deintegration beaufschlagt wird. Wird der Anschluss „INPUT LOW" mit einer anderen Spannung als „ANALOG COMMON" verbunden, ergibt sich eine Gleichtaktspannung in dem System, die von der ausgezeichneten Gleichtaktspannungsunterdrückung des Systems kompensiert wird.

In manchen Anwendungen wird man den Anschluss „INPUT LOW" auf eine feste Spannung legen (z. B. Bezug der Betriebsspannungen). Hierbei sollte man den Anschluss „ANALOG COMMON" mit demselben Punkt verbinden, um auf diese Weise die Gleichtaktspannung für den Wandler zu eliminieren. Dasselbe gilt für die Referenzspannung. Wenn man die Referenz mit Bezug zu „ANALOG COMMON" ohne Schwierigkeiten anlegen kann, sollte man dies tun, um Gleichtaktspannungen für das Referenzsystem auszuschalten.

Innerhalb des Schaltkreises ist der Anschluss „ANALOG COMMON" mit einem n-Kanal-Feldeffekt-Transistor verbunden, der in der Lage ist, auch bei Eingangsströmen von 30 mA oder mehr den Anschluss 2,8 V unterhalb der Betriebsspannung zu halten, wenn z. B. eine Last versucht, diesen Anschluss „hochzuziehen". Andererseits liefert dieser Anschluss nur 10 µA als Ausgangsstrom, sodass man ihn leicht mit einer negativen Spannung verbinden kann, um auf diese Weise die interne Referenz auszuschalten.

3.2.1 Digitalvoltmeter mit LED-Anzeige

Abb. 3.18 zeigt die Schaltung eines 3½-stelligen Digitalvoltmeters mit LED-Anzeige. **Achtung!** Platinenlayout und Bestückungsseite der Platine befinden sich auf der CD.

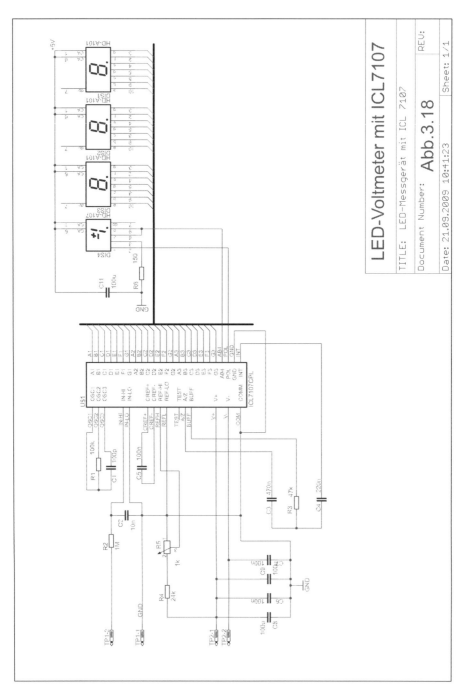

Abb. 3.18: Schaltung eines 3½-stelligen Digitalvoltmeters mit LED-Anzeige in EAGLE

3.2.2 3½-stelliges LED-Thermometer mit dem ICL7107

Um eine mit dem Sensor KTY10 gemessene Temperatur anzuzeigen, eignet sich die Schaltung von *Abb. 3.19*. Dieses elektronische Thermometer verwendet 13 mm hohe rote 7-Segment-LED-Anzeigen, es lässt sich überall dort einsetzen, wo Temperaturen von –50 °C bis +150 °C mit großer Genauigkeit gemessen werden sollen. Die 7-Segment-Anzeigen müssen gemeinsame Anoden aufweisen, denn andernfalls funktioniert die Schaltung nicht. Mit zwei Spindeleinstellern (10-Gang-Potentiometer) lässt sich das Thermometer hochgenau justieren. Die Schaltung lässt sich zum Messen von Raum- und Außentemperatur, für Heizungsvorlauf/-rücklauf sowie im Auto, Boot, Wohnmobil, Wochenendhaus, Labor, in der Klimatechnik, der Industrie, im Handwerk usw. einsetzen.

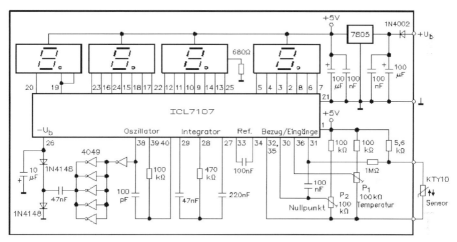

Abb. 3.19: 3½-stelliges LED-Thermometer mit dem ICL7107 für den Temperaturbereich zwischen –50 °C bis +150 °C

In manchen Anwendungen, vor allen Dingen da, wo der AD-Wandler mit einem Sensor verbunden ist, benötigt man einen anderen Skalierungsfaktor zwischen der Eingangsspannung und der digitalen Anzeige. In einem Wägesystem z. B. kann der Entwickler einen Vollausschlag wünschen, wenn die Eingangsspannung etwa einen Wert von $U_e = 0{,}682$ V erreicht hat. Anstelle eines Vorteilers (Spannungsteiler), der den Eingang auf 200 mV herunterteilt, benutzt man in diesem Fall besser eine Referenzspannung von 0,381 V. Geeignete Werte für die Integrationselemente (Widerstand und Kondensator) sind in diesem Fall R = 120 kΩ und C = 220 nF. Diese Werte gestalten das System etwas ruhiger und vermeiden ein Teilernetzwerk am Eingang. Ein weiterer Vorteil dieses Systems ist der, dass in einem Fall eine „Nullanzeige" bei irgendeinem Wert der Eingangsspannung möglich ist. Temperaturmess- und Wägesysteme sind Beispiele hierfür. Dieser „Offset" in der Anzeige lässt sich leicht dadurch erzeugen, dass man einen Sensor zwischen „IN HI" und „COM" anschließt und die variable oder konstante Betriebsspannung zwischen „COM" und „IN LO" legt.

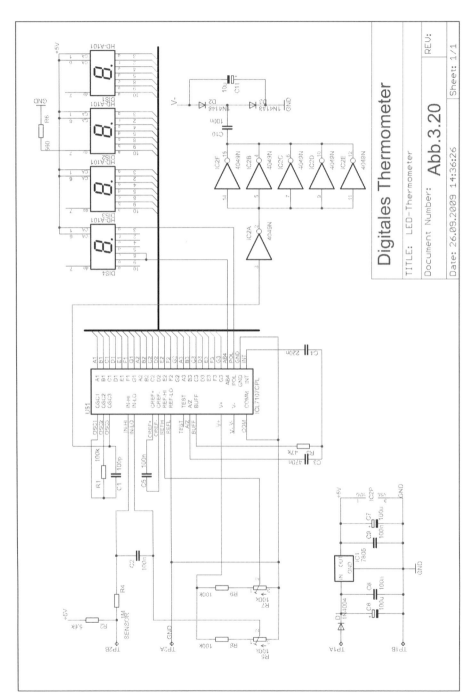

Abb. 3.20: Schaltung des 3½-stelligen LED-Thermometers mit dem ICL7107 in EAGLE

Nach dem Aufbau der Schaltung und der optischen Kontrolle auf Fehler schaltet man die Betriebsspannung ein. Je nach Schleiferstellung der Spindeleinsteller wird irgendein Wert in der Anzeige erscheinen. Sollten die 7-Segment-Anzeigen nicht leuchten bzw. sollte sich der nachfolgend beschriebene Abgleich nicht durchführen lassen, so muss man sofort die Betriebsspannung abschalten und die Schaltung nochmals überprüfen.

Abb. 3.20 zeigt die Schaltung des 3½-stelligen LED-Thermometers mit dem ICL7107. **Achtung!** Platinenlayout und Bestückungsseite der Platine befinden sich auf der CD.

Zum Abgleich des Nullpunkts wird der Fühler in Eiswasser gehalten und die Anzeige mit dem Spindeltrimmer P_2 auf den Wert „00.0" eingestellt. Dazu wird ein Wasserglas halb mit zerstoßenen Eiswürfeln gefüllt, ein wenig Wasser hinzugegeben, bis etwa die halbe Höhe der Eisstücke bedeckt ist. Jetzt steckt man den Fühler mitten in das Eis hinein und wartet einige Minuten. Danach stellt man mit dem Spindeltrimmer die Anzeige auf genau „00.0" ein. Zum Abgleich der Temperatur (100 °C oder 36,9 °C) kann man zwei verschiedene Möglichkeiten einsetzen:

- Abgleich mit kochendem Wasser (nicht optimal)
- Abgleich mit dem Fieberthermometer

Zunächst misst man seine Körpertemperatur mit einem gewöhnlichen Fieberthermometer im Mund. Die Temperatur eines gesunden Menschen beträgt etwa 36,9 °C. Nach ein paar Minuten wird das Thermometer aus dem Mund genommen und die angezeigte Temperatur abgelesen. Danach nimmt man den vorher gereinigten Temperaturfühler in den Mund und stellt nach ein paar Minuten die Justierung mit dem Spindeltrimmer P_1 auf 36,9 °C ein. Man kann aber auch ein Gefäß mit warmem Wasser füllen und gleichzeitig mit Fieberthermometer und dem Fühler arbeiten.

Wenn die Schaltung mit einer Flüssigkristallanzeige (LCD) aufgebaut werden soll, muss man den ICL7106 verwenden. An der Eingangsschaltung ändert sich nichts, nur der Treiberbaustein 4049 entfällt. Der Anschluss der Anzeige ist ebenfalls nicht problematisch, da die Pinbelegung beibehalten wird. Nur Pin 21 ist nicht mehr mit Masse zu verbinden, sondern bildet den Anschluss der Rückelektrode für das LCD-Bauelement.

Abb. 3.21: Schutzhülle für den Sensor

Der Anschluss des Temperatursensors an die Platine ist kein Problem, da die Polung beliebig sein kann. Um die Fühleranschlüsse vor Feuchtigkeit zu schützen, sollte der Fühler wie in *Abb. 3.21* mit Schrumpfschlauch überzogen sein.

3.3 3½-stelliges Digitalvoltmeter mit dem ICL7116 und ICL7117

Die Schaltkreise ICL7116 und ICL7117 sind monolithische CMOS-A/D-Wandler des integrierenden Typs, bei denen alle notwendigen aktiven Elemente wie BCD-7-Segment-Decodierer, Treiberstufen für die Anzeige, Referenzspannung und Takterzeugung auf dem Chip realisiert sind. Der ICL7116 ist für den Betrieb mit einer Flüssigkristallanzeige ausgelegt, der ICL7117 treibt direkt 7-Segment-LED-Anzeigen. Die Typen ICL7116 und ICL7117 unterscheiden sich vom ICL7106 und ICL7107 nur durch den HOLD-Eingang.

Mit Hilfe dieses Eingangs ist es möglich, eine Messung vorzunehmen und den Messwert beliebig lange darzustellen. Um einen Anschluss für diese Funktionen freizumachen, ist die Referenzspannung auf „COMMON" bezogen („REF LO" ist mit „COMMON" verbunden und nicht herausgeführt), sodass der Eingang für die Referenzspannung kein echter Differenzeingang mehr ist. In allen anderen Daten entsprechen diese Typen dem ICL7106 und dem ICL7107.

Die Schaltkreise sind eine gute Kombination von hoher Genauigkeit, universeller Einsatzmöglichkeit und Wirtschaftlichkeit. Die hohe Genauigkeit wird erreicht durch Verwendung eines automatischen Nullabgleichs bis auf weniger als 10 μV, die Realisierung einer Nullpunktdrift von weniger als 1 μV pro Grad C, die Reduzierung des Eingangsstroms auf 1 pA und die Begrenzung des „Roll-Over"-Fehlers auf weniger als eine Stelle.

Der Differenzverstärkereingang macht das System äußerst flexibel. So hat der Anwender die Möglichkeit von Brückenmessungen, wie es z. B. bei Verwendung von Dehnungsmessstreifen und ähnlichen Sensorelementen üblich ist. Extern werden sieben passive Elemente, die Anzeige und eine Betriebsspannung benötigt, um ein komplettes 3½-stelliges Digitalvoltmeter zu realisieren.

3.4 4½-stelliges Digitalvoltmeter mit dem ICL7129

Der Schaltkreis ICL7129 ist ein monolithischer CMOS-A/D-Wandler des integrierenden Typs, bei dem alle notwendigen aktiven Elemente wie BCD-7-Segment-Decodierer, Treiberstufen für das Display, Referenzspannung und komplette Takterzeugung auf dem Chip realisiert sind. Der ICL7129 ist für den Betrieb mit einer 4½-stelligen Flüssigkristallanzeige ausgelegt.

Der ICL7129 ist eine Kombination von hoher Genauigkeit, universeller Einsatzmöglichkeit und Wirtschaftlichkeit. Die hohe Genauigkeit wird erreicht durch die Verwendung eines automatischen Nullabgleichs bis auf weniger als 10 μV, die Realisierung einer Nullpunktdrift von weniger als 1 μV pro °C, die Reduzierung des

Eingangsstroms auf 10 pA und die Begrenzung des „Roll-Over"-Fehlers auf weniger als eine Stelle.

Sowohl die Differenzverstärkereingänge und die Referenz als auch der Eingang erlauben die äußerst flexible Realisierung eines Messsystems. Sie geben dem Anwender die Möglichkeit von Brückenmessungen, wie es z. B. bei Verwendung von Dehnungsmessstreifen und ähnlichen Sensorelementen üblich ist. Extern werden nur wenige passive Elemente, die Anzeige und eine Betriebsspannung benötigt, um ein komplettes 4½-stelliges Digitalvoltmeter (*Abb. 3.22*) mit LCD-Anzeige zu realisieren.

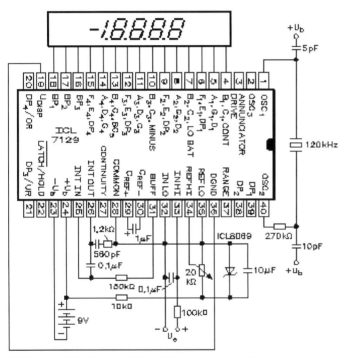

Abb. 3.22: Schaltung und Anschlussschema des ICL7129 für $U_e = \pm 1{,}9999$ V

Der ICL7129 hat mehrere Anschlüsse, die die Zusammenschaltung dieses Wandlers an komplexere Systeme vereinfachen. Es sind dies:

- OSC1, OSC2 und OSC3 (Taktgenerator): OSC1 (Pin 1) ist der Eingang, OSC2 (Pin 40) der Ausgang des ersten Taktgenerators und der Eingang des zweiten Taktgenerators und OSC3 (Pin 2) ist der Ausgang des zweiten Taktgenerators.
- Bereichseingang (Pin 3): Ausgang für die Backplane und für den externen Bereichsumschalter, wie *Abb. 3.23* zeigt.

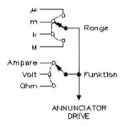

Abb. 3.23: Bereichsumschalter für eine DMM-Anzeige

- B1, C1, CONT (Pin 4): Segmentausgang für die Anzeige
- A1, G1, D1 (Pin 5): Segmentausgang für die Anzeige
- F1, E1, DP1 (Pin 6): Segmentausgang für die Anzeige
- B2, C2, LO BAT (Pin 7): Segmentausgang für die Anzeige
- A2, G2, D2 (Pin 8): Segmentausgang für die Anzeige
- F2, E2, DP2 (Pin 9): Segmentausgang für die Anzeige
- B3, C3, Minus (Pin 10): Segmentausgang für die Anzeige
- A3, G3, D3 (Pin 11): Segmentausgang für die Anzeige
- F3, E3, DP3 (Pin 12): Segmentausgang für die Anzeige
- B4, C4, BC5 (Pin 13): Segmentausgang für die Anzeige
- A4, G4, D4 (Pin 14): Segmentausgang für die Anzeige
- F4, E4, DP4 (Pin 15): Segmentausgang für die Anzeige
- BP3 (Pin 16): Backplaneausgang #3 für die Anzeige
- BP2 (Pin 17): Backplaneausgang #2 für die Anzeige
- BP1 (Pin 18): Backplaneausgang #1 für die Anzeige
- DP4/OR (Pin 20): Arbeitet als Eingang für den Dezimalpunkt. Wirkt als Ausgang, wenn der interne Zähler ±19,999 hat.
- DP3/UR (Pin 21): Arbeitet als Eingang für den Dezimalpunkt, wirkt als Ausgang, wenn der interne Zähler ±1,000 hat.
- LATCH/HOLD (Pin 22): Wenn undefinierter Zustand (Eingang), arbeitet der AD-Wandler unkontrolliert. Bei einem 1-Signal wird der momentane Zustand des AD-Wandlers angezeigt. Bei einem 0-Signal wird der Wandler zurückgesetzt. Arbeitet der Pin als Ausgang, wird ein Statussignal ausgegeben.
- V- oder $-U_b$ (Pin 23): Negative Betriebsspannung
- V+ oder $+U_b$ (Pin 24): Positive Betriebsspannung
- INT IN (Pin 25): Eingang für Integrator
- INT OUT (Pin 26): Ausgang für Integrator

- CONTINUITY (Pin 27): Arbeitet als Eingang, wenn ein 0-Signal anliegt, d. h. das Flag der Anzeige ist aus, und bei 1-Signal ist das Flag ein. Der Pin arbeitet als Ausgang mit einem 1-Signal, wenn die Referenzspannung +200 mV unterschreitet und hat ein 0-Signal, , wenn die Referenzspannung +200 mV überschreitet.
- COMMON (Pin 28): Gemeinsamer Spannungsanschluss
- $C_{REF}+$ (Pin 29): Positive Seite des externen Referenzkondensators
- $C_{REF}-$ (Pin 30): Negative Seite des externen Referenzkondensators
- BUFFER (Pin 31): Ausgang des Verstärkers
- IN LO (Pin 32): Negative Eingangsspannung
- IN HI (Pin 33): Positive Eingangsspannung
- REF HI (Pin 34): Positive Referenzeingangsspannung
- REF LO (Pin 35): Negative Referenzeingangsspannung
- DGND (Pin 36): Digitale Masse für digitalen Schaltungsteil
- RANGE (Pin 37): Hat ein 0-Signal, wenn die Referenzspannung 200 mV hat, und ein 1-Signal bei 2 V
- DP2 (Pin 38): Soll dieser Dezimalpunkt angesteuert werden, muss ein 1-Signal angelegt werden.
- DP1 (Pin 39): Soll dieser Dezimalpunkt angesteuert werden, muss ein 1-Signal angelegt werden.

In der Schaltung von *Abb. 3.24* ist eine Frequenz (Widerstand und Kondensator) von 120 kHz vorhanden, die Anzahl von drei Messungen pro Sekunde erlaubt.

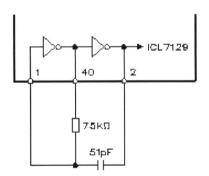

Abb. 3.24: Widerstand und Kondensator für den ICL7129

3.4.1 Triplex-LCD-Anzeige für den ICL7129

Das Problem bei dem ICL7129 ist die LCD-Anzeige, denn es handelt sich um eine Triplex-Anzeige. In *Abb. 3.25* ist das Verbindungsschema einer typischen 7-Segment-Stelle mit Sonderzeichen dargestellt. Dieser numerische Anzeigentyp kann vom ICL7129 angesteuert werden. Dafür benötigt man Spannungsverläufe der gemeinsamen Leitungen und einer Segmentleitung. Die Spannungsverläufe an den

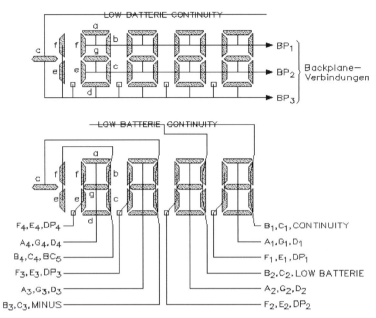

Abb. 3.25: Verbindungsschema der Triplex-LCD-Anzeige für den ICL7129

Tabelle 3.3: Anschlussschema der Triplex-LCD-Anzeige

Pin	COM1	COM2	COM3
1	4F	4E	5DP
2	4A	4G	4D
3	4B	4C	5B, C
4	3F	3E	4DP
5	3A	3G	3D
6	3B	3C	Y
7	2F	2E	3DP
8	2A	2G	2D
9	2B	2C	LOW
10	1F	1E	2DP
11	1A	1G	1D
12	1B	1C	CON
13	COM1	-	-
14	-	COM2	-
15	-	-	COM3
16 bis 30	NC	NC	NC

drei Backplanes für vier verschiedene AN/AUS-Kombinationen der Segmente A, C und D. Jede Leitungskreuzung (Segment oder Sonderzeichen) wirkt als Kapazität zwischen Segmentleitung und der entsprechenden gemeinsamen Leitung. Es gilt *Tabelle 3.3*.

Der Grad der Polarisierung des Flüssigkristallmaterials und damit der Kontrast der Anzeige hängt von dem Effektivwert der Spannung über der „Kreuzungskapazität" ab. Der Effektivwert der AUS-Spannung ist immer $U_b/3$ und der der AN-Spannung $1,92 \times U_b/3$. Bei einer Triplex-LCD-Anzeige ist das Verhältnis der Spannungseffektivwerte zwischen AN und AUS fest mit 1,92 eingestellt. Dabei ergibt sich ein akzeptables Kontrastverhältnis für eine Vielzahl von Flüssigkristallmaterialien.

Normalerweise ist die Kurve des Kontrastes über der angelegten Effektivspannung für ein Flüssigkristallmaterial, das für $U_b = 3,1$ V ausgelegt ist. Dies ist ein typischer Wert für Triplex-Anzeigen, wie sie in Taschenrechnern benutzt werden. Zu beachten ist, dass der Effektivwert der Aus-Spannung ($U_b/3 \approx 1$ V) gerade unterhalb der Schwellspannung liegt, bei der der Kontrast stark ansteigt. Die effektive An-Spannung liegt damit bei 2,1 V, woraus sich bei direkter Betrachtung ein Kontrast von 85 % ergibt.

Alle Elemente im ICL7129 benutzen eine interne Widerstandskette aus drei gleichen Widerständen zur Erzeugung der Ansteuerspannung für die Anzeige. Ein Ende dieser Kette liegt intern bei +U und das andere Ende (Benutzereingang) ist an Anschluss 2 jedes Elements herausgeführt. Durch diese Konfiguration kann die Spannung U_{DISP} für das speziell verwendete Flüssigkristallmaterial optimiert werden. Dabei ist zu beachten, dass $U_p = +U_b - U_{DISP}$ ist und dass dieser Wert das Dreifache der Schwellspannung des benutzten Flüssigkristallmaterials sein sollte. Es ist darauf zu achten, dass der Anschluss niemals negativer als 0 V wird, da sonst „latch up" auftreten kann und der ICL7129 zerstört wird.

Die Eigenschaften einer Flüssigkristallanzeige werden durch die Temperatur in zweierlei Hinsicht beeinflusst. Die Antwortzeit der Anzeige auf Änderungen der angelegten Effektivspannung wird länger bei sinkender Temperatur. Bei sehr tiefen Temperaturen (–20 °C) kann es bei einigen Anzeigen einige Sekunden dauern, ein neues Zeichen darzustellen. Für Temperaturen oberhalb von 0 °C ist dies jedoch mit den zur Verfügung stehenden Materialien für gemultiplexte Flüssigkristallanzeigen kein Problem. Für niedrige Temperaturen sind sehr schnelle Flüssigkristallmaterialien verfügbar. Ein bei höherer Temperatur auftretender Effekt beeinflusst das Plastikmaterial, aus dem die Polarisierer hergestellt werden. Einige Polarisierer werden bei hohen Temperaturen „weich" und verlieren permanent ihre Polarisierungswirkung. Dadurch entsteht eine wesentliche Verschlechterung des Kontrastes. Einige Anzeigetypen benutzen außerdem Verbindungsmaterialien, die für höhere Temperaturen ungeeignet sind. Aus diesen Gründen sollte man bei der Auswahl einer Flüssigkristallanzeige folgende Punkte beachten: Flüssigkristallmaterial, Polarisierer und Verbindungsmaterial.

Ein noch wichtigerer Temperatureffekt ist die Änderung der Schwellspannung. Bei typischen, für gemultiplexte Anzeigen geeigneten Flüssigkristallmaterialien hat die

Spitzenspannung einen Temperaturkoeffizienten von -7 mV/°C bis -14 mV/°C. Das bedeutet, dass bei Anstieg der Temperatur die Schwellspannung sinkt. Nimmt man für U_p einen festen Wert von vier kommt es, wenn die Schwellspannung unter $U_p/3$ sinkt, zur Aktivierung von Segmenten, die an sich ausgeschaltet sein sollten.

3.4.2 Anwendungen mit dem ICL7129

In den Anwendungen, in denen die Anzeigetemperatur sich nicht wesentlich verändert, kann U_p auf einen festen Wert eingestellt werden, der so gewählt wird, dass die effektive AUS-Spannung $U_p/3$ eben unterhalb der Schwellspannung bei der höchsten zu erwartenden Temperatur liegt. Dies verhindert, dass bei höheren Temperaturen ausgeschaltete Segmente sichtbar werden, führt allerdings zu geringen Kontrasten bei niedrigen Temperaturen.

In denjenigen Anwendungen, in denen die Temperatur der Anzeige über einen größeren Bereich schwanken kann, kann es notwendig werden, für die Anzeigenspannung U_{DISP} und (damit U_p) eine Temperaturkompensation vorzusehen.

Alle Elemente erlauben die Beeinflussung der Anzeigenspitzenspannung dadurch, dass das untere Ende der Widerstandsteilerkette an Pin 19 herangeführt ist. Der einfachste Weg der Spannungseinstellung für eine spezielle Anzeige ist der, an Pin 19 einen Schleiferanschluss eines Potentiometers anzuschließen. Ein Potentiometer mit einem maximalen Wert von 200 kΩ ergibt dabei einen für die meisten Anzeigen hinreichend großen Abgleichbereich. Diese Methode der Erzeugung der Anzeigenspannung sollte allerdings nur da angewandt werden, wo sich die Temperatur der Anzeige um nicht mehr als ± 5 °C ändert, da die auf dem Chip integrierten Widerstände einen positiven Temperaturkoeffizienten besitzen. Dies führt zu einer Erhöhung der Anzeigenspannung mit steigender Temperatur. Die Anzeigenspannung hängt außerdem noch von der Betriebsspannung ab, wodurch engere Toleranzen über einen größeren Temperaturbereich notwendig sind.

Bei Batteriebetrieb, wo die Anzeigenspannung normalerweise gleich der Batteriespannung ist (≈ 3 V bis 4,5V), kann ein Chip mit der Anzeigenspannung und Pin 19 an 0 V betrieben werden. Die Eingänge der Schaltkreise sind so ausgelegt, dass Eingangsspannungen oberhalb von $+U_b$ die Elemente nicht zerren können. Dabei muss allerdings sichergestellt werden, dass Eingänge unter keinen Umständen mit mehr als 6,5V angesteuert werden.

Abb. 3.26 zeigt die Schaltung für das 4½-stellige Digitalvoltmeter mit ICL7129 in EAGLE. **Achtung!** Platinenlayout und Bestückungsseite der Platine befinden sich auf der CD.

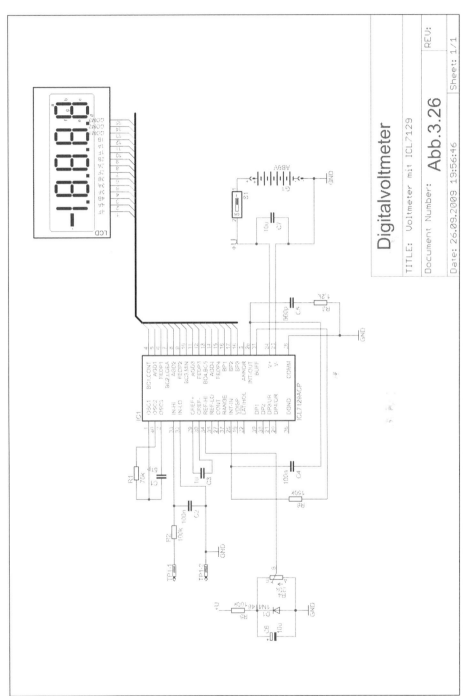

Abb. 3.26: Schaltung des 4½-stelligen Digitalvoltmeters mit ICL7129 in EAGLE

3.5 4½-stelliges Digitalvoltmeter mit dem ICL7135

Der 4½-stellige A/D-Wandler ICL7135 mit gemultiplexten BCD-Ausgängen benutzt die bewährte „Dual-Slope"-Integrationstechnik und erreicht eine Genauigkeit von ±1 bei einem Zählerstand von 20000. Damit ist der 1CL7135 der ideale Baustein für anzeigende digitale Voltmeter oder Panelmeter. Ein Messbereichsendwert von 2.0000 V, automatischer Nullabgleich und automatische Polaritätsdetektion sind kombiniert mit echt ratiometrischem Betrieb, einer annähernd idealen differenziellen Genauigkeit und einem echten Differenzeingang. Alle notwendigen aktiven Elemente, mit der Ausnahme von Anzeigentreiber, Referenzspannungsquelle und Taktgenerator, sind auf einem Chip integriert.

3.5.1 Betriebsarten des ICL7135

Der ICL7135 bietet eine Kombination von hoher Genauigkeit, Universalität und Wirtschaftlichkeit. Hohe Genauigkeit mit automatischem Nullabgleich bis auf weniger als 10 µV, eine Nullpunktdrift von weniger als 1 µV/°C, ein Eingangsstrom von maximal 10 pA und ein „Roll-Over"-Fehler von weniger als 1 sind wesentliche Merkmale. Die Flexibilität der gemultiplexten Ausgänge wird weiter erhöht durch mehrere zusätzliche Anschlüsse, die den Einsatz in Mikroprozessorsystemen oder ähnlich komplexen Schaltungen vereinfachen. Dazu zählen z. B. die Signale STROBE, OVER-RANGE, UNDERRANGE, RUN/HOLD und BUSY.

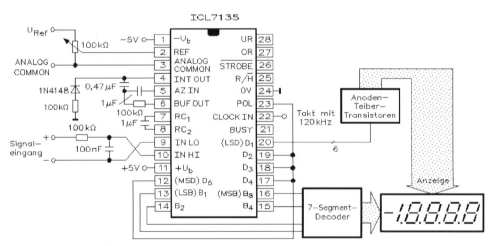

Abb. 3.27: 4½-stelliges Digitalvoltmeter mit gemultiplexter LED-Anzeige mit gemeinsamer Anode

Die Schaltung (*Abb. 3.27*) zeigt ein 4½-stelliges Digitalvoltmeter mit dem ICL7135. Jeder Messzyklus ist in vier Phasen unterteilt. Es sind dies die Phase des automatischen Nullabgleichs (AUTO ZERO AZ), die Signalintegrationsphase (INT), die Deintegrationsphase (DE) und die Phase des Integratorabgleichs (ZERO INTEGRATION ZI).

In der Auto-Zero-Phase geschehen drei Dinge. Zuerst wird die Verbindung der Differenzeingänge „INPUT HIGH" und „INPUT LOW" mit den entsprechenden Anschlüssen abgeschaltet und diese Eingänge werden intern mit COMMON-Potenzial verbunden. Der Referenzkondensator wird auf die Referenzspannung aufgeladen und drittens wird die Rückkopplungsschleife über das System geschlossen, um den AUTO-ZERO-Kondensator C_{AZ} derart aufzuladen, dass die Offsetspannungen des Pufferverstärkers, des Integrators und des Komparators kompensiert werden. Da der Komparator in dieser Schleife liegt, wird die Genauigkeit des automatischen Nullabgleichs nur durch das Systemrauschen begrenzt. Der auf den Eingang bezogene Offset ist in jedem Fall kleiner als 10 µV.

Während der Signalintegration wird die AUTO-ZERO-Schleife geöffnet und die Eingänge werden auf die externen Anschlüsse geschaltet. Der Wandler integriert die Differenzspannung zwischen „IN HI" und „IN LO" für ein definiertes Zeitintervall. Dabei kann die Differenzeingangsspannung in einem großen Gleichtaktspannungsbereich liegen, der um 1 V niedriger als die Betriebsspannung liegt (+U bei −1V bis −U bei +1 V). Wenn das Eingangssignal keinen Bezug zum Bezugspotenzial des Wandlers besitzt, kann „IN LO" mit „COMMON" verbunden werden, um die korrekte Gleichtaktspannung zu gewährleisten. Am Ende der Integrationsphase wird die Polarität des integrierten Signals in dem Polaritäts-Flipflop gespeichert.

Die dritte Phase ist die Deintegration oder Referenzintegration. „IN LO" wird intern mit „COMMON" und „IN HI" mit dem vorher aufgeladenen Referenzkondensator verbunden, wobei über eine interne Logik sichergestellt wird, dass die richtige Polarität der Referenzspannungen angelegt wird, um den Integratorausgang in Richtung des Bezugspotenzials zu bringen. Die Zeit, die der Ausgang benötigt, um zum Bezugspotenzial „zurückzuintegrieren", ist proportional zur Eingangsspannung. Die digitale Anzeige ist bestimmt durch 10.000 (U_e/U_{ref}). *Abb. 3.28* zeigt die Schaltung eines 4½-stelligen Digitalvoltmeters mit gemultiplexter LED-Anzeige mit gemeinsamer Anode.

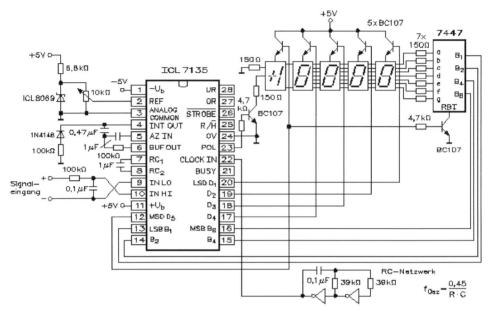

Abb. 3.28: Schaltung eines 4½-stelligen Digitalvoltmeters mit gemultiplexter LED-Anzeige

Die letzte Phase ist die des Integrator-Nullabgleichs. „INPUT LO" wird mit „COM-MON" verbunden. Dann wird eine Rückkopplungsschleife zwischen Komparatorausgang und „INPUT HI" geschlossen, um den Integratorausgang auf null zu bringen. Unter normalen Verhältnissen dauert diese Phase zwischen 100 und 200 Taktzyklen, nach einer Eingangsübersteuerung kann sie jedoch bis zu 4000 Zyklen dauern.

Abb. 3.29 zeigt die Schaltung für das 4½-stellige Digitalvoltmeter mit dem ICL7135. **Achtung!** Platinenlayout und Bestückungsseite der Platine befinden sich auf der CD.

Am Eingang können Differenzspannungen angelegt werden, die im Gleichtaktspannungsbereich des Eingangsverstärkers liegen. Genauer, von 0,5 V unter der positiven Betriebsspannung bis 1 V über der negativen Betriebsspannung. In diesem Bereich besitzt das System eine Gleichtaktunterdrückung von typisch 86 dB. Da jedoch der Integratorausgang auch der Gleichtaktspannung folgt, muss darauf geachtet werden, dass er nicht in die Sättigung geht. Der schlechteste Fall wäre der, dass eine große positive Gleichtaktspannung mit einer annähernd maximalen negativen Eingangsdifferenzspannung anliegt. Die negative Eingangsspannung bringt den Integratorausgang weiter in Richtung positiver Spannung, obwohl der Großteil des zur Verfügung stehenden Ausgangsspannungshubes schon von der positiven Gleichtaktspannung beansprucht worden ist. In derart kritischen Anwendungen kann die Ausgangsspannungsamplitude des Integrators auf weniger als die empfohlenen 2 V reduziert werden, wobei die Genauigkeit nur wenig beeinflusst wird. Der Ausgangsspannungshub des Integrators reicht von $-U_b$ bei +0,3 V bis $+U_b$ von −0,3 V ohne Verlust an Linearität.

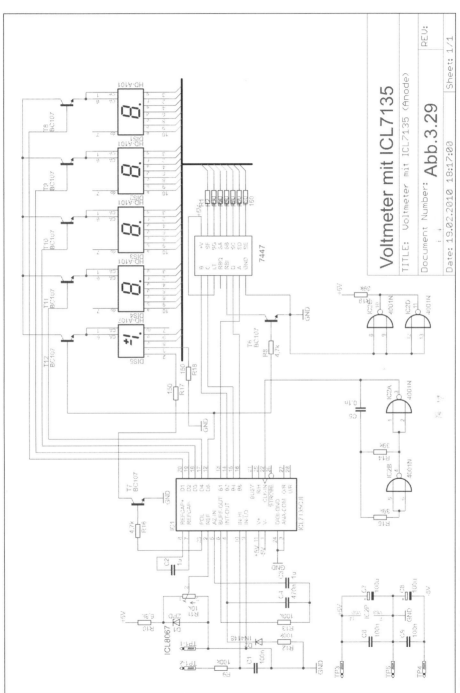

Abb. 3.29: Schaltung des 4½-stelligen Digitalvoltmeters mit ICL7135 in EAGLE

Der Anschluss „ANALOG COMMON" wird als Bezugspotenzial in der AUTO-ZERO-
und Deintegrationsphase benutzt. Wenn zwischen „IN LO" und „ANALOG COM-
MON" eine Spannungsdifferenz existiert, führt das im System zu einer Gleichtaktspannung, die von der exzellenten Gleichtaktunterdrückung des Systems weitgehend
eliminiert wird. In den meisten Anwendungen ist „IN LO" mit einem festen Bezugspotenzial verbunden (z. B. Bezugsspannung des Betriebsspannungssystems). In diesem
Fall sollte „ANALOG COMMON" mit demselben Punkt verbunden werden. Dadurch
wird die Gleichtaktspannung vom Wandler entfernt.

Die Referenzspannung muss extern erzeugt werden und als positive Spannung relativ
zu „COMMON" angelegt werden. Es gelten die Schaltungsmaßnahmen des ICL7106
und ICL7107.

3.5.2 Anschlussbelegung des ICL7135

Der ICL7135 hat mehrere Anschlüsse, die die Zusammenschaltung dieses Wandlers an
komplexere Systeme vereinfachen. Es sind dies:

- RUN/HOLD (Pin 25): Ist dieser Anschluss auf 1-Signal oder unbeschaltet, läuft der
  Wandler frei mit aufeinander folgenden Messzyklen. Dabei werden für jeden Messzyklus 40002 Taktperioden benötigt. Wird dieser Anschluss auf 0-Signal gelegt,
  führt der Wandler den aktuellen Messzyklus zu Ende und hält dann den angezeigten Wert so lange, wie RUN/HOLD auf 0-Signal liegt.

Ein kurzer positiver Puls (länger als 300 ns) startet einen neuen Messzyklus, der mit
9001 oder 10001 Taktperioden des automatischen Nullabgleichs (AUTO ZERO) beginnt. Wird dieser Puls während eines Messzyklus angelegt, wird er nicht erkannt und
der Wandler führt den aktuellen Messzyklus zu Ende. Ein externes Signal sorgt dafür,
dass ein voller Messzyklus zu Ende ist, dadurch ist gegeben, dass 101 Taktperioden
nach Beendigung des Messzyklus der erste STROBE-Impuls an Anschluss 26 erscheint.
Ist daher der Eingang RUN/HOLD auf 0-Signal und wird für mindestens 101 Taktperioden nach Beendigung eines Messzyklus auf 0-Signal gehalten, hält der Wandler an
und ist bereit für die Initialisierung eines neuen Messzyklus durch einen positiven Puls
an RUN/HOLD.

- STROBE (Pin 26): Dies ist ein negativer Ausgangspuls, der dazu benutzt wird, die
  BCD-Daten in externe Zwischenspeicher zu übernehmen. Es erscheinen fünf negative STROBE-Pulse etwa in der Mitte jedes DIGIT-Impulses. Zu beachten ist,
  dass diese STROBE-Pulse nur einmal nach jedem Messzyklus erscheinen, wobei
  der erste Puls 101 Taktperioden nach der Beendigung des Messzyklus auftritt.

Der Ausgang DIGIT 5 (höchstwertige Stelle) geht nach jedem Messzyklus auf 1-Signal
und bleibt für 201 Taktperioden auf diesem Pegel. In der Mitte dieses DIGIT-Impulses
erscheint der erste STROBE-Puls mit der Dauer einer halben Taktperiode. In ähnlicher
Weise geht nach DIGIT 5 der Ausgang DIGIT 4 für 200 Taktperioden auf 1-Signal. 100

Taktperioden später erscheint der zweite negative STROBE-Impuls. Dies setzt sich bis DIGIT 1 fort, in dessen Mitte der fünfte und letzte STROBE-Impuls auftritt. Danach erscheinen die DIGIT-Pulse weiter ohne weitere STROBE-Pulse. Neue STROBE-Pulse werden erst nach dem nächsten Messzyklus ausgegeben.

- BUSY (Pin 21): Der Anschluss BUSY geht bei Beginn der Integrationsphase auf 1-Signal und bleibt bis zum ersten Taktimpuls nach dem Nulldurchgang des Komparators auf diesem Pegel. Im Fall einer Messbereichsüberschreitung steht ein 1-Signal bis zum Ende des Messzyklus an. Die internen Zwischenspeicher werden mit dem ersten Taktimpuls nach BUSY geladen. Die Schaltung geht automatisch in die Phase des automatischen Nullabgleichs (AUTO ZERO), wenn BUSY auf 0-Signal ist. Aus diesem Grund kann der Ausgang auch als AZ-Signal betrachtet werden.
- OVERRANGE (Pin 27): Dieser Ausgang geht auf 1-Signal, wenn das Eingangssignal größer als der Messbereichsendwert ist. Das Ausgangsflipflop wird am Ende von BUSY gesetzt und bei Beginn der Referenzintegration des nächsten Messzyklus zurückgesetzt.
- UNDERRANGE (Pin 28): Dieser Ausgang geht auf 1-Signal, wenn die Eingangsspannung kleiner gleich 9 % des Messbereichsendwertes ist. Das Ausgangsflipflop wird am Ende von BUSY gesetzt, wenn der Zählerstand kleiner gleich 1800 ist und bei Beginn der Integrationsphase des nächsten Messzyklus zurücksetzt.
- POLARITY (Pin 23): Dieser Ausgang ist bei Anliegen einer positiven Eingangsspannung auf 1-Signal. Dieser Ausgang gibt auch dann die richtige Polarität, wenn in der Anzeige null angezeigt wird, d. h. dass bei einer Anzeige von + 0000 ein positives Eingangssignal anliegt, das in seinem Pegel aber kleiner als das niederwertigste Bit ist. Der Ausgangspegel dieses Anschlusses ist mit dem Beginn der Referenzintegrationsphase stabil und liegt bis zum Beginn der nächsten Referenzintegrationsphase an.
- DIGIT DRIVES (Pins 12, 17, 18, 19 und 20): An jedem dieser Ausgänge wird ein positiver DIGIT-Puls mit einer Dauer von 200 Taktperioden ausgegeben. Die Abtastsequenz ist D5 (MSD), D4, D3, D2 und D1 (LSD). Alle fünf Stellen werden solange kontinuierlich angesteuert, bis eine Messbereichsüberschreitung vorliegt. In diesem Fall werden alle Stellen vom Ende der STROBE-Sequenz bis zum Anfang der nächsten Referenzintegrationsphase nicht angesteuert. Dies ergibt eine blinkende Anzeige zur Darstellung einer Messbereichsüberschreitung.
- BCD (Pins 13, 14, 15 und 16): Die binär kodierten Dezimalausgänge B8, B4, B2, B1 sind positive Ausgangssignale, die synchron mit dem jeweiligen DIGIT-Treiber-Signal eingeschaltet werden.

3.5.3 Auswahl der Komponenten für den ICL7135

Zur optimalen Ausnutzung der hervorragenden Eigenschaften des Analogteils muss die Auswahl der Komponenten für Integrationskondensator, Integrationswiderstand, AUTO-ZERO-Kondensator sowie Referenzspannung und Wandlungsrate mit der notwendigen Sorgfalt durchgeführt werden. Die Werte müssen für die spezielle Anwendung angepasst werden.

- Integrationswiderstand: Der Wert des Integrationswiderstands wird bestimmt durch die maximale Eingangsspannung und den Ausgangsstrom des Pufferverstärkers, der den Integrationskondensator auflädt. Sowohl der Pufferverstärker als auch der Integrator haben eine Ausgangsstufe der Klasse A mit einem Ruhestrom von 100 µA. Diese Ausgänge können 20 µA an Ausgangsstrom mit vernachlässigbarer Nichtlinearität liefern. Werte zwischen 5 µA bis 40 µA ergeben gute Resultate. Der exakte Wert des Integrationswiderstandes kann berechnet werden:

$$R_{INT} = \frac{maximale\ Eingangsspannung}{20\mu A}$$

- Integrationskondensator: Das Produkt von Integrationskondensator und Integrationswiderstand sollte so gewählt werden, dass am Ausgang des Integrators der Ausgangsspannungshub groß genug ist. Andererseits muss darauf geachtet werden, dass der Ausgang, bedingt durch Bauelementetoleranzen, nicht in den Sättigungsbereich geht (ca. 0,3 V unterhalb der Betriebsspannungen). Bei Verwendung von Betriebsspannungen von ± 5 V und bei Verbindung von COMMON mit 0 V ist ein Ausgangsspannungshub von ± 3,5 V bis ± 4 V der ideale Wert. Der Normalwert von C_{INT} kann nach der folgenden Beziehung berechnet werden:

$$C_{INT} = \frac{10^4 \cdot Taktperiode \cdot 20\mu A}{Integrationsausgangsspannungshub}$$

Eine wesentliche Anforderung an den Integrationskondensator ist die der möglichst niedrigen dielektrischen Verluste. Durch zu große dielektrische Verluste werden „Roll-Over"-Fehler oder ratiometrische Fehler hervorgerufen. Ein guter Test für die Größe der dielektrischen Verluste ist der, den Eingang des Wandlers mit dem Referenzspannungseingang zu verbinden. Jede Abweichung vom Anzeigewert 1.0000 ist mit hoher Wahrscheinlichkeit auf dielektrische Verluste zurückzuführen. Die Verwendung von Polypropylen-Kondensatoren ergibt kaum messbare Fehler. In weniger kritischen Anwendungen können Polystyren- oder Polykarbonat-Kondensatoren eingesetzt werden.

- AUTO-ZERO-Kondensator und Referenzkondensator: Die Größe des AUTO-ZERO-Kondensators beeinflusst das Rauschen des Systems. Ein großer Kapazitätswert ergibt weniger Rauschen. Der Referenzkondensator sollte so groß gewählt werden, dass die Streukapazität des entsprechenden Anschlusses vernachlässigbar ist. Die dielektrischen Verluste dieser beiden Kondensatoren spielen nur beim Einschalten der Betriebsspannungen oder nach einer Eingangsübersteuerung eine Rolle.

- Referenzspannung: Der Messbereichsendwert der Wandlerschaltung ist:

$$U_{Imax} = 2 \cdot U_{ref}$$

Die Stabilität der Referenzspannung ist ein ganz wesentlicher Faktor für die gesamte Genauigkeit des Wandlers. Es wird deshalb empfohlen, da, wo hochgenaue absolute Messungen durchgeführt werden müssen, eine Referenzspannung hoher Qualität einzusetzen.

- Maximale Taktfrequenz: Die maximale Wandlungsrate der meisten Dual-Slope-A/D-Wandler wird durch den Frequenzgang des Komparators begrenzt. Der Komparator des ICL7135 folgt der Integrationsrampe mit einer Verzögerung von 3 µs, d. h. dass bei einer Taktfrequenz von 160 kHz (Periode 6 µs.) die erste halbe Taktperiode der Referenzintegration durch Verzögerung verlorengeht. Damit ändert sich die Anzeige von 0 auf 1 bei einer Eingangsspannung von 50 µV, von 1 auf 2 bei 150 µV, von 2 auf 3 bei 250 µV usw. Dieser „Übergang in der Mitte" ist bei den meisten Anwendungen durchaus wünschenswert. Wird jedoch die Taktfrequenz erheblich höher als 160 kHz gewählt, können Rauschspitzen selbst bei kurzgeschlossenem Eingang zu fehlerhaften Anzeigen führen.

In vielen speziellen Anwendungen, bei denen das Eingangssignal nur eine Polarität besitzt, muss die Komparatorverzögerung keine Einschränkung bedeuten. Da sich Nichtlinearität und Rauschen mit der Taktfrequenz nicht wesentlich erhöhen, können in diesen Fällen Taktfrequenzen bis ca. 1 MHz benutzt werden. Bei einer genügend konstanten Taktfrequenz sind die durch die Komparatorverzögerung bedingten zusätzlich gezählten Taktimpulse eine Konstante, die digital subtrahiert werden kann.

Es gibt jedoch eine Möglichkeit, mit Taktfrequenzen von mehr als 160 kHz noch fehlerfrei zu arbeiten. Zu diesem Zweck muss ein kleiner Widerstandswert in Serie mit dem Integrationskondensator geschaltet werden. Dieser Widerstand führt bei der Frequenzintegration zu einem kleinen Spannungssprung am Integratorausgang. Bei sehr sorgfältiger Auswahl des Verhältnisses zwischen diesem Widerstand und dem Integrationswiderstand kann die Komparatorverzögerung kompensiert und die maximale Taktfrequenz um den Faktor 3 erhöht werden. Der Wert dieses zusätzlichen Widerstands liegt meist im Bereich von 30 Ω bis 50 Ω. Noch höhere Taktfrequenzen führen zu wesentlichen Nichtlinearitäten.

Die minimale Taktfrequenz wird durch die Leckströme des AUTO-ZERO-Kondensators und des Referenzkondensators bestimmt. Bei den meisten Elementen ergibt eine Messzyklusdauer von 10 s keine messbaren Leckstromfehler. Zur Unterdrückung der Netzfrequenz von 50 Hz sollte die Dauer des Integrationszyklus so gewählt werden, dass sie ein ganzzahliges Vielfaches von 20 ms ist.

Taktfrequenzen von 100 kHz, 125 kHz oder $166^2/_3$ kHz sind für diesen Zweck geeignet. Der verwendete Takt sollte keinen wesentlichen Phasen- oder Frequenzjitter aufweisen. In der Schaltung sind ein einfacher, aus zwei Gattern realisierter Oszillator sowie einer mit dem Timer 555 (*Abb. 3.30*) dargestellt. Eine durch die gemultiplexten Ausgänge bedingte Forderung ist die, dass, wenn die Anzeige von der digitalen Betriebsspannung signifikanten Strom zieht, die Betriebsspannungsunterdrückung des Taktes entsprechend hoch sein sollte.

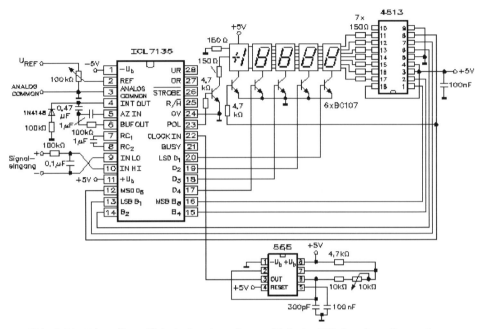

Abb. 3.30: 4½-stelliges Digitalvoltmeter mit gemultiplexter LED-Anzeige mit gemeinsamer Katode

- Nulldurchgangsflipflop: Dieses Flipflop dient zur Erkennung des Nulldurchgangs (Komparatorausgang). Die Information wird dann gespeichert, wenn vom Takt bedingte Störimpulse abgeklungen sind. Fehlerhafte, durch Übersprechen des Taktes bedingte Nulldurchgänge, werden nicht erkannt. Naturgemäß verzögert das Flipflop den tatsächlichen Nulldurchgang jedesmal um einen Takt. Falls keine Korrektur vorgenommen würde, wäre der angezeigte Messwert jeweils um einen Zähler zu groß. Daher wird der Zähler am Anfang der Phase 3 (Referenzintegration) für eine Taktperiode deaktiviert. Diese Verzögerung kompensiert die durch das Nulldurchgangsflipflop bedingte Verzögerung und führt dazu, dass der korrekte Messwert in der Anzeige dargestellt wird.
- Fehlerursachen: Fehler und Abweichungen vom „idealen" Wandler werden bedingt durch:

  - Spannungsfälle an Kondensatoren bedingt durch Leckströme
  - Spannungsänderungen an Kondensatoren durch Ladungsübertragungen beim Abschalten der Schalter
  - Nichtlinearitäten von Pufferverstärker und Integrator
  - Frequenzgangeigenschaften von Pufferverstärkern, Integrator und Komparator
  - Nichtlinearitäten des Integrationskondensators, hervorgerufen durch dielektrische Verluste

- Ladungsverluste an C_{ref} durch Streukapazitäten
- Ladungsverluste an C_{AZ} und C_{INT} durch Streukapazitäten

- Rauschen: Der Spitzenwert des Rauschens um den Nullpunkt beträgt ca. 20 μV_{ss} (Spitze-Spitze, in 95 % der Zeit nicht überschritten). In der Nähe des Messbereichsendwertes steigt das Rauschen auf ca. 40 μV_{ss}. Ein großer Teil des Rauschens wird in der AUTO-ZERO-Schleife erzeugt und ist proportional zum Verhältnis zwischen Eingangsspannung und Referenzspannung.
- Analoges und digitales Bezugspotential: Es muss größte Sorgfalt darauf verwendet werden, Erdschleifen in Schaltungen mit dem ICL7135 speziell dann zu vermeiden, wenn es um hochgenaue Messungen geht. Es ist sehr wichtig, dass rückfließende „digitale" Ströme nicht über die analoge Bezugsleitung fließen.
- Betriebsspannung: Der ICL7135 ist für den Betrieb mit Betriebsspannungen von ± 5 V ausgelegt. In speziellen Anwendungen kann der Wandler jedoch unter den folgenden Bedingungen auch nur aus einer +5 V-Betriebsspannung betrieben werden:

  - Eingangssignal kann auf die Mitte des Eingangsgleichtaktspannungsbereichs bezogen werden
  - Eingangssignal ist kleiner als ± 1,5V

Beachten Sie bitte die Differenzeingänge für die Beurteilung des Einflusses dieser Betriebsart auf den Ausgangsspannungshub des Integrators ohne Einbußen an Linearität.

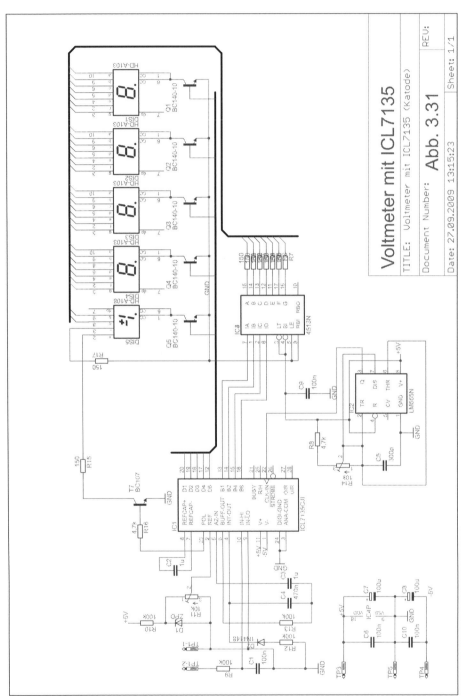

Abb. 3.31: Schaltung des 4½-stelligen Digitalvoltmeters mit ICL7135 in EAGLE

Abb. 3.31 zeigt die Schaltung für das 4½-stellige Digitalvoltmeter mit dem ICL7135. **Achtung!** Platinenlayout und Bestückungsseite der Platine befinden sich auf der CD.

3.5.4 Schaltungen mit dem ICL7135

Die nachfolgenden Anwendungen mit dem ICL7135 zeigen die Universalität dieses Wandlers.

Der ICL8069 benutzt das „Band gap"-Prinzip und erreicht damit eine exzellente Stabilität und geringes Rauschen bis hinab zu Rückwärtsströmen von 50 μA. In dieser Schaltung ist ein typisches RC-Eingangsfilter dargestellt. Abhängig von der Anwendung kann die Zeitkonstante kürzer oder länger gewählt werden. Die halbe LED-Stelle wird von einem 7-Segment-Decodierer mit Vornullenunterdrückung angesteuert, wobei das Signal D5 mit einem RBI-Eingang des Decodierers verbunden ist. Für den aus zwei Gattern bestehenden Taktoszillator sollten CMOS-Gatter verwendet werden, um gute Betriebsspannungsunterdrückung zu gewährleisten.

Die Schaltung von *Abb. 3.32* ist ähnlich der in *Abb. 3.28*, mit der Ausnahme, dass die Stellentreiber der LED-Anzeige mit gemeinsamer Katode mit einem Transistor-Array realisiert sind. Diese Methode führt zu einer geringeren Anzahl externer Komponenten. Bei beiden Schaltungen ergibt sich im Falle einer Messbereichsüberschreitung eine blinkende Anzeige. Der in *Abb. 3.32* benutzte Taktoszillator ist mit einem CMOS-Timer des Typs 555 realisiert.

Die populären LCD-Anzeigen können bei Verwendung eines geeigneten Treibers wie dem ICM7211A als Anzeigeelement des ICL7135 verwendet werden. Standardelemente der CMOS-Serie 4000 werden für die Ansteuerung der halben Stelle, der Polaritätsanzeige und der Messbereichsüberschreitungsanzeige benutzt. *Abb. 3.32* zeigt eine etwas komplizierte Schaltung zur Ansteuerung einer LCD-Anzeige. In dieser Schaltung werden die Ausgangsdaten des Wandlers im ICM7211A mit dem STROBE-Signal zwischengespeichert und die Messbereichsüberschreitung wird durch Austastung der vier vollwertigen Stellen angezeigt.

Ein in Verbindung mit LED- und Plasma-Anzeigen häufig auftretendes Problem ist, dass der Taktoszillator durch die von den wechselnden Anzeigeströmen schwankende Betriebsspannung beeinflusst wird. Jede durch verschiedene Anzeigen bedingte Betriebsspannungsschwankung kann zu einer Modulation des Taktes führen, speziell dann, wenn im Fall einer Messbereichsüberschreitung die Anzeige blinkt (Wechsel zwischen ausgeschalteter Anzeige und 0000). Tritt eine solche Modulation während der Phase der Referenzintegration auf, führt das zu einem „vorgetäuschten" Anzeigewert direkt nach der Rückkehr von einer Übersteuerung. Ein Taktgenerator mit einem Spannungskomparator in einer Beschaltung mit positiver Rückkopplung eliminiert weitgehend das Problem von Phasen- oder Frequenzjitter. *Abb. 3.32* zeigt die Schaltung.

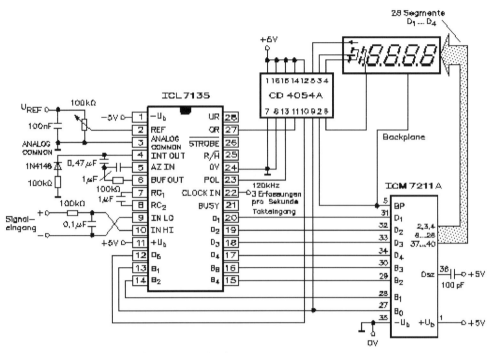

Abb. 3.32: Schaltung des ICL7135 für die Ansteuerung einer LCD-Anzeige

Als Anzeigentreiber setzt man den ICM 7211 (LCD) oder den ICM 7212 (LED) ein. Insgesamt vier Bausteine sind vorhanden.

Der ICM 7211 (LCD) hat:

- vierstellige 7-Segment LCD-Ansteuerung (kein Multiplexer) mit „Backplane"-Treiber
- integrierten RC-Oszillator (keine externen Komponenten) zur Erzeugung der „Backplane"-Frequenz
- „Backplane"-Ein/Ausgang für einfache Synchronisation von mehreren Treibern von einem „Backplane"-Steuersignal
- separate Stellenanwahleingänge beim ICM 7211 für gemultiplexte Eingangssignale im BCD-Code
- Zwischenspeicher für Eingangsdaten und binär codierte Stellenanwahl beim ICM 7211M, direkt kompatibel zu Mikroprozessorsystemen
- ICM 7211 decodiert binär-hexadezimal
- ICM 7211A decodiert auf EHLP-Dash-Blank-Code (Code B)

Der ICM 7212 (LED) hat 28 strombegrenzte Segmentausgänge zur Ansteuerung von vierstelligen nicht gemultiplexten LED-Anzeigen mit Segmentströmen größer als 5 mA.

- Eingang zur Helligkeitssteuerung der Anzeige und ein Potentiometer oder mit digitalem Signal als Anzeigenaktivierung
- ICM7212M und ICM7212A besitzen dieselben Ein/Ausgangscodierungen wie die entsprechenden Versionen des ICM7211

Die Schaltkreise ICM7211 (LCD) und ICM7212 (LED) sind konzipiert zur Ansteuerung nicht gemultiplexter vierstelliger Sieben-Segment Anzeigen. Der ICM7211 treibt normale LCD-Anzeigen. Er beinhaltet einen kompletten RC-Oszillator, eine Teilerkette, „Backplane"-Treiber und 28 Segmenttreiber. Diese Ausgänge liefern das Wechselspannungssignal, das zur Ansteuerung von LCD-Anzeigen benötigt wird.

Die Schaltkreise ICM7212 sind zur Ansteuerung von vierstelligen LED-Anzeigen mit gemeinsamer Anode ausgelegt. Diese besitzen 28 Anschlüsse für im Strom steuerbare Segmentausgänge (n-Kanal-Open-Drain mit geringem Leckstrom). Der Baustein besitzt einen Eingang für die Stromsteuerung der Segmente, der entweder mit einem Potentiometer zur kontinuierlichen Helligkeitssteuerung beschaltet oder mit einem digitalen Signal als Anzeigenaktivierung (Aus-Ein) angesteuert werden kann. Beide Treibertypen sind in zwei Eingangskonfigurationen erhältlich. Die Grundversion besitzt vier Daten-Bit-Eingänge und vier Stellen-Anwahl-Eingänge. Diese Version ist für die Zusammenschaltung mit Schaltungen geeignet, die über gemultiplexte BCD- oder Binär-Ausgänge verfügen.

Die Version mit Mikroprozessor-Interface Kennbuchstabe (M) besitzt interne Eingangsspeicher für Daten und den binären Stellen-Anwahl-Code.

Die Übernahme der Eingangsdaten wird von zwei „Chip-Select"-Leitungen gesteuert. Diese Schaltkreise bieten damit die Möglichkeit, alpha-numerische 7-Segment-Anzeigen zu geringen Kosten an Mikroprozessorsysteme anzuschließen ohne dass zusätzliche ROM-Speicher oder CPU-Zeit zur Decodierung und Aufdatierung der Anzeigen benötigt werden.

Die verfügbaren Standard-Typen sind mit zwei verschiedenen Decodierern erhältlich. Die Grundversion dekodiert einen binären 4-Bit-Eingang auf einen hexadezimalen 7-Segment-Ausgangscode. Das Gehäuse aller Versionen der Familie ICM7211/7212 ist das 40-polige Plastik-Dual-in-Line-Gehäuse.

Abb. 3.33 zeigt die Schaltung mit dem ICL7135 für eine LCD-Anzeige. **Achtung!** Platinenlayout und Bestückungsseite der Platine befinden sich auf der CD.

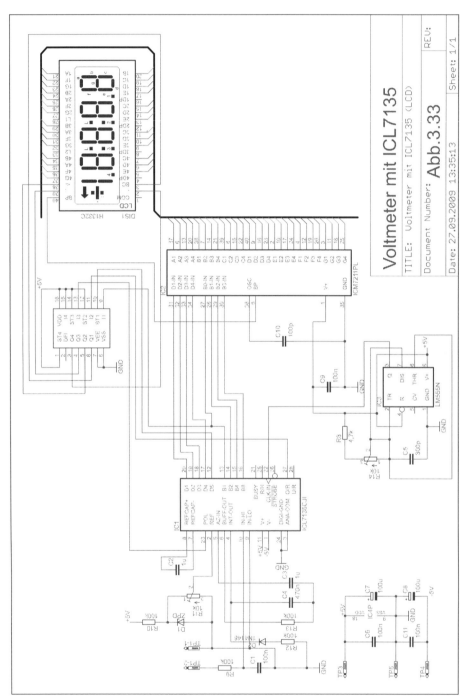

Abb. 3.33: Schaltung des ICL7135 für die Ansteuerung einer LCD-Anzeige in EAGLE

3.6 3½-stelliges Digitalvoltmeter mit dem ICL7137

Der A/D-Wandler ICL7137 ist ein 3½-stelliger integrierender A/D-Wandler in CMOS-Technologie mit sehr guten Eigenschaften und niedriger Verlustleistung. Alle notwendigen aktiven Elemente wie 7-Segment-Decodierer, Anzeigentreiber, Referenzspannung und Taktoszillator sind auf einem CMOS-Chip integriert. Der ICL7137 ist für die direkte Ansteuerung von LED-Anzeigen konzipiert. Der Betriebsstrom (ohne Anzeigenstrom) liegt unter 200 µA und macht den ICL7137 ideal für batteriegespeiste Anwendungen, da die Anzeige abschaltbar ist.

Der ICL7137 bietet eine Kombination aus hoher Genauigkeit, Universalität und Wirtschaftlichkeit. Hohe Genauigkeit, wie z. B. ein automatischer Nullabgleich auf weniger als 10 µV, eine Nullpunktdrift von weniger als 1 µV/°C, ein Eingangsbiasstrom von maximal 10 pA und ein Roll-Over-Fehler von weniger als einem Zähler. Die echten Differenzeingänge für Eingangsspannung und Referenzspannung machen den ICL7137 universell für alle Anwendungen. Besonders nützlich ist diese Konfiguration jedoch für Spannungsmessungen in Brückenschaltungen (Dehnungsmessstreifen, Temperaturfühler usw.) Der ICL7137 erlaubt schließlich aufgrund seines niedrigen Preises den Aufbau eines hochwertigen Messinstruments mit nur sieben passiven Komponenten und einer Anzeige.

Der ICL7137 ist eine verbesserte Version des bewährten ICL7107. Er löst die bei diesem Typ noch störenden Übersteuerungs- und Hystereseprobleme und sollte in allen Anwendungen für diesen eingesetzt werden. Dabei ist darauf zu achten, dass einige passive Komponenten ausgetauscht werden müssen.

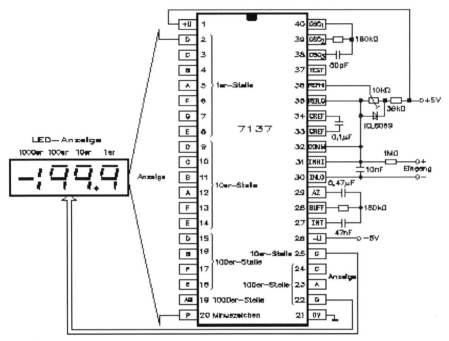

Abb. 3.34: ICL7137 mit LED-Anzeige

Abb. 3.34 zeigt das Blockschaltbild und die externen Bauteile des ICL7137.

3.6.1 Messzyklen des ICL7137

– Jeder Messzyklus ist in mehrere Phasen aufgeteilt. Dies sind:
  – Automatischer Nullabgleich
  – Signal-Integration
  – Referenz-Integration oder Deintegration
  – Integratorabgleich (ZI)

● Automatischer Nullabgleich: Die Differenzeingänge des Signaleingangs werden intern von den Anschlüssen getrennt und mit „ANALOG COMMON" kurzgeschlossen. Der Referenzkondensator wird auf die Referenzspannung aufgeladen. Eine Rückkopplungsschleife zwischen Komparator-Ausgang und invertierendem Eingang des Integrators wird geschlossen, um den „AUTO-ZERO"-Kondensator derart aufzuladen, dass die Offsetspannungen von Eingangsverstärker, Integrator und Komparator kompensiert werden. Da auch der Komparator mit in dieser Rückkopplungsschleife eingeschlossen ist, ist die Genauigkeit des automatischen Nullabgleichs nur durch das Rauschen des Systems begrenzt. Die auf den Eingang bezogene Offsetspannung liegt in jedem Fall niedriger als 10 μV.

- Signalintegration: Während der Signalintegrationsphase wird die Nullabgleich-Rückkopplung geöffnet, die internen Kurzschlüsse werden aufgehoben und der Eingang wird mit den externen Anschlüssen verbunden.

Sodann integriert das System die Differenzeingangsspannung zwischen „INPUT HIGH" und „INPUT LOW" für ein festes Zeitintervall. Diese Differenzeingangsspannung kann im gesamten Gleichtaktspannungsbereich des Systems liegen. Wenn andererseits das Eingangssignal relativ zur Spannungsversorgung keinen Bezug hat, kann die Leitung „INPUT LOW" mit „ANALOG COMMON" verbunden werden, um die korrekte Gleichtaktspannung einzustellen. Am Ende der Signalintegrationsphase wird die Polarität des Eingangssignals bestimmt.

- Referenz-Integration: Die vorletzte Phase des Messzyklus ist die Referenzintegration oder Deintegration. „INPUT LOW" wird intern mit „ANALOG COMMON" verbunden und „INPUT HIGH" wird an den in der „AUTO-ZERO"-Phase aufgeladenen Referenzkondensator angeschlossen. Eine interne Logik sorgt dafür, dass dieser Kondensator mit der korrekten Polarität mit dem Eingang verbunden wird – bestimmt durch die Polarität des Eingangssignals – um die Deintegration in Richtung „0 V" durchzuführen. Die Zeit, die der Integratorausgang benötigt, um auf „0 V" zurückzugehen, ist proportional zur Größe des Eingangssignals. Die digitale Darstellung ist speziell bei 1000 U_{in}/U_{ref}.
- Integratorabgleich: Die letzte Phase ist die des Integratorabgleichs. Zuerst wird der Eingang „INPUT LOW" mit „ANALOG COMMON" kurzgeschlossen. Dann wird der Referenzkondensator auf die Referenzspannung aufgeladen. Zuletzt wird eine Rückkopplungsschleife vom Komparatorausgang nach „INPUT HIGH" geschlossen, um den Integratorausgang auf null zu bringen. Normalerweise liegt die Dauer dieser Phase zwischen 11 Taktimpulsen und 140 Taktimpulsen, sie kann jedoch nach „großer" Übersteuerung bis zu 740 Taktimpulse dauern.

Es können am Eingang Differenzspannungen irgendwo innerhalb des Gleichtaktspannungsbereichs des Eingangsverstärkers angelegt werden, besser spezifiziert im Bereich zwischen positiver Versorgung –0,5 V und negativer Versorgung –1 V. In diesem Bereich besitzt das System eine Gleichtaktspannungsunterdrückung von typisch 90 dB. Da jedoch der Integratorausgang auch in dem Gleichtaktspannungsbereich schwingt, muss dafür gesorgt werden, dass der Integratorausgang nicht in den Sättigungsbereich kommt.

Der ungünstigste Fall ist der, bei dem eine große positive Gleichtaktspannung verbunden mit einer negativen Differenzeingangsspannung im Bereich des Endwertes am Eingang anliegt.

Die negative Differenzeingangsspannung treibt den Integratorausgang zusätzlich zu der positiven Gleichtaktspannung weiter in Richtung positive Betriebsspannung. Bei diesen kritischen Anwendungen kann die Ausgangsamplitude des Integrators ohne großen Genauigkeitsverlust von den empfohlenen 2 V reduziert werden auf einen geringeren Wert. Der Integratorausgang kann bis auf 0,3 V an jede Betriebsspannung ohne Verlust an Linearität herankommen.

Die Referenzspannung kann irgendwo im Betriebsspannungsbereich des Wandlers erzeugt werden. Hauptursache eines Gleichtaktspannungsfehlers ist ein „Roll-Over"-Fehler (abweichende Anzeigen bei Umpolung der gleichen Eingangsspannung), der dadurch hervorgerufen wird, dass der Referenzkondensator durch Streukapazitäten an seinen Anschlüssen auf- bzw. entladen wird. Liegt eine hohe Gleichtaktspannung an, kann der Referenz-Kondensator aufgeladen werden (die Spannung steigt), wenn er angeschlossen wird, um ein positives Signal zu deintegrieren. Andererseits kann er entladen werden, wenn ein negatives Eingangssignal zu deintegrieren ist. Dieses unterschiedliche Verhalten für positive und negative Eingangsspannungen ergibt einen „Roll-Over"-Fehler. Wählt man jedoch den Wert der Referenz-Kapazität groß genug, so kann dieser Fehler bis auf weniger als eine halbe Stelle reduziert werden.

3.6.2 Anschlussbelegung des ICL7137

Der Anschluss „ANALOG COMMON" ist in erster Linie dafür vorgesehen, die Gleichtaktspannung für den Batteriebetrieb ICL7137) oder für ein System mit – relativ zur Betriebsspannung – „schwimmenden" Eingängen zu bestimmen. Er liegt typischerweise ca. 2,8 V unterhalb der positiven Betriebsspannung. Dieser Wert ist deshalb so gewählt, um bei einer entladenen Batterie eine Versorgung von 6 V zu gewährleisten. Darüber hinaus hat dieser Anschluss eine gewisse Ähnlichkeit mit einer Referenzspannung. Ist nämlich die Betriebsspannung groß genug, um die Regeleigenschaften der internen Z-Diode auszunutzen (≈ 7 V), besitzt die Spannung am Anschluss „ANALOG COMMON" einen niedrigen Spannungskoeffizienten, eine niedrige Impedanz (ca. 15 Ω) und einen Temperaturkoeffizienten von weniger als 80 ppm/°C typisch.

Andererseits sollten die Grenzen dieser „integrierten Referenz" erkannt werden. Beim Typ ICL7137 kann die interne Aufheizung durch die Ströme der LED-Treiber die Eigenschaften verschlechtern. Auf Grund des höheren thermischen Widerstands sind plastikgekapselte Schaltkreise in dieser Beziehung schlechter als solche im Keramikgehäuse. Bei Verwendung einer externen Referenz treten auch beim ICL7137 keine Probleme auf. Die Spannung an „ANALOG COMMON" ist die, mit der der Eingang während der Phase des automatischen Nullabgleichs und der Deintegration beaufschlagt wird. Wird der Anschluss „INPUT LOW" mit einer anderen Spannung als „ANALOG COMMON" verbunden, ergibt sich eine Gleichtaktspannung in dem System, die von der ausgezeichneten Gleichtaktspannungsunterdrückung des Systems kompensiert wird. In manchen Anwendungen wird man den Anschluss „INPUT LOW" auf eine feste Spannung legen (z. B. Bezug der Betriebsspannungen). Hierbei sollte man den Anschluss „ANALOG COMMON" mit demselben Punkt verbinden und auf diese Weise die Gleichtaktspannung für den Wandler eliminieren.

Dasselbe gilt für die Referenzspannung. Wenn man die Referenz mit Bezug zu „ANA-LOG COMMON" ohne Schwierigkeiten anlegen kann, sollte man dies tun, um Gleichtaktspannungen für das Referenzsystem auszuschalten.

Innerhalb des Schaltkreises ist der Anschluss „ANALOG COMMON" mit einem n-Kanal-Feldeffekt-Transistor verbunden, der in der Lage ist, auch bei Eingangsströmen von 100 µA oder mehr den Anschluss 3,0 V unterhalb der Betriebsspannung zu halten (wenn z. B. eine Last versucht, diesen Anschluss „hochzuziehen"). Andererseits liefert dieser Anschluss nur 10 µA als Ausgangsstrom, sodass man ihn leicht mit einer negativen Spannung verbinden kann, um auf diese Weise die interne Referenz auszuschalten.

Beim ICL7137 ist er über einen Widerstand mit 500 Ω verbunden. Er ist mit der intern erzeugten digitalen Betriebsspannung verbunden und hat die Funktion eines „Lampentests". Wird dieser Anschluss auf die positive Betriebsspannung gelegt, werden alle Segmente eingeschaltet und das Display zeigt –1888.

Die Segmenttreiberkapazität beträgt 8 mA. Dieser Strom ist typisch für die meisten LED-7-Segmentanzeigen. Da der Treiber der höchstwertigsten Stelle den Strom von zwei Segmenten aufnehmen muss (Pin 19), besitzt er die doppelte Stromkapazität von 16 mA.

Drei Methoden können grundsätzlich verwendet werden:

- Verwendung eines externen Oszillators an Pin 40
- Ein Quarz zwischen Pin 39 und Pin 40
- Ein RC-Oszillator, der die Pins 38, 39 und 40 benutzt

Die Oszillatorfrequenz wird durch vier geteilt, bevor sie als Takt für die Dekadenzähler benutzt wird. Sie wird dann weiter heruntergeteilt, um die drei Zyklus-Phasen abzuleiten. Dies sind Signal-Integration (1000 Takte), Referenz-Integration (0 bis 2000 Takte) und automatischer Nullabgleich (1000 bis 3000 Takte). Für Signale, die kleiner sind als der Eingangsbereichsendwert, wird für den automatischen Nullabgleich der nicht benutzte Teil der Referenz-Integrationsphase benutzt. Es ergibt sich damit die Gesamtdauer eines Messzyklus zu 4000 (internen) Taktperioden entspricht 16.000 (externen) Taktperioden unabhängig von der Größe der Eingangsspannung. Für ca. drei Messungen pro Sekunde wird deshalb eine Taktfrequenz von ca. 50 kHz benutzt werden.

Um eine maximale Unterdrückung der Netzfrequenzanteile zu erhalten, sollte das Integrationsintervall so gewählt werden, dass es einem Vielfachen der Netzfrequenzperiode (von 20 ms bei einer Netzfrequenz von 50 Hz) entspricht. Um diese Eigenschaft zu erreichen, sollten Taktfrequenzen von 200 kHz (t_i = 20 ms), 100 kHz (t_i = 40 ms), 50 kHz (t_i = 80 ms) oder 40 kHz (t_i = 100 ms) gewählt werden. Es sei darauf hingewiesen, dass bei einer Taktfrequenz von 40 kHz nicht nur die Netzfrequenz von 50 Hz, sondern auch die 60 Hz, 400 Hz und 440 Hz unterdrückt werden.

3.6.3 Auswahl der Komponenten

Integrationswiderstand: Sowohl der Eingangsverstärker als auch der Integrationsverstärker besitzen eine Ausgangsstufe der Klasse A mit einem Ruhestrom von 6 µA. Sie sind in der Lage, einen Strom von 1 µA mit vernachlässigbarer Nichtlinearität zu liefern. Der Integrationswiderstand sollte hoch genug ausgewählt werden, um für den gesamten Eingangsspannungsbereich in diesem sehr linearen Bereich zu bleiben. Andererseits sollte er klein genug sein, um den Einfluss nicht vermeidbarer Leckströme auf der Leiterplatte nicht signifikant werden zu lassen. Für einen Eingangsspannungsbereich von 2 V wird ein Wert von 1,8 MΩ und für 200 mV ein solcher von 180 kΩ empfohlen.

Integrationskondensator: Der Integrationskondensator sollte so bemessen werden, dass unter Berücksichtigung seiner Toleranzen der Ausgang des Integrators nicht in den Sättigungsbereich kommt (0,3 V Abstand von beiden Betriebsspannungen). Bei der Benutzung der „internen Referenz" (ANALOG COMMON) ist ein Spannungshub von ± 2 V am Integratorausgang optimal. Für drei Messungen pro Sekunde wird ein Kapazitätswert von 47 nF empfohlen.

Es ist offensichtlich, dass bei Wahl anderer Taktfrequenzen diese Werte geändert werden müssen, um den gleichen Ausgangsspannungshub zu erreichen. Eine zusätzliche Anforderung an den Integrationskondensator sind die geringen dielektrischen Verluste, um den „Roll-Over"-Fehler zu minimieren. Polypropylen-Kondensatoren ergeben hier bei relativ geringen Kosten die besten Ergebnisse.

- „AUTO-ZERO"-Kondensator: Der Wert des „AUTO-ZERO-Kondensators hat Einfluss auf das Rauschen des Systems. Für 200 mV Eingangsspannungsbereichsendwert, wobei geringes Rauschen sehr wichtig ist, wird ein Wert von 0,47 µF empfohlen. In Anwendungsfällen mit einem Eingangsspannungsbereichsendwert von 2 V kann dieser Wert auf 47 nF verringert werden, um die Erholzeit von Überspannungsbedingungen am Eingang zu reduzieren.
- Referenzkondensator: Ein Wert von 0,1 µF zeigt in den meisten Anwendungen die besten Ergebnisse. In solchen Fällen, in denen eine relativ hohe Gleichtaktspannung anliegt (wenn z. B. „REF LOW" und „ANALOG COMMON" nicht verbunden sind), muss bei 200 mV Eingangsspannungsbereichsendwert ein größerer Wert gewählt werden, um „Roll-Over"-Fehler zu vermeiden. Ein Wert von 1 µF hält in diesen Fällen den „Roll-Over"-Fehler kleiner als 1/2 Digit.
- Komponenten des Oszillators: Für alle Frequenzen sollte ein Kondensator von 50 pF gewählt werden. Der Widerstand kann nach der Funktion bestimmt werden:

$$f = \frac{0,45}{R \cdot C}$$

Ein Wert von 180 kΩ ergibt eine Frequenz von etwa 48 kHz für drei Messungen pro Sekunde.

- Referenz-Spannung: Um den Bereichsendwert von 2000 internen Takten zu erreichen, muss eine Eingangsspannung von $U_{IN} = 2\ U_{ref}$ anliegen. Daher muss die Referenzspannung für 200 mV Eingangsspannungsbereich zu 100 mV und für 2,000 V Eingangsspannungsbereich zu 1,000 V gewählt werden.

In manchen Anwendungen jedoch, vor allen Dingen da, wo der A/D-Wandler mit einem Sensor verbunden ist, existiert ein anderer Skalierungsfaktor als eins zwischen der Eingangsspannung und der digitalen Anzeige. In einem Wägesystem z. B. kann der Entwickler Vollausschlag wünschen, wenn die Eingangsspannung auf 0,682 V liegt. An Stelle eines Vorteilers (Spannungsteiler), der den Eingang auf 200 mV herunterteilt, benutzt man in diesem Fall besser eine Referenzspannung von 0,341 V. Geeignete Werte für die Integrationselemente (Widerstand, Kondensator) wären hier 330 kΩ und 47 nF. Diese Werte machen das System etwas ruhiger und vermeiden ein Teilernetzwerk am Eingang. Ein weiterer Vorteil dieses Systems ist, dass in einem Fall eine „Nullanzeige" bei irgendeinem Wert der Eingangsspannung gewünscht werden kann. Temperaturmess- und Wägesysteme sind Beispiele hierfür. Dieser „Offset" in der Anzeige kann leicht dadurch erzeugt werden, dass man den Sensor zwischen „INPUT HIGH" und „COMMON" anschließt und die variable oder feste Betriebsspannung zwischen „COMMON" und „ INPUT LOW" anlegt.

3.7 Vierstelliger Vor-Rückwärtszähler mit dem ICM7217

Mit dem ICM7217 steht ein vierstelliger Zähler mit zahlreichen Möglichkeiten zur Verfügung, der sich universell einsetzen lässt. Von diesem Baustein sind vier Typen erhältlich:

- ICM7217: Dekadischer Zähler von 0 bis 9999 für Anzeigeeinheiten mit gemeinsamer Anode
- ICM7217A: Dekadischer Zähler von 0 bis 9999 für Anzeigeeinheiten mit gemeinsamer Katode
- ICM7217B: Zeitgeber von 0 bis 5959 für Anzeigen mit gemeinsamer Anode
- ICM7217C: Zeitgeber von 0 bis 5959 für Anzeigen mit gemeinsamer Katode

Der ICM7217 wird als dekadischer Zähler oder als Zeitgeber angeboten. Je nach verwendeter Anzeige unterscheidet man zwischen einem Typ mit gemeinsamer Anode oder Katode. Die interne Logik ist so ausgelegt, dass man direkt eine 7-Segment-Anzeigeeinheit im Multiplexbetrieb ansteuern kann.

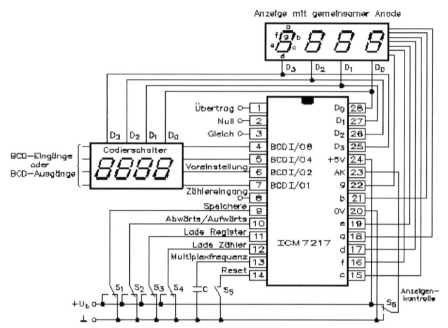

Abb. 3.35: Zählerbaustein mit einer vierstelligen 7-Segment-Anzeige und BCD-Codier-schalter, wenn der ICM7217 als Vorwahlzähler arbeitet

Die Schaltung von *Abb. 3.35* zeigt den ICM7217 für die Ansteuerung einer Anzeigeeinheit mit gemeinsamer Anode. Die internen Steuersignale für die Digits und für die Segmente werden direkt erzeugt, d. h. es sind keine externen Bauelemente erforderlich. Die Segment- und Digitausgänge sind so ausgelegt, dass sie direkt Anzeigen bis zu einer Größe von 25 mm und mit einem Tastverhältnis von 25 % treiben können. Mit den Digitausgängen lässt sich direkt ein mechanischer BCD-Codierschalter ansteuern. Je nach eingestelltem Wert übernimmt der ICM7217 diesen Wert und damit kann man bereits einen Vorwahlzähler realisieren.

Diese Schaltkreise besitzen drei Steuerausgänge:

- Der Übertragsausgang (Carry/Borrow, Pin 1) dient für die direkte Kaskadierung von Zählereinheiten. Tritt beim Vorwärtszählen ein Übertrag oder beim Rückwärtszählen ein Borger auf, kann man dies durch ein 1-Signal feststellen. Solange der Zähler den Wert 9999 oder 5959 nicht erreicht hat, befindet sich dieser Ausgang auf 0-Signal. Wird dieser Zählerstand erreicht, schaltet der Ausgang für diese Zeitdauer auf 1-Signal. Damit lassen sich Überträge für die Ansteuerung weiterer ICM7217 realisieren.
- Der Steuerausgang „Null" zeigt durch ein 0-Signal an, wenn der Zählerstand null erreicht worden ist. Dies gilt für den Vor- und Rückwärtsbetrieb der internen Zählerdekaden.

- Durch den Steuerausgang „Gleich" wird durch ein 0-Signal signalisiert, wenn der Zählerstand mit dem internen Vorwahlregister übereinstimmt. Ist das nicht der Fall, hat der Ausgang ein 1-Signal.

Die vier Pins 4, 5, 6 und 7 können je nach Betriebsart als Ein- oder Ausgänge arbeiten. Verbindet man den Steuereingang „Speichere" (Pin 9) mit Masse, arbeiten diese Pins als Ausgänge und geben in Verbindung mit den vier Digitleitungen den internen Zählerstand im BCD-Code aus. Durch diese Masseverbindung kann der ICM7217 als einfacher Ereigniszähler arbeiten.

3.7.1 Vierstelliger Ereigniszähler mit dem ICM7217

Für den Betrieb als vierstelliger Ereigniszähler benötigt man den ICM7217, eine Anzeigeeinheit mit gemeinsamer Anode und einen Umschalter zwischen Pin 20 (Masseanschluss), Pin 24 (Betriebsspannung) und Pin 23 (Anzeigensteuerung). Hat Pin 23 ein 0-Signal, arbeiten die vier Anzeigeeinheiten ohne automatische Nullunterdrückung, bei einem 1-Signal sind sie dagegen hellgesteuert. Im normalen Betriebszustand ist dieser Eingang weder mit Masse noch mit +U_b verbunden und die Anzeige arbeitet mit einer automatischen Nullunterdrückung. Diese Unterdrückung gilt aber nicht für die rechte 7-Segment-Anzeige, sondern für die voreilende Nullstellenunterdrückung. Durch einen Schalter zwischen Pin 14 (Eingang für Reset-Bedingung) lässt sich der Inhalt des internen Zählers löschen. Am Zählereingang (Pin 8) liegt die Eingangsfrequenz, die den ICM7217 nach oben zählen lässt (Vorwärtszählbetrieb). Um einen sicheren Eingangsbetrieb zu gewährleisten, hat man hier eine Schmitt-Trigger-Funktion integriert, die optimale Impulse für die internen Funktionseinheiten erzeugt. Der Speichereingang (Pin 9) ist in dieser Betriebsart mit Masse verbunden.

Der Zähler kann abwärts oder vorwärts zählen. Diese Betriebsart wird durch den Eingang von Pin 10 bestimmt. Hat dieser Eingang ein 0-Signal, arbeiten die internen Zähler abwärts und bei einem 1-Signal im Vorwärtsbetrieb. Mit dem ICM7217 lassen sich damit Werte von 0 bis 9999 erfassen. Wichtig in diesem Fall ist der Steuerausgang „Übertrag" und „Null", denn damit lässt sich eine externe Logik ansteuern.

Für die Realisierung eines Vorwahlzählers benötigt man vier BCD-Decodierschalter, die mit den vier Eingängen (Pin 4 bis Pin 7) verbunden sind. Diese BCD-Schalter werden auf einen bestimmten Wert, z. B. 1000, gestellt. Mit dem ICM7217 hat man zwei Möglichkeiten für die Übernahme dieses Vorwahlwertes. Verbindet man durch den Schalter 3 den Eingang „Lade Register" mit Masse, wird die Wertigkeit der BCD-Schalter in das Register übernommen. Zählt der ICM 7217 vorwärts und erreicht den Wert des Registers, schaltet der Ausgang „Gleich" (Pin 3) von 1- auf 0-Signal, denn Zähler- und Registerstand sind identisch. In dieser Betriebsart muss der Zählerbaustein vorwärts arbeiten und die Anzeige gibt den aktuellen Zählerstand aus, während die BCD-Schalter den voreingestellten Wert angeben.

Wenn die Wertigkeit der BCD-Schalter in den Zähler übernommen wird, steht in der Anzeige dieser Wert. Die Übernahme erfolgt, wenn der Schalter S4 den Eingang „Lade Zähler" mit Masse verbindet. In diesem Fall arbeitet der Zähler rückwärts und man erkennt in der Anzeige, wie sich pro Taktimpuls der Anzeigenwert verringert. Erreicht der Zähler den Wert null, schaltet der Ausgang „Null" von 1-Signal nach 0-Signal um.

Durch den Einsatz des ICM7217B lässt sich eine zeitliche Steuerung realisieren, denn man kann sehr einfach die Sekunden und Minuten zwischen 0 und 5959 erfassen. Hierzu verwendet man einen Quarz, der mit 4,1943 MHz arbeitet, und ein nachfolgender Frequenzteiler erzeugt eine Ausgangsfrequenz von 1 Hz. Dieser Teiler beinhaltet 22 Flipflops für die Frequenzteilung. Mit der Frequenz von 1 Hz erhält der ICM7217B seinen Sekundentakt und die Sekunden und Minuten werden in der Anzeige mit gemeinsamer Anode direkt angezeigt.

Sind bei dieser Schaltungsvariante noch BCD-Schalter vorhanden, lässt sich der Zähler auf eine bestimmte Zeit einstellen oder durch das Laden des internen Registers mit dem Uhrenstand eine vergleichende Funktion ausführen. Wenn man den Zähler auf eine bestimmte Zeit stellt, muss zuerst dieser Wert an den BCD-Schaltern eingegeben werden. Drückt man die Taste 4 (lade den Zähler), erfolgt die Übernahme in den Zähler. Arbeitet der ICM7217B im Rückwärtsbetrieb, erkennt man in der Anzeige, wie sich der Wert je Taktimpuls verringert, bis der Zählerstand den Wert null erreicht hat. Der Ausgang „Null" schaltet von 1 nach 0 und signalisiert diesen Nulldurchgang der externen Logik.

Durch diese Registerübernahme des eingestellten Wertes an den BCD-Schaltern lässt sich auch eine 12- oder 24-Stundenuhr realisieren. Damit die Uhr richtig funktioniert, muss der Sekundentakt noch um 60 heruntergeteilt werden, damit ein Minutentakt entsteht. Stellt man den BCD-Schalter auf 2400 ein und wurde dieser Zählerstand erreicht, schaltet der Ausgang „Gleich" auf 0-Signal und damit kann der neue Wert durch die Ansteuerung des Eingangs „Lade Register" vorgenommen werden. Nach der Übernahme des Wertes erzeugt die externe Logik eine kurze Zeitverzögerung und danach erfolgt die Rückstellung auf 0. Ab diesem Zeitmoment beginnt die Uhrenausgabe wieder mit 0000.

Interessant ist auch, wenn der Zähler im ICM7217B auf einen bestimmten Wert vorgestellt wird und dann zählt der Baustein abwärts. Ein Mischgerät soll 12 Minuten laufen und dann abschalten. Mit dem BCD-Schalter gibt man 1200 ein und mit einem 0-Signal an dem Eingang „Lade Zähler" wird dieser Wert übernommen. Pro Sekunde verringert sich der Zählerstand, bis 0000 erreicht worden ist. Ab diesem Zeitpunkt schaltet der Ausgang „Null" von 1 nach 0 und eine externe Logik kann reagieren.

Bei der Zusammenschaltung von zwei ICM7217 kann es Probleme geben, wenn mit einer automatischen Nullunterdrückung gearbeitet wird. Um dies zu vermeiden, schließt man an den Digitausgang D1 des werthöheren ICM7217 ein NICHT-Gatter an und dieses NICHT-Gatter steuert den Takteingang eines D-Flipflops an. Über ein

NAND-Gatter mit zwei Eingängen verknüpft man die Segmentleitungen a und b und schließt den Ausgang des NAND-Gatters an den D-Eingang des Flipflops. Der Ausgang Q' ist mit der Anzeigenkontrolle Pin 23 des wertniedrigeren ICM7217 zu verbinden.

Das NAND-Gatter detektiert eine aktive Stelle, da in einem solchen Fall entweder das Segment a oder b in der werthöheren vierstelligen Anzeige bei einer automatischen Nullunterdrückung eingeschaltet ist. Das D-Flipflop wird durch die niederwertige Stelle des höherwertigen Zählers getaktet, sodass, wenn diese Stelle nicht dunkelgesteuert wird, sich der Q'-Ausgang auf 0-Signal befindet und den Pin 23 ansteuert. Dadurch ergibt sich eine Ausblendung der voreilenden Nullen beim niederwertigen Zähler.

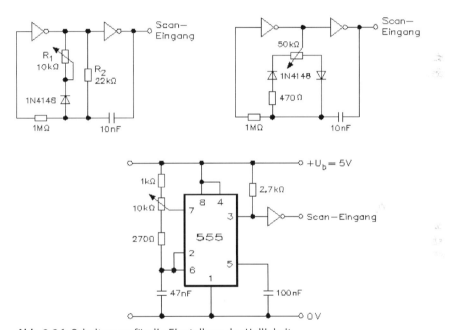

Abb. 3.36: Schaltungen für die Einstellung der Helligkeit

Abb. 3.36 zeigt drei Schaltungen für die Einstellung der Helligkeit. Bei den NICHT-Gattern handelt es sich um CMOS-Bausteine. Ideal ist die Schaltung mit dem Timer 555.

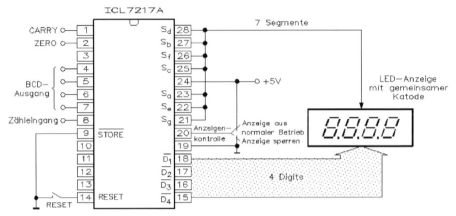

Abb. 3.37: Schaltung eines Ereigniszählers

Abb. 3.37 zeigt die Schaltung für einen vierstelligen Ereigniszähler. Man benötigt einen ICM7217, eine Betriebsspannung von +5 V und eine vierstellige Anzeige mit gemeinsamer Katode. Durch Hinzufügen eines Tasters für die Rückstellung und eines Umschalters für das Ausschalten der Anzeige oder die Darstellung von voreilenden Nullen können weitere Funktionen realisiert werden. Ein weiterer Umschalter gibt dem Zähler die Möglichkeit des Auf-Ab-Zählens. *Abb. 3.38* zeigt die Schaltung für den vierstelligen Ereigniszähler. **Achtung!** Platinenlayout und Bestückungsseite der Platine befinden sich auf der CD.

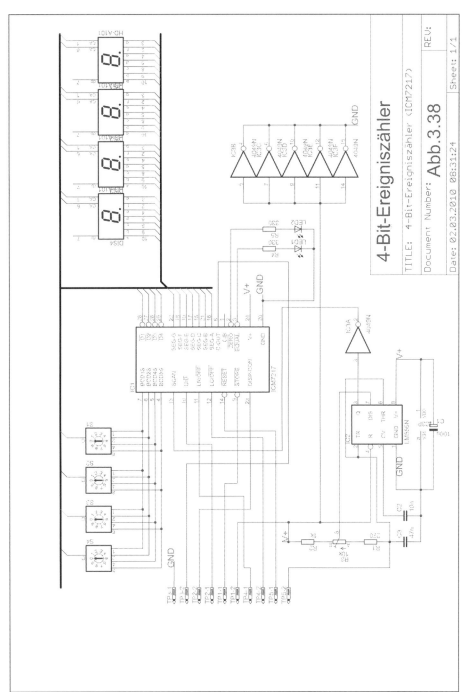

Abb. 3.38: zeigt die Schaltung für den vierstelligen Ereigniszähler in EAGLE

3.7.2 Vierstelliger Tachometer mit dem ICM7217

In vielen Kraftfahrzeugen befinden sich Drehzahlmesser, die für die Anzeige ein analoges Messinstrument verwenden, d. h. die Zündimpulse werden durch eine einfache Elektronik gemessen und dann durch ein Zeigermessinstrument ausgegeben. *Abb. 3.39* zeigt die Schaltung und das Impulsdiagramm für einen vierstelligen Tachometer.

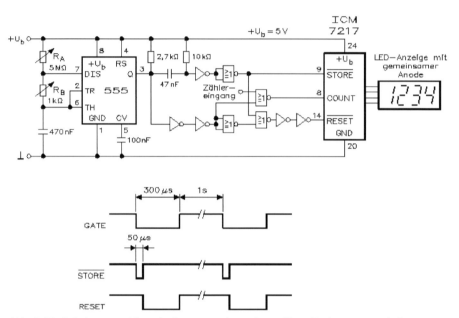

Abb. 3.39: Schaltung und Impulsdiagramm eines vierstelligen Tachometers mit dem ICM7217

Die Schaltung zeigt einen digitalen Drehzahlmesser für ein Kraftfahrzeug mit Vierzylinder-Ottomotor. Der Funktionsgenerator bildet den Unterbrecher nach und steuert direkt das erste Monoflop an. Normalerweise muss man hier zwischen einem mechanischen und elektronischen Unterbrecher unterscheiden. Bei einer mechanischen Unterbrechung ist ein Transistor vorzuschalten, der mit Dioden für eine Spannungsbegrenzung in positiver und negativer Richtung ausgestattet ist. Hat man einen elektronischen Unterbrecher, muss das Signal untersucht werden, ob ein direkter Anschluss möglich ist oder ob man einen Impedanzwandler einschalten muss.

Wenn man einen Einzylinder-Viertaktmotor einsetzt, erhält man nach jeder zweiten Umdrehung des Motors einen Zündimpuls. Bezieht man dies auf eine Umdrehungszahl von 6000 U/min, ergibt sich pro Sekunde:

$$\frac{6000U}{2 \cdot 60s} = 50U/s$$

Hat man einen Vierzylinder-Viertaktmotor, arbeitet man mit 200 Hz, beim Sechszylinder mit 300 Hz und beim Achtzylinder mit 400 Hz. Je nach Anzahl der Zylinder erfolgt die Einstellung der Frequenz am Funktionsgenerator.

Der Zeitgeber 555 arbeitet als Rechteckgenerator und erzeugt eine Frequenz von 1 Hz, also 1 s. Es folgt ein Differenzierglied, bestehend aus zwei Widerständen und einem Kondensator. Der Ausgang des Differenzierglieds steuert zwei NICHT-Gatter an und dann den STORE-Eingang. Damit ergibt sich für diesen Ausgang ein 0-Signal von etwa 50 µs.

Der Ausgang des 555 steuert zwei NICHT-Gatter an und damit ergibt sich eine Impulsverzögerung von etwa 20 µs. Mit diesem Impuls wird das NAND-Gatter vor dem Zähleingang „COUNT" gesperrt und gleichzeitig die RESET-Bedingung für den ICM7217 erzeugt. Nach etwa 250 µs hat der RESET-Eingang wieder ein 1-Signal.

Durch diesen Drehzahlmesser lässt sich auch eine digitale Drehzahlbegrenzung realisieren. Nachdem der ICM7217 den Wert erreicht hat, schaltet man einen digitalen Komparator ein, der sich einstellen lässt. Stellt man den Vergleichswert des Komparators auf 50 ein, reagiert der Komparator, wenn der Zählerstand von 50 erreicht wurde. In der Praxis steuert der Ausgang des Komparators entweder die Zündunterbrechung oder die Benzinzufuhr an, d. h. wird die Drehzahl überschritten, tritt eine Begrenzung auf, wobei man das Ausgangssignal des Komparators noch entsprechend steuern muss.

Zeitgeber können mit zahlreichen Schaltungsvarianten realisiert werden. Die Verzögerung erreicht man meistens durch einen Kondensator, der über einen Widerstand nach einer e-Funktion aufgeladen wird. Diese Aufladung misst man und legt durch eine bestimmte Schaltungsmaßnahme einen Punkt fest, bei dem die Verzögerungszeit abgeschlossen ist.

3.7.3 IC-Zeitgeber 555

Einer der bekanntesten IC-Zeitgeber ist der Timer 555, der von zahlreichen Halbleiterherstellern produziert wird. Von diesem Schaltkreis wurden weitere Schaltungsvarianten abgeleitet. In dem 555 sind zwei Operationsverstärker vorhanden, die als Komparatoren geschaltet sind. Die Leerlaufverstärkung liegt in der Größenordnung von $v = 10^5$. Die Ausgänge der beiden Komparatoren steuern ein Flipflop an, das die Eingangsinformationen speichern kann. Dieses Flipflop hat eine Vorzugslage, d. h. beim Einschalten der Betriebsspannung kippt es immer in eine definierte Lage. Durch einen RESET-Eingang können wir das Flipflop zurücksetzen. Das Flipflop steuert einen internen Transistor an, der einen offenen Kollektor hat. Ist das Flipflop zurückgekippt oder in der Vorzugslage, ist der Transistor gesperrt. Im gesetzten Zustand schaltet der Transistor durch und kann z. B. einen Kondensator kurzschließen.

Der Ausgang des Flipflops steuert eine invertierende Ausgangsstufe an. Ist das Flipflop zurückgesetzt, hat der Ausgang des Timers 555 ein 1-Signal, d. h. man hat in der Vorzugslage immer 1-Signal.

Beide Komparatoren liegen über einen Spannungsteiler zwischen Betriebsspannung und Masse. Die drei Widerstände sind gleich groß und haben einen Wert von R = 5 kΩ mit einer Toleranz von 1 %. Durch den Spannungsteiler erhalten wir folgende Verhältnisse an den Komparatoren:

Komparator 1: 2/3 Betriebsspannung
Komparator II: 1/3 Betriebsspannung

Aus diesen Spannungsverhältnissen leitet der Timer 555 seine Funktionen ab. Die Betriebsspannung darf zwischen 4,5 V und 15 V schwanken, ohne dass sich die Verhältnisse der Vergleichsspannungen ändern.

Der invertierende Eingang des Komparators 1 ist mit einem Eingang verbunden, der als Kontrollspannung bezeichnet ist. Über diesen Eingang kann man den Spannungsteiler in seinen Spannungsverhältnissen etwas beeinflussen. Wird dieser Eingang nicht benötigt, so müssen wir ihn durch einen Kondensator mit einem Wert von C = 0,1 μF mit Masse verbinden. Andernfalls kann es beim Betrieb Störungen geben.

Die Vergleichsspannung von 2/3 der Betriebsspannung liegt an dem invertierenden Eingang des Komparators 1 an. Liegt an dem Eingang „Schwelle" eine Spannung, vergleicht der Komparator 1 diese mit der Vergleichsspannung und der Eingangsspannung. Ist die Spannung kleiner als 2/3 der Betriebsspannung, hat der Ausgang des Komparators ein 1-Signal. Überschreitet die Spannung den Wert von 2/3, kippt der Ausgang dieses Komparators auf 0-Signal. Da eine sehr hohe Leerlaufverstärkung vorhanden ist, erfolgt der negative Ausgangssprung im μs-Bereich. Mit dieser negativen Flanke wird das Flipflop getriggert und es setzt sich.

Unterschreitet die Spannung an dem Eingang „Schwelle" 2/3 der Betriebsspannung, kippt der Ausgang des Komparators 1 von L nach H zurück. Diese positive Flanke wird aber von dem Flipflop nicht verarbeitet und so bleibt der Zustand des Flipflops erhalten.

Die Vergleichsspannung von 1/3 der Betriebsspannung liegt an dem nicht invertierenden Eingang des Komparators II an. Liegt an dem Eingang „Trigger" eine Spannung an, so werden die beiden Spannungen miteinander verglichen. Ist die Triggerspannung kleiner als die Vergleichsspannung, hat der Ausgang des Komparators ein 0-Signal. Überschreitet die Spannung den Wert 1/3 der Betriebsspannung, kippt der Ausgang des Komparators auf 1-Signal. Es entsteht am Ausgang eine positive Flanke. Da aber das Flipflop nur mit einer negativen Flanke getriggert werden kann, bleibt der Speicherzustand des Flipflops erhalten.

Unterschreitet die Spannung an dem Trigger-Eingang die Vergleichsspannung, entsteht an dem Komparator II eine negative Flanke und das Flipflop wird zurückgesetzt.

Durch den invertierenden Ausgangsverstärker erhalten wir am Ausgang des Timers 1-Signal.

Für den Baustein 555 ergeben sich folgende Trigger-Bedingungen:
Eingang „Schwelle": positiver Triggerimpuls mit 2/3 Betriebsspannung
Eingang „Trigger" : negativer Triggerimpuls mit 1/3 Betriebsspannung

Die beiden Triggerimpulse müssen an ihren Flanken keine Steilheit aufweisen. Selbst langsame Analogspannungen werden durch die Komparatoren digitalisiert und von dem Timer 555 weiter verarbeitet. Daher ist der Baustein in der Elektronik universell verwendbar.

Mit einem positiven Impuls an dem Eingang „Schwelle" setzt sich das Flipflop. Der Ausgang des Timers erhält ein 0-Signal. Der Transistor mit dem offenen Kollektor schaltet voll durch und der Eingang „Entladen" hat 0-Signal. Mit einem negativen Impuls kippt das Flipflop an dem Eingang „Trigger" zurück. Der Ausgang des Timers schaltet auf 1-Signal. Der Transistor mit dem offenen Kollektor sperrt und wir haben an dem Eingang „Entladen" 1-Signal.

Durch diese aufwendige Schaltung des Timers 555 ergeben sich folgende Kenndaten:

Betriebsspannungsbereich:	4,5 V bis 15 V
Frequenzbereich:	10^{-3} Hz bis 10^6 Hz
Ausgangsstrom:	30 mA
Temperaturdrift:	50 ppm/K

Durch den weiten Betriebsspannungsbereich können wir den Timer in TTL- und CMOS-Schaltungen oder Operationsverstärker-Schaltungen einsetzen. Das Frequenzverhalten über diesen Spannungsbereich ändert sich kaum, da wir durch den internen Spannungsteiler eine Vergleichsspannung erhalten, die nur von der jeweiligen Betriebsspannung abhängig ist.

Der Frequenzbereich reicht von 0,001 Hz bis 1 MHz. Die unterste Frequenz kann deshalb erreicht werden, da man an den Eingängen Darlington-Transistorstufen hat. Der Timer 555 benötigt einen Eingangsstrom von 0,1 mA, wenn die Komparatoren schalten. Der maximale Ausgangsstrom ist 30 mA. Dabei benötigt man keinen externen Arbeitswiderstand, da der Timer 555 eine Gegentakt-Endstufe am Ausgang hat.

Die Temperaturdrift ist in 50 ppm/K (Prozent pro Million/Kelvin) definiert. Innerhalb der Temperaturgrenzen zwischen 0 °C und ±70 °C arbeitet der Timer fast ohne Temperaturdrift. Daher können wir diesen Baustein auch im Kraftfahrzeug als Frequenzgeber oder Steuerelement einsetzen.

In *Abb. 3.39* arbeitet der 555 in seiner astabilen Funktion. Man erkennt die Widerstände R_A und R_B. Schaltet man die Betriebsspannung ein, kippt das Flipflop immer in seine Ausgangslage oder Vorzugslage. Durch den invertierenden Endverstärker erhält man am Ausgang des Timers 555 ein 1-Signal. Gleichzeitig wird der Transistor für die

Entladung gesperrt. Über die beiden Widerstände R_A und R_B lädt sich nun der Kondensator C nach einer e-Funktion auf.

Die Aufladung des Kondensators ist abgeschlossen, wenn die Spannung an dem Eingang „Schwelle" den Wert 2/3 der Betriebsspannung erreicht hat. Der Komparator 1 schaltet um und setzt das Flipflop durch eine negative Flanke. Der Ausgang des Timers schaltet auf 0-Signal und der Transistor für die Entladung steuert durch. Man erhält nun eine Entladung des Kondensators über den Widerstand R_B und dem Transistor gegen Masse. Die Spannung an dem Kondensator nimmt nach einer e-Funktion ab.

Die Entladung des Kondensators C über den Widerstand R_B ist beendet, wenn die Spannung an dem Kondensator den Wert 1/3 der Betriebsspannung unterschritten hat. Der Komparator II reagiert und setzt das Flipflop. Man erhält an dem Ausgang des Timers ein 1-Signal und gleichzeitig wird der Entlade-Transistor gesperrt. Ist die Entladung beendet, kann über die beiden Widerstände der Kondensatorstrom wieder fließen. Die Spannung an dem Kondensator steigt nach einer e-Funktion an, bis sie den Wert 2/3 der Betriebsspannung erreicht hat.

Durch die laufende Ladung und Entladung des Kondensators des Timers 555 ergibt sich am Ausgang eine rechteckförmige Spannung, also eine Rechteckfrequenz. Die Ladezeit t_1 und die Entladezeit t_2 für den Timer 555 sind unterschiedlich, da wir beim Ladevorgang eine Reihenschaltung von R_A und R_B haben. Bei der Entladung ist aber nur der Widerstand R_B wirksam. Für die einzelnen Zeiten ergeben sich folgende Gleichungen:

$$t_1 = 0{,}7 \times (R_A + R_B) \times C$$

$$t_2 = 0{,}7 \times R_B \times C$$

Die Periodendauer der Ausgangsfrequenz ergibt sich aus der Lade- und Entladezeit des Timers. Es gilt die Gleichung:

$$T = t_1 + t_2$$
$$= 0{,}7 \times (R_A + R_B) \times C + 0{,}7 \times R_B \times C$$

Die Taktfrequenz ist:

$$f = \frac{1}{T} = \frac{1}{0{,}7 \cdot (R_A + 2 \cdot R_B) \cdot C}$$

Das Tastverhältnis ist:

$$T_V = \frac{R_A + R_B}{R_A + 2 \cdot R_B}$$

Abb. 3.40 zeigt die Schaltung des vierstelligen Tachometers. **Achtung!** Das Platinenlayout und der Bestückungsplan der Platine befinden sich auf der CD.

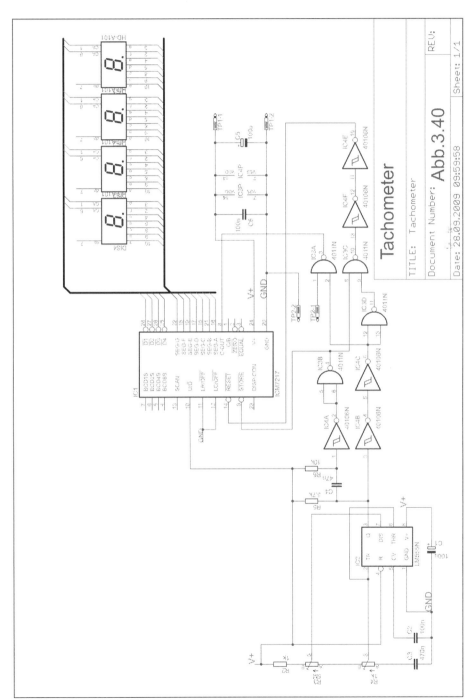

Abb. 3.40: Schaltung des vierstelligen Tachometers in EAGLE

3.7.4 Vierstellige Uhr

Für eine vierstellige Uhr benötigt man den ICM7217B, denn es werden die Sekunden und Minuten angezeigt. Die LED-Anzeige arbeitet von 00.00 bis 59.99. *Abb. 3.41* zeigt die Schaltung.

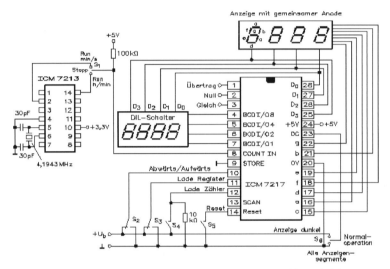

Abb. 3.41: Vierstellige Uhr mit dem ICM7217B mit Vorwahlmöglichkeiten

Diese Schaltung benutzt einen ICM7213 als Oszillator-Zeitgeber. Mit einem Quarz von 4,1943 MHz und dem eingebauten Teiler erzeugt dieser Schaltkreis einen Puls pro Sekunde und einen Puls pro Minute. Der ICM7217B mit einem maximalen Zählerstand von 5959 zählt die Pulse.

Über die „Digit"-Schalter kann der Zähler auf eine Zeit eingestellt und dann als „COUNT DOWN"-Uhr verwendet werden. Desgleichen kann über diese Schalter das interne Register für Vergleichsfunktionen gesetzt werden.

Um z. B. eine 24-Stunden-Uhr mit BCD-Ausgängen zu realisieren, kann das interne Register auf – 2400 gesetzt und der „Gleich"-Ausgang zum Zurücksetzen des Zählers benutzt werden. In dieser Anwendung ist ein Widerstand von 10 kΩ von „LC" nach -U_b geschaltet. Wird die Ladefunktion nicht aktiviert, hält dieser Widerstand den Anschluss „LC" auf 0-Signal und die BCD-Ausgangstreiber sind deaktiviert. Sollen die BCD-Ausgänge benutzt werden, müssen der Widerstand und der Schalter S4 durch einen Umschalter mit Mittelstellung ersetzt werden. Diese Methode kann an allen „dreiwertigen" Eingängen benutzt werden, um eine der Funktionen zu aktivieren.

Der Widerstand von 100 kΩ am Zählereingang stellt die richtigen logischen Pegel vom ICM 7213 sicher. Als preiswertere und ungenauere Zeitbasis kann ein Schaltkreis des Typs 555 benutzt werden, um einen Referenztakt von 1 Hz zu erzeugen.

Der Baustein ICM7213 ist ein voll integrierter Oszillator und Frequenzteiler mit vier gepufferten Ausgängen. Als Betriebsspannung kann entweder ein Satz von zwei Batterien (NiCd, Alkali-Mangan etc.) oder eine normale Betriebsspannung von mehr als 2 V verwendet werden. Abhängig von den Pegeln an den Anschlüssen „TESTPOINT" und „INHIBIT" können mit einem Quarz von 4,194304 MHz verschiedene Ausgangsfrequenzen – auch zusammengesetzte Frequenzen – erzeugt werden. Es sind dies z. B. 2048 Hz, 1024 Hz, 34,133 Hz, 16 Hz, 1 Hz und 1/60 Hz.

Der Baustein ICM7213 ist in einer sehr schnellen, verlustleistungsarmen CMOS-Technologie hergestellt. Das führt dazu, dass zwischen Drain und Source jedes Transistors und damit auch über die Betriebsspannungsanschlüsse Z-Dioden von 6,4 V liegen, sodass die maximale Betriebsspannung des ICM7213 auf 6 V begrenzt ist. Mit einem einfachen Spannungsteilernetzwerk lässt sich der ICM7213 jedoch auch an höheren Betriebsspannungen betreiben.

Der Oszillator besteht aus einem CMOS-Inverter, der mit einem nicht linearen hochohmigen Widerstand zurückgekoppelt ist. Die erste Teilerkette besteht aus 29 Teilerstufen, sowohl aus dynamischen als auch statischen Flipflops. Alle anderen Teilerstufen sind statisch. Der Eingang TP (Testpoint) schaltet den Ausgang 2^{18} ab und verbindet den 2^9-Ausgang mit dem 2^{21}-Teiler, sodass für Testzwecke am Teilerausgang :60 eine um den Faktor 2048 höhere Pulsfolge gemessen werden kann. Der Eingang „WIDTH" kann benutzt werden, um die Pulslänge am Ausgang OUT 4 von 125 ms auf 1 s zu verlängern oder diesen Ausgang während der INHIBIT-Phase von „EIN" auf „AUS" zu schalten (wenn OUT 4 bei Anlegen des INHIBIT-Signals auf „EIN" steht). Es ergibt sich *Tabelle 3.4*.

Der ICM7213 kann bei Verwendung eines Quarzes mit einer Nennfrequenz von 4,194304 MHz an verschiedenen Ausgängen Signale mit verschiedenen Frequenzen von 2048 Hz bis 1/60 Hz abgeben. Mit anderen Quarzfrequenzen lassen sich andere Ausgangsfrequenzen erreichen. Da die ersten Teilstufen des ICM7213 dynamisch arbeiten, gibt es gewisse Beschränkungen hinsichtlich der Betriebsspannung, die von der Oszillatorfrequenz abhängig sind. Wird z. B. ein Quarz mit niedriger Frequenz verwendet, sollte die Betriebsspannung so gewählt werden, dass sie in der Hälfte der Betriebsspannung liegt.

Die Betriebsspannung des ICM7213 kann über einen einfachen Spannungsteiler aus einer höheren Betriebsspannung abgeleitet werden, wenn der Gesichtspunkt der Verlustleistung keine wesentliche Rolle spielt.

Ist jedoch die Verlustleistung zu minimieren, kann die Betriebsspannung auch über einen Serienwiderstand erzeugt werden.

Für die Zusammenschaltung mit anderen Logikfamilien werden generell „Pull-up"-Widerstände benötigt. Diese Widerstände werden zwischen Ausgang und positiver Betriebsspannung geschaltet.

Tabelle 3.4: Ausgangsdefinition des ICM7213

Eingänge			Ausgänge			
TP	INHIBIT	WIDTH	Q_1	Q_2	Q_3	Q_4
0	0	0	16 Hz $(:2^{18})$	1024+16+2 Hz $(:2^{12};2^{18};2^{21})$	1 Hz, 7,8 ms $:2^{24}$	1/60 Hz, 125 ms $:(2^{26} \times 3 \times 5)$
0	0	1	16 Hz $(:2^{18})$	1024+16+2 Hz $(:2^{12};2^{18};2^{21})$	1 Hz, 7,8 ms $:2^{24}$	1/60 Hz, 1 s
0	1	0	16 Hz $(:2^{18})$	1024+16 Hz $(:2^{12};2^{18})$	Aus	Aus
0	1	1	16 Hz $(:2^{18})$	1024+16 Hz $(:2^{12};2^{18})$	Aus	Verschiedene Ausgangsimpulse
1	0	0	Ein	4096+1024 Hz $(:2^{10};2^{12})$	2048 Hz $:2^{11}$	34,133 Hz mit $T_v = 50\%$ $:(2^{13} \times 5 \times 3)$
1	0	1	Ein	4096+1024 Hz $(:2^{10};2^{12})$	2048 Hz $:2^{11}$	34,133 Hz mit $T_v = 50\%$ $:(2^{13} \times 5 \times 3)$
1	1	0	Ein	1024 Hz $:2^{12}$	Ein	Ein
1	1	1	Ein	1024 Hz $:2^{12}$	Ein	Ein

Der Oszillator besteht aus einem CMOS-Inverter und einem Rückkopplungswiderstand, dessen Wert von der Spannung abhängt, die an den Anschlüssen Oszillatoreingang und Oszillatorausgang anliegt. Zusätzlich besteht eine Abhängigkeit von der Betriebsspannung. Mit einer nominellen Betriebsspannung von 5 V kann eine Oszillatorstabilität von ca. 0,1 ppm pro 0,1 V Spannungsänderung erreicht werden.

Es wird empfohlen, dass die Lastkapazität des Quarzes (C_L) kleiner als 22 pF bei einem Serienwiderstand von weniger als 75 Ω ist, da bei Nichteinhaltung dieser Werte die Ausgangsamplitude des Oszillators zu klein wird, um die Teilerkette zuverlässig anzusteuern.

Wird ein Oszillator hoher Qualität verlangt, sollte ein Quarz verwendet werden, dessen Abgleichtoleranz bei ±10 ppm, dessen Serienwiderstand kleiner als 25 Ω und dessen Lastkapazität nicht höher als 20 pF ist. Der Kondensator C_{in} sollte einen Wert von 30 pF haben und der Trimmkondensator einen Kapazitätsbereich von 16 pF bis 60 pF verändern können. Bei Benutzung einer solchen Konfiguration sind Stabilitätswerte von 0,05 ppm pro 0,1 V Betriebsspannungsänderungen erreichbar. *Abb. 3.42* zeigt die vierstellige Uhr mit dem ICM7217B.

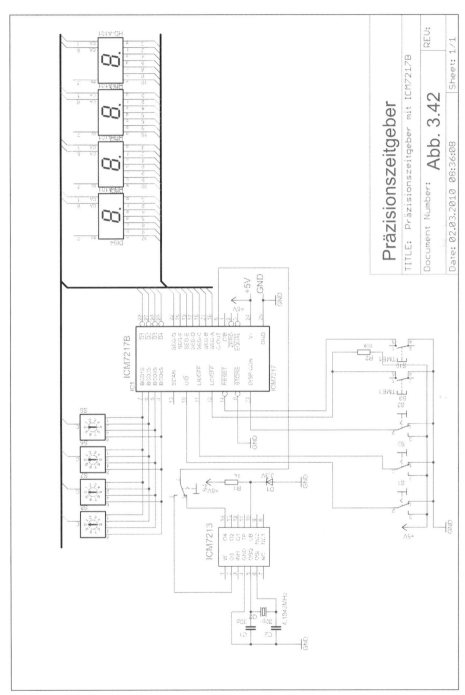

Abb. 3.42: Vierstellige Uhr mit dem ICM7217B und Vorwahlmöglichkeiten in EAGLE

Der zur Zerstörung der Schaltung führende „latch-up"-Effekt tritt auf, wenn die Spannung an einem Eingang oder Ausgang die Betriebsspannungen in positiver oder negativer Richtung überschreitet. Beispiel: Wird der Ausgang des Oszillators mit einer Spannung beaufschlagt, die um einen gewissen Betrag negativer als 0 V oder positiver als $+U_b$ ist, sodass relativ hoher Strom in den Anschluss hinein- oder aus diesem Anschluss herausfließt, stellt die Schaltung für die Spannungsversorgung eine extrem niedrige Impedanz dar, sodass hohe Ströme aus der Spannungsversorgung fließen und den Schaltkreis zerstören können. Wird dieser maximale Betriebsstrom auf weniger als 20 mA begrenzt, wird die Zerstörung der Schaltung verhindert. Es wird deshalb vor allen Dingen im Zusammenhang mit Laboraufbauten empfohlen, einen Serienwiderstand und einen Abblockkondensator an der Spannungsversorgung zu verwenden.

3.7.5 Vierstelliger Präzisionszähler bis 1 MHz

Mit dem ICM7217 kann man einen vierstelligen Präzisionszähler bis maximal 1 MHz realisieren. Setzt man eine mehrstufige Zählerdekade ohne Ansteuerungslogik ein, hat man einen typischen Ereigniszähler, d. h. jeder Taktimpuls am Eingang erhöht den Zählerstand um +1 und dieser Wert wird direkt über die Anzeigeeinheit ausgegeben. Durch den Einsatz einer einfachen Steuerlogik erhält man einen Vorwahlzähler mit mehreren Möglichkeiten zur Programmierung. Erweitert man die Steuerung für einen einfachen Zähler, lässt sich dieser beispielsweise als Frequenzmessgerät einsetzen.

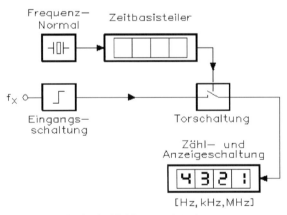

Abb. 3.43: Blockschaltbild eines digitalen Frequenzmessgerätes

Für die Realisierung eines Frequenzmessgerätes sind drei Funktionseinheiten erforderlich, wie *Abb. 3.43* zeigt. Durch den Quarz erhält man das Frequenznormal, wobei man zwischen den einzelnen Frequenzen wählen kann. Die Quarzfrequenz wird durch den nachfolgenden Zeitbasisteiler auf einen bestimmten Wert gebracht und steuert die Torschaltung. Mit dieser Funktionseinheit ergibt sich die gewünschte Torzeit, mit der die Impulse der Eingangseinheit auf den Zähler geschaltet werden. Die Eingangsschaltung besteht aus einem Schmitt-Trigger, der die Eingangsimpulse in kompatible TTL-Signale umsetzt. Für das Auszählen der Eingangsimpulse hat man eine mehrstufige Zähldekade mit einer entsprechenden 7-Segment-Anzeige. Zwischen dem Zähler und der 7-Segment-Anzeige sind D-Flipflops eingefügt, die zur Speicherung von Zwischenergebnissen dienen.

Die unbekannte Frequenz f_x liegt am Eingang und der Schmitt-Trigger erzeugt digitale Signale mit steilen Flanken, damit die Folgeelektronik vernünftige Messungen durchführen kann. Die Eingangsfrequenz verbindet man mit der Torschaltung und dieses Tor wird durch den Zeitbasisteiler für einen bestimmten Zeitabschnitt geöffnet. Das Tor lässt sich mittels eines UND-Gatters mit zwei Eingängen realisieren. Erhält dieses UND-Gatter vom Zeitbasisteiler für die Zeitdauer von 1 s ein 1-Signal, kann die unbekannte Frequenz das Tor passieren und den Zähler ansteuern. Die gezählten und angezeigten Impulse entsprechen dann der unbekannten Frequenz. Passieren z. B. 1000 Impulse in einer Sekunde das Tor, hat die unbekannte Frequenz einen Wert von f = 1 kHz, oder werden 15000 Impulse angezeigt, hat man f = 15 kHz. Die Schaltung lässt sich ohne Probleme erweitern. Die gemessene Frequenz f_x berechnet sich aus:

$$f_x = \frac{Z}{t_n}$$

Wenn die Messzeit t_n eine Zehnerpotenz (mit ganzen positiven oder negativen Exponenten) von einer Sekunde ist, beinhaltet die angezeigte Zahl Z direkt die Frequenz in Hertz. Nur das Komma bzw. der Dezimalpunkt ist entsprechend der Messzeituntereilung in der Anzeige zu setzen.

Die Messgenauigkeit dieser Schaltung ist vorwiegend von dem Frequenznormal abhängig. Ohne großen Schaltungsaufwand erreicht man für das Frequenzmessgerät eine Genauigkeit von 10^6, wenn der Quarz mit einer Toleranz von 10^{-6} schwingt.

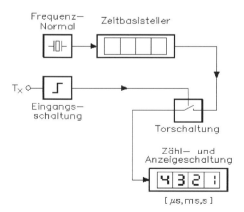

Abb. 3.44: Blockschaltbild eines digitalen Periodendauermessgerätes

Bei der Blockschaltung von *Abb. 3.44* passiert die Ausgangsfrequenz des Zeitbasisteilers das Tor, während die Eingangsschaltung die Öffnungszeit der Torschaltung festlegt. Mit einem 1-Signal öffnet das Eingangssignal das Tor und die Frequenz des Zeitbasisteilers kann das UND-Gatter passieren. Damit wird die Zähleinheit hochgezählt und über die Anzeige ausgegeben. Bei einem 0-Signal des Eingangssignals wird die Messung unterbrochen.

Die Normalfrequenz f_n des digitalen Periodendauermessgerätes ist sehr groß im Vergleich zur unbekannten Frequenz f_x und zählt die während einer Periode T_x der unbekannten Schwingung durch die Torschaltung passierenden Impulse der Zeitbasis. Aus der Anzeige Z des Zählers wird dann die Periodendauer ermittelt mit:

$$T_x = Z \cdot t_n$$

Auch hier wird t_n als dekadischer Bruchteil einer Sekunde gewählt, sodass Z die Periodendauer T_x direkt in Sekunden, Millisekunden oder ähnlichen dekadischen Einheiten anzeigt.

Die Schaltung eines digitalen Periodendauermessgerätes ist ähnlich wie bei der Frequenzmessung, nur die Verschaltung des UND-Gatters wurde entsprechend abgeändert. Das UND-Gatter erhält direkt den Takt des Funktionsgenerators und der dreistufige Zähler kann diese Taktfolge auszählen. An diesem Ausgang ist eine Frequenz von $f_A = 0{,}5$ Hz vorhanden. Diese Frequenz öffnet für 1 s das UND-Gatter und die Ausgangsfrequenz wird ausgezählt. Dieser Ausgang hat eine Frequenz von $f = 512$ Hz. Dieser Wert muss nach 1 s im Zähler vorhanden sein. Aus der Anzeige Z des Zählers lässt sich nun die Periodendauer ermitteln, wobei man bei dieser Schaltung einen schaltungstechnischen Kompromiss eingehen muss.

Dieser Zeitbasiszähler teilt in Stufen die Eingangsfrequenz herunter, wobei jeder Ausgang der internen Flipflops herausgeführt ist. An dem Eingang liegt die Eingangsfrequenz und wird entsprechend heruntergeteilt. Wählt man eine Eingangsfrequenz von $f_E = 4096$ Hz, wird sie um 2^{12} auf eine Ausgangsfrequenz von $f_A = 1$ Hz heruntergeteilt. Die Ausgangsfrequenz von $f_A = 1$ Hz hat eine Periodendauer von 1 s, d. h. $t_i = 0{,}5$ s und $t_p = 0{,}5$ s. Mit der Impulspause t_i wird das UND-Gatter freigegeben und daher eignet sich diese Frequenz nicht für die Freigabe. Wenn man die Eingangsfrequenz auf $f_E = 2048$ Hz reduziert, ergibt sich eine Ausgangsfrequenz von $f_A = 0{,}5$ Hz. Man hat jetzt eine Impulsdauer von $t_i = 1$ s und eine Impulspause von $t_p = 1$ s. Damit ergeben sich ideale Bedingungen für die Messung.

Für die Torschaltung verwendet man einen hochwertigen Quarz und damit erhält man eine hohe Frequenzkonstanz. Aus diesem Grunde muss man einen Quarzgenerator einsetzen, der z. B. mit 8,388 MHz schwingen soll. Dieser Quarzgenerator ist mit dem internen Teiler verbunden und man erhält 2,048 kHz für den Teiler.

Das Ausgangssignal des Zeitbasisteilers öffnet für die definierte Zeit von 1 s das Tor (UND-Gatter) und damit kann die Frequenz den dreistufigen Zähler erreichen. Ist die

Frequenzmessung abgeschlossen, drückt man die Taste R und alle Zähleinheiten werden auf 0 zurückgesetzt.

In der messtechnischen Praxis treten bei Frequenzen unter f = 10 Hz größere Probleme auf, da zum Erreichen einer genügend großen Messgenauigkeit eine sehr lange Messzeit t_n von der Zeitbasis erzeugt werden muss. Zur genauen Erfassung einer Frequenz von 1 Hz muss die Torzeit z. B. 1000 s betragen, damit 1000 Impulse das Tor passieren können. Eine Öffnungszeit von 1000 s bedeutet aber ein Messintervall mit einer Öffnungszeit von über 16 Minuten, bis das Messergebnis zur Verfügung steht.

Für die Zeitmessung verwendet man im Prinzip die Schaltungsvariante der digitalen Frequenzmessung. Anstelle der unbekannten Frequenz wird die Ausgangsfrequenz des Zeitbasisteilers in der Zählereinheit bestimmt. Mit einem Signal an dem Starteingang beginnt die Zeitmessung und die Impulse aus der Zeitbasis erreichen die Zählereinheit. Die Messung wird gestoppt, wenn der Start/Stopp-Eingang ein 0-Signal hat.

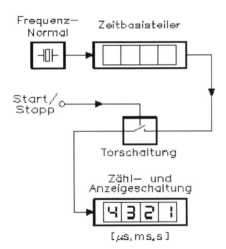

Abb. 3.45: Blockschaltbild eines digitalen Zeitmessgerätes

Der Zähler wird in *Abb. 3.45* als elektronische Stoppuhr betrieben, denn mittels der Start/Stopp-Leitung lässt sich das Tor öffnen oder schließen. Während der Öffnungszeit werden die von der Zeitbasis kommenden Impulse gezählt. Bei den handelsüblichen Zählern mit Zeitbasis lässt sich die Periode des Zeitbasisimpulses meist in einem Bereich von 0,1µs bis 10 s in dekadischen Schnitten einstellen.

Eine digitale Zeitmesseinrichtung soll mit einer Auflösung von 10 ms diverse Zeiten bis zu 1 s erfassen können. Der Zeitbasisteiler muss hierzu eine Periodendauer von $T_n = 10$ ms erzeugen, denn:

$$f_n = \frac{1}{T_n} = \frac{1}{10ms} = 100 Hz$$

Bei einer maximalen Messzeit von t = 1 s können bis zu 100 Impulse das UND-Gatter in der Torschaltung passieren und den Zähler ansteuern.

Bei der Schaltung kann man über den Schalter S den Funktionsgenerator an den dreistufigen Zähler anschalten (Start) oder abschalten (Stopp). In der Praxis wird dieser Schalter gegen einen Quarzgenerator mit nachgeschaltetem Teiler ausgetauscht. Auch der Schalter ist dann gegen ein UND-Gatter auszuwechseln.

Wenn man in der Schaltung die Taste S drückt, wird durch eine positive Flanke das Monoflop kurzzeitig gesetzt und der Ausgang Q hat ein 1-Signal. Mit diesem werden die Zähler auf 0 zurückgesetzt und bei einem Startvorgang beginnt man mit dem Zählerstand 0. *Abb. 3.46* und *Abb. 3.47* zeigen einen vierstelligen Präzisionszähler bis 1 MHz. **Achtung!** Platinenlayout und Bestückungsplan der Platine befinden sich auf der CD.

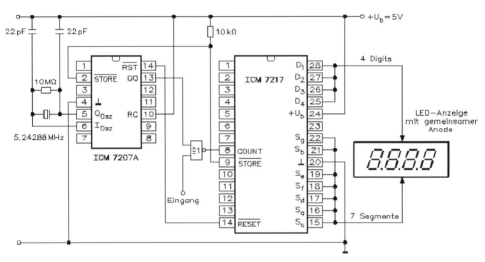

Abb. 3.46: Vierstelliger Präzisionszähler bis 1 MHz

Der Baustein ICM7207 enthält einen sehr stabilen Quarzoszillator und einen Frequenzteiler mit vier Kontrollausgängen zur Verwendung als Frequenzzählerzeitbasis. Insbesondere bei der Verwendung als Zeitbasis zusammen mit dem Zählerbaustein ICM7217 ergibt sich eine sehr einfache Anordnung dadurch, dass der ICM7207 sowohl das Tor-, Speicher- und Rückstellsignal als auch die Multiplexfrequenz für die Ansteuerung der Anzeigen erzeugt. Die Torzeit lässt sich dabei noch im Verhältnis 10 : 1 spreizen.

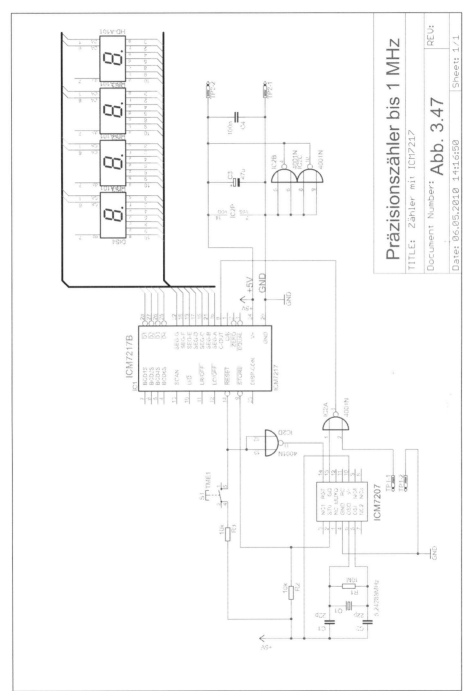

Abb. 3.47: Vierstelliger Präzisionszähler bis 1 MHz in EAGLE

Bei der Schaltung des Präzisionszählers bleiben der Store- und Reset-Eingang für eine Sekunde auf 1-Signal und haben damit keinen Einfluss auf die Funktion des ICM7217. Der Store-Eingang ist mit Pin 2 und der Reset-Eingang mit Pin 14 des ICM7207 verbunden. Pin 2 liefert für 1 ms ein 0-Signal und der ICM7217 speichert seinen Wert zwischen. In dieser Zeit hat Pin 14 ein 1-Signal. Nach 0,7 ms schaltet Pin 14 für 1 ms auf 0-Signal und der ICM7207 wird zurückgesetzt. Diese Ausgangssignale gelten nur für eine Quarzfrequenz von 6,5536 MHz.

Die Schaltung lässt sich ohne Probleme auf eine achtstellige Anzeige erweitern. Hierzu ist ein weiterer ICM7207 erforderlich.

3.8 Multifunktionszähler und Frequenzzähler

Für einen achtstelligen Multifunktionszähler oder Frequenzzähler mit LED-Anzeigen stehen folgende Typen zur Verfügung:

- ICM7216A: Multifunktionszähler für LED-Anzeigen mit gemeinsamer Anode
- ICM7216B: Multifunktionszähler für LED-Anzeigen mit gemeinsamer Katode
- ICM7216C: Frequenzzähler für LED-Anzeigen mit gemeinsamer Anode
- ICM7216D: Frequenzzähler für LED-Anzeigen mit gemeinsamer Katode

Die vier Bausteine verwenden unterschiedliche Pinbelegung. Es werden der Multifunktionszähler ICM7216A und der Frequenzzähler ICM7216C für LED-Anzeigen mit gemeinsamer Anode erklärt.

3.8.1 Multifunktionszähler ICM7216A/B und Frequenzzähler ICM7216C/D

Die Eigenschaften für den Multifunktionszähler ICM7216A und ICM7216B sind:

einsetzbar für Frequenzmessung, Periodendauermessung, Ereigniszählung, Frequenzverhältnismessung und Zeitintervallmessung:

- Vier interne Torzeiten von 0,01 s, 0,1 s 1 s und 10 s als Frequenzzähler
- 1 Zyklus, 10 Zyklen, 100 Zyklen, 1000 Zyklen bei Perioden-, Frequenzverhältnis- und Zeitintervallmessung
- Misst Frequenzen von 0 Hz bis 10 MHz
- Misst Periodendauer von 500 ns bis 10 s

Die Eigenschaften für den Frequenzzähler ICM7216C und ICM7216D sind:

- einsetzbar für Frequenzmessung und misst Frequenzen von 0 Hz bis 10 MHz
- Dezimalpunkt und Unterdrückung voreilender Nullen

Für die vier Versionen gilt:

- Ansteuerung einer 8-stelligen LED-Anzeige im Multiplex
- Direkte Ansteuerung der Stellen und Segmente großer LED-Anzeigen. Versionen für gemeinsame Anode und gemeinsame Katode sind verfügbar
- Eine Betriebsspannung (+5 V)
- Stabiler Referenzoszillator, beschaltbar mit Quarz 1 MHz oder 10 MHz
- Interne Erzeugung der Multiplex-Signale, Austastung zwischen den Stellen, Unterdrückung voreilender Nullen und Überlaufanzeige
- Dezimalpunktansteuerung und Unterdrückung voreilender Nullen wird intern gesteuert
- Betriebsart „Anzeige aus" schaltet Anzeige aus und bringt den Schaltkreis in den Zustand sehr geringer Verlustleistung
- Eingang „Hold" und „Reset" bringt zusätzliche Flexibilität
- Alle Anschlüsse gegen statische Entladung geschützt

Die Typen ICM7216A und ICM7216B sind vollintegrierte Multifunktionszähler und für die direkte Ansteuerung einer LED-Anzeige geeignet. Sie kombinieren die internen Funktionen für einen Referenzoszillator, einen dekadischen Zeitbasiszähler, einen 8-Dekaden-Daten-Zähler mit Zwischenspeicher, 7-Segment-Decodierer, Stellen-Multiplexer, Stellen- und Segmenttreiber für die direkte Ansteuerung großer achtstelliger LED-Anzeigen auf einem CMOS-Chip.

Der Zählereingang besitzt eine maximale Eingangsfrequenz von 10 MHz in den Betriebsarten Frequenzmessung und Ereignismessung und eine von 2 MHz in den anderen Betriebsarten. Beide Eingänge sind digitale Eingänge mit Schmitt-Trigger. In den meisten Anwendungen wird zusätzliche Verstärkung und Pegelanpassung des Eingangssignals notwendig sein, um geeignete Eingangssignale für den Zählerbaustein zu erzeugen.

ICM7216A und ICM7216B arbeiten als Frequenzzähler, Periodendauerzähler, Frequenzverhältniszähler (f_A / f_B) oder Zeitintervallzähler. Der Zähler benutzt einen Referenzoszillator von 10 MHz oder 1 MHz, der mit einem externen Quarz beschaltet wird. Zusätzlich ist ein Eingang für eine externe Zeitbasis vorhanden. Bei der Messung von Periodendauer und Zeitintervall ergibt sich bei Verwendung einer Zeitbasis von 10 MHz eine Auflösung von 0,1 µs. Bei den Mittelwertmessungen von Periodendauer und Zeitintervall kann die Auflösung im Nanosekundenbereich liegen.

Bei der Betriebsart „Frequenzmessung" kann der Anwender Torzeiten von 10 ms, 100 ms, 1 s und 10 s auswählen. Mit einer Torzeit von 10 s ist die Wertigkeit der niederwertigsten Stelle 0,1 Hz. Zwischen aufeinanderfolgenden Messungen liegt eine Pause von 0,2 s in allen Messbereichen und Funktionen.

Die Typen ICM7216C und D arbeiten nur als Frequenzzähler. Alle Versionen des ICM7216 ermöglichen die Unterdrückung voreilender Nullen. Die Frequenz wird in kHz dargestellt. Beim ICM7216A und B erfolgt die Darstellung der Zeit in µs. Die

Anzeige wird im Multiplex mit einer Frequenz von 500 Hz und einem Tastverhältnis von 12,5 % für jede Stelle angesteuert.

Die Typen ICM7216A und ICM7216C sind für die Ansteuerung von 7-Segment-Anzeigen mit gemeinsamer Anode mit einem typischen Segment-Spitzenstrom von 25 mA ausgelegt. Die Typen ICM7216B und ICM7216D steuern Anzeigen mit gemeinsamer Katode an, wobei der typische Segment-Spitzenstrom bei 12 mA liegt. In der Betriebsart „Anzeige aus" werden die Stellen- und Segmenttreiber deaktiviert, sodass die Anzeige für andere Funktionen benutzt werden kann.

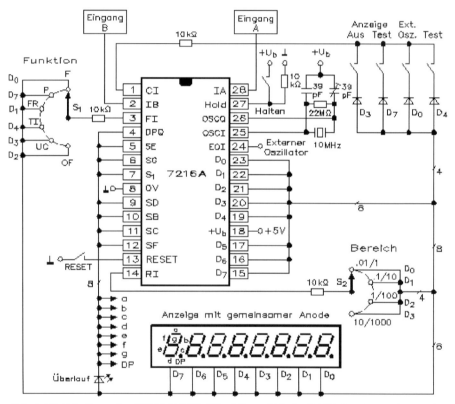

Abb. 3.48: Schaltung des ICM7216A (Multifunktionszähler) mit LED-Anzeigen mit gemeinsamer Anode

Mit dem ICM7216A soll ein Multifunktionszähler bis 10 MHz realisiert werden. Für die Arbeitsweise des ICM7216A (*Abb. 3.48*) ist ein externer Schalter für die Funktionen und einer für die Messbereiche erforderlich. *Tabelle 3.5* zeigt die Funktionen dieser Eingänge und die Zuordnung der entsprechenden Stellentreiberausgänge (Digit).

Tabelle 3.5: Funktionen des ICM7216A und ICM7216B

	Funktionen	Digit
Funktionseingänge	Frequenz (F)	D_0
(Pin 3)	Periode (P)	D_7
	Differenzmessung (FR)	D_1
	Zeitintervall (TI)	D_4
	Zähler (U.C.)	D_3
	Oszillator (O.F.)	D_2
Bereichseingang	0,01 s/1 Zyklus	D_0
(Pin 14)	0,1 s/10 Zyklus	D_1
	1 s/100 Zyklus	D_2
	10 s/1000 Zyklus	D_3
	externer Bereichseingang	D_4
Kontrolleingang	ohne Anzeige	D_3 und Halten
(Pin 1)	Anzeigentest	D_7
	1-MHz-Quarz	D_1
	Sperre des externen Oszillators	D_0
	Sperre der Dezimalpunkte	D_2
	Test	D_4
Eingang für den Dezimalpunkt (Pin 13) nur ICM7216C und D	Ausgang für Dezimalpunkt	

3.8.2 Funktionen des ICM7216A/B

Die Eingänge A und B sind digitale Eingänge mit einer Schaltschwelle von 2,0 V bei einer Betriebsspannung von +5 V. Um optimale Bedingungen sicherzustellen, sollte das Eingangssignal so eingestellt werden, dass die Amplitude (Spitze-Spitze) mindestens 50 % der Betriebsspannung beträgt und die „Null-Linie" bei der Schwellspannung liegt. Werden diese Eingänge von TTL-Schaltkreisen angesteuert, ist es zweckmäßig, einen „Pull-up"-Widerstand zur positiven Betriebsspannung zu verwenden. Die Schaltung zählt die negativen Flanken an beiden Eingängen.

Vorsicht: Die Amplitude der Eingangsspannungen darf die Betriebsspannung nicht überschreiten, die Schaltung kann dadurch zerstört werden.

Die Eingänge für Funktion, Messbereich, Steuerung und externen Dezimalpunkt werden im Zeitmultiplex betrieben. Dies geschieht dadurch, dass der jeweilige Eingang mit dem entsprechenden Stellentreiberausgang verbunden wird. Die Spannung an den Eingängen „Funktion", „Messbereich" und „Steuerung" muss für die zweite Hälfte jedes Stellentreiberausgangs stabil anliegen (typ. 125 µs). Der aktive Pegel an diesen Zugängen ist 1-Signal für die Versionen mit gemeinsamer Anode (ICM7216A, ICM7216C) und 0-Signal für die Versionen mit gemeinsamer Katode (ICM7216B, ICM7216D).

Störspannungen an diesen Eingängen können zu Funktionsfehlern führen. Das gilt besonders bei der Betriebsart „Ereigniszählung", da hierbei Spannungsänderungen an den Stellentreibern kapazitiv über die LED-Dioden auf die Multiplex-Eingänge überkoppeln können. Um einen guten Störabstand zu erhalten, sollte man einen Widerstand von 10 kΩ in Serie zu jedem Multiplexeingang schalten.

- Display Test: Alle Segmente und Dezimalpunkte sind eingeschaltet. Die Anzeige ist ausgeschaltet, wenn gleichzeitig „Display off" angelegt ist.
- Display off: Um diese Betriebsart einzustellen, ist es notwendig, den Stellentreiberausgang D3 auf den Steuereingang „Control" zu schalten und den Anschluss „Hold" auf +U_b zu legen. Der Schaltkreis bleibt solange in dieser Betriebsart, bis „Hold" wieder auf -U_b oder 0 V gelegt wird. Bei „Display off" sind die Stellen- und Segmenttreiber deaktiviert. Der Referenzoszillator läuft jedoch weiter. Der typische Betriebsstrom ist 1,5 mA mit einem Quarz von 10 MHz. Signale an den Multiplex-Eingängen haben keinen Einfluss. Eine neue Messung wird dann vorgenommen, wenn der Anschluss „Hold" an -U_b oder 0 V gelegt wird.
- 1 MHz Select: Diese Betriebsart erlaubt die Verwendung eines Quarzes von 1 MHz unter Beibehaltung der Multiplexfrequenz und dem Zeitbedarf für die Messungen, wie bei Verwendung eines 10-MHz-Quarzes. Bei Zeitintervall und Periodendauermessungen wird der Dezimalpunkt um eine Stelle nach rechts verschoben, da in diesem Fall die niederwertigste Stelle die Wertigkeit 1 µs besitzt.
- External Oszillator Enable: In dieser Betriebsart wird anstelle des internen Oszillators ein externer Oszillator als Zeitbasis benutzt. Der interne Oszillator läuft weiter. Die Eingangsfrequenz des externen Oszillators muss größer als 100 kHz sein, da andernfalls der Schaltkreis automatisch den internen Oszillator wieder aktiviert.
- External Decimal Point Enable: Wenn diese Betriebsart aktiviert ist, wird der Dezimalpunkt an der Stelle eingeblendet, die durch die Verbindung des entsprechenden Stellentreiberausgangs mit dem Anschluss „External Decimal Point" festgelegt ist. Die Nullunterdrückung wird für alle nach dem Dezimalpunkt folgenden Stellen deaktiviert.
- Test Mode: In dieser Betriebsart wird der Hauptzähler in Gruppen von jeweils zwei Stellen aufgeteilt. Diese Gruppen werden parallel getaktet. Der Referenzzähler wird so aufgeteilt, dass der Takt direkt in die zweite Dekade eingespeist wird (Torzeit 0,1 s/10 Zyklen). Der Zählerstand des Hauptzählers wird kontinuierlich ausgegeben.
- Range Input: Der Messbereich bestimmt, ob eine Messung über 1, 10, 100 oder 1000 Zählzyklen des Referenzzählers durchgeführt wird. Bei allen Betriebsarten mit Ausnahme der Ereigniszählung wird bei einer Änderung an diesem Eingang die gerade

laufende Messung abgebrochen und eine neue Messung initialisiert. Dies verhindert eine fehlerhafte erste Messung nach der Änderung des Messbereichs.

- Function Input: Die sechs wählbaren Funktionen sind: Frequenz, Periodendauer, Zeitintervall, Ereigniszählung, Frequenzverhältnis und Oszillatorfrequenz. Dieser Eingang ist nur bei den Versionen ICM 7216A und ICM 7216B vorhanden. Mit dieser Funktion wird festgelegt, welches Signal in den Hauptzähler und welches Signal in den Referenzzähler gezählt wird (*Tabelle 3.6*).

Tabelle 3.6: Wählbare Funktionen

Beschreibung	Hauptzähler	Referenzzähler
Frequenz (f_A)	Eingang A	100 Hz (Oszillator 10^5 oder 10^4)
Periode (t_A)	Oszillator	Eingang A
Verhältnis (f_A/f_B)	Eingang A	Eingang B
Zeitintervall (A→B)	Intervall	Zeitintervall
Zähler (A)	Eingang A	ohne Anwendung
Oszillatorfrequenz (f_{OSC})	Oszillator	100 Hz (Oszillator 10^5 oder 10^4)

Bei der Zeitintervallmessung wird ein Flipflop mit der negativen Flanke an Eingang A gesetzt und darauf mit der negativen Flanke an Eingang B wieder zurückgesetzt. Nachdem das Flipflop gesetzt ist, wird der Takt des Referenzoszillators solange in den Hauptzähler gezählt, bis das Flipflop mit der negativen Flanke an B wieder zurückgesetzt wird. Ein Wechsel am „Function"-Eingang unterbricht die laufende Messung. Dies verhindert eine fehlerhafte erste Anzeige nach Änderung der Verhältnisse am „Function"-Eingang.

- External Decimal Point Input: Dieser Eingang ist dann aktiv, wenn der externe Dezimalpunkt angewählt ist. Jede Stelle – außer D_7 – kann hier angeschlossen werden, weil der Überlaufausgang mit D_7 übersteuert wird und Nullen rechts vom Dezimalpunkt nicht unterdrückt werden. Dieser Eingang ist nur beim ICM7216C und ICM7216D vorhanden.
- „Hold"-Input: Wenn dieser Eingang an $+U_b$ gelegt wird, wird die laufende Messung angehalten, der Hauptzähler wird zurückgesetzt und der Schaltkreis wird für eine neue Messung vorbereitet. Die Zwischenspeicher, die den Inhalt des Hauptzählers halten, werden nicht aufdatiert, sodass das Ergebnis der letzten vollständigen Messung dargestellt wird. Wird „Hold" an $-U_b$ oder 0 V gelegt, wird eine neue Messung gestartet.
- Reset-Eingang: Dieser Eingang hat prinzipiell die gleiche Funktion wie der „Hold"-Eingang, außer dass die Zwischenspeicher für den Hauptzähler aktiviert werden und sich somit eine Nullanzeige ergibt.

Die Anzeige wird mit einer Multiplexfrequenz von 500 Hz und einer Digitzeit von 244 µs betrieben. Zwischen der Ansteuerung nebeneinanderliegender Stellen wird eine Austastzeit von 6 µs eingefügt, um den „Ghosting"-Effekt zwischen den Stellen zu vermeiden. Die Unterdrückung voreilender Nullen und der Dezimalpunkt sind für rechtsorientierte Anzeigen ausgelegt. Nullen, die rechts vom Dezimalpunkt stehen, werden nicht unterdrückt.

Außerdem wird die Nullenunterdrückung nicht aktiviert, wenn der Hauptzähler überläuft.

Die Versionen ICM7216A und ICM7216C steuern LED-Anzeigen mit gemeinsamer Anode an (Segmentspitzenstrom 25 mA) bei einer Anzeige mit U = 1,8 V bei 25 mA. Der mittlere Segmentstrom liegt unter diesen Bedingungen über 3 mA.

Die Versionen ICM7216B und ICM7216D sind für Anzeigen mit gemeinsamer Katode ausgelegt (Segmentspitzenstrom 15 mA) bei einer Anzeige mit U = 1,8 V bei 15 mA.

Bei Verwendung von Anzeigen mit sehr hohem Wirkungsgrad können – wenn notwendig – Widerstände in Serie zu den Segmenttreibern geschaltet werden. Zur Erzielung größerer Helligkeit kann +U_b bis auf 6V erhöht werden. Dabei muss man jedoch äußerste Vorsicht walten lassen, um die maximale Verlustleistung nicht zu überschreiten.

Die Treiberausgänge des ICM7216 für Segmente und Stellen sind nicht direkt kompatibel mit TTL- oder CMOS-Logik. Aus diesem Grund kann eine Pegelanpassung mit diskreten Transistoren notwendig werden.

Bei einem universellen Zähler führen Drift des Referenzoszillators (Quarz) und Quantisierungseffekte zu Fehlern. In den Betriebsarten Frequenzmessung, Periodendauermessung und Zeitintervallmessung wird ein von diesem Referenztakt abgeleitetes Signal entweder als Takt für den Referenzzähler oder für den Hauptzähler benutzt. Daher ergibt sich durch eine Frequenzabweichung des Referenztaktes eine identische Abweichung der Messung. Ein Oszillator, der einen Temperaturkoeffizienten von 20 ppm/°C aufweist, führt ebenfalls zu einem Messfehler von 20 ppm/°C.

Zusätzlich ist der „systeminhärente" Quantisierungsfehler eines digitalen Messsystems von ±1 vorhanden. Es ist offensichtlich, dass dieser Fehler durch Verwendung zusätzlicher Stellen verringert werden kann. Bei Frequenzmessungen erhält man die höchste Genauigkeit bei Eingangssignalen mit hoher Frequenz. Bei Periodendauermessungen ist die Messgenauigkeit bei niedrigen Eingangsfrequenzen am höchsten. Bei Zeitintervallmessungen kann ein Fehler von 1 LSD pro Intervall auftreten. Daraus ergibt sich, dass dieselbe „inhärente" Genauigkeit in allen Bereichen vorhanden ist.

Bei Frequenzverhältnismessungen kann man durch Mittelwertbildung über mehrere Zyklen des an B anliegenden Signals eine größere Genauigkeit erzielen.

3.8.3 Multifunktionszähler mit dem ICM7216A bis 10 MHz

Der ICM7216A ist in einem weiten Anwendungsbereich als Multifunktionszähler (*Abb. 3.49*) einsetzbar. Da die Eingänge A und B als digitale Eingänge ausgelegt sind, muss man häufig zusätzliche Beschaltung für Pufferung des Eingangssignals, Verstärkung, Hysterese und Pegelverschiebung vorsehen. Der Aufwand hierfür hängt sehr stark von der für das Messsystem spezifizierten maximalen Frequenz und von der Empfindlichkeit der Eingangsschaltung ab.

Die Typen ICM7216A und ICM7216B können zum Aufbau eines universellen Zählers mit sehr wenig externen Bauelementen verwendet werden. *Abb. 3.49* zeigt die Schaltung des Multifunktionszählers in EAGLE und es fehlt die Anzeige, die auf *Abb. 3.50* vorhanden ist. **Achtung!** Platinenlayout und Bestückungsseite der Platine befinden sich auf der CD. Die maximale Frequenz dieser Schaltung (ohne Vorteiler zusätzlicher Frequenzteiler) liegt bei 10 MHz für Eingang A und bei 2 MHz für Eingang B.

Vor dem ICM7216A befinden sich zwei NICHT-Gatter mit Schmitt-Trigger-Eingängen. Durch den Schmitt-Trigger-Eingang kann der ICM7216A auch mit langsamen sinusähnlichen Eingangsspannungen betrieben werden, d. h. durch den TTL-Baustein 7414 ergibt sich eine Ansteuerbarkeit mit Flanken beliebig langer Anstiegs- und Abfallzeit. Die obere Schwellspannung liegt bei 1,7 V (Standard) oder 1,6 V (LS). Die untere Schwellspannung beträgt 0,8 V und dadurch ergibt sich eine Hysterese von ≈0,8 V. Die Hysterese ist temperaturkompensiert. Da der Baustein 7414 sechs invertierende Schmitt-Trigger beinhaltet, müssen die beiden nicht benötigten Gatter an Masse oder +5 V gelegt werden.

Schmitt-Trigger oder Schwellwertschalter sind bistabile Schwellwertschalter mit Hysterese und mit einem Steuereingang, die beim Über- bzw. Unterschreiten bestimmter Eingangsschwellwerte umkippen und 0- bzw. 1-Signal am Ausgang annehmen. Diese Schaltungen sind sowohl für analoge als auch für digitale Schaltungen von großer Wichtigkeit. Hauptanwendungen sind: Einsatz als Schwellwertschalter z. B. Grenzwertüberwachung analoger Signale, Unterdrückung kleiner Störsignale in digitalen Systemen, Versteilerung von Signalverläufen („Rechteckigmachen"), Signalregenerierung und Impulsformung (Flankenregenerierung binärer Signale), Erzeugung von Rechteckimpulsen aus Sinusspannungen oder anderen Analogsignalen, Element zum Aufbau von Oszillatoren, Verzögerungs- und monostabilen Schaltungen.

Schmitt-Trigger haben – bedingt durch ihre Hysterese – einen wesentlich größeren Störabstand als übliche Logikgatter. Die schaltungstechnische Realisierung erfolgt in Form rückgekoppelter Gleichspannungsverstärker (positive Rückkopplung).

Je nach den Anforderungen an die Genauigkeit und die Konstanz der Triggerschwellen bzw. an die Flankensteilheit des Ausgangsspannungssprungs werden unterschiedliche Verstärkerelemente eingesetzt. Die Schaltschwellen und die Größe der Hysterese lassen sich durch Verändern des Rückkopplungsfaktors und durch evtl. Zusatzspannungen häufig in einem weiten Bereich einstellen, was bei TTL-Bausteinen nicht möglich ist.

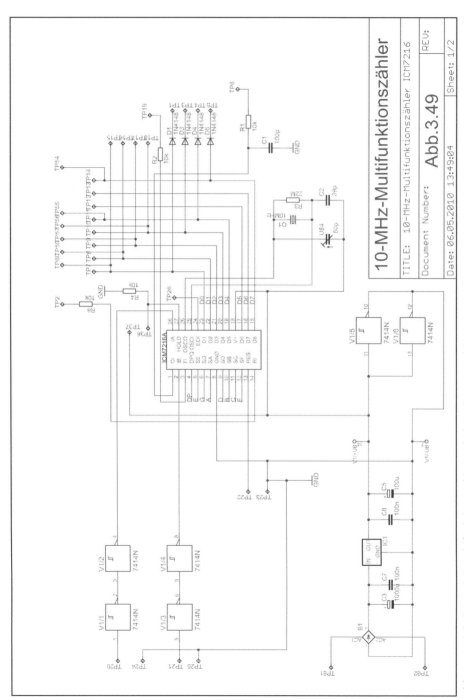

Abb. 3.49: Schaltung des Multifunktionszählers mit dem ICM7216A bis 10 MHz mit EAGLE. Die 7-Segment-Anzeige befindet sich auf dem Blatt 2 in EAGLE auf der CD.

In dem Schaltplan ist noch ein kleines Netzgerät vorhanden. Ein externer Transformator erzeugt eine Wechselspannung von 9 V, der von einem kleinen Brückengleichrichter zu einer unstabilisierten Gleichspannung umgesetzt wird. Der IC-Regler 7805 erzeugt hieraus eine stabilisierte Gleichspannung und dadurch ergibt sich eine kurzschluss- und überlastungssichere Ausgangsspannung. Befindet sich der IC-Regler auf einem Kühlkörper, lässt sich die thermische Abschaltung erheblich verzögern.

Für Eingangsfrequenzen bis 40 MHz kann für einen Frequenzzähler die Schaltung mit Vorteiler benutzt werden. Um den richtigen Messwert zu erhalten, ist es notwendig, die Frequenz des Referenzoszillators durch den Faktor 4 zu teilen, da auch die Frequenz des Eingangssignals durch diesen Faktor geteilt wird. Durch diese Teilung wird auch die „Pausenzeit" zwischen den Messungen auf 800 ms verlängert und die Multiplexfrequenz der Anzeige auf 125 Hz reduziert. Es empfiehlt sich ein Quarz mit 2,5 MHz.

Wird die Eingangsfrequenz eines Messsystems durch den Faktor 10 geteilt, kann die Referenzoszillatorfrequenz bei 10 MHz oder 1 MHz bleiben. Jedoch muss der Dezimalpunkt um eine Stelle nach rechts verschoben werden. Es sei darauf hingewiesen, dass auch links vom Dezimalpunkt eine Null dargestellt wird, da die interne Vornullenunterdrückung nicht geändert werden kann.

Der Oszillator ist als FET-Invertierstufe mit hoher Verstärkung realisiert. Ein externer Widerstand zwischen 10 MΩ und 22 MΩ sollte als Arbeitspunkteinstellung zwischen Eingang und Ausgang geschaltet werden. Der Oszillator ist so ausgelegt, dass er mit einem 10-MHz-Quarz in Parallelresonanz mit einer statischen Kapazität von 22 pF und einem Serienwiderstand von weniger als 35 Ω arbeitet.

Für einen speziellen Quarz mit einer Lastkapazität kann die benötigte Transkonduktanz g_m wie folgt berechnet werden:

$$g_m = \omega^2 \cdot C_{IN} \cdot C_{OUT} \cdot R_S \left(1 + \frac{C_0}{C_L} \right)^2 \quad \text{mit} \quad C_L = \left(\frac{C_{IN} \cdot C_{OUT}}{C_{IN} + C_{OUT}} \right)$$

C_0 = statische Quarzkapazität
R_S = Serienwiderstand des Quarzes
C_{IN} = Eingangskapazität
C_{OUT} = Ausgangskapazität

Die erforderliche Transkonduktanz g_m sollte um mindestens 50 % größer sein als die für den ICM7216 spezifizierte minimale Transkonduktanz g_m, um ein sicheres Anschwingen zu gewährleisten. Die Kapazität der Ein- und Ausgangsanschlüsse des Oszillators kann zu 5 pF angenommen werden. Die Kapazitäten für C_{IN} und C_{OUT} sollten für optimale Frequenzstabilität mindestens doppelt so groß wie die spezifizierte Quarzkapazität gewählt werden. In den Fällen, in denen nicht dekadische Vorteiler verwendet werden, kann ein Quarz mit einer Frequenz, die weder 1 MHz noch 10 MHz beträgt, notwendig werden. In diesem Fall ändert sich die Multiplexfrequenz der Anzeige und die „Pausenzeit" zwischen den Messungen. Die Multiplexfrequenz ist:

$$f_{max} = \frac{f_{OSC}}{2 \cdot 10^4} \text{ bei Betriebsart „10 MHz" oder } f_{max} = \frac{f_{OSC}}{2 \cdot 10^5} \text{ bei Betriebsart „1 MHz"}$$

Die „Pausenzeit" zwischen den Messungen ist:

$$t_{max} = \frac{2 \cdot 10^6}{f_{OSC}} \text{ bei Betriebsart „10 MHz" oder } t_{max} = \frac{2 \cdot 10^5}{f_{OSC}} \text{ bei Betriebsart „1 MHz"}$$

Der Quarz und die Bauelemente des Oszillators sollten so nah wie möglich am Schaltkreis aufgebaut werden, um die Überkopplung von anderen Signalen in diesem Schaltungsteil so gering wie möglich zu halten. Überkopplungen vom Eingang des externen Oszillators auf den Eingang oder Ausgang des Referenzoszillators können zu unerwünschten Frequenzverschiebungen führen.

3.8.4 Frequenzzähler bis 10 MHz mit dem ICM7216

Die Funktionsweise des ICM7216C/D ist weitgehend mit dem ICM7216A/B identisch, nur das Anschlussschema ist etwas abgewandelt, wie *Abb. 3.50* zeigt.

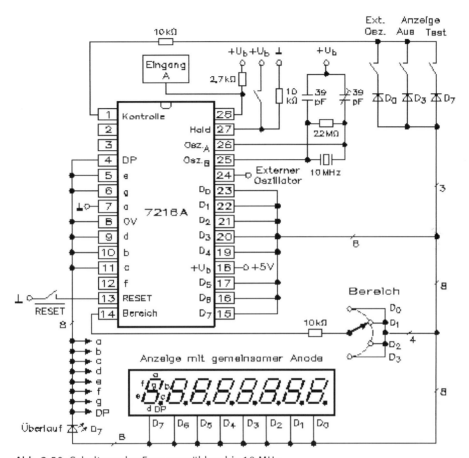

Abb. 3.50: Schaltung des Frequenzzählers bis 10 MHz

Der Baustein ICM7216C/D kann nur eine Rechteckfrequenz erfassen und die Frequenz ausgeben. Im Gegensatz zu den Bausteinen ICM7216A/B ist nur ein Eingang vorhanden und auch der Schalter „Funktion" fehlt. Der Schalter für den externen Oszillator ist nicht vorhanden und so lässt sich eine Anzeige ein- bzw. ausschalten und die Anzeige testen.

Der Baustein ICM7216C/D kann Frequenzen von 0 bis 10 MHz erfassen. Dezimalpunkt und Unterdrückung voreilender Nullen lassen sich extern einstellen.

Die Typen ICM7216C und ICM7216D können zum Aufbau eines universellen Zählers mit sehr wenig externen Bauelementen verwendet werden. *Abb. 3.51* zeigt die Schaltung des Multifunktionszählers und die Anzeige befindet sich auf der CD unter 3.51. **Achtung!** Platinenlayout und Bestückungsseite der Platine befinden sich auch auf der CD.

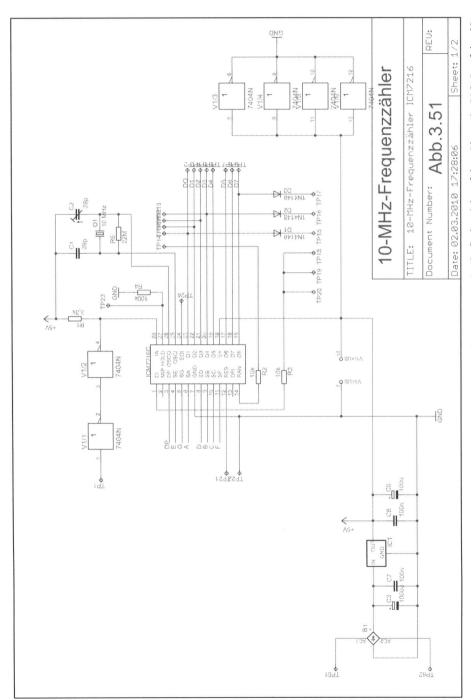

Abb. 3.51: Schaltung des Frequenzzählers bis 10 MHz mit EAGLE. Die 7-Segment-Anzeige befindet sich auf dem Blatt 2 in EAGLE auf der CD.

Durch einen Vorteiler (zusätzlicher Frequenzteiler) kann der ICM7216C/D auf eine Eingangsfrequenz von 40 MHz erweitert werden. Zweckmäßigerweise wird dann ein Quarz von 2,5 MHz verwendet.

Es werden von den sechs Schmitt-Triggern nur zwei benötigt und daher müssen die anderen vier noch mit 0 V oder +5 V verbunden werden.

3.8.5 Erweiterte Schaltungen mit dem ICM7216

Der ICM7216 ist in einem weiten Anwendungsbereich als Universalzähler und Frequenzzähler einsetzbar. In vielen Fällen wird man Vorteilerschaltungen benutzen, um das Eingangssignal für den ICM7216 auf unter 10 MHz herunterzuteilen. Da die Eingänge A und B als digitale Eingänge ausgelegt sind, muss man häufig zusätzliche Beschaltung für Pufferung des Eingangssignals, Verstärkung, Hysterese und Pegelverschiebung vorsehen. Der Aufwand hierfür hängt sehr stark von der für das Messsystem spezifizierten maximalen Frequenz und von der Empfindlichkeit der Eingangsschaltung ab.

Die Typen ICM7216C und ICM7216D können zum Aufbau eines universellen Zählers mit sehr wenig externen Bauelementen, wie *Abb. 3.52* dargestellt ist, verwendet werden. Die maximale Frequenz dieser Schaltung liegt bei 10 MHz für Eingang A und bei 2 MHz für Eingang B.

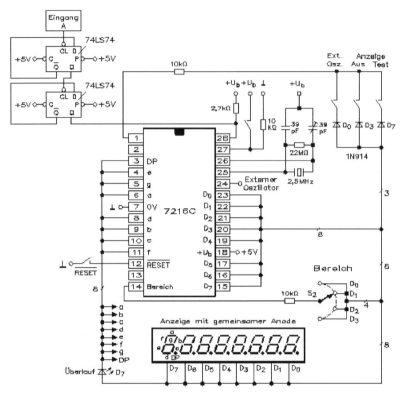

Abb. 3.52: Schaltung eines 40-MHz-Frequenzzählers mit dem ICM7216C

Für Eingangsfrequenzen bis 40 MHz kann für den Frequenzzähler die Schaltung mit dem ICM7216C benutzt werden. Um den richtigen Messwert zu erhalten, ist es notwendig, die Frequenz des Referenzoszillators um den Faktor 4 zu teilen, da auch die Frequenz des Eingangssignals durch diesen Faktor geteilt wird. Durch diese Teilung wird auch die „Pausenzeit" zwischen den Messungen auf 800 ms verlängert und die Multiplexfrequenz der Anzeige auf 125 Hz reduziert.

Für den TTL-Baustein 7474 zwei Flipflops (mit Preset und Clear) gilt für die statischen Parameter *Tabelle 3.7* und die dynamischen Parameter *Tabelle 3.8*.

Tabelle 3.7: Statische Parameter für den 7474 der einzelnen TTL-Familien

Statische Parameter	Standard	LS	Schottky	ALS	AS	HCMOS
Max. Ausgangsstrom I_{OL}	16 mA	8 mA	20 mA	8 mA	20 mA	4 mA
Max. Ausgangsstrom I_{OH}	0,4 mA	0,4 mA	1 mA	0,4 mA	2 mA	4 mA
Max. Eingangsstrom I_{IH}	1,6 mA	0,4 mA	2 mA	0,2 mA	0,5 mA	± 1 μA
Typ. Verlustleistung	86 mW	20 mW	150 mW	6 mW	26 mW	200 pW

Tabelle 3.8: Dynamische Parameter für den 7474 der einzelnen TTL-Familien

Dynamische Parameter	Standard	LS	Schottky	ALS	AS	HCMOS
Min. garantierte Taktfrequenz	18 MHz	25 MHz	75 MHz	34 MHz	105 MHz	25 MHz
Min. Taktbreite bei High	30 ns	25 ns	6 ns	14,5 ns	4 ns	20 ns
Min. setup time	20 ns	25 ns	3 ns	15 ns	4,5 ns	25 ns
Min. hold time	5 ns	5 ns	2 ns	0 ns	0 ns	0 ns
Typ. Verzögerung PRE´/CLR´→Q/Q´				9 ns	6 ns	20 ns
Typ. Verzögerung CLK→Q/Q´				11,5 ns	6,25 ns	20 ns
Typ. Verzögerung	17 ns	19 ns	6 ns	10 ns	6 ns	20 ns

Für die Realisierung des Vorteilers eignen sich Schottky, ALS (Advanced Low Power Schottky) und AS (Advanced Schottky).

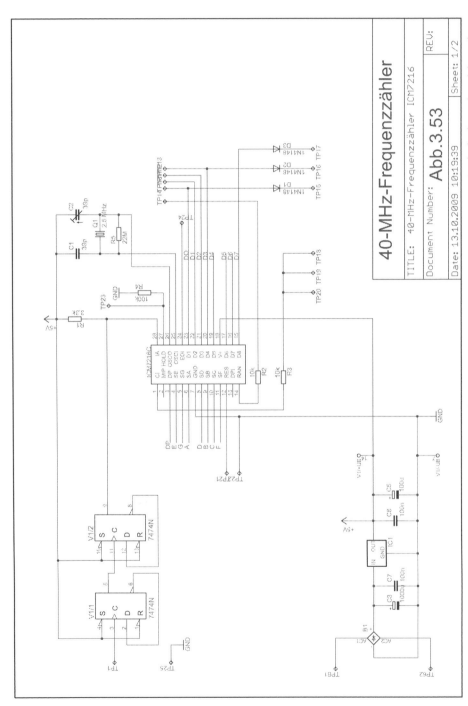

Abb. 3.53: Schaltung eines 40-MHz-Frequenzzählers mit dem ICM7216C in EAGLE. Die 7-Segment-Anzeige befindet sich auf dem Blatt 2 in EAGLE auf der CD.

Abb. 3.53 zeigt die Schaltung eines 40-MHz-Frequenzzählers mit dem ICM7216C in EAGLE und die Anzeige befindet sich auf der CD. **Achtung!** Platinenlayout und Bestückungsseite der Platine befinden sich auch auf der CD.

Wenn die Schaltung nicht ordnungsgemäß funktioniert, muss ein Schmitt-Trigger zwischen Eingang und dem ersten Flipflop eingeschaltet werden.

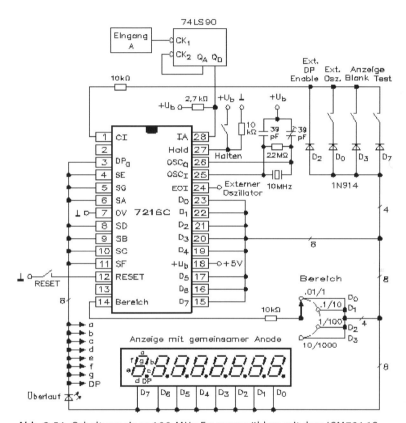

Abb. 3.54: Schaltung eines 100-MHz-Frequenzzählers mit dem ICM7216C

Tabelle 3.9: Zählerbetrieb des Dezimalzählers 74290

Wert	Ausgänge Q_A Q_B Q_C Q_D			
0	0	0	0	0
1	0	0	0	1
2	0	0	1	0
3	0	0	1	1
4	0	1	0	0
5	0	1	0	1
6	0	1	1	0
7	0	1	1	1
8	1	0	0	0
9	1	0	0	1

Q_A muss mit B verbunden sein

Tabelle 3.10: Ansteuerbedingungen des Dezimalzählers 74290

Reset-Eingänge $R_{01)}$	$R_{02)}$	$R_{91)}$	$R_{92)}$	Ausgänge Q_A	Q_B	Q_C	Q_D
1	1	0	X	0	0	0	0
1	1	X	0	0	0	0	0
X	X	1	1	1	0	0	1
X	0	X	0			zählen	
0	X	0	X			zählen	
0	X	X	0			zählen	
X	0	0	X			zählen	

Das erste Flipflop teilt die Eingangsfrequenz von 100 MHz auf 50 MHz. Das zweite Flipflop teilt diese Frequenz von 50 MHz auf 25 MHz und damit kann der 74290 arbeiten.

Abb. 3.55 zeigt die Schaltung eines 100-MHz-Frequenzzählers mit dem ICM7216C in EAGLE und die Anzeige befindet sich auf der CD unter 3.55. **Achtung!** Platinenlayout und Bestückungsseite der Platine befinden sich auch auf der CD. Die Schaltung und das Platinenlayout sind für eine maximale Eingangsfrequenz von 100 MHz ausgelegt.

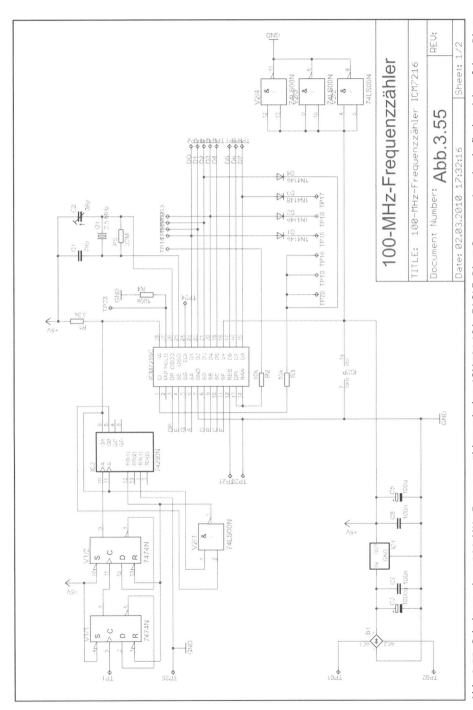

Abb. 3.55: Schaltung eines 100-MHz-Frequenzzählers mit dem ICM7216C in EAGLE. Die 7-Segment-Anzeige befindet sich auf dem Blatt 2 in EAGLE auf der CD.

Für eine Eingangsfrequenz von 100 MHz muss man einen Vorteiler, bestehend aus dem 74LS74 und einem 74290 realisieren. An dem ersten 74LS74 liegt eine Eingangsfrequenz von 100 MHz an und diese wird auf 50 MHz heruntergeteilt. Dann folgt der nächste 74LS74 und eine Frequenzteilung auf 25 MHz. Diese Frequenz liegt nur an dem Dezimalzähler 74290, und wird entsprechend heruntergeteilt. Es ergeben sich 2,5 MHz an dem Ausgang Q_D. Man kann den Quarz wechseln. Die andere Möglichkeit ist die automatische Rückstellung durch das NAND-Gatter. Es gilt:

Q_3	Q_2	Q_1	Q_0	
0	1	1	1	
1	0	0	0	
1	0	0	1	
1	0	1	0	← für ≈ 10 ns automatische Rückstellung
0	0	0	0	

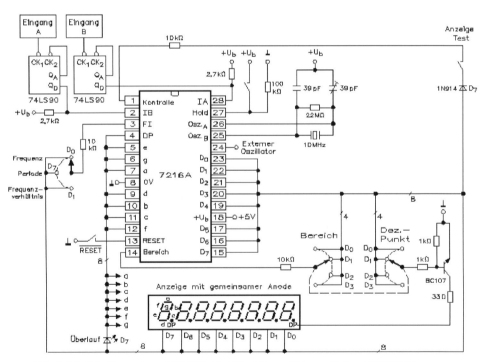

Abb. 3.56: Schaltung eines 100-MHz-Multifunktionszählers mit dem ICM7216A

Tritt der Zählerstand von 10 auf, ist die NAND-Bedingung erfüllt und die RESET-Leitung hat ein 0-Signal. Die beiden Flipflops und die Zählerdekade werden auf den Zählerstand 0 zurückgesetzt. Wichtig ist die Verbindung zwischen dem Ausgang Q_A und dem Eingang B.

Mit zwei Vorteilern ergibt sich die Schaltung (*Abb. 3.56*) eines 100-MHz-Multifunktionszählers mit dem ICM7216A.

Wird die Eingangsfrequenz eines Messsystems durch den Faktor 10 geteilt, kann die Referenzoszillatorfrequenz bei 10 MHz oder 1 MHz bleiben. Jedoch muss der Dezimalpunkt um eine Stelle nach rechts verschoben werden. Die Schaltung von *Abb. 3.54* zeigt einen Zähler mit einem Vorteiler (Faktor 10) und einem ICM7216C. Da der Anschluss für einen externen Dezimalpunkt beim ICM7216A und ICM7216B nicht vorhanden ist, muss man bei Verwendung dieser Versionen eine externe Treiberschaltung (*Abb. 3.56*) für den Dezimalpunkt realisieren.

Es sei darauf hingewiesen, dass auch links vom Dezimalpunkt eine Null dargestellt wird, da die interne Vornullenunterdrückung nicht geändert werden kann.

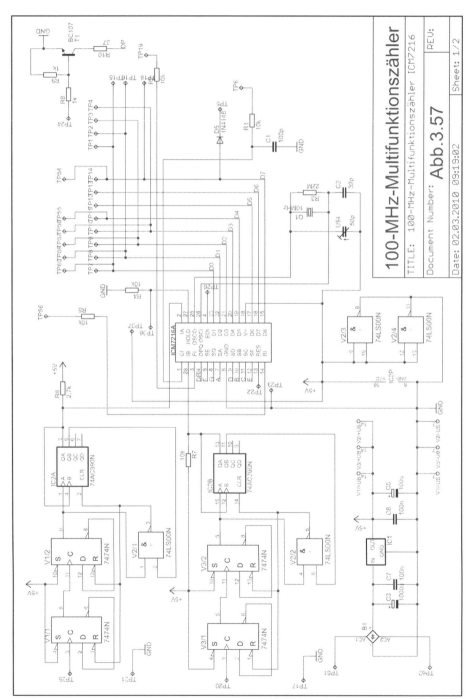

Abb. 3.57: Schaltung eines 100-MHz-Multifunktionszählers mit dem ICM7216A in EAGLE. Die 7-Segment-Anzeige befindet sich auf dem Blatt 2 in EAGLE auf der CD.

Abb. 3.57 zeigt die Schaltung eines 100-MHz-Multifunktionszählers mit dem ICM7216A in EAGLE und die Anzeige befindet sich auf der CD unter 3.57a. **Achtung!** Platinenlayout und Bestückungsseite der Platine befinden sich auch auf der CD.

Bei der Schaltung in *Abb. 3.57* sind zwei Bausteine 74LS74, ein Baustein 74390 und ein NAND-Gatter 74LS00 erforderlich, denn die beiden Eingangsfrequenzen werden dezimal geteilt. Der 74390 enthält zwei Dezimalzähler, die von jeweils einem Eingang angesteuert werden. Wichtig ist die Verbindung zwischen dem Ausgang Q_A und Eingang B.

Da der Anschluss für einen externen Dezimalpunkt bei ICM7216A/B nicht vorhanden ist, muss bei der Verwendung dieser Versionen eine externe Treiberschaltung für den Dezimalpunkt realisiert werden.

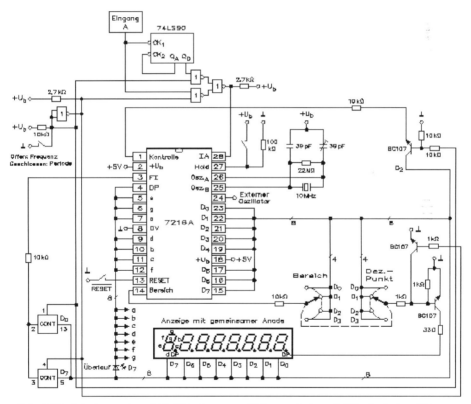

Abb. 3.58: Schaltung eines 100-MHz-Frequenzzählers und eines 2-MHz-Periodenzählers mit dem ICM7216A

In der Schaltung nach *Abb. 3.58* ist eine zusätzliche Beschaltung realisiert, um zur Erzielung der besten Genauigkeit die Periodendauer des Eingangssignals messen zu können (Schalter „Function Switch"). In den Schaltungen der *Abb. 3.54* und *Abb. 3.56* wird das

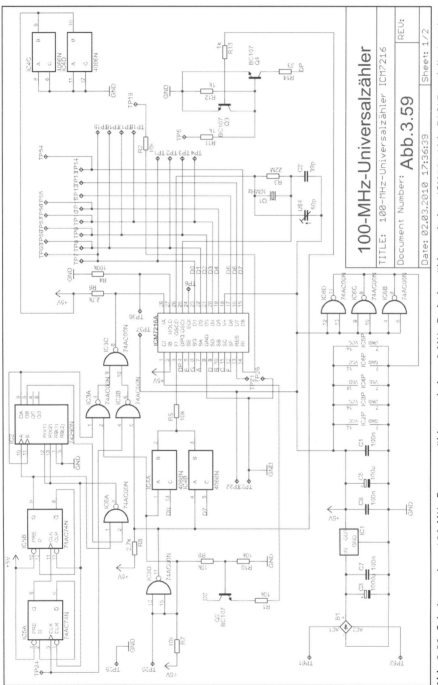

Abb. 3.59: Schaltung eines 100-MHz-Frequenzzählers und eines 2-MHz-Periodenzählers mit dem ICM7216A in EAGLE und die Anzeige befindet sich auf der CD unter 3.59a. Achtung! Platinenlayout und Bestückungsseite der Platine befinden sich auch auf der CD. Die Schaltung und das Platinenlayout sind für eine maximale Eingangsfrequenz von 100 MHz ausgelegt.

Eingangssignal für Eingang A des Zählers vom Ausgang Q_C des Vorteilers abgegriffen, um ein Tastverhältnis von 40 % oder mehr zu erhalten. Wenn das Tastverhältnis an Eingang A zu klein wird, muss man unter Umständen einen monostabilen Multivibrator oder eine ähnliche Schaltung einsetzen, um eine minimale Pulslänge von 50 ns sicherzustellen.

Abb. 3.58 zeigt die Schaltung eines 100-MHz-Frequenzzählers und eines 2-MHz-Periodenzählers mit dem ICM7216A .

3.8.6 Universalzähler ICM7226A/B

Der ICM7226A treibt LED-Anzeigen mit gemeinsamer Anode und der ICM7226B mit gemeinsamer Katode. Die beiden Bausteine sind einsetzbar zur Messung von Frequenz, Periodendauer, Ereignissen, Frequenzverhältnis und Zeitintervall. Auf dem Chip sind Stellen- und Segmenttreiber für 8-stellige LED-Anzeigen integriert. Sie eignen sich für eine direkte Frequenzmessung von 0 Hz bis 10 MHz, die Periodendauermessung von 0,5 µs bis 10 s. Ein stabiler Oszillator mit Quarz von 1 MHz oder 10 MHz sorgt für exakte Messungen. Steuersignale für die Ansteuerung von Vorteilern und Vorteileranzeigen sind vorhanden.

Die Typen ICM7226A und ICM7226B sind vollintegrierte Universalzähler für die direkte Ansteuerung einer LED-Anzeige. Die Bausteine ICM7226A/B kombinieren die Unterfunktionen für einen externen Referenzoszillator, einen dekadischen Zeitbasiszähler, einen 8-Dekaden-Datenzähler mit Zwischenspeicher, 7-Segment-Decodierer, Stellen-Multiplexer, Stellen- und Segmenttreiber für die direkte Ansteuerung großer 8-stelliger LED-Anzeigen auf einem CMOS-Chip.

Der Zählereingang besitzt eine maximale Eingangsfrequenz von 10 MHz in den Betriebsarten Frequenzmessung und Ereignismessung und eine von 2 MHz in den anderen Betriebsarten. Beide Eingänge sind digitale Eingänge. In den meisten Anwendungen wird zusätzliche Verstärkung und Pegelanpassung des Eingangssignals notwendig sein, um geeignete Eingangssignale für den Zählerbaustein zu erzeugen.

Der ICM7226A und der ICM7226B arbeiten als Frequenzzähler, Periodendauerzähler, Frequenzverhältniszähler (f_A/f_B) oder Zeitintervallzähler. Der Zähler benutzt einen Referenzoszillator von 10 MHz oder 1 MHz, der mit einem externen Quarz beschaltet wird. Zusätzlich ist ein Eingang für eine externe Zeitbasis vorhanden. Bei der Messung von Periodendauer und Zeitintervall ergibt sich bei Verwendung einer 10-MHz-Zeitbasis eine Auflösung von 0,1 ps. Bei den Mittelwertmessungen von Periodendauer und Zeitintervall kann die Auflösung im Nanosekundenbereich liegen.

Bei der Betriebsart Frequenzmessung kann der Anwender Torzeiten von 10 ms, 100 ms, 1 s und 10 s auswählen. Mit einer Torzeit von 10 s ist die Wertigkeit der niederwertigsten Stelle 0,1 Hz. Zwischen aufeinanderfolgenden Messungen liegt eine Pause von

0,2 s in allen Messbereichen und Funktionen. Steuersignale für die Ansteuerung von Vorteilen sind vorhanden.

Beide Versionen des ICM7226 ermöglichen die Unterdrückung voreilender Nullen. Die Frequenz wird in kHz dargestellt. Beim ICM7226A und B erfolgt die Darstellung der Zeit in µs. Die Anzeige wird im Multiplex mit einer Frequenz von 500 Hz und einem Tastverhältnis von 12,5 % für jede Stelle angesteuert.

Der Typ ICM7226A ist für die Ansteuerung von 7-Segment-Anzeigen mit gemeinsamer Anode mit einem typischen Segment-Spitzenstrom von 25 mA ausgelegt. Der Typ ICM7226B steuert Anzeigen mit gemeinsamer Katode an, wobei der typische Segment-Spitzenstrom bei 12 mA liegt. In der Betriebsart „Anzeige aus" werden die Stellen- und Segmenttreiber deaktiviert, sodass die Anzeige für andere Funktionen benutzt werden kann.

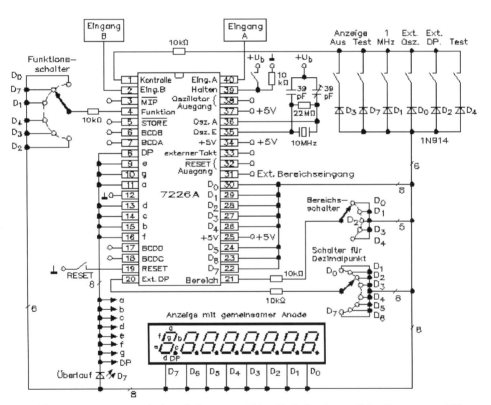

Abb. 3.60: ICM7226A arbeitet als Frequenzzähler, Periodendauerzähler, Frequenzverhältniszähler (f_A/f_B) oder Zeitintervallzähler

Abb. 3.60 zeigt die Schaltung des ICM7226A/B, der als Frequenzzähler, Periodendauerzähler, Frequenzverhältniszähler (f_A/f_B) oder Zeitintervallzähler arbeitet.

Die Eingänge A und B sind digitale Eingänge mit einer Schaltschwelle von 2,0 V bei einer Versorgungsspannung von +5 V. Um optimale Bedingungen sicherzustellen, sollte das Eingangssignal so eingestellt werden, dass die Amplitude (Spitze-Spitze) mindestens 50 % der Versorgungsspannung beträgt und die „Null-Linie" bei der Schwellspannung liegt. Werden diese Eingänge von TTL-Schaltkreisen angesteuert, ist es zweckmäßig, einen „Pull-up"-Widerstand zur positiven Versorgungsspannung zu verwenden. Die Schaltung zählt die negativen Flanken an beiden Eingängen.

VORSICHT: Die Amplitude der Eingangsspannungen darf die Versorgungsspannung nicht überschreiten, die Schaltung kann dadurch zerstört werden.

Abb. 3.61 zeigt einen 10-MHz-Universalzähler mit dem ICM7226A in EAGLE und die Anzeige befindet sich auf der CD unter 3.61a. **Achtung!** Platinenlayout und Bestückungsseite der Platine befinden sich auch auf der CD. Die Schaltung und das Platinenlayout sind für eine maximale Eingangsfrequenz von 10 MHz ausgelegt.

Die negative Flanke an Kanal A startet den Zeitintervallzähler. Die negative Flanke an Kanal B stoppt diesen Zähler. Zur Vervollständigung der Messung muss nach der negativen Flanke an B noch einmal eine negative Flanke an A angelegt werden. Bei der Messung periodischer Signale geschieht dies automatisch. Bei der Messung von Einzelpulsen muss diese zweite negative Flanke an A zusätzlich erzeugt werden.

- Multiplex-Eingänge: Die Eingänge für Funktion, Messbereich, Steuerung und externen Dezimalpunkt werden im Zeitmultiplex betrieben. Dies geschieht dadurch, dass der jeweilige Eingang mit dem entsprechenden Stellentreiberausgang verbunden wird.

Die Spannung an den Eingängen, Funktion, Messbereich und Steuerung muss für die zweite Hälfte jedes Stellentreiberausgangs stabil anliegen (typ. 125 µs).

Der aktive Pegel an diesen Zugängen ist 1-Signal für die Version mit gemeinsamer Anode (ICM7226A) und 0-Signal für die Version mit gemeinsamer Katode (ICM7226B).

Störspannungen an diesen Eingängen können zu Funktionsfehlern führen. Das gilt besonders bei der Betriebsart „Ereigniszählung", da hierbei Spannungsänderungen an den Stellentreibern kapazitiv über die LED-Dioden auf die Multiplex-Eingänge überkoppeln können. Um einen guten Störabstand zu erhalten, sollte man einen Widerstand von 10 kΩ in Serie zu jedem Multiplexeingang schalten.

Tabelle 3.11 zeigt die Funktion dieser Eingänge und die Zuordnung der entsprechenden Stellentreiberausgänge.

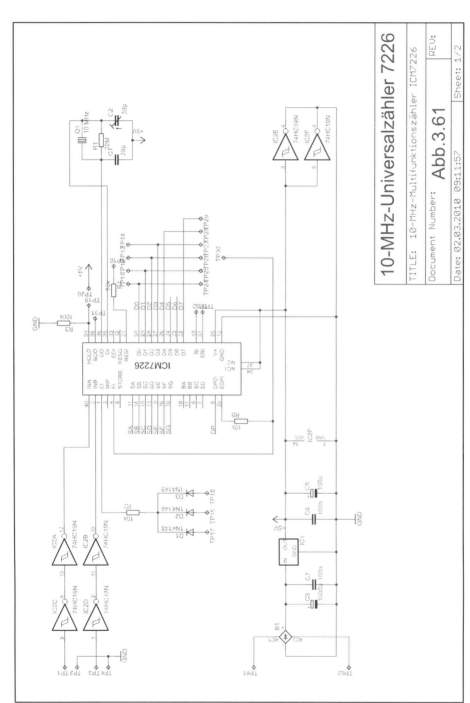

Abb. 3.61: Baustein ICM7226A als 10-MHz-Universalzähler in EAGLE. Die 7-Segment-Anzeige befindet sich auf dem Blatt 2.

Tabelle 3.11: Funktionen des ICM7226A und ICM7226B

	Funktionen	Digit
Funktionseingänge	Frequenz (F)	D_0
(Pin 4)	Periode (P)	D_7
	Differenzmessung (FR)	D_1
	Zeitintervall (TI)	D_4
	Zähler (U.C.)	D_3
	Oszillator (O.F.)	D_2
Bereichseingang	0,01 s/1 Zyklus	D_0
(Pin 21)	0,1 s/10 Zyklus	D_1
	1 s/100 Zyklus	D_2
	10 s/1000 Zyklus	D_3
Externer Bereichseingang	gesperrt	D_4
(Pin 31)		
Kontrolleingang	ohne Anzeige	D_3 und Halten
(Pin 1)	Anzeigentest	D_7
	1-MHz-Quarz	D_1
	Sperre des externen Oszillators	D_0
	Sperre der Dezimalpunkte	D_2
	Test	D_4
Eingang für den	Ausgang für Dezimalpunkt	
Dezimalpunkt (Pin 20)		

3.8.7 Steuerfunktionen des Universalzählers ICM7226A/B

- Display Test: Alle Segmente und Dezimalpunkte sind eingeschaltet. Die Anzeige ist ausgeschaltet, wenn gleichzeitig „Display off" angelegt ist.
- Display off: Um diese Betriebsart einzustellen, ist es notwendig, den Stellentreiberausgang D_3 auf den Steuereingang „Control" zu schalten und den Anschluss „Hold" auf 0-Signal zu legen. Der Schaltkreis bleibt solange in dieser Betriebsart, bis „Hold" wieder auf 0-Signal gelegt wird. Bei „Display off" sind die Stellen- und Segmenttreiber deaktiviert. Der Referenzoszillator läuft jedoch weiter. Der typische Versorgungsstrom ist 1,5 mA mit einem Quarz von 10 MHz. Signale an den Multiplexeingängen haben keinen Einfluss. Eine neue Messung wird dann vorgenommen, wenn der Anschluss „Hold" an 0-Signal gelegt wird.
- 1 MHz Select: Diese Betriebsart erlaubt die Verwendung eines Quarzes von 1 MHz unter Beibehaltung der Multiplexfrequenz und des Zeitbedarfs für die Messungen – wie bei Verwendung eines 10 MHz-Quarzes. Bei Zeitintervall und Periodendauermessungen wird der Dezimalpunkt um eine Stelle nach rechts

verschoben, da in diesem Fall die niederwertigste Stelle die Wertigkeit 1 μs besitzt.

- External Oszillator Enable: In dieser Betriebsart wird anstelle des internen Oszillators ein externer Oszillator als Zeitbasis benutzt. Der interne Oszillator läuft weiter. Die Eingangsfrequenz des externen Oszillators muss größer als 100 kHz sein, da andernfalls der Schaltkreis automatisch den internen Oszillator wieder aktiviert.

- External Decimal Point Enable: Wenn diese Betriebsart aktiviert ist, wird der Dezimalpunkt an der Stelle eingeblendet, die durch die Verbindung des entsprechenden Stellentreiberausgangs mit dem Anschluss „External Decimal Point" festgelegt ist. Die Nullunterdrückung wird für alle nach dem Dezimalpunkt folgenden Stellen deaktiviert.

- Test Mode: In dieser Betriebsart wird der Hauptzähler in Gruppen von jeweils zwei Stellen aufgeteilt. Diese Gruppen werden parallel getaktet. Der Referenzzähler wird so aufgeteilt, dass der Takt direkt in die zweite Dekade eingespeist wird (Torzeit 0,1 s/10 Zyklen). Der Zählerstand des Hauptzählers wird kontinuierlich ausgegeben.

- Range Input: Der Messbereich bestimmt, ob eine Messung über 1, 10, 100 oder 1000 Zählzyklen des Referenzzählers durchgeführt wird. Bei allen Betriebsarten mit Ausnahme der Ereigniszählung wird bei einer Änderung an diesem Eingang die gerade laufende Messung abgebrochen und eine neue Messung initialisiert. Dies verhindert eine fehlerhafte erste Messung nach der Änderung des Messbereichs.

- Function Input: Die sechs wählbaren Funktionen sind: Frequenz, Periodendauer, Zeitintervall, Ereigniszählung, Frequenzverhältnis und Oszillatorfrequenz. Mit dieser Funktion wird festgelegt, welches Signal in den Hauptzähler und welches Signal in den Referenzzähler gezählt wird (Tabelle 3.12).

Tabelle 3.12: Wählbare Funktionen

Beschreibung	Hauptzähler	Referenzzähler
Frequenz (f_A)	Eingang A	100 Hz (Oszillator 10^5 oder 10^4)
Periode (t_A)	Oszillator	Eingang A
Verhältnis (f_A/f_B)	Eingang A	Eingang B
Zeitintervall (A→B)	Intervall	Zeitintervall
Zähler (A)	Eingang A	ohne Anwendung
Oszillatorfrequenz (f_{OSC})	Oszillator	100 Hz (Oszillator 10^5 oder 10^4)

Bei der Zeitintervallmessung wird ein Flipflop mit der negativen Flanke an Eingang A gesetzt und darauf mit der negativen Flanke an Eingang B wieder zurückgesetzt. Nachdem das Flipflop gesetzt ist, wird der Takt des Referenzoszillators solange in den Hauptzähler gezählt, bis das Flipflop mit der negativen Flanke an B wieder zurückgesetzt wird. Ein Wechsel am „Function"-Eingang unterbricht die laufende Messung. Dies verhindert eine fehlerhafte erste Anzeige nach Änderung der Verhältnisse am „Function"-Eingang.

- External Decimal Point Input: Dieser Eingang ist dann aktiv, wenn der externe Dezimalpunkt angewählt ist. Jede Stelle außer D_7 kann hier angeschlossen werden, weil der Überlaufausgang mit D_7 übersteuert wird und Nullen rechts vom Dezimalpunkt nicht unterdrückt werden.
- Hold-Input: Wenn dieser Eingang an 1-Signal gelegt wird, wird die laufende Messung angehalten, der Hauptzähler wird zurückgesetzt und der Schaltkreis wird für eine neue Messung vorbereitet. Die Zwischenspeicher, die den Inhalt des Hauptzählers halten, werden nicht aufdatiert, sodass das Ergebnis der letzten vollständigen Messung dargestellt wird. Wird „Hold" an 0-Signal gelegt, wird eine neue Messung gestartet.
- Reset-Eingang: Dieser Eingang hat prinzipiell die gleiche Funktion wie der „Hold-Eingang" außer dass die Zwischenspeicher für den Hauptzähler aktiviert werden und sich somit eine Nullanzeige ergibt.
- External Range Input: Dieser Eingang wird benutzt, um andere Messbereiche als im Schaltkreis vorgesehen einzustellen.
- Measurement in Progress, Store und Reset-Ausgänge: Diese Ausgänge sind vorgesehen, um die Darstellungslogik von Vorteilern anzusteuern. Alle drei Ausgänge sind in der Lage, eine TTL-LS-Last zu treiben. Der Ausgang „Measurement in Progress" kann direkt eine ECL-Last treiben, wenn der ECL-Schaltkreis an derselben Spannungsversorgung wie der ICM7226 betrieben wird.
- BCD-Ausgänge: Die Stellung jeder Zählstufe wird in BCD-Codierung an den BCD-Ausgängen ausgegeben. Die Vornullenunterdrückung hat keinen Einfluss auf die BCD-Ausgänge. Jeder dieser Ausgänge treibt eine TTL-Last. Tabelle 3.13 zeigt die Wahrheitstabelle für diese Ausgänge.

Tabelle 3.13: Wahrheitstabelle für die BCD-Ausgänge

Nummer	D (Pin 7)	C (Pin 6)	B (Pin 17)	A (Pin 18)
0	0	0	0	0
1	0	0	0	1
2	0	0	1	0
3	0	0	1	1
4	0	1	0	0
5	0	1	0	1
6	0	1	1	0
7	0	1	1	1
8	1	0	0	0
9	1	0	0	1

- Buffered Oscillator Output: Dieser Anschluss ist vorgesehen, um den internen Oszillator benutzen zu können, ohne ihn zu belasten. Der Ausgang treibt eine TTL-LS-Last. Es sollte auf eine minimale kapazitive Belastung dieses Anschlusses geachtet werden.

Die Anzeige wird mit einer Multiplexfrequenz von 500 Hz und einer „Digit"-Zeit von 224 µs betrieben. Zwischen der Ansteuerung nebeneinanderliegender Stellen wird eine Austastzeit von 6 µs eingefügt, um den „Ghosting"-Effekt zwischen den Stellen zu vermeiden. Die Unterdrückung voreilender Nullen und der Dezimalpunkt sind für rechtsorientierte Anzeigen ausgelegt. Nullen, die rechts vom Dezimalpunkt stehen, werden nicht unterdrückt. Außerdem wird die Nullenunterdrückung nicht aktiviert, wenn der Hauptzähler überläuft.

Die Version ICM7226A steuert LED-Anzeigen mit gemeinsamer Anode an Segmentspitzenstrom (25 mA) bei einer Anzeige mit $U_{LED} = 1,8$ V bei 25 mA. Der mittlere Segmentstrom liegt unter diesen Bedingungen über 3 mA. Die Version ICM7226B ist für Anzeigen mit gemeinsamer Katode ausgelegt (Segmentspitzenstrom 15 mA) bei einer Anzeige mit $U_{LED} = 1,8$V bei 15 mA. Die Verwendung von Anzeigen mit sehr hohem Wirkungsgrad können – wenn notwendig – Widerstände in Serie zu den Segmenttreibern geschaltet werden.

Zur Erzielung größerer Helligkeit kann $+U_b$ bis auf 6 V erhöht werden. Dabei muss man jedoch äußerste Vorsicht walten lassen, um die maximale Verlustleistung nicht zu überschreiten. Die Treiberausgänge des ICM7226 für Segmente und Stellen sind nicht direkt kompatibel mit TTL- oder CMOS-Logik. Aus diesem Grund kann eine Pegelanpassung mit diskreten Transistoren notwendig werden.

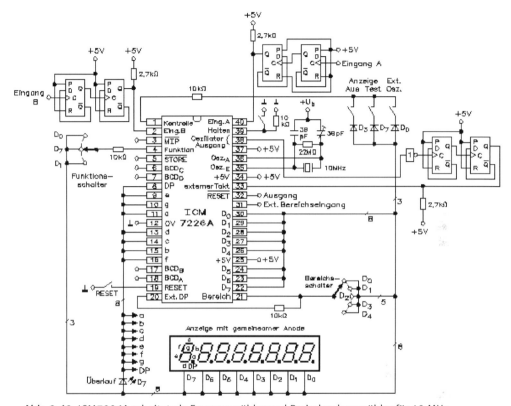

Abb. 3.62: ICM7226A arbeitet als Frequenzzähler und Periodendauerzähler für 40 MHz

Für Eingangsfrequenzen bis 40 MHz kann für einen Frequenzzähler die Schaltung von *Abb. 3.62* benutzt werden. Um den richtigen Messwert zu erhalten, ist es notwendig, die Frequenz des Referenzoszillators um den Faktor 4 zu teilen, da auch die Frequenz des Eingangssignals durch diesen Faktor geteilt wird. Durch diese Teilung wird auch die „Pausenzeit" zwischen den Messungen auf 800 ms verlängert und die Multiplexfrequenz auf 125 Hz reduziert.

Abb. 3.63 zeigt die Schaltung des ICM7226A als Frequenzzähler und Periodendauerzähler für 40 MHz in EAGLE und die Anzeige befindet sich auf der CD unter 3.63a. **Achtung!** Platinenlayout und Bestückungsseite der Platine befinden sich auch auf der CD. Die Schaltung und das Platinenlayout sind für eine maximale Eingangsfrequenz von 40 MHz ausgelegt.

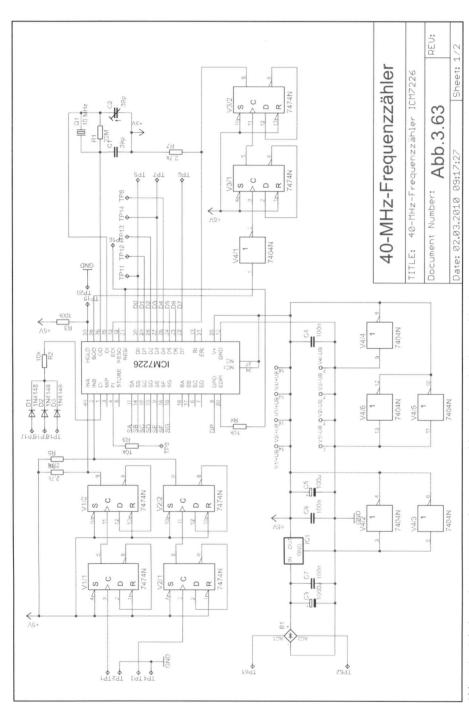

Abb. 3.63: Schaltung des ICM7226A als Frequenzzähler und Periodendauerzähler für 40 MHz in EAGLE. Die 7-Segment-Anzeige befindet sich auf dem Blatt 2 in EAGLE auf der CD.

3.8.8 Genauigkeit des Universalzählers ICM7226A/B

Bei einem universellen Zähler führen Drift des Referenzoszillators (Quarz) und Quantisierungseffekte zu Fehlern. In den Betriebsarten Frequenzmessung, Periodendauermessung und Zeitintervallmessung wird ein von diesem Referenztakt abgeleitetes Signal entweder als Takt für den Referenzzähler oder für den Hauptzähler benutzt. Daher ergibt sich durch eine Frequenzabweichung des Referenztaktes eine identische Abweichung der Messung. Ein Oszillator, der einen Temperaturkoeffizienten von 20 ppm/°C aufweist, führt ebenfalls zu einem Messfehler von 20 ppm/°C.

Zusätzlich ist der „systeminhärente" Quantisierungsfehler eines digitalen Messsystems von +1 vorhanden. Es ist offensichtlich, dass dieser Fehler durch Verwendung zusätzlicher Stellen verringert werden kann. Bei Frequenzmessungen erhält man die höchste Genauigkeit bei Eingangssignalen mit hoher Frequenz. Bei Periodendauermessungen ist die Messgenauigkeit bei niedrigen Eingangsfrequenzen am höchsten. Aus einem Diagramm kann man den „Kreuzungspunkt" zwischen Periodendauergenauigkeit und Frequenzgenauigkeit bei 10 kHz ablesen, 1 Zyklus oder 10 s (Torzeit). Bei Zeitintervallmessungen kann ein Fehler von 1 LSD pro Intervall auftreten. Daraus ergibt sich, dass dieselbe „inhärente" Genauigkeit in allen Bereichen vorhanden ist. Bei Frequenzverhältnismessungen kann man durch Mittelwertbildung über mehrere Zyklen des an B anliegenden Signals eine größere Genauigkeit erzielen.

3.8.9 100-MHz-Universalzähler ICM7226A

Der ICM7226 ist in einem weiten Anwendungsbereich als Universalzähler und Frequenzzähler einsetzbar. In vielen Fällen wird man Vorteilerschaltungen benutzen, um das Eingangssignal für den ICM7226 auf unter 10 MHz herunterzuteilen. Da die Eingänge A und B als digitale Eingänge ausgelegt sind, muss man häufig zusätzliche Beschaltung für Pufferung des Eingangssignals, Verstärkung, Hysterese und Pegelverschiebung vorsehen. Der Aufwand hierfür hängt sehr stark von der Empfindsamkeit der Eingangsschaltung ab.

Der ICM7226 kann zum Aufbau eines universellen Zählers mit sehr wenig externen Bauelementen verwendet werden. Die maximale Frequenz der Schaltung liegt bei 10 MHz für Eingang A und bei 2 MHz für Eingang B.

Für Eingangsfrequenzen bis 40 MHz kann für einen Frequenzzähler eine einfache Schaltung benutzt werden. Um den richtigen Messwert zu erhalten, ist es notwendig, die Frequenz des Referenzoszillators um den Faktor 4 zu teilen, da auch die Frequenz des Eingangssignals durch diesen Faktor geteilt wird. Durch diese Teilung wird auch die „Pausenzeit" zwischen den Messungen auf 800 ms verlängert und die Multiplexfrequenz der Anzeige auf 125 Hz reduziert.

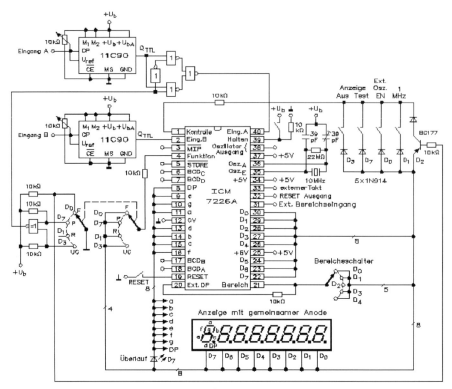

Abb. 3.64: 100-MHz-Universalzähler mit dem ICM7226A und Vorteiler 11C90

Abb. 3.64 zeigt die Schaltung mit dem 100-MHz-Universalzähler, ICM7226A und Vorteiler 11C90. Wird die Eingangsfrequenz eines Messsystems durch den Faktor 10 geteilt, kann die Referenzoszillatorfrequenz bei 10 MHz oder 1 MHz bleiben. Jedoch muss der Dezimalpunkt um eine Stelle nach rechts verschoben werden. Die Schaltung zeigt einen Zähler mit einem Vorteiler (Faktor 10) und einem ICM7226A.

Für einen echten 100-MHz-Betrieb benötigt man den ECL-Baustein 11C90. *Abb. 3.65* zeigt Innenschaltung, Logiksymbol und Anschlussschema des 11C90. Der 11C90 erlaubt einen Betrieb von maximal 650 MHz. Die Schaltung eines Zählers lässt sich daher bis auf 650 MHz erweitern.

Nach dem Vorverstärker wird die Frequenz durch Frequenzteiler auf einen bestimmten Wert heruntergesetzt. Als Frequenzteiler können wir keine TTL-Bausteine verwenden, sondern müssen auf die ECL-Technik (Emitter Coupled Logic) ausweichen. Die ECL-Logik ist eine emittergekoppelte Logikschaltung in Bipolartechnik mit sehr kurzen Schaltzeiten, aber sehr hohem Leistungsverbrauch. ECL benötigt auch einen höheren Fertigungsaufwand und ist entsprechend teuer.

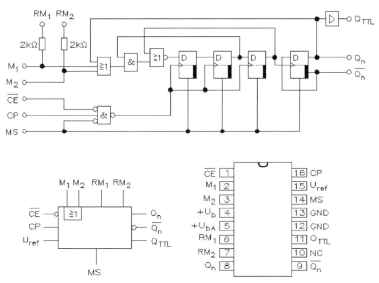

Abb. 3.65: Innenschaltung, Logiksymbol und Anschlussschema des ECL-Zählers 11C90

Mit dem Baustein 11C90 teilt man eine Eingangsfrequenz von 650 MHz entweder durch 10 oder 11. Auf diese Weise ergibt sich eine Ausgangsfrequenz von 65 MHz oder 59,1 MHz. Beide Ausgangsfrequenzen werden mit TTL-Bausteinen weiter geteilt. Bei einer Eingangsfrequenz von 100 MHz arbeitet der 11C90 im 10er-Teilerverhältnis und erreicht damit 10 MHz und damit lassen sich der ICM7226 und auch der ICM7216 problemlos ansteuern.

Aus der Innenschaltung des 11C90 erkennt man drei Flipflops, die an einer gemeinsamen Taktleitung liegen, außer dem vierten Flipflop. Es ergibt sich die Arbeitsweise von *Tabelle 3.14*.

Tabelle 3.14: Arbeitsweise des 11C90

Takt	Q_1	Q_2	Q_3	Q_{TTL}
0	1	1	1	1
1	0	1	1	1
2	0	0	1	1
3	0	0	0	1
4	1	0	0	1
:10 5	1	1	0	1 :11
6	0	1	1	0
7	0	0	1	0
8	0	0	0	0
9	1	0	0	0
10	1	1	0	0

Die vier Flipflops arbeiten nicht nach dem üblichen Zählerschema, sondern als Schieberegister. Dadurch ergibt sich der Johnson-Zähler-Code.

Gesteuert wird das Teilerverhältnis beim 11C90 von den einzelnen Eingängen. Es gilt *Tabelle 3.15*.

Tabelle 3.15: Ein- und Ausgangsverhalten

Eingänge				Ausgangsfunktionen
MS	CE´	M1	M2	
1	X	X	X	auf 1 setzen
0	1	X	X	halten
0	0	0	0	:11
0	0	1	X	:10
0	0	X	1	:10

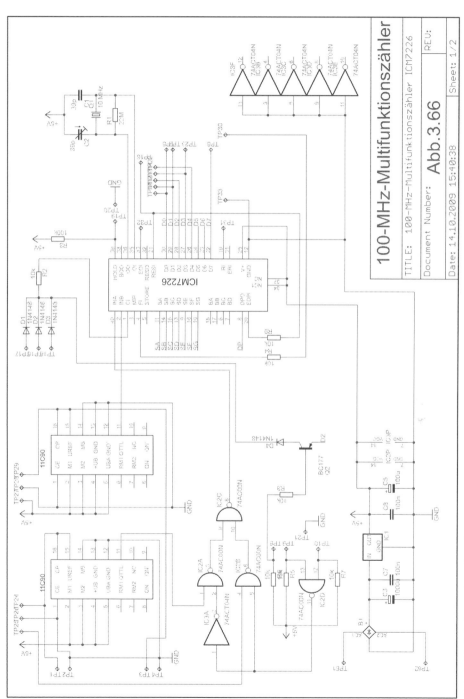

Abb. 3.66: Schaltung in EAGLE des 100-MHz-Universalzählers mit dem ICM7226A und Vorteiler 11C90

Abb. 3.66 zeigt die Schaltung in EAGLE des 100-MHz-Universalzählers mit dem ICM7226A und Vorteiler 11C90. Die Anzeige befindet sich auf der CD. **Achtung!** Platinenlayout und Bestückungsseite der Platine befinden sich auch auf der CD. Die Schaltung und das Platinenlayout sind für eine maximale Eingangsfrequenz von 100 MHz ausgelegt.

3.8.10 100-MHz-Frequenzzähler ICM7226A

In der Schaltung nach *Abb. 3.66* ist eine zusätzliche Beschaltung realisiert, um zur Erzielung der besten Genauigkeit die Periodendauer des Eingangssignals messen zu können (Schalter „Function Switch"). In den Schaltungen der *Abb. 3.65* und *Abb. 3.66* wird das Eingangssignal A des Zählers vom Ausgang Q_C des Vorteilers abgegriffen, um ein Tastverhältnis von 40 % oder mehr zu erhalten. Wenn das Tastverhältnis an Eingang A zu klein wird, muss man unter Umständen einen monostabilen Multivibrator oder eine ähnliche Schaltung einsetzen, um eine minimale Pulslänge von 50 ns sicherzustellen.

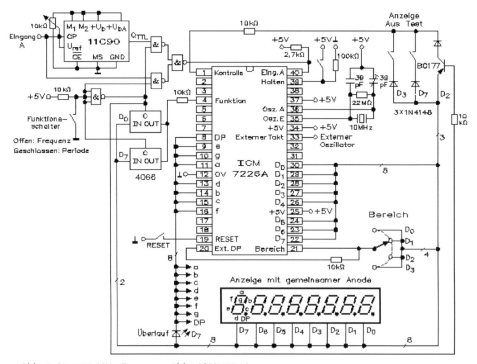

Abb. 3.67: 100-MHz-Frequenzzähler ICM7226A

Abb. 3.67 zeigt die Anwendung von Multiplexern des Typs 4066, um die digitalen Stellenausgänge auf den Eingang „Function" zu schalten. Da der CD4066 ein digital gesteuerter Analogmultiplexer ist, ist keine Pegelverschiebung der Stellentreiberausgänge notwendig. Anstelle des 4066 können auch Multiplexer des Typs CMOS-Typen 4051/4052 verwendet werden. Diese Analogmultiplexer können auch in Systemen benutzt werden, bei denen die Betriebsart von einem Mikroprozessor anstelle von Schaltern angewählt wird. Bei Verwendung zusätzlicher Elemente zur Pegelanpassung der Stellentreiberausgangspegel in TTL-Pegel können auch TTL-Multiplexer wie 74153 oder 74251 verwendet werden.

Soll die Vorteilerinformation dargestellt werden, können die drei Ausgänge „Measurement in Progress", „Store" und „Reset" zur Steuerung des Vorteilers und Speicherung der Daten benutzt werden.

Abb. 3.68 zeigt die Schaltung eines 100-MHz-Frequenzzählers mit dem ICM7226A und Vorteiler 11C90. Die Anzeige befindet sich auf der CD unter 3.67a. **Achtung!** Platinenlayout und Bestückungsseite der Platine befinden sich auch auf der CD. Die Schaltung und das Platinenlayout sind für eine maximale Eingangsfrequenz von 100 MHz ausgelegt.

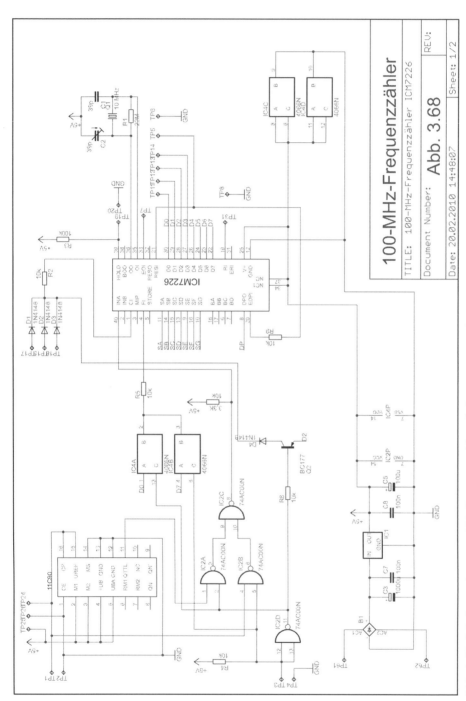

Abb. 3.68: Schaltung eines 100-MHz-Frequenzzählers mit dem ICM7226A in EAGLE. Die 7-Segment-Anzeige befindet sich auf dem Blatt 2 in EAGLE auf der CD.

3.9 Funktionsgeneratoren

Funktionsgeneratoren können mehrere Ausgangsspannungen erzeugen.

3.9.1 Funktionsgenerator ICL8038

Der Funktionsgenerator 8038 (Anschlussschema und Innenschaltung) ist ein monolithischer, integrierter Schaltkreis (*Abb. 3.69*), mit dem Funktionen hoher Genauigkeit erzeugt werden können. Die parallel zur Verfügung stehenden Funktionen sind Sinus, Rechteck und Dreieck oder Sägezahn. Die Frequenz kann in einem Bereich von 0,1 Hz bis 30 kHz extern eingestellt werden und ist über einen weiten Temperatur- und Betriebsspannungsbereich sehr stabil. Der Betrieb als spannungsgesteuerter Oszillator (Frequenzmodulation, Wobbler) ist durch Anlegen einer externen Spannung möglich. Dabei kann die Frequenz sowohl durch externe Widerstände als auch durch Kondensatoren voreingestellt werden. Der Funktionsgenerator ist in moderner monolithischer Technologie unter Verwendung von Dünnfilm-Widerständen und integrierten Schottky-Dioden hergestellt.

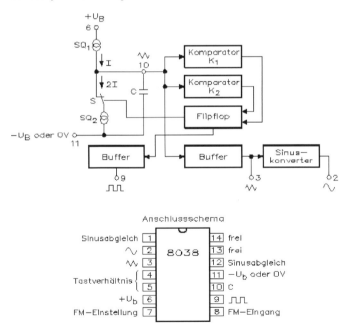

Abb. 3.69: Innenschaltung und Anschlussschema des ICL8038

Die Eigenschaften sind:

• Kleine Frequenzdrift mit der Temperatur 50×10^{-6} °C

- Simultaner Ausgang für Sinus, Rechteck und Dreieck (Sägezahn)
- Hoher Ausgangspegel bis 28V, wenn ±18 V oder +36 V als Betriebsspannung vorhanden sind
- Geringer Klirrfaktor
- Große Linearität
- Wenig externe Bauelemente
- Großer Frequenzbereich 0,001 Hz bis 300 kHz
- Einstellbares Taktverhältnis von 2 % bis 98 % (nicht für Sinusfunktion)

Erklärung der Ausdrücke:

- Betriebsstrom: Strom, der von der Betriebsquelle zum Betrieb des Bauteils entnommen wird. Der Laststrom und die Ströme, die durch Widerstände R_A und R_B fließen, sind nicht inbegriffen
- Frequenzbereich: Frequenzbereich der Rechteckfunktion, den der Schaltkreis sicher erreicht
- FM-Wobbelbereich: Verhältnis zwischen Höchst- und Mindestfrequenz, die man mit einer Wobbelspannung an Pin 8 erhält. Für richtiges Verhalten muss die Wobbelspannung im Bereich $2/3 \times U_b < U_{Wobbel} < U_b$ liegen
- FM-Linearität: Die prozentuale Abweichung von einer geradlinigen Steuerspannung gegenüber der Ausgangsfunktion
- Frequenz-Drift mit der Temperatur: Die Änderung der Ausgangsfrequenz in Abhängigkeit von der Temperatur
- Frequenz-Drift mit der Betriebsspannung: Die Änderung der Ausgangsfrequenz in Abhängigkeit von der Betriebsspannung
- Ausgangsamplitude: Die „Spitze-Spitze"-Signal-Amplitude an den Ausgangspins
- Sättigungsspannung: Die Ausgangsspannung des Kollektors vom Ausgangstransistor, wenn dieser Transistor durchgesteuert ist. Sie wird bei einer Stromabnahme von 2 mA gemessen
- Anstieg- und Abfallzeiten: Die Zeit in der Rechteckfunktion, die von 10 % bis 90 % oder von 90 % bis 100 % seines Endwertes wechselt
- Dreieck-Funktion Linearität: Die prozentuale Abweichung der steigenden und fallenden Dreieckfunktion von einer geradlinigen Dreieckfunktion
- Oberwellen-Verzerrung: Die gesamte harmonische Verzerrung der Sinusfunktion

Die Symmetrie aller Wellenformen kann durch externe zeitbestimmende Widerstände eingestellt werden. Drei Möglichkeiten der Einstellung sind in *Abb. 3.70* dargestellt. Das beste Resultat erhält man durch getrennte zeitbestimmende Widerstände. Der Widerstand R_A steuert den ansteigenden Teil der Sinusspannung sowie Nullphase am Rechteckausgang. Wie vorher ausgeführt, ist die Referenzspannung der beiden Stromquellen $0,2 \times U_b$. Daher berechnet sich der Strom:

$$I_A = \frac{0,2 \cdot U_b}{R_A}$$

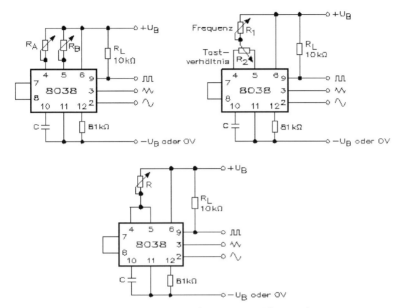

Abb. 3.70: Beschaltung des ICL8038 für externe Widerstände

Die Amplitude der Dreieckspannung ist $1/3 \times U_b$. Daher ist:

$$t_1 = \frac{C \cdot U_b}{I} = \frac{C \cdot 1/3 \cdot U_b \cdot R_A}{1/5 \cdot U_b} = \frac{5}{3} \cdot R_A \cdot C$$

Während des abfallenden Teils des Dreiecks sind beide Stromquellen eingeschaltet. Der durch den Widerstand R_B erzeugte Strom wird verdoppelt und von diesem wird dem Strom I_A abgezogen.

$$t_1 = \frac{1/5 \cdot U_b}{R_B} \cdot 2 - I_A = \frac{2}{5} \cdot \frac{U_b}{R_B} - \frac{1}{5} \cdot \frac{U_b}{R_A}$$

Damit ist die Zeit für die fallende Rampe des Dreiecks (fallender Teil des Sinus sowie Phase der logischen „1" am Rechteckausgang):

$$t_2 = \frac{C \cdot U_b}{I} = \frac{C \cdot 1/3 \cdot U_b}{\dfrac{2}{5} \cdot \dfrac{U_b}{R_B} - \dfrac{1}{5} \cdot \dfrac{U_b}{R_A}} = \frac{5}{3} \cdot \frac{R_A \cdot R_B \cdot C}{2 \cdot R_A - R_B}$$

Ein Tastverhältnis von 50 % kann mit $R_A = R_B$ eingestellt werden.

Soll das Tastverhältnis nur wenig um 50 % variiert werden, ist die Schaltung oben rechts zweckmäßiger. Wird kein Abgleich des Tastverhältnisses gewünscht, können die Anschlüsse 4 und 5 verbunden werden (*Abb. 3.70* oben links), wobei diese Schaltung jedoch große Variationen des Tastverhältnisses erlaubt.

Mit zwei separaten zeitbestimmenden Widerständen ist die Frequenz der Ausgangsfunktion bestimmt durch:

$$f = \frac{1}{t_1 + t_2} = \frac{1}{\dfrac{5}{3} \cdot R_A \cdot C \left(1 + \dfrac{R_B}{2 \cdot R_A - R_B}\right)}$$

oder wenn $R_A = R_B = R$, ist:

$$f = \frac{0,3}{R \cdot C}$$

Wird ein einziger Widerstand verwendet, ist die Frequenz:

$$f = \frac{0,15}{R \cdot C}$$

Obwohl keine interne Spannungsregelung im ICL8038 realisiert ist, sind weder die Zeiten noch die Frequenzen abhängig von der Betriebsspannung. Das wird dadurch erreicht, dass sowohl die Ströme als auch die Schaltschwellen der Komparatoren lineare Funktionen der Betriebsspannung sind und dadurch der Einfluss der Betriebsspannung kompensiert wird.

Zur Minimalisierung des Klirrfaktors der Sinusausgangsfunktion wird der Widerstand zwischen den Anschlüssen 11 und 12 am besten als Potentiometer ausgeführt. Mit dieser Konfiguration können Klirrfaktoren kleiner als 1 % erreicht werden. Um diesen Wert noch weiter zu reduzieren, können zwei Einsteller eingebaut werden. Damit kann der Klirrfaktor auf Werte in der Nähe von 0,5 % gebracht werden.

Für jede gewünschte Ausgangsfrequenz ist ein weiter Bereich von RC-Kombinationen möglich. Allerdings gelten gewisse Einschränkungen für den Ladestrom, wenn ein optimaler Betrieb erreicht werden soll. Im unteren Bereich sind Ströme kleiner 1 µA unerwünscht, da Leckströme der Schaltung bei hohen Temperaturen große Fehler verursachen würden. Bei hohen Strömen ($I > 5$ mA) werden die Stromverstärkung und die Restspannung der Transistoren zusätzliche Fehler verursachen.

Optimale Funktion wird bei Strömen zwischen 10 µA und 1 mA erreicht. Falls Pin 7 und 8 verbunden sind, kann der Ladestrom verursacht durch R_B wie folgt berechnet werden:

$$I = \frac{R_1 \cdot U_b}{R_1 + R_2} \cdot \frac{1}{R_A} = \frac{U_b}{50 k\Omega \cdot R_A}$$

(R_1 und R_2 sind interne Widerstände und weisen Werte von 10 kΩ und 40 kΩ auf)

Eine entsprechende Formel gilt auch für den Widerstand R_B.

3.9.2 Funktionsgenerator und Wobbler

Der Funktionsgenerator kann sowohl mit einer unipolaren Betriebsspannung
(10 V = U_b ≤ 30 V) als auch mit einer symmetrischen bipolaren Betriebsspannung
(±5 V bis ±15 V) betrieben werden.

Bei unipolarer Betriebsspannung liegen Sinus- und Dreieckausgang auf einer Gleichspannung, die exakt der halben Betriebsspannung entspricht, während der Rechteckausgang zwischen $+U_b$ und 0V schaltet. Bei symmetrischer bipolarer Versorgung liegen alle Ausgänge symmetrisch um 0 Volt.

Der Kollektor des Transistors am Rechteckausgang hat keine interne Verbindung. Der
Lastwiderstand dieses Transistors kann an eine andere Betriebsspannung, die unterhalb der Durchbruchsspannung des Transistors liegen muss 30 V, angeschlossen werden. Durch diesen Freiheitsgrad kann der Rechteckausgang TTL-kompatibel gemacht
werden (Lastwiderstand an +5 V, unipolare Versorgung), während der Funktionsgenerator mit einer höheren Betriebsspannung betrieben wird (U_b ≥ +10 V).

Wie im Vorhergehenden ausgeführt, ist die Frequenz der Ausgangsfunktion direkt von
der Gleichspannung an Anschluss 8 (relativ zu U_b) abhängig. Durch Änderung dieser
Spannung kann eine Frequenzmodulation durchgeführt werden.

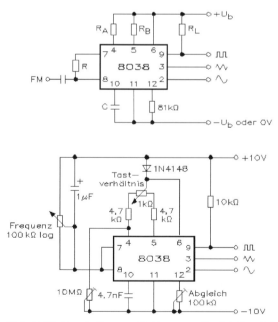

Abb. 3.71: Beschaltungen für Frequenz-Modulation (oben) und Wobbler (unten)

Für kleine Abweichungen um den eingestellten Wert (10 %) kann das Modulationssignal direkt an den Anschluss 8 angelegt werden, wobei die Gleichspannung durch einen Kondensator nach *Abb. 3.71* ausgekoppelt wird.

Ein externer Widerstand zwischen den Anschlüssen 7 und 8 ist nicht notwendig. Dieser Widerstand kann jedoch benutzt werden, um den Eingangswert zu erhöhen. Ohne diesen Widerstand R (Anschlüsse 7 und 8 kurzgeschlossen) ist die Eingangsimpedanz 8 kΩ, mit Widerstand wächst sie auf R + 8 kΩ.

Für einen größeren Frequenzhub wird das Modulationssignal zwischen der positiven Betriebsspannung und Anschluss 8 angelegt. Damit wird die gesamte Vorspannung der Stromquellen durch das Modulationssignal bestimmt und ein sehr großer Hubbereich erzeugt (ca. 1000:1). Bei dieser Anwendung muss allerdings die Betriebsspannung stabil gehalten werden. Die zeitbestimmenden Ströme sind hier keine Funktion der Betriebsspannung mehr (die Schaltschwellen der Komparatoren sind es nach wie vor) und damit ist die Frequenz von der Betriebsspannung abhängig. Das Potential an Pin 8 kann zwischen U_b und $2/3 \times U_b$ geändert werden.

Die hohe Frequenzstabilität erlaubt den Funktionsgenerator für den Einsatz als spannungsgesteuerter Oszillator in PLL-Schaltungen. Die verbleibenden Funktionsblöcke – Phasendetektor und Verstärker – können mit diversen, auf dem Markt erhältlichen integrierten Schaltkreisen realisiert werden. Um diese Funktionsblöcke kompatibel zu machen, müssen gewisse Vorkehrungen getroffen werden.

Wenn zwei verschiedene Betriebsspannungen benutzt werden, wird zweckmäßigerweise der Rechteckausgang des 8038 über einen Widerstand auf die Versorgung des Phasendetektors zurückgeführt. Diese Maßnahme stellt sicher, dass die Eingangsspannung des VCO den zulässigen Bereich des Phasendetektors nicht überschreitet. Wenn ein kleineres VCO-Signal benötigt wird, kann ein ohmscher Spannungsteiler zwischen Anschluss 9 des Funktionsgenerators und dem VCO-Anschluss des Phasendetektors geschaltet werden.

Der Gleichspannungspegel am Verstärkerausgang muss auf den FM-Eingang des ICL8038 angepasst werden (Anschluss 8, $0{,}8 \times U_b$). Die einfachste Lösung ist auch hier ein Spannungsteiler R_1, R_2 (nach $+U_b$ oder nach 0 V), abhängig davon, ob der Verstärker einen niedrigeren oder einen höheren Gleichspannungspegel am Ausgang hat als der FM-Eingang des Funktionsgenerators. Dieser Teiler kann darüber hinaus als Teil des Tiefpassfilters benutzt werden. Die Anwendung des ICL8038 als VCO in einer PLL-Schaltung bietet nicht nur eine Verlauffrequenz mit sehr niedriger Temperaturdrift, sondern außerdem steht ein Sinussignal mit der Eingangsfrequenz zur Verfügung.

3.9.3 Schaltungen mit dem ICL8038

Anhand von Beispielen sollen praktische Anwendungen für den ICL8038 gezeigt werden.

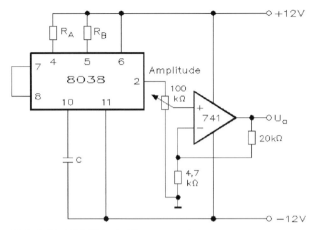

Abb. 3.72: ICL8038 als Sinusgenerator

Die Schaltung (*Abb. 3.72*) zeigt einen einfachen Sinusgenerator mit nachgeschaltetem Operationsverstärker. Mit dem Operationsverstärker lässt sich eine Endstufe mit einem Innenwiderstand von $R_A \approx 60\ \Omega$ realisieren und zwar im Ausgangsbereich von 0 V bis 15 V oder von –7,5 V bis +7,5 V, je nach Stromversorgung. Die Ausgangsfrequenz und das Tastverhältnis werden von den beiden Widerständen R_A und R_B und vom Kondensator C bestimmt.

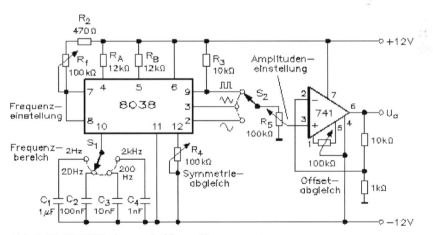

Abb. 3.73: ICL8038 als umschaltbarer Sinusgenerator

Abb. 3.73 zeigt den ICL8038 als umschaltbaren Sinusgenerator mit vier Grundbereichen für die Ausgangsfrequenzen. Die beiden Widerstände R_A und R_B sind nicht veränderbar, sondern es wird mit dem Eingang F_{MBias} und dem Eingang F_{MSweep} gearbeitet. Der Widerstand R_f ist als Potentiometer ausgelegt und beeinflusst den Ladestrom der

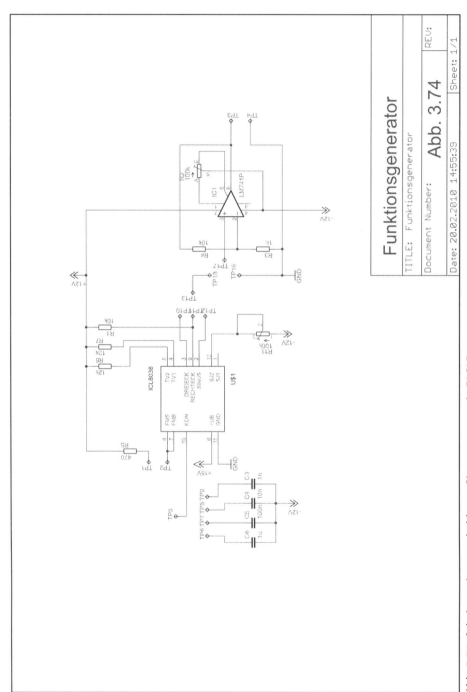

Abb. 3.74: Schaltung des umschaltbaren Sinusgenerators in EAGLE

Kondensatoren. Für jede gewünschte Ausgangsfrequenz ist ein weiter Bereich von RC-Kombinationen möglich. Allerdings gelten gewisse Einschränkungen für den Ladestrom, wenn ein optimaler Betrieb erreicht werden soll. Im unteren Bereich sind Ströme kleiner l µA unerwünscht, da Leckströme der Schaltung bei hohen Temperaturen große Fehler verursachen würden. Bei hohen Strömen (I > 5 mA) würden die Stromverstärkung und die Restspannung der Transistoren zusätzliche Fehler verursachen.

Abb. 3.74 zeigt die Schaltung des umschaltbaren Sinusgenerators in EAGLE. **Achtung!** Platinenlayout und Bestückungsseite der Platine befinden sich auf der CD.

Verbessert man die Schaltung mit aktiven Bauelementen, kommt man zur Schaltung von *Abb. 3.75*, ein Funktionsgenerator mit einem Wobbelhub von 1000 : 1. Der Wobbelhub bei der Schaltung ist nicht linear, aber durch den zusätzlichen Operationsverstärker und Sägezahngenerator, ebenfalls mit dem ICL8038, lässt sich die Linearität wesentlich verbessern.

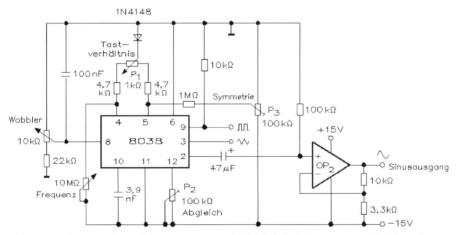

Abb. 3.75: ICL8038 als Funktionsgenerator mit Wobbeleinrichtung von 20 Hz bis 20 kHz

Die Schaltung (*Abb. 3.75*) zeigt einen Funktionsgenerator mit Wobbeleinrichtung, wobei sich ein Wobbelhub von 1000:1 ergibt. Die Frequenzänderung liegt zwischen 20 Hz und 20 kHz, einstellbar mit dem Potentiometer von 10 kΩ. Wenn man eine Frequenz eingestellt hat, kann mit dem Potentiometer von 1 kΩ das Tastverhältnis geändert werden. Der Bereich der Ausgangsspannung beträgt in der Schaltung zwischen −8,5 V bis +8,5 V, ausgenommen für die Rechteckfunktion. Wenn mehrere Kondensatoren über eine Stufenschaltung zwischen Pin 10 und −U_b eingeschaltet werden, kann man zwischen mehreren Frequenzbereichen wählen.

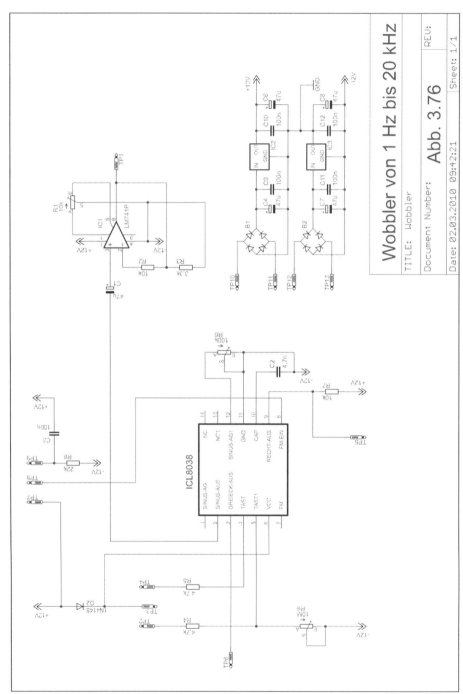

Abb. 3.76: Schaltung des Funktionsgenerators mit Wobbeleinrichtung in EAGLE

Abb. *3.76* zeigt die Schaltung des Funktionsgenerators mit Wobbeleinrichtung in EAGLE. **Achtung!** Platinenlayout und Bestückungsseite der Platine befinden sich auf der CD.

3.9.4 Funktionsgenerator mit Endstufe

Eine weitere Anwendung der grundsätzlichen Leistungsverstärkerschaltung ist der einfache Funktionsgenerator nach *Abb. 3.77*. Als Ausgangssignale stehen Sinus-, Dreieck- und Rechteckspannungen im Frequenzbereich von 2 Hz bis 20 kHz zur Verfügung. Dieser vollständige Funktionsgenerator kann direkt vom Netz gespeist werden. Die Ausgangsspannung reicht bis ± 25 V (50 V_{ss}) an Lasten bis hinunter zu 10 Ω, woraus maximal Ausgangsströme bis zu 2,5 A resultieren. Die Spannungsfestigkeit aller Kondensatoren sollte größer als 50 V Gleichspannung sein. Alle Widerstände sind, wenn nicht anders angegeben,1/2-Watt-Typen. Die Leitungen zwischen Anschluss 2 des Operationsverstärkers 741 und dem 10-kΩ-Rückkopplungswiderstand sowie zum Amplitudeneinstellpotentiometer sollten so kurz wie möglich gehalten werden. Beachtet man dies nicht, kann es Probleme mit der Stabilität der Schaltung geben. Durch die Begrenzung der Anstiegsgeschwindigkeit des 741 erhält man nicht die volle Amplitude von 56 V_{ss} bis hinauf zu 20 kHz, sondern nur bis ca. 5 kHz.

Die Ausgangsamplitude ist ca. 20 V_{ss} (± 10V) bei 20 kHz. Durch Verwendung eines schnelleren Operationsverstärkers, z. B. LF442 anstelle des Typs 741, kann diese Amplitude vergrößert werden.

Die Eigenschaften des Treiberverstärkers ICL8063 sind:

- Pegelumsetzung der ±12-V-Ausgänge von Operationsverstärkern und anderen linearen Schaltungen auf +30 V
- Zusammen mit Standard-Operationsverstärkern und externen komplementären Leistungstransistoren kann das System mehr als 50 W an externe Lasten liefern
- Eingebaute „Safe-Area"- und Kurzschlussschutzschaltung
- Betriebsstrom von 25 mA in einer Leistungsverstärkerschaltung, die +2 A maximalen Ausgangsstrom liefert
- Interner ±13 -V-Spannungsregler zur Versorgung der Operationsverstärker oder anderer Schaltungen
- Eingangswiderstand von 500 kΩ mit R_{BIAS} = 1 MΩ

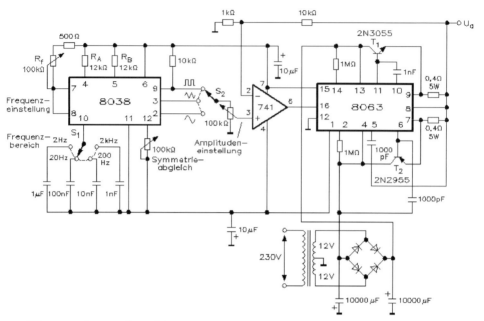

Abb. 3.77: ICL8038 als Funktionsgenerator mit Endstufe ICL8063

Der ICL8063 (*Abb. 3.77*) ist ein monolithischer Verstärker-Treiber für die Ansteuerung von Leistungstransistoren. Er erlaubt den Aufbau eines Leistungsverstärkers mit „SAFE-AREA"-Schutz, Kurzschlussschutz und Spannungsreglern für die Versorgung von Standardoperationsverstärkern mit einem minimalen Aufwand an externen Bauelementen. Der Schaltkreis ist für komplementäre, symmetrische Ausgangsschaltungen konzipiert. Der ICL8063 arbeitet als Pegelumsetzung, die die Ausgangsspannungen (typisch +11 V) von Operationsverstärkern auf ±30 V zur Ansteuerung von Leistungstransistoren z. B. 2N3055 (NPN) bzw. 2N3789 (PNP) oder 2N2955 umsetzt. Der verfügbare Basisstrom für die Leistungstransistoren liegt bei 100 mA maximal.

Durch die integrierten Spannungsregler (Umsetzung der ±30-V-Betriebsspannung des Leistungsverstärkers auf ±13 V für die Betriebsspannung des ansteuernden Operationsverstärkers) kann ein Leistungsverstärker ohne zusätzliche Betriebsspannungen realisiert werden. Der ICL8063 kann mit den Ausgangsspannungen nahezu aller üblichen Operationsverstärker und ähnlicher linearer Schaltungen als Eingangsspannung betrieben werden. Er treibt seinerseits fast alle Leistungstransistoren mit Durchbruchspannungen bis 70 V.

Lange Zeit haben sich die Hersteller integrierter Schaltkreise vor einer Lösung des folgenden Problems gedrückt, weil die Materie als zu schwierig empfunden wurde. Es geht dabei um die Zusammenschaltung der linearen und digitalen Schaltungen mit relativ niedrigen Spannungen und Strömen mit Leistungselementen wie Leistungstransistoren bzw. Darlington-Leistungstransistoren, die mit Spannungen und Strö-men betrieben werden, die um eine Größenordnung höher liegen als die integrierter Schaltungen von Operationsverstärkern, TTL- und CMOS-Bausteinen. Die Ausgangs-spannung eines Standardoperationsverstärkers liegt im Bereich zwischen ±6 V und ±12 V bei Ausgangsströmen von etwa 5 mA. Ein Leistungstransistorsystem wird z. B. mit einer Betriebsspannung von ±35 V bei Kollektorströmen um 5 A betrieben. Bei einer angenommenen Stromverstärkung von etwa β ≈ 100 wird zur Ansteuerung der Leistungstransistoren ein Treiberstrom (Basisstrom) von 50 mA benötigt.

Für den Großteil all dieser Anwendungen war es deshalb bisher notwendig, für Leistungsverstärkung und Pegelumsetzung eine Schaltung aus diskreten Elementen zu realisieren. Es ist allerdings nicht damit getan, die Ströme und Spannungen auf die erforderlichen Pegel zu verstärken, sondern es müssen auch Schutzmaßnahmen wie z. B. eine Schutzschaltung für den sicheren Arbeitsbereich (Safe-Area-Protection) und eine Kurzschlussschutzschaltung vorgesehen werden. Darüber hinaus ist es wohl un-umgänglich, für die verschiedenen diskreten Komponenten unterschiedliche Betriebs-spannungen vorzusehen.

Als vernünftige Lösung bietet sich an, den Pegelumsetzer mit den Schutzschaltungen als integrierte Schaltung zu realisieren wie beim ICL8063. Dieser Schaltkreis ist ein monolithischer Treiberverstärker zur Ansteuerung von Leistungstransistoren mit ein-gebauter „Safe-Area"-Schutzschaltung, Kurzschlussschutzschaltung und integrierten +13-V-Spannungsreglern, um zusätzliche externe Betriebsspannungen zu vermeiden.

Die *Abb. 3.77* zeigt die Verwendung des ICL8063 in einem kompletten Leistungsver-stärker, der +2 A bei +25 V (50 W) zu liefern in der Lage ist. Es werden nur drei zusätz-liche diskrete Elemente und acht passive Bauteile benötigt. Der Ruheversorgungsstrom (ohne Last) beträgt +30 mA aus jeder Betriebsspannung von ± 30V. Beim Aufbau eines solchen Verstärkers mit diskreten Elementen würde die Anzahl der Bauelemente sicherlich zwischen 50 und 100 liegen.

Die Anstiegsgeschwindigkeit der Ausgangsspannung ist die gleiche wie die des Opera-tionsverstärkers des Typs 741, außer dass der Ausgangsstrom bis zu 2 A bei 1 V/μs (10 Ω Last und ±20 V über der Last) betragen kann. Eingangsstrom, Offsetspannung, Gleichtaktunterdrückung und Betriebsspannungsunterdrückung weisen die gleichen Werte auf wie Typ 741. Durch die Verwendung von drei Kompensationskapazitäten (1 nF) wird eine gute Stabilität selbst bei einer Verstärkung von v = 1 erreicht. Die Schaltung treibt problemlos kapazitive Lasten bis zu 1 nF. Dies entspricht ca. 10 m Koaxialkabel (z. B. RG58) in einer Anwendung des Verstärkers als Leitungstreiber.

Die Beziehung für den sicheren Arbeitsbereich lautet:

$$U_{Out} + I_L \cdot 0,4\Omega = 0,7V + I \cdot 24,5k\Omega$$

Die Schutzschaltung wird aktiv bei:

$$I_L \cdot R_3 - I \cdot R_2 = 0,7V$$

Durch Auflösung dieser Beziehungen erhält man *Tabelle 3.16* für die Temperaturbereiche von 25 °C und 125 °C.

Tabelle 3.16: Maximale Leistung am Ausgang des ICL8063

U_{OUT}	I	I_L (25 °C)	I_L (125 °C)
24 V	1 mA	3 A	2,4 A
20 V	830 μA	2,8 A	
16 V	670 μA	2,6 A	
12 V	500 μA	2,4 A	1,8 A
8 V	333 μA	2,1 A	
4 V	167 μA	1,9 A	
0 V	0 μA	1,7 A	1,1 A

Aus *Tabelle 3.16* geht hervor, dass die maximale Leistung bei Ausgangsspannungen von mehr als 24 V an die Last geliefert wird. Dies ist die optimale Spannung zum Betrieb von Gleichspannungsmotoren, Linearmotoren usw. Es kommt häufig vor, dass bei positiven Ausgangsspannungen ein anderer Ausgangsstrom benötigt wird als bei negativen. In diesem Fall können auch die Werte der Strombegrenzungswiderstände verschieden gewählt werden.

Beispiel: Bei Ausgangsspannungen von +24 V und größer wird ein Strom von 3 A, bei Ausgangsspannungen kleiner als −24 V ein Ausgangsstrom von 1 A benötigt.

Lösung: Für diese Konfiguration sollte man den Widerstand zwischen den Anschlüssen 8 und 9 zu 0,4 Ω und den Widerstand zwischen den Anschlüssen 7 und 8 zu 10 Ω wählen. Der maximale Ausgangsstrom bei verschiedenen Ausgangsspannungen ist in *Tabelle 3.17* dargestellt.

Tabelle 3.17: Maximaler Ausgangsstrom bei verschiedenen Ausgangsspannungen bei einer Betriebstemperatur von 25 °C

U_{OUT}	0,4 Ω bei 25 °C	0,68 Ω bei 25 °C	1 Ω bei 25 °C
24V	3 A	1,7 A	1,2 A
12V	2,4 A	1,4 A	0,9 A
0V	1,7 A	1 A	0,7 A

Der BIAS-Widerstand zwischen den Anschlüssen 13 und 14 bzw. 2 und 3 ist typisch R_{BIAS} =1 MΩ bei U_b = ±30 V. Ein solcher Wert garantiert den sicheren Betrieb in Anwendungen wie Gleichspannungsmotoransteuerungen, Leistungs-D/A-Wandlern, programmierbaren Spannungsversorgungen und Leitungstreibern (*Tabelle 3.18*).

Tabelle 3.18: Geeigneter Wert für R_{BIAS} bei unterschiedlichen Betriebsspannungswerten

$\pm U_b$	R_{BIAS}
30 V	1 MΩ
25 V	680 kΩ
20 V	500 kΩ
15 V	300 kΩ
10 V	150 kΩ
5 V	62 kΩ

Bei der Auswahl der externen Leistungstransistoren sollte auf die Stromverstärkungswerte geachtet werden. Bei Transistoren des NPN-Typs 2N3055 und PNP-Typs 2N3789 oder 2N2955 sollte die Stromverstärkung nicht größer sein als $\beta = 150$ bei $I_C = 20$ mA und $U_{CE} = 30$ V. Bei diesem Wert ist der Ruheversorgungsstrom (ohne Last) kleiner als 30 mA. Die Schaltung kann beliebig lange mit dem Bezugspotenzial kurzgeschlossen werden, solange ein genügend großer Kühlkörper vorhanden ist. Wird der Ausgang jedoch mit einer der Versorgungsspannungen (±30 V) kurzgeschlossen, werden die Ausgangstransistoren zerstört. Da der sichere Arbeitsbereich die Ausgangstransistoren zu 4 A bei 30 V spezifiziert ist, ergibt sich das Problem bei $U_b = +15$ V nicht.

Als Ausgangssignale stehen Sinus-, Dreieck- und Rechteckspannungen im Frequenzbereich von 2 Hz bis 20 kHz zur Verfügung. Der ICL8063 als vollständiger Funktionsgenerator kann direkt vom Netz gespeist werden. Die Ausgangsspannung reicht bis ±25 V an Lasten bis hinunter zu 10 Ω, woraus maximal Ausgangsströme bis zu 2,5 A resultieren.

Die Spannungsfestigkeit aller Kondensatoren sollte größer als 50-V-Gleichspannung sein. Alle Widerstände sind, wenn nicht anders angegeben, ½-Watt-Typen. Die Leitungen zwischen Anschluss 2 des Operationsverstärkers 741 und dem Rückkopplungswiderstand von 10 kΩ sowie die Leitungen zum Amplitudeneinstellpotentiometer sollten so kurz wie möglich gehalten werden. Beachtet man die genannten Aspekte nicht, kann es Probleme mit der Stabilität der Schaltung geben. Durch die Begrenzung der Anstiegsgeschwindigkeit des 741 erhält man nicht die volle Amplitude von 56 V_{ss} bis hinauf zu 20 kHz, sondern nur bis ca. 5 kHz. Die Ausgangsamplitude ist ca. 20 V_{ss} (±10 V) bei 20 kHz. Durch Verwendung eines schnelleren Operationsverstärkers von Typ LF442N (anstelle des Typs 741 Standardoperationsverstärker) kann diese Amplitude vergrößert werden. *Abb. 3.78* zeigt die Schaltung des Funktionsgenerators mit Endstufe in EAGLE. **Achtung!** Platinenlayout und Bestückungsseite der Platine befinden sich auf der CD.

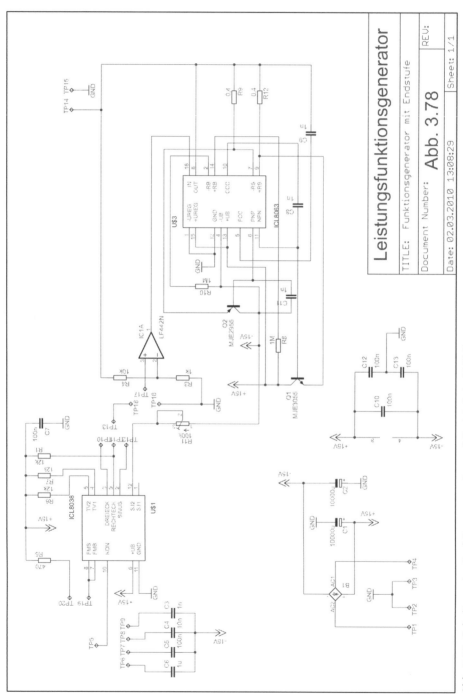

Abb. 3.78: Schaltung des Funktionsgenerators mit Endstufe in EAGLE

3.10 Präzisions-Funktionsgenerator MAX038

Bei dem Schaltkreis MAX038 von Maxim handelt es sich um einen Präzisions-Funktionsgenerator, der genaue Sinus-, Rechteck- Dreieck-, Sägezahn- und Pulswellenformen mit nur wenigen externen Bauelementen erzeugt. Durch die Ansteuerung mittels D/A-Wandler erhält man einen programmierbaren Funktionsgenerator, der sich über den PC-Bus einfach ansteuern lässt.

Der MAX038 ist ein präziser Funktionsgenerator mit einem sehr großen Arbeitsfrequenzbereich zur Erzeugung von genauen Signalformen wie Dreieck-, Sägezahn-, Sinus- sowie Rechteck- und Pulssignalen. Die Ausgangsfrequenz kann über einen Frequenzbereich von 0,1 Hz bis 20 MHz durch eine interne Bandgap-Referenzspannung von 2,5 V und je einem externen Widerstand in Verbindung mit einem Kondensator gesteuert werden. Das Tastverhältnis lässt sich über einen weiten Bereich durch eine Steuerspannung in einem Amplitudenbereich von ±2,3 V einstellen, wodurch Pulsbreitenmodulation und die Erzeugung von Sägezahnsignalformen sehr vereinfacht werden. Frequenzmodulation und Frequenzwobbeln kann man ebenso ohne großen Aufwand an externen Bauelementen realisieren. Die Steuerung des Tastverhältnisses und der Frequenz sind voneinander unabhängig.

3.10.1 Blockschaltung des Funktionsgenerators MAX038

Der MAX038 ist der Nachfolger des ICL8038 und die internen Funktionseinheiten wurden erheblich verbessert. Bei einer Betriebsspannung von ±2,5 V erzeugt der MAX038 stabile Ausgangsamplituden, die massesymmetrisch zu ±2 V sind. Die Auswahl der jeweiligen Ausgangsspannung U_a erfolgt digital über die beiden Eingänge A_0 und A_1. Es ergeben sich Möglichkeiten für die Ansteuerung (*Tabelle 3.19*).

Tabelle 3.19: Einstellungen der Ausgangsamplitude des MAX038

A_0	A_1	Ausgang
X	1	Sinusschwingung
0	0	Rechteckschwingung
1	1	Dreieckschwingung

Hat der Eingang A_1 ein 1-Signal, zeigt das angelegte Signal am Eingang A_0 keine Wirkung.

Durch abwechselndes Laden und Entladen eines externen Kondensators C_F erzeugt ein spezieller Relaxiationsoszillator simultane Rechteck- und Dreieckschwingungen. Ein internes Sinusnetzwerk erzeugt aus der Dreieckschwingung eine sinusförmige Wechselspannung mit konstanter Amplitude und geringen Verzerrungen. Die Sinus-, Rechteck- und Dreieckschwingungen liegen an einem internen Multiplexer, der die Wahl der Ausgangswellenform über den Status der beiden Adressleitungen A_0 und A_1 ermöglicht. Der Ausgang des Multiplexers steuert dann einen Ausgangsverstärker an, der einen niederohmigen Ausgang hat und Ströme bis zu ±20 mA treiben kann.

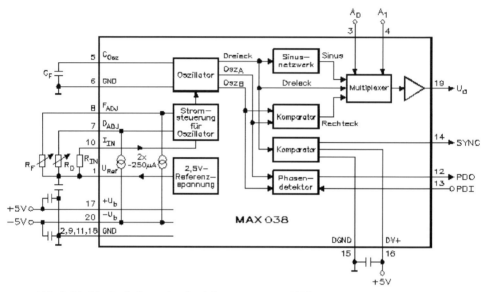

Abb. 3.79: Blockschaltung des Funktionsgenerators MAX038

Die nominelle Betriebsspannung des MAX038 beträgt ±5 V (±5 %). Die Ausgangsfrequenz wird im Wesentlichen durch den externen Kondensator C_F bestimmt. In *Abb. 3.79* ist der Anschluss des externen Kondensators C_F an den internen Oszillator gezeigt. Der Oszillator arbeitet durch Laden und Entladen des externen Kondensators mit konstanten Strömen und erzeugt gleichzeitig eine Dreieck- und eine Rechteckspannung. Die Lade- und Entladeströme werden durch den Strom in den Anschluss I_{IN} gesteuert und durch die Spannungen an den Anschlüssen F_{ADJ} (Eingang für den Frequenzabgleich) und D_{ADJ} (Eingang für den Abgleich des Tastverhältnisses) moduliert. Der Strom in I_{IN} kann zwischen 2 µA bis 750 µA variieren, sodass bei jedem Wert von C_F die Frequenz über einen Bereich von mehr als zwei Dekaden geändert werden kann. Durch Anlegen einer Spannung von bis zu ±2,4 V am Anschluss F_{ADJ} lässt sich die nominelle Frequenz (bei F_{ADJ} = 0 V) um ±70 % ändern. Dies erleichtert die Feinabstimmung der jeweiligen Ausgangsfrequenz.

Das Tastverhältnis kann über einen Bereich von 10 % bis 90 % durch Anlegen einer Spannung am Anschluss D_{ADJ} bis zu ±2,3 V eingestellt werden. Diese Spannung ändert das Verhältnis der Lade- und Entladeströme für den frequenzbestimmenden Kondensator C_F bei nahezu konstant bleibender Ausgangsfrequenz. Durch die Eingänge F_{ADJ} und D_{ADJ} bzw. I_{IN} (Stromeingang für die Frequenzsteuerung) ergibt sich für den Funktionsblock der Stromsteuerung ein entsprechender Wert, der direkt auf den Oszillator einwirken kann.

Eine stabile Referenzspannung von U_{ref} = 2,5 V erlaubt die einfache Einstellung für die drei Eingänge I_{IN}, F_{ADJ} und D_{ADJ} entweder mit festen Widerstandswerten, mit Potentiometern oder mit Digital-Analog-Wandlern. F_{ADJ} und/oder D_{ADJ} kann man zur Einstellung der nominellen Frequenz bei einem Tastverhältnis von 50 % mit dem Bezugspotenzial verbinden.

Die Frequenz des Ausgangssignals wird bestimmt durch den in den Eingang I_{IN} eingespeisten Strom, die Kapazität C_{Osz} (C_F + Streukapazität, $C_S = C_F{}^*$) und die Spannung am Anschluss F_{ADJ}. Wenn der Anschluss F_{ADJ} auf 0 V liegt, wird die Frequenz der Grundwelle f_0 des Ausgangssignals durch folgende zugeschnittene Größengleichung bestimmt:

$$f_0[MHz] = \frac{I_{IN}[\mu A]}{C_F{}^*}$$

Entsprechend berechnet sich die Periode T zu:

$$T[\mu s] = \frac{C_F{}^*[pF]}{I_{IN}[\mu A]}$$

Die in diesen Gleichungen verwendeten Größen weisen folgende Bedeutung auf:

I_{IN}: Eingangsstrom in dem Anschluss I_{IN} (von 2 µA bis 750 µA)

$C_F{}^*$: Kapazität (20 pF bis 100 µF) zwischen dem Anschluss C_{Osz} und GND

Da in den praktischen Anwendungsfällen fast immer die Frequenz vorgegeben ist und der geeignete Kondensatorwert an C_{Osz} gesucht werden muss, ergibt sich:

$$C_F{}^*[pF] = \frac{I_{IN}[\mu A]}{f_0[MHz]}$$

Für eine praktische Anwendung wird eine Frequenz von 500 kHz benötigt und es soll ein Strom von I_{IN} = 100 µA fließen. Der Wert des Kondensators ist dann:

$$C_F{}^*[pF] = \frac{100 \mu A}{0,5 MHz} = 200 \, pF$$

Die optimale Arbeitsbedingung für das Frequenzverhalten des MAX038 wird am Eingang I_{IN} bei Strömen zwischen 10 µA und 400 µA erreicht, obwohl bei Werten zwischen 2 µA und 750 µA keine negativen Auswirkungen der Linearität auftreten. Stromwerte außerhalb dieses Bereichs sind aber nicht zu empfehlen. Für den Betrieb mit konstanten Frequenzen sollte man für I_{IN} ≈ 100 µA wählen und damit lässt sich ein geeigneter Kondensator C_F bestimmen. Bei diesem Strom ergibt sich der niedrigste

Temperaturkoeffizient und die geringste Beeinflussung der Frequenz bei einer Änderung des Tastverhältnisses.

Der Kapazitätsbereich von C_F liegt zwischen 20 pF und 100 µF. Es sollte jedoch darauf geachtet werden, die Streukapazität C_S durch Verwendung kurzer Anschlüsse so gering wie möglich zu halten. Dazu wird empfohlen, den Anschluss C_{Osz} und die zu diesem führende Leiterbahn mit einer Massefläche abzuschirmen, um die Einkopplung externer Signale soweit wie möglich zu vermeiden. Signale mit Ausgangsfrequenzen von mehr als 20 MHz sind möglich, jedoch vergrößern sich die Signalverzerrungen. Die geringste erreichbare Frequenz wird durch den Leckstrom von C_F und die geforderte Frequenzgenauigkeit bestimmt. Für den Betrieb mit sehr geringen Frequenzen bei Einhaltung einer hohen Genauigkeit der Frequenz sollten keine gepolten Kondensatoren (Elektrolytkondensatoren) von 10 µF und mehr verwendet werden. Dabei kann man Frequenzen unter 0,001 Hz erreichen.

3.10.2 Funktionsgenerator mit dem MAX038

Der Anschluss I_{IN} ist der invertierende Eingang eines Operationsverstärkers mit geschlossener Rückkopplung und liegt deshalb auf „virtuellem Bezugspotenzial" mit einer Offsetspannung von weniger als ±2 mV. Deshalb kann I_{IN} sowohl mit einer Stromquelle I_{IN} als auch mit einer Spannungsquelle U_{IN} in Reihenschaltung mit einem Widerstand R_{IN} betrieben werden. Diese einfache Methode zur Erzeugung eines geeigneten Stroms I_{IN} ist die Verbindung von U_{ref} über einen Widerstand R_{IN} mit dem Eingang I_{IN}, sodass $I_{IN} = U_{ref}/R_{IN}$ wird. Wenn eine Spannungsquelle in Reihenschaltung mit einem Widerstand verwendet wird, lautet die zugeschnittene Größengleichung für die Oszillatorfrequenz:

$$ f_0[MHz] = \frac{U_{IN}[mV]}{R_{IN}[k\Omega] \cdot C_F[pF]} $$

Wenn die Frequenz des Ausgangssignals durch eine Spannungsquelle U_{IN} in Reihenschaltung mit einem konstanten Widerstand R_{IN} gesteuert wird, ist dies eine lineare Funktion der Spannung U_{IN}, wie der Gleichung zu entnehmen ist. Eine Änderung von U_{IN} ändert proportional die Frequenz des Ausgangssignals. Hierzu ein praktisches Beispiel: Mit einem R_{IN} = 10 kΩ und einem Variationsbereich von U_{IN} = 20 mV bis U_{IN} = 7,5 V tritt eine Änderung der Ausgangsfrequenz im Verhältnis 375:1 auf. Der Widerstand R_{IN} sollte so gewählt werden, dass der Strom I_{IN} in dem empfohlenen Bereich von 2 µA bis 750 µA bleibt. Die Bandbreite des internen Verstärkers am Ausgang I_{IN}, die die höchste Modulationsfrequenz bestimmt, hat einen typischen Wert von 2 MHz.

Die Frequenz des Ausgangssignals kann auch durch eine Spannungsänderung am Eingang F_{ADJ} erfolgen. Dieser Eingang ist prinzipiell für den Feinabgleich der Ausgangsfrequenz vorgesehen.

Wenn die Nominalfrequenz f_0 durch die Einstellung des Stroms I_{IN} festgelegt worden ist, kann dieser durch eine Spannung von –2,4 V bis +2,4 V an dem Eingang F_{ADJ} mit einem Faktor von 1,7 bis 0,3 gegenüber dem Wert bei F_{ADJ} = 0 V variiert werden (f_0 mit ±70 %). Achtung: Spannungen an dem Eingang F_{ADJ} außerhalb von $\pm2,4$ V führen zu Instabilitäten.

Die an F_{ADJ} benötigte Spannung zur Änderung der Frequenz um einen Prozentsatz (D_X in %) wird durch die folgende Beziehung bestimmt:

$$U_{FADJ} = -0,034 + D_X$$

Die Spannung U_{FADJ} muss am Anschluss F_{ADJ} zwischen $-2,4$ V und $+2,4$ V liegen! Anmerkung: Während I_{IN} direkt proportional zur Grundfrequenz f_0 ist, besteht zwischen U_{FADJ} und der prozentualen Abweichung D_X eine lineare Beziehung. U_{FADJ} kann ein bipolares Signal entsprechend einer positiven oder negativen Änderung sein.

Die am Anschluss F_{ADJ} notwendige Spannung berechnet sich zu:

$$U_{FADJ}[V] = \frac{f_0 - f_X}{0,2915 \cdot f_0}$$

Die in der Gleichung verwendeten Größen weisen folgende Bedeutung auf:

f_X: Frequenz des Ausgangssignals
f_0: Frequenz des Ausgangssignals bei U_{FADJ} = 0V

Daraus folgt für die Berechnung der Spannung U_{FADJ} die Periodendauer T mit:

$$U_{FADJ}[V] = \frac{3,43(t_X - T)}{t_X}$$

Die Zeit t_X ist die Periode des Ausgangssignals bei $U_{FADJ} \approx 0$ V und T die Periode der Grundfrequenz bei U_{FADJ} = 0 V. Bei einem bekannten U_{FADJ} kann die Frequenz f_X entsprechend errechnet werden:

$$f_X = f_0 \left(1 - 0,2915 \times U_{FADJ}[V]\right)$$

Für die Zeit t_X folgt entsprechend:

$$t_X = \frac{T}{1 - 0,2915 \cdot U_{FADJ}[V]}$$

Am Anschluss F_{ADJ} befindet sich eine interne Stromsenke von -250 µA nach $-U_b$, die von einer Spannungsquelle angesteuert werden muss. Normalerweise geschieht dies durch den Ausgang eines Operationsverstärkers, sodass der Temperaturkoeffizient der Stromsenke unerheblich ist. Zur manuellen Einstellung der Frequenzabweichung kann ein Potentiometer zur Einstellung von U_{FADJ} verwendet werden. Es ist jedoch zu beachten, dass in diesem Fall der Temperaturkoeffizient der Stromsenke nicht mehr zu vernachlässigen ist. Da externe Widerstände nicht in der Lage sind, diesen internen Temperaturkoeffizienten zu kompensieren, wird empfohlen, diese Einstellungsart nur dann zu verwenden, wenn eine weitere Möglichkeit zur Fehlerkorrektur vorhanden ist. Diese Beschränkung entfällt, wenn F_{ADJ} von einer echten Spannungsquelle (d. h. mit vernachlässigbarem Innenwiderstand) betrieben wird.

Ein Potentiometer zwischen dem Referenzspannungsausgang U_{ref} = +2,5 V und dem Anschluss F_{ADJ} ist eine einfache Methode zur Einstellung der Frequenzabhängigkeit. Der Widerstand R_F kann mit der folgenden Größengleichung berechnet werden:

$$R_F = \frac{U_{ref} - U_{FADJ}}{250\mu A}$$

Zu beachten ist, dass U_{ref} und U_{FADJ} vorzeichenbehaftete Größen sind, sodass algebraisch korrekt zu rechnen ist. Hat z. B. U_{FADJ} einen Wert von −2,0 V (dies entspricht einer Frequenzabweichung von +58,3 %), ergibt sich aus der Gleichung:

$$R_F = \frac{+2,5V - (-2,0V)}{250\mu A} = 18k\Omega$$

Durch den internen Schaltungsteil im MAX038 tritt bedingt durch einen kleinen Temperaturkoeffizienten eine Beeinflussung von F_{ADJ} für die Ausgangsfrequenz auf. In kritischen Anwendungen kann dieser Schaltungsteil durch Verbindung von F_{ADJ} über einen Widerstand von 12 kΩ mit GND (nicht mit U_{ref}) deaktiviert werden. Die Stromsenke von −250 µA an F_{ADJ} erzeugt einen Spannungsfall von −3 V über den Widerstand, wodurch zwei Effekte bewirkt werden: Der erste Effekt ist, dass die F_{ADJ}-Schaltung in ihrem linearen Bereich bleibt, sich aber vom Oszillatorteil trennt. Dadurch ergibt sich eine verbesserte Temperaturstabilität. Der zweite Effekt ist eine Verdopplung der Oszillatorfrequenz!

Obwohl bei dieser Methode die Frequenz des Ausgangssignals verdoppelt wird, erfolgt keine Verdopplung der oberen Grenzfrequenz. Der Anschluss F_{ADJ} darf nicht unbeschaltet betrieben werden oder muss mit einer Spannung verbunden sein, die negativer als −3,5 V ist. In solchen Fällen kann es zu Sättigungseffekten im MAX038 kommen, die zu nicht vorhersehbaren Änderungen der Frequenz und des Tastverhältnisses führen können. Bei deaktiviertem F_{ADJ} lässt sich die Frequenz nach wie vor über die Änderung von I_{IN} steuern. *Abb. 3.80* zeigt die Schaltung des Funktionsgenerators.

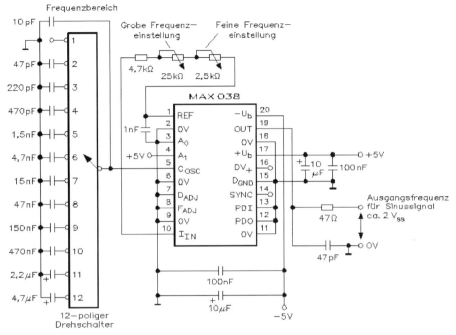

Abb. 3.80: Schaltung des Funktionsgenerators mit dem MAX038

Die Schaltung zeigt einen einstellbaren Funktionsgenerator mit einem Stufenschalter. Damit ergeben sich die Frequenzbereiche von *Tabelle 3.20*.

Tabelle 3.20: Frequenzbereiche für den MAX038

Stellung	Kondensator	Frequenzbereiche
1	4,7 µF	≈25 Hz bis ≈160 Hz
2	2,2 µF	≈90 Hz bis ≈500 Hz
3	470 nF	≈440 Hz bis ≈2,2 kHz
4	220 nF	≈1,3 kHz bis ≈6,2 kHz
5	47 nF	≈4,3 kHz bis ≈21,5 Hz
6	22 nF	≈12,4 kHz bis ≈61 kHz
7	4,7 nF	≈43 kHz bis ≈200 kHz
8	2,2 nF	≈130 kHz bis ≈620 kHz
9	470 pF	≈420 kHz bis ≈1,9 MHz
10	220 pF	≈920 kHz bis ≈4 MHz
11	47 pF	≈2,7 MHz bis ≈12,5 MHz
12	-	≈8,8 MHz bis ≈20 MHz

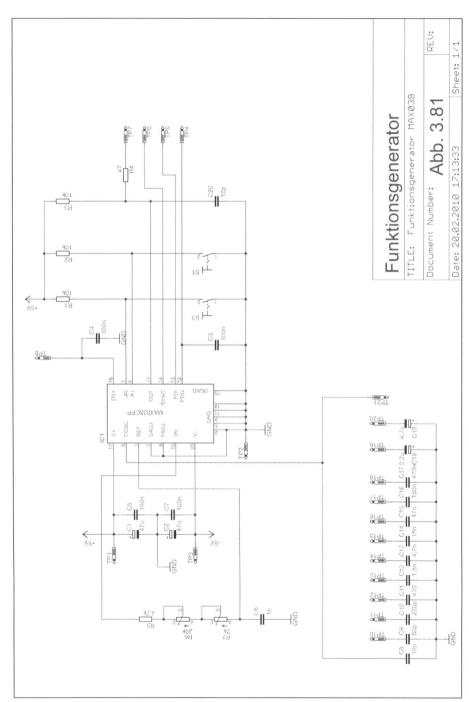

Abb. 3.81: Schaltung des Funktionsgenerators in EAGLE

Mit dem Potentiometer von 25 kΩ lässt sich die Ausgangsfrequenz „grob" und mit dem Potentiometer von 2,5 kΩ fein einstellen. Mit den beiden Schaltern an A_0 und A_1 wird die entsprechende Ausgangsamplitude eingestellt.

Die Ausgangsspannung liegt bei einer Betriebsspannung von ±5 V bei ±2 V$_{ss}$.

Abb. 3.81 zeigt die Schaltung des Funktionsgenerators. **Achtung!** Platinenlayout und Bestückungsseite der Platine befinden sich auf der CD.

3.10.3 Wobbler mit dem MAX038

Mit dem MAX038 kann man auch einen NF- und HF-Wobbler realisieren. *Abb. 3.82* zeigt die Schaltung des Funktionsgenerators.

Die Schaltung des Wobblers benötigt einen Sägezahngenerator (*Abb. 3.82*). Der Sägezahngenerator besteht aus drei Operationsverstärkern und der ICL7641 beinhaltet vier gleiche Operationsverstärker.

Um die Frequenz digital einzustellen, schließt man über einen Reihenwiderstand den Ausgang des Sägezahngenerators an. Der Ausgang reicht von 0 V bis etwa 2,5 V in der Vollansteuerung. Dadurch ändert sich der Strom von 0 µA bis etwa 748 µA. Die Referenzspannung speist einen konstanten Strom von 2 µA ein, sodass der eingespeiste Nettostrom (durch Überlagerung) von 2 µA bis etwa 750 µA reicht. Der DA-Vierfachwandler arbeitet mit einer Betriebsspannung von +5 V (unipolar) oder ±5 V (bipolar).

Der Eingang F$_{ADJ}$ hat eine Stromsenke von –250 µA nach –U$_b$, der von einer Spannungsquelle gespeist werden muss. Im Normalfall ist die Spannungsquelle der Ausgang eines Operationsverstärkers, wobei der Temperaturkoeffizient dieses Eingangs vernachlässigbar ist. Wird allerdings an diesem Eingang ein Widerstand zur manuellen Einstellung des Tastverhältnisses eingesetzt, ist dieser Temperaturkoeffizient zu berücksichtigen. Da mit externen Widerständen eine Kompensation dieses Temperaturkoeffizienten nicht möglich ist, wird die Verwendung eines Widerstands nur für die Fälle empfohlen, in denen man die Fehler nachträglich abgleichen muss. Diese Beschränkung gilt nicht bei Verwendung einer „echten" Spannungsquelle, also in Verbindung mit einem Operationsverstärker. Ein über einen Widerstand erzeugter Spannungsfall stellt keine optimale Spannungsquelle dar.

Die Ausgangsstufe des MAX038 liefert bei allen Signalformen eine fest eingestellte Amplitude von U$_a$ = 2 V$_{ss}$, die symmetrisch zum Bezugspotenzial ist. Der Ausgang hat einen Innenwiderstand unter 0,1 Ω und kann einen Ausgangsstrom bis zu ±20 mA bei einer kapazitiven Last von 50 pF erzeugen. Größere kapazitive Lasten sollten mit einem Widerstand (typisch 50 Ω) oder einem Pufferverstärker isoliert werden.

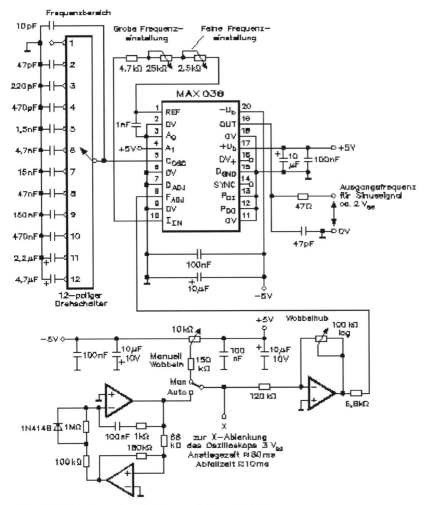

Abb. 3.82: Schaltung des Wobblers mit dem MAX038

Der SYNC-Ausgang ist ein TTL/CMOS-kompatibler Ausgang zur Synchronisierung externer Schaltungen. Dieser Ausgang liefert ein Rechtecksignal, dessen positive Flanke mit dem positiven Nulldurchgang des Sinus- oder Dreiecksignals zusammenfällt. Wird als Ausgangssignal das Rechtecksignal gewählt, erscheint die positive Flanke an SYNC in der Mitte der positiven Hälfte des Ausgangssignals.

Da der Ausgang „SYNC" ein schneller TTL-Ausgang ist, können durch die hohen Übergangsströme zwischen DGND (digitaler Masseanschluss) und D_{V+} (digitale Betriebsspannung von +5 V) diverse Störspitzen entstehen, die auf die Ausgangssignale an U_a eingekoppelt werden. Diese Störspitzen lassen sich aber nur mit einem 100-MHz-

Oszilloskop messen. Die Induktivitäten und Kapazitäten der IC-Sockel und der Leiterbahnen verstärken diesen Effekt aber noch zusätzlich. Deshalb sollte bei Verwendung des SYNC-Teils auf die Verwendung von Sockeln unbedingt verzichtet werden. Der SYNC-Teil der Schaltung wird von einer separaten Betriebsspannung gespeist. Setzt man keinen SYNC-Teil ein, soll dieser D_{V+}-Anschluss offen bleiben, d. h. er wird nicht mit der Betriebsspannung oder Masse verbunden.

Der Anschluss P_{DO} ist der Ausgang des Phasendetektors. Wird dieser nicht benutzt, ist er mit GND zu verbinden. Der Anschluss P_{DI} ist der Eingang des Phasendetektors für den Referenztakt. Auch dieser ist mit GND zu verbinden, wenn die interne Funktionseinheit nicht verwendet wird.

Die fünf GND-Anschlüsse des MAX038 für das Bezugspotenzial sind aus schaltungstechnischen Gründen nicht intern verbunden. Deshalb müssen diese Anschlüsse immer mit GND verbunden sein oder es kommt zu Funktionsstörungen.

Der MAX038 erzeugt eine stabile Ausgangsfrequenz über Temperatur und Zeit. Jedoch können die zur Frequenzeinstellung verwendeten Widerstände und Kondensatoren die Eigenschaften verschlechtern, wenn diese nicht sorgfältig ausgewählt wurden. Es sollten nur Kondensatoren mit einem kleinen Temperaturkoeffizienten über den gesamten Arbeitstemperaturbereich eingesetzt werden.

Die Spannung an dem Anschluss C_{Osz} hat einen dreieckförmigen Kurvenverlauf in einem Bereich zwischen 0 V und –1V. Gepolte Kondensatoren sollten wegen ihres großen Temperaturkoeffizienten und ihres Leckstroms vermieden werden. Werden sie dennoch in der praktischen Schaltungstechnik eingesetzt, sollte der negative Anschluss an C_{Osz} und der positive Anschluss mit GND verbunden sein. Große Kapazitätswerte, die für sehr niedrige Frequenzen notwendig sind, sollten mit äußerst großer Sorgfalt ausgewählt werden, da die möglichen hohen Leckströme und die dielektrischen Verluste das Laden und Entladen des Kondensators C_F wesentlich beeinflussen können. Wenn möglich, sollte bei einer gegebenen Frequenz ein kleiner Wert für I_{IN} gewählt werden, um die Größe der Kapazität zu reduzieren.

Der Wobbler erzeugt eine Sinusspannung und daher ist A_0 an Masse und A_1 an +5 V. Durch die vier Kondensatoren ergibt sich ein weiter Frequenzbereich, der sich über das Potentiometer von 100 kΩ einstellen lässt.

Abb. 3.83 zeigt die Schaltung des Funktionsgenerators. **Achtung!** Platinenlayout und Bestückungsseite der Platine befinden sich auf der CD.

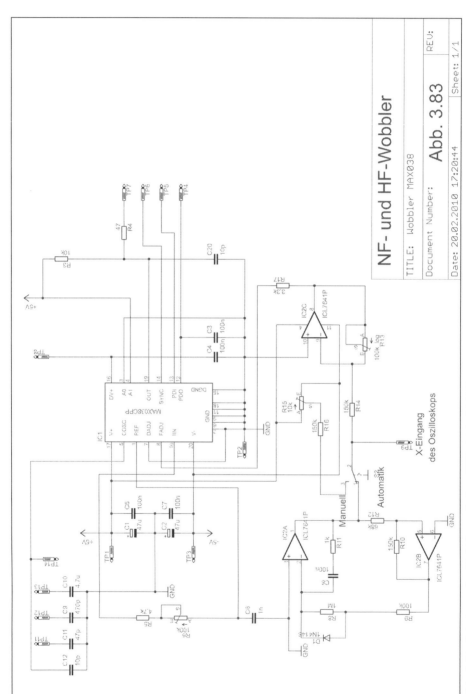

Abb. 3.83: Schaltung des Wobblers mit dem MAX038 in EAGLE

3.11 Integrierter Funktionsgenerator XR2206

Die Arbeitsweise des XR2206 unterscheidet sich wesentlich vom ICL8038 und vom MAX038. *Abb. 3.84* zeigt das Anschlussschema und die internen Funktionseinheiten. Die Frequenzerzeugung erfolgt mittels eines spannungsgesteuerten Oszillators VCO (Voltage-Controlled-Oszillator), eines Analogmultiplizierers mit Sinuskonverter, eines Verstärkers mit V = 1, zwei Stromschaltern und einem Transistor für Synchronisationszwecke, der gleichzeitig auch den Ausgang für die Rechteckfunktion darstellt.

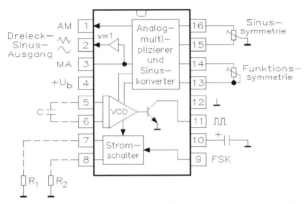

Abb. 3.84: Anschlussschema und interne Funktionseinheiten des Funktionsgenerators XR2206

Über den Eingang AM (Amplitudenmodulation) kann mit dem Baustein eine Modulation nach dem AM-Verfahren durchgeführt werden. Dieser Eingang hat eine Impedanz von ca. 50 kΩ. Durch Anlegen einer externen Spannung kann ein Modulationsgrad bis zu 99 % erreicht werden. Mit diesem Eingang lassen sich die Ausgangsfunktionen beeinflussen, wie dies bei der Schaltung von *Abb. 3.85* der Fall ist. Durch Anlegen einer Gleichspannung gibt man auf den Analogmultiplizierer mit Sinuskonverter einen Gleichspannungsanteil. Die Eingangsspannung lässt sich zwischen 0 V und +U_b ändern, wobei der optimale Gleichspannungsanteil bei U_b/2 liegt.

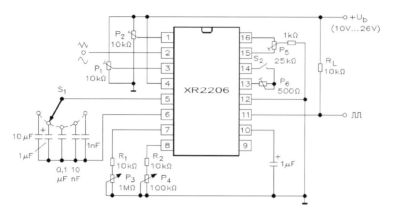

Abb. 3.85: Externe Beschaltung des integrierten Funktionsgenerators XR2206

An dem Ausgang von Pin 2 steht entweder die Sinus- oder die Dreieckfunktion zur Verfügung. Durch den internen Operationsverstärker, der als Impedanzwandler geschaltet ist, kann die Ausgangsspannung des Multiplizierers oder Sinuskonverters abgegriffen werden. Die Ausgangsimpedanz liegt bei 600 Ω. Die betreffende Ausgangsfunktion an Pin 2 lässt sich mit dem Schalter S_2 bestimmen, wobei ein offener Schalter eine Dreieckfunktion und ein geschlossener Schalter eine Sinusfunktion ergibt.

Der Ausgang MA (Pin 3) ist der direkte Ausgang des Multiplizierers. Normalerweise hat man hier ein externes Netzwerk aus Widerständen und Kondensatoren, wenn man den XR2206 als Funktionsgenerator betreibt. Man kann hier durch Anlegen einer externen Spannung den Gleichspannungsanteil am Eingang des Verstärkers mit V = 1 ändern, wodurch der Gleichspannungsanteil der Sinus- und Dreieckfunktion entsprechend geändert wird.

Pin 4 verbindet man mit der Betriebsspannung und Pin 12 mit Masse. Die Betriebsspannung kann zwischen 10 V und 25 V liegen und sollte möglichst einen stabilen Wert aufweisen. Dabei ergibt sich eine Stromaufnahme von 20 mA. Die Frequenz ist weitgehend von der Betriebsspannung unabhängig. Typische Betriebsspannungsabhängigkeiten der Frequenz liegen bei 0,01 %/V. Bei einer Betriebsspannung von $+U_b$ = 12 V erzeugt der Baustein eine Spannung für den Sinus-/Dreieckausgang von U_a = 6 V, für den Rechteckausgang dagegen von U_a = 12 V, wobei ein externer Arbeitswiderstand erforderlich ist, da Pin 11 einen offenen Kollektorausgang hat.

Mit dem externen Kondensator C zwischen Pin 5 und Pin 6 lässt sich die Ausgangsfrequenz für den Baustein XR2206 bestimmen. Bei gepolten Kondensatoren muss der positive Anschluss mit Pin 5 verbunden sein, damit der Baustein und der Kondensator durch falsche Polung nicht zerstört werden. Mittels eines Drehschalters kann zwischen den einzelnen Frequenzbereichen umgeschaltet werden. In Verbindung mit dem Potentiometer P_3 ergeben sich die Frequenzbereiche von *Tabelle 3.21*.

Tabelle 3.21: Frequenzbereiche des integrierten Funktionsgenerators XR2206

Kondensator	Frequenzbereich
10 µF	0,1 Hz bis 10 Hz
1 µF	1 Hz bis 100 Hz
100 nF	10 Hz bis 1 kHz
10 nF	100 Hz bis 10 kHz
1 nF	1 kHz bis 100 kHz

Der Feinabgleich der einzelnen Frequenzen lässt sich durch die externen Widerstände an den Stromschaltern bestimmen. Pin 7 und Pin 8 sind die Steuerausgänge für die Stromschalter. Je nach Wert des externen Trimmers oder Potentiometers lässt sich die Ausgangsfrequenz einstellen. Durch ein externes Potentiometer kann die Frequenz typisch im Verhältnis 2000 : 1 geändert werden. Bei dieser Schaltungsvariante kommt man auf 100 : 1. Die Leerlaufspannung von Pin 7 und Pin 8 beträgt 3 V und darf in keinem Fall überschritten werden, wenn eine Spannungsansteuerung der beiden Ausgänge realisiert wird.

Die Bedingungen für Pin 7 und Pin 8 sind identisch, aber beim XR2206 gibt es eine Besonderheit, wenn der Baustein als Funktionsgenerator betrieben wird. Der Widerstand R_2 und das Potentiometer P_4 sind nicht erforderlich, wodurch die Ausgangsfrequenz nur vom Widerstand R_1 und dem Potentiometer P_3 bestimmt wird. Verwendet man ein Potentiometer mit $P_3 = 1$ MΩ, erreicht man eine Frequenzänderung von 100 : 1. Hat $P_3 = 100$ kΩ, lässt sich die Frequenz von 10:1, also innerhalb einer Dekade, ändern. Die Frequenzänderung erfolgt aber nicht linear, sondern hat einen hyperbolischen Verlauf. Setzt man ein lineares Potentiometer für P_3 an, ergibt sich ein logarithmischer Verlauf der Einstellfunktion. Bei einem logarithmischen Potentiometer für P_3 erhält man fast einen linearen Verlauf.

Der Eingang FSK an Pin 9 dient zur Frequenzumtastung (Frequency Shift Keying) für spezielle PLL-Schaltungen (Phase-Locked-Loop). Der FSK-Eingang ist TTL-kompatibel, d. h. man kann direkt eine Ansteuerung per TTL-Signalpegel vornehmen. Bei einer Eingangsspannung über 2 V oder bei offenem Eingang erkennt der Baustein ein 1-Signal und unter 1 V ein 0-Signal an. In der Schaltung steuert die VCO-Einheit den internen Transistor an und Pin 11 hat eine Rechteckspannung.

Pin 10 dient als Referenzspannungsstabilisierung für die interne Spannungsquelle. Normalerweise verbindet man diesen Eingang über einen Kondensator mit Masse. Damit bleibt die interne Referenzspannung für den Stromschalter und den spannungsgesteuerten Oszillator stabil und man erhält eine Entkopplung.

Mit Pin 13 und Pin 14 erfolgt der Abgleich und die Einstellung des Klirrfaktors für den Multiplizierer und den Sinuskonverter. Verbindet man Pin 13 mit Pin 14, steht am

Ausgang von Pin 2 eine sinusförmige Wechselspannung zur Verfügung. Die Verbindung zwischen den beiden Pins sollte nicht direkt, sondern über einen Widerstand von 220 Ω erfolgen. Damit hat die Sinusfunktion den geringsten Klirrfaktor von 0,5 %. Ohne den Widerstand ergibt sich ein Klirrfaktor von 2,5 %. In der Praxis setzt man jedoch einen Einsteller ein, um die Schaltung individuell abgleichen zu können.

Bei einer Verbindung zwischen Pin 13 und Pin 14 hat man an Pin 2 eine Sinusfunktion mit einer Amplitude von $U_{ss} = 6$ V bei einer Betriebsspannung von $+U_b$. Besteht jedoch keine Verbindung zwischen Pin 13 und Pin 14, wird intern eine Dreieckfunktion für Pin 2 erzeugt, wobei sich eine Linearität von 1 % bei einer Amplitude von $U_{ss} = 6$ V ergibt. Die Symmetrie der Sinus- und Dreieckfunktion lässt sich über einen externen Einsteller justieren, der zwischen Pin 15 und Pin 16 eingeschaltet ist. *Abb. 3.86* zeigt die Schaltung des Funktionsgenerators mit Wobblerfunktionen. **Achtung!** Platinenlayout und Bestückungsseite der Platine befinden sich auf der CD.

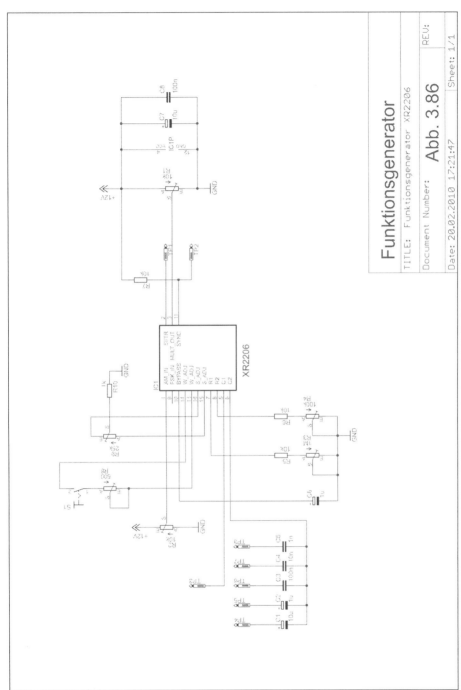

Abb. 3.86: Schaltung des Funktionsgenerators mit Wobblerfunktionen in EAGLE

Sachverzeichnis

7042570R00403

Printed in Germany
by Amazon Distribution
GmbH, Leipzig